Theorie der Wechselstromübertragung

(Fernleitung und Umspannung)

Von

Dr.-Ing. Hans Grünholz

Mit 130 Abbildungen im Text
und auf 12 Tafeln

Springer-Verlag Berlin Heidelberg GmbH

1928

Additional material to this book can be downloaded from http://extras.springer.com

ISBN 978-3-642-98618-5 **ISBN 978-3-642-99433-3 (eBook)**
DOI 10.1007/978-3-642-99433-3

Ursprünglich erschienen bei Julius Sprimger in Berlin 1928
Softcover reprint of the hardcover 1st edition 1928

Vorwort.

Dieses Buch soll Ingenieuren und Studierenden der Elektrotechnik Aufschluß geben über die Gesetze der Energieübertragung mittels ein- oder mehrphasigen Wechselstroms. Das wichtigste Anwendungsgebiet der hier entwickelten Theorie ist die Berechnung und Betriebskontrolle der Übertragungsvorgänge auf langen Wechselstromleitungen, auch einschließlich der Transformatoren. Die Schwachstromtechnik kommt gleichfalls als Anwendungsgebiet in Betracht, sofern es sich um die Fortleitung von zeitlich ungedämpften Sinusschwingungen handelt. Ausgleichsvorgänge werden in diesem Buch nicht besprochen.

Die mathematische Theorie der Fernleitungsvorgänge ist in einer Anzahl vorliegender Werke[1]) ausführlich behandelt. Diese sind meist schon vor längerer Zeit entstanden, bevor das Bedürfnis nach sehr großen Übertragungsentfernungen vorlag. Die beträchtlichen Längen moderner Höchstspannungsleitungen machen die Berechnung der Fernübertragung zu einer praktisch wichtigen Aufgabe, die eine Erneuerung der theoretischen Hilfsmittel verlangt. An Stelle der komplizierten Formeln, die nur für den mathematisch gewandten Spezialisten brauchbar sind, können anschauliche Kreisdiagramme angewendet werden, die in ihrem Zusammenhang dem Ingenieur einen tiefen Einblick in das Wesen der Übertragungserscheinungen gewähren und durch einfache Konstruktionen die exakte Ermittlung der technisch wichtigen Größen ermöglichen. Auch für die mit der Übertragung zusammenhängenden Probleme, z. B. Ermittlung der Stabilitätsgrenzen langer Leitungen, sind die Diagramme gut verwendbar.

Die im Buche gegebene geometrische Darstellung der Theorie ist einheitlich durchgeführt und verwendet eine große Anzahl meist neuer Diagrammkonstruktionen; auch die meisten der bisher bekannten Übertragungsdiagramme werden besprochen.

Um die Anwendung auch ohne näheres Eingehen auf die Theorie zu ermöglichen, sind die als Gebrauchsanweisungen gedachten praktischen Beispiele in einem besonderen Kapitel am Ende des Textteils zusammengestellt; der Zusammenhang mit den theoretischen Entwicklungen wird durch Hinweise auf die betreffenden Abschnitte hergestellt. Zur Erleichterung des Überblicks dient das am Ende des Buches gebrachte Formelverzeichnis.

Die Voraussetzungen für das Verständnis sind möglichst beschränkt worden. Von der Infinitesimalrechnung wird fast kein Gebrauch gemacht. Im Interesse des geschlossenen Aufbaues der Theorie ist die Erläuterung der physikalischen, mathematischen und geometrischen Hilfsmittel in den Anhang verlegt. Für den weniger vorgebildeten Leser empfiehlt es sich, als Einführung den Anhang I durchzunehmen, in dem die notwendigen Grundlagen der Wechselstromtechnik, die Methode der symbolischen komplexen Ausdrücke und einige Beziehungen zwischen Hyperbelfunktionen mit reellem und komplexem Argument besprochen sind. (Für die praktische Anwendung beschränkt sich das Rechnen mit Hyperbelfunktionen auf das Nachschlagen zweier Tabellenwerte.) Die verwendeten geometrischen Lehrsätze sind in Anhang II abgeleitet. Die Angaben über die kilometrischen Konstanten homogener Leitungen sind im Anhang III meist in Form von Tabellen und Schaulinien gebracht, die sich für die zahlenmäßige Anwendung gut eignen.

Das Buch ging aus einer Untersuchung hervor, die ich im Jahre 1923 zwecks Projektierung und Berechnung der ersten deutschen 220 kV-Fernübertragung für die Elektrizitäts-Aktiengesellschaft vorm. W. Lahmeyer & Co., Frankfurt a. M., durchführte. Die bei dieser Untersuchung aufgefundenen und verwendeten Diagramme sind in meiner Dissertation[2]) (Darmstadt 1924) zusammengestellt und wurden später erweitert und vervollständigt.

Bei der Herstellung des Buches zeigte die Verlagsbuchhandlung Julius Springer in jeder Hinsicht das größte Entgegenkommen, wofür ich an dieser Stelle meinen besonderen Dank ausspreche.

Berlin, im Oktober 1927. **H. Grünholz.**

[1]) S. Literaturverzeichnis, Nr. 1 bis 4.
[2]) S. Literaturverzeichnis, Nr. 27.

Inhaltsverzeichnis.

A. Die Grundgesetze der Energieübertragung mittels Wechselstroms.

B. Der symmetrische Übertragungskreis.

C. Der unsymmetrische Übertragungskreis.

D. Die Zusammenschaltung von Übertragungskreisen.

E. Beispiele für praktische Anwendung.

Anhang.

Verzeichnis der Tafeln.

A. Die Grundgesetze der Energieübertragung mittels Wechselstroms.

1. Das allgemeine Wechselstromnetz und das Potentialersatznetz. — Ersatzschema der Leitung und des Transformators.

Die Gesetze der Energieübertragung mittels Wechselstroms können für Leitungen und Transformatoren aus den besonderen Eigenschaften dieser Stromkreise abgeleitet werden. Zu einem umfassenderen Überblick über das Wesen der Fernleitung und Umspannung gelangt man jedoch, wenn man die Übertragungsgesetze des allgemeinen Wechselstromnetzes zugrunde legt und aus diesen die in den einzelnen Fällen geltenden Gesetze durch Spezialisierung ableitet.

Das allgemeine Wechselstromnetz (Abb. 1) stellt eine beliebige Vermaschung von Scheinwiderständen dar, deren jeder sich in beliebiger Weise aus Ohmschem Widerstand, Kapazität und Induktivität zusammensetzen kann. Zwischen den einzelnen Teilen des Netzes spannen sich elektrische Kraftlinien aus, und die einzelnen Leiter werden von magnetischen Kraftlinien umschlungen, welche die Maschen des Netzes durchsetzen. Das elektrische Wechselfeld bewirkt, daß zwischen den Leitern Verschiebungsströme fließen, die aus der Leiteroberfläche austreten bzw. in sie einmünden. Die in den Leitern fließenden Ströme sind daher im allgemeinen nicht stationär; ihre Größe ist in jedem Querschnitt eine andere. Das magnetische Wechselfeld hat zur Folge, daß die Umlaufspannung, d. i. die Summe der Spannungen (Linienintegral der elektrischen Feldstärke) über einen geschlossenen Ring von Netzleitern genommen, im allgemeinen nicht gleich Null ist, da das magnetische Wechselfeld in diesem Ring eine elektromotorische Kraft induziert. Das für Gleichstromkreise geltende zweite Kirchhoffsche Gesetz, wonach ohne Vorhandensein von Generatoren die Umlaufspannung gleich Null ist, muß hier also dahin erweitert werden, daß die Summe der Umlaufspannungen und der vom magnetischen Wechselfeld induzierten elektromotorischen Kraft sich zu Null ergänzen.

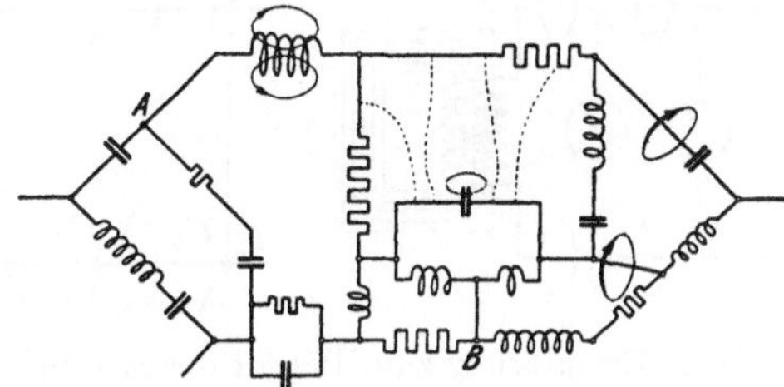

Abb. 1. Das allgemeine Wechselstromnetz.

Die Erscheinungen im allgemeinen Wechselstromnetz lassen sich jedoch an einem Ersatznetz darstellen, für das die folgenden vereinfachenden Voraussetzungen gelten: Die Ströme in den Leitern sind stationär, und die Umlaufspannung ist gleich Null. Die erstere Voraussetzung besagt, daß sich zwischen den Leitern keine elektrischen Kraftlinien ausspannen, die zweite Voraussetzung bedeutet, daß magnetische Wechselfelder sich nur im Innern der als Netzteile betrachteten Spulen befinden, daß jedoch die Maschen des Netzes nicht von magnetischen Kraftlinien durchsetzt werden.

Die Berechtigung dieser Voraussetzungen ergibt sich wie folgt:

Jede elektrische Kraftlinie, die sich zwischen zwei Leitern ausspannt, kann ersetzt werden durch einen Kondensator samt seinen Zuleitungen (Abb. 2). In diesen Zuleitungen fließt der Verschiebungsstrom, welcher der betrachteten Kraftlinie des elektrischen Wechselfeldes entspricht. Wird dieser Elementarkondensator samt seinen Zuleitungen als Netzleiter betrachtet, und wird in gleicher Weise der Ersatz aller elektrischen Kraftlinien durch solche Hilfsleiter durchgeführt, dann spannen sich zwischen den einzelnen Leitern

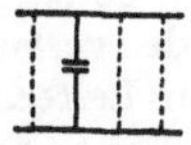

Abb. 2. Ersatz elektrischer Kraftlinien durch Kondensatoren.

des so ergänzten Netzes keine elektrischen Kraftlinien aus, und der Strom ist in sämtlichen Leitern stationär.

Nicht so einfach ist es, die Berechtigung der zweiten Voraussetzung zu erweisen. Denn der Begriff der Spannung in Wechselstromkreisen ist strenggenommen überhaupt nicht eindeutig definierbar. Die technische Verwendung dieses Begriffes beruht auf einer Fiktion, (deren Anwendung im allgemeinen zu praktisch vollkommen genauen Ergebnissen führt). Denn die Spannung zwischen zwei Punkten A und B des Netzes hat nur dann einen bestimmten Wert, wenn die Umlaufspannung gleich Null ist. Ein beliebiger von A nach B führender Weg läßt sich mit einem andern, beliebig von B nach A führenden Weg zu einem geschlossenen Umlauf zusammensetzen. Ist die Umlaufspannung gleich Null, so ist die Spannung zwischen A und B entgegengesetzt gleich der Spannung zwischen B und A, wie immer auch die Wege gewählt werden. Die Spannung zwischen A und B hat daher stets den gleichen Wert, gleichgültig wie die Bahn gewählt wird, über die sich das Linienintegral der elektrischen Feldstärke erstreckt. Die Spannung läßt sich in diesem Fall mit einem Voltmeter messen, wobei die Lage der Meßdrähte keinen Einfluß auf das Meßergebnis ausübt. Dies ist jedoch strenggenommen nicht mehr der Fall, wenn die Umlaufspannung von Null verschieden ist. Denn dann ist die in der Meßschleife induzierte EMK in der Angabe des Voltmeters mitenthalten; die Größe dieser EMK ändert sich mit der Lage der Meßdrähte. Für technische Messungen der Klemmenspannung von Apparaten und Maschinen hat jedoch dieser Umstand im allgemeinen nur sehr wenig Bedeutung. Es sei z. B. die Spannung einer eisengeschlossenen Drosselspule zu messen, die an eine aus Hin- und Rückleitung bestehende Wechselstrom-Einphasenleitung angeschlossen ist (Abb. 3a). Die Kraftlinien der Spule verlaufen zum größten Teil im Eisen. Durch die Meßschleife, die von der Spule, den Meßdrähten und dem Voltmeter gebildet wird, treten ebenfalls Kraftlinien, die zum Teil von den Strömen in der Leitung, zum Teil von der Spulenstreuung herrühren. (Der Kraftlinienanteil der Meßströme ist ohne Belang, da er durch beliebige Vergrößerung des Voltmeter-Widerstandes beliebig klein gemacht werden kann.) Ist jedoch die Schleife nicht sehr groß gegenüber den Abmessungen der Spule, so umschlingt sie nur ein verhältnismäßig sehr kleines Feld. Wird daher die Lage der Meßdrähte geändert, so erfährt die gemessene Spannung nur eine sehr kleine Änderung (falls nicht etwa die Meßschleife um den Eisenkern der Spule herumgeschlungen wird). Man behandelt daher das Problem so, als ob an den Klemmen des Apparates eine bestimmte Spannung vorhanden wäre. Wollte man diese Spannung als Linienintegral der elektrischen Feldstärke darstellen, so wäre strenggenommen ein ganz bestimmter Weg für dieses Integral zugrunde zu legen, etwa die geradlinige Verbindung zwischen den Klemmen A und B. Eine Abweichung von diesem Weg ist jedoch nur von sehr geringem Einfluß, falls ihre Größe nicht sehr erheblich ist gegenüber den Abmessungen des Apparates.

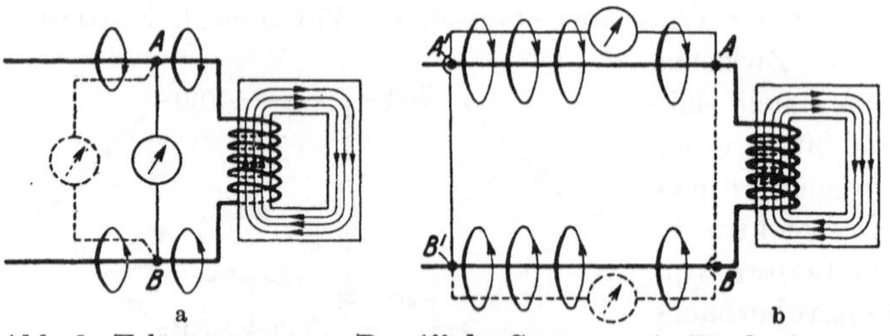

Abb. 3. Erläuterung zum Begriff der Spannung in Wechselstromkreisen.
a) Spannung zwischen A und B ist von der Lage der Meßdrähte praktisch unabhängig. b) Spannung zwischen A und B' ist von der Lage der Meßdrähte abhängig.

Ganz anders liegen jedoch die Verhältnisse, wenn etwa die Spannung zwischen den Punkten A und A' des gleichen Leiters oder zwischen zwei weit voneinander entfernt liegenden Punkten A und B' verschiedener Leiter gemessen werden soll (Abb. 3b). Wird der Meßdraht zwischen A und B' einmal entlang der Bahn $AA'B'$, das andere Mal entlang der Bahn ABB' verlegt, so unterscheiden sich die Meßergebnisse um den Betrag der in der Schleife $ABB'A'A$ induzierten EMK. Bei hinreichender Größe der Entfernung AA' kann dieser Betrag sehr erheblich sein. Wird die Spannung zwischen A und A' derart gemessen, daß der Meßdraht unmittelbar entlang dem Leiter AA' verlegt ist, so hat die Meßschleife eine verschwindend kleine Fläche, wird also nicht von Kraftlinien durchsetzt. Das Voltmeter gibt in diesem Falle den Ohmschen Spannungsabfall im Leiterstück AA' an. Bei jeder anderen Lage der Meßdrähte wird die in der gebildeten Schleife induzierte Spannung mit gemessen. Dies ist zu beachten, wenn etwa in einer sehr nahe der Erdoberfläche verlegten Schiene, die im Punkte E geerdet ist, die Spannung gegenüber Erde bestimmt werden soll, um die nach Erde auftretenden Ströme zu ermitteln (Abb. 4). Die für den Stromübergang maßgebende Spannung zwischen Punkt P und Erde kann durch ein Voltmeter gemessen werden. Die Erde selbst bildet dabei einen Teil der Meßschleife, die sich über E schließt. Die Fläche dieser Schleife ist verschwindend klein, wenn die Schiene genügend nahe der Erde verlegt ist. Als Übertrittsspannung kommt daher nur der Ohmsche Spannungsabfall zwischen P und E in Betracht. Es wäre unrichtig, in diesem Fall auch einen „induktiven Spannungsabfall" der Schiene in Rechnung zu stellen.

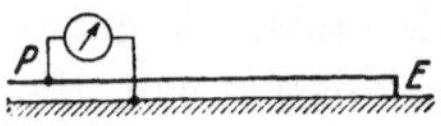

Abb. 4. Spannungsabfall in einem nahe der Erde verlaufenden Leiter.

Für technische Zwecke interessiert in erster Linie die Spannung zwischen solchen Punkten A und B bzw. A' und B' (Abb. 3b), an welche Apparate oder Maschinen angeschlossen werden. Diese Spannungen kann man im Sinne der obigen Ausführungen als Linienintegral der elektrischen Feldstärke, genommen über die geradlinige Verbindung der für die Anschaltung in Betracht kommenden Punkte A und B physikalisch definieren. Um in diesem Sinne die Spannung zwischen A und B mit der Spannung zwischen A' und B' zu vergleichen, bilden wir das Linienintegral über den geschlossenen Linienzug $ABB'A'A$. Die elektrische Feldstärke innerhalb der homogenen Leiter AA' und BB' ist mit dem Strome gleichgerichtet und der Größe der

Strömung sowie dem spezifischen Widerstand des Leiters proportional. Das Linienintegral der Feldstärke entlang des linearen Leiters ist also gleich dem Ohmschen Spannungsabfall im Leiter. Für die erwähnte geschlossene Schleife gilt daher: Spannung AB + Ohmschem Spannungsabfall in den Leitungen + Spannung $B'A'$ + der in der Schleife induzierten EMK ist gleich Null. Die Spannung zwischen A' und B' unterscheidet sich also von der Spannung zwischen A und B um den Ohmschen Spannungsabfall in den Leitungen + der in der Schleife induzierten EMK. Den gleichen Spannungsunterschied zwischen $A'B'$ und AB erhält man, wenn man diese induzierte EMK in Spulen verlegt denkt, die in beiden Leitungen oder auch nur in einer der beiden Leitungen angeordnet und mit dem Ohmschen Widerstand der Leitungen hintereinandergeschaltet sind (Abb. 5; dabei ist zunächst von den aus den Leitern austretenden Verschiebungsströmungen abgesehen). Die Kraftlinien mögen nur innerhalb des Spulenkernes verlaufen. Jede dieser Spulen hat, im oben angegebenen Sinne, eine bestimmte „Spannung". Die Spannung zwischen A' und B' unterscheidet sich nunmehr von der Spannung zwischen A und B um den Betrag des Ohmschen Spannungsabfalls in den Leitungen und um die Summe der Spulenspannungen. Durch entsprechende Wahl der Spulengröße kann die Induktivität der wirklich vorhandenen Schleife durch die Spuleninduktivitäten ersetzt werden. Die „Masche" dieses Netzes, d. h. der Raum zwischen Hin- und Rückleitung, wird von magnetischen Kraftlinien nicht durchsetzt, die Umlaufspannung dieser Ersatzschleife ist also gleich Null, wenn man die Spulen als gestreckte Teile der Leitung betrachtet, längs welcher das Linienintegral der elektrischen Feldstärke gleich der Spulenspannung ist. Es ist jedoch zu beachten, daß dieser Ersatzkreis nur die Spannungen AB und $A'B'$ richtig darstellt. Die Spannung zwischen A und B' kann im Ersatzkreis durch Messung mittels Voltmeters eindeutig bestimmt werden, falls die Induktivitäten der beiden einzelnen Spulen gegeben sind. Im allgemeinen Stromkreis (Abb. 3b) ist dagegen die Messung der Spannung von der Lage der Meßdrähte abhängig. Zieht man nun auch

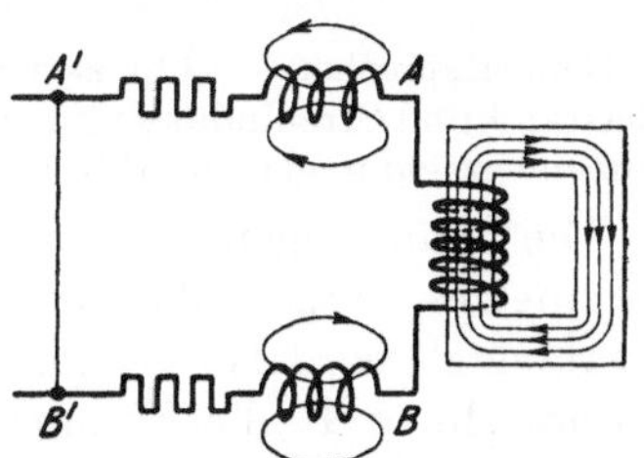

Abb. 5. Ersatz der Leitungsinduktivität durch konzentrierte Spulen.

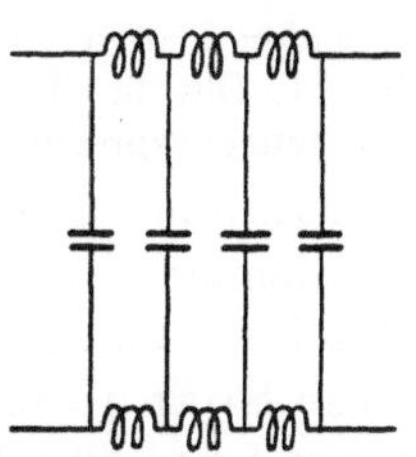
Abb. 6. Ersatz des elektromagnetischen Wechselfeldes durch Elementarkondensatoren und Elementarspulen.

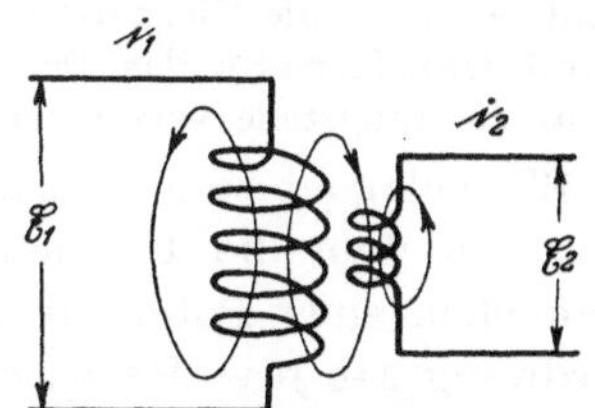
Abb. 7. Schema des Transformators.

die Wirkung der Verschiebungsströme in Betracht, so müssen die Ersatzinduktivitäten in Form unendlich kleiner Spulen zwischen den einzelnen Elementarkondensatoren angeordnet werden, welche die Verschiebungsströme aufnehmen (Abb. 6). Dabei ist von der magnetischen Wirkung der Verschiebungsströme und ihrer Rückwirkung auf das elektrische Feld abgesehen, was für die Frequenzen der technischen Wechselströme ohne weiteres zulässig ist. (Diese Rückwirkung macht sich erst bei den Frequenzen der drahtlosen Übertragung und der Optik bemerkbar; sie hat eine Ausstrahlung elektromagnetischer Energie in das umgebende Dielektrikum zur Folge.)

Auch die gegenseitige Induktion von Stromkreisen läßt sich durch Spulen darstellen, die etwa in der Art von Transformatorwicklungen einander induzieren (Abb. 7). Ein Transformator kann folgendermaßen als Scheinwiderstandsnetz abgebildet werden: Der Ohmsche Widerstand der Wicklungen sei w_1 und w_2, die Streuinduktivität L_{1s} und L_{2s}, die vom gemeinsamen Feld herrührende Induktivität L_1 und L_2. Die gegenseitige Induktivität ist $M = \sqrt{L_1 L_2}$. Die Ströme in den beiden Wicklungen sind $\mathfrak{i}_1$ und $\mathfrak{i}_2$, die Kreisfrequenz ist ω. Damit ergeben sich für Primärspannung und Sekundärspannung die folgenden Beziehungen:

$$\mathfrak{E}_1 = (w_1 + jL_{1s}\omega)\,\mathfrak{i}_1 + jL_1\omega\,\mathfrak{i}_1 - jM\omega\,\mathfrak{i}_2 = (w_1 + jL_{1s}\omega)\,\mathfrak{i}_1 + j(L_1 - M)\,\omega\,\mathfrak{i}_1 + jM\omega(\mathfrak{i}_1 - \mathfrak{i}_2)\,,$$

$$\mathfrak{E}_2 = jM\omega\,\mathfrak{i}_1 - jL_2\omega\,\mathfrak{i}_2 - (w_2 + jL_{2s}\omega)\,\mathfrak{i}_2 = jM\omega(\mathfrak{i}_1 - \mathfrak{i}_2) - j(L_2 - M)\,\omega\,\mathfrak{i}_2 - (w_2 + jL_{2s})\,\omega\,\mathfrak{i}_2\,.$$

Die gleichen Spannungen ergeben sich auch aus dem in Abb. 8 dargestellten Ersatzkreis. Die in den obigen Ausdrücken vorkommenden Induktivitäten $(L_1 - M)$ und $(L_2 - M)$ sind dabei durch Reihenschaltungen von Induktivitäten L_1 bzw. L_2 mit einer Kapazität C dargestellt, welche der negativen Induktivität $(-M)$ entspricht. (Ein Kondensator nimmt voreilenden Strom, eine Spule nacheilenden Strom auf, der Kondensator kann daher rechnerisch als Spule mit negativer Induktivität behandelt werden.) Diese Darstellung wurde gewählt, weil auf der Niederspannungsseite der Ausdruck $(L_2 - M)$ negativ wird, also nicht durch die Induktivität einer Spule darstellbar ist. Für das Übersetzungsverhältnis 1 : 1 wird $L_1 = L_2 = M$. In diesem Falle heben sich die Wirkungen von L_1 (bzw. L_2) und C gegenseitig auf (Spannungsresonanz), so daß der Ersatzkreis die Form Abb. 9 annimmt. Sind nur zwei einander gegenseitig induzierende Stromkreise vorhanden, so können diese auf das Übersetzungsverhältnis 1 : 1 reduziert werden, indem man in dem einen

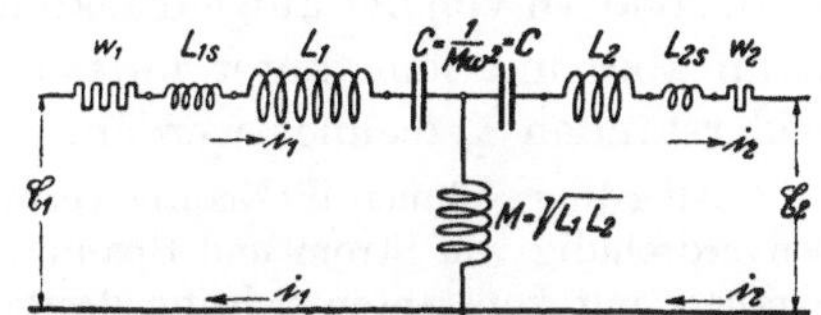
Abb. 8. Ersatzschema des Transformators.

der Kreise mit proportional veränderten Strömen bzw. Spannungen rechnet. In diesem Falle läßt sich also das einfachere Ersatzschema (Abb. 9) verwenden.

In dieser Darstellung sind die Eisenverluste noch nicht berücksichtigt. Sofern sie dem Quadrat der magnetischen Induktion proportional sind (Wirbelstromverlust), entspricht ihnen ein Ohmscher Widerstand, der unmittelbar hinter L_{1s} oder unmittelbar vor L_{2s} (Abb. 8 und 9) zwischen Hin- und Rückleitung angeschaltet ist. (Die Streukraftlinien verlaufen großenteils in Luft und sind daher an der Erzeugung der Eisenverluste in der Regel fast unbeteiligt).

Auch der Autotransformator (Abb. 10) läßt sich auf diese Weise darstellen. Er unterscheidet sich von dem mit zwei Wicklungen versehenen Transformator nur dadurch, daß in dem zwischen den Niederspannungsklemmen liegenden Wicklungsteil beide Ströme gleichzeitig fließen. Für den Spannungsabfall im Ohmschen Widerstand und an der Streuinduktivität dieses Wicklungsteiles

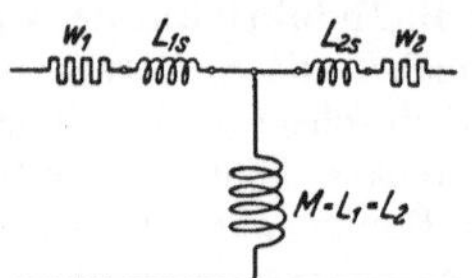

Abb. 9. Ersatzschema des Transformators mit Übersetzung 1 : 1.

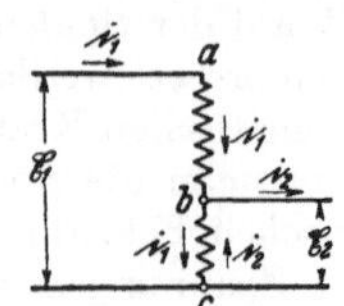

Abb. 10. Schema das Autotransformators.

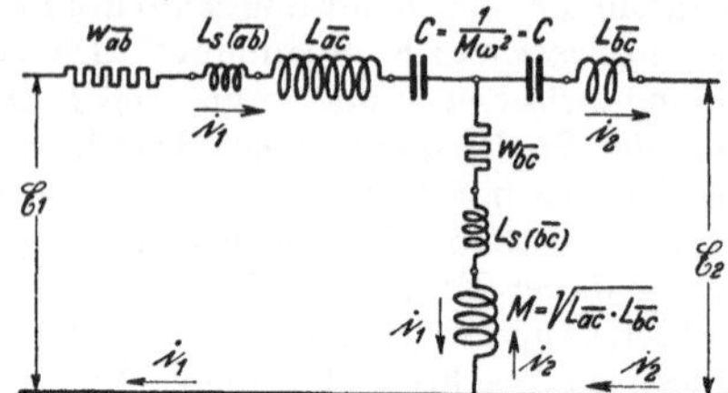

Abb. 11. Ersatzschema des Autotransformators.

kommt demnach die (Vektor-) Differenz der beiden Ströme in Betracht. Dementsprechend ergibt sich für den Autotransformator das Ersatzschema Abb. 11. Die für Ohmschen Widerstand und Streuinduktivität der beiden Wicklungsteile verwendeten Bezeichnungen entsprechen den Klemmenbezeichnungen in Abb. 10.

Wir gelangen somit zusammenfassend zu folgendem Ergebnis: Die Spannungen des Ersatznetzes, an dem die Erscheinungen des allgemeinen Wechselstromnetzes dargestellt werden, entsprechen einer Potentialfunktion. Durch dieses „Potential-Ersatznetz" wird bei geeigneter Anordnung die jeweils zu bestimmende Spannung richtig dargestellt (z. B. die Klemmenspannung am Anfang und am Ende einer Leitung). In diejenigen Seiten der Netzmaschen, längs welcher die Spannung nicht bestimmt werden soll, werden Spulen verlegt, deren Induktivitäten, über den Umfang jeder Masche summiert, die Induktivität der Masche ersetzen. Diese Spulen werden als Bestandteile der Netzleiter betrachtet.

Das allgemeine Wechselstromnetz kann auch Generatoren enthalten. Diese werden im Ersatzkreis dargestellt durch Scheinwiderstände mit negativer Ohmscher Komponente, also mit negativem Energieverbrauch, d. h. positiver Energieerzeugung.

2. Das mehrfach gespeiste Ersatznetz mit konstanten Scheinwiderständen.

Wir setzen nunmehr voraus, daß die Größen der einzelnen Scheinwiderstände, aus denen sich das Netz zusammensetzt, von den in ihnen auftretenden Strömen und Spannungen nicht beeinflußt werden. Diese Voraussetzung gilt mit großer Annäherung für alle Übertragungsleitungen, wenn man von stillen Entladungen (Korona-Erscheinungen) absieht. Die Spannungsabhängigkeit der infolge mangelhafter Isolation stets vorhandenen Ableitung kommt nicht in Betracht, da sich die Spannung praktisch nur in verhältnismäßig engen Grenzen ändert und da der Einfluß der Ableitung auf einer ungestörten Leitung in der Regel nur sehr gering ist. Für Transformatoren gilt die Annahme konstanter Scheinwiderstände im Ersatzschema Abb. 8 nicht ohne weiteres, da wegen der Sättigung des Eisenkerns die Induktivitäten nicht konstant sind, sondern von der aufgedrückten Spannung abhängen. Bei kleinen Spannungsschwankungen kann aber mit konstanter mittlerer Sättigung und dementsprechend mit konstanten Scheinwiderständen gerechnet werden.

Allerdings können die häufig verwendeten Transformatorschaltungen, durch die eine gemeinsame Phasenverdrehung von Strom und Spannung bewirkt wird (z. B. Stern-Dreieckschaltung) nicht durch ein Ersatznetz mit konstanten Scheinwiderständen dargestellt werden. Dies ist in Abschnitt 6, S. 14, näher erläutert. Zugleich ist dort gezeigt, daß man für technische Übertragungsprobleme diese gemeinsame Phasenverdrehung meist entweder vernachlässigen oder nach beendeter Berechnung berücksichtigen kann. Der Berechnungsgang wird also durch diese Art von Schaltungen nicht beeinflußt.

Auch Motoren und Generatoren, die an das Netz angeschaltet sind, können bei wenig veränderlicher Spannung als konstante Scheinwiderstände betrachtet werden, falls ihre Leistung konstant ist. Diese Scheinwiderstände werden als Bestandteile des Netzes betrachtet. Ist ihre Leistung jedoch nicht konstant, so können Elektromaschinen nicht durch konstante Scheinwiderstände dargestellt werden. Sie sind in diesem Falle als äußere, an das Netz angeschlossene Energieerzeuger oder -Verbraucher zu betrachten, durch deren Belastung die Strom- und Spannungsverteilung im Netze bestimmt wird.

Ströme, Spannungen und Scheinwiderstände werden im folgenden durch komplexe Größen dargestellt und im allgemeinen mit deutschen Buchstaben bezeichnet. Die entsprechenden lateinischen Buchstaben beziehen sich auf die Effektivwerte bzw. das Verhältnis der Effektivwerte. (Über die symbolische Bezeichnung der Wechselstromgrößen und das Rechnen mit komplexen Ausdrücken siehe Anhang I, S. 197 u. f. S.)

Das Netz enthalte $m+1$ Knotenpunkte, die durch P_0, P_1, $P_2 \ldots P_m$ bezeichnet werden (Abb. 12). Die Scheinwiderstands-Gruppen zwischen je zwei Knotenpunkten können durch resultierende Scheinwiderstände ersetzt werden. Der resultierende Widerstand zwischen zwei beliebigen Knotenpunkten P_s und P_t sei mit $\mathfrak{R}_{st}$ bezeichnet. Den Knotenpunkten werden die Ströme $\mathfrak{J}_0$, $\mathfrak{J}_1$, $\mathfrak{J}_2 \ldots \mathfrak{J}_m$ zugeführt. Wegen des stationären Charakters des Stromes muß die Summe aller zugeführten Ströme gleich Null sein, daher

$$\mathfrak{J}_0 = -(\mathfrak{J}_1 + \mathfrak{J}_2 + \cdots + \mathfrak{J}_m).$$

Dies kann so dargestellt werden, als ob alle in den Punkten P_1 bis P_m dem Netze zugeführten Ströme durch P_0 wieder abströmen. P_0 ist der Nullpunkt des Netzes. Die Spannungen der einzelnen Punkte P_1 bis P_m, gegen den Nullpunkt gemessen, seien mit $\mathfrak{E}_1$, $\mathfrak{E}_2 \ldots \mathfrak{E}_m$ bezeichnet.

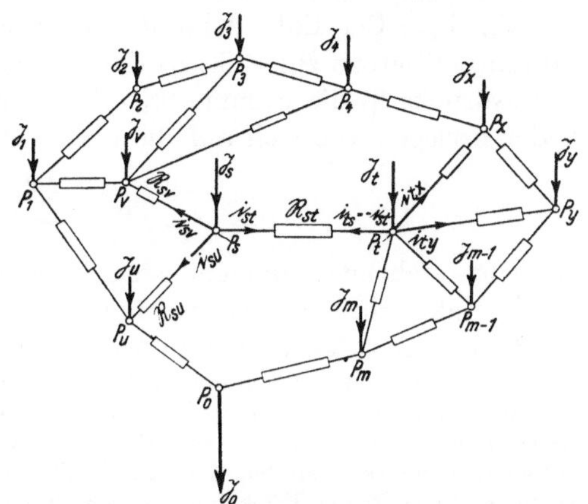

Abb. 12. Das Scheinwiderstandsnetz. P_1 bis P_m Stromzuführungen. P_0 Nullpunkt.

Wäre nur einer der m Knotenpunktströme, etwa $\mathfrak{J}_s$, vorhanden, so wäre die Spannung $\mathfrak{E}_s$ wegen der Konstanz der Scheinwiderstände dem Strome $\mathfrak{J}_s$ proportional. Das gleiche gilt von allen Zweigströmen, die dabei im Netze auftreten, und daher auch von den Spannungen der übrigen Knotenpunkte. Fließen die Ströme $\mathfrak{J}_1$ bis $\mathfrak{J}_m$ gleichzeitig, so können die Knotenpunktspannungen durch Superposition der einzelnen Teilspannungen erhalten werden, die den einzelnen Strömen entsprechen. Die m Spannungen sind also lineare Funktionen der m Knotenpunktströme:

$$\left.\begin{array}{l}
\mathfrak{E}_1 = \mathfrak{w}_{11}\mathfrak{J}_1 + \mathfrak{w}_{12}\mathfrak{J}_2 + \cdots\cdots + \mathfrak{w}_{1m}\mathfrak{J}_m, \\
\mathfrak{E}_2 = \mathfrak{w}_{21}\mathfrak{J}_1 + \mathfrak{w}_{22}\mathfrak{J}_2 + \cdots\cdots + \mathfrak{w}_{2m}\mathfrak{J}_m, \\
\vdots \\
\mathfrak{E}_s = \mathfrak{w}_{s1}\mathfrak{J}_1 + \mathfrak{w}_{s2}\mathfrak{J}_2 + \cdots + \mathfrak{w}_{st}\mathfrak{J}_t + \cdot + \mathfrak{w}_{sm}\mathfrak{J}_m, \\
\vdots \\
\mathfrak{E}_t = \mathfrak{w}_{t1}\mathfrak{J}_1 + \mathfrak{w}_{t2}\mathfrak{J}_2 + \cdot + \mathfrak{w}_{ts}\mathfrak{J}_s + \cdots + \mathfrak{w}_{tm}\mathfrak{J}_m, \\
\vdots \\
\mathfrak{E}_m = \mathfrak{w}_{m1}\mathfrak{J}_1 + \mathfrak{w}_{m2}\mathfrak{J}_2 + \cdots\cdots + \mathfrak{w}_{mm}\mathfrak{J}_m.
\end{array}\right\} \qquad (1)$$

Die Größen sind konstant und im allgemeinen komplex, da die Teilspannungen gegenüber den Teilströmen in der Phase verschoben sind.

Zwischen den Größen $\mathfrak{w}$ besteht eine Beziehung, die für alle folgenden Entwicklungen von grundlegender Wichtigkeit ist. Diese Beziehung soll nunmehr abgeleitet werden.

An dem beliebigen Knotenpunkt P_s seien die nach den benachbarten Knotenpunkten P_t, P_u, P_v führenden Scheinwiderstände $\mathfrak{R}_{st}$, $\mathfrak{R}_{su}$, $\mathfrak{R}_{sv}$ angeschlossen. Die von P_s ausgehenden, in diesen Scheinwiderständen fließenden Ströme bezeichnen wir mit $\mathfrak{i}_{st}$, $\mathfrak{i}_{su}$ und $\mathfrak{i}_{sv}$. In diese drei Teilströme teilt sich der Knotenpunktstrom $\mathfrak{J}_s$, und es ist daher

$$\mathfrak{J}_s = \mathfrak{i}_{st} + \mathfrak{i}_{su} + \mathfrak{i}_{sv}.$$

Die gleichen Bezeichnungen, auf den Punkt P_t angewendet, enthalten u. a. den Strom $\mathfrak{i}_{ts}$; dieser geht vom P_t aus, und es ist daher $\mathfrak{i}_{st} = -\mathfrak{i}_{ts}$.

Wir betrachten nun den Summenausdruck

$$\mathfrak{P} = \sum_{r=1}^{r=m} \mathfrak{E}_r \cdot \mathfrak{J}_r = \mathfrak{E}_1 \cdot \mathfrak{J}_1 + \mathfrak{E}_2 \cdot \mathfrak{J}_2 + \cdots + \mathfrak{E}_m \cdot \mathfrak{J}_m .$$

Darin kann jeder der Ströme $\mathfrak{J}$ als Summe der vom Knotenpunkt ausgehenden Netzströme $\mathfrak{i}$ dargestellt werden. Führt man diese Substitution durch, so erscheint der im beliebigen Scheinwiderstand $\mathfrak{R}_{st}$ fließende Strom $\mathfrak{i}_{st}$ zweimal, nämlich einmal im Gliede $\mathfrak{E}_s \cdot \mathfrak{J}_s$, das andere Mal im Gliede $\mathfrak{E}_t \cdot \mathfrak{J}_t$, weil der Widerstand $\mathfrak{R}_{st}$ von den beiden Knotenpunkten P_s und P_t begrenzt wird. Es ist

$$\mathfrak{E}_s \cdot \mathfrak{J}_s = \mathfrak{E}_s(\mathfrak{i}_{st} + \mathfrak{i}_{su} + \mathfrak{i}_{sv}) ,$$
$$\mathfrak{E}_t \cdot \mathfrak{J}_t = \mathfrak{E}_t(\mathfrak{i}_{ts} + \mathfrak{i}_{tx} + \cdots) .$$

Faßt man die beiden auf Strom $\mathfrak{i}_{st} = -\mathfrak{i}_{ts}$ bezüglichen Glieder zusammen, so erhält man $(\mathfrak{E}_s - \mathfrak{E}_i) \cdot \mathfrak{i}_{st}$. Der linke Klammerausdruck stellt die am Scheinwiderstand $\mathfrak{R}_{st}$ auftretende Spannungsdifferenz $\mathfrak{B}_{st} = \mathfrak{R}_{st} \mathfrak{i}_{st}$ dar. Daher haben die den Strom $\mathfrak{i}_{st}$ enthaltenden Teilglieder des Ausdrucks $\mathfrak{P}$ die Summe $\mathfrak{R}_{st} \cdot \mathfrak{i}_{st}^2$. Der Ausdruck $\mathfrak{P}$ läßt sich auf diese Weise in einzelne Glieder zerlegen, die sich auf die einzelnen Netzwiderstände beziehen, und man erhält daher

$$\mathfrak{P} = \sum_{r=1}^{r=m} \mathfrak{E}_r \cdot \mathfrak{J}_r = \sum \mathfrak{R}_{st} \cdot \mathfrak{i}_{st}^2 . \tag{2}$$

Der rechts stehende Summenausdruck erstreckt sich über sämtliche Netzwiderstände, die zwei Knotenpunkte miteinander verbinden.

Wendet man dieses Gesetz auf Gleichstrom an, so besagt es, daß die Summe aller an den Knotenpunkten zugeführten Leistungen gleich der in den Ohmschen Widerständen des Netzes erzeugten Wärme ist. Es ist bemerkenswert, daß sich formal das gleiche Gesetz auch für ein Wechselstromnetz ergibt, falls dessen Umlaufspannung gleich Null ist, obwohl die Glieder des Summenausdrucks (2) nicht die Leistungsgrößen des Wechselstromnetzes darstellen. Nur die absoluten Werte dieser Glieder sind gleich den entsprechenden Scheinleistungen (Produkt der Effektivwerte von Strom und Spannung). Durch die reellen und imaginären Komponenten dieser Glieder werden jedoch Wirkleistung und Blindleistung nicht dargestellt (s. Anhang I, S. 203).

Wir betrachten nunmehr zwei verschiedene Betriebsfälle. Strom- und Spannungsgrößen seien für diese Fälle durch zusätzliche Indizes bezeichnet, und zwar für den ersten Fall durch Index a, für den zweiten Fall durch Index b. Wir bilden nun einen der Produktsumme $\mathfrak{P}$ ähnlichen Ausdruck $\mathfrak{P}'$ derart, daß die Spannungen $\mathfrak{E}$ dem ersten Betriebsfall, die Ströme $\mathfrak{J}$ jedoch dem zweiten Betriebsfall entsprechen, also

$$\mathfrak{P}' = \sum_{r=1}^{r=m} \mathfrak{E}_{r(a)} \cdot \mathfrak{J}_{r(b)} = \mathfrak{E}_{1(a)} \cdot \mathfrak{J}_{1(b)} + \cdots + \mathfrak{E}_{m(a)} \cdot \mathfrak{J}_{m(b)} .$$

Wie bei der Berechnung des Ausdrucks $\mathfrak{P}$ können nunmehr die den Knotenpunkten zugeführten Ströme $\mathfrak{J}_{(b)}$ durch die einzelnen zugehörigen Teilströme $\mathfrak{i}_{(b)}$ ausgedrückt werden, die von den Knotenpunkten in die Scheinwiderstände des Netzes abströmen. Aus den Gliedern, die sich auf die Knotenpunkte P_s und P_t beziehen, erhält man u. a. wieder das auf den Scheinwiderstand $\mathfrak{R}_{st}$ bezügliche Teilglied, welches entsprechend dem Bildungsgesetz vom $\mathfrak{P}'$ nunmehr lautet:

$$(\mathfrak{E}_{s(a)} - \mathfrak{E}_{t(a)})\, \mathfrak{i}_{st(b)} = \mathfrak{B}_{st(a)} \cdot \mathfrak{i}_{st(b)} = \mathfrak{R}_{st}\, \mathfrak{i}_{st(a)} \cdot \mathfrak{i}_{st(b)} .$$

Diese Teilglieder ergeben in ihrer Gesamtheit den Summenausdruck:

$$\mathfrak{P}' = \sum_{r=1}^{r=m} \mathfrak{E}_{r(a)} \cdot \mathfrak{J}_{r(b)} = \sum \mathfrak{R}_{st} \cdot \mathfrak{i}_{st(a)}\, \mathfrak{i}_{st(b)} .$$

Aus dem rechts stehenden Ausdruck entnimmt man, daß die Indizes a und b miteinander vertauscht werden können, denn sie erscheinen nur in Produkten von der Form $\mathfrak{i}_{st(a)} \cdot \mathfrak{i}_{st(b)}$. Somit ergibt sich die Beziehung:

$$\mathfrak{P}' = \sum_{r=1}^{r=m} \mathfrak{E}_{r(a)} \cdot \mathfrak{J}_{r(b)} = \sum_{r=1}^{r=m} \mathfrak{E}_{r(b)} \cdot \mathfrak{J}_{r(a)} . \tag{3}$$

Diese Beziehung hat folgende physikalische Bedeutung: Es werde im Falle a nur der Knotenpunkt P_s gespeist ($\mathfrak{J}_{s(a)} = \mathfrak{J}_s$), die übrigen Knotenpunktströme seien gleich Null. Desgleichen werde im Falle b nur der Knotenpunkt P_t gespeist $(\mathfrak{J}_{t(b)} = \mathfrak{J}_t)$. Dann ist entsprechend (3):

$$\mathfrak{E}_{t(a)} \cdot \mathfrak{J}_t = \mathfrak{E}_{s(b)} \cdot \mathfrak{J}_s . \tag{4}$$

Ist $\mathfrak{J}_s = \mathfrak{J}_t$, so ist auch $\mathfrak{E}_{t(a)} = \mathfrak{E}_{s(b)}$. Ein dem Knotenpunkte P_s zugeführter Strom erzeugt im Knotenpunkt P_t die gleiche Spannung, wie sie ein gleich großer, dem Knotenpunkt P_t zugeführter Strom in P_s erzeugen würde, und zwar ganz unabhängig von der besonderen Beschaffenheit des Netzes.

Die Spannungen $\mathfrak{E}_{t(a)}$ und $\mathfrak{E}_{s(b)}$ können entsprechend Gleichung (1) durch die Ströme ausgedrückt werden. Da im Falle a nur $\mathfrak{J}_s$, im Falle b nur $\mathfrak{J}_t$ vorhanden ist, so ergibt Gleichung (1):

$$\mathfrak{E}_{t(a)} = \mathfrak{w}_{ts} \cdot \mathfrak{J}_s , \qquad \mathfrak{E}_{s(b)} = \mathfrak{w}_{st} \cdot \mathfrak{J}_t .$$

Diese Werte in (4) eingesetzt, ergeben

$$\mathfrak{w}_{ts} \mathfrak{J}_s \cdot \mathfrak{J}_t = \mathfrak{w}_{st} \mathfrak{J}_t \cdot \mathfrak{J}_s ,$$

daher

$$\mathfrak{w}_{st} = \mathfrak{w}_{ts} . \tag{5}$$

Mit Ausnahme der Koeffizienten vom Charakter $\mathfrak{w}_{rr}$ sind also je zwei Koeffizienten der Gleichungen (1) einander gleich.[1])

3. Der mehrphasige Verteilungskreis.

Bei dem vorstehend behandelten Netz war vorausgesetzt, daß sämtlichen Stromzuführungspunkten P_1 bis P_m ein einziger Nullpunkt P_0 zugeordnet ist. Nunmehr nehmen wir an, daß die Stromzuführungspunkte in mehrere Gruppen eingeteilt werden können, deren jede ihren besonderen Nullpunkt hat. Der aus jedem Gruppennullpunkt austretende Strom ist gleich der Summe der Ströme, die in den dieser Gruppe zugehörenden Knotenpunkten eintreten. Dann gelten die Beziehungen (1) bis (5) in ungeänderter Form, sobald man die Spannung jedes Knotenpunktes auf den zugehörigen Gruppennullpunkt bezieht, (also nicht mehr sämtliche Knotenpunktspannungen gegen einen einzigen Punkt P_0 mißt). Dies ergibt sich wie folgt:

Die Knotenpunkte P_1 bis P_m mögen z. B. in drei Gruppen geteilt werden, und zwar P_1 bis P_f mit dem Nullpunkt P_{01}; P_{f+1} bis P_k mit dem Nullpunkt P_{02}; und P_{k+1} bis P_m mit dem Nullpunkt P_{03}. Dann ist

$$\mathfrak{J}_{01} = -(\mathfrak{J}_1 + \mathfrak{J}_2 + \cdots + \mathfrak{J}_f), \qquad \mathfrak{J}_{02} = -(\mathfrak{J}_{f+1} + \mathfrak{J}_{f+2} + \cdots + \mathfrak{J}_k),$$
$$\mathfrak{J}_{03} = -(\mathfrak{J}_{k+1} + \mathfrak{J}_{k+2} + \cdots + \mathfrak{J}_m).$$

Wir behandeln zunächst die Gruppennullpunkte in gleicher Weise wie die übrigen Knotenpunkte und nehmen an, daß das ganze System außerdem einen gemeinsamen Nullpunkt P_0 habe. (Dieser ist allerdings stromlos, da ja die in jede Gruppe eintretenden Ströme schon in den Gruppennullpunkten wieder abgeführt werden. Man kann also jeden beliebigen Punkt, dem von außen kein Strom zugeführt oder entnommen wird, als gemeinsamen Nullpunkt betrachten.) Auf der rechten Seite der Gleichungen (1) sind nunmehr die den Gruppennullpunkten entsprechenden Glieder hinzuzufügen, da diese Punkte als weitere Knotenpunkte hinzukommen. Die zugehörigen Ströme lassen sich entsprechend den vorstehenden Gleichungen als negative Summen der Gruppenströme ausdrücken. Man erhält also die Spannungen abermals als lineare Funktionen der m Knotenpunktströme. In gleicher Weise stellen sich auch die Spannungen der Gruppennullpunkte gegen den gemeinsamen Nullpunkt dar. Bildet man die Differenz zwischen der Spannung eines Knotenpunktes und des zugehörigen Gruppennullpunktes, d. i. die Knotenpunktspannung gegen den zugehörigen Gruppennullpunkt gemessen, so stellt sich dieses somit gleichfalls als lineare Funktion der m Knotenpunktströme dar. Die Koeffizienten der Gleichungen (1) ändern dadurch ihre Größen, die Form dieser Gleichungen wird jedoch nicht beeinflußt.

---

[1]) Der vorstehende Beweis hat formale Ähnlichkeit mit dem Beweis für die Wechselbeziehung elektrischer Induktionskoeffizienten (s. E. Cohn: Das elektromagnetische Feld, S. 55ff. Leipzig: Hirzel, 1900). Es entsprechen: $\mathfrak{P}$ der Energie des elektrischen Feldes, $\mathfrak{P}'$ der wechselseitigen Energie zweier Felder, i den elektrischen Feldstärken, $\mathfrak{J}$ den Ladungen, $\mathfrak{R}$ der Dielektrizitätskonstante, $\mathfrak{w}$ den Potentialkoeffizienten und $\mathfrak{E}$ den Potentialen.

Fügt man auch in dem linksstehenden Summenausdruck von (2) die den Gruppennullpunkten entsprechenden Glieder hinzu, so erhält man

$$\mathfrak{P} = \sum_{r=1}^{r=m} \mathfrak{E}_r \cdot \mathfrak{J}_r + \mathfrak{E}_{01} \cdot \mathfrak{J}_{01} + \mathfrak{E}_{02} \cdot \mathfrak{J}_{02} + \mathfrak{E}_{03} \cdot \mathfrak{J}_{03}$$

Auch in diesem Ausdruck können die Nullpunkt-Ströme durch die zugehörigen Knotenpunktströme ausgedrückt werden. Zieht man die auf gleiche Ströme bezüglichen Glieder zusammen, so erhält man

$$\mathfrak{P} = (\mathfrak{E}_1 - \mathfrak{E}_{01})\,\mathfrak{J}_1 + \cdots + (\mathfrak{E}_f - \mathfrak{E}_{01})\,\mathfrak{J}_f + (\mathfrak{E}_{f+1} - \mathfrak{E}_{02})\,\mathfrak{J}_{f+1} + \cdots + (\mathfrak{E}_k - \mathfrak{E}_{02})\,\mathfrak{J}_k$$
$$+ (\mathfrak{E}_{k+1} - \mathfrak{E}_{03})\,\mathfrak{J}_{k+1} + \cdots + (\mathfrak{E}_m - \mathfrak{E}_{03})\,\mathfrak{J}_m\,.$$

Die Klammerausdrücke bezeichnen die Spannungen der einzelnen Knotenpunkte, jeweils gegen den zugehörigen Nullpunkt gemessen. Werden die Spannungsgrößen in der Gleichung (2) in dieser Weise aufgefaßt, so stimmt diese in der Form mit dem vorstehenden Ausdruck für $\mathfrak{P}$ überein und gilt daher auch für den Fall mehrerer, mit eigenen Nullpunkten versehener Stromzuführungsgruppen. Das gleiche gilt für die Beziehung (3) und die daraus abgeleiteten Beziehungen (4) und (5).

Diese Gleichungen lassen sich somit auf den ganz allgemeinen Fall anwenden, daß in ein beliebig beschaffenes Netz mehrere unsymmetrische Mehrphasenleitungen samt zugehörigen Nulleitern einmünden bzw. davon ausgehen. Jeder Mehrphasenanschluß wird durch eine Knotenpunktsgruppe dargestellt; der zugehörige Gruppennullpunkt entspricht dem Nulleiter des Anschlusses. Die Spannungen $\mathfrak{E}$ sind also nunmehr die Phasenspannungen, die Ströme $\mathfrak{J}$ die Phasenströme der einmündenden Mehrphasenleitungen. Da über die Anzahl der Knotenpunkte der einzelnen Gruppen nichts vorausgesetzt war, so müssen die Phasenzahlen der einzelnen Leitungen nicht notwendig übereinstimmen.

Es ist z. B. bei einem Transformator in Scottscher Schaltung (Abb. 13) der eine Anschluß zweiphasig, der andere dreiphasig. Sind in sämtlichen Mehrphasenanschlüssen zusammengenommen m Phasen vorhanden, so ergeben sich die m Phasenspannungen, jede auf den zugehörigen Nullpunkt bezogen, entsprechend (1) als lineare Funktionen der m Phasenströme. Der Zusammenhang der m Spannungen und der m Ströme (also zusammen $2m$ Größen) kann aber noch allgemeiner gehalten werden. Aus den m linearen Gleichungen (1) lassen sich stets $(m-1)$ Größen eliminieren. Das Ergebnis dieser Elimination ist eine lineare Beziehung zwischen den übrigen $(m+1)$ Größen, d. h. daß sich jede der Größen als lineare Funktion von m beliebigen anderen Größen darstellen läßt. Betrachtet man diese m Größen als gegeben — es können darunter sowohl Ströme als auch Spannungen beliebiger Phasen und beliebiger Leitungsanschlüsse enthalten sein —, so läßt sich jede der m anderen Größen als lineare Funktion der m gegebenen Ströme bzw. Spannungen darstellen. Im Falle des Scottschen Transformators ist $m = 5$ (nämlich zwei Phasen auf der einen und drei Phasen auf der anderen Seite). Die Belastungen seien unsymmetrisch. Sind auf der Drehstromseite drei Phasenspannungen und zwei Phasenströme gegeben, so lassen sich daraus die beiden Phasenspannungen und -Ströme der Zweiphasenseite sowie der dritte Strom der Drehstromseite ermitteln, und zwar sind alle diese Größen lineare Funktionen der fünf gegebenen Größen. Sind dagegen die beiden Spannungen und die beiden Ströme auf der Zweiphasenseite gegeben, so ist auf der Drehstromseite noch eine Größe frei wählbar (ein Strom oder eine Spannung). Vollkommen bestimmt ist das System durch Angabe von zwei Belastungswiderständen der Zweiphasenseite und den drei Phasenspannungen der Drehstromseite, oder umgekehrt durch drei Belastungswiderstände der Drehstromseite und die beiden Phasenspannungen der Zweiphasenseite. Stets aber muß die Anzahl der gegebenen Größen mit der Gesamtzahl aller vorhandenen Phasen übereinstimmen. Es sei daran erinnert, daß unter „Größen" hier durchweg komplexe Ausdrücke verstanden sind; jeder derselben enthält zwei Angaben, die sich auf den Absolutwert (Effektivwert) und die Phasenlage beziehen.

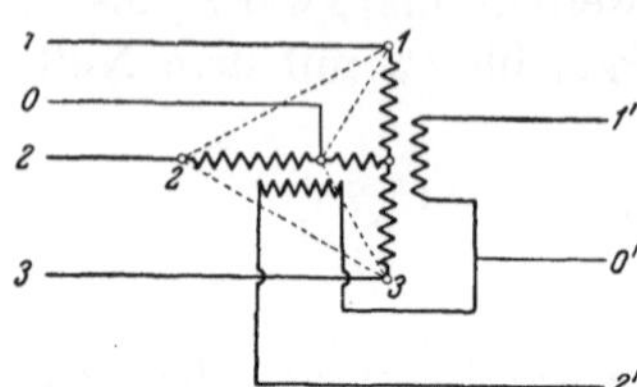

Abb. 13. Scottsche Schaltung mit herausgeführtem Nulleiter.

Ein Anwendungsgebiet der vorstehend abgeleiteten Gesetze sind die mehrphasigen Verteilungsleitungen. Gegeben sei eine Drehstromleitung, von der drei andere Drehstromleitungen abzweigen (Abb. 14). Sämtliche Leitungen seien mit Nulleitern versehen. Jede der Leitungen kann durch ein Netz nach Abb. 12 dargestellt werden. Die Endpunkte der Phasenleitungen sind als Knotenpunkte aufzufassen, denen Strom zugeführt wird. (Dieser verteilt sich auf die benachbarten Elementarkondensatoren und die benachbarten Elementarspulen). Die übrigen Abzweigpunkte, auch die Zweigstellen der Leitungen, kommen als Knotenpunkte im Sinne der vorstehenden Ausführungen nicht in Betracht, da ihnen von außen kein Strom zugeführt oder entnommen wird. Es sind im ganzen $5 \times 3 = 15$ Knotenpunkte vor-

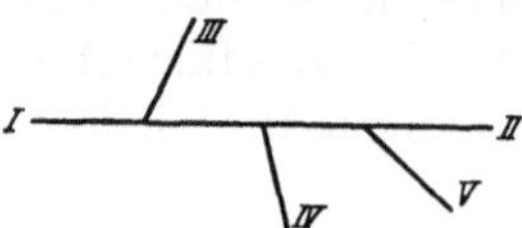

Abb. 14. Verteilungsnetz.

handen. Folglich können 15 Größen willkürlich gewählt werden, etwa die drei Phasenströme und die drei Phasenspannungen an den Enden zweier Stichleitungen (zusammen 12 Größen) und die drei Spannungen an dem einen Ende der Hauptleitung. Die übrigen 15 Größen (nämlich je drei Ströme und Spannungen am Anfang der Hauptleitung, am Ende der dritten Stichleitung und die drei Ströme am Ende der Hauptleitung können) daraus als lineare Funktionen der gegebenen 15 Größen ermittelt werden.

4. Der mehrphasige Übertragungskreis.

Es seien im ganzen $n = 2\,m$ Knotenpunkte vorhanden, die sich auf zwei Gruppen von je m Knotenpunkten verteilen. Jede der beiden Gruppen habe ihren zugehörigen Nullpunkt (Abb. 15). Der allgemeine Ersatzkreis sei innerhalb des gestrichelten Quadrates als beliebiges Scheinwiderstandsnetz vorhanden. Die Anordnung Abb. 15 läßt sich so auffassen, als ob an der Stelle I eine m-Phasenleitung in das Netz einträte und an Stelle II wieder austräte. Wird in I ein Generator, in II ein Verbraucher angeschlossen, so wird durch das Netz hindurch Energie von I nach II übertragen. Wir bezeichnen eine solche Anordnung daher als **Übertragungskreis**. Jede Leitung stellt einen solchen Kreis dar. Dabei können in beliebiger Weise Transformatoren, Drosselspulen oder Kondensatoren zugeschaltet sein.

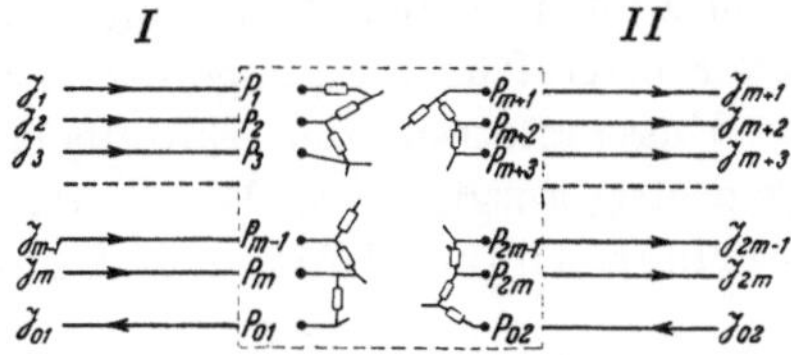

Abb. 15. Der m-phasige Übertragungskreis.

Dem Charakter der Übertragung entspricht es, daß die Ströme im Punkte I als ,,zugeführt'', im Punkte II als ,,entnommen'' angegeben sind (durch die Pfeilrichtung in Abb. 15). Wir setzen also voraus, daß diejenige Halbwelle des Wechselstroms positiv gezählt wird, die einer Strömungsrichtung von I nach II entspricht. Ferner setzen wir voraus, daß die Halbwelle der Spannung positiv gezählt wird, wenn der betreffende Knotenpunkt gegenüber dem Nullpunkt positiv elektrisch ist. Wir haben bisher sämtliche Ströme als ,,zugeführt'' betrachtet. Bei Anwendung der vorstehend entwickelten Gleichungen müssen also die auf die Stelle II bezüglichen Ströme mit negativem Vorzeichen versehen werden. (Über die Richtung der Energieströmung ist mit dieser Festlegung noch nichts ausgesagt, da ja die Ströme gegen die zugehörigen Spannungen beliebige Phasenverschiebungen, auch größer als eine Viertelperiode, haben können, so daß jede der beiden Stellen I und II einen Generatoranschluß bzw. einen Verbraucheranschluß darstellen kann.)

Die Gleichungen (1) nehmen nunmehr unter Berücksichtigung von (5) folgende Form an:

$$\left.\begin{aligned}
\mathfrak{E}_1 &= \mathfrak{w}_{11}\mathfrak{J}_1 + \mathfrak{w}_{12}\mathfrak{J}_2 + \cdots \mathfrak{w}_{1m}\mathfrak{J}_m - \mathfrak{w}_{1,m+1}\mathfrak{J}_{m+1} - \mathfrak{w}_{1,m+2}\mathfrak{J}_{m+2} - \cdots - \mathfrak{w}_{1n}\mathfrak{J}_n,\\
\mathfrak{E}_2 &= \mathfrak{w}_{12}\mathfrak{J}_1 + \mathfrak{w}_{22}\mathfrak{J}_2 + \cdots \mathfrak{w}_{2m}\mathfrak{J}_m - \mathfrak{w}_{2,m+1}\mathfrak{J}_{m+1} - \mathfrak{w}_{2,m+2}\mathfrak{J}_{m+2} - \cdots - \mathfrak{w}_{2n}\mathfrak{J}_n,\\
&\vdots\\
\mathfrak{E}_m &= \mathfrak{w}_{1m}\mathfrak{J}_1 + \mathfrak{w}_{2m}\mathfrak{J}_2 + \cdots \mathfrak{w}_{mm}\mathfrak{J}_m - \mathfrak{w}_{m,m+1}\mathfrak{J}_{m+1} - \mathfrak{w}_{m,m+2}\mathfrak{J}_{m+2} - \cdots - \mathfrak{w}_{mn}\mathfrak{J}_n,\\
\hline
\mathfrak{E}_{m+1} &= \mathfrak{w}_{1,m+1}\mathfrak{J}_1 + \mathfrak{w}_{2,m+1}\mathfrak{J}_2 + \cdots \mathfrak{w}_{m,m+1}\mathfrak{J}_m - \mathfrak{w}_{m+1,m+1}\mathfrak{J}_{m+1} - \mathfrak{w}_{m+1,m+2}\mathfrak{J}_{m+2} - \cdots - \mathfrak{w}_{m+1,n}\mathfrak{J}_n,\\
&\vdots\\
\mathfrak{E}_n &= \mathfrak{w}_{1n}\mathfrak{J}_1 + \mathfrak{w}_{2n}\mathfrak{J}_2 + \cdots \mathfrak{w}_{mn}\mathfrak{J}_m - \mathfrak{w}_{m+1,n}\mathfrak{J}_{m+1} - \mathfrak{w}_{m+2,n}\mathfrak{J}_{m+2} - \cdots - \mathfrak{w}_{nn}\mathfrak{J}_n.
\end{aligned}\right\}\quad(6)$$

Berechnet man aus den letzten m Gleichungen die Ströme der Stelle I, nämlich $\mathfrak{J}_1$ bis $\mathfrak{J}_m$, so erhält man diese als lineare Funktionen der Betriebsgrößen (Ströme und Spannungen) der Stelle II. Setzt man diese Funktionen in die ersten m Gleichungen ein, so erhält man in gleicher Weise auch die Spannungen der Stelle I als lineare Funktionen der Betriebsgrößen von II. Es ergibt sich

$$\left.\begin{aligned}
\mathfrak{E}_1 &= \mathfrak{a}_{1,m+1}\mathfrak{E}_{m+1} + \mathfrak{a}_{1,m+2}\mathfrak{E}_{m+2} + \cdots + \mathfrak{a}_{1n}\mathfrak{E}_n + \mathfrak{b}_{1,m+1}\mathfrak{J}_{m+1} + \mathfrak{b}_{1,m+2}\mathfrak{J}_{m+2} + \cdots + \mathfrak{b}_{1n}\mathfrak{J}_n,\\
&\vdots\\
\mathfrak{E}_m &= \mathfrak{a}_{m,m+1}\mathfrak{E}_{m+1} + \mathfrak{a}_{m,m+2}\mathfrak{E}_{m+2} + \cdots + \mathfrak{a}_{mn}\mathfrak{E}_n + \mathfrak{b}_{m,m+1}\mathfrak{J}_{m+1} + \mathfrak{b}_{m,m+2}\mathfrak{J}_{m+2} + \cdots + \mathfrak{b}_{mn}\mathfrak{J}_n,\\
\mathfrak{J}_1 &= \mathfrak{c}_{1,m+1}\mathfrak{E}_{m+1} + \mathfrak{c}_{1,m+2}\mathfrak{E}_{m+2} + \cdots + \mathfrak{c}_{1n}\mathfrak{E}_n + \mathfrak{d}_{1,m+1}\mathfrak{J}_{m+1} + \mathfrak{d}_{1,m+2}\mathfrak{J}_{m+2} + \cdots + \mathfrak{d}_{1n}\mathfrak{J}_n,\\
&\vdots\\
\mathfrak{J}_m &= \mathfrak{c}_{m,m+1}\mathfrak{E}_{m+1} + \mathfrak{c}_{m,m+2}\mathfrak{E}_{m+2} + \cdots + \mathfrak{c}_{mn}\mathfrak{E}_n + \mathfrak{d}_{m,m+1}\mathfrak{J}_{m+1} + \mathfrak{d}_{m,m+2}\mathfrak{J}_{m+2} + \cdots + \mathfrak{d}_{mn}\mathfrak{J}_n.
\end{aligned}\right\}\quad(7)$$

Die verschiedenen Größen $\mathfrak{a}$, $\mathfrak{b}$, $\mathfrak{c}$, $\mathfrak{d}$ sind nicht unabhängig voneinander, denn sie berechnen sich aus den Größen $\mathfrak{w}$ der Gleichungen (6), die entsprechend (5) in Beziehung zueinander stehen. Wir wollen jedoch darauf nicht näher eingehen, da unsymmetrische Mehrphasenleitungen nur von untergeordneter technischer Bedeutung sind, namentlich mit Bezug auf Fernübertragungsprobleme. Denn die der Fernübertragung dienenden Leitungen mit hoher Spannung sind schon zur Vermeidung der Beeinflussung von Nachbarleitungen in der Regel verdrillt, können also als phasensymmetrisch betrachtet werden. Drehstromtransformatoren stellen wohl in ihrer üblichen technischen Anordnung (dreischenklige Kern- oder Manteltransformatoren) stets unsymmetrische Übertragungskreise dar, da der Längenanteil des Magnetisierungsweges in den Jochen für die einzelnen Phasen verschieden groß ist, doch ist diese Unsymmetrie nur geringfügig. Sie bezieht sich nur auf den Magnetisierungsstrom, der im Vergleich zum normalen Belastungsstrom an sich sehr klein ist. Auch die Belastung kann in größeren Kraftübertragungen stets als phasensymmetrisch angenommen werden, da sich eventuelle Unsymmetrien der Einzelbelastungen bei einer genügenden Anzahl von Verbrauchern gegenseitig ausgleichen. Wir beschränken uns also im folgenden auf die Betrachtung von symmetrisch angeordneten und symmetrisch belasteten Mehrphasensystemen.

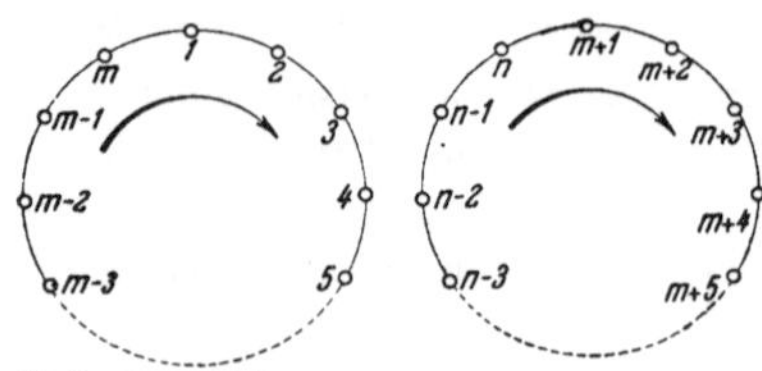

Abb. 16. Schema der zyklischen und der symmetrischen Vertauschungen.

Wegen der Phasensymmetrie innerhalb jeder der beiden Gruppen können die Indizes der Koeffizienten zwischen 1 und m, bzw. zwischen $m+1$ und n zyklisch vertauscht werden. Die Reihenfolge der Vertauschungen ist aus dem Schema Abb. 16 ersichtlich. Bei zyklischer Vertauschung erfolgt die Änderung der beiden Indizes entsprechend diesem Schema um die gleiche Schrittzahl und in gleichem Sinne. Es ist also

$$\mathfrak{w}_{11} = \mathfrak{w}_{22} = \cdots = \mathfrak{w}_{mm}; \quad \mathfrak{w}_{m+1,m+1} = \mathfrak{w}_{m+2,m+2} = \cdots = \mathfrak{w}_{nn};$$
$$\mathfrak{w}_{12} = \mathfrak{w}_{23} = \cdots = \mathfrak{w}_{m-1,m}; \quad \mathfrak{w}_{m+1,m+2} = \mathfrak{w}_{m+2,m+3} = \cdots = \mathfrak{w}_{n-1,n};$$
$$\mathfrak{w}_{1,m+1} = \mathfrak{w}_{2,m+2} = \cdots\cdots\cdots \mathfrak{w}_{m-1,n-1} = \mathfrak{w}_{mn}.$$

Ferner sind innerhalb jeder Gruppe die wechselseitigen Koeffizienten zwischen jeder Phase und den beiden symmetrisch dazu liegenden Nachbarphasen einander gleich, also entsprechend Abb. 16:

$$\mathfrak{w}_{12} = \mathfrak{w}_{1m}, \qquad \mathfrak{w}_{13} = \mathfrak{w}_{1,m-1}, \qquad \mathfrak{w}_{14} = \mathfrak{w}_{1,m-2} \text{ usw.}$$
$$\mathfrak{w}_{m+1,m+2} = \mathfrak{w}_{m+1,n}, \qquad \mathfrak{w}_{m+1,m+3} = \mathfrak{w}_{m+1,n-1}, \qquad \mathfrak{w}_{m+1,m+4} = \mathfrak{w}_{m+1,n-2} \text{ usw.}$$

Die Anzahl sämtlicher Koeffizienten von (6) ist dadurch auf diejenigen beschränkt, die in je einer der Spannungsgleichungen der Gruppe I und der Gruppe II vorkommen. Man kann sich also zur Kennzeichnung der Übertragungserscheinungen etwa auf die Bestimmungsgleichungen von $\mathfrak{E}_1$ und $\mathfrak{E}_{m+1}$ beschränken. Diese beiden Spannungsgleichungen können jedoch noch weiter wesentlich vereinfacht werden. Ist $\alpha = \frac{2\pi}{m}$ der Phasenunterschied zweier benachbarter Phasen, setzen wir ferner $\mathfrak{p} = e^{j\alpha}$, so ist

$$\mathfrak{J}_2 = \mathfrak{p}\,\mathfrak{J}_1, \qquad \mathfrak{J}_3 = \mathfrak{p}^2\,\mathfrak{J}_1, \ldots\ldots \mathfrak{J}_m = \mathfrak{p}^{m-1}\,\mathfrak{J}_1,$$
$$\mathfrak{J}_{m+2} = \mathfrak{p}\,\mathfrak{J}_{m+1}, \qquad \mathfrak{J}_{m+3} = \mathfrak{p}^2\,\mathfrak{J}_{m+1} \cdots \mathfrak{J}_n = \mathfrak{p}^{m-1}\,\mathfrak{J}_{m+1}.$$

Daher hat man

$$\left.\begin{aligned}\mathfrak{E}_1 &= (\mathfrak{w}_{11} + \mathfrak{p}\,\mathfrak{w}_{12} + \cdots + \mathfrak{p}^{m-1}\mathfrak{w}_{1m}) \cdot \mathfrak{J}_1 - (\mathfrak{w}_{1,m+1} + \mathfrak{p}\,\mathfrak{w}_{1,m+2} + \cdots + \mathfrak{p}^{m-1}\mathfrak{w}_{1n}) \cdot \mathfrak{J}_{m+1}.\\ \mathfrak{E}_{m+1} &= (\mathfrak{w}_{1,m+1} + \mathfrak{p}\,\mathfrak{w}_{2,m+1} + \cdots + \mathfrak{p}^{m-1}\mathfrak{w}_{m,m+1})\,\mathfrak{J}_1 - (\mathfrak{w}_{m+1,m+1} + \mathfrak{p}\,\mathfrak{w}_{m+1,m+2} + \cdots + \mathfrak{p}^{m-1}\mathfrak{w}_{m+1,n})\,\mathfrak{J}_{m+1}.\end{aligned}\right\} \quad ($$

Die Klammerausdrücke der ersten Gleichung bezeichnen wir mit $\mathfrak{w}_1$ und $\mathfrak{w}'$, die der zweiten Gleichung mit $\mathfrak{w}''$ und $\mathfrak{w}_{m+1}$ und erhalten

$$\left.\begin{aligned}\mathfrak{E}_1 &= \mathfrak{w}_1\,\mathfrak{J}_1 - \mathfrak{w}'\,\mathfrak{J}_{m+1},\\ \mathfrak{E}_{m+1} &= \mathfrak{w}''\,\mathfrak{J}_1 - \mathfrak{w}_{m+1}\,\mathfrak{J}_{m+1}.\end{aligned}\right\} \tag{8'}$$

Zwischen den Größen $\mathfrak{w}'$ und $\mathfrak{w}''$ besteht folgende Beziehung: Die Ausdrücke für diese Größen werden durch Vergleich von (8) und (8′) gefunden. Im Ausdruck für $\mathfrak{w}''$ werden die Koeffizienten durch zyklische Vertauschung der Indizes so umgeformt, daß, ebenso wie bei den Koeffizienten von $\mathfrak{w}'$, der erste Index stets 1 ist. Man erhält

$$\left.\begin{aligned}\mathfrak{w}' &= \mathfrak{w}_{1,m+1} + \mathfrak{p}\,\mathfrak{w}_{1,m+1} + \mathfrak{p}^2\,\mathfrak{w}_{1,m+3} + \cdots \mathfrak{p}^{m-2}\,\mathfrak{w}_{1,n-1} + \mathfrak{p}^{m-1}\,\mathfrak{w}_{1n},\\ \mathfrak{w}'' &= \mathfrak{w}_{1,m+1} + \mathfrak{p}\,\mathfrak{w}_{1,n} + \mathfrak{p}^2\,\mathfrak{w}_{1,n-1} + \cdots \mathfrak{p}^{m-2}\,\mathfrak{w}_{1,m+3} + \mathfrak{p}^{m-1}\,\mathfrak{w}_{1,m+2}.\end{aligned}\right\} \tag{9}$$

Die untereinanderstehenden Glieder dieser beiden Gleichungen müssen (mit Ausnahme des ersten Gliedes) nicht gleich groß sein, wenn auch der Übertragungskreis phasensymmetrisch ist und auch jede der beiden Knotenpunktsgruppen phasensymmetrische Anordnung hat. Die Größen $\mathfrak{w}'$ und $\mathfrak{w}''$ sind also nicht notwendig einander gleich[1].) Ein solcher symmetrischer Übertragungskreis mit ungleichen Größen von $\mathfrak{w}'$ und $\mathfrak{w}''$ ist in Abb. 17 dargestellt. Die beiden Knotenpunktsgruppen sind wohl jede für sich symmetrisch, jedoch gegeneinander unsymmetrisch angeordnet. Ist aber die Anordnung der Gruppen derart, daß je zwei Punkte der Gruppe II, die symmetrisch zu P_{m+1} liegen, gleichzeitig auch symmetrisch zu P_1 liegen — das gleiche gilt notwendigerweise auch von den Punkten der Gruppe I —, dann sind die untereinanderstehenden Koeffizienten der Gleichungen (9) gleich groß. Ein Beispiel für diesen Fall ist Abb. 18. Dabei ist also $\mathfrak{w}' = \mathfrak{w}''$. Ein solcher Übertragungskreis sei als vollkommen phasensymmetrisch bezeichnet.

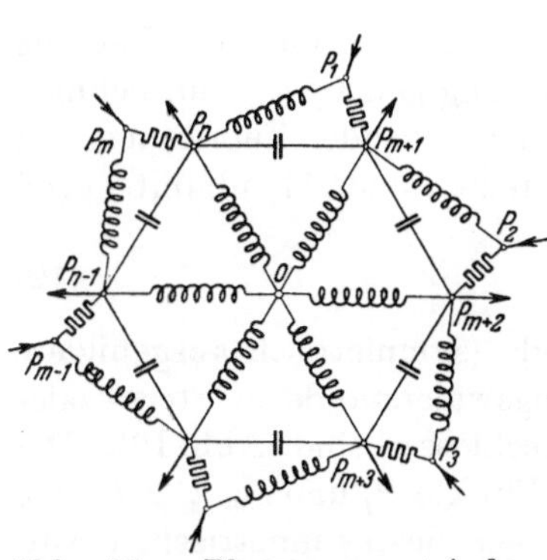

Abb. 17. Phasensymmetrischer Übertragungskreis. (Äußere und innere Gruppe in sich symmetrisch, beide Gruppen gegeneinander unsymmetrisch.)

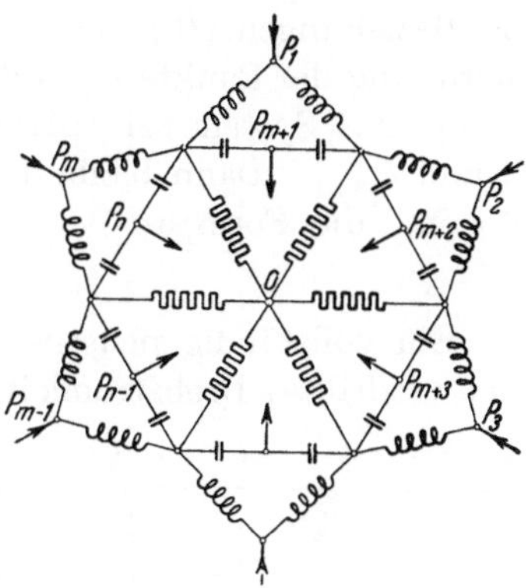

Abb. 18. Vollkommen phasensymmetrischer Übertragungskreis. (Beide Gruppen in sich und gegeneinander symmetrisch.)

Der Unterschied zwischen den beiden Arten symmetrischer Übertragungskreise läßt auch die folgende mathematische Formulierung zu. Wir ermitteln aus (8′) Strom und Spannung der ersten Gruppe als Funktionen von Strom und Spannung der zweiten Gruppe:

$$\mathfrak{E}_1 = \frac{\mathfrak{w}_1}{\mathfrak{w}''}\cdot\mathfrak{E}_{m+1} + \frac{\mathfrak{w}_1\,\mathfrak{w}_{m+1} - \mathfrak{w}'\,\mathfrak{w}''}{\mathfrak{w}''}\cdot\mathfrak{J}_{m+1},$$

$$\mathfrak{J}_1 = \frac{1}{\mathfrak{w}''}\cdot\mathfrak{E}_{m+1} + \frac{\mathfrak{w}_{m+1}}{\mathfrak{w}''}\cdot\mathfrak{J}_{m+1}.$$

Wir setzen

$$\frac{\mathfrak{w}_1}{\mathfrak{w}''} = \mathfrak{A};\qquad \frac{\mathfrak{w}_1\,\mathfrak{w}_{m+1} - \mathfrak{w}'\,\mathfrak{w}''}{\mathfrak{w}''} = \mathfrak{M};\qquad \frac{1}{\mathfrak{w}''} = \mathfrak{N};\qquad \frac{\mathfrak{w}_{m+1}}{\mathfrak{w}''} = \mathfrak{D}$$

und erhalten daher die für symmetrische Mehrphasensysteme geltende Beziehung

$$\left.\begin{aligned}\mathfrak{E}_1 &= \mathfrak{A}\,\mathfrak{E}_{m+1} + \mathfrak{M}\,\mathfrak{J}_{m+1},\\ \mathfrak{J}_1 &= \mathfrak{N}\,\mathfrak{E}_{m+1} + \mathfrak{D}\,\mathfrak{J}_{m+1}.\end{aligned}\right\}\tag{10}$$

---

[1]) Es lassen sich hier nicht etwa die Folgerungen machen, die zur Ableitung der Beziehung (5) führen. Diese Beziehung wurde aus Gleichung (3) abgeleitet, die aber auch erfüllt sein kann, wenn $\mathfrak{w}''$ und $\mathfrak{w}'$ verschieden groß sind. Um dies zu erkennen, setze man für den Betriebsfall a sämtliche Ströme der Gruppe II gleich Null, für den Betriebsfall b sämtliche Ströme der Gruppe I gleich Null. Aus (8′) folgt für diesen Fall:

$$\mathfrak{E}_{1(a)} = \mathfrak{w}_1\,\mathfrak{J}_1,\quad \mathfrak{J}_{1(b)} = 0;\quad \mathfrak{E}_{1(b)} = -\mathfrak{w}'\,\mathfrak{J}_{m+1},\quad \mathfrak{J}_{1(a)} = \mathfrak{J}_1,$$
$$\mathfrak{E}_{m+1(a)} = \mathfrak{w}''\,\mathfrak{J}_1,\quad \mathfrak{J}_{m+1(b)} = \mathfrak{J}_{m+1};\quad \mathfrak{E}_{m+1(b)} = -\mathfrak{w}''\,\mathfrak{J}_{m+1},\quad \mathfrak{J}_{m+1(a)} = 0.$$

In gleicher Weise wie für die Phasen 1 und $m+1$ erhält man die Ausdrücke für die übrigen Phasen, wenn man in den vorstehenden Gleichungen die Indizes beider Gruppen um die gleiche Schrittzahl verändert. Daher ergibt sich

$$\begin{aligned}\mathfrak{P}' &= \sum_1^m \mathfrak{E}_{r(a)}\,\mathfrak{J}_{r(b)} - \sum_{m+1}^n \mathfrak{E}_{r(a)}\,\mathfrak{J}_{rb} = \sum_1^m \mathfrak{E}_{r(b)}\,\mathfrak{J}_{r(a)} - \sum_{m+1}^n \mathfrak{E}_{r(b)}\,\mathfrak{J}_{r(a)}\\ &= -\mathfrak{w}''\,(\mathfrak{J}_1\,\mathfrak{J}_{m+1} + \mathfrak{J}_2\,\mathfrak{J}_{m+2} + \cdots + \mathfrak{J}_m\,\mathfrak{J}_n) = -\mathfrak{w}'\,(\mathfrak{J}_1\,\mathfrak{J}_{m+1} + \mathfrak{J}_2\,\mathfrak{J}_{m+2} + \cdots + \mathfrak{J}_m\,\mathfrak{J}_n).\end{aligned}$$

Daraus darf aber noch nicht auf die Gleichheit von $\mathfrak{w}'$ und $\mathfrak{w}''$ geschlossen werden, denn der rechts und links stehende Klammerausdruck ist gleich Null (als Summe gleich großer und über einen vollen Umkreis gleichmäßig verteilter Vektoren).

Die vier Konstanten der Gleichungsgruppe (10) seien als Übertragungskonstanten des Kreises bezeichnet. Für ihre Determinante findet man

$$\Delta = \mathfrak{A}\mathfrak{D} - \mathfrak{M}\mathfrak{N} = \frac{\mathfrak{w}'}{\mathfrak{w}''}. \tag{11}$$

Die Beziehungen (10) und (11) gelten für phasensymmetrische Systeme allgemein. Über die Zuordnung der Punkte P_1 und P_{m+1} ist darin noch keine Voraussetzung gemacht. Nun nehmen wir an, das System sei vollkommen phasensymmetrisch mit entsprechender Zuordnung von P_1 und P_{m+1}. Dann bleibt Gleichung (10) formal ungeändert bestehen, und (11) nimmt wegen $\mathfrak{w}' = \mathfrak{w}''$ die Form an

$$\Delta = \mathfrak{A}\mathfrak{D} - \mathfrak{M}\mathfrak{N} = 1. \tag{12}$$

Ein vollständig phasensymmetrisches System wird durch jede (symmetrisch ausgebildete oder verdrillte) Drehstromleitung dargestellt, an welche Belastungswiderstände in Stern- oder Dreieckschaltung symmetrisch angeschlossen sind (Abb. 19). Dabei sind die einander zugeordneten Punkte P_1 und $P_{m+1} \equiv P_4$ die Endpunkte des gleichen Leiters. Wegen des symmetrischen Aufbaus ist tatsächlich $\mathfrak{w}_{45} = \mathfrak{w}_{46}$, aber auch $\mathfrak{w}_{15} = \mathfrak{w}_{16}$. Durch Benutzung des Ersatzschemas Abb. 8 erkennt man, daß die vollständige Phasensymmetrie auch erhalten bleibt, wenn die Übertragung außer über eine Drehstromleitung auch über Transformatoren geführt wird, die sowohl auf der Hochspannungsseite als auch auf der Niederspannungsseite in Stern bzw. in Dreieck geschaltet sind. In diesem Falle gelten also die Beziehungen (10) mit $\Delta = 1$ als Grundgleichungen des Übertragungsvorganges. (Über Stern-Dreieck-Schaltung siehe Abschnitt 6.)

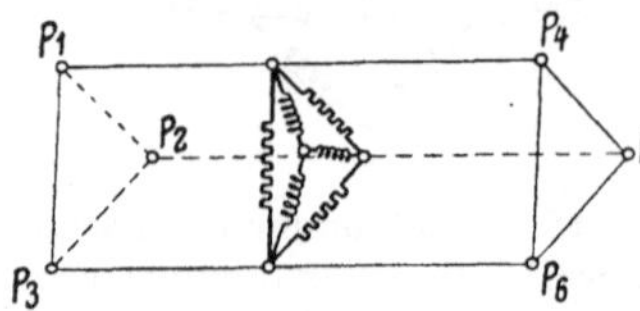

Abb. 19. Die symmetrische Drehstromleitung als vollkommen phasensymmetrischer Übertragungskreis.

5. Der einphasige Übertragungskreis.

Die Beziehungen (10) mit der Determinante $\Delta = 1$ gelten ohne jede Einschränkung für den einphasigen Übertragungskreis (Abb. 20), sofern dieser durch konstante Scheinwiderstände dargestellt werden kann. Für diesen besteht die Gruppe I nur aus dem Zuführungspunkt P_1 und dem zugehörigen Nullpunkt P_1', durch den der in P_1 zugeführte Strom wieder abgeführt wird.[1]) Ebenso besteht Gruppe II nur aus dem Punkte P_2 und dem zugehörigen Nullpunkt P_2'. Die Gleichungen (6) nehmen daher hier die folgende Form an:

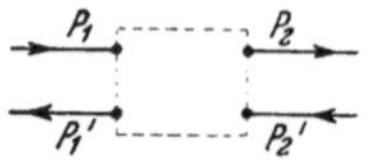

Abb. 20. Der einphasige Übertragungskreis.

$$\mathfrak{E}_1 = \mathfrak{w}_{11}\mathfrak{J}_1 - \mathfrak{w}_{12}\mathfrak{J}_2,$$
$$\mathfrak{E}_2 = \mathfrak{w}_{12}\mathfrak{J}_1 - \mathfrak{w}_{22}\mathfrak{J}_2.$$

Daraus ergibt sich

$$\mathfrak{E}_1 = \frac{\mathfrak{w}_{11}}{\mathfrak{w}_{12}}\mathfrak{E}_2 + \frac{\mathfrak{w}_{11}\mathfrak{w}_{22} - \mathfrak{w}_{12}^2}{\mathfrak{w}_{12}}\mathfrak{J}_2,$$
$$\mathfrak{J}_1 = \frac{1}{\mathfrak{w}_{12}}\mathfrak{E}_2 + \frac{\mathfrak{w}_{22}}{\mathfrak{w}_{12}}\mathfrak{J}_2.$$

[1]) Faßt man den Einphasenkreis als Sonderfall des phasensymmetrischen Mehrphasenkreises auf, so ist als System-Nullpunkt derjenige ideelle Punkt zu betrachten, dessen Spannungen gegen die Zuführungspunkte P_1 und P_1' in jedem Augenblick entgegengesetzt gleich sind (z. B. den mittleren Punkt eines zwischen P_1 und P_1' geschalteten Spannungsteilers). Da die Summe der in P_1 und P_1' zugeführten Ströme in jedem Augenblick gleich Null ist, so kann der „Nullpunkt" (im bisher erwähnten Sinn) willkürlich angenommen werden. Die hier gemachte Annahme, daß dieser Nullpunkt mit einem der beiden Zuführungspunkte (P_1' bzw. P_2') zusammenfällt, hat zunächst den Vorteil, daß in jeder Gruppe nur noch ein Zuführungspunkt verbleibt, wodurch die Betrachtung sehr vereinfacht wird. Ferner geht auf diese Weise die „Klemmenspannung" zwischen P_1 und P_1' (bzw. P_2 und P_2') unmittelbar in die Rechnung ein. Alle Leistungsformeln, in denen das Quadrat der Spannung erscheint, werden für den Einphasenkreis und den Drehstromkreis formell gleich, wenn man in beiden Fällen die zwischen zwei Leitern auftretende Spannung einsetzt (s. Anhang I, 3, S. 191). Die im weiteren Verlauf eingeführten Widerstandsgrößen sind beim Einphasenkreis zwischen den beiden Leitern, beim Drehstromkreis zwischen Phasenleiter und System-Nullpunkt anzunehmen. Dieser Umstand ist bei Berechnung der kilometrischen Konstanten zu berücksichtigen (s. Anhang III, S. 213).

Setzt man $\frac{\mathfrak{w}_{11}}{\mathfrak{w}_{12}} = \mathfrak{C}_{II}$, $\frac{\mathfrak{w}_{11}\mathfrak{w}_{22} - \mathfrak{w}_{12}^2}{\mathfrak{w}_{12}} = \mathfrak{M}$, $\frac{1}{\mathfrak{w}_{12}} = \mathfrak{N}$, $\frac{\mathfrak{w}_{22}}{\mathfrak{w}_{12}} = \mathfrak{C}_I$, [1])

so ergibt sich analog (10) und (12)

$$\mathfrak{E}_1 = \mathfrak{C}_{II}\mathfrak{E}_2 + \mathfrak{M}\mathfrak{J}_2, \qquad (13a)$$

$$\mathfrak{J}_1 = \mathfrak{N}\mathfrak{E}_2 + \mathfrak{C}_I\mathfrak{J}_2, \qquad (13b)$$

$$\mathfrak{C}_I\mathfrak{C}_{II} = \frac{\mathfrak{w}_{11}\mathfrak{w}_{22}}{\mathfrak{w}_{12}^2}, \qquad \mathfrak{M}\mathfrak{N} = \frac{\mathfrak{w}_{11}\mathfrak{w}_{22} - \mathfrak{w}_{12}^2}{\mathfrak{w}_{12}^2},$$

daher

$$\Delta = \mathfrak{C}_I\mathfrak{C}_{II} - \mathfrak{M}\mathfrak{N} = 1. \qquad (14)$$

Die Gleichungen (13) und (14) werden allen Berechnungen der Übertragungsvorgänge zugrunde gelegt. Sie bilden auch die Grundlage des graphischen Verfahrens. Sie gelten für Übertragung im Einphasenkreis und in formal gleicher Weise auch für Übertragung im vollständig phasensymmetrischen Mehrphasenkreis. Wendet man diese Gleichungen auf Übertragungsleitungen an, so beziehen sich die Größen $\mathfrak{E}_1$ und $\mathfrak{J}_1$ auf das eine, die Größen $\mathfrak{E}_2$ und $\mathfrak{J}_2$ auf das andere Leitungsende. Dementsprechend werden im folgenden die beiden Gruppen stets als „Endpunkt *1*" und „Endpunkt *2*" bezeichnet. (Die Bezeichnung als Anfangspunkt und Endpunkt ist im allgemeinen vermieden, da jedes der beiden Enden an einen Generator oder an einen Verbraucher angeschlossen sein kann.)

Die Gleichungen (13) lassen sich unter Voraussetzung konstanter Scheinwiderstände in einfacher Weise auch ohne näheres Eingehen auf die Gesetze des allgemeinen Wechselstromkreises ableiten. Da wegen der Konstanz der Scheinwiderstände nur lineare Beziehungen zwischen Strom und Spannung möglich sind, so kann man durch Superposition zweier beliebiger Betriebszustände einen dritten ableiten, der gleichfalls den Grundgleichungen genügt. Einen durch $\mathfrak{E}_2$ und $\mathfrak{J}_2$ charakterisierten Betriebszustand des Endpunktes *2* kann man durch Superposition der beiden folgenden Fälle entstanden denken: Leerlauf im Endpunkt *2* mit der Spannung $\mathfrak{E}_2$, dabei ist $\mathfrak{J}_2 = 0$; und Kurzschluß im Endpunkt *2* mit dem Strom $\mathfrak{J}_2$, dabei ist $\mathfrak{E}_2 = 0$. Der Endpunkt *1* werde nun an eine Wechselstromquelle mit der Spannung $\mathfrak{E}_1$ geschaltet, der Punkt *2* sei unbelastet. Im Netze treten dann Ströme und Spannungsdifferenzen auf, die sich nach einer bestimmten, von Größe und Beschaffenheit der Scheinwiderstände abhängigen Weise verteilen, im übrigen aber proportional der Spannung $\mathfrak{E}_1$ sind. Dabei ist insbesondere auch die Spannung $\mathfrak{E}_2$ im Punkte *2* proportional $\mathfrak{E}_1$, und man hat daher für diesen Fall, der den Leerlauf im Punkte *2* kennzeichnet, die Beziehung

$$\mathfrak{E}_1 = \mathfrak{C}_{II}\mathfrak{E}_2,$$

worin $\mathfrak{C}_{II}$ eine durch die Beschaffenheit des Systems gegebene Konstante darstellt. Sie ist im allgemeinen ebenfalls eine komplexe Größe, da $\mathfrak{E}_1$ und $\mathfrak{E}_2$ nicht nur in ihrer Größe, sondern auch in ihrer Phase verschieden sind. Größenverhältnis und Phasenunterschied sind jedoch wegen der Konstanz der Scheinwiderstände nur von der Beschaffenheit des Übertragungskreises, nicht aber von der Größe der Spannung abhängig. — Nunmehr werde Punkt *2* kurzgeschlossen. Durch die Kurzschlußstelle fließt ein Strom $\mathfrak{J}_2$, der gleichfalls von der inneren Beschaffenheit des Übertragungskreises abhängt, im übrigen aber wieder proportional der Größe $\mathfrak{E}_1$ ist. Man hat also für den Kurzschluß in Punkt *2* die Beziehung

$$\mathfrak{E}_1 = \mathfrak{M}\mathfrak{J}_2,$$

worin $\mathfrak{M}$ ebenfalls eine durch die Eigenschaften des Systems bestimmte, im allgemeinen komplexe Konstante ist. Der Betriebszustand für Spannung $\mathfrak{E}_2$ bei Strombelastung $\mathfrak{J}_2$ läßt sich aus der Zusammensetzung des Leerlauffalles mit dem Kurzschlußfall erhalten. Somit ergibt sich für die bei diesem Betriebszustand auftretende Spannung in Punkt *1* die erste Gleichung von (13). In ganz analoger Weise erhält man für den Strom im Punkte *1* die zweite Gleichung von (13).

Die allgemeine Gültigkeit von (14) für Einphasenkreise läßt sich jedoch nur aus den Gesetzen des allgemeinen Wechselstromkreises, mittels der Beziehungen (3) und (5), streng erweisen. Ebenso kann man nur auf Grund dieser Gesetze den Geltungsbereich von (14) für mehrphasige Übertragungskreise bestimmen. In allen diesen Fällen ist jedoch vorauszusetzen, daß der Übertragungskreis durch konstante Scheinwiderstände dargestellt werden kann.

6. Gemeinsame Phasenänderung von Strom und Spannung.

In Übertragungskreisen werden häufig Schaltungen verwendet, die sich nicht durch ein Ersatznetz mit konstanten Scheinwiderständen darstellen lassen. Es sind dies jene Schaltungen, durch die eine gemeinsame Phasenverdrehung von Strom und Spannung bewirkt wird.

---

[1]) Die in Gleichung (10) mit $\mathfrak{A}$ und $\mathfrak{D}$ bezeichneten Größen sind nunmehr $\mathfrak{C}_I$ und $\mathfrak{C}_{II}$ genannt. Die Begründung dieser Bezeichnungsweise, die den gleichartigen Charakter der beiden Größen andeuten soll, geht aus den Erörterungen der Abschnitte 37 und 38 hervor.

Hierher gehören besonders die Transformatoren in Stern-Dreieck-Schaltung (Abb. 21), die Transformatoren in Zickzackschaltung (Abb. 22), ferner die Drehfeldtransformatoren, die nach Art von Asynchronmotoren mit ruhendem, jedoch verdrehbarem Rotor angeordnet sind (Abb. 23).

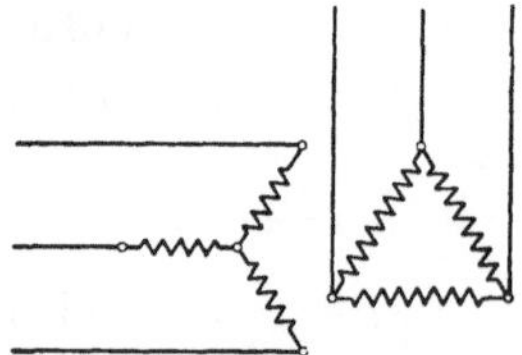

Abb. 21. Phasenverdrehung durch Stern-Dreieck-schaltung.

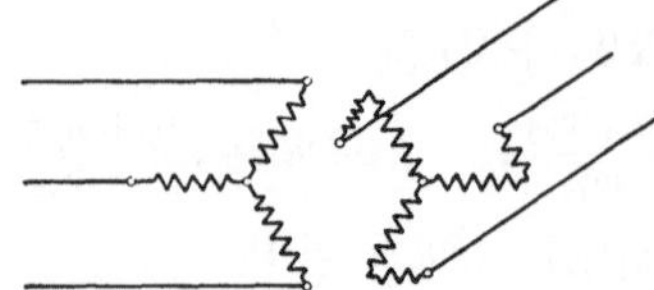

Abb. 22. Phasenverdrehung durch Zickzackschaltung.

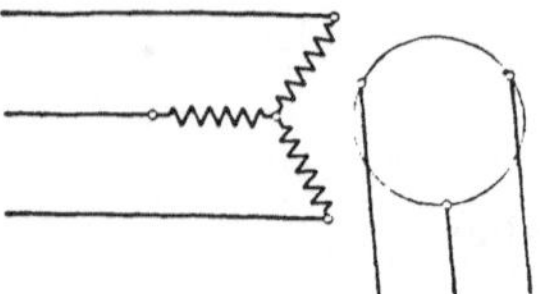

Abb. 23. Phasenverdrehung durch Drehtransformator.

In diesen Fällen können also die Grundgleichungen (13) und (14), deren Ableitung die Konstanz der Scheinwiderstände zur Voraussetzung hat, nicht mehr ohne weiteres angewendet werden. Es soll untersucht werden, ob und inwieweit ein auf diese Gleichungen gegründetes Berechnungsverfahren bei Anwendung einer solchen Verdrehungsschaltung abzuändern ist.

Die Wirkung dieser Schaltungen läßt sich zerlegen in einen rein transformatorischen und einen rein phasendrehenden Teil. Der erstere bewirkt, daß sich die Effektivwerte und Phasenunterschiede von Strom und Spannung so ändern wie bei einem gewöhnlichen einphasigen Transformator und kann daher entsprechend Abb. 8 bzw. Abb. 9 an einem Ersatzschema mit konstanten Scheinwiderständen dargestellt werden. Der letztere bewirkt keine Änderung der Effektivwerte und gegenseitigen Phasenverschiebung, jedoch eine gemeinsame Verdrehung der Strom- und Spannungsphase entsprechend dem Vektordiagramm Abb. 24. Der Stromvektor $\mathfrak{J}$ bzw. der Spannungsvektor $\mathfrak{E}$ wird durch die Verdrehung um einen konstanten Winkel α in den Vektor $\mathfrak{J}'$ bzw. $\mathfrak{E}'$ übergeführt. Es ist daher

$$\mathfrak{J}' = \mathfrak{J}\cdot e^{j\alpha}, \qquad \mathfrak{E}' = \mathfrak{E}\cdot e^{j\alpha}.$$

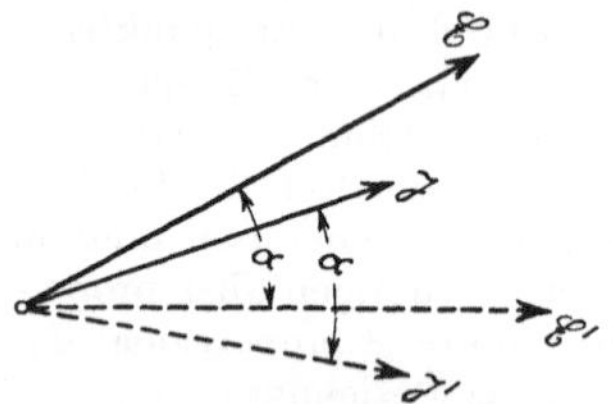

Abb. 24. Gemeinsame Verdrehung des Spannungs- und des Stromvektors.

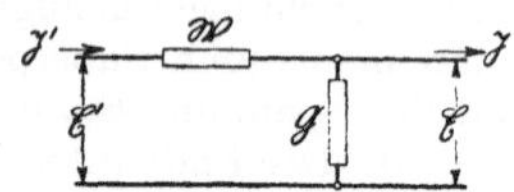

Abb. 25. Ersatznetz der Verdrehungsschaltung. (Widerstand $\mathfrak{W}$ und Leitfähigkeit $\mathfrak{G}$ abhängig vom Belastungszustand.)

Die phasenverdrehende Wirkung kann nun gleichfalls an einem Scheinwiderstandsnetz dargestellt werden, das entsprechend Abb. 25 einen Reihenschlußwiderstand $\mathfrak{W}$ und eine Paralleladmittanz $\mathfrak{G}$ enthält. Dementsprechend ist

$$\mathfrak{E}' = \mathfrak{E} + \mathfrak{W}\mathfrak{J}', \qquad \mathfrak{J}' = \mathfrak{J} + \mathfrak{G}\mathfrak{E}$$

und somit

$$\mathfrak{W} = \frac{\mathfrak{E}' - \mathfrak{E}}{\mathfrak{J}'} = \frac{\mathfrak{E}}{\mathfrak{J}}\cdot\frac{e^{j\alpha}-1}{e^{j\alpha}},$$

$$\mathfrak{G} = \frac{\mathfrak{J}' - \mathfrak{J}}{\mathfrak{E}} = \frac{\mathfrak{J}}{\mathfrak{E}}(e^{j\alpha} - 1).$$

Wenn auch α konstant ist, so sind die zum Ersatz der Verdrehungsschaltung dienenden Scheinwiderstände nunmehr veränderlich, denn sie sind vom Verhältnis $\frac{\mathfrak{E}}{\mathfrak{J}}$ abhängig, das durch die veränderliche Belastung des Übertragungskreises bestimmt wird. Die Grundgleichungen (10) bzw. (13) bleiben trotz dieser Veränderlichkeit der Scheinwiderstände erhalten. Die Determinante der Übertragungskonstanten hat aber nunmehr nicht den Wert 1, auch wenn die Verdrehungsschaltung an einem Übertragungskreis vorgenommen wird, der im übrigen vollkommen phasensymmetrisch ist.

Dies ergibt sich wie folgt: An den Endpunkt *2* des vollkommen symmetrischen Übertragungskreises sei ein Drehtransformator geschaltet. Strom und Spannung seien vor dem Transformator durch $\mathfrak{J}_2'$ und $\mathfrak{E}_2'$, hinter dem Transformator durch $\mathfrak{J}_2$ und $\mathfrak{E}_2$ bezeichnet. Dann ist entsprechend (10)

$$\begin{aligned} \mathfrak{E}_1 &= \mathfrak{A}'\,\mathfrak{E}_2' + \mathfrak{M}'\,\mathfrak{J}_2', \\ \mathfrak{J}_1 &= \mathfrak{N}'\,\mathfrak{E}_2' + \mathfrak{D}'\,\mathfrak{J}_2', \end{aligned} \qquad \Delta' = \mathfrak{A}'\mathfrak{D}' - \mathfrak{M}'\mathfrak{N}' = 1\,.$$

Der Transformator übersetze im Verhältnis 1 : 1, Ohmscher Widerstand, Streuung und Magnetisierungsstrom seien gleich Null (es wird mit anderen Worten nur die phasenverdrehende Wirkung in Betracht gezogen, die transformatorische Wirkung wird in den Übertragungskreis mit eingerechnet). Dann ist

$$\mathfrak{E}_2' = \mathfrak{E}_2 \cdot e^{j\alpha}, \qquad \mathfrak{J}_2' = \mathfrak{J}_2 \cdot e^{j\alpha}$$

und daher

$$\mathfrak{E}_1 = \mathfrak{A}' e^{j\alpha} \cdot \mathfrak{E}_2 + \mathfrak{M}' e^{j\alpha} \cdot \mathfrak{J}_2 = \mathfrak{A}\mathfrak{E}_2 + \mathfrak{M}\mathfrak{J}_2,$$

$$\mathfrak{J}_1 = \mathfrak{N}' e^{j\alpha} \cdot \mathfrak{E}_2 + \mathfrak{D}' e^{j\alpha} \cdot \mathfrak{J}_2 = \mathfrak{N}\mathfrak{E}_2 + \mathfrak{D}\mathfrak{J}_2,$$

$$\Delta = \mathfrak{A}\mathfrak{D} - \mathfrak{M}\mathfrak{N} = (\mathfrak{A}'\mathfrak{D}' - \mathfrak{M}'\mathfrak{N}')\, e^{2j\alpha} = e^{2j\alpha}.$$

Die Determinante der Übertragungskonstanten hat also bei gemeinsamer Phasenverdrehung von Strom und Spannung wohl noch den absoluten Wert 1, sie ist jedoch eine komplexe Größe. Das gleiche ist der Fall, wenn in einem vollkommen phasensymmetrischen Übertragungskreis die Zuordnung der beiden Endpunkte nicht entsprechend der vollkommenen Symmetrie vorgenommen wird, wenn also z. B. in der Drehstromleitung Abb. 19 nicht die Punkte *1* und *4*, sondern die Punkte *1* und *5* einander zugeordnet werden; der Winkel α beträgt in diesem Falle 120°, die Determinante ist $\Delta = -\frac{1}{2}(1 + j\sqrt{3})$.

Für die Berechnung technischer Übertragungsprobleme hat jedoch die phasenverdrehende Wirkung im allgemeinen keine Bedeutung. Denn es interessiert in der Regel nur der Betriebszustand an den beiden Enden des Übertragungskreises, der durch die Effektivwerte von Strom und Spannung sowie durch die Phasenverschiebung zwischen Strom und Spannung des gleichen Endpunktes gegeben ist. Gemeinsame Phasenverdrehung dieser beiden Größen ist für den Betriebszustand belanglos. Für Stabilitätsprobleme kommt auch die Änderung des Phasenunterschiedes zwischen den Spannungen beider Endpunkte in Betracht (s. Abschnitt 26a, S. 96). Auf diese Änderung hat aber eine zusätzliche konstante Phasenverdrehung keine Wirkung. Nur in wenigen Fällen ist die absolute Phasenlage von Bedeutung, z. B. bei Regelung der Lastverteilung parallel geschalteter Leitungen durch einen Drehtransformator. In diesem Falle kann die zusätzliche konstante Phasenverschiebung dem ermittelten Betriebszustand nachträglich hinzugefügt werden. In allen anderen Fällen der Übertragung auf vollkommen phasensymmetrischen oder einphasigen Kreisen kann von der gemeinsamen Phasenverdrehung abgesehen werden. Die Gleichungen (13) und (14) bilden also in allen technisch wichtigen Fällen die Grundlage zur Berechnung der Übertragungserscheinungen.

7. Richtungssymmetrische Eigenschaften der Übertragungskreise.

Der durch die Gleichungen (13) und (14) charakterisierte Übertragungskreis zeigt im allgemeinen verschiedenes Verhalten, wenn man ihn einmal vom Punkte *1* aus, das andere Mal vom Punkte *2* aus speist. Dies erkennt man, wenn man die Gleichungen (13) nach $\mathfrak{E}_2$ und $\mathfrak{J}_2$ auflöst, d. h. die Größen $\mathfrak{E}_2$ und $\mathfrak{J}_2$ als lineare Funktionen von $\mathfrak{E}_1$ und $\mathfrak{J}_1$ ausdrückt. Mit Rücksicht auf (14) ergibt sich

$$\mathfrak{E}_2 = \mathfrak{C}_I \mathfrak{E}_1 - \mathfrak{M}\mathfrak{J}_1, \tag{15a}$$

$$-\mathfrak{J}_2 = \mathfrak{N}\mathfrak{E}_1 - \mathfrak{C}_{II}\mathfrak{J}_1. \tag{15b}$$

Die Konstanten dieser Gleichungen unterscheiden sich von denen der Gleichungen (13) wesentlich nur durch die Vertauschung der Indizes. Dagegen ist die Änderung der Vorzeichen belanglos; sie hängt nur damit zusammen, daß für das positive Maximum des Stromes eine bestimmte Stromrichtung, etwa vom Punkt *1* nach Punkt *2*, zugrunde gelegt werden muß. Diese Festsetzung wird durch die in Gleichung (15) erfolgte Vertauschung der Indizes nicht berührt, also muß nunmehr der Strom mit negativem Vorzeichen versehen sein.

Sind nun die beiden Größen $\mathfrak{C}_I$ und $\mathfrak{C}_{II}$ voneinander verschieden, so unterscheiden sich die beiden Gleichungsgruppen (13) und (15) in der Gruppierung der Übertragungskonstanten. Dies hat zur Folge, daß der Übertragungsvorgang verschiedenartig verläuft, je nachdem er in der Richtung $1 \overrightarrow{\;} 2$ oder $2 \overrightarrow{\;} 1$ erfolgt. Es werde z. B. das eine Ende an eine bestimmte Spannung $\mathfrak{E}$ gelegt, während das andere Ende unbelastet (leerlaufend) ist. Findet der Anschluß an die konstante Spannung im Punkte *1* statt, so ergibt sich die Spannung am leerlaufenden Ende *2* aus der ersten Gleichung (13) für $\mathfrak{J}_2 = 0$, und zwar ist $\mathfrak{E}_2 = \frac{\mathfrak{E}}{\mathfrak{C}_{II}}$. Findet dagegen der Anschluß an konstante Spannung im Punkte *2* statt, so hat die Spannung am leerlaufenden

Ende *1* entsprechend der ersten Gleichung (15) für $\mathfrak{J}_1 = 0$ den Betrag $\mathfrak{E}_1 = \frac{\mathfrak{E}}{\mathfrak{C}_I}$. Bei gleicher Speisespannung ist also die Spannung am leerlaufenden Ende verschieden groß, je nachdem ob Punkt *1* oder Punkt *2* gespeist wird.

Dieselbe Verschiedenheit zeigt sich auch in den Strömen der kurzgeschlossenen Enden und ebenso beim allgemeinen Belastungsfall. Ist etwa an das eine Ende des Übertragungskreises ein Verbraucher angeschlossen, für welchen Strom, Spannung und Phasenverschiebung gegebene Werte haben, so nehmen Strom, Spannung und Phasenverschiebung am andern, generatorisch wirkenden Ende verschiedene Werte an, je nachdem der Verbraucher im Endpunkt *1* oder im Endpunkt *2* angeschlossen ist. Dementsprechend sind auch die anderen Betriebsgrößen, z. B. der Wirkungsgrad, trotz des gleichartigen Belastungszustandes am Verbraucherende für beide Fälle verschieden groß. Die Übertragungseigenschaften werden demnach wesentlich durch die Richtung der Energieübertragung bestimmt. Ein Übertragungskreis, für den die Gleichungen (13) und (15) in ihrer allgemeinsten Form gelten, ist also mit Bezug auf die Richtung unsymmetrisch. Der mathematische Ausdruck dieser Unsymmetrie ist lediglich die Verschiedenheit der beiden Größen $\mathfrak{C}_I$ und $\mathfrak{C}_{II}$.

Nun ist von vornherein klar, daß die Richtungsunsymmetrie keine allgemeine Eigenschaft von Übertragungskreisen sein kann, denn in einem Übertragungskreis, der in beiden Richtungen vollkommen gleichartig ausgebildet ist, können die Übertragungserscheinungen nicht von der Richtung der Energieströmung abhängig sein. Liegt ein bestimmter Betriebszustand am Verbraucherende vor, so muß auch ein bestimmter Betriebszustand am Generatorende vorhanden sein, gleichgültig ob der Verbraucher im Punkte *1* oder Punkte *2* angeschlossen wird. Derartige Übertragungskreise sind also richtungssymmetrisch.

Das einfachste Beispiel des richtungssymmetrischen Übertragungskreises ist die homogene Leitung. Die Richtungssymmetrie bleibt erhalten, wenn im geometrischen Mittelpunkt der homogenen Leitung eine Paralleladmittanz, z. B. eine Drosselspule, angeschaltet oder eine Reihenimpedanz eingeschaltet wird; oder allgemeiner, wenn alle an oder in die Leitung geschalteten Scheinwiderstände symmetrisch zur geometrischen Leitungsmitte verteilt sind. Richtungssymmetrische Übertragung ergibt sich auch, wenn die Leitung an beiden Enden mit gleichartigen Transformatoren versehen ist, die etwa an der Speisestelle hinauf, an der Verbraucherstelle herunter transformieren, wobei die Betriebszustände an den beiden Enden auf die Unterspannungsseiten bezogen werden. Für die Gleichartigkeit der Transformatoren wesentlich ist die gleiche Größe des Magnetisierungsstromes (bezogen auf gleiche Spannung) sowie die gleiche Größe des Ohmschen und induktiven Spannungsabfalls, bezogen auf gleichen Strom. Stimmen die beiden Endtransformatoren in diesen Größen überein, so kann der Übertragungsvorgang auch dann als symmetrisch behandelt werden, wenn die Übersetzungsverhältnisse verschieden groß sind. Denn durch proportionale Veränderung des Stromes bzw. der Spannung an einem der Endpunkte kann auf gleich große Übersetzungsverhältnisse umgerechnet werden. Sind dagegen die Endtransformatoren ungleichartig oder sind die an die Leitung angeschlossenen Scheinwiderstände nicht symmetrisch zur geometrischen Leitungsmitte verteilt, so ist der Übertragungskreis als unsymmetrisch zu behandeln.

Die Richtungssymmetrie wird im folgenden als Symmetrie schlechtweg bezeichnet. Eine Verwechslung mit Phasensymmetrie kann nicht in Frage kommen, da sich die vorliegenden Untersuchungen ausschließlich auf vollständig phasensymmetrische Mehrphasensysteme oder auf Einphasensysteme beziehen.

Entsprechend dem bisher eingehaltenen Verfahren, vom Allgemeinen zum Besonderen vorzuschreiten, müßte zunächst der unsymmetrische Übertragungskreis behandelt werden. Der größeren Übersichtlichkeit halber wird jedoch die Theorie des symmetrischen Übertragungskreises an erster Stelle entwickelt. Dieser ist auch für die Fernübertragungsprobleme von größerer Wichtigkeit, denn die Übertragungserscheinungen werden überwiegend durch die Eigenschaften der homogenen Fernleitung bestimmt, die einen symmetrischen Übertragungskreis darstellt. Je länger die Leitung ist, desto weniger macht sich der Einfluß einer eventuellen Verschiedenartigkeit der Endtransformatoren und der dadurch bedingten Unsymmetrie bemerkbar. Dagegen ist die Theorie des unsymmetrischen Übertragungskreises für das Zusammenschalten von verschiedenartigen Leitungen sowie für eine Reihe anderer häufig vorkommender technischer Probleme von großer Wichtigkeit. Diese Theorie wird daher gleichfalls ausführlich entwickelt. Ihre einfache und übersichtliche Darstellung setzt jedoch die vollkommene Vertrautheit mit den für symmetrische Übertragungskreise geltenden Verfahren voraus.

B. Der symmetrische Übertragungskreis.

I. Die Berechnungsgrundlagen.

8. Die Grundgleichungen.

Die Grundgesetze der symmetrischen Übertragung gehen aus den Beziehungen (13) und (14) hervor, wenn darin $\mathfrak{C}_I = \mathfrak{C}_{II} = \mathfrak{C}$ gesetzt wird. Dementsprechend ist

$$\left.\begin{aligned} \mathfrak{E}_1 &= \mathfrak{C}\,\mathfrak{E}_2 + \mathfrak{M}\,\mathfrak{J}_2\,, \\ \mathfrak{J}_1 &= \mathfrak{N}\,\mathfrak{E}_2 + \mathfrak{C}\,\mathfrak{J}_2\,. \end{aligned}\right\} \tag{16}$$

$$\Delta = \mathfrak{C}^2 - \mathfrak{M}\,\mathfrak{N} = 1\,. \tag{17}$$

Löst man die Gleichungen (16) nach $\mathfrak{E}_2$ und $\mathfrak{J}_2$ auf, so erhält man unter Berücksichtigung von (17)

$$\left.\begin{aligned} \mathfrak{E}_2 &= \mathfrak{C}\,\mathfrak{E}_1 - \mathfrak{M}\,\mathfrak{J}_1\,, \\ -\mathfrak{J}_2 &= \mathfrak{N}\,\mathfrak{E}_1 - \mathfrak{C}\,\mathfrak{J}_1\,. \end{aligned}\right\} \tag{16'}$$

Abgesehen von der (physikalisch belanglosen) Änderung des Vorzeichens, die nur mit der willkürlich festgelegten Richtungsbestimmung zusammenhängt, sind die beiden Gleichungsgruppen (16) und (16′) vollkommen gleichartig; alle Beziehungen zwischen $\mathfrak{E}_1$, $\mathfrak{J}_1$ und $\mathfrak{E}_2$, $\mathfrak{J}_2$ sind wechselseitig, wie es dem Wesen der symmetrischen Übertragung entspricht.

9. Leerlauf und Kurzschluß.

Für Leerlauf im Punkte *2* ($\mathfrak{J}_2 = 0$, $\mathfrak{E}_2 = \mathfrak{E}_{0\,2}$) ergibt die erste Gleichung (16)

$$\frac{\mathfrak{E}_1}{\mathfrak{E}_{0\,2}} = \mathfrak{C} = C \cdot e^{j\varphi_c}\,. \tag{18}$$

Die Größe $\mathfrak{C}$ ist also das Verhältnis der Spannung am gespeisten Ende zur Spannung am leerlaufenden Ende. Sie wird als Leerlaufspannungsverhältnis bezeichnet. C ist das Verhältnis der effektiven Spannungen. Der Winkel φ_c gibt den Phasenunterschied der beiden Spannungen an. Er ist positiv, wenn die Spannung am Speisepunkte gegenüber der Spannung am leerlaufenden Ende voreilt.

Die gleiche Größe $\mathfrak{C}$ stellt auch das Kurzschlußstromverhältnis dar, d. i. das Verhältnis des Stromes im Speisepunkte zum Strom im kurzgeschlossenen Ende. Dies ergibt sich aus der zweiten Gleichung (16), wenn man darin, entsprechend dem Kurzschluß im Punkte *2*, $\mathfrak{E}_2 = 0$ setzt.

Im Falle des Leerlaufs stehen also die beiden Spannungen in gleichem Verhältnis und haben den gleichen Phasenunterschied wie die beiden Ströme im Falle des Kurzschlusses.

Bei Leerlauf im Punkte *2* verhält sich der Übertragungskreis im Punkte *1* so, als ob daselbst eine bestimmte Leitfähigkeit $\mathfrak{G}_0$ angeschlossen wäre. Es ist der aufgenommene Leerlaufstrom $\mathfrak{J}_1 = \mathfrak{G}_0\,\mathfrak{E}_1$. Diese Leitfähigkeit ergibt sich aus der zweiten Gleichung (16′) für $\mathfrak{J}_2 = 0$. Man erhält

$$\mathfrak{G}_0 = \frac{\mathfrak{N}}{\mathfrak{C}} = G_0 \cdot e^{j\varphi_0}\,. \tag{19}$$

Diese Größe wird als Leerlaufleitfähigkeit bezeichnet. Ihr absoluter Wert G_0 kennzeichnet das Verhältnis der Effektivwerte von Leerlaufstrom und Speisespannung. Der Winkel φ_0 gibt den Phasenunterschied zwischen Strom und Spannung an; er ist positiv, wenn der Leerlaufstrom gegenüber der Spannung voreilt.

Bei Kurzschluß im Punkte *2* verhält sich der Übertragungskreis im Punkte *1* so, als ob daselbst ein bestimmter Widerstand $\mathfrak{W}_k$ angeschlossen wäre. Der im Speisepunkte aufgenommene Strom ist $\mathfrak{J}_1 = \frac{\mathfrak{E}_1}{\mathfrak{W}_k}$. Der Widerstand $\mathfrak{W}_k$ ergibt sich aus der ersten Gleichung (16′) für $\mathfrak{E}_2 = 0$. Es ist

$$\mathfrak{W}_k = \frac{\mathfrak{M}}{\mathfrak{C}} = W_k \cdot e^{j\varphi_k}. \tag{20}$$

Diese Größe wird als Kurzschlußwiderstand bezeichnet. W_k ist das Verhältnis der Effektivwerte von Spannung und Strom an der Speisestelle, der Winkel φ_k ist der Phasenunterschied. Er ist positiv, wenn die Spannung voreilt, d. h. bei nacheilendem Strom. Bezeichnet man den Effektivwert des im Speisepunkte aufgenommenen Stroms für Leerlauf bzw. Kurzschluß mit J_0 bzw. J_k, so ist die bei einer effektiven Speisespannung E aufgenommene Scheinleistung im Leerlauf bzw. Kurzschluß

$$N_0 = E\,J_0 = G_0 E^2, \qquad N_k = E\,J_k = \frac{E^2}{W_k}. \tag{21}$$

Die Größen $\mathfrak{G}_0$ und $\mathfrak{W}_k$ sind von grundlegender Bedeutung für die Entwicklung des graphischen Verfahrens. Durch Einführung dieser Größen nehmen die Gleichungen (16) mit Benützung von (19) und (20) die Form an

$$\left.\begin{aligned} \mathfrak{E}_1 &= \mathfrak{C}(\mathfrak{E}_2 + \mathfrak{W}_k \mathfrak{J}_2)\,, \\ \mathfrak{J}_1 &= \mathfrak{C}(\mathfrak{G}_0 \mathfrak{E}_2 + \mathfrak{J}_2)\,. \end{aligned}\right\} \tag{22}$$

10. Dämpfungsexponent und Wellenwiderstand. — Einführung der Hyperbelfunktionen.

Von großer Fruchtbarkeit für die Ermittlung der Beziehungen, in welchen die eben entwickelten Größen zueinander stehen, erweist sich die Einführung der Hyperbelfunktionen, deren Benutzung durch die Form der Gleichung (17) nahegelegt wird. Diese Gleichung erinnert an die Beziehung zwischen dem hyperbolischen Cosinus und dem hyperbolischen Sinus, nämlich

$$\mathfrak{Cof}^2\mu - \mathfrak{Sin}^2\mu = 1\,.$$

Zu der gegebenen Größe $\mathfrak{C}$ läßt sich stets ein (im allgemeinen komplexes) Argument μ derart ermitteln, daß

$$\mathfrak{C} = \mathfrak{Cof}\,\mu\,. \tag{23}$$

Somit ist auf Grund von (17)

$$\mathfrak{M}\mathfrak{N} = 1 - \mathfrak{C}^2 = \mathfrak{Sin}^2\mu\,.$$

Führt man für das Verhältnis $\frac{\mathfrak{M}}{\mathfrak{N}}$ die Bezeichnung ein

$$\mathfrak{Z}^2 = \frac{\mathfrak{M}}{\mathfrak{N}}, \qquad \text{also} \qquad \mathfrak{Z} = \sqrt{\frac{\mathfrak{M}}{\mathfrak{N}}}, \tag{24}$$

so erhält man

$$\mathfrak{M} = \mathfrak{Z} \cdot \mathfrak{Sin}\,\mu\,, \qquad \mathfrak{N} = \frac{1}{\mathfrak{Z}} \cdot \mathfrak{Sin}\,\mu\,. \tag{25}$$

Die Größen μ und $\mathfrak{Z}$ haben eine wichtige physikalische Bedeutung. μ ist der komplexe Dämpfungsexponent, $\mathfrak{Z}$ ist der komplexe Wellenwiderstand. Die Berechtigung dieser Benennungen wird sich aus der Anwendung der Gesetze des symmetrischen Übertragungskreises auf den Kettenleiter und auf die homogene Leitung ergeben (s. Abschnitt 11 und 12b). Die Größe $\mathfrak{U} = \frac{1}{\mathfrak{Z}} = U \cdot e^{j\varphi_u}$ ist die komplexe Wellenleitfähigkeit; für $\mathfrak{Z}$ ergibt sich demnach der Ausdruck

$$\mathfrak{Z} = \frac{1}{U} \cdot e^{-j\varphi_u} = Z \cdot e^{-j\varphi_u}. \tag{25′}$$

Wendet man die Beziehungen (23) und (25) auf (19) und (20) an, so erhält man

$$\left.\begin{aligned} \mathfrak{G}_0 &= \frac{1}{\mathfrak{Z}} \cdot \frac{\mathfrak{Sin}\,\mu}{\mathfrak{Cof}\,\mu} = \frac{1}{\mathfrak{Z}} \cdot \mathfrak{Tg}\,\mu\,, \\ \mathfrak{W}_k &= \mathfrak{Z} \cdot \frac{\mathfrak{Sin}\,\mu}{\mathfrak{Cof}\,\mu} = \mathfrak{Z} \cdot \mathfrak{Tg}\,\mu\,, \end{aligned}\right\} \tag{26}$$

daher

$$\mathfrak{G}_0 \mathfrak{W}_k = \mathfrak{Tg}^2 \mu \,; \qquad \frac{\mathfrak{W}_k}{\mathfrak{G}_0} = \mathfrak{Z}^2 \,. \tag{26'}$$

Wir setzen zur Bezeichnung des absoluten Wertes bzw. der Amplitude des Hyperbeltangens

$$\mathfrak{Tg}\,\mu = T \cdot e^{j\varphi_t} \,. \tag{27}$$

Damit ergeben sich aus (26′) folgende Beziehungen:

$$T^2 = G_0 W_k; \quad (28\,\text{a}) \qquad 2\varphi_t = \varphi_0 + \varphi_k = \varphi_0 - (-\varphi_k)\,, \tag{28 b}$$

$$Z^2 = \frac{W_k}{G_0}; \quad (29\,\text{a}) \qquad 2\varphi_u = \varphi_0 - \varphi_k = \varphi_0 + (-\varphi_k)\,, \tag{29 b}$$

$$\left.\begin{aligned} G_0 &= \frac{T}{Z}; \\ W_k &= T Z; \end{aligned}\right\} \quad (30\,\text{a}) \qquad \left.\begin{aligned} \varphi_0 &= \varphi_t + \varphi_u\,, \\ \varphi_k &= \varphi_t - \varphi_u\,. \end{aligned}\right\} \tag{30 b}$$

Hinsichtlich der Schreibweise von (28b) und (29b) sei daran erinnert, daß $(-\varphi_k)$ die Phasenverschiebung des Speise**stromes** bei Kurzschluß darstellt, während φ_0 die Phasenverschiebung des Speisestroms bei Leerlauf kennzeichnet. $2\varphi_t$ ist also der Phasenunterschied zwischen Leerlaufstrom und Kurzschlußstrom, beide bezogen auf die gleiche Speisespannung. φ_t ist positiv, wenn der Leerlaufstrom gegenüber dem Kurzschlußstrom voreilt. φ_u ist das arithmetische Mittel der Phasenverschiebungen des Leerlauf- und des Kurzschlußstroms. Dabei ist Voreilung bzw. Nacheilung gegenüber der Speisespannung positiv bzw. negativ einzusetzen. Wenn etwa die Voreilung des Leerlaufstroms gleich der Nacheilung des Kurzschlußstroms ist, dann ist $\varphi_u = 0$ und $2\varphi_t$ gleich der doppelten Voreilung des Leerlaufstroms.

Die Gleichungen (28a) und (29a) gestatten mit Benutzung von (21) die folgende anschauliche physikalische Deutung: Es ist

$$T^2 = \frac{E^2 G_0}{E^2 / W_k} = \frac{N_0}{N_k} = \frac{J_0}{J_k}\,, \tag{31}$$

$$\frac{E^4}{Z^2} = \frac{E^2}{W_k} \cdot E^2 G_0 = N_0 N_k\,, \qquad \text{daher} \qquad \frac{E^2}{Z} = \sqrt{N_0 N_k} \qquad \text{und} \qquad \frac{E}{Z} = \sqrt{J_0 J_k}\,. \tag{32}$$

Die Größe T^2 ist also das Verhältnis des Leerlaufstroms zum Kurzschlußstrom, bezogen auf die gleiche Speisespannung. Sie kann also als **Leerlauf-Kurzschlußverhältnis** bezeichnet werden. Ein Widerstand von der Größe Z (Absolutwert des Wellenwiderstandes) nimmt, an die Speisespannung E geschaltet, einen Strom auf, der gleich dem geometrischen Mittel aus Leerlauf- und Kurzschlußstrom ist. Die diesem Widerstand entsprechende Scheinleistung sei als Wellenleistung N_z bezeichnet. Mit dieser stehen Leerlauf- und Kurzschlußleistung im Zusammenhang

$$N_0 = N_z T\,, \qquad N_k = N_z \frac{1}{T}\,, \tag{32'}$$

Die Anwendung der Gleichungen (19), (20) und (26′) auf die Gleichung (17) ergibt eine wichtige und für das graphische Verfahren fruchtbare Beziehung zwischen Leerlaufleitfähigkeit, Kurzschlußwiderstand und Leerlaufspannungsverhältnis. Dividiert man (17) beiderseits durch $\mathfrak{C}^2$, so erhält man

$$\frac{1}{\mathfrak{C}^2} = 1 - \frac{\mathfrak{M}\mathfrak{N}}{\mathfrak{C}^2} = 1 - \mathfrak{G}_0 \mathfrak{W}_k = 1 - \mathfrak{Tg}^2 \mu \tag{33 a}$$

oder in anderer Schreibweise

$$\frac{1}{\mathfrak{C}^2} = 1 - G_0 W_k \cdot e^{j(\varphi_0 + \varphi_k)} = 1 - T^2 \cdot e^{j \cdot 2\varphi_t}\,. \tag{33 b}$$

Bildet man auf beiden Seiten das Quadrat des Absolutwertes der komplexen Ausdrücke (d. i. die Quadratsumme der reellen und imaginären Komponenten), so erhält man

$$\frac{1}{C^4} = 1 + G_0^2 W_k^2 - 2 G_0 W_k \cos(\varphi_0 + \varphi_k) = 1 + T^4 - 2T^2 \cos(2\varphi_t)\,. \tag{34}$$

Wie sich aus der im folgenden entwickelten Theorie der homogenen Leitung ergeben wird, ist für diese der Ausdruck $\operatorname{tg}\varphi_t$ der Berechnung leicht zugänglich. Wir bezeichnen diesen häufig verwendeten Ausdruck durch

$$t = \operatorname{tg}\varphi_t\,. \tag{35}$$

Von Wichtigkeit für das graphische Verfahren sind auch die beiden Vektorprodukte der Leerlaufleitfähigkeit und des Kurzschlußwiderstandes, nämlich das innere Produkt

$$\tau = G_0 W_k \cdot \cos(\varphi_0 - \varphi_k) = \cos(2\varphi_u) \cdot T^2 \tag{36a}$$

und der Absolutwert des äußeren Produktes

$$\sigma = G_0 W_k \cdot \sin(\varphi_0 - \varphi_k) = \sin(2\varphi_u) \cdot T^2 \tag{36b}$$

[Die rechtsstehenden Ausdrücke ergeben sich mit Benützung von (28a) und (29b)].

11. Der Wellenwiderstand als Belastungswiderstand. — Anwendung auf die Theorie des Kettenleiters.

Die Belastung im Punkte *2* (Spannung $\mathfrak{E}_2$ und Strom $\mathfrak{J}_2$) entspricht einem daselbst angeschlossenen Widerstand von der Größe

$$\mathfrak{W}_2 = \frac{\mathfrak{E}_2}{\mathfrak{J}_2}, \qquad \text{daher} \qquad \mathfrak{E}_2 = \mathfrak{W}_2 \mathfrak{J}_2 .$$

Mit dieser Substitution erhält man aus Gleichung (16)

$$\left.\begin{aligned} \mathfrak{E}_1 &= \mathfrak{J}_2(\mathfrak{C}\mathfrak{W}_2 + \mathfrak{M}) , \\ \mathfrak{J}_1 &= \mathfrak{J}_2(\mathfrak{N}\mathfrak{W}_2 + \mathfrak{C}) . \end{aligned}\right\} \tag{37}$$

Auch die Belastung im Punkte *1* kann durch einen Widerstand $\mathfrak{W}_1 = \frac{\mathfrak{E}_1}{\mathfrak{J}_1}$ dargestellt werden, der im allgemeinen von $\mathfrak{W}_2$ verschieden ist. Ist etwa im Punkte *2* ein Verbraucher angeschlossen, im Punkte *1* ein Generator, so wird die Belastung im Punkte *2* durch den Widerstand $\mathfrak{W}_2$ dargestellt; der mit $\mathfrak{W}_2$ belastete Übertragungskreis wirkt an den Klemmen des in Punkt *1* befindlichen Generators wie ein Widerstand von der Größe $\mathfrak{W}_1$. Durch Division der beiden Gleichungen (37) ergibt sich

$$\mathfrak{W}_1 = \frac{\mathfrak{C}\,\mathfrak{W}_2 + \mathfrak{M}}{\mathfrak{N}\,\mathfrak{W}_2 + \mathfrak{C}} . \tag{38}$$

Für einen bestimmten Wert von $\mathfrak{W}_2$ werden die beiden Widerstände $\mathfrak{W}_2$ und $\mathfrak{W}_1$ einander gleich. Setzt man $\mathfrak{W}_1 = \mathfrak{W}_2 = \mathfrak{W}$, so ergibt sich aus (38):

$$\mathfrak{W}^2 = \frac{\mathfrak{M}}{\mathfrak{N}} = \mathfrak{Z}^2 \quad \text{(s. Gleichung 24)},$$

daher

$$\mathfrak{W} = \pm \mathfrak{Z} . \tag{39}$$

(Das Minuszeichen besagt, daß im Punkt *2* auch ein Generator, im Punkt *1* ein Verbraucher angeschlossen sein kann.) Daraus folgt: Wird der Übertragungskreis an einem Ende mit einem Widerstand von der Größe des Wellenwiderstandes $\mathfrak{Z}$ belastet, so wirkt er auf die Klemmen des am anderen Ende befindlichen Generators so ein, als ob diese unmittelbar mit dem Widerstand $\mathfrak{Z}$ belastet wären. Für diesen Belastungsfall ist also der zwischen den Belastungswiderstand und den Generator geschaltete Übertragungskreis mit Bezug auf die Belastungskomponenten des Generators vollkommen wirkungslos.

Bei Belastung des Übertragungskreises mit dem Wellenwiderstand $\mathfrak{Z}$ ergibt sich für das Verhältnis der Spannungen (bzw. für das gleich große Verhältnis der Ströme) an den beiden Endpunkten ein einfacher Ausdruck, aus dem die physikalische Bedeutung des komplexen Dämpfungsexponenten ersichtlich ist. Setzt man in der ersten Gleichung (16) $\mathfrak{J}_2 = \frac{\mathfrak{E}_2}{\mathfrak{W}_2} = \frac{\mathfrak{E}_2}{\mathfrak{Z}}$, so ergibt sich mit Benutzung von (25) und (23)

$$\mathfrak{E}_1 = \mathfrak{C}\,\mathfrak{E}_2(1 + \mathfrak{Tg}\,\mu) = \mathfrak{E}_2(\mathfrak{Cof}\,\mu + \mathfrak{Sin}\,\mu) = \mathfrak{E}_2 \cdot e^{\mu}, \qquad \text{daher} \qquad \mathfrak{E}_2 = \mathfrak{E}_1 \cdot e^{-\mu} . \tag{40}$$

Wäre μ eine reelle Größe, so wären Strom und Spannung am Verbraucherende gegenüber dem Generatorende im Verhältnis $e^{-\mu}$ abgedämpft. Im allgemeinen aber ist μ komplex und hat die Form

$$\mu = A + jB . \tag{41}$$

Es werde vorausgesetzt, daß der im Punkt *2* angeschlossene Widerstand $\mathfrak{Z}$ eine positive reelle Komponente hat, also als Verbraucher wirkt (entsprechend der Voraussetzung über die Richtung des positiven Strom- und Spannungsmaximums, s. S. 9). Aus (40) folgt, daß der Effektivwert der Spannung $\mathfrak{E}_2$ gegenüber dem Effektivwert von $\mathfrak{E}_1$ im Verhältnis e^{-A} verkleinert ist[1]). Das gleiche gilt vom Effektivwert des Stromes; da Strom und Spannung in den Punkten *1* und *2* die gleiche Phasenverschiebung gegeneinander haben, so ist die Leistung im Punkte *2* im Verhältnis e^{-2A} verkleinert. Diese Größe stellt also den Wirkungsgrad dar (immer vorausgesetzt, daß der Übertragungskreis durch den Wellenwiderstand belastet wird). Der reelle Anteil A von μ muß positiv sein, wenn der Übertragungskreis keine Generatoren, wohl aber Verlustwiderstände enthält. Besteht er dagegen nur aus induktiven und kapazitiven Widerständen, so ist der Wirkungsgrad der Übertragung 100%; in diesem Falle ist $A = 0$. Der Anteil B bewirkt lediglich eine Phasenverdrehung der Spannung $\mathfrak{E}_2$ gegenüber der Spannung $\mathfrak{E}_1$ (bzw. des Stromes $\mathfrak{J}_2$ gegenüber $\mathfrak{J}_1$).

Diese Gesetze lassen sich auf die Hintereinanderschaltung mehrerer gleichartiger Übertragungskreise anwenden (Abb. 26a). Eine solche Schaltung wird als Kettenleiter[2]) bezeichnet; die einzelnen Übertragungskreise sind die Glieder des Kettenleiters. Das Ende $(m+1)$ des m^{ten} Übertragungskreises sei mit dem Widerstand $\mathfrak{Z}$ belastet. Dann ist $\frac{\mathfrak{E}_{m+1}}{\mathfrak{J}_{m+1}} = \mathfrak{Z}$, daher lt. (39) auch $\frac{\mathfrak{E}_m}{\mathfrak{J}_m} = \mathfrak{Z}$. Dementsprechend verhält sich auch der vorhergehende $(m-1)^{\text{te}}$ Übertragungskreis so, als ob er mit dem Widerstand $\mathfrak{Z}$ belastet wäre, und daher ist auch $\frac{\mathfrak{E}_{m-1}}{\mathfrak{J}_{m-1}} = \mathfrak{Z}$. Auf diese Weise erhält man, von jedem Übertragungsglied zum nächst vorhergehenden fortschreitend,

$$\frac{\mathfrak{E}_1}{\mathfrak{J}_1} = \frac{\mathfrak{E}_2}{\mathfrak{J}_2} = \cdots \frac{\mathfrak{E}_m}{\mathfrak{J}_m} = \mathfrak{Z}.$$

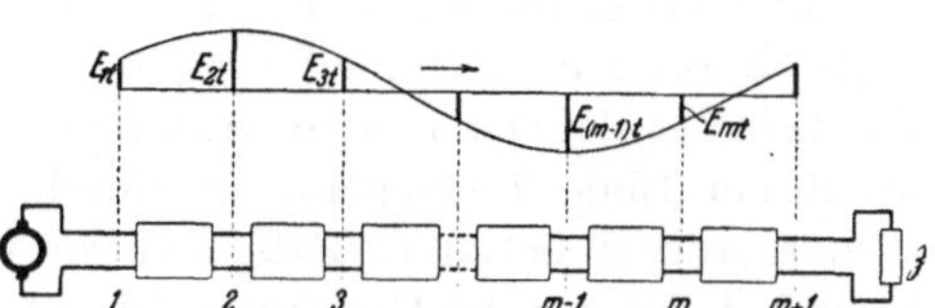

Abb. 26a. Der Kettenleiter. Fortschreitende Spannungswelle bei Belastung mit dem Wellenwiderstand $\mathfrak{Z}$.

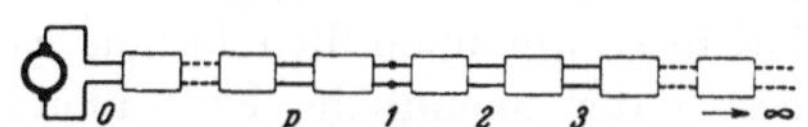

Abb. 26b. Der unendlich lange Kettenleiter.

Wird also ein aus m gleichartigen Gliedern zusammengesetzter Kettenleiter an einem Endpunkt mit einem Widerstand belastet, der gleich dem Wellenwiderstand $\mathfrak{Z}$ eines einzelnen Gliedes ist, so ist das Verhältnis von Spannung zu Strom an allen Übergangspunkten ebenso groß wie am Endpunkt; auch der Generator erscheint mit dem Wellenwiderstand des einzelnen Gliedes belastet. Faßt man den Kettenleiter als einheitlichen symmetrischen Übertragungskreis auf, so besagt die vorstehende Überlegung: Der Wellenwiderstand des gesamten Kettenleiters ist gleich dem Wellenwiderstand des einzelnen Gliedes.

Wendet man die Beziehung (40) auf den Kettenleiter an, indem man vom ersten Glied zu den folgenden Gliedern fortschreitet, so ergibt sich

$$\mathfrak{E}_2 = \mathfrak{E}_1 e^{-\mu}; \qquad \mathfrak{E}_3 = \mathfrak{E}_2 e^{-\mu} = \mathfrak{E}_1 e^{-2\mu} \quad \text{usw.}$$

und allgemein für die Spannung hinter dem m^{ten} Glied

$$\mathfrak{E}_{m+1} = \mathfrak{E}_1 e^{-m\mu}. \tag{42}$$

Faßt man wieder den m-gliedrigen Kettenleiter als einheitlichen Übertragungskreis auf, dessen Belastungswiderstand gleich seinem Wellenwiderstand ist, so ergibt die vorstehende Gleichung durch Vergleich mit (40) für den komplexen Dämpfungsexponenten μ_s des ganzen Kettenleiters die Beziehung

$$\mu_s = m\mu. \tag{43}$$

Der Dämpfungsexponent des (aus gleichartigen Gliedern zusammengesetzten) Kettenleiters ist gleich der Summe der Dämpfungsexponenten der einzelnen Glieder. Dieses Gesetz gilt auch für einen inhomogenen Kettenleiter, dessen Glieder verschieden große Dämpfungsexponenten haben, wenn nur die Wellenwiderstände aller Glieder gleich groß sind.

Aus (43) läßt sich mit Benutzung von (23) und (26) auch das Leerlaufspannungsverhältnis, der Kurzschlußwiderstand und die Leerlaufleitfähigkeit des Kettenleiters angeben. Diese

---

1) Es ist $\mathfrak{E}_2 = E_2 e^{j\varphi_{e_2}} = \mathfrak{E}_1 e^{-(A+jB)} = E_1 e^{j\varphi_{e_1}} \cdot e^{-A} \cdot e^{-jB}$, daher $E_2 = E_1 e^{-A}$; $\varphi_{e_2} = \varphi_{e_1} - B$.

2) S. Literaturverzeichnis Nr. 8.

Größen seien, zur Unterscheidung von den auf die einzelnen Glieder bezüglichen Größen, gleichfalls durch den Index s bezeichnet. Für die drei genannten Größen ergibt sich

$$\mathfrak{C}_s = \mathfrak{Cos}\,(m\,\mu); \qquad \mathfrak{W}_{ks} = \mathfrak{Z} \cdot \mathfrak{Tg}\,(m\,\mu); \qquad \mathfrak{G}_{0s} = \frac{1}{\mathfrak{Z}} \cdot \mathfrak{Tg}\,(m\,\mu)\,. \tag{44}$$

Diese drei Gleichungen gestatten, die Übertragungskonstanten des Kettenleiters zu berechnen, wenn die Übertragungskonstanten des einzelnen Gliedes und die Gliederzahl gegeben sind. Dadurch ist das Übertragungsproblem des Kettenleiters auf das Übertragungsproblem des einzelnen Gliedes zurückgeführt.

Über die Anzahl der Glieder war bis jetzt nichts vorausgesetzt. Wir nehmen nun an, daß der im Punkte *1* beginnende Kettenleiter unendlich viele Glieder enthalte. Wird dieser unendliche Kettenleiter im Punkte *1* an einen Generator angeschlossen, so steht der aufgenommene Strom in einem bestimmten Verhältnis zur Speisespannung. Der unendlich lange Kettenleiter stellt also im Speisepunkte einen bestimmten Belastungswiderstand $\mathfrak{W}$ dar. Der Kettenleiter werde nun nicht unmittelbar im Punkte *1*, sondern unter Zwischenschaltung weiterer p gleichartiger Glieder an den Generator geschaltet (Abb. 26 b). Die vorgeschaltete Gruppe samt dem angeschlossenen Kettenleiter stellt abermals einen homogenen unendlichen Kettenleiter dar. Sie belastet daher an ihrem Anfang *0* den Generator gleichfalls mit dem Widerstand $\mathfrak{W}$; auch an ihrem Ende *1* erscheint sie durch den angeschalteten unendlichen Kettenleiter mit dem Widerstand $\mathfrak{W}$ belastet. Faßt man die vorgeschaltete Gruppe als symmetrischen Übertragungskreis auf, für den die Gleichung (38) gilt, so ergibt sich, daß $\mathfrak{W} = \mathfrak{Z}$ ist: D e r u n e n d l i c h l a n g e K e t t e n l e i t e r b e l a s t e t a l s o d e n G e n e r a t o r m i t d e m W e l l e n w i d e r s t a n d $\mathfrak{Z}$ d e s e i n z e l n e n G l i e d e s; Strom und Spannung stehen an allen Übergangspunkten im konstanten Verhältnis Z und haben gegeneinander die konstante Phasenverschiebung φ_u. Die Belastungsverhältnisse am unendlich fernen Ende sind dabei belanglos. In jedem beliebigen Teile verhält sich der unendliche Kettenleiter wie ein aus einer endlichen Anzahl von Gliedern bestehender Kettenleiter, dessen Belastungswiderstand gleich dem Wellenwiderstand ist.

In beiden Fällen müssen also auch dieselben Beziehungen für die Strom- und Spannungsverteilung entlang des Kettenleiters gelten. Um diese Verteilung zu ermitteln, schreiben wir den Augenblickswert, den die Spannung $\mathfrak{E}_1$ zur Zeit t hat, in der Form $\mathfrak{E}_{1(\mathrm{t})} = \bar{E}_1 e^{j\omega \mathrm{t}}$. Die Größe $\omega = \frac{2\pi}{\mathrm{T}}$ ist die Kreisfrequenz, T ist die Dauer einer Periode, $\frac{1}{\mathrm{T}}$ die Periodenzahl in einer Sekunde (siehe Anhang I, 2, S. 188). Mit Benutzung von (41) und (42) ergibt sich der Augenblickswert für die Spannung hinter dem beliebigen r^{ten} Glied zu

$$\mathfrak{E}_{r+1(\mathrm{t})} = \bar{E}_1 e^{j\omega\mathrm{t}} \cdot e^{-\mu} = (\bar{E}_1 e^{-A})\, e^{j(\omega\mathrm{t} - Br)}\,.$$

Trägt man die Augenblickswerte der Spannung als Ordinaten über den Übergangspunkten zwischen je zwei Gliedern auf, so liegen die Ordinatenendpunkte auf einer Kurve, welche die Spannungsverteilung entlang des Kettenleiters darstellt. Zu beachten ist, daß hier nur diejenigen Punkte der Kurve in Betracht kommen, welche senkrecht oberhalb der Übergangspunkte liegen. Über die Spannungsverteilung i n n e r h a l b der einzelnen Glieder kann nichts ausgesagt werden, da wir über deren Beschaffenheit nichts anderes vorausgesetzt haben als ihre Richtungssymmetrie.

Es sei zunächst angenommen, daß $A = 0$ ist (d. h. im Kettenleiter sind keine Verlustwiderstände vorhanden). Die Spannung in einem beliebigen Übergangspunkt macht eine Sinusschwingung mit der gleichen Amplitude $\bar{E}_1$ wie die Spannung im Punkt *1*, sie ist jedoch in der Phase um $(B\,r)$ verzögert. Die Phasenverzögerung ist proportional der Anzahl der zwischen Punkt *1* und dem beliebigen Punkt $r + 1$ liegenden Glieder. In jedem beliebigen Zeitpunkt $\mathrm{t} = \mathrm{t}_0$ verteilt sich die Spannung nach einer Sinuslinie entlang des Kettenleiters. Eine volle Sinuswelle umfaßt

$$\Lambda = \frac{2\pi}{B} \tag{45}$$

Glieder, denn wenn man um Λ Glieder weiterschreitet, so verschiebt sich die Phase um 2π, hat also ihren Ausgangswert wieder erreicht. Zur Zeit $\mathrm{t}_0 + \mathrm{t}$ hat die Spannungsphase hinter dem $(r+s)^{\text{ten}}$ Glied den gleichen Betrag, wie sie zur Zeit $\mathfrak{t}_0$ hinter dem r^{ten} Glied hatte, wenn

$$\omega(\mathfrak{t}_0+\mathfrak{t}) - B(r+s) = \omega\,\mathfrak{t}_0 - B\,r, \qquad \text{daher} \qquad s = \frac{\omega\,\mathfrak{t}}{B}.$$

In der Zeit $\mathfrak{t}$ hat sich also die ganze Welle um s Glieder vom Speisepunkte fortbewegt. Daher bewegt sie sich in der Zeiteinheit um $\frac{s}{\mathfrak{t}}$, also um

$$V = \frac{\omega}{B} \tag{46}$$

Glieder weiter. Während einer Periode $\left(\mathfrak{t} = \mathfrak{T} = \frac{2\pi}{\omega}\right)$ verschiebt sich die ganze Welle um Λ Glieder.

Der Strom verteilt sich in gleicher Weise wie die Spannung, da an allen Übergangspunkten Strom und Spannung im gleichen Verhältnis zueinander stehen und die gleiche Phasenverschiebung gegeneinander haben. Eilt der Strom in der Phase um φ_u vor, so eilt die Stromwelle gegenüber der Spannungswelle um $\frac{\varphi_u}{B}$ Glieder vor.

Ist nun A nicht gleich Null, sondern positiv, (Verlustwiderstand vorhanden), so erfolgt die Strom- und Spannungsverteilung in gleicher Weise. Die Amplitude der Sinuswelle ist aber nicht mehr konstant, sondern hinter dem r^{ten} Glied im Verhältnis $e^{-(A r)}$ abgedämpft. Die Schwingungsmaxima liegen also auf einer Exponentialkurve. Die Dämpfung ist um so größer, je mehr man sich vom Übergangspunkte entfernt. Beim unendlichen Kettenleiter nähern sich Strom und Spannung mit wachsender Entfernung vom Ausgangspunkt asymptotisch dem Nullwert. — Es wird also durch A die Dämpfung, durch B die Wellenlänge und die Fortschreitgeschwindigkeit bestimmt.

Ist $B = 0$, so schwingt der ganze Kettenleiter in Strom und Spannung gleichphasig. In jedem Augenblick liegen die Ordinatenendpunkte auf einer Exponentialkurve. Diese Annahme stellt aber einen nicht zu verwirklichenden Grenzfall dar, denn sie würde laut (46) einer unendlich großen Fortschreitgeschwindigkeit der Welle entsprechen. Dies ist aber nicht möglich, da die einzelnen Glieder zufolge ihrer Kapazität und Induktivität einen endlichen Betrag von elektromagnetischer Energie enthalten, die beim Fortschreiten der Welle von einem Glied zum nächsten weitergegeben werden muß. Dieser Vorgang kann nicht unendlich rasch erfolgen, wenn Strom und Spannung in endlichen Grenzen bleiben. Die Annahme $B = 0$ bedeutet also, daß die Glieder aus rein Ohmschen Widerständen zusammengesetzt sind und daher keine elektromagnetische Energie enthalten.

Ist der Kettenleiter mit einem Widerstand von der Größe $\mathfrak{Z}$ belastet, so laufen die Strom- und Spannungswellen beständig vom Speisepunkte nach dem belasteten Ende und werden dort reflektionslos absorbiert, denn an den eintreffenden Wellen entspricht das Verhältnis von Strom und Spannung den Bedingungen des Belastungswiderstandes. Dies gilt jedoch nicht mehr, wenn der Belastungswiderstand eine andere Größe hat, also im allgemeinen Belastungsfall. Mit dem Belastungswiderstand $\mathfrak{W}_2$ ergibt sich aus (16) mit Benutzung von (23) und (25)

$$\mathfrak{E}_1 = \mathfrak{E}_2\left(\operatorname{Cof}\mu + \frac{\mathfrak{Z}}{\mathfrak{W}_2}\operatorname{Sin}\mu\right) = \mathfrak{E}_2\,\frac{e^{+\mu}}{2}\left(1+\frac{\mathfrak{Z}}{\mathfrak{W}_2}\right) + \mathfrak{E}_2\,\frac{e^{-\mu}}{2}\left(1-\frac{\mathfrak{Z}}{\mathfrak{W}_2}\right).$$

Man kann entsprechend den beiden Ausdrücken $e^{+\mu}$ und $e^{-\mu}$ den allgemeinen Belastungsfall darstellen als Übereinanderlagerung von zwei gegenläufigen Wellen, deren jede so beschaffen ist wie die Wellen auf dem unendlich langen oder mit $\mathfrak{Z}$ belasteten Kettenleiter. Die gegenläufige Welle muß zustande kommen, damit die aus der Superposition beider Wellen entstehenden Ströme und Spannungen im Endpunkte den Bedingungen des Belastungswiderstandes $\mathfrak{W}_2$ entsprechen. Die eintreffende Welle wird also am Belastungswiderstand ganz oder teilweise reflektiert.

Die Zerlegung in zwei gegenläufige Wellen liefert ein klares Bild, durch das man den Übertragungsvorgang entlang dem Kettenleiter anschaulich machen kann. Die rechnerische Behandlung, insbesondere für technische Zwecke, wird aber dadurch nicht vereinfacht. Denn statt des einzelnen Vorganges sind deren zwei zu ermitteln, deren jeder trotz seiner Anschaulichkeit zu sehr komplizierten Formen führt, wenn es sich um Ermittlung der technisch wichtigen Größen (Wirkleistung, Blindleistung und Phasenverschiebung) handelt. Es wird daher im folgenden von dieser Zerlegung kein Gebrauch gemacht.

12. Die homogene Leitung.

a) Die kilometrischen Einheitskonstanten.

Die Übertragungsgesetze des Kettenleiters wurden unter der Voraussetzung abgeleitet, daß die einzelnen Glieder gleichartige, symmetrische Übertragungskreise seien. Andere Voraussetzungen, insbesondere über die Anzahl und innere Beschaffenheit der Glieder wurden nicht gemacht. Die Gesetze gelten also auch, wenn die Anzahl der Glieder unbegrenzt zunimmt, und wenn die Größe der Elemente (Widerstände und Leitfähigkeiten), aus denen sich die einzelnen Glieder zusammensetzen, unbegrenzt abnimmt.

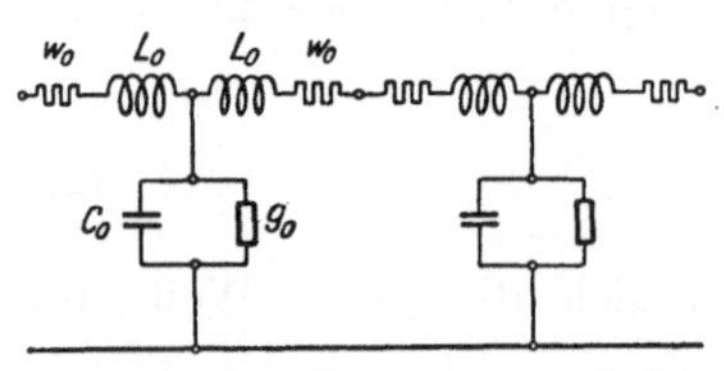

Abb. 27. Der Kettenleiter als Ersatz der homogenen Leitung.

Der Kettenleiter sei entsprechend Abb. 27 aus Gliedern zusammengesetzt, in denen die beiden Induktivitäten L_0 und die beiden Ohmschen Widerstände w_0 symmetrisch zu einer Kapazität C_0 und einer Ohmschen Leitfähigkeit g_0 verteilt sind. Nimmt die Größe dieser Elemente unbegrenzt ab, die Anzahl der Glieder unbegrenzt zu, so nähert sich der Kettenleiter einem Stromkreis, in welchem Widerstand, Induktivität, Kapazität und Ableitung kontinuierlich verteilt sind. Dies ist bei den eigentlichen Leitungen der Fall[1]).

Man kann daher die Leitung aus unendlich vielen unendlich kleinen Scheinwiderstandselementen zusammengesetzt denken. Hat die Leitung in allen senkrecht zu ihrer Richtung geführten Querschnitten die gleiche Beschaffenheit mit Bezug auf Material und Abmessungen, so können auch die Scheinwiderstandselemente, aus denen sie aufgebaut ist, in gleichmäßiger Verteilung entlang der Leitung angenommen werden. In diesem Falle stellt die Leitung den Grenzfall des homogenen Kettenleiters Abb. 27 dar.

Die Übertragungseigenschaften der Leitung sind charakterisiert durch ihre Länge und durch vier kilometrische Einheitskonstanten. Diese ergeben sich als Summenwerte sämtlicher auf einer Längeneinheit der Leitung vorhandenen Elemente des Ohmschen Widerstandes, der Induktivität, der Kapazität und der Ableitung, und zwar

Ohmscher Widerstand Ω/km . . w;

Induktivität H/km . . . . . . L, bzw. induktiver Widerstand Ω/km . . . $s = L\omega$;

Kapazität F/km . . . . C, bzw. kapazitive Leitfähigkeit $\frac{1}{\Omega}/\text{km}$ . . $\varkappa = C\omega$;

Ableitung $\frac{1}{\Omega}/\text{km}$ . . . . g.

Statt der Ableitung g ist häufig die ihr entsprechende Verlustleistung V_g gegeben[2]), gerechnet auf 1 km Leitungslänge und eine effektive Betriebsspannung E. Wird V_g in kW/km, E in Kilovolt ausgedrückt, so ist

$$g = \frac{V_g}{E^2} \cdot 10^{-3}. \tag{47}$$

Die beiden Widerstandskomponenten w und s können zu einer Impedanz $\mathfrak{r}$, die beiden Leitfähigkeitskomponenten g und $\varkappa$ zu einer Admittanz $\mathfrak{k}$ zusammengefaßt werden. Es ist

$$\left.\begin{aligned} \mathfrak{r} &= w + js = r \cdot e^{j\varphi_r}; \qquad r = \sqrt{w^2 + s^2}; \qquad \operatorname{tg}\varphi_r = \frac{s}{w}, \\ \mathfrak{k} &= g + j\varkappa = k \cdot e^{j\varphi_{\mathfrak{k}}}; \qquad k = \sqrt{g^2 + \varkappa^2}; \qquad \operatorname{tg}\varphi_{\mathfrak{k}} = \frac{\varkappa}{g}. \end{aligned}\right\} \tag{48}$$

Die Darstellung der homogenen Leitung als Kettenleiter nach Abb. 27 entspricht der Einphasenleitung. Für phasensymmetrische Drehstromleitungen gilt die gleiche Darstellung, wenn man sie auf eine Phasenleitung und den Nulleiter bezieht, (der bei phasensymmetrischen Leitungen unbelastet ist, also nicht vorhanden sein muß). Als Spannung und Strom ist dann die Sternspannung (Phasenspannung) E_p und der in der Phasenleitung fließende Strom in Rechnung zu setzen. Der Widerstand w bezieht sich dabei nur auf die Phasen-

[1]) Die Ableitung ist bei Freileitungen nicht kontinuierlich verteilt, sondern wesentlich auf die Isolatorstellen beschränkt, deren Entfernung aber im Verhältnis zur Leitungslänge als sehr klein betrachtet werden kann.

[2]) Die Verluste werden durch mangelhafte Isolation verursacht. In V_g sind auch die Koronaverluste der Freileitungen einzurechnen. Für schwache Koronaerscheinungen genügt diese Berücksichtigung, bei stark ausgesprochener Korona ist auch die Kapazität C zu vergrößern, da der Leiterradius um die Stärke der leuchtenden Hülle zunimmt. Für den Dauerbetrieb hat dieser Fall keine Bedeutung, da hierbei die Verluste außerordentlich groß werden. Eine scheinbare Vergrößerung der Ableitung, die durch entsprechende Vergrößerung von g oder V_g zu berücksichtigen ist, wird durch die Verlustleistung der dielektrischen Hysteresis hervorgerufen, und zwar in den Isolatoren der Freileitungen und im Dielektrikum der Kabelleitungen. Bei den letzteren machen die dielektrischen Verluste den größten Teil von V_g aus.

leitung (während er sich bei der einphasigen Leitung auf Hin- und Rückleitung zusammengenommen bezieht). L und C sind die **Betriebsinduktivität** bzw. **Betriebskapazität** der Drehstromleitung. Die Größe g bezieht sich auf die Ableitung zwischen Phasenleiter und dem ideellen Nulleiter. Diese Größe berechnet sich auch in diesem Falle nach Gleichung (47), wenn man unter V_g die gesamten Ableitungsverluste je Kilometer (das Dreifache der Ableitungsverluste je Phase) und unter E^2 das Quadrat der verketteten Spannung $(E_p \cdot \sqrt{3})^2$ versteht.

Die Einheitskonstanten w, L und C können für einphasige Freileitungen und symmetrische Drehstromfreileitungen verhältnismäßig einfach und sicher rechnerisch ermittelt werden. (Tabellen und wichtigste Formeln s. Anhang III, S. 213.) Die Konstante g ist bei Freileitungen im allgemeinen nur von sehr geringem Einfluß und kann für praktische Zwecke hinlänglich genau auf Grund von Erfahrungen geschätzt werden. Auch für Kabelleitungen können die Konstanten w, L und C gerechnet werden, die beiden letzteren jedoch nicht mit der gleichen Sicherheit wie bei Freileitungen. Sie werden zusammen mit g, das hier wegen der dielektrischen Hysteresisverluste einen höheren Wert hat, zweckmäßig aus Versuchen an den einzelnen Kabelarten ermittelt.

b) Die Übertragungsgrößen als Funktionen der Einheitskonstanten und der Leitungslänge.

Für die Theorie der homogenen Leitung gelten alle Gesetze des allgemeinen symmetrischen Übertragungskreises bzw. des homogenen Kettenleiters. Die Ermittlung der Rechnungsgrundlagen für die homogene Leitung beschränkt sich also darauf, die in der allgemeinen Theorie wichtigen Größen $\mathfrak{Z}$, $\mathfrak{C}$, $\mathfrak{G}_0$, $\mathfrak{W}_k$ (Gleichung 23 bis 26, S. 18) als Funktionen der vier Einheitskonstanten und der Leitungslänge x darzustellen.

Für das unendlich kleine Leitungselement von der Länge dx, nach Art des Kettenleitergliedes Abb. 27 zusammengesetzt, ist also

$$w_0 = \frac{w}{2} \cdot dx; \qquad L_0\,\omega = \frac{s}{2} \cdot dx; \qquad C_0\,\omega = \varkappa \cdot dx; \qquad g_0 = g \cdot dx.$$

Das unendlich kleine Element kann daher einfacher durch Abb. 28 dargestellt werden. Zwischen Strömen und Spannungen des Elementes gelten die folgenden Beziehungen, (worin $\mathfrak{E}_0$ die Spannung an der Leitfähigkeit $\mathfrak{k} \cdot dx$ bedeutet):

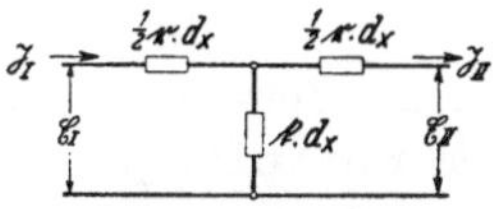

$$\mathfrak{E}_0 = \mathfrak{E}_{II} + \frac{\mathfrak{r}}{2} \cdot dx \cdot \mathfrak{J}_{II}; \qquad \mathfrak{E}_I = \mathfrak{E}_0 + \frac{\mathfrak{r}}{2} \cdot dx \cdot \mathfrak{J}_I;$$

$$\mathfrak{J}_I = \mathfrak{J}_{II} + \mathfrak{k} \cdot dx \cdot \mathfrak{E}_0.$$

Abb. 28. Element der homogenen Leitung.

Eliminiert man $\mathfrak{E}_0$, so erhält man mit Vernachlässigung der unendlich kleinen Glieder höherer Ordnung die Übertragungsgleichungen des Elementes, nämlich

$$\mathfrak{E}_I = \mathfrak{E}_{II} + \mathfrak{r} \cdot dx \cdot \mathfrak{J}_{II},$$

$$\mathfrak{J}_I = \mathfrak{k} \cdot dx \cdot \mathfrak{E}_{II} + \mathfrak{J}_{II}.$$

Durch Vergleich mit Gleichung (16) erhält man die Übertragungskonstanten des unendlich kleinen Leitungselementes:

$$\mathfrak{C}_0 = 1, \qquad \mathfrak{M}_0 = \mathfrak{r} \cdot dx, \qquad \mathfrak{N}_0 = \mathfrak{k} \cdot dx, \qquad \text{daher} \qquad \mathfrak{Z}_0 = \sqrt{\frac{\mathfrak{M}_0}{\mathfrak{N}_0}} = \sqrt{\frac{\mathfrak{r}}{\mathfrak{k}}}.$$

Nach der Theorie des Kettenleiters ist der Wellenwiderstand des gesamten homogenen Kettenleiters gleich dem Wellenwiderstand des einzelnen Gliedes. Damit ergibt sich der Wellenwiderstand $\mathfrak{Z}$ der homogenen Leitung zu

$$\mathfrak{Z} = Z e^{-j\varphi_u} = \sqrt{\frac{\mathfrak{r}}{\mathfrak{k}}}, \qquad \text{daher} \qquad Z = \sqrt{\frac{r}{k}}, \qquad \varphi_u = \frac{\varphi_{\mathfrak{k}} - \varphi_r}{2}. \tag{49}$$

Durch Vergleich mit (25) findet man ferner den Dämpfungsexponenten μ_0 des unendlich kleinen Gliedes, nämlich

$$\mathfrak{Sin}\,\mu_0 = \frac{\mathfrak{M}_0}{\mathfrak{Z}_0} = \sqrt{\mathfrak{r}\mathfrak{k}} \cdot dx.$$

Es ist also $\mathfrak{Sin}\,\mu_0$ unendlich klein. Dies ist nur möglich, wenn auch μ_0 unendlich klein ist. Für diesen Fall gilt mit Vernachlässigung von Gliedern höherer Ordnung

$$\mu_0 = \mathfrak{Sin}\,\mu_0 = \sqrt{\mathfrak{r}\mathfrak{k}} \cdot dx.$$

Die Theorie des Kettenleiters ergibt, daß der Dämpfungsexponent des gesamten Kettenleiters gleich ist der Summe der Dämpfungsexponenten der einzelnen Glieder. Man findet daher für den Dämpfungsexponenten der x Kilometer langen Leitung

$$\mu = \sum \mu_0 = \int_0^x \sqrt{\mathfrak{r}\mathfrak{k}} \cdot dx = \sqrt{\mathfrak{r}\mathfrak{k}} \cdot x .$$

Wir bezeichnen

$$\nu = \sqrt{\mathfrak{r}\mathfrak{k}} = a + jb . \tag{50}$$

Durch Vergleich mit (41) findet man

$$\mu = \nu x , \qquad A = a x , \qquad B = b x . \tag{51}$$

Auf Grund der Gleichungen (49) und (51) ergeben sich nunmehr die Übertragungsgrößen der homogenen Leitung (s. Gleichung 26):

$$\left.\begin{aligned} &\text{Leerlaufleitfähigkeit} && \mathfrak{G}_0 = \sqrt{\frac{\mathfrak{k}}{\mathfrak{r}}} \cdot \mathfrak{Tg}(\nu x) , \\ &\text{Kurzschlußwiderstand} && \mathfrak{W}_k = \sqrt{\frac{\mathfrak{r}}{\mathfrak{k}}} \cdot \mathfrak{Tg}(\nu x) , \\ &\text{Leerlaufsspannungsverhältnis} && \mathfrak{C} = \mathfrak{Cof}(\nu x) . \end{aligned}\right\} \tag{52}$$

Für die Ermittlung der Strom- und Spannungsverteilung entlang der Leitung lassen sich die Gesetze des Kettenleiters ohne weiteres anwenden. Die Übergangspunkte zwischen je zwei Gliedern bilden nunmehr ein Kontinuum, Strom und Spannung verteilen sich also kontinuierlich entlang der Leitung, und zwar im allgemeinen Belastungsfalle in Form von zwei gegenläufigen Sinuswellen, deren Amplituden eine räumliche Dämpfung nach dem Exponentialgesetz aufweisen. Auf das einzelne unendlich kleine Glied bezogen ist entsprechend (51) $B = b \cdot dx$. Die Länge der Sinuswelle umfaßt also entsprechend (45) eine Anzahl von $\Lambda = \frac{2\pi}{b \cdot dx}$ Gliedern; da jedes Glied eine Länge dx hat, so ergibt sich für die Wellenlänge der Leitung

$$\lambda = \frac{2\pi}{b} . \tag{53}$$

In der Zeiteinheit schreitet die Welle laut (46) um $V = \frac{\omega}{b \cdot dx}$ Glieder vorwärts. Somit beträgt die Fortpflanzungsgeschwindigkeit

$$v = \frac{\omega}{b} . \tag{54}$$

Nach dem Durchlaufen von x Kilometern Leitungslänge sind Strom- und Spannungswelle im Verhältnis e^{-ax} abgedämpft. Die Größe a ist der Dämpfungsfaktor, b ist der Wellenlängenfaktor der homogenen Leitung.

Das Verhältnis der Leitungslänge zur Wellenlänge bezeichnen wir als Wellenlängenverhältnis

$$x_\lambda = \frac{x}{\lambda} = \frac{bx}{2\pi} . \tag{55}$$

Das Produkt bx kann als Längenwinkel der Leitung bezeichnet werden. Er ist der Leitungslänge proportional und hat für eine volle Wellenlänge den Wert 2π.

Die Fortpflanzung der Wellen entlang einer widerstandslosen und ableitungsfreien Leitung ist nach der Maxwellschen Theorie nur von den Eigenschaften des umgebenden Dielektrikums abhängig, in das die Leiter eingebettet sind. Sie ist gleich der Fortpflanzungsgeschwindigkeit des Lichtes in diesem Dielektrikum (vorausgesetzt, daß sich die Dielektrizitätskonstante nicht mit der Frequenz ändert). Für Freileitungen beträgt sie also 300000 km/sek, für Kabelleitungen hat sie entsprechend der größeren Dielektrizitätskonstante nur 30 bis 40% dieses Wertes. Hat die Leitung Ohmschen Widerstand und Ableitungsverlust, so wird die Fortpflanzungsgeschwindigkeit im allgemeinen kleiner. Bei den technisch in Betracht kommenden Werten von w und g ist jedoch der Unterschied gegenüber der Fortpflanzungsgeschwindigkeit der widerstandsfreien Leitung nicht sehr erheblich und kann für überschlägliche Rechnungen vernachlässigt werden. Bei Wechselstrom von 50 Perioden beträgt somit auf allen Freileitungen, ziemlich unabhängig von ihrer besonderen Beschaffenheit, die Wellenlänge (d. i. der während einer Periode zurückgelegte Weg) $\lambda_F = 6000$ km. Für Kabelleitungen von 50 Perioden kann in erster Näherung angenommen werden $\lambda_K = 2000$ km. Entsprechend (53) ist daher für Freileitungen angenähert $b = \frac{2\pi}{\lambda_F} \doteq 0{,}001$. Die Größe a hängt dagegen vom Ohmschen Widerstand und der Ableitung ab und läßt sich nicht allgemein angeben. Praktischen Verhältnissen entsprechend ist a ür Freileitungen ungefähr gleich $(0{,}05 \div 0{,}1)\, b$.

c) Berechnungsformeln.

Die Gleichungen (52) und (50) stellen die grundsätzliche Lösung der Aufgabe dar, die wichtigsten Übertragungsgrößen der homogenen Leitung in Abhängigkeit von den vier Einheitskonstanten und der Leitungslänge auszudrücken. Da aber sämtliche Ausdrücke in der Regel komplex sind, so müssen noch einfache, übersichtliche Formeln für die Ausrechnung entwickelt werden.

Die absoluten Werte und die Vektoramplituden der Größen $\mathfrak{Cof}(\nu x)$ und $\mathfrak{Tg}(\nu x)$, Gleichung (52), lassen sich durch die Komponenten a und b des komplexen Dämpfungsfaktors ν und durch die Leitungslänge x ausdrücken. Die Berechnung von a und b bildet daher die Grundlage für die Ermittlung dieser beiden Größen und ihre Funktionen. Dagegen ergibt sich der Wellenwiderstand $\mathfrak{Z}$ unmittelbar aus den vier Einheitskonstanten. Diese kommen in den meisten Formeln in vier Gruppierungen vor, die daher besonders bezeichnet werden mögen, und zwar

$$\left.\begin{aligned} c &= s\varkappa - wg\,, \\ h &= s\varkappa + wg\,, \\ p &= w\varkappa - sg\,, \\ q &= w\varkappa + sg\,. \end{aligned}\right\} \tag{56}$$

Die Berechnung der folgenden Ausdrücke ist in Anhang I, 8, S. 203, eingehend durchgeführt. An dieser Stelle seien nur die wichtigsten Formeln mit Hinweis auf leicht ersichtliche Zuhammenhänge angegeben. Man erhält

$$\left.\begin{aligned} a &= \sqrt{\tfrac{1}{2}(rk - c)}\,, \\ b &= \sqrt{\tfrac{1}{2}(rk + c)}\,. \end{aligned}\right\} \tag{57}$$

Der Ausdruck für a ergibt sich aus der obigen Formel sehr ungenau, wenn die Dämpfung klein ist, wie dies für alle technisch wichtigen Fälle zutrifft. Denn der Ausdruck unter dem Wurzelzeichen stellt eine kleine Differenz zweier großer Zahlen dar. Eine sehr genaue Berechnung ermöglicht aber der gleichfalls exakte Ausdruck

$$a = \frac{q}{2\cdot b}\,. \tag{57'}$$

Einen Näherungsausdruck für sehr kleines w und g liefert die Gleichung

$$a = \frac{w}{2}\sqrt{\frac{\varkappa}{s}} + \frac{g}{2}\sqrt{\frac{s}{\varkappa}} = \frac{w}{2}\sqrt{\frac{C}{L}} + \frac{g}{2}\sqrt{\frac{L}{C}}\,. \tag{57''}$$

Die Berechnung nach diesem in der Literatur vielfach angeführten Ausdruck ist aber komplizierter als die exakte Berechnung nach (57'), da ja die Größe b ohnehin ermittelt werden muß.

Mit den Ausdrücken für a und b ergibt sich weiterhin:
für den Absolutwert C des Leerlaufspannungsverhältnisses

$$C^2 = \tfrac{1}{2}[\mathfrak{Cof}(2ax) + \cos(2bx)]\,; \tag{58}$$

für die Vektoramplitude φ_c des Leerlaufspannungsverhältnisses (d. i. Voreilung der Spannung am Speisepunkt gegenüber der Spannung am offenen Ende):

$$\operatorname{tg}\varphi_c = \mathfrak{Tg}(ax)\cdot\operatorname{tg}(bx)\,; \tag{59}$$

für das Leerlauf-Kurzschlußverhältnis:

$$T^2 = \frac{\mathfrak{Cof}(2ax) - \cos(2bx)}{\mathfrak{Cof}(2ax) + \cos(2bx)}\,;\ ^{1)} \tag{60}$$

---

[1]) Dieser Ausdruck wird für kleine Leitungslängen ungenau, da der Zähler in diesem Falle eine sehr kleine Differenz zweier Zahlen, die nahezu gleich Eins sind, darstellt. Eine genauere Berechnung gestattet der gleichfalls exakte Ausdruck

$$T^2 = \frac{\mathfrak{Sin}^2(ax) + \sin^2(bx)}{\mathfrak{Sin}^2(ax) + \cos^2(bx)} \quad \text{(s. Anhang I, Gleichung 37')},$$

dessen Auswertung aber wesentlich komplizierter ist. Man verwendet statt dessen besser den für kurze Leitungen äußerst genauen Näherungsausdruck (94). Der Ausdruck (60) gibt sehr genaue Werte für Leitungslängen, die größer als etwa $^1/_{12}$ der Wellenlänge sind. Für kleinere Leitungslängen ist Ausdruck (94) mit größter Genauigkeit verwendbar.

für die Vektoramplitude φ_t, d. i. halber Phasenunterschied zwischen Leerlaufstrom und Kurzschlußstrom, bezogen auf die gleiche Speisespannung:

$$t = \operatorname{tg}\varphi_t = \frac{\sin(2\,b\,x)}{\mathfrak{Sin}(2\,a\,x)}\,. \tag{61}$$

Die Größen C und T^2 sind an einer vorliegenden Leitung durch Messungen leicht festzustellen. Von großer Wichtigkeit für die Beurteilung der physikalischen Eigenschaften einer solchen Leitung ist daher eine Beziehung, die es gestattet, aus diesen gemessenen Größen den Längenwinkel $b\,x$ und die Dämpfung $a\,x$ zu ermitteln. Diese Beziehung ergibt sich aus (58) und (60); sie lautet:

$$\left.\begin{aligned} \cos(2b\,x) &= C^2(1 - T^2)\,, \\ \mathfrak{Cof}(2a\,x) &= C^2(1 + T^2)\,. \end{aligned}\right\} \tag{62}$$

Die Beziehungen (58 bis 62) sind nicht auf den Sonderfall der homogenen Leitung beschränkt, denn sie geben in allgemeiner Weise an, wie die Absolutwerte bzw. die Vektoramplituden des Hyperbelcosinus und Hyperbeltangens bei komplexem Argument mit den Komponenten des Argumentes zusammenhängen. Setzt man entsprechend (51) und (41) die Komponenten A und B des Argumentes μ ein, so lassen sich diese Beziehungen ohne weiteres auch für den allgemeinen Fall des symmetrischen Übertragungskreises anwenden. Sie sind aber hier von geringerer Bedeutung, da die Komponenten A und B im allgemeinen Fall in der Regel schwierig zu berechnen sind. Die in (58) bis (61) berechneten Größen werden dabei zweckmäßig unmittelbar aus der Zusammensetzung des Scheinwiderstandsnetzes ermittelt. Der symmetrische Übertragungskreis kann durch eine äquivalente, homogene Leitung ersetzt werden, deren Längenwinkel und gesamte räumliche Dämpfung aus (62) zu ermitteln ist. Davon kann Anwendung gemacht werden, wenn das Wellenlängenverhältnis einer vorliegenden Leitung durch Einfügung gleichmäßig verteilter Spulen derart verändert werden soll, daß es einen bestimmten charakteristischen Wert annimmt. Der so gebildete Übertragungskreis soll z. B. die Eigenschaften einer „Halbwellenleitung" haben. In diesem Falle ist $x_\lambda = \frac{1}{2}$, daher $B = b\,x = \pi$. Mit diesem Wert ergibt die erste Gleichung (62) eine Beziehung zwischen C und T des durch Leitung und Spulen gebildeten Übertragungskreises. Diese beiden Größen lassen sich durch die bekannten Leitungskonstanten und die zu berechnende Spuleninduktivität ausdrücken. Die erste Gleichung (62) liefert somit eine Beziehung zur Berechnung der gesuchten Induktivität. Eine andere derartige Beziehung erhält man auch aus den Gleichungen (58) und (59), wenn man die Größen C^2 und $\operatorname{tg}\varphi_c$ des zusammengesetzten Übertragungskreises als Funktionen der Spuleninduktivität berechnet, daher auch $\mathfrak{Cof}(2a\,x)$ und $\mathfrak{Tg}(a\,x)$ bei gegebenem $(b\,x)$ als Funktionen der Induktivität ausdrückt und eine Beziehung zwischen diesen Funktionen entsprechend der allgemeinen Gleichung $\mathfrak{Cof}(2a\,x) = \dfrac{1 - \mathfrak{Tg}^2(a\,x)}{1 + \mathfrak{Tg}^2(a\,x)}$ herstellt.

Zur Berechnung des komplexen Wellenwiderstandes $\mathfrak{Z} = Z \cdot e^{-j\varphi_u}$ hat man

$$Z = \sqrt{\frac{r}{k}}\,, \tag{s. 49}$$

$$u = \operatorname{tg}\varphi_u = \frac{w\,k - g\,r}{s\,k + \varkappa\,r} = \frac{w - g\,Z^2}{s + \varkappa\,Z^2} = \frac{p}{r\,k + h}\,. \tag{63}$$

Mit Berücksichtigung von (30b) ergibt sich

$$\operatorname{tg}\varphi_0 = \frac{t + u}{1 - t\,u}\,; \qquad \operatorname{tg}\varphi_k = \frac{t - u}{1 + t\,u}\,. \tag{63'}$$

Sind p und h entsprechend (56) bereits berechnet, so erfolgt die Berechnung von u am einfachsten nach dem letzten Ausdruck von (63), anderenfalls nach dem ersten oder dem zweiten. Für die Berechnung von u sind in Anhang I, S. 205, noch weitere vier Ausdrücke gegeben, die jedoch zum Teil bei der Ausrechnung ungenauere Resultate ergeben (kleine Differenzen großer Zahlen), zum Teil komplizierter sind und die Berechnung von a und b voraussetzen.

Aus dem Ausdruck für u erhält man die zur Berechnung der Vektorprodukte σ und τ [Gleichungen (36a) und (36b)] dienenden Größen

$$\left.\begin{aligned} \sin(\varphi_0 - \varphi_k) &= \sin(2\,\varphi_u) = \frac{p}{r\,k}\,, \\ \cos(\varphi_0 - \varphi_k) &= \cos(2\,\varphi_u) = \frac{h}{r\,k}\,. \end{aligned}\right\} \tag{64}$$

Die Formeln für die Absolutwerte von Leerlaufsleitfähigkeit und Kurzschlußwiderstand ergeben sich mit Benutzung von (52):

$$\left.\begin{aligned} G_0 &= \sqrt{\frac{k}{r}} \cdot T\,, \\ W_k &= \sqrt{\frac{r}{k}} \cdot T\,. \end{aligned}\right\} \tag{65}$$

Für die Vektorprodukte dieser Größen erhält man auf Grund von (36) und (64):

$$\left.\begin{aligned} \sigma &= \frac{p}{r\,k}\cdot T^2, \\ \tau &= \frac{h}{r\,k}\cdot T^2. \end{aligned}\right\} \tag{66}$$

Die Ausdrücke für T^2 bzw. T sind aus (60) zu entnehmen.

d) Die ableitungsfreie und die verzerrungsfreie Leitung.

Bei Freileitungen ist die Ableitung meist so klein, daß durch ihre Vernachlässigung die Rechnungsergebnisse nur unwesentlich geändert werden. Setzt man $g = 0$, so werden die vorstehenden Formeln zum Teil sehr vereinfacht. Es sei aber schon an dieser Stelle darauf hingewiesen, daß durch die Berücksichtigung der Ableitung das graphische Verfahren durchaus nicht komplizierter wird. Nur die für die Berechnung der Grundgrößen des Diagramms notwendigen Formeln werden durch Vernachlässigung der Ableitung einfacher. Die Zusammensetzung dieser Formeln hat jedoch keinen Einfluß auf den Zusammenhang der Diagrammgrößen und somit auf das graphische Verfahren.

Im folgenden sind die allgemeinen Gleichungen, die durch die Annahme $g = 0$ vereinfacht werden, in eckigen Klammern angeführt. Man erhält demnach für die ableitungsfreie Leitung:

$$\mathfrak{k} = j\varkappa, \qquad k = \varkappa, \qquad \varphi_{\mathfrak{k}} = \frac{\pi}{2}, \; [48] \tag{67}$$

$$c = h = s\varkappa, \qquad p = q = w\varkappa, \quad [56] \tag{68}$$

$$\left.\begin{aligned} a &= \sqrt{\frac{\varkappa}{2}(r - s)}, \\ b &= \sqrt{\frac{\varkappa}{2}(r + s)}, \end{aligned}\right\} \quad [57] \tag{69}$$

$$a = w\sqrt{\frac{\varkappa}{2(r+s)}} \doteq w\sqrt{\frac{C}{L}}, \quad [57'] \text{ und } (57'')] \tag{69'}$$

$$u = \frac{w}{r+s}, \quad [63] \tag{70}$$

$$\sin(2\varphi_u) = \frac{w}{r}, \qquad \cos(2\varphi_u) = \frac{s}{r}. \quad [64] \tag{70'}$$

Der Winkel $2\varphi_u$ ist also in diesem Falle gleich dem Komplementärwinkel der Amplitude φ_r der kilometrischen Impedanz [s. Gleichung (48)].

Ein anderer Sonderfall, der zu einer Vereinfachung einzelner Grundformeln führt, liegt dann vor, wenn $\varphi_u = 0$ ist. Zum Unterschied von der ableitungsfreien Leitung entspricht diesem Fall eine besondere Ausgestaltung des Diagramms, worauf in Abschnitt 32, S. 126, näher eingegangen wird.

Die Annahme $\varphi_u = 0$ setzt nach dem letzten Ausdruck von (63) voraus, daß auch $p = 0$, daher auf Grund von (56) und (48):

$$\frac{s}{w} = \frac{\varkappa}{g} = \operatorname{tg}\varphi_r = \operatorname{tg}\varphi_{\mathfrak{k}}. \tag{71}$$

Die Impedanz $\mathfrak{r}$ und die Admittanz $\mathfrak{k}$ haben also in diesem Falle die gleiche Vektoramplitude. Ist f eine konstante Größe so kann man setzen

$$w = f\cdot s, \qquad g = f\cdot\varkappa, \tag{72}$$

daher

$$\left.\begin{aligned} r &= \sqrt{w^2 + s^2} = s\sqrt{1 + f^2}, \\ k &= \sqrt{g^2 + \varkappa^2} = \varkappa\sqrt{1 + f^2}, \end{aligned}\right\} \quad [48] \tag{73}$$

$$\frac{r}{k} = \frac{s}{\varkappa} = \frac{L}{C}, \quad rk = s\varkappa(1 + f^2); \tag{73'}$$

$$\left.\begin{array}{ll} c = s\varkappa(1 - f^2); & p = 0, \\ h = s\varkappa(1 + f^2); & q = 2f \cdot s\varkappa, \end{array}\right\} \quad [56] \qquad (74)$$

$$Z = \sqrt{\frac{r}{k}} = \sqrt{\frac{L}{C}}, \quad [49] \qquad (75)$$

$$a = f \cdot \sqrt{s\varkappa} = \sqrt{wg}, \quad [57] \qquad (76\text{a})$$

$$b = \sqrt{s\varkappa} = \omega\sqrt{LC}, \quad [57] \qquad (76\text{b})$$

$$v = \frac{\omega}{b} = \frac{1}{\sqrt{LC}}, \quad [54] \qquad (77)$$

$$\sigma = 0, \qquad \tau = T^2, \quad [36\text{a}] \text{ und } [36\text{b}] \qquad (78)$$

Die Gleichungen (76a) und (77) kennzeichnen in ihrem Unterschied gegenüber den allgemeinen Gleichungen (57) das besondere physikalische Verhalten der Leitung für den Fall $\varphi_u = 0$. Im allgemeinen sind der Dämpfungsfaktor a und der Wellenlängenfaktor b von der Kreisfrequenz ω abhängig; die Abhängigkeit besteht dabei nicht in einer einfachen Proportionalität, so daß auch die Fortpflanzungsgeschwindigkeit, entsprechend (54), von der Frequenz abhängig ist. Wenn nun der Leitung im Speisepunkte eine periodische Spannung aufgedrückt wird, die nicht sinusförmig ist, so kann der Vorgang in eine sinusförmige Grundschwingung und sinusförmige Oberschwingungen zerlegt werden. Jede dieser Schwingungen verursacht, daß je eine gedämpfte sinusförmige Welle in die Leitung hineinläuft (die im Falle der Belastung mit dem Wellenwiderstand oder bei unendlicher Leitungslänge nicht reflektiert wird). Die Laufgeschwindigkeit und die Dämpfung der einzelnen Wellen ist aber verschieden groß. Die periodische Schwingung eines entfernten Punktes setzt sich ebenso wie die Schwingungen im Anfangspunkte aus Grundschwingung und Oberschwingungen zusammen. Wegen der verschiedenen Geschwindigkeiten und der verschiedenen Dämpfungen haben sich aber die Phasenverschiebungen und Amplitudenverhältnisse der Schwingungskomponenten beim Eintreffen im entfernten Punkt geändert. Die resultierende Schwingung im entfernten Punkt erscheint also gegenüber der dem Speisepunkt aufgedrückten Schwingung verzerrt.

Für die Starkstromtechnik ist dieser Umstand ohne Belang; um so mehr Bedeutung hat er aber für lange Fernsprechleitungen und Schnelltelegraphenleitungen.

Im Falle $\varphi_u = 0$ sind dagegen entsprechend Gleichung (76a) und (77) der Dämpfungsfaktor und die Fortpflanzungsgeschwindigkeit von der Frequenz unabhängig. Die Grundwelle und sämtliche Oberwellen pflanzen sich mit gleicher Geschwindigkeit entlang der Leitung fort, und ihre Amplituden nehmen im gleichen Verhältnis ab. Die Form der nichtsinusförmigen Schwingung bleibt also für alle Punkte der Leitung erhalten. Daher wird diese Leitung als verzerrungsfrei bezeichnet. Die Größe u ist der Verzerrungsfaktor, φ_u ist der Verzerrungswinkel.

Wegen $\varphi_u = 0$ ist der Wellenwiderstand nunmehr reell; er hat den Charakter eines Ohmschen Widerstandes. Auf der mit dem Wellenwiderstand belasteten verzerrungsfreien Leitung sind demnach in jedem Punkte Strom und Spannung gleichphasig.

Einen Sonderfall der verzerrungsfreien Leitung erhält man durch die Annahme $f = 0$, also entsprechend (72) $w = 0$ und $g = 0$. Die verlustfreie Leitung ist also gleichfalls verzerrungsfrei. In diesem Falle ist auch der Dämpfungsfaktor $a = 0$, da keine Ursache zur Verminderung der entlang der Leitung wandernden elektromagnetischen Energie vorhanden ist. Die Gleichungen (75), (76b) und (77) werden häufig nur für diesen einfachen Fall abgeleitet, sie gelten jedoch allgemein für die verzerrungsfreie Leitung.

e) Näherungsformeln für kurze Leitungen.

Bei der Berechnung der Größen C^2, T^2 [Gleichung (58) und (60), S. 27] und der daraus abgeleiteten Größen G_0 und W_k [Gleichung (30a), S. 19] kommen Hyperbelfunktionen und Kreisfunktionen zur Verwendung. Für die weitere Entwicklung des Verfahrens wird dadurch keinerlei Komplikation bewirkt. Denn es werden diese Größen weiterhin als gegeben angesehen, ohne daß ihre Zusammensetzung von Einfluß auf das graphische Verfahren ist. Nach Berechnung der Dämpfungsgröße ax und des Längenwinkels bx sind lediglich die Funktionswerte in Tabellen für Kreisfunktionen und Hyperbelfunktionen mit reellem Argument nachzuschlagen und sodann in die Formeln für die erwähnten Größen einzusetzen. Dieses exakte Verfahren ist für sehr lange Leitungen tatsächlich einfacher als jede Näherung, falls deren Genauigkeit ausreichend groß sein soll. Für kürzere Leitungen aber lassen sich einfache Näherungsformeln verwenden. Ihre Ableitung beruht darauf, daß die Hyperbel- und Kreisfunktionen nach unendlichen Reihen entwickelt werden, die nach einer bestimmten Anzahl von Gliedern abgebrochen werden. Eine wesentliche Vereinfachung ergibt sich indessen nur, wenn die Cosinusfunktionen schon nach dem zweiten Glied abgebrochen werden. Die so entstehenden Formeln sollen in möglichst einfache Form gebracht werden; ferner sei zur Beurteilung ihrer Genauigkeit ihr prozentualer Fehler in Abhängigkeit von der Leitungslänge zu bestimmen.

Auf Grund von (58) erhält man:

$$2C^2 = \mathfrak{Cof}(2a\,x) + \cos(2b\,x) = 1 + \frac{4a^2x^2}{1\cdot 2} + \frac{16a^4x^4}{1\cdot 2\cdot 3\cdot 4} + \cdots + 1 - \frac{4b^2x^2}{1\cdot 2} + \frac{16b^4x^4}{1\cdot 2\cdot 3\cdot 4} + \cdots,$$

daher

$$C^2 = 1 - (b^2 - a^2)\,x^2 + \tfrac{1}{3}(b^4 + a^4)\,x^4. \tag{79}$$

In gleicher Weise ergibt sich auf Grund von (60)

$$T^2 = \frac{(b^2 + a^2)\,x^2 - \frac{1}{3}(b^4 - a^4)\,x^4}{1 - (b^2 - a^2)\,x^2 + \frac{1}{3}(b^4 + a^4)\,x}. \tag{80}$$

Aus (56) und (57) erhält man die Beziehungen:

$$\left.\begin{aligned} &b^2 + a^2 = r\,k, \qquad b^4 - a^4 = r\,k\cdot c,\\ &b^2 - a^2 = c, \qquad b^4 + a^4 = (b^2 + a^2)^2 - 2a^2b^2 = r^2k^2 - \frac{q^2}{2}. \end{aligned}\right\} \tag{81}$$

Die Größe q nimmt mit verschwindendem Widerstand und verschwindender Ableitung auf Null ab. Sie ist daher praktisch stets sehr klein im Vergleich zu $r\,k$. Somit ist mit sehr großer Annäherung

$$b^4 + a^4 = r^2k^2. \tag{81'}$$

Mit Benutzung dieser Beziehungen ergibt sich

$$C^2 = 1 - c\,x^2 + \tfrac{1}{3}r^2k^2\cdot x^4, \tag{82}$$

$$T^2 = r\,k\,x^2\cdot\frac{1 - \frac{1}{3}c\,x^2}{1 - c\,x^2 + \frac{1}{3}r^2k^2\cdot x^4}. \tag{83}$$

Der Ausdruck $c = s\,\varkappa - w\,g$ ist wegen der stets sehr kleinen Ableitung g nahezu gleich $s\,\varkappa$; aus dem gleichen Grund ist $k \doteq \varkappa$; ferner ist $r = \sqrt{w^2 + s^2}$ der Größenordnung nach nicht viel von s verschieden, wenn der Ohmsche Leitungswiderstand nicht sehr erheblich ist. Bei einer Hochspannungsfreileitung von 100 mm^2 Cu-Querschnitt (kleinere Querschnitte kommen für Hochspannungsleitungen nicht in Betracht) ist r um etwa 10 bis 15% größer als s. Für verseilte Kabel vom gleichen Querschnitt ist r um etwa 25% größer als s. Man kann daher in denjenigen Gliedern, die wegen ihrer Kleinheit gegen 1 vernachlässigt werden sollen, $r\,k = s\,\varkappa = c$ setzen. Der zu beurteilende prozentuale Fehler, der durch die Vernachlässigung dieser Glieder entsteht, wird durch diese Substitution nur sehr wenig beeinflußt, falls er an sich klein ist. Entsprechend (57) ist dann auch

$$b^2 \doteq r\,k \doteq c. \tag{84}$$

Wir führen die letzte Beziehung in die Formeln ein und formen diese derart um, daß der Nennerausdruck stets gleich 1 ist, wobei Glieder von höherer als vierter Ordnung vernachlässigt werden. Sodann werden die so erhaltenen Formeln vereinfacht, indem die Ausdrücke vierter bzw. zweiter Ordnung gegen 1 vernachlässigt werden. Mit $r\,k = c$ erhält man

$$\left.\begin{aligned} C^2 &= 1 - c\,x^2 + \tfrac{1}{3}c^2x^4,\\ T^2 &= r\,k\cdot x^2\,\frac{1 - \frac{1}{3}c\,x^2}{1 - c\,x^2 + \frac{1}{3}c^2x^4}. \end{aligned}\right\} \tag{85}$$

Multipliziert man den letzteren Ausdruck in Zähler und Nenner mit $1 + c\,x^2 + \frac{2}{3}c^2x^4$, so ergibt sich

$$T^2 = r\,k\cdot x^2\cdot(1 + \tfrac{2}{3}c\,x^2 + \tfrac{1}{3}c^2x^4). \tag{86}$$

Bildet man mit (85) den Ausdruck $\frac{1}{C^2}$ und multipliziert sodann in Zähler und Nenner mit $1 + c\,x^2 + \frac{2}{3}c^2x^4$, so erhält man

$$\frac{1}{C^2} = 1 + c\,x^2 + \tfrac{2}{3}c^2x^4. \tag{87}$$

Zur Berechnung von T und $\frac{1}{C}$ bilden wir aus (86) und (87) die Quadratwurzeln mittels des binomischen Lehrsatzes, wobei Glieder von höherer als der vierten Ordnung vernachlässigt werden. Es ergibt sich:

$$\left.\begin{aligned} T &= \sqrt{r\,k}\cdot x\cdot\left[1 + \frac{1}{2}\left(\frac{2}{3}c\,x^2 + \frac{1}{3}c^2x^4\right) + \frac{1}{1\cdot 2}\cdot\frac{1}{2}\cdot\left(\frac{1}{2} - 1\right)\left(\frac{2}{3}c\,x^2 + \cdots\right)^2\right] =\\ &= \sqrt{r\,k}\cdot x\cdot\left(1 + \frac{1}{3}c\,x^2 + \frac{1}{9}c^2x^4\right), \end{aligned}\right\} \tag{88}$$

$$\frac{1}{C} = 1 + \frac{1}{2}\left(c\,x^2 + \frac{2}{3}c^2x^4\right) + \frac{1}{1\cdot 2}\cdot\frac{1}{2}\cdot\left(\frac{1}{2} - 1\right)(c\,x^2 + \cdots)^2 = 1 + \frac{1}{2}c\,x^2 + \frac{5}{24}c^2x^4. \tag{89}$$

Aus (88) ergeben sich mit Benutzung von (65)

$$\left.\begin{aligned} G_0 &= k x \cdot (1 + \tfrac{1}{3} c x^2 + \tfrac{1}{9} c^2 x^4)\,, \\ W_k &= r x \cdot (1 + \tfrac{1}{3} c x^2 + \tfrac{1}{9} c^2 x^4)\,, \end{aligned}\right\} \tag{90}$$

ferner mit Benutzung von (66) und (86) die Ausdrücke für die Vektorprodukte aus $\mathfrak{G}_0$ und $\mathfrak{W}_k$:

$$\left.\begin{aligned} \sigma &= p x^2 \cdot (1 + \tfrac{2}{3} c x^2 + \tfrac{1}{3} c^2 x^4)\,, \\ \tau &= h x^2 \cdot (1 + \tfrac{2}{3} c x^2 + \tfrac{1}{3} c^2 x^4)\,. \end{aligned}\right\} \tag{91}$$

Es sollen nun in den Gleichungen (86) bis (91) die letzten bzw. die vorletzten Glieder vernachlässigt werden. Der prozentuale Fehler ist in Abhängigkeit von der Leitungslänge zu bestimmen. Wir legen seiner Berechnung den Ausdruck $F = c\,x^2$ zugrunde. Entsprechend (84) und (55) ist

$$F = c x^2 \doteq b^2 x^2 = 4 \pi^2 x_\lambda^2 \doteq 40 x_\lambda^2\,. \tag{92}$$

Bei Wechselstrom von 50 Perioden ist die Wellenlänge für Freileitungen etwa gleich 6000 km, für Kabelleitungen etwa 2000 km[1]); daher ist das Wellenlängenverhältnis x_λ für Freileitungen $\frac{x}{6000}$, für Kabelleitungen $\frac{x}{2000}$. Somit ist für Freileitungen

$$F = \frac{40}{36}\left(\frac{x}{1000}\right)^2 = 1{,}11\left(\frac{x}{1000}\right)^2; \qquad F^2 = 1{,}23\left(\frac{x}{1000}\right)^4, \tag{93a}$$

für Kabelleitungen:

$$F = \frac{40}{20^2}\left(\frac{x}{100}\right)^2 = 0{,}1\left(\frac{x}{100}\right)^2; \qquad F^2 = 0{,}01\left(\frac{x}{100}\right)^4. \tag{93b}$$

Der Fehler, der durch Vernachlässigung von Gliedern vierter Ordnung in den Formeln (86) bis (91) entsteht, ist proportional F^2; der Proportionalitätsfaktor ist aus den einzelnen Formeln ohne weiteres zu entnehmen. Im folgenden ist der Fehler in Prozenten angegeben, daher sind die Ausdrücke mit 100 multipliziert.

Durch Vernachlässigung der Glieder vierter Ordnung erhält man somit die im folgenden angegebenen Beziehungen. Die Vorzeichen der Fehlergrößen sind im Sinne einer Korrektur der Näherungswerte angegeben, also positiv, wenn die Näherungswerte zu klein sind, und umgekehrt. Der Zusammenhang der rechts stehenden Konstanten mit den kilometrischen Einheitskonstanten ist aus Gleichung (48), S. 24, und Gleichung (56), S. 27, ersichtlich.

	Prozentualer Fehler	bei Freileitung von x Kilometer Länge %	bei Kabel von x Kilometer Länge %	
$C^2 = 1 - c x^2$ $T^2 = r k x^2 \cdot \left(1 + \frac{2}{3} c x^2\right)$ $\sigma = p x^2 \cdot \left(1 + \frac{2}{3} c x^2\right)$ $\tau = h x^2 \cdot \left(1 + \frac{2}{3} c x^2\right)$	$\frac{100}{3} F^2$	$41\left(\frac{x}{1000}\right)^4$	$0{,}33\left(\frac{x}{100}\right)^4$	(94)
$\frac{1}{C} = 1 + \frac{1}{2} c x^2$	$\frac{500}{24} F^2$	$26\left(\frac{x}{1000}\right)^4$	$0{,}21\left(\frac{x}{100}\right)^4$	(95)
$G_0 = k x \cdot \left(1 + \frac{1}{3} c x^2\right)$ $W_k = r x \cdot \left(1 + \frac{1}{3} c x^2\right)$	$\frac{100}{9} F^2$	$13{,}7\left(\frac{x}{1000}\right)^4$	$0{,}11\left(\frac{x}{100}\right)^4$	(96)

[1]) Die Wellenlänge, bzw. die Fortpflanzungsgeschwindigkeit an Kabelleitungen wird in hohem Maß von der Art des Isolationsmaterials und der Kabelkonstruktion beeinflußt. Für die in Anhang III, S. 215 angegebenen Kabel liegt die Wellenlänge bei 50 Per/sek zwischen 1750 und 2770 km. Im Interesse einfacher Rechnung ist hier die runde Zahl 2000 angenommen, die im allgemeinen etwas zu klein ist. Bei einer Wellenlänge von λ km sind die hier angegebenen Fehlergrößen durch $\left(\frac{\lambda}{2000}\right)^4$ bzw. $\left(\frac{\lambda}{2000}\right)^2$ zu dividieren.

Werden auch die Glieder zweiter Ordnung vernachlässigt, so erhält man:

	Prozentualer Fehler	bei Freileitung von x Kilometer Länge %	bei Kabel von x Kilometer Länge %	
$C^2 = 1$	$-100\,F$	$-1{,}11\left(\frac{x}{100}\right)^2$	$-10\left(\frac{x}{100}\right)^2$	(97)
$\frac{1}{C} = 1$	$50\,F$	$0{,}56\left(\frac{x}{100}\right)^2$	$5\left(\frac{x}{100}\right)^2$	(97′)
$T^2 = r\,k\,x^2$, $\sigma = p\,x^2$, $\tau = h\,x^2$	$\frac{200}{3}\,F$	$0{,}75\left(\frac{x}{100}\right)^2$	$6{,}7\left(\frac{x}{100}\right)^2$	(98)
$G_0 = k\,x$, $W_k = r\,x$	$\frac{100}{3}\,F$	$0{,}37\left(\frac{x}{100}\right)^2$	$3{,}3\left(\frac{x}{100}\right)^2$	(99)

Für eine Periodenzahl n, die von 50 verschieden ist, muß der prozentuale Fehler in (94) bis (96) mit $\left(\frac{n}{50}\right)^4$, in (97) bis (99) mit $\left(\frac{n}{50}\right)^2$ multipliziert werden, da bei gegebenem x das Wellenlängenverhältnis (bei kleiner Dämpfung) proportional der Frequenz ist. Für die in Amerika übliche Periodenzahl 60 ist $\left(\frac{n}{50}\right)^4 = \left(\frac{60}{50}\right)^4 \doteq 2$, und $\left(\frac{n}{50}\right)^2 \doteq 1{,}5$. Die prozentualen Fehler sind also in diesem Falle doppelt bzw. 1,5mal so groß als bei 50 Perioden und gleicher Leitungslänge.

Die Fehlergrößen können zur Korrektur der Ergebnisse verwendet werden; dies ist jedoch nur bei sehr kleinen Fehlern möglich, da andernfalls auch die Glieder sechster bzw. vierter Ordnung nicht mehr vernachlässigt werden können. Da die Fehler mit wachsender Leitungslänge sehr stark zunehmen, so ist die Korrektur nur in einem beschränkten Bereich möglich. Die angegebenen Fehler können aber in jedem Fall als Anhaltspunkt zur Beurteilung der Genauigkeit der verwendeten Formeln benutzt werden. Die zulässigen Fehlergrenzen hängen von der Natur der Aufgabe ab. Im allgemeinen ist es vollkommen ausreichend, die Größen G_0 und W_k auf 1% genau zu berechnen, da schon die Unsicherheit in der Berechnung der Kapazität und der Selbstinduktion eine Ungenauigkeit von dieser Größenordnung bedingt. Die Formeln (96) sind mit 1% Fehler bis etwa 520 km Freileitungslänge oder etwa 170 km Kabellänge (bei 50 Perioden) verwendbar. Mit der gleichen Fehlergrenze sind die sehr einfachen Formeln (99) bis 115 km Freileitungslänge oder etwa 40 km Kabellänge zu verwenden. Größere Genauigkeit erfordert die Ermittlung von $\frac{1}{C}$, da die Berechnung des prozentualen Spannungsabfalls in den üblichen Betriebsbereichen mit dem gleichen Fehler wie $\frac{1}{C}$ behaftet ist. Diese Größe läßt sich im allgemeinen aus der Leerlauf- und Kurzschlußleistung graphisch sehr genau ermitteln (s. Abschnitt 13, S. 36). Die Ermittlung kann praktisch durchgeführt werden, solange die diese Leistungen darstellenden Strecken im Größenbereich der Zeichnung liegen. Wie aus Abschnitt 29 hervorgeht, ist dies der Fall, wenn die Leitungslänge größer ist als etwa $\frac{1}{16}$ der Wellenlänge, entsprechend 350 km Freileitung oder 120 km Kabel. Für kürzere Leitungen wird zweckmäßig stets die Formel (95) verwendet, die dabei sehr genaue Resultate ergibt. Ihre Genauigkeit beträgt bei 250 km Freileitung 0,1%, bei 100 km Freileitung 0,0026%.

Übrigens ist auch die Ausrechnung der genaueren Formeln (85) bis (91) hinreichend einfach, da der in den letzten Gliedern erscheinende Ausdruck $c^2 x^4$ aus dem bereits berechneten Ausdruck $c x^2$ berechnet wird. Da in diesen Formeln die Glieder sechster Ordnung vernachlässigt sind, ist der Fehler proportional x^6. Die Größe des Fehlers geht aus dem Vergleich mit den Werten hervor, die aus den exakten Formeln berechnet sind. Man erhält den prozentualen Fehler

Prozentualer Fehler	bei Freileitung %	bei Kabel %
für G_0 und W_k nach (90)	$11\left(\frac{x}{1000}\right)^6$	$0{,}008\left(\frac{x}{100}\right)^6$
„ σ „ τ „ (91)	$31\left(\frac{x}{1000}\right)^6$	$0{,}026\left(\frac{x}{100}\right)^6$
„ C^2 „ (85)	$-27\left(\frac{x}{1000}\right)^6$	$-0{,}019\left(\frac{x}{100}\right)^6$
„ $\frac{1}{C}$ „ (89)	$13\left(\frac{x}{1000}\right)^6$	$0{,}0095\left(\frac{x}{100}\right)^6$

Läßt man für W_k und G_0 eine Fehlergröße von 1% zu, so können diese Formeln bis zu $\frac{1000}{\sqrt[6]{11}} \doteq 670$ km Freileitungslänge oder etwa 220 km Kabellänge verwendet werden.

Wie aus der Theorie des graphischen Verfahrens hervorgeht, ist für die Ermittlung des Diagramms im allgemeinen nur die Kenntnis der Kurzschlußleistung und der Leerlaufleistung samt den zugehörigen Phasenverschiebungen notwendig. Die Phasenwinkel φ_k und φ_0 können durch graphische Addition bzw. Subtraktion aus den Winkeln φ_u und φ_t ermittelt werden, die ihrerseits aus ihren nach Gleichung (61) und (63) berechneten Tangenten konstruiert werden können. Für Leitungslängen, die nicht extrem groß sind, lassen sich jedoch sehr genaue Näherungsformeln angeben, die eine unmittelbare Berechnung von φ_k und φ_0 gestatten. Wir bilden zu diesem Zwecke die Ausdrücke für $\mathfrak{G}_0$ und $\mathfrak{W}_k$, auf Grund (52), wobei der hyperbolische Tangens nach einer Reihe entwickelt wird.

Es ist allgemein

$$\mathfrak{Tg}\,\mu = \mu - \tfrac{1}{3}\mu^3 + \tfrac{2}{15}\mu^5 \ldots$$

Mit $\mu = \nu x = \sqrt{\mathfrak{r}\mathfrak{k}}\cdot x$ ist

$$\mathfrak{Tg}(\nu x) = \sqrt{\mathfrak{r}\mathfrak{k}}\cdot x\cdot(1 - \tfrac{1}{3}\mathfrak{r}\mathfrak{k}\cdot x^2 + \tfrac{2}{15}\mathfrak{r}^2\mathfrak{k}^2\cdot x^4\ldots).$$

Mit Vernachlässigung der Glieder von höherer als vierter Ordnung erhalten wir auf Grund (52):

$$\left.\begin{aligned}\mathfrak{G}_0 &= \mathfrak{k}x\cdot(1 - \tfrac{1}{3}\mathfrak{r}\mathfrak{k}\cdot x^2 + \tfrac{2}{15}\mathfrak{r}^2\mathfrak{k}^2\cdot x^4),\\ \mathfrak{W}_k &= \mathfrak{r}x\cdot(1 - \tfrac{1}{3}\mathfrak{r}\mathfrak{k}\cdot x^2 + \tfrac{2}{15}\mathfrak{r}^2\mathfrak{k}^2\cdot x^4).\end{aligned}\right\} \tag{100}$$

Aus diesen Gleichungen bilden wir die Ausdrücke für $\frac{1}{\mathfrak{G}_0}$ und $\frac{1}{\mathfrak{W}_k}$ und multiplizieren diese Ausdrücke in Zähler und Nenner mit $1 + \frac{1}{3}\mathfrak{r}\mathfrak{k}x^2 - \frac{1}{45}\mathfrak{r}^2\mathfrak{k}^2x^4$. Mit Vernachlässigung der Glieder von höherer als vierter Ordnung erhält man

$$\left.\begin{aligned}\frac{1}{\mathfrak{W}_k} &= \frac{1}{\mathfrak{r}x}\cdot\left(1 + \frac{1}{3}\mathfrak{r}\mathfrak{k}x^2 - \frac{1}{45}\mathfrak{r}^2\mathfrak{k}^2\cdot x^4\right),\\ \frac{1}{\mathfrak{G}_0} &= \frac{1}{\mathfrak{k}x}\cdot\left(1 + \frac{1}{3}\mathfrak{r}\mathfrak{k}x^2 - \frac{1}{45}\mathfrak{r}^2\mathfrak{k}^2\cdot x^4\right).\end{aligned}\right\} \tag{101}$$

Vernachlässigt man in diesen Ausdrücken auch die Glieder vierter Ordnung, so ergibt sich

$$\left.\begin{aligned}\frac{1}{\mathfrak{W}_k} &= \frac{1}{\mathfrak{r}x} + \frac{\mathfrak{k}x}{3},\\ \frac{1}{\mathfrak{G}_0} &= \frac{1}{\mathfrak{k}x} + \frac{\mathfrak{r}x}{3}.\end{aligned}\right\} \tag{102}$$

Aus diesen Gleichungen ersieht man: Der Kurzschlußwiderstand ist annähernd gleich dem Scheinwiderstand einer Parallelschaltung der gesamten Impedanz $\mathfrak{r}x$ mit dem dritten Teil der Admittanz $\mathfrak{k}x$. Analog ist die Leerlaufleitfähigkeit annähernd gleich der Scheinleitfähigkeit einer Reihenschaltung der gesamten Admittanz $\mathfrak{k}x$ mit dem dritten Teil der Impedanz $\mathfrak{r}x$[1]). Die reellen und imaginären Komponenten der resultierenden Ausdrücke sind in Anhang I, S. 201, berechnet. Daraus ergibt sich

$$\operatorname{tg}\varphi_k = \frac{s - \frac{1}{3}\varkappa r^2 x^2}{w + \frac{1}{3}g r^2 x^2}, \tag{103a}$$

$$\operatorname{tg}\varphi_0 = \frac{\varkappa - \frac{1}{3}s k^2 x^2}{g + \frac{1}{3}w k^2 x^2}. \tag{103b}$$

Diese beiden Ausdrücke gehen wechselseitig auseinander hervor, wenn w mit g und s mit $\varkappa$ vertauscht wird, wie dies auch den Gleichungen (102) entspricht.

Durch Vernachlässigung des Gliedes vierter Ordnung in den Gleichungen (101) entsteht ein Winkelfehler, dessen Größe in Abhängigkeit von der Leitungslänge zu bestimmen ist. Das vernachlässigte Glied hat einen Absolutwert von $\frac{1}{45}r^2k^2\cdot x^4$ und eine Vektoramplitude von $2\varphi_r + 2\varphi_{\mathfrak{k}}$ [s. Gleichung (48)]. Die Größe von φ_r ist stets zwischen Null und $\frac{\pi}{2}$ $\left(\text{praktisch meist zwischen } \frac{\pi}{4} \text{ und } \frac{\pi}{2}\right)$, der Winkel $\varphi_{\mathfrak{k}}$ ist wegen der stets sehr kleinen Ableitung annähernd gleich $\frac{\pi}{2}$. Daher liegt die Vektoramplitude des vernachlässigten Gliedes zwischen 180 und 360°, praktisch stets in der Nähe von 270°. Für diesen Wert wird der durch die Vernachlässigung entstehende Winkelfehler am größten, weil dann der vernachlässigte Vektor senkrecht zur reellen Achse, daher auch nahezu senkrecht zum Vektor $1 + \frac{1}{3}\mathfrak{r}\mathfrak{k}\cdot x^2$ steht. (Der Anteil $\frac{1}{3}\mathfrak{r}\mathfrak{k}\cdot x^2$ ist bei den hier in Betracht kommenden Leitungslängen stets klein gegen 1). Für den Höchstwert des Winkelfehlers δ ergibt sich demnach

$$\operatorname{tg}\delta \doteq \delta \doteq \tfrac{1}{45}r^2k^2\cdot x^4. \tag{104}$$

Mit Bezug auf (84) und (92) hat man daher $\delta = \frac{1}{45}F^2$.

---

[1]) S. Literaturverzeichnis, Nr. 12.

Auf Grund von (93) ist also für Freileitungen der Winkelfehler von (103a) und (103b):

$$\delta = \frac{1{,}23}{45}\left(\frac{x}{1000}\right)^4 = 0{,}0273\left(\frac{x}{1000}\right)^4, \tag{105a}$$

für Kabelleitungen:

$$\delta = \frac{0{,}01}{45}\left(\frac{x}{100}\right)^4 = 0{,}000222\left(\frac{x}{100}\right)^4. \tag{105b}$$

Diese Angaben beziehen sich auf das Bogenmaß des Winkelfehlers. Um δ in Graden zu erhalten, ist das Bogenmaß mit $\frac{180}{\pi}$ zu multiplizieren. Dementsprechend erhält man den Winkelfehler

$$\delta = 1{,}56^\circ\left(\frac{x}{1000}\right)^4 \quad \text{für Freileitungen,} \tag{105c}$$

$$\delta = 0{,}0127^\circ\left(\frac{x}{100}\right)^4 \quad \text{für Kabelleitungen.} \tag{105d}$$

Die Phasenverschiebungen von Leerlauf- und Kurzschlußstrom, aus (103) berechnet, sind um den Winkel δ zu verkleinern.

Dies ergibt sich auf Grund folgender Überlegung: Das vernachlässigte Vektorglied hat eine Voreilung von etwa 270° (gleich einer Nacheilung von etwa 90°); mit Berücksichtigung seines negativen Vorzeichens [s. Gleichung (101)] bewirkt es also eine Vorwärtsdrehung der Vektoren $\frac{1}{\mathfrak{W}_k}$ und $\frac{1}{\mathfrak{G}_0}$. Gegenüber der Spannung E ist demnach der Vektor des Kurzschlußstromes $\mathfrak{J}_k = \frac{E}{\mathfrak{W}_k}$ um den Betrag δ vorwärts zu drehen, der Vektor des Leerlaufstromes $\mathfrak{J}_0 = E \cdot \mathfrak{G}_0$ um den Betrag δ rückwärts zu drehen. Für die hier in Betracht kommenden Leitungslängen (d. i. unterhalb einer Viertelwellenlänge) ist der Kurzschlußstrom nacheilend, der Leerlaufstrom voreilend. Daher sind die Phasenverschiebungen beider Ströme um den Betrag δ zu verkleinern.

Die größte Winkelgenauigkeit, die, auch bei großen Zeichnungsmaßstäben, praktisch beherrscht werden kann, ist etwa 0,1°. Läßt man einen Fehler von dieser Größe zu, so können die Gleichungen (103a) und (103b) bis zu $x = \frac{1000}{\sqrt[4]{15{,}6}} \doteq 500$ km Freileitungslänge bzw. $x = \frac{1000}{\sqrt[4]{0{,}127}} \doteq 170$ km Kabellänge verwendet werden. Dies sind ungefähr die gleichen Grenzen, wie sie sich für die Berechnung von W_k und G_0 nach Formel (96) bei einem zulässigen Fehler von 1% ergaben. An den Grenzen des Verwendungsbereichs der genaueren Formeln (90), nämlich 670 km Freileitungslänge und 220 km Kabellänge, beträgt der Winkelfehler der Formeln (103) etwa 0,3°. Auch dieser Fehler kann im allgemeinen noch zugelassen werden. Die Berechnung von φ_k und φ_0 nach den Formeln (103) ist also zulässig für alle Leitungslängen, bei welchen auch die Näherungsformeln für W_k und G_0 angewendet werden können.

Aus den Gleichungen (102) lassen sich auch die reellen und imaginären Komponenten von $\mathfrak{W}_k$ und $\mathfrak{G}_0$ berechnen. Auf Grund der im Anhang I, S. 201 durchgeführten Berechnung ergibt sich

$$\left.\begin{aligned} W_k \cos\varphi_k &= \frac{x}{D}\left(w + \frac{1}{3} g r^2 x^2\right), \\ W_k \sin\varphi_k &= \frac{x}{D}\left(s - \frac{1}{3} \varkappa r^2 x^2\right), \end{aligned}\right\} \tag{106}$$

$$\left.\begin{aligned} G_0 \cos\varphi_0 &= \frac{x}{D}\left(g + \frac{1}{3} w k^2 x^2\right), \\ G_0 \sin\varphi_0 &= \frac{x}{D}\left(\varkappa - \frac{1}{3} s k^2 x^2\right). \end{aligned}\right\} \tag{107}$$

Darin ist

$$D = 1 - \tfrac{2}{3} c x^2 + \tfrac{1}{9} r^2 k^2 x^2 .$$

Bildet man in (106) und (107) die Quadratsumme der Komponenten, so erhält man

$$\left.\begin{aligned} W_k &= \frac{r x}{\sqrt{1 - \frac{2}{3} c x^2 + \frac{1}{9} r^2 k^2}}, \\ G_0 &= \frac{k x}{\sqrt{1 - \frac{2}{3} c x^2 + \frac{1}{9} r^2 k^2}}. \end{aligned}\right\} \tag{108}$$

Die Genauigkeit dieser Formeln ist ungefähr die gleiche wie von (90), sie sind jedoch komplizierter.

13. Graphische Ermittlung und geometrische Beziehungen der Grundgrößen. — Das Fundamentaldreieck.

Für die Größen $\mathfrak{C} = \mathfrak{Cof}\,\mu$ [Leerlaufspannungsverhältnis, Gleichung (23)] und $\mathfrak{Tg}\,\mu$ [Wurzel aus dem Leerlauf-Kurzschlußverhältnis, Gleichung (27)] können die Absolutwerte C und T sowie die Vektoramplituden φ_c und φ_t zeichnerisch ermittelt werden, wenn die Komponenten des komplexen Dämpfungsfaktors μ bekannt sind. Die Berechnung aus diesen Komponenten ist hauptsächlich für die homogene Leitung von Bedeutung. Sie seien daher entsprechend (51) durch $(a\,x)$ und $(b\,x)$ bezeichnet. Doch gelten alle im folgenden abgeleiteten Beziehungen auch allgemein für den symmetrischen Übertragungskreis.

Eine einfache graphische Behandlung läßt sich ermitteln, indem die Hyperbelfunktionen auf Kreisfunktionen zurückgeführt werden. Wir setzen zu diesem Zweck zwei beliebige reelle Argumente $(2m)$ und (2α) derart in Beziehung, daß

$$\mathfrak{Cof}\,(2m) = \frac{1}{\cos(2\alpha)}\,;$$

daher

$$\mathfrak{Sin}\,(2m) = \sqrt{\frac{1}{\cos(2\alpha)^2} - 1} = \operatorname{tg}(2\alpha)\,,$$

$$\mathfrak{Tg}\,(2m) = \operatorname{tg}(2\alpha)\cdot\cos(2\alpha) = \sin(2\alpha).$$

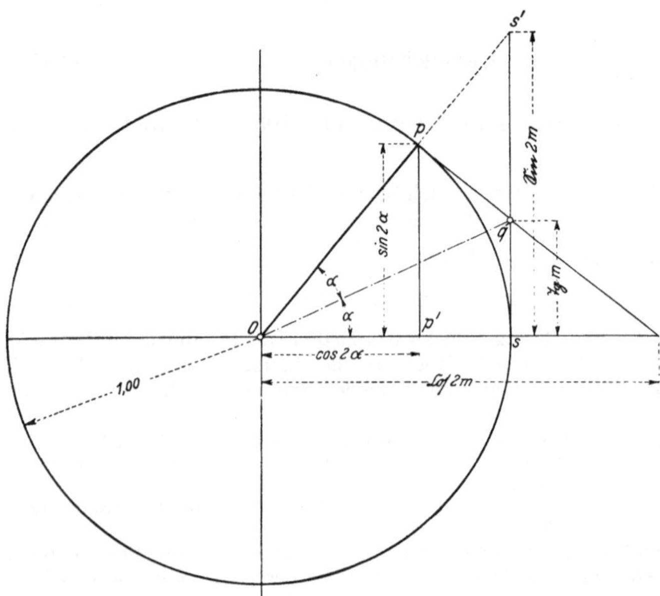

Abb. 29. Beziehungen zwischen Hyperbel- und Kreisfunktionen.

Diese Funktionen sind in Abb. 29 dargestellt. Der Kreisradius ist gleich der Längeneinheit angenommen. Daher ist

$$\overline{pp'} = \sin(2\alpha) = \mathfrak{Tg}\,(2m),$$

$$\overline{ss'} = \operatorname{tg}(2\alpha) = \mathfrak{Sin}\,(2m),$$

$$\overline{Os'} = \overline{Oc} = \frac{1}{\cos(2\alpha)} = \mathfrak{Cof}\,(2m).$$

Die Hyperbelfunktionen lassen sich also in gleicher Weise wie die Kreisfunktionen durch Abschnitte charakteristischer Geraden am Einheitskreise darstellen. Für die Hyperbelfunktionen gilt ferner allgemein (s. Anhang I, 8c, S. 206)

$$\mathfrak{Cof}\,m = \sqrt{\frac{\mathfrak{Cof}\,(2m) + 1}{2}}\,,$$

$$\mathfrak{Sin}\,m = \sqrt{\frac{\mathfrak{Cof}\,(2m) - 1}{2}}\,,$$

$$\mathfrak{Tg}\,m = \sqrt{\frac{\mathfrak{Cof}\,(2m) - 1}{\mathfrak{Cof}\,(2m) + 1}}\,, \qquad \text{daher} \qquad \mathfrak{Tg}\,m = \sqrt{\frac{1 - \cos(2\alpha)}{1 + \cos(2\alpha)}} = \operatorname{tg}\alpha\,.$$

Aus $\mathfrak{Sin}\,(2m) = \overline{ss'}$ kann also $\mathfrak{Tg}\,m = \overline{sq}$ gefunden werden, indem die Gerade $\overline{ss'}$ mit der Symmetrale des Winkels $(s'Os)$ im Punkte q zum Schnitt gebracht wird.

Mit Benutzung dieser Beziehungen ist die graphische Ermittlung der erwähnten Grundgrößen in Abb. 30 durchgeführt. Der Radius des Kreises ist auch hier gleich der Längeneinheit. Gegeben ist (ax), daher auch $\mathfrak{Sin}\,(2ax) = \overline{mm'}$, ferner (bx), daher auch $\cos(2bx) = \overline{nn'} = \overline{og'} = \overline{os'}$. Daraus ergibt sich zunächst $\overline{om'} = \overline{oh} = \sqrt{1 + \overline{mm'}^2} = \mathfrak{Cof}\,(2ax)$. Daher ist $\overline{g'h} = \overline{g'o} + \overline{oh} = \cos(2bx) + \mathfrak{Cof}\,(2ax) = 2C^2$ [s. Gleichung (58)]. Dementsprechend ist $\overline{d'd} = \frac{1}{2}\cdot\overline{g'h} = C^2$. Für die Strecke $\overline{oc}$ (Tangente des über $\overline{d''y}$ errichteten Kreises) gilt daher: $\overline{oc}^2 = \overline{od''}\cdot\overline{oy} = C^2\cdot 1$, daher $\overline{oc} = C$. Ferner gilt die Beziehung

$$\frac{\overline{s's}}{\overline{g'g}} = \frac{\overline{hs'}}{\overline{hg'}} = \frac{\overline{oh} - \overline{os'}}{\overline{oh} + \overline{os'}} = \frac{\mathfrak{Cof}\,(2ax) - \cos(2bx)}{\mathfrak{Cof}\,(2ax) + \cos(2bx)} = T^2 \quad \text{[s. Gleichung (60)].}$$

Wegen $\overline{g'g} = 1$ ist daher $\overline{s's} = T^2$, ferner $\overline{ot} = T$ (in analoger Weise wie die Strecke $\overline{oc}$ konstruiert). Für die praktische Anwendung ist es einfacher, die Größen C und T durch Rechnung aus C^2 bzw. T^2 zu bestimmen.

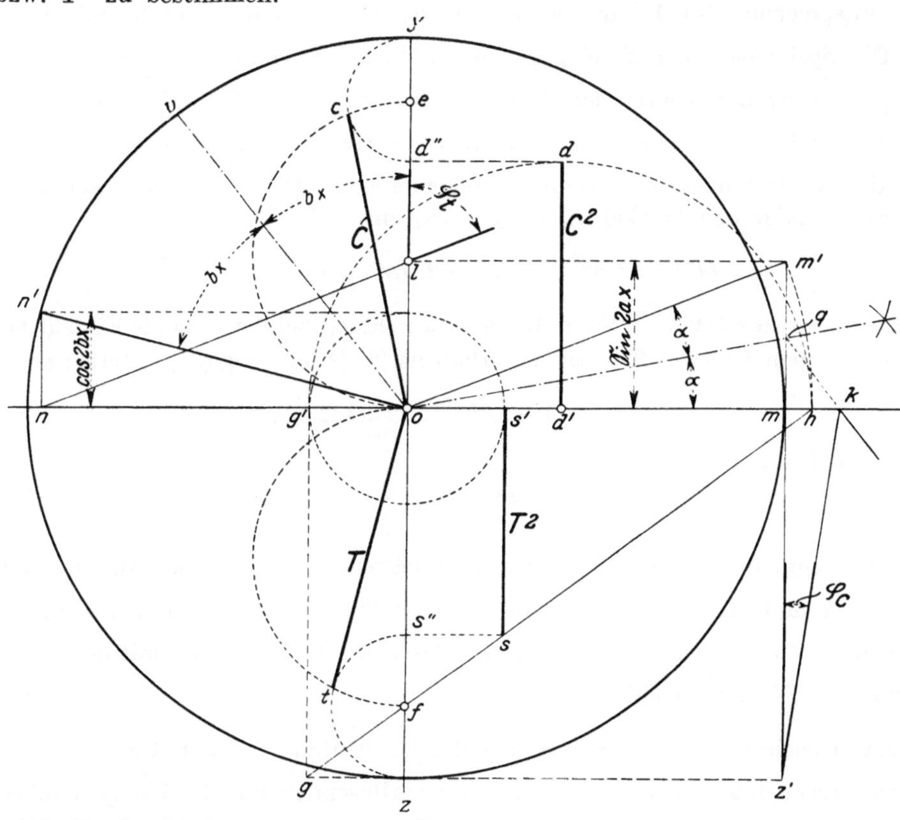

Abb. 30. Graphische Ermittlung der Übertragungsgrößen C, C^2, T, T^2, φ_c und φ_t.
[Gegeben: Leitungslänge x, Wellenlängenfaktor b und Dämpfungsfaktor a; s. Gleichung (58) bis (61)].

Für die Vektoramplituden hat man: $\operatorname{tg} \sphericalangle (n/o) = \frac{\overline{on}}{\overline{ol}} = \frac{\sin(2bx)}{\mathfrak{Sin}(2ax)} = \operatorname{tg}\varphi_t$ [s. Gleichung (61)].

Daher ist $\sphericalangle (n/o) = \varphi_t$. Ferner ist $\overline{mq} = \mathfrak{Tg}(ax)$. (Diese Strecke ist gleichbedeutend mit $\overline{sq}$ in Abb. 29.) Macht man $\overline{qk} \parallel \overline{ov}$, so ist $\sphericalangle (mqk) = (bx)$; daher $\overline{mk} = \overline{mq} \cdot \operatorname{tg}(bx) = \mathfrak{Tg}(ax) \cdot \operatorname{tg}(bx) = \operatorname{tg}\varphi_c$ [s. Gleichung (59)]. Somit ist

$\operatorname{tg} \sphericalangle (mz'k) = \frac{\overline{mk}}{\overline{z'm}} = \overline{mk} = \operatorname{tg}\varphi_c$, daher $\sphericalangle (mz'k) = \varphi_c$.

Aus T können mittels (30a) die Größen G_0 und W_k in einfacher Weise berechnet werden, falls der Wellenwiderstand Z bekannt ist. Die Winkel φ_0 und φ_k werden entsprechend Gleichung (30b) graphisch erhalten, indem der Winkel φ_t nach beiden Seiten hin vom Winkel φ_u abgetragen wird (Abb. 31).

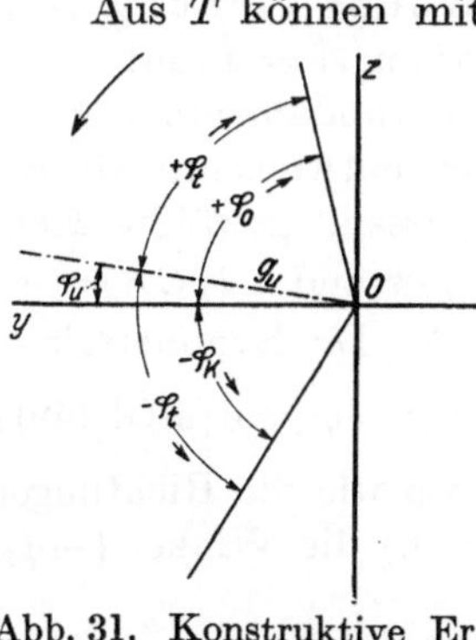

Abb. 31. Konstruktive Ermittlung der Phasenverschiebung bei Kurzschluß (φ_k) und bei Leerlauf (φ_0). Koordinaten: Wirkleistung (y) und Blindleistung (z).

Die Größen C und φ_c können ohne besondere Berechnung aus der Leerlaufleistung und der Kurzschlußleistung graphisch ermittelt werden. In Abb. 32 stellen die Abszissen in Richtung $\overrightarrow{Oy}$ die generatorische, d. h. an den Übertragungskreis abgegebene Wirkleistung dar;

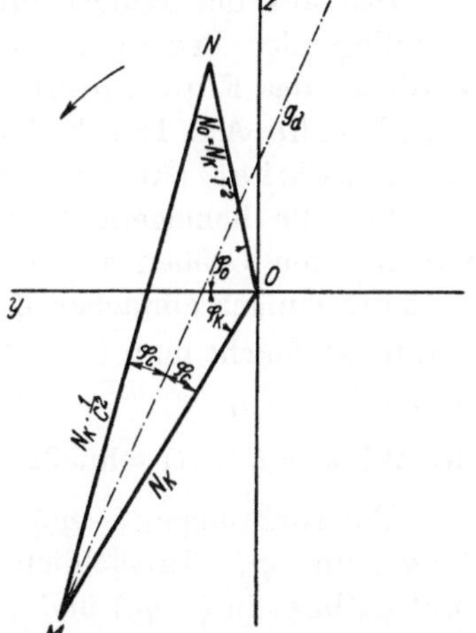

Abb. 32. Das Fundamentaldreieck. Koordinaten: Wirkleistung (y), Blindleistung (z). $\overline{OM}$ Kurzschlußleistung, $\overline{ON}$ Leerlaufleistung.

die Ordinaten stellen die Blindleistung dar. Voreilung des Stromes wird durch eine Verdrehung des Scheinleistungsvektors im Uhrzeigersinne angegeben. Die in Richtung $\overrightarrow{Oz}$ liegenden Blindleistungen entsprechen also Blindströmen, die gegenüber dem generatorischen Wirkstrom voreilen. Die Speisespannung E sei gegeben. $\overrightarrow{ON}$ ist der Vektor der Leerlaufscheinleistung $N_0 = E^2 G_0$; $\overrightarrow{OM}$ ist der Vektor der Kurzschlußscheinleistung $N_k = \frac{E^2}{W_k}$. Entsprechend den Verhältnissen auf Leitungen, die kürzer als eine Viertelwellenlänge sind, ist der Leerlaufstrom voreilend, der Kurzschlußstrom nacheilend angenommen. Die beiden Strecken $\overrightarrow{OM}$ und $\overrightarrow{ON}$ schließen miteinander den Winkel $\varphi_0 + \varphi_k = 2\varphi_t$ ein, daher ist

$$\overline{MN}^2 = \overline{OM}^2 + \overline{ON}^2 - 2\,\overline{OM}\cdot\overline{ON}\cdot\cos(2\varphi_t)\,.$$

Nimmt man die Strecke $\overline{OM} = 1$ an (d. h. die Kurzschlußscheinleistung als Einheit betrachtet), so ist $\overline{ON}$ gleich dem Leerlauf-Kurzschlußverhältnis T^2 [Gleichung (31)]. Dabei ist

$$\overline{MN}^2 = 1 + T^4 - 2\,T^2\cos(2\varphi_t)\,,$$

daher auf Grund von (34):

$$\overline{MN} = \frac{1}{C^2}\,.$$

Wir fassen nun die Richtung $\overrightarrow{MO}$ als Achsrichtung eines Polarkoordinatensystems auf, auf das wir die komplexen Ausdrücke in polarer Darstellung beziehen. Die Richtung $\overrightarrow{ON}$ schließt mit der Richtung $\overrightarrow{OM}$ den Winkel $(+\,2\varphi_t)$ ein, desgl. die Richtung $\overrightarrow{NO}$ mit der Richtung $\overrightarrow{MO}$. Daher ist $\overrightarrow{NO} = +\,T^2\cdot e^{j\cdot 2\varphi_t}$, somit $\overrightarrow{ON} = -\,T^2\cdot e^{j\cdot 2\varphi_t}$, also $\overrightarrow{MN} = \overrightarrow{MO} + \overrightarrow{ON} = 1 - T^2\cdot e^{j\cdot 2\varphi_t} = \frac{1}{\mathfrak{C}^2}$ [entsprechend Gleichung (33b)]. Daraus ersieht man ebenfalls, daß der absolute Betrag von $\overrightarrow{MN}$ gleich $\frac{1}{C^2}$ ist; ferner daß $\sphericalangle\,(NMO) = -2\varphi_c$. Im vorliegenden Fall ist $\overrightarrow{MN}$ gegenüber $\overrightarrow{MO}$ entgegengesetzt dem Uhrzeigersinn verdreht, also ist $(-2\varphi_c)$ nacheilend oder φ_c voreilend: Der Winkel φ_c wird der Größe und Richtung nach bestimmt durch die Verdrehung von $\overrightarrow{MO}$ gegenüber der Symmetrale g_d des Winkels (NMO). Die Größe $\frac{1}{C}$ ist das geometrische Mittel von $\overline{MN}$ und $\overline{MO}$ und kann als Tangente aus M an den über $\overline{Ne}$ geschlagenen Halbkreis konstruiert werden (Abb. 37, S. 52).

Das aus der Kurzschlußleistung und Leerlaufleistung gebildete Dreieck MON ist von grundlegender Bedeutung für die im folgenden entwickelten Diagrammkonstruktionen. Es werde als das F u n d a m e n t a l d r e i e c k des Diagramms bezeichnet. **Dieses Dreieck ist der graphische Ausdruck der Gleichung (33) und somit auch der Grundgleichung (17), nach welcher die Determinante der Übertragungskonstanten $\Delta = 1$ ist.**

Für die homogene Leitung lassen sich die zur Konstruktion des Fundamentaldreiecks notwendigen Größen aus den vier kilometrischen Konstanten graphisch entwickeln, mit Benutzung einiger einfacher Zwischenrechnungen. Sind f_k und f_r zwei passend gewählte Konstante, so macht man (Abb. 33) $\overline{OK'} = f_k\cdot g$, $\overline{K'K} = f_k\cdot\varkappa$, daher $\overline{OK} = f_k\cdot k$ und $\sphericalangle\,(yOK) = \varphi_{\mathfrak{k}}$; ferner $\overline{OR'} = f_r\cdot w$, $\overline{R'R} = f_r\cdot s$, daher $\overline{OR} = f_r\cdot r$ und $\sphericalangle\,(yOR) = (-\varphi_r)$. Die Symmetrale g_u des Winkels (ROK) schließt mit $\overrightarrow{Oy}$ den Winkel $\varphi_{\mathfrak{k}} - \frac{\varphi_{\mathfrak{k}} + \varphi_r}{2} = \frac{1}{2}(\varphi_{\mathfrak{k}} - \varphi_r) = \varphi_u$ ein [s. Gl. (49)].

Die Richtungen $(-\varphi_r)$ und $\varphi_{\mathfrak{k}}$ liegen also symmetrisch zu g_u, ebenso wie die Richtungen $(-\varphi_k)$ und φ_0. Tatsächlich gehen für unendlich kurze Leitungen $(x = 0)$ die Winkel $(-\varphi_k)$ und φ_0 bzw. in $(-\varphi_r)$ und $\varphi_{\mathfrak{k}}$ über [s. Gleichung (100) und (103)].

Man ermittelt nun die Strecke $\overline{OD} = \overline{OF'}$ als geometrisches Mittel von $\overline{OR}$ und $\overline{OK}$ (als Kathete des rechtwinkligen Dreiecks $OF'K$ über dem Hypothenusenabschnitt $\overline{OF} = \overline{OR}$). Somit ist

$$\overline{OD} = \sqrt{\overline{OR}\cdot\overline{OK}} = \sqrt{f_r f_k}\cdot\sqrt{r\,k}\,.$$

Diese Strecke ist also dem Absolutwert des komplexen Dämpfungsfaktors $\nu = \sqrt{\mathfrak{r}\mathfrak{k}} = a + jb$ proportional. Die Richtung $\overrightarrow{OK}$ schließt mit g_u den Winkel $\varphi_{\mathfrak{k}} - \varphi_u = \varphi_{\mathfrak{k}} - \frac{\varphi_{\mathfrak{k}} - \varphi_r}{2} = \frac{1}{2}(\varphi_{\mathfrak{k}} + \varphi_r)$ ein. Dieser Winkel ist gleich der Vektoramplitude von ν. Durch Projektion des Punktes D auf die Gerade g_u erhält man also zwei Strecken, die den Komponenten von ν, nämlich dem Dämpfungsfaktor a und dem Wellenlängenfaktor b, proportional sind, und zwar

$$\overline{OD'} = \sqrt{f_r f_k} \cdot a\,, \qquad \overline{D'D} = \sqrt{f_r f_k} \cdot b\,.$$

Ebenso kann auch die Wellenleitfähigkeit $U = \frac{1}{Z} = \sqrt{\frac{k}{z}}$ [Gleichung (25′) und (49)] einfach ermittelt werden: Auf der Geraden $\overline{OK}$ wird eine willkürlich angenommene, passend gewählte Strecke $\overline{OG}$ aufgetragen. $\overline{GW}$ steht senkrecht auf $\overline{OK}$. Somit ist

$$\overline{OW} = \overline{OG}\,\frac{\overline{OF'}}{\overline{OF}} = \overline{OG}\,\frac{\overline{OD}}{\overline{OR}} = \overline{OG} \cdot \sqrt{\frac{f_k}{f_r}} \cdot \sqrt{\frac{k}{r}}\,,$$

also

$$\overline{OW} = \left(\overline{OG} \cdot \sqrt{\frac{f_k}{f_r}}\right) \cdot U\,.$$

Die willkürlich angenommenen Proportionalitätskonstanten f_k und f_r sind so zu wählen, daß die Strecken $\overline{OR}$ und $\overline{OK}$ nicht allzu groß werden, jedoch noch gut ablesbar sind. Mit den folgenden Werten der Proportionalitätskonstanten werden diese Strecken etwa 150 bis 300 mm lang. Die Werte der Konstanten beziehen sich dabei auf Messung der Längen in Millimetern und Messung der elektrischen Größen in Ω bzw. $\frac{1}{\Omega}$. Man wähle:

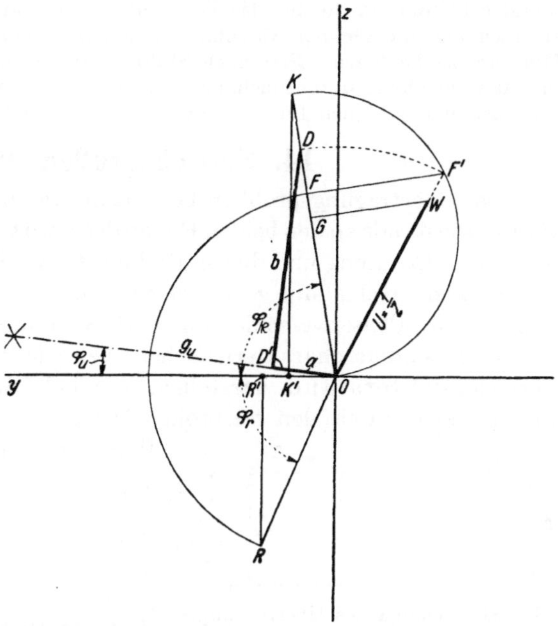

Abb. 33. Konstruktion des Dämpfungsfaktors a, des Wellenlängenfaktors b und der Wellenleitfähigkeit $U = \frac{1}{Z}$ aus den gegebenen kilometrischen Konstanten [s. Gleichung (48) bis (50)].

für Freileitungen			für Kabel		
$f_k = 10^8$,	$\overline{OK'} = 10^8 \cdot g$,	$\overline{K'K} = 10^8 \cdot \varkappa$.	$f_k = 10^7$,	$\overline{OK'} = 10^7 \cdot g$,	$\overline{K'K} = 10^7 \cdot \varkappa$.
$f_r = 400$,	$\overline{OR'} = 400\,w$,	$\overline{R'R} = 400\,s$.	$f_r = 1000$,	$\overline{OR'} = 1000\,w$,	$\overline{R'R} = 1000\,s$.
$\overline{OG} = 200$ mm.			$\overline{OG} = 100$ mm.		

Daraus ergibt sich entsprechend den oben abgeleiteten Beziehungen:

Freileitungen	Kabel
$2a = \overline{OD'} \cdot 10^{-5}$,	$a = \overline{OD'} \cdot 10^{-5}$,
$2b = \overline{D'D} \cdot 10^{-5}$,	$b = \overline{D'D} \cdot 10^{-5}$,
$U = \overline{OW} \cdot 10^{-5}$.	$U = \overline{OW} \cdot 10^{-4}$.

Für die Wellenleistung N_z gilt die Beziehung

$$N_z = \frac{E^2}{Z} = E^2 U\,.$$

Hierin ist N_z in Voltampere ausgedrückt, wenn E in Volt ausgedrückt. Soll N_z in kVA, E in kV ausgedrückt sein, so hat man $N_z = E^2 U \cdot 10^3$. Mit den obigen Ausdrücken für U erhält man für Freileitungen, bzw. für Kabel

$$N_z = \overline{OW} \cdot \left(\frac{E}{10}\right)^2. \qquad \Big| \qquad N_z = 0{,}1 \cdot \overline{OW} \cdot E^2.$$

Hierin ist E in kV, $\overline{OW}$ in mm und N_z in kVA ausgedrückt.

Aus den Größen a, b und der Leitungslänge x werden $\mathfrak{Sin}(2ax)$ und $\cos(2bx)$ mittels Tabellen ermittelt; sodann wird in der vorstehend beschriebenen Weise die Ermittlung von T und φ_t entsprechend Abb. 30 durchgeführt. Durch $N_k = \frac{N_z}{T}$ und $N_0 = N_z \cdot T$ sind die beiden Seiten $\overline{OM}$ und $\overline{ON}$ des Fundamentaldreieckes bestimmt. Die Winkel φ_k und φ_0 findet man aus φ_u und φ_t entsprechend Abb. 31. Dadurch ist das Fundamentaldreieck der Gestalt, Größe und Lage nach ermittelt.

II. Die Grundlagen des graphischen Verfahrens.

Vorbemerkung: Die in diesem Kapitel gebrachte systematische Entwicklung der Methoden des graphischen Verfahrens und der hierfür notwendigen Größen kann größtenteils erst durch die im folgenden Kapitel III abgeleiteten Diagramme verdeutlicht werden. Es empfiehlt sich daher, zunächst nur die Abschnitte 16 und 20, die für das Verständnis der später folgenden Entwicklungen notwendig sind, genauer zu lesen und die übrigen Abschnitte nur zum Nachschlagen der in den folgenden Kapiteln gemachten Hinweise zu benutzen. Erst nach Studium des Kapitels III ist es zweckmäßig, das vorliegende Kapitel im Zusammenhang durchzunehmen. Es läßt die Beziehungen zwischen den verschiedenen Diagrammen erkennen und gibt den für die Anwendung notwendigen Überblick.

14. Betriebsgrößen und Belastungsgrößen.

Das Übertragungsproblem besteht im wesentlichen in der Ermittlung der zusammengehörigen Betriebszustände an den beiden Enden des Übertragungskreises. Der Betriebszustand ist bestimmt durch die Spannung und durch die Belastung. Diese wird bei gegebener Spannung durch Strom und Phasenverschiebung gekennzeichnet oder auch durch zwei andere Größen, welche Funktionen von Strom, Phasenverschiebung und Spannung sind, z. B. Wirkleistung und Blindleistung.

In besonders charakteristischer Weise läßt sich die Belastung durch den komplexen Belastungswiderstand darstellen, nämlich durch das Vektorverhältnis von Spannung zu Strom, oder durch den reziproken Wert dieses Verhältnisses, die komplexe Leitfähigkeit.

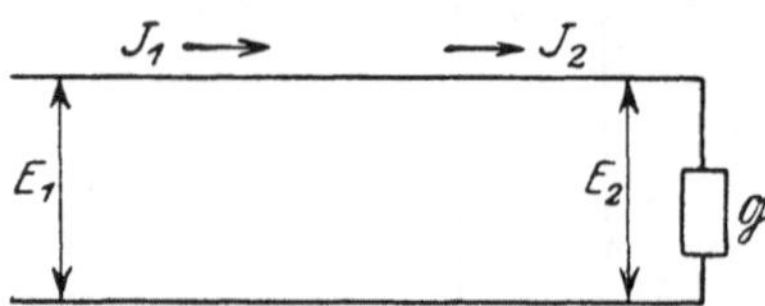

Abb. 34. Schema des Übertragungskreises ($\overline{1\,2}$) mit Belastungsleitfähigkeit $\mathfrak{G}_2$.

Wird etwa der Übertragungskreis in seinem Endpunkt *2* durch eine bestimmte Leitfähigkeit $\mathfrak{G}_2 = \frac{\mathfrak{J}_2}{\mathfrak{E}_2}$ belastet (Abb. 34), so stellt er ein geschlossenes Netz von konstanten Scheinwiderständen dar, das nur eine Zuführung, nämlich Endpunkt *1*, besitzt. Wird diese an eine Spannung E_1 gelegt, so sind sämtliche im Übertragungskreis auftretenden Ströme und Spannungen proportional der Speisespannung E_1. Sämtliche Wirkleistungen und Blindleistungen sind daher proportional der Größe E_1^2. Die Phasenverschiebungen zwischen Strömen und Spannungen, auf gleiche Punkte oder verschiedene Punkte des Übertragungskreises bezogen, sind dabei unabhängig von der Größe der Spannung E_1, also lediglich Funktionen der Belastungsleitfähigkeit $\mathfrak{G}_2$. Das gleiche gilt vom Verhältnis der Spannungen bzw. der Ströme, die an den verschiedenen Stellen des Übertragungskreises auftreten, ebenso vom Verhältnis der Leistungen, also auch vom Wirkungsgrad der Übertragung. Alle diese Verhältnisgrößen und Phasenverschiebungen bleiben bei Änderung der Spannung ungeändert, solange der Belastungswiderstand bzw. die Belastungsleitfähigkeit sich nicht geändert hat. Die Verteilung von Strom und Spannung entlang des Übertragungskreises, d. h. die Form der Übertragungserscheinungen, wird also durch die Leitfähigkeit der an einem der beiden Enden vorhandenen Belastung vollkommen bestimmt. Von der Spannung hängt dann nur noch die Größe der auftretenden Ströme, Spannungen und Leistungen ab.

Wir können demnach zwischen Belastungsgrößen und Betriebsgrößen unterscheiden. Unter Belastungsgrößen verstehen wir alle jene Größen, die nur Funktionen der in einem Punkt des Übertragungskreises vorhandenen Belastungsleitfähigkeit sind. Als Betriebsgrößen bezeichnen wir die effektive Spannung sowie das Produkt aus irgendeiner Belastungsgröße mal der ersten oder zweiten Potenz der effektiven Spannung (Ströme und Leistungen).

Der Zusammenhang zwischen den Leistungskomponenten (Wirkleistung und Blindleistung) und den Komponenten der komplexen Leitfähigkeit ist durch folgende Beziehungen gegeben:

$$\left.\begin{array}{ll}\text{Leitfähigkeit } \mathfrak{G} = G_w - jG_b, & \text{effektive Spannung } E, \\ \text{Wirkstrom}^{1)}\ J_w = G_w E, & \text{Blindstrom } J_b = G_b E, \\ \text{Wirkleistung } N_w = E J_w = G_w E^2, & \text{Blindleistung } N_b = E J_b = G_b E^2, \\ \multicolumn{2}{c}{\text{Vektorleistung } \mathfrak{N} = N \cdot e^{-j\varphi} = N_w - j N_b = G E^2} \\ \multicolumn{2}{c}{\text{(s. Anhang I, 6, Seite 202).}}\end{array}\right\} \quad (109)$$

[1]) Bei Drehstrom ist die Leitfähigkeit $\mathfrak{G}$ zwischen Phasenleiter und Nullpunkt anzunehmen. Mit der verketteten Spannung E geben die Leistungsformeln die Gesamtleistung aller drei Phasen an (s. Anhang I, 3, S. 191). In die Formeln für die Stromgrößen ist statt der verketteten Spannung E die Phasenspannung $\frac{E}{\sqrt{3}}$ einzuführen.

Die Wirkleistung kann positiv oder negativ sein, entsprechend dem Gegensatz zwischen Verbrauch und Erzeugung elektrischer Energie (Anschluß eines Verbrauchers oder eines Generators). Die Blindleistung kann positiv oder negativ sein, entsprechend dem Gegensatz von nacheilendem und voreilendem Strom. Die Vorzeichen können willkürlich festgesetzt werden (s. Abschnitt 16, S. 43). Die Vorzeichen der Leitfähigkeitskomponenten stimmen mit den Vorzeichen der durch sie bestimmten Leistungen überein. Durch die angeschlossene Leitfähigkeit wird also nicht nur ein Verbraucher, d. h. eine Belastung im engeren Sinn, dargestellt; auch bei Anschluß eines Generators kann der Belastungszustand in gleicher Weise bestimmt werden. Man kann demnach den Belastungszustand an beiden Endpunkten des Übertragungskreises durch angeschlossene Leitfähigkeiten $\mathfrak{G}_1$ und $\mathfrak{G}_2$ darstellen. Die Wirkkomponenten dieser Leitfähigkeiten sind so bezeichnet, daß die eine der Erzeugung, die andere dem Verbrauch elektrischer Leistung entspricht.

Bei gegebener Leitfähigkeit $\mathfrak{G}_2$ im Punkt *2* ist auch die Leitfähigkeit $\mathfrak{G}_1 = \frac{\mathfrak{J}_1}{\mathfrak{E}_1}$ im Punkt *1* bestimmt. Der Zusammenhang zwischen diesen beiden Größen ergibt sich aus den Übertragungsgleichungen (22), S. 18. Mit der Substitution $\mathfrak{J}_2 = \mathfrak{G}_2\mathfrak{E}_2$ nehmen diese Gleichungen die folgende Form an:

$$\left.\begin{aligned} \mathfrak{E}_1 &= \mathfrak{C}\mathfrak{E}_2(1 + \mathfrak{W}_k\mathfrak{G}_2)\,, \\ \mathfrak{J}_1 &= \mathfrak{C}\mathfrak{E}_2(\mathfrak{G}_0 + \mathfrak{G}_2)\,, \end{aligned}\right\} \tag{110}$$

daher ist

$$\mathfrak{G}_1 = \frac{\mathfrak{J}_1}{\mathfrak{E}_1} = \frac{\mathfrak{G}_0 + \mathfrak{G}_2}{1 + \mathfrak{W}_k\mathfrak{G}_2}\,. \tag{111}$$

Das Verhältnis der an den beiden Endpunkten auftretenden Spannungen ergibt sich als Funktion von $\mathfrak{G}_2$ aus der ersten obigen Gleichung:

$$\frac{\mathfrak{E}_1}{\mathfrak{E}_2} = \mathfrak{C}(1 + \mathfrak{W}_k\mathfrak{G}_2)\,. \tag{112}$$

Die Leitfähigkeiten $\mathfrak{G}_1$ und $\mathfrak{G}_2$ können entsprechend (109) auch dargestellt werden als das Verhältnis der Vektorleistung zum Quadrat der zugehörigen effektiven Spannung:

$$\mathfrak{G}_1 = \frac{\mathfrak{N}_1}{E_1^2}\,, \qquad \mathfrak{G}_2 = \frac{\mathfrak{N}_2}{E_2^2}\,. \tag{113 a}$$

Da das Verhältnis der an verschiedenen Punkten auftretenden Spannungen nur von der Belastungsleitfähigkeit abhängt, so ist auch ein Ausdruck von der Form

$$\mathfrak{G}_1^* = \mathfrak{G}_1\frac{E_1^2}{E_2^2} = \frac{\mathfrak{N}_1}{E_2^2}\,, \qquad \mathfrak{G}_2^* = \mathfrak{G}_2\frac{E_2^2}{E_1^2} = \frac{\mathfrak{N}_2^2}{E_1^2} \tag{113 b}$$

eine reine Belastungsgröße. Das Verhältnis der an einem Punkt auftretenden Leistung zum Quadrat der an einem anderen Punkt auftretenden effektiven Spannung ist also nur von der an einem beliebigen Punkt des Übertragungskreises vorhandenen Leitfähigkeit abhängig.

Bei den meisten Übertragungsaufgaben hat eine der beiden Spannungen E_1 oder E_2 einen gegebenen konstanten Betrag. In diesem Falle können die beiden Leistungen $\mathfrak{N}_1$ und $\mathfrak{N}_2$ ausgedrückt werden durch die ihnen proportionalen Belastungsgrößen $\mathfrak{G}_1$ und $\mathfrak{G}_2^*$, falls E_1 konstant ist, bzw. durch $\mathfrak{G}_1^*$ und $\mathfrak{G}_2$, falls E_2 konstant ist.

Die Größen $\mathfrak{G}^*$ sind der Dimension nach Leitfähigkeiten. Sie sind jedoch nur Rechnungsgrößen und stellen diejenigen Leitfähigkeiten dar, die bei Anschluß an eine andere Spannung die wirklich vorhandenen Leistungen ergeben würden. (Es ergibt z. B. der Anschluß von $\mathfrak{G}_1^*$ an die Spannung E_2 die Leistung $\mathfrak{N}_1$.)

Umgekehrt kann man Leitfähigkeiten stets durch Leistungen ausdrücken, die auf eine bestimmte Spannung bezogen sind. Ist z. B. die Spannung E_2 gegeben, so läßt sich die Leitfähigkeit $\mathfrak{G}_2$ messen durch die ihr proportionale Leistung $\mathfrak{N}_2 = \mathfrak{G}_2 E_2^2$. Ist die Spannung E_1 gegeben, so kann die Leitfähigkeit $\mathfrak{G}_2$ gemessen werden durch eine Leistung $\mathfrak{N}_2^* = \mathfrak{G}_2 E_1^2$, die im Punkt *2* vorhanden wäre, w e n n die dort wirkende Spannung gleich E_1 wäre. Analog ist $\mathfrak{N}_1^* = \mathfrak{G}_1 E_2^2$ ein Maß für die Leitfähigkeit $\mathfrak{G}_1$ bei konstanter Spannung E_2.

Dieser Ersatz der Belastungsgrößen durch Leistungen erweist sich für die praktische Anwendung als vorteilhaft, da der Begriff der Leistung anschaulicher und dem Starkstromtechniker gewohnter ist als der Begriff der komplexen Leitfähigkeit.

Man kann also den Übertragungsvorgang unabhängig vom Spannungszustand lediglich mittels reiner Leitfähigkeitsgrößen vom Charakter $\mathfrak{G}$ und $\mathfrak{G}^*$ berechnen, aus denen sich die Leistungen durch Multiplikation mit der zweiten Potenz einer konstanten Spannung ergeben. Andererseits kann man diese Leitfähigkeitsgrößen durch proportionale Leistungen vom Charakter der Größen $\mathfrak{N}$ oder $\mathfrak{N}^*$ ausdrücken. Auch die effektiven Ströme J_1 und J_2 lassen sich durch Leitfähigkeitsgrößen bei konstanter Spannung darstellen, und zwar durch

$$G_1 = \frac{J_1}{E_1}, \qquad G_1' = G_1 \frac{E_1}{E_2} = \frac{J_1}{E_2}, \qquad G_2 = \frac{J_2}{E_2}, \qquad G_2' = G_2 \frac{E_2}{E_1} = \frac{J_2}{E_1}. \tag{114}$$

Die Ströme sind bei konstanter Spannung E_1 den Größen G_1 und G_2', bei konstanter Spannung E_2 den Größen G_1' und G_2 proportional und können daher durch diese Leitfähigkeitsgrößen ausgedrückt werden.

15. Die drei Hauptformen des Übertragungsproblems.

Die zweckmäßigste Methode zur Lösung einer Übertragungsaufgabe richtet sich nach der Art der zu bestimmenden und insbesondere nach der Art der gegebenen Größen. Es kann entweder der an einem der beiden Enden vorliegende Betriebszustand vollständig gegeben, der Betriebszustand des anderen Endes zu ermitteln sein; oder es beziehen sich die gegebenen Größen auf beide Enden, sind aber nicht ausreichend, die beiden Betriebszustände ohne weiteres zu charakterisieren; die hierzu notwendigen Größen sind zu ermitteln.

Nach Art der gegebenen Größen kann man die folgenden drei Hauptformen des Übertragungsproblems festlegen, denen sich alle einzelnen Aufgaben unterordnen lassen. Zur leichteren Kennzeichnung sind die gegebenen und die zu ermittelnden Größen auf bestimmte Endpunkte bezogen. Die Spannungen sind als Vektoren angegeben; damit soll ausgedrückt sein, daß von der jeweils zu bestimmenden Spannung nicht nur die effektive Größe, sondern auch die Phasenlage gegenüber der gegebenen Spannung zu ermitteln ist.

1. Gegeben ist der vollständige Betriebszustand an einem der beiden Enden; z. B. Spannung $\mathfrak{E}_2$ und Leistung $\mathfrak{N}_2$ (Wirkleistung N_{2w} und Blindleistung N_{2b}), daher auch die Belastungsgröße $\mathfrak{G}_2$; zu bestimmen ist die Spannung $\mathfrak{E}_1$ und die Leistung $\mathfrak{N}_1$ (Wirkleistung N_{1w} und Blindleistung N_{2b}). Dem entsprechen die Belastungsgrößen $\frac{\mathfrak{E}_1}{\mathfrak{E}_2}$ und $\mathfrak{G}_1^*$.

Diese Aufgabe liegt vor, wenn Spannung und Leistung im Verbraucherende bestimmte Werte haben sollen und der hierfür erforderliche Betriebszustand des Generatorendes zu ermitteln ist.

2. Gegeben ist die Spannung an einem und die Leistung (Wirkleistung und Blindleistung) am anderen Ende; z. B. Spannung $\mathfrak{E}_2$ und Leistung $\mathfrak{N}_1$, daher die Belastungsgröße $\mathfrak{G}_1^*$. Zu bestimmen ist die Spannung $\mathfrak{E}_1$ und die Leistung $\mathfrak{N}_2$ $\left(\text{Belastungsgrößen } \frac{\mathfrak{E}_1}{\mathfrak{E}_2} \text{ und } \mathfrak{G}_2\right)$.

Diese Aufgabe liegt vor, wenn die Spannung am Erzeugerende konstant gehalten wird und wenn am Verbraucherende, unabhängig von der dort vorliegenden Spannung, eine bestimmte Wirk- und Blindleistung entnommen werden soll, z. B. bei einem mit Motorgeneratoren betriebenen Umformerwerk, bei welchem die Spannung und Leistung der Gleichstromseite vorgeschriebene Werte haben, die vom Spannungszustand der Wechselstromseite nicht beeinflußt werden und wobei gleichzeitig die Erregung der Synchronmotoren so geregelt wird, daß auf der Wechselstromseite ein bestimmter Leistungsfaktor eingehalten wird.

3. Gegeben ist die Spannung an einem Ende und die Leitfähigkeit am anderen Ende; z. B. Spannung $\mathfrak{E}_1$ und Leitfähigkeit $\mathfrak{G}_2$. Zu bestimmen ist Spannung $\mathfrak{E}_2$, Leistung $\mathfrak{N}_1$ und Leistung $\mathfrak{N}_2$ $\left(\text{Belastungsgrößen } \frac{\mathfrak{E}_2}{\mathfrak{E}_1}, \mathfrak{G}_1 \text{ und } \mathfrak{G}_2^*\right)$.

Diese Aufgabe liegt vor, wenn eine Leitung an einem Ende mit konstanter Spannung gespeist wird und am anderen Ende durch einen Apparat von bestimmter Leitfähigkeit belastet wird; z. B. durch einen sekundär kurzgeschlossenen oder leerlaufenden Transformator, der an seinen primären Klemmen einen bestimmten Widerstand darstellt. Der wesentliche Inhalt dieser Aufgabe besteht darin, daß aus der Leitfähigkeit $\mathfrak{G}_2$ die Leitfähigkeit $\mathfrak{G}_1$ ermittelt wird, unabhängig von den Spannungen und Leistungen, die im Übertragungskreis auftreten, also in der rechnerischen oder konstruktiven Auswertung der Gleichung (111). In dieser vereinfachten Form erscheint die Aufgabe, wenn z. B. an das Verbraucherende *2* einer mit konstanter Spannung gespeisten Leitung $\overline{1\,2}$ eine weitere Leitung $\overline{2\,3}$ angeschaltet wird, die ihrerseits am Ende *3* durch einen leerlaufenden Transformator belastet wird. Zur Ermittlung des Betriebszustandes der Leitung $\overline{1\,2}$ ist die im Punkt *2* angeschlossene Leitfähigkeit zu bestimmen, welche durch die angeschlossene Leitung $\overline{2\,3}$ samt Endtransformator dargestellt wird. Die Leitfähigkeit $\mathfrak{G}_2$ ist aus der Leitfähigkeit des leerlaufenden Transformators zu ermitteln, und zwar unabhängig vom Spannungszustand der Leitung $\overline{2\,3}$, der unbekannt ist, und erst nach Ermittlung des Übertragungsvorganges der Leitung $\overline{1\,2}$ bestimmt werden kann.

16. Darstellung des Belastungszustandes. Vorzeichen der Leistungskomponenten.

Der Belastungszustand des Übertragungskreises wird durch die in einem Endpunkt vorhandene Belastungsleitfähigkeit gekennzeichnet. Diese Leitfähigkeit wird zur graphischen Darstellung der Belastungsgrößen durch rechtwinklige Koordinaten ausgedrückt, indem die Wirk- und Blindkomponente als Abszisse und Ordinate aufgetragen werden. Die Vorzeichen dieser Komponenten stimmen mit den Vorzeichen der ihnen entsprechenden Wirk- und Blindleistung überein.

Für das Vorzeichen der Leistungen muß eine Festsetzung gemacht werden. Diese ist dem Charakter des Übertragungsvorganges am besten angepaßt, wenn man das Vorzeichen der Wirkleistung nicht von der Art des Anschlusses (Verbraucher oder Generator), sondern von der Richtung der Energieübertragung abhängig macht. Dementsprechend sei festgesetzt, daß positive Wirkleistung im Punkt *1* und *2* (positives N_{1w} und N_{2w}) einer Übertragung elektrischer Energie von Punkt *1* nach Punkt *2* entspreche; negative Wirkleistung entspricht der entgegengesetzten Übertragungsrichtung. Diese Festsetzung stimmt überein mit der in Abschnitt 4, S. 9, gemachten Annahme über die Strom- und Spannungsrichtung, die der Formulierung der Übertragungsgleichungen zugrunde gelegt wurde. Reine Wirklast ist positiv, wenn Strom und Spannung phasengleich sind, d. h. gleichzeitig ihre positiven Halbwellen durchlaufen ($\varphi = 0$, $\cos\varphi = +1$), dagegen negativ, wenn Strom und Spannung in Gegenphase sind ($\varphi = 180°$, $\cos\varphi = -1$). Positive Wirkleistung N_{2w} entspricht also einem in Punkt *2* angeschlossenen Verbraucher; positive Wirkleistung N_{1w} entspricht einem in Punkt *1* angeschlossenen Generator.

Für das Vorzeichen der Blindleistung machen wir folgende Festsetzung: Die Blindlast im Punkt *1* und *2* (N_{1b} und N_{2b}) wird positiv bezeichnet, wenn der Blindstrom um eine Viertelperiode nacheilt gegenüber jenem Wirkstrom, der einer positiven Wirkleistung entspricht; bei der entgegengesetzten Phasenverschiebung ist die Blindleistung negativ. Positive Blindlast N_{2b} ist also vorhanden, wenn im Punkt *2* ein Verbraucher mit induktivem Widerstand oder ein kapazitiv belasteter (untererregter) Generator angeschlossen ist. Der erstere nimmt nacheilende Blindlast auf, der letztere gibt voreilende Blindlast ab, was mit einer Aufnahme von nacheilender Blindlast gleichbedeutend ist. Positive Blindleistung N_{1b} bezieht sich auf einen im Punkt *1* angeschlossenen induktiv belasteten (übererregten) Generator oder auf einen Verbraucher, der voreilenden Strom aufnimmt, z. B. einen übererregten Synchronmotor.

Die Bestimmung des Vorzeichens der Blindlast wurde mit Rücksicht auf den Umstand gewählt, daß nacheilende Blindlast an den Verbraucherstellen viel häufiger vorkommt als voreilende. Bei Phasenkompensation handelt es sich daher meist um einen Ausgleich nacheilender Blindlast. Die nacheilende Blindkomponente des Stroms wird daher schlechtweg als „Blindstrom" bezeichnet. In diesem Sinn spricht man von „Blindstromverbrauchern" und „Blindstromerzeugern". Die ersteren werden durch induktive Belastungswiderstände oder durch untererregte Synchronmaschinen, die letzteren durch kapazitive Verbraucher oder übererregte Synchronmaschinen dargestellt. Dabei ist es gleichgültig, ob die Synchronmaschinen als Motoren oder Generatoren wirken oder auch ohne Energieumsatz, d. h. ohne Wirklast laufen. In letzterem Fall wirken sie lediglich als „Blindstrom-Generatoren", d. h. als Phasenschieber zum Ausgleich nacheilender Blindlast im Verbrauchszentrum. Bei der hier gewählten Festsetzung des Vorzeichens wird die Übertragungsrichtung der „Blindlast" (im erwähnten engeren Sinn) in gleicher Weise berücksichtigt wie die Übertragungsrichtung der Wirklast: Positive Blindleistung entspricht einer Blindlastübertragung in der Richtung von *1* nach *2*, negative Blindleistung der entgegengesetzten Übertragungsrichtung.

Die beiden Wirkleistungen N_{1w} und N_{2w} sind gleich bezeichnet, wenn von einem Endpunkt zum andern Energie übertragen wird. Ungleiche Bezeichnung liegt nur dann vor, wenn an beiden Endpunkten Generatoren angeschlossen sind, deren Leistung zur Deckung der Verluste des Übertragungskreises verbraucht wird (z. B. parallel geschaltete Generatoren an beiden Endpunkten, die auf die leerlaufende Leitung arbeiten). In diesem Fall ist N_{1w} positiv, N_{2w} negativ. Der entgegengesetzte Fall, nämlich ein Anschluß von Verbrauchern an beiden Enden des Übertragungskreises, kann nicht vorkommen, wenn der Kreis selbst keine Generatoren enthält.

Das Vorzeichen der Blindleistungen N_{1b} und N_{2b} hängt mit dem Vorzeichen der Wirkleistungen nicht unmittelbar zusammen. Die beiden Blindleistungen können gleich oder verschieden bezeichnet sein, da die Scheinwiderstände des Übertragungskreises zum Teil als „Blindstromerzeuger", zum Teil als „Blindstromverbraucher" wirken.

Durch die vier Quadranten des Koordinatensystems wird also der gesamte mögliche Belastungsbereich, nämlich Erzeuger- oder Verbraucheranschluß bei voreilendem oder nacheilendem Strom dargestellt. Im folgenden sind im allgemeinen positive Wirkkomponenten (der Leistung, bzw. der Leitfähigkeit) nach rechts, positive Blindkomponenten aufwärts aufgetragen. Da nacheilende Blindlast positiv gezählt wird, so entspricht der angenommenen Koordinatenrichtung eine Drehrichtung der Zeitlinie entgegengesetzt der Uhrzeigerbewegung. Diese Drehrichtung ist in allen folgenden Darstellungen beibehalten.

Die Darstellung der Belastungsleitfähigkeit in rechtwinkligen Koordinaten wird auf einen der beiden Endpunkte des Übertragungskreises, z. B. auf Punkt *2* bezogen. Die Koordinaten stellen die Komponenten G_{2w} und G_{2b} der Leitfähigkeit $\mathfrak{G}_2$ dar. Jeder Punkt P_2 der Ebene (Abb. 37, S. 52) entspricht einem bestimmten Belastungszustand im Endpunkt *2*. Die Entfernung des Belastungspunktes P_2 vom Koordinatenursprung O ist gleich der Scheinleitfähigkeit G_2. Der Winkel, den der Strahl $\overrightarrow{OP_2}$ mit der positiven Abszissenachse einschließt, gibt der Größe und Richtung nach die Phasenverschiebung φ_2 des Stroms $\mathfrak{J}_2$ gegen die Spannung $\mathfrak{E}_2$ an.

17. Übersicht der Methoden des graphischen Verfahrens.

Dem durch P_2 gekennzeichneten Belastungszustand im Endpunkt *2* entspricht [lt. Gleichung (111)] ein bestimmter zugehöriger Belastungszustand im Endpunkt *1*, dessen Belastungsgrößen konstruktiv gefunden werden. Die im Punkt *1* vorhandene Leistung $\mathfrak{N}_1$ wird aus den proportionalen Leitfähigkeitsgrößen $\mathfrak{G}_1 = \frac{\mathfrak{N}_1}{E_1^2}$ oder $\mathfrak{G}_1^* = \frac{\mathfrak{N}_1}{E_2^2} = \mathfrak{G}_1 \cdot \frac{E_1^2}{E_2^2}$ ermittelt. Diese Größen sind daher zu bestimmen. Dies kann nach zwei grundsätzlich verschiedenen Methoden erfolgen:

1. Konstruktion der Belastungsvektoren.

Die Komponenten der Leitfähigkeiten $\mathfrak{G}_1$ oder $\mathfrak{G}_1^*$ werden gleichfalls als Koordinaten in einem rechtwinkligen Achsensystem dargestellt, das als System *1* bezeichnet werde. Jedem Punkt P_1 der Ebene des Systems *1* entspricht ein bestimmter Belastungszustand im Endpunkt *1*. Die beiden auf die Endpunkte *1* und *2* bezüglichen Achsensysteme können zusammenfallen oder in bestimmter Weise gegeneinander verschoben sein. Ihre relative Lage ist aber jedenfalls unabhängig vom Belastungszustand. Der Belastungspunkt P_1 wird aus dem Belastungspunkt P_2 konstruktiv in einfacher Weise ermittelt. Hierfür sind nur zwei feste Punkte notwendig, deren Lage aus den Konstanten des Übertragungskreises zu berechnen ist. Durch Umkehrung der Konstruktion kann der Punkt P_2 aus dem Punkt P_1 ermittelt werden. In jenen Fällen, wo die Leistung $\mathfrak{N}_2$ proportional der Größe $\mathfrak{G}_2^*$ (Spannung E_1 konstant) ist, können die Komponenten dieser Größe gleichfalls im Achsensystem *2* dargestellt und aus der Lage des Punktes P_2 ermittelt werden.

Die Durchführung dieses Verfahrens in den Abschnitten 21b, S. 53, und 22h, S. 67, läßt erkennen, daß damit sämtliche Formen des Übertragungsproblems in einfacher Weise behandelt werden können, wenn man sich auf die graphische Ermittlung der Leistungskomponenten beschränkt. Zur vollständigen Ermittlung des Betriebszustandes ist noch die Kenntnis des Spannungsverhältnisses $\frac{\mathfrak{E}_1}{\mathfrak{E}_2}$ notwendig. Diese Größe kann jedoch nur nach der im folgenden beschriebenen zweiten Methode des graphischen Verfahrens gefunden werden.

2. Methode der geometrischen Örter.

Durch die Lage des Punktes P_2 in dem die Leitfähigkeit $\mathfrak{G}_2$ darstellenden Koordinatensystem sind sämtliche im Übertragungskreis auftretenden Belastungsgrößen bestimmt. Die

Punkte der Ebene können daher zu Kurvenscharen zusammengefaßt werden, derart, daß jede Kurve den **geometrischen Ort** aller Punkte darstellt, für welche eine der Belastungsgrößen (z. B. das Spannungsverhältnis, der Wirkungsgrad oder die Scheinleitfähigkeit G_1) einen konstanten Betrag hat. Den verschiedenen Werten der betrachteten Belastungsgröße entspricht eine Kurvenschar. Für alle Belastungsgrößen lassen sich derartige Kurvenscharen aufstellen. Man könnte die Koordinatenebene mit solchen Kurvenscharen überziehen und zu jeder Kurve den Wert der zugehörigen Belastungsgröße anschreiben. Die der Lage des Punktes P_2 entsprechenden Belastungsgrößen lassen sich dann unmittelbar ablesen an den Kurven, die durch den Punkt P_2 gehen. Ein solches Verfahren wäre jedoch äußerst umständlich und bei einer größeren Anzahl von gesuchten Belastungsgrößen, d. h. von Kurvenscharen, gänzlich undurchführbar. Die Belastungsgrößen werden vielmehr auch in diesem Fall konstruktiv ermittelt, und zwar als Parameter der zugehörigen Kurvenscharen.

Das hier gewählte Koordinatensystem (Komponenten der in einem der beiden Endpunkte vorhandenen Belastungsleitfähigkeit) hat den großen Vorteil, daß die Ortskurven für fast sämtliche in Betracht kommenden Belastungsgrößen Kreise oder Gerade sind. Die einzelnen Kreisscharen sind in den wichtigsten Fällen konzentrisch. In einigen Fällen sind es auch Kreise, die durch zwei feste Punkte gehen, eine gemeinsame Tangente haben oder einen festen Kreis senkrecht schneiden. Diese Ortskurven können daher in einfacher Weise so bestimmt werden, daß sie durch den Punkt P_2 gehen; der zur betrachteten Kurve gehörige Parameter, d. i. die gesuchte Belastungsgröße, wird durch Konstruktion gefunden. Die Scharen der Ortskurven lassen sich nicht nur für die Komponenten der Leistungen und Leitfähigkeiten aufstellen, auch Summen und Differenzen von Leistungen, also z. B. Übertragungsverluste, können auf diese Weise dargestellt und unmittelbar konstruktiv gefunden werden; ebenso das Verhältnis der Spannungen $\frac{\mathfrak{E}_1}{\mathfrak{E}_2}$, das für die vollständige Kennzeichnung des Betriebszustandes notwendig ist, ferner das Verhältnis von Leistungen (z. B. Wirkungsgrad der Übertragung), sowie die an den Endpunkten auftretenden Ströme und Leistungsfaktoren.

Durch Umkehrung der Konstruktion wird der Punkt P_2 gefunden, wenn nicht die beiden Komponenten von $\mathfrak{G}_2$, sondern zwei andere Belastungsgrößen gegeben sind. Der Schnitt der beiden zugehörigen Ortskurven ist der gesuchte Punkt P_2. Für die Durchführung der Konstruktion sind einige feste Diagrammkreise und -punkte notwendig. Auch einige Parabeln werden verwendet, um gewisse, öfters wiederkehrende Rechenoperationen (Quadrieren) graphisch ausführen zu können.

Es könnte von vornherein erscheinen, daß die erstgenannte Methode der unmittelbaren Bestimmung der Belastungsvektoren in jedem Fall wesentlich einfacher und zweckmäßiger ist als die Methode der geometrischen Örter, denn sie verwendet nur zwei feste Punkte und wenige Konstruktionsarten. Es hat jedoch jede der beiden Methoden ihr Anwendungsgebiet, für das sie besonders geeignet ist. Die erstere Methode ist vorteilhafter, wenn nur wenige Betriebsfälle zu ermitteln sind. Bei der zweiten Methode sind zunächst die feststehenden Diagrammkreise und Parabeln zu entwickeln. Die damit vorgenommene Konstruktion der einzelnen Betriebsgrößen ist aber besonders einfach und eignet sich daher für die Ermittlung zahlreicher Betriebsfälle, also für die Aufstellung von Betriebskurven. An Vielseitigkeit der Verwendung ist die zweite Methode bei weitem überlegen, da sie nicht nur die Leistungskomponenten, sondern auch alle anderen Betriebs- und Belastungsgrößen zum Ausdruck bringt. Ihr wichtigster Vorteil besteht darin, daß sie die Beziehungen zwischen den Größen deutlich erkennen läßt. Bei der ersten Methode wird jeder Belastungsfall, gleichwie im rechnerischen Verfahren, gewissermaßen individuell behandelt. Die gesuchten Belastungsgrößen werden ermittelt, es wird jedoch keine Beziehung zwischen dem vorliegenden Fall und den Eigenschaften des Übertragungskreises hergestellt. Beim zweiten Verfahren gibt die Lage des Belastungspunktes in bezug auf die Diagrammkreise einen unmittelbaren Überblick über die Bedeutung des vorliegenden Belastungsfalles. Man kann ohne weiteres angeben, in welcher Größe die Wirkleistung oder Blindleistung anzunehmen ist, um eine beliebig gewünschte Wirkung (z. B. günstigsten Wirkungsgrad oder das Maximum der Energieübertragung) zu erreichen (s. Abschnitt 26, S. 93). Den einzelnen festen Diagrammkreisen und -punkten entsprechen besonders charakteristische Belastungsfälle, z. B. reine Wirklast, reine Blindlast, absolutes Minimum der Verluste, günstigster Wirkungsgrad, größte übertragbare Wirk- oder Blindleistung. Besonders vorteilhaft ist diese Methode auch für theoretische Anwendung. Die Übertragungsgesetze, die zum Teil durch sehr komplizierte Formeln dargestellt werden, lassen sich als einfachste geometrische Beziehungen oft aus unmittelbarer Anschauung der Diagrammlinien erkennen. Die Formeln werden dabei zunächst als Beziehungen zwischen den Diagrammgrößen ausgedrückt. Diese sind Funktionen der Übertragungskonstanten und lassen sich als immer wiederkehrende Ausdrücke dem Gedächtnis leicht einprägen.

Durch diese Abstufung im Aufbau der Formeln können aus dem Diagramm mathematische Beziehungen gewonnen werden, die sonst nur durch weitläufige und komplizierte Rechnungen zu ermitteln sind. Auf diese Weise ist das Diagramm nicht nur zur qualitativen, sondern auch zur quantitativen Analyse des Übertragungsvorganges geeignet.

Die Ermittlung des Belastungszustandes durch Kurven konstanter Betriebsgrößen läßt sich in grundsätzlich gleicher Weise auch durchführen, wenn man statt der Komponenten der Leitfähigkeit $\mathfrak{G}_2$ andere Belastungsgrößen als Koordinaten verwendet. Man kann z. B. die Komponenten der Größe $\mathfrak{G}_2^*$ (113b) als Koordinaten darstellen. Dann sind die Koordinaten proportional den Leistungskomponenten im Punkt *2*, wenn die Spannung im Punkt *1* konstant ist. Die Diagrammkurven werden jedoch hier entsprechend dem physikalisch komplizierteren Charakter der Koordinaten weniger einfach. Das Diagramm konstanter Spannungsverhältnisse besteht auch hier aus einer Kreisschar, die Kreise sind jedoch exzentrisch. Die Komponenten der Leistung im Punkt *1* werden nicht durch Kreisscharen, sondern durch Parabelscharen dargestellt. Dieses Verfahren ist also praktisch und theoretisch weit weniger verwendbar; es wird daher nicht näher darauf eingegangen.

18. Kurzschlußmaß und Leistungsmaß. — Übersicht der Diagrammkurven.

Für die allgemeine Verwendbarkeit des Diagramms ist es vorteilhaft, die als Koordinaten dargestellten Leitfähigkeitsgrößen in einem Maß auszudrücken, das den Zusammenhang des vorliegenden Belastungsfalles mit einer der charakteristischen Konstanten des Übertragungskreises klar erkennen läßt. Die größtmögliche Einfachheit und Allgemeinheit der aus dem Diagramm abgeleiteten Beziehungen erhält man, wenn man die Leitfähigkeit nicht mit einem festen unabhängigen Maß mißt, sondern als Einheit die effektive Kurzschlußleitfähigkeit $\frac{1}{W_k}$ betrachtet, d. i. das Verhältnis der effektiven Werte von Strom zu Spannung in dem einen Ende des Übertragungskreises, wenn das andere Ende kurzgeschlossen ist. Die Maßzahlen der mit dieser Einheit gemessenen Koordinaten G_{2w} und G_{2b} sind

$$n_{2w} = \frac{G_{2w}}{1/W_k} = W_k G_{2w} \qquad \text{und} \qquad n_{2b} = W_k G_{2b}\,. \tag{115}$$

Die Koordinaten erscheinen bei dieser Messung im „Kurzschlußmaß" als dimensionslose Verhältniszahlen.

Die Koordinaten können, wie erwähnt, auch als Leistungen, bezogen auf bestimmte Spannung, ausgedrückt werden. Der Zusammenhang zwischen Kurzschlußmaß und Leistungsmaß ist leicht ersichtlich. Die Kurzschlußscheinleistungen und Kurzschlußströme, die der Übertragungskreis bei der Speisung mit Spannung E_1 bzw. E_2 aufnimmt, bezeichnen wir mit

$$N_{1k} = \frac{E_1^2}{W_k}, \qquad N_{2k} = \frac{E_2^2}{W_k}, \qquad J_{1k} = \frac{E_1}{W_k}, \qquad J_{2k} = \frac{E_2}{W_k}\,.^{1)} \tag{116}$$

Multipliziert man die Ausdrücke (115) in Zähler und Nenner mit E_2^2, so hat man

$$n_{2w} = \frac{G_{2w} E_2^2}{E_2^2/W_k} = \frac{N_{2w}}{N_{2k}}, \qquad n_{2b} = \frac{N_{2b}}{N_{2k}}\,.$$

Die im Kurzschlußmaß ausgedrückten Koordinatenlängen sind daher auch ein Maß für die Leistungskomponenten im Punkt *2*, wobei als Leistungseinheit die auf die gleiche Spannung E_2 bezogene Kurzschlußscheinleistung gilt. Die Koordinatenlängen sind den Leistungskomponenten proportional, wenn die Spannung im Koordinatenbezugspunkt *2* und somit auch die Kurzschlußleistung N_{2k} konstant ist.

Durch Messung im Kurzschlußmaß erscheinen auch die übrigen aus dem Diagramm ersichtlichen Leitfähigkeitsgrößen mit W_k multipliziert. Für die zur Leistungs- und Strombestimmung dienenden Belastungsgrößen der Gleichungen (113) und (114) erhält man daher im Kurzschlußmaß die folgenden Ausdrücke:

$$\left.\begin{aligned}
\mathfrak{n}_2 &= W_k \mathfrak{G}_2 = \frac{\mathfrak{G}_2 E_2^2}{E_2^2/W_k} &&= \frac{\mathfrak{N}_2}{N_{2k}} = \frac{N_{2w}}{N_{2k}} - j\frac{N_{2b}}{N_{2k}} = n_{2w} - j n_{2b}\,,\\
\mathfrak{n}_1 &= W_k \mathfrak{G}_1^* = \mathfrak{G}_1 \frac{E_1^2}{E_2^2}\cdot W_k &&= \frac{\mathfrak{N}_1}{N_{2k}} = \frac{N_{1w}}{N_{2k}} - j\frac{N_{1b}}{N_{2k}} = n_{1w} - j n_{1b}\,,\\
\mathfrak{n}_2' &= W_k \mathfrak{G}_2^* = \mathfrak{G}_2 \frac{E_2^2}{E_1^2}\cdot W_k &&= \frac{\mathfrak{N}_2}{N_{1k}} = \frac{N_{2w}}{N_{1k}} - j\frac{N_{2b}}{N_{1k}} = n_{2w}' - j n_{2b}'\,,\\
\mathfrak{n}_1' &= W_k \mathfrak{G}_1 = \frac{\mathfrak{G}_1 E_1^2}{E_1^2/W_k} &&= \frac{\mathfrak{N}_1}{N_{1k}} = \frac{N_{1w}}{N_{1k}} - j\frac{N_{1b}}{N_{1k}} = n_{1w}' - j n_{1b}'\,,
\end{aligned}\right\} \tag{117 a}$$

[1]) S. Fußnote S. 40.

$$\left.\begin{aligned}
n_2 &= W_k G_2 = \frac{G_2 E_2}{E_2/W_k} &&= \frac{J_2}{J_{2k}} = \frac{N_2}{N_{2k}}, \\
n_1'' &= W_k G_1' = G_1 \frac{E_1}{E_2} \cdot W_k &&= \frac{J_1}{J_{2k}} = \frac{J_1 E_2}{N_{2k}}, \\
n_2'' &= W_k G_2' = G_2 \frac{E_2}{E_1} \cdot W_k &&= \frac{J_2}{J_{1k}} = \frac{J_2 E_1}{N_{1k}}, \\
n_1' &= W_k G_1 = \frac{G_1 E_1}{E_1/W_k} &&= \frac{J_1}{J_{1k}} = \frac{N_1}{N_{1k}}.
\end{aligned}\right\} \tag{117 b}$$

Aus den im Kurzschlußmaß angegebenen Diagrammgrößen ergeben sich die zugehörigen Leitfähigkeiten durch Multiplikation mit $\frac{1}{W_k}$, die zugehörigen Leistungsgrößen durch Multiplikation mit den entsprechenden Kurzschlußleistungen, die Stromgrößen durch Multiplikation mit den entsprechenden Kurzschlußstromstärken.

Für die praktische Verwendung ist es zweckmäßig, die Diagrammgrößen stets als Leistungen aufzutragen, die auf eine bestimmte Spannung bezogen sind. Der Maßstab wird so gewählt, daß eine Längeneinheit einer runden Zahl von Leistungseinheiten entspricht (z. B. 1 mm = 1000 kVA). Für die Messung im Leistungsmaß sind zwei Fälle zu unterscheiden, je nachdem die Spannung im Koordinatenbezugspunkt *2* oder im Gegenpunkt *1* einen konstanten Wert hat:

1. Spannung E_2 ist konstant. Der Einheit des Kurzschlußmaßes entspricht die Kurzschlußleistung N_{2k}. Die Koordinaten stellen unmittelbar die Leistungskomponenten im Endpunkt *2* dar. Die Leistungskomponenten im Endpunkt *1* werden durch die den Größen n_{1w} und n_{1b} entsprechenden Strecken im Leistungsmaß richtig dargestellt. Der Strom J_1 ergibt sich, indem die aus dem Diagramm entnommene Leistungsgröße $n_1'' \cdot N_{2k} = J_1 E_2$ durch die konstante Spannung E_2 dividiert wird. Der Strom J_2 ergibt sich in gleicher Weise aus der Scheinleistung $N_2 = E_2 J_2$, die unmittelbar durch die Entfernung des Belastungspunktes P_2 vom Koordinatenursprung dargestellt wird (Zusammensetzung der Komponenten N_{2w} und N_{2b}).

Bei einem geänderten Wert der konstanten Spannung E_2 ändern sich alle im konstanten Leistungsmaß dargestellten Diagrammstrecken proportional E_2^2. Das Diagramm bleibt also geometrisch ähnlich. Man kann daher für beliebige Werte von E_2 stets die gleichen Diagrammlinien verwenden, wenn man mit einem spannungsabhängigen Leistungsmaßstab rechnet. Ist die Längeneinheit gleich p kVA bei einer normalen Spannung E_{2n}, so ist sie gleich $p\left(\frac{E_2}{E_{2n}}\right)^2$ kVA bei einer beliebigen Spannung E_2.

2. Spannung E_1 ist konstant. Der Einheit des Kurzschlußmaßes entspricht die Kurzschlußleistung N_{1k}. Die Koordinaten haben im Leistungsmaß die Größen

$$n_{2w} \cdot N_{1k} = N_{2w} \frac{E_1^2}{E_2^2} \quad \text{und} \quad n_{2b} \cdot N_{1k} = N_{2b} \frac{E_1^2}{E_2^2},$$

sie stellen also diejenigen Leistungskomponenten dar, die bei der angeschlossenen Leitfähigkeit $\mathfrak{G}_2$ im Endpunkt *2* vorhanden wären, wenn daselbst die konstante Spannung E_1 statt der veränderlichen Spannung E_2 wirkte, also die Komponenten der Leistung $\mathfrak{N}_2^*$ (s. S. 41). Die Leistungskomponenten im Endpunkt *1* bzw. *2* werden durch die den Größen n_{1w}' und n_{1b}' bzw. n_{2w}' und n_{2b}' entsprechenden Strecken im Leistungsmaß richtig dargestellt. Die der Größe n_1' entsprechende Strecke gibt im Leistungsmaß die Scheinleistung N_1 an, die Division durch die konstante Spannung E_1 ergibt den Strom J_1. Der Größe n_2'' entspricht eine Leistungsgröße $n_2'' N_{1k} = J_2 E_1$, aus der mittels Division durch die konstante Spannung E_1 der Strom J_2 erhalten wird. Bei geänderter Spannung E_1 wird das gleiche Diagramm mit verändertem Leistungsmaßstab benutzt [1 mm = p kVA bei der normalen Spannung E_{1n}, daher $p\left(\frac{E_1}{E_{1n}}\right)^2$ kVA bei einer beliebigen Spannung E_1].

Die Differenzen und Summen der beiden Wirkleistungen bzw. Blindleistungen, denen gleichfalls Diagrammkreisscharen entsprechen, bezeichnen wir mit

$$\left.\begin{aligned}
V_w &= N_{1w} - N_{2w} \text{ (Übertragungsverlust)}, & D_b &= N_{1b} - N_{2b} \text{ (Blindleistungsdifferenz)}, \\
\Sigma_w &= N_{1w} + N_{2w} \text{ (Wirkleistungssumme)}, & \Sigma_b &= N_{1b} + N_{2b} \text{ (Blindleistungssumme)}.
\end{aligned}\right\} \tag{118 a}$$

Ihnen entsprechen im Kurzschlußmaß die folgenden Größen:

$$\left.\begin{array}{ll} v_w = \dfrac{V_w}{N_{2k}} = n_{1w} - n_{2w}, & v'_w = \dfrac{V_w}{N_{1k}} = n'_{1w} - n'_{2w}, \\ s_w = \dfrac{\Sigma_w}{N_{2k}} = n_{1w} + n_{2w}, & s'_w = \dfrac{\Sigma_w}{N_{1k}} = n'_{1w} + n'_{2w}, \\ d_b = \dfrac{D_b}{N_{2k}} = n_{1b} - n_{2b}, & d'_b = \dfrac{D_b}{N_{1k}} = n'_{1b} - n'_{2b}, \\ s_b = \dfrac{\Sigma_b}{N_{2k}} = n_{1b} + n_{2b}, & s'_b = \dfrac{\Sigma_b}{N_{1k}} = n'_{1b} + n'_{2b}. \end{array}\right\} \qquad (118\,\text{b})$$

Die diesen Größen entsprechenden Diagrammstrecken ergeben im Leistungsmaß die Differenzen und Summen der Leistungskomponenten, falls bei konstantem E_2 die links stehende Gruppe, bei konstanter Spannung E_1 die rechts stehende Gruppe verwendet wird. Von unmittelbar praktischer Bedeutung ist nur die Ermittlung des Verlustes V_w. Die Größen D_b und Σ_b sind von Wichtigkeit für die Ermittlung von Blindleistungen bei sehr kurzen oder sehr langen Leitungen, da in diesen Fällen das zur unmittelbaren Bestimmung der Blindleistung dienende Diagramm unhandlich groß wird. Das Diagramm für Σ_w hat nur theoretisches Interesse.

Alle vorstehenden klein geschriebenen Größen haben den Charakter von Leistungsverhältnissen. Wo Unklarheiten ausgeschlossen sind, werden sie der Kürze halber schlechtweg als Leistungen (bzw. Verluste usw.) bezeichnet. Sämtlichen erwähnten Wirk-, Blind- und Scheinleistungsverhältnissen, auch den Summen und Differenzen, entsprechen im Diagramm Kreisscharen (soweit diese Größen nicht durch die Koordinaten selbst dargestellt werden); und zwar sind diese für den Fall konstanter Spannung E_2 konzentrische Kreisscharen, für den Fall konstanter Spannung E_1 sind es Kreisscharen, die entweder je eine Gerade in einem gemeinsamen Punkt berühren oder feste Grundkreise senkrecht schneiden. Die Diagrammkonstruktionen sind daher für den Fall $E_2 =$ konst. wesentlich einfacher und übersichtlicher. Auch stellen die Koordinaten unmittelbar die Leistungskomponenten in einem der Endpunkte dar. Für die praktische Verwendung der Methode der geometrischen Örter kommt also ausschließlich dieser Fall in Betracht; d. h. man stellt als Koordinaten die Leitfähigkeitskomponenten desjenigen Endpunktes dar, dessen Spannung konstant ist. Die Leistungsbestimmung läßt sich für sämtliche Formen des Übertragungsproblems mit dieser Gruppe von Diagrammkurven beherrschen; ebenso auch mit den Diagrammen für konstante Größe von E_1. Diese aber haben vorwiegend theoretisches Interesse und eignen sich hauptsächlich zur anschaulicheren Darstellung jener Gesetze, die sich auf die Leitfähigkeit im Punkt variabler Spannung beziehen, da die Komponenten dieser Leitfähigkeit den Koordinaten proportional sind.

In den vorstehenden Zusammenstellungen sind die an den Punkten mit veränderlicher Spannung auftretenden Scheinleistungen nicht erwähnt, nämlich $N_1 = E_1 J_1$ bei konstantem E_2, und $N_2 = E_2 J_2$ bei konstantem E_1. Ihnen entsprechen im Kurzschlußmaß die Größen $n_1 = \frac{N_1}{N_{2k}} = W_k G_1^*$ und $n'_2 = \frac{N_2}{N_{1k}} = W_k G_2^*$, also die absoluten Werte der Vektorleistungsverhältnisse $\mathfrak{n}_1$ und $\mathfrak{n}'_2$. Die geometrischen Örter dieser Größen sind Kurven vierter Ordnung, eignen sich also nicht für die graphische Ermittlung. Dagegen können diese Größen nach der ersten Methode (der unmittelbaren Bestimmung des Belastungszustandes) in einfacher Weise konstruktiv gefunden werden. Von der Angabe der Spannung völlig unabhängig sind die Kreisdiagramme derjenigen Größen, welche reine Verhältniswerte von Betriebsgrößen darstellen; es sind dies: Spannungsverhältnis $\frac{E_1}{E_2}$, Wirkleistungsverhältnis $\frac{N_{2w}}{N_{1w}}$ (Wirkungsgrad), das analoge Blindleistungsverhältnis $\frac{N_{2b}}{N_{1b}}$ und die Leistungsfaktoren $\cos\varphi_1$ und $\cos\varphi_2$.

In Kapitel III wird zunächst das Diagramm zur Ermittlung des Spannungsverhältnisses abgeleitet. Aus den Beziehungen dieses Diagramms ergeben sich die Konstruktionen der ersten Methode des graphischen Verfahrens (unmittelbare Bestimmung des Belastungszustandes im Punkt *1*). Sodann werden die Leistungs- und Stromdiagramme für konstante Spannung E_2 besprochen. Aus dem Diagramm zur Bestimmung des Stromes J_1 ergeben sich gleichfalls übersichtliche Konstruktionen der ersten Methode. Im Anschluß daran werden die Diagramme der Betriebsleistungsverhältnisse (Wirkungsgrad, Blindleistungsverhältnis und Leistungsfaktor) abgeleitet, die sich aus den für konstantes E_2 geltenden Leistungsdiagrammen in einfacher Weise ergeben, obgleich sie von der Angabe des Spannungszustandes unabhängig sind. Daran reihen sich die Diagramme der Leistungs- und Stromgrößen für konstante Spannung E_1.

19. Admittanz- und Impedanzdiagramm.

In der bisherigen Darstellung war durchaus vorausgesetzt, daß der Belastungszustand durch Komponenten von Leitfähigkeitsgrößen angegeben wird; die daraus abgeleiteten Konstruktionen sind somit Admittanzdiagramme. Man kann in gleicher Weise auch die Belastung durch die Komponenten der Belastungswiderstände $\mathfrak{W} = \frac{1}{\mathfrak{G}}$ darstellen und gelangt auf diese Weise zu Impedanzdiagrammen. Führt man in den Grundgleichungen (22) die Substitution $\mathfrak{E}_2 = \mathfrak{W}_2 \mathfrak{J}_2$ durch, so nehmen sie bei Vertauschung ihrer Reihenfolge die folgende Form an:

$$\left.\begin{aligned} \mathfrak{J}_1 &= \mathfrak{C}\,\mathfrak{J}_2(1 + \mathfrak{G}_0 \mathfrak{W}_2), \\ \mathfrak{E}_1 &= \mathfrak{C}\,\mathfrak{J}_2(\mathfrak{W}_k + \mathfrak{W}_2). \end{aligned}\right\} \qquad (119)$$

Diese Gleichungen entsprechen in ihrem Aufbau vollkommen den Gleichungen (110), welche die Grundlage der Admittanzdiagramme bilden. Die beiden Gleichungsgruppen gehen wechselweise auseinander hervor, wenn man die Begriffe „Strom“ und „Spannung“, „Leerlauf“ und „Kurzschluß“, „Widerstand“ und „Leitfähigkeit“ miteinander vertauscht. Als Koordinaten werden die Komponenten des Widerstandes $\mathfrak{W}_2$, nämlich W_{2w} und W_{2b}, dargestellt. Auch hier können die Koordinaten als reine Verhältniszahlen erhalten werden, wenn man als Einheit des Widerstandes den Leerlaufwiderstand $\frac{1}{G_0}$ betrachtet. In diesem „Leerlaufmaß“ werden die Koordinaten durch die Ausdrücke $G_0 W_{2w}$ und $G_0 W_{2b}$ bestimmt. Die im Leerlaufmaß gemessenen Impedanzgrößen stellen Leistungen dar, wenn man als Leistungseinheit die auf einen bestimmten Strom bezogene Leerlaufscheinleistung betrachtet. Wegen des gleichartigen Aufbaues der Grundgleichungen sind auch die Impedanz- und Admittanzdiagramme entsprechender Betriebsgrößen einander vollkommen analog. Insbesondere werden die Leistungsgrößen in beiden Fällen durch gleichartige Diagramme dargestellt, da der Charakter dieser Größen durch die Vertauschung von Strom und Spannung nicht geändert wird. Die Leistungen sind den Leitfähigkeiten proportional, wenn sie auf konstante Spannung bezogen werden; sie sind den Impedanzen proportional bei Bezugnahme auf konstanten Strom.

Die Gesetze des Impedanzdiagramms müssen also nicht besonders abgeleitet werden, wenn die des Admittanzdiagramms bekannt sind. Die beiden Diagrammarten sind in theoretischer Hinsicht vollkommen gleichwertig. Für die praktische Verwendung in der Starkstromtechnik kommt jedoch fast ausschließlich das Admittanzdiagramm in Betracht. Zur Kennzeichnung des Betriebszustandes werden hier Blind- und Wirkleistungen verwendet, die am besten durch Leitfähigkeitsgrößen dargestellt werden, da in der Regel die Spannung konstant oder nur wenig veränderlich ist. Die praktische Verwendung des Impedanzdiagramms beschränkt sich auf jene Ausnahmefälle, wo der Strom eine konstante oder wenig veränderliche Größe hat, also z. B. Ermittlung des Übersetzungsverhältnisses eines Stromwandlers, der bei konstanter Primärstromstärke sekundär durch verschiedene Widerstände belastet werden soll. Ferner kommt das Impedanzdiagramm zur Ermittlung von Übertragungsfällen in Betracht, bei denen die Belastung in der Nähe des Kurzschlusses liegt, also einer sehr großen angeschlossenen Leitfähigkeit entspricht (z. B. Anschluß eines kurzgeschlossenen Transformators). In diesem Fall werden die Diagrammgrößen im Admittanzdiagramm unverwendbar groß, während im Impedanzdiagramm die Verhältnisse wegen des kleinen Widerstandes besonders günstig liegen. Die Beziehungen zwischen beiden Diagrammarten sind in Abschnitt 27, S. 101, näher erörtert.

20. Umformung der Grundgleichungen.

Die Diagrammkurven werden als Funktionen der Größen n_{2w} und n_{2b} [Gleichung (115)] dargestellt. Zu diesem Zweck muß in den Grundgleichungen (22) die Größe $\mathfrak{J}_2$ als Funktion der im Kurzschlußmaß gemessenen Leitfähigkeit $\mathfrak{n}_2 = W_k \mathfrak{G}_2$ ausgedrückt werden, entsprechend der Beziehung

$$\frac{\mathfrak{J}_2}{\mathfrak{E}_2} = \mathfrak{G}_2 = \frac{\mathfrak{n}_2}{W_k} = \frac{1}{W_k} n_2 e^{-j\varphi_2} = \frac{1}{W_k}(n_{2w} - j\,n_{2b}).$$

Mit $\mathfrak{W}_k = W_k e^{j\varphi_k}$ [Gleichung (20)] ergibt sich

$$\frac{\mathfrak{W}_k \mathfrak{J}_2}{\mathfrak{E}_2} = \mathfrak{n}_2 e^{j\varphi_k} = n_2 e^{j(\varphi_k - \varphi_2)}.$$

Die Leerlaufsleitfähigkeit, im Kurzschlußmaß ausgedrückt, ist

$$\mathfrak{n}_0 = W_k \mathfrak{G}_0 = W_k G_0 e^{j\varphi_0} = T^2(\cos\varphi_0 + j\sin\varphi_0)\,.$$

T^2 ist das Leerlauf-Kurzschluß-Verhältnis [s. S. 19, Gleichung (28a) und (31)]. Mit Verwendung dieser Ausdrücke nehmen die Gleichungen (22) folgende Form an:

$$\mathfrak{E}_1 = \mathfrak{C}\,\mathfrak{E}_2(1 + n_2 e^{j(\varphi_k - \varphi_2)}) = \mathfrak{C}\,\mathfrak{E}_2[1 + n_{2w}\cos\varphi_k + n_{2b}\sin\varphi_k + j(n_{2w}\sin\varphi_k - n_{2b}\cos\varphi_k)]\,, \qquad (120\,\mathrm{a})$$

$$\mathfrak{J}_1 = \frac{\mathfrak{C}\,\mathfrak{E}_2}{W_k}\left(\mathfrak{n}_0 + \mathfrak{n}_2\right) = \frac{\mathfrak{C}\,\mathfrak{E}_2}{W_k}[T^2\cos\varphi_0 + n_{2w} + j(T^2\sin\varphi_0 - n_{2b})]\,. \qquad (120\,\mathrm{b})$$

Die für die weitere Entwicklung wichtigsten charakteristischen Lagen des Belastungspunktes entsprechen dem Leerlauf und Kurzschluß an einem der beiden Leitungsenden. Für Leerlauf im Punkt *2* ist die daselbst angeschlossene Leitfähigkeit $\mathfrak{n}_2 = 0$, der Belastungspunkt fällt daher in den Koordinatenursprung O. Für Kurzschluß im Punkt *2* ist die Leitfähigkeit $\mathfrak{n}_2 = \infty$, der Belastungspunkt fällt (in beliebiger Richtung) in unendliche Entfernung. Die dem Kurzschluß bzw. Leerlauf im Punkt *1* entsprechenden Lagen des Belastungspunktes seien als Kurzschlußpunkt M und Leerlaufpunkt N bezeichnet (s. Abb. 37, S. 52). Bei Leerlauf oder Kurzschluß im Punkt *1* wird von Punkt *2* aus Wirkleistung in den Übertragungskreis hineingespeist, zur Deckung seiner Verluste. Dabei ist vorausgesetzt, daß der Übertragungskreis selbst keinen Generator enthält. Unter dieser Voraussetzung liegen die Punkte M und N also stets links von der Ordinatenachse. Die Richtungen $\overrightarrow{OM}$ und $\overrightarrow{ON}$ sind gegen die negative Abszissenachse um die Winkel φ_k bzw. φ_0 geneigt (s. auch Abb. 32), und zwar $\overrightarrow{OM}$ im Sinne einer Nacheilung, $\overrightarrow{ON}$ im Sinne einer Voreilung, falls beide Winkel positiv sind. Da die Strecke $\overline{OM}$ der Kurzschlußleitfähigkeit $\frac{1}{W_k}$ entspricht, so ist ihre Länge im Kurzschlußmaß gemessen gleich der Einheit. Im Leistungsmaß mit konstanter Spannung E_2 hat die Entfernung $\overline{OM}$ den Betrag N_{2k}. Die Strecke $\overline{ON}$ beträgt im Kurzschlußmaß $W_k G_0 = T^2$; im Leistungsmaß bei konstanter Spannung E_2 entspricht sie der Leerlaufscheinleistung $N_{20} = T^2 N_{2k}$. Die Punkte M und N sind die Eckpunkte des Fundamentaldreiecks (s. S. 38). Abb. 32 zeigt dieses Dreieck im Leistungsmaß; zur Darstellung im Kurzschlußmaß sind alle Seitenlängen durch N_k zu dividieren. Für $\mathfrak{E}_1 = 0$ (Kurzschluß im Endpunkt *1*) wird Gleichung (120a) befriedigt durch die Werte $n_{2w} = -\cos\varphi_k$ und $n_{2b} = -\sin\varphi_k$. Dies sind also die im Kurzschlußmaß ausgedrückten Koordinaten des Kurzschlußpunktes M. Für $\mathfrak{J}_1 = 0$ (Leerlauf im Endpunkt *1*) wird Gleichung (120b) befriedigt durch $\mathfrak{n}_2 = -\mathfrak{n}_0$, also $n_{2w} = -T^2\cos\varphi_0$ und $n_{2b} = +T^2\sin\varphi_0$. Die beiden letzten Größen sind die im Kurzschlußmaß ausgedrückten Koordinaten des Leerlaufpunktes N.

III. Die Diagramme der Betriebsgrößen.

21. Das Spannungsverhältnis-Diagramm.

a) Größe und Amplitude des Spannungsverhältnisses $\frac{\mathfrak{E}_1}{\mathfrak{E}_2}$.

Bildet man in Gleichung (120a) auf beiden Seiten das Quadrat des Absolutwertes (bei dem in Komponenten zerlegten Ausdruck also die Quadratsumme des reellen und imaginären Teils), so erhält man:

$$\left(\frac{E_1}{C E_2}\right)^2 = 1 + 2n_{2w}\cos\varphi_k + 2n_{2b}\sin\varphi_k + n_{2w}^2 + n_{2b}^2 = (n_{2w} + \cos\varphi_k)^2 + (n_{2b} + \sin\varphi_k)^2\,. \qquad (121)$$

Für konstanten Wert des Spannungsverhältnisses $\frac{E_1}{E_2}$ ist dies die Gleichung eines Kreises mit dem Radius $\frac{E_1}{C E_2}$. Der Mittelpunkt hat die Koordinaten $(-\cos\varphi_k)$ und $(-\sin\varphi_k)$, ist also der Kurzschlußpunkt M (Abb. 35 u. 36). Die Kurven konstanten Spannungsverhältnisses sind daher konzentrische Kreise um den Kurzschlußpunkt M.[1]) Für $E_1 = 0$ wird

[1]) S. Literaturverzeichnis, Nr. 18, 19, 22 u. 23.

der Spannungskreis unendlich klein und geht in den Kurzschlußpunkt über. Dies ist selbstverständlich; denn für $E_1 = 0$ ist Punkt *1* kurzgeschlossen, und auf Punkt *2* wirkt der Übertragungskreis so, als ob daselbst die Kurzschlußleitfähigkeit angeschlossen wäre. Die Entfernung eines beliebigen Belastungspunktes P_2 vom Kurzschlußpunkt M hat im Kurzschlußmaß den Betrag $\overline{MP_2} = \frac{E_1}{CE_2}$ $\left(\text{daher ist die Streckenlänge } \overline{MP_2} = \overline{MO} \cdot \frac{E_1}{CE_2}\right)$.

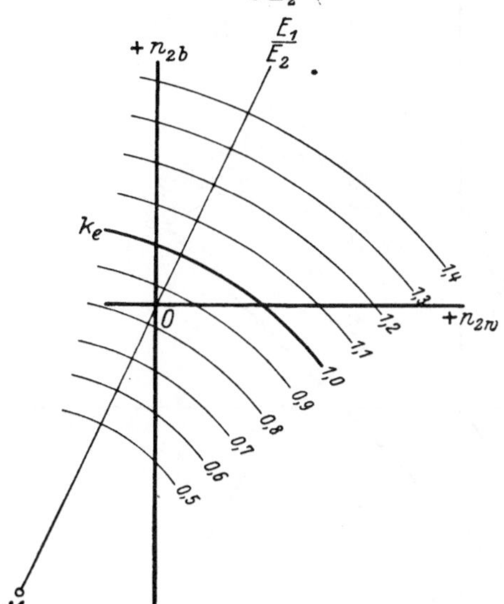

Abb. 35. Ortskreise für konstantes Spannungsverhältnis. (Kurzschlußpunkt M als Mittelpunkt.)

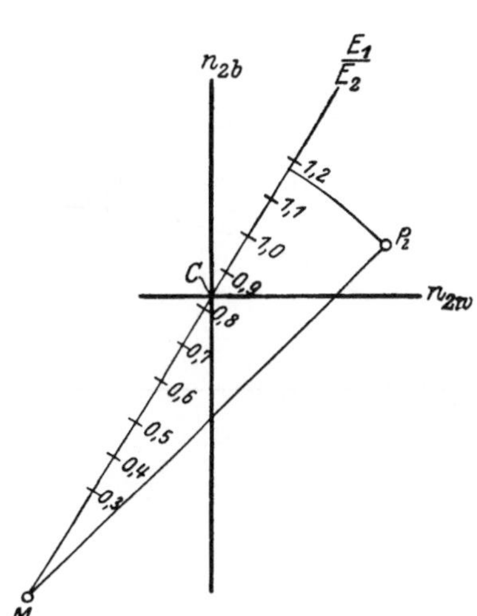

Abb. 36. Spannungsverhältnismaßstab.

Um statt der Größe $\frac{E_1}{CE_2}$ das Spannungsverhältnis $\frac{E_1}{E_2}$ unmittelbar ablesen zu können, wird auf der Geraden $\overline{MO}$ ein Maßstab aufgetragen, der bei M mit dem Wert Null beginnt und im Vergleich zum Kurzschlußmaß im Verhältnis $\frac{1}{C}$ vergrößert ist. In diesem Maßstab fällt der Koordinatenursprung auf den Wert C (Abb. 36). Dem Ursprung entspricht Leerlauf im Punkt *2*, wobei tatsächlich $\frac{E_1}{E_2}$ gleich dem Leerlaufspannungsverhältnis C sein muß.

Die Spannung E_1, die einem beliebigen Belastungspunkt P_2 entspricht, wird also erhalten, indem man die Strecke $\overline{MP_2} = \overline{MO} \cdot \frac{E_1}{CE_2}$ auf den Spannungsmaßstab überträgt. Die erhaltene Maßzahl ergibt den Wert $\frac{E_1}{E_2}$. Bei konstanter Spannung E_2 kann man an dem Spannungsmaßstab die Werte der Spannung E_1 anschreiben und diese somit unmittelbar ablesen.

Dem Kreis k_e (Abb. 35) für das Spannungsverhältnis $\frac{E_1}{E_2} = 1$ kommt praktisch besondere Wichtigkeit zu, wenn bei Betrieben mit wechselnder Übertragungsrichtung die Spannung an beiden Enden gleich hoch gehalten werden soll. Auch theoretisch ist dieser Kreis von großer Bedeutung, wie aus den folgenden Entwicklungen hervorgeht. Er sei als E i n h e i t s s p a n n u n g s k r e i s bezeichnet. Im Kurzschlußmaß ist sein Radius $R_e = \frac{1}{C}$, daher geometrisch

$$\frac{R_e}{\overline{MO}} = \frac{1}{C}, \qquad \frac{\overline{MP_2}}{R_e} = \frac{E_1}{E_2}.$$

Für Leerlauf im Punkt *1* ist entsprechend der Definition der Größe C das Spannungsverhältnis $\frac{E_1}{E_2} = \frac{1}{C}$, daher die Entfernung $\overline{MN} = \frac{1}{C^2} \cdot \overline{MO}$. (Diese Beziehung ist rechnerisch auf Grund der Gleichung (33b) in Abschnitt 13 abgeleitet, s. Abb. 32.) D e r R a d i u s R_e d e s E i n h e i t s s p a n n u n g s k r e i s e s i s t s o m i t d a s g e o m e t r i s c h e M i t t e l d e r E n t f e r n u n g $\overline{MO}$ u n d $\overline{MN}$ (Abb. 37) und kann daher aus Leerlaufpunkt und Kurzschlußpunkt konstruiert werden: $\overline{MO} = \overline{Me}$, Halbkreis über $\overline{Ne}$ mit dem Mittelpunkt m, Halbkreis über $\overline{Mm}$. Die beiden Halbkreise schneiden einander in dem auf dem Einheitsspannungskreis liegenden Punkt m_e.

Durch die Lage des Belastungspunktes P_2 wird aber nicht nur das Größenverhältnis, sondern auch der Phasenunterschied zwischen den in den Punkten *1* und *2* herrschenden Span-

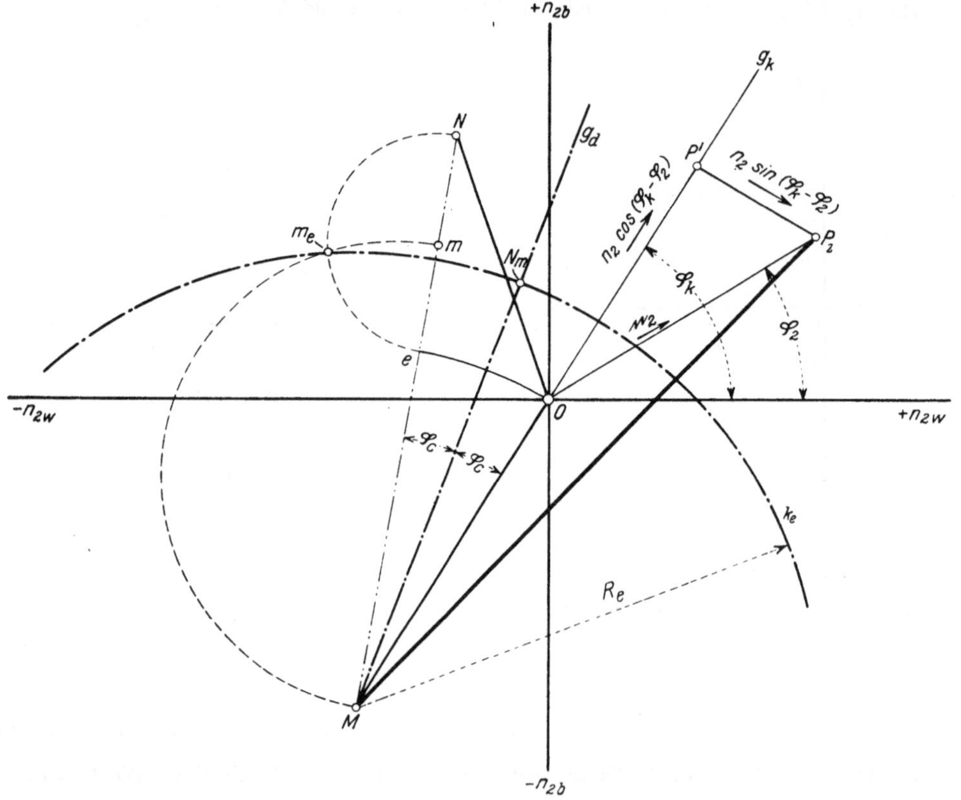

Abb. 37. Vektorielle Ableitung des Spannungsverhältnisdiagramms. Konstruktive Ermittlung des Einheitsspannungskreises k_e aus Kurzschlußpunkt M und Leerlaufpunkt N. [Geometrisch-physikalische Beziehungen entsprechend Gleichung (122)].

nungen zum Ausdruck gebracht, also die Vektoramplitude des Verhältnisses $\frac{\mathfrak{E}_1}{\mathfrak{E}_2}$. Aus Gleichung (120a) ergibt sich

$$\frac{\mathfrak{E}_1}{\mathfrak{C}\,\mathfrak{E}_2} = 1 + n_2 e^{j(\varphi_k - \varphi_2)}. \qquad (121')$$

Die linke Seite schreiben wir in der Form

$$\frac{E_1 e^{j\varphi_{e1}}}{E_2 e^{j\varphi_{e2}} \cdot C e^{j\varphi_c}} = \frac{E_1}{C E_2} e^{j(\varphi_{e1} - \varphi_{e2} - \varphi_c)}.$$

Dieser Vektor wird in einem Polarkoordinatensystem mit dem Ursprung M dargestellt. Die Polarachse hat die Richtung $\overrightarrow{MO}$ (Gerade g_k). Im Kurzschlußmaß ist daher $\overrightarrow{MO} = +1$. Der Vektor $\overrightarrow{OP_2}$ hat den Betrag n_2 und schließt mit $\overrightarrow{MO}$ den Winkel $(\varphi_k - \varphi_2)$ ein. Daher ist, in polarer Darstellung auf die Achse g_k bezogen, $\overrightarrow{OP_2} = n_2 e^{j(\varphi_k - \varphi_2)}$. Somit stellt sich die Beziehung (121′) in folgender Form dar: $\frac{\mathfrak{E}_1}{\mathfrak{C}\,\mathfrak{E}_2} = \overrightarrow{MO} + \overrightarrow{OP_2} = \overrightarrow{MP_2}$. Daraus ergibt sich zunächst wieder, daß die Entfernung $\overline{MP}$ im Kurzschlußmaß den Betrag $\frac{E_1}{C E_2}$ hat. Ferner ersieht man, daß der Winkel, den $\overrightarrow{MP_2}$ mit der Richtung $\overrightarrow{MO}$ einschließt, gleich der Vektoramplitude $\varphi_{e1} - \varphi_{e2} - \varphi_c$ ist. Für den Leerlaufpunkt N ist $\frac{\mathfrak{E}_1}{\mathfrak{E}_2} = \frac{1}{\mathfrak{C}}$. Daher $\varphi_{e1} - \varphi_{e2} = -\varphi_c$. Die Richtung $\overrightarrow{MN}$ schließt also mit $\overrightarrow{MO}$ den Winkel $-2\varphi_c$ ein. (Im Falle der Abb. 37 ist dieser

Winkel nacheilend, entsprechend dem Rotationssinn der Zeitlinie entgegengesetzt dem Uhrzeiger; der Winkel $+\varphi_c$ ist also in diesem Fall voreilend.) Die Symmetrale g_d des Winkels (OMN) schließt also mit der Richtung $\overrightarrow{MO}$ den Winkel φ_c ein. Somit ist

$$\sphericalangle(PMN_m) = \sphericalangle(PMO) + \sphericalangle(OMN_m) = (\varphi_{e1} - \varphi_{e2} - \varphi_c) + \varphi_c = \varphi_{e1} - \varphi_{e2}.$$

Der Winkel, den die Richtung $\overrightarrow{MP}$ mit der Geraden g_d einschließt, ergibt also unmittelbar die Phasenverschiebung von $\mathfrak{E}_1$ gegenüber $\mathfrak{E}_2$;[1]) (im dargestellten Fall ist $\mathfrak{E}_1$ voreilend). Aus dieser Beziehung ergibt sich die physikalische Bedeutung der Symmetrale g_d: sie ist der geometrische Ort aller Belastungspunkte, für welche die Spannung $\mathfrak{E}_1$ und $\mathfrak{E}_2$ phasengleich sind. Ihr Schnittpunkt N_m mit dem Einheitsspannungskreis ergibt den Belastungsfall $\mathfrak{E}_1 = \mathfrak{E}_2$. Wegen der Symmetrie des Übertragungskreises müssen sich in diesem Fall in beiden Endpunkten vollkommen gleichartige Belastungen ergeben: Es wird von beiden Seiten her Energie aufgenommen, die in den Verlustwiderständen des Übertragungskreises in Wärme umgesetzt wird. Der Punkt N_m liegt dementsprechend auf der linken Seite der Ordinatenachse. Dieser Fall liegt vor, wenn gleich große und gleich stark erregte Generatoren über den leerlaufenden Übertragungskreis parallel geschaltet sind und von beiden Seiten her Ladeleistung in den Kreis hineinspeisen.

Der geometrisch-physikalische Inhalt des Spannungsverhältnis-Diagramms kann zusammenfassend wie folgt ausgedrückt werden (s. Abb. 37):

$$\left.\begin{aligned} R_e &= \sqrt{\overline{MO}\cdot\overline{MN}} = \frac{1}{C}\cdot\overline{MO}\,; \\ \frac{\overline{MP}_2}{R_e} &= \frac{E_1}{E_2}\,; \\ \sphericalangle(P_2MN_m) &= \varphi_{e1} - \varphi_{e2}\,. \end{aligned}\right\} \quad (122)$$

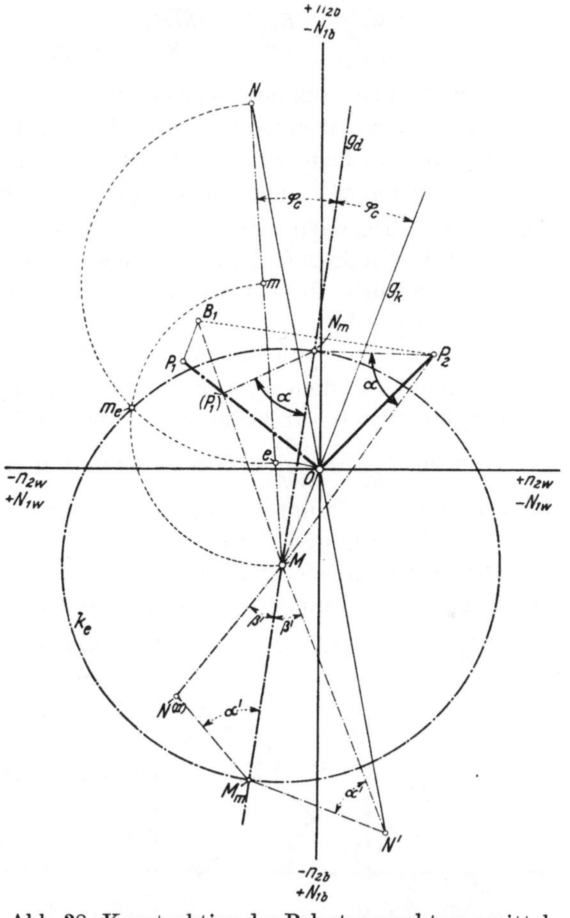

Abb. 38. Konstruktion der Belastungsvektoren mittels der Punkte M und N_m.

Leitfähigkeiten	Leistungen
$\overrightarrow{OP}_2 = \mathfrak{G}_2$, $\overrightarrow{O(P_1)} = \mathfrak{G}_1$	$\overrightarrow{OP}_2 = \mathfrak{N}_2$, $\overrightarrow{OP}_1 = \mathfrak{N}_1$.

b) Ermittlung des Belastungszustandes im Endpunkt *1* durch Konstruktion der Belastungsvektoren.

Mittels der Beziehungen (121′) kann der Belastungszustand im Endpunkt *1* in sehr einfacher Weise ermittelt werden, wenn die Belastungsleitfähigkeit im Endpunkt *2* gegeben ist. Zu diesem Zweck werden die Komponenten der im Kurzschlußmaß gemessenen Leitfähigkeit $\mathfrak{n}_1' = W_k\mathfrak{G}_1$ im gleichen Koordinatensystem wie die Komponenten von $\mathfrak{n}_2 = W_k\mathfrak{G}_2$ dargestellt (Abb. 38). Für beide Leitfähigkeiten entspricht die Abszissenrichtung nach rechts dem Anschluß eines Verbrauchers, nach links dem Anschluß eines Generators; (mit Bezug auf die in Abschnitt 16 festgesetzte Vorzeichenbestimmung ist also das Koordinatensystem *1* gegenüber dem Koordinatensystem *2* um 180° gedreht). Voreilung und Nacheilung ergeben sich aus dem Drehsinn der Zeitlinie, der in beiden Systemen der gleiche ist. Kurzschlußpunkt und Leerlaufpunkt des Systems *1* entsprechen der Leitfähigkeit $\mathfrak{G}_2 = \infty$ bzw. $\mathfrak{G}_2 = 0$. Für beide Systeme fallen die Kurzschlußpunkte in M, die Leerlaufpunkte in N zusammen, da die zu-

[1]) S. Literaturverzeichnis, Nr. 20.

gehörigen Leitfähigkeiten wegen der Symmetrie des Übertragungskreises unabhängig von der Übertragungsrichtung sind. Somit haben beide Systeme auch den gleichen Einheitsspannungskreis k_e.

Die Komponenten der Leitfähigkeit $\mathfrak{n}_1'$ seien durch die Koordinaten des Punktes (P_1) dargestellt. Für diesen gelten ohne weiteres die Beziehungen (122), wenn darin die beiden Indizes vertauscht werden, also

$$\frac{\overline{M(P_1)}}{R_e} = \frac{E_2}{E_1}, \qquad \sphericalangle (P_1) M N_m = \varphi_{e2} - \varphi_{e1}. \tag{122'}$$

Sind P_2 und (P_1) zusammengehörige Belastungspunkte, so treten in den Gleichungen (122) und (122') die gleichen Größen $\mathfrak{E}_1$ und $\mathfrak{E}_2$ auf. Die Zusammenfassung dieser Gleichungen ist

$$\frac{\overline{MP_2}}{\overline{M(P_1)}} = \frac{E_1^2}{E_2^2}; \qquad \frac{\overline{MP_2}}{R_e} = \frac{R_e}{\overline{M(P_1)}}; \qquad \sphericalangle (P_1) M N_m = -\sphericalangle (P_2 M N_m). \tag{122''}$$

Aus den beiden letzten Beziehungen geht hervor, daß $\Delta M(P_1)N_m \sim \Delta M N_m P_2$ ist. Der Punkt (P_1) liegt auf einer Geraden, die mit Bezug auf g_d symmetrisch zu $\overline{MP_2}$ ist. Er wird demnach aus der Lage von P_2 ermittelt, indem man den Winkel $\alpha = \sphericalangle (N_m P_2 M)$ im Punkt N_m von der Geraden $\overline{MN_m}$ abträgt und die so erhaltene Gerade zum Schnitt bringt mit der zu $\overline{MP_2}$ symmetrisch liegenden Geraden $\overline{MB_1}$.

Statt des Punktes N_m kann in gleicher Weise auch der diametral gegenüberliegende Punkt M_m verwendet werden, da sich für die Dreiecke $M(P_1)M_m$ und $M M_m P_2$ die gleichen Ähnlichkeitsbeziehungen ergeben.

Aus den Lagenbeziehungen der Punkte P_2 und (P_1) geht hervor, daß auch die Punkte O und N einander in demselben Sinn entsprechen, denn die zugehörigen Richtungen $\overline{MO}$ und $\overline{MN}$ liegen symmetrisch zur Geraden g_d [die als Symmetrale des $\sphericalangle (OMN)$ definiert wurde], und laut (122) ist $\frac{\overline{MO}}{R_e} = \frac{R_e}{\overline{MN}}$. Dies ist ohne weiteres verständlich, da bei Leerlauf im Endpunkt *2*, dargestellt durch Punkt O, die im Endpunkt *1* angeschlossene Leitfähigkeit durch den Leerlaufpunkt N dargestellt wird.

Die Beziehungen zwischen den Punkten P_2 und (P_1) sind vollkommen wechselseitig. Bei gegebenem Punkt (P_1) kann der Punkt P_2 in gleicher Weise gefunden werden [$\sphericalangle M(P_1)N_m = \sphericalangle (M N_m P_2)$ und $\overrightarrow{M(P_1)}$ symmetrisch zu $\overrightarrow{MP_2}$].

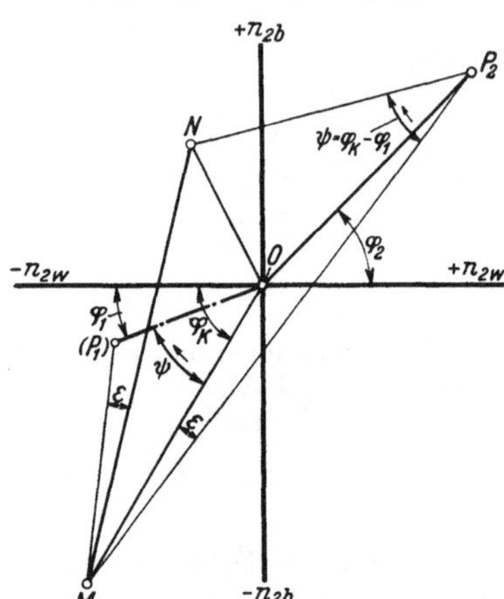

Abb. 39. Konstruktion der Belastungsvektoren mittels Kurzschlußpunkt M und Leerlaufpunkt N.

Zur wechselseitigen Bestimmung der beiden Punkte (P_1) und P_2 sind nur die beiden festen Punkte M und N_m notwendig. Der letztere wird aus der Lage der Punkte M und N gefunden. Man kann die Konstruktion des Punktes (P_1) aber auch unmittelbar mittels der Punkte M und N durchführen. Aus der wechselseitigen Zuordnung der Punkte (P_1) und P_2 bzw. N und O folgt (Abb. 39):

$$\overline{M(P_1)} \cdot \overline{MP_2} = R_e^2 = \overline{MO} \cdot \overline{MN}; \qquad \sphericalangle (P_1) MO = \sphericalangle (NMP_2),$$

daher

$$\Delta (P_1) OM \sim \Delta NP_2M, \qquad \text{also} \qquad \sphericalangle (NP_2M) = \sphericalangle (P_1) OM.$$

Der Winkel, den die Richtung $\overrightarrow{O(P_1)}$ mit der Abszissenachse einschließt, gibt die am Endpunkt *1* auftretende Phasenverschiebung an, daher $\sphericalangle (P_1) OM = \sphericalangle (NP_2M) = \varphi_k - \varphi_1$. Dieser Winkel ist positiv, wenn $\overrightarrow{OM}$ gegenüber $\overrightarrow{O(P_1)}$ nacheilt, ebenso $\overrightarrow{P_2M}$ gegenüber $\overrightarrow{P_2N}$. Man erhält also $\overrightarrow{O(P_1)}$, indem man in O den Winkel (NP_2M) von der Richtung $\overrightarrow{OM}$ abträgt.

Die wechselseitige Beziehung von (P_1) und P_2 entspricht der wechselseitigen Beziehung von $\mathfrak{n}_1'$ und $\mathfrak{n}_2$ [Gleichung (117a)]. Zur vollständigen Behandlung aller Hauptformen des Übertragungsproblems (s. Abschnitt 15) ist noch die konstruktive Ermittlung von $\mathfrak{n}_1 = \mathfrak{n}_1' \frac{E_1^2}{E_2^2}$

und $\mathfrak{n}_2' = \mathfrak{n}_2 \frac{E_2^2}{E_1^2}$ erforderlich. Der Vektor $\mathfrak{n}_1$ wird gefunden, indem man (Abb. 38) $\overline{MB_1} = \overline{MP_2}$ macht (B_1 liegt also mit Bezug auf g_d symmetrisch zu P_2), durch B_1 eine Gerade parallel zu $\overline{MO}$ zieht und diese mit dem Strahl $\overline{M(P_1)}$ zum Schnitt bringt. Für den Schnittpunkt P_1 gilt die Beziehung

$$\overrightarrow{OP_1} = \overrightarrow{O(P_1)} \cdot \frac{\overline{MB_1}}{\overline{M(P_1)}} = \overrightarrow{O(P_1)} \cdot \frac{\overline{MP_2}}{\overline{M(P_1)}} = \overrightarrow{O(P_1)} \cdot \frac{E_1^2}{E_2^2} \quad \text{[s. Gleichung (122'')].}$$

Daher ist $\overrightarrow{OP_1} = \mathfrak{n}_1$. In vollkommen analoger Weise findet man $\mathfrak{n}_2'$, indem man durch einen symmetrisch zu (P_1) liegenden Punkt eine Gerade parallel zu $\overline{MO}$ zieht und diese mit $\overline{OP_2}$ zum Schnitt bringt.

Die Anwendung dieser Konstruktion auf die drei Hauptformen des Übertragungsproblems ergibt folgendes: Die Spannung E_2 sei konstant. Im Leistungsmaß ist $\overline{OM} = \frac{E_2^2}{W_k}$; (wegen der Wechselseitigkeit aller Beziehungen gelten die gleichen Konstruktionen auch für konstantes E_1, wobei $\overline{OM} = \frac{E_1^2}{W_k}$ gemacht wird).

Erste Hauptform: Gegeben sind die Leistungskomponenten N_{2w} und N_{2b} im Punkt *2*, also die Koordinaten des Punktes P_2. Die gesuchten Leistungskomponenten N_{1w} und N_{1b} im Endpunkt *1* werden durch die Koordinaten des Punktes P_1 dargestellt.

Dritte Hauptform: Die gegebenen Leitfähigkeitskomponenten G_{1w} und G_{1b} werden durch die ihnen proportionalen Leistungen $G_{1w}E_2^2$ und $G_{1b}E_2^2$ als Koordinaten des Punktes (P_1) dargestellt. Aus diesem werden die Punkte P_1 und P_2 ermittelt, deren Koordinaten im Leistungsmaßstab unmittelbar die Komponenten N_{1w} und N_{1b} bzw. N_{2w} und N_{2b} ergeben.

Für die zweite Hauptform ist eine Umkehrung der Konstruktion notwendig. Gegeben sind die Leistungskomponenten im Endpunkt *1*, die durch die Koordinaten des Punktes P_1 dargestellt werden. Zur Ermittlung der Leistungskomponenten im Endpunkt *2* ist Punkt P_2 zu konstruieren. Der Gang der Konstruktion ist folgender: Durch P_1 wird eine Gerade parallel zu $\overline{MO}$ gezogen. Es ist ein Strahl aus dem Punkt M derart zu ziehen, daß das Produkt der Abschnitte $\overline{M(P_1)}$ und $\overline{MB_1}$ gleich der gegebenen Größe R_e^2 ist. Diese Konstruktion ist in Anhang II, 4c, Abb. 129, abgeleitet. Man hat dementsprechend die Gerade $\overline{OP_1}$ mit dem Einheitsspannungskreis zum Schnitt zu bringen. Durch die beiden Schnittpunkte und den Punkt M wird ein Kreis gelegt, der die Gerade $\overline{P_1B_1}$ im Punkt B_1 schneidet. Der gesuchte Punkt P_2 liegt symmetrisch zu B_1. Die Aufgabe hat daher zwei Lösungen. Die beiden Punkte B_1 liegen auf der durch P_1 gehenden, parallel zu $\overline{MO}$ gezogenen Geraden. Die Verbindungslinie der beiden Punkte P_2 geht daraus durch Umklappung um g_d hervor. Sie ist also symmetrisch zur Richtung $\overrightarrow{MO}$, daher parallel zur Geraden $\overline{MN}$. Die Konstruktion ist hier nicht durchgeführt, da sie wesentlich vereinfacht wird, wenn man das Achsensystem *1* um g_d umklappt und parallel zu sich selbst verschiebt. Diese vereinfachte Konstruktion folgt unmittelbar aus dem Diagramm für konstante Stromstärke J_1 und ist daher im zugehörigen Abschnitt 22h besprochen.

Besonders einfach wird die Ermittlung des Belastungszustandes, wenn der gegebene Belastungspunkt P_2 auf dem Einheitsspannungskreis liegt. Wegen der Gleichheit der Spannungen liegt dann auch der entsprechende Punkt P_1 auf dem Einheitsspannungskreis, d. h. symmetrisch zu P_2 mit Bezug auf die Gerade g_d (s. Abb. 64, S. 91). Die Koordinaten beider Punkte sind in diesem Fall den Leitfähigkeitskomponenten und Leistungskomponenten proportional, da nur eine Bezugsspannung $E_1 = E_2$ vorhanden ist. Die Punkte (P_1) und P_1 fallen zusammen. Der Punkt N_m entspricht sich selbst, da für $\mathfrak{E}_1 = \mathfrak{E}_2$ die Leistungen und Leitfähigkeiten beider Endpunkte wegen der vollkommen symmetrischen Verhältnisse einander gleich sind.

In Abb. 38 ist noch eine besondere Anwendung dargestellt, die der dritten Hauptform des Übertragungsproblems angehört. Die gegebenen Punkte M und N beziehen sich auf eine Leitung $\overline{1\,2}$, die im Endpunkt *1* an der konstanten Spannung E_1 liegt; im Leistungsmaßstab ist $\overline{MO} = \frac{E_1^2}{W_k}$. Im Endpunkt *2* sei eine vollkommen gleichartige Leitung $\overline{2\,3}$ angeschlossen, die im Endpunkt *3* offen ist. Zu bestimmen ist die im Endpunkt *1* aufgenommene Wirk- und Blindleistung. Die Leitung $\overline{2\,3}$ belastet den Punkt *2* mit einer Leitfähigkeit, die gleich der Leerlaufleitfähigkeit der gegebenen Leitung ist, also $\mathfrak{G}_2 = \mathfrak{G}_0$. Der zugehörige, den Leitfähigkeitsvektor $W_k\mathfrak{G}_2$ darstellende Punkt N' liegt also in bezug auf O zentrisch-symmetrisch zu N (auf der rechten Seite der Abszissenachse, da im Punkt *2* die Leerlaufleistung der Leitung $\overline{2\,3}$ aus $\overline{1\,2}$ entnommen wird). Die Punkte N' und $N^{(II)}$ entsprechen einander in gleicher Weise wie die Punkte P_2 und (P_1); (Übertragung der Winkel β' und α'). Die Koordinaten von $N^{(II)}$ stellen also im Leistungsmaß die gesuchten

Leistungskomponenten dar. Die Reihenschaltung der Leitungen $\overline{1\,2}$ und $\overline{2\,3}$ entspricht einer Leitung von doppelter Länge, die in ihrem Endpunkt *3* offen ist. $N^{(II)}$ ist also der Leerlaufpunkt der Leitung von doppelter Länge. In gleicher Weise kann der Kurzschlußpunkt für die Leitung doppelter Länge gefunden werden. Dieser ergibt sich jedoch unmittelbar aus einer sehr einfachen Lagenbeziehung, die in Abschnitt 31 besprochen wird.

22. Leistungsermittlung bei konstanter Spannung im Koordinatenbezugspunkt (Endpunkt *2*).

Die Leistungskomponenten im Endpunkt *2* werden durch die Koordinaten des Belastungspunktes, nämlich $n_{2w} = \frac{N_{2w}}{N_{2k}}$ und $n_{2b} = \frac{N_{2b}}{N_{2k}}$ dargestellt [Gleichung (117a)]. Die Leistungskomponenten im Endpunkt *1* sind proportional den Größen $n_{1w} = \frac{N_{1w}}{N_{2k}}$ und $n_{1b} = \frac{N_{1b}}{N_{2k}}$. Die entsprechenden Diagrammstrecken geben die Leistungen unmittelbar an, wenn man im Leistungsmaß $\overline{OM} = N_{2k} = \frac{E_2^2}{W_k}$ macht. Zur Bestimmung der Leistungskomponenten im Punkt *1* sind die geometrischen Örter für konstante Werte von n_{1w} und n_{1b} zu ermitteln.

Die Leistungskomponenten können aus dem Spannungsvektor $\mathfrak{E}_1$ und dem Stromvektor $\mathfrak{J}_1$ gefunden werden. Wir schreiben die Gleichungen (120a) und (120b) in folgender Form:

$$\mathfrak{E}_1 = \mathfrak{C}\,\mathfrak{E}_2 (p_e + j q_e)\,,$$

$$\mathfrak{J}_1 = \frac{\mathfrak{C}\,\mathfrak{E}_2}{W_k} (p_i + j q_i)\,.$$

Darin ist:

$$\left.\begin{aligned} p_e &= 1 + n_{2w}\cos\varphi_k + n_{2b}\sin\varphi_k\,, & p_i &= T^2\cos\varphi_0 + n_{2w}\,,\\ q_e &= n_{2w}\sin\varphi_k - n_{2b}\cos\varphi_k\,, & q_i &= T^2\sin\varphi_0 - n_{2b}\,. \end{aligned}\right\} \tag{123}$$

$\mathfrak{J}_1'$ sei der zu $\mathfrak{J}_1$ konjugierte komplexe Ausdruck (der aus $\mathfrak{J}_1$ durch Vertauschung der Vorzeichen von j hervorgeht). Die Leistungskomponenten ergeben sich aus der Beziehung

$$\mathfrak{E}_1 \mathfrak{J}_1' = N_{1w} + j N_{1b} \quad \text{(s. Anhang I, 7).}$$

Die Ausführung der Rechnung ergibt durch Vergleich der reellen und imaginären Teile

$$N_{1w} = \frac{C^2 E_2^2}{W_k} (p_e p_i + q_e q_i)\,, \tag{124 a}$$

$$N_{1b} = \frac{C^2 E_2^2}{W_k} (p_i q_e - p_e q_i)\,. \tag{124 b}$$

a) Wirkleistung im Endpunkt *1*.

Die Ausführung von (124a) mittels (123) ergibt

$$\frac{N_{1w}\cdot W_k}{E_2^2} = n_{1w} = C^2[(n_{2w}^2 + n_{2b}^2)\cos\varphi_k + n_{2w} + (T^2\cos\varphi_0\cos\varphi_k + T^2\sin\varphi_0\sin\varphi_k)\,n_{2w}$$

$$- (T^2\sin\varphi_0\cos\varphi_k - T^2\cos\varphi_0\sin\varphi_k)\,n_{2b} + T^2\cos\varphi_0]\,.$$

Die beiden letzten Ausdrücke in runden Klammern werden in Übereinstimmung mit Gleichungen (29b) und (36), S. 19 und 20, bezeichnet durch

$$\tau = T^2\cos(2\varphi_u)\,, \qquad \sigma = T^2\sin(2\varphi_u)$$

Somit ist

$$\frac{n_{1w}}{C^2\cos\varphi_k} = n_{2w}^2 + n_{2b}^2 + \frac{1+\tau}{\cos\varphi_k}\,n_{2w} - \frac{\sigma}{\cos\varphi_k}\,n_{2b} + T^2\frac{\cos\varphi_0}{\cos\varphi_k}\,.$$

Wir führen die folgenden Bezeichnungen für häufig vorkommende Ausdrücke ein, deren geometrische und physikalische Bedeutungen aus der weiteren Entwicklung hervorgehen:

$$\left.\begin{aligned} \alpha_w &= \frac{\sigma}{2\cos\varphi_k} = \frac{T^2\sin(2\varphi_u)}{2\cos\varphi_k}\,,\\ \beta_w &= \frac{1+\tau}{2\cos\varphi_k} = \frac{1+T^2\cos(2\varphi_u)}{2\cos\varphi_k}\,, \end{aligned}\right\} \tag{125}$$

$$R_w = \frac{1}{2C^2\cos\varphi_k}, \tag{126}$$

$$\vartheta_w = T\sqrt{\frac{\cos\varphi_0}{\cos\varphi_k}}. \tag{127}$$

Mit Berücksichtigung von (30b), S. 19, ist mit $\mathrm{tg}\,\varphi_u = u$ und $\mathrm{tg}\,\varphi_t = t$

$$\vartheta_w = T\sqrt{\frac{1-tu}{1+tu}}. \tag{127'}$$

Damit ergibt die letzte Gleichung für n_{1w}

$$2R_w n_{1w} - \vartheta_w^2 + \alpha_w^2 + \beta_w^2 = (n_{2w} + \beta_w)^2 + (n_{2b} - \alpha_w)^2.$$

Der Ausdruck auf der linken Seite ist noch einer bemerkenswerten Vereinfachung fähig. Entsprechend den obigen Gleichungen und Gleichungen (28b), (29b) und (34) hat man

$$\alpha_w^2 + \beta_w^2 - \vartheta_w^2 = \frac{1}{4\cos^2\varphi_k}\left[T^4\sin^2(2\varphi_u) + 1 + 2T^2\cos(\varphi_0 - \varphi_k) + T^4\cos^2(2\varphi_u)\right] - T^2\frac{\cos\varphi_0}{\cos\varphi_k} =$$

$$= \frac{1}{4\cos^2\varphi_k}\left[T^4 + 2T^2\cos(\varphi_0 + \varphi_k) + 1\right] = \frac{1}{4\cos^2\varphi_k \cdot C^4},$$

daher

$$\alpha_w^2 + \beta_w^2 - \vartheta_w^2 = R_w^2; \tag{128}$$

somit

$$2n_{1w}R_w + R_w^2 = (n_{2w} + \beta_w)^2 + (n_{2b} - \alpha_w)^2. \tag{129}$$

Hieraus ersieht man, daß die Kurven konstanter Wirkleistung konzentrische Kreise sind;[1]) der Mittelpunkt K_w (Abb. 40) hat die Koordinaten

$$n_{2w} = -\beta_w, \qquad n_{2b} = +\alpha_b.$$

Der Radius eines beliebigen Leistungskreises ist

$$r_w^2 = \sqrt{2n_{1w}R_w^2 + R_w^2}.$$

Das Wirkleistungsverhältnis n_{1w}, ausgedrückt durch den Radius r_w, beträgt

$$n_{1w} = \frac{r_w^2}{2R_w} - \frac{R_w}{2}. \tag{130}$$

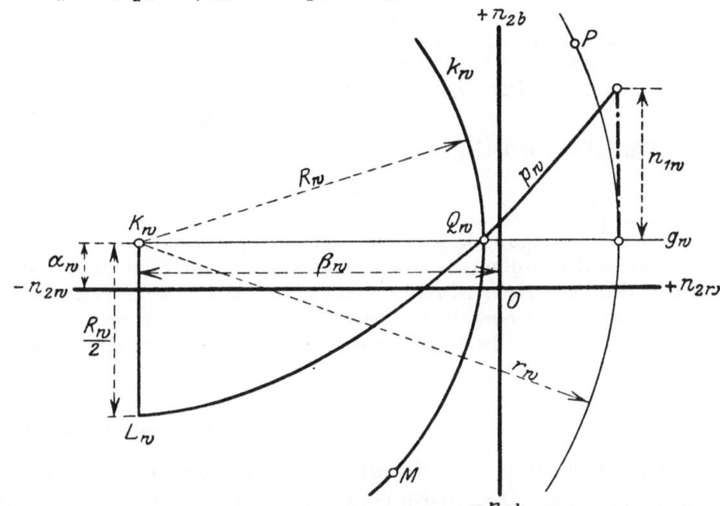

Abb. 40. Wirkleistungsdiagramm.
[Diagrammgrößen laut Gleichungen (125), (126) und (130).]

Wird die Wirkleistung gleich Null (also rein induktive oder rein kapazitive Last im Punkt *1*), so ist $r_w = R_w$, d. h. der Radius des Leistungskreises für $n_{1w} = 0$ beträgt R_w. Dieser für die folgenden Entwicklungen wichtige Kreis k_w sei als „Wirkleistungshauptkreis" bezeichnet. Er geht durch die Punkte *M* und *N*, da im Kurzschluß und Leerlauf des Endpunktes *1* die Leistung $n_{1w} = 0$ ist.

Trägt man in jedem Punkt der Ebene das zugehörige n_{1w} senkrecht zur Koordinatenebene auf, und zwar positives n_{1w} aufwärts, so erhält man laut (130) ein Rotationsparaboloid, dessen Achse durch K_w geht und dessen Scheitel im Abstand $\frac{R_w}{2}$ unterhalb der Zeichnungsebene liegt. Der Schnitt dieses Paraboloids mit der Zeichnungsebene ist der Hauptkreis k_w; der umgeklappte Axialschnitt des Paraboloids ist die Wirkleistungsparabel p_w. Damit ergibt sich die Konstruktion von n_{1w} für einen beliebigen Betriebspunkt *P*: Der Abstand $\overline{K_w P}$ wird als Abszisse der Parabel p_w abgetragen, die Ordinate ist dann gleich n_{1w}.

[1]) S. Literaturverzeichnis, Nr. 18.

Der Wirkleistungshauptkreis schneidet die Gerade g_w im Punkt Q_w (Abb. 40 und 41). Dieser hat die Abszisse $-\beta'_w = -(\beta_w - R_w)$. Der Mittelpunkt K_w hat vom Koordinatenursprung die Entfernung $\overline{OK}_w = \sqrt{\alpha_w^2 + \beta_w^2}$. Aus (128) folgt:

$$\vartheta_w^2 = \overline{OK}_w^2 - R_w^2 .$$

ϑ_w ist daher die Länge der aus dem Ursprung gezogenen Tangente des Wirkleistungshauptkreises. (Die wichtige physikalische Bedeutung der Größe ϑ_w geht aus Abschnitt 26c hervor.) Aus (128) folgt ferner

$$\varrho_w^2 = \vartheta_w^2 - \alpha_w^2 = \beta_w'^2 - R_w^2 . \tag{131}$$

Die Größe ϱ_w ist somit die Länge der aus dem Punkt O_w an den Wirkleistungshauptkreis gezogenen Tangente (Abb. 41). Sie kann aus ϑ_w und α_w sehr genau konstruktiv ermittelt werden. Der um den Punkt O_w mit dem Radius ϱ_w geschlagene Kreis K'_w hat für die Verlust- und Wirkungsgradbestimmung Bedeutung. Er werde als „**Wirkleistungsgegenkreis**" bezeichnet.

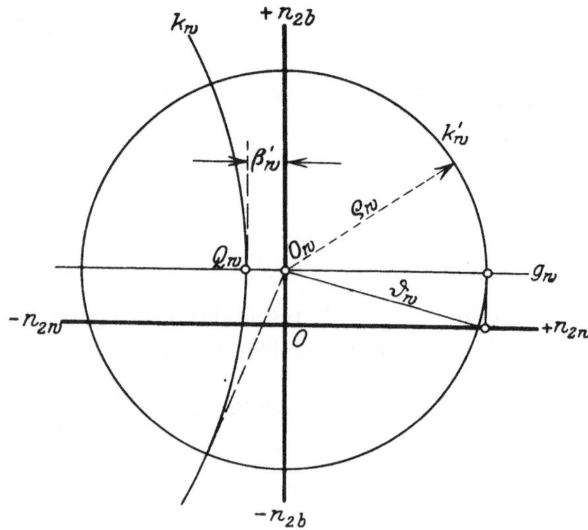

Abb. 41. Gegenkreis K'_w und Hauptkreis K_w. [Diagrammgrößen laut Gl. (127), (131) und (132).]

Die Größe β'_w ist meist sehr klein gegenüber β_w und R_w, würde also bei konstruktiver Ermittlung aus diesen Größen sehr ungenau werden. Da jedoch die genaue Lage von Q_w für die Ermittlung des Übertragungsverlustes (s. Abschnitt 22d) wichtig ist, so sei noch eine Formel angeführt, nach der β'_w rechnerisch bestimmt werden kann. Die Potenz des Punktes O_w in bezug auf den Kreis K_w ist

$$\varrho_w^2 = \beta'_w(\beta_w + R_w) \doteq 2\beta'_w R_w \doteq 2\beta'_w \beta_w ,$$

daher laut (125) und (126)

$$\beta'_w = \frac{\varrho_w^2 \cos\varphi_k}{1+\tau} = \varrho_w^2 C^2 \cos\varphi_k . \tag{132}$$

Wenn der Übertragungskreis keine Generatoren erhält, so muß der Wirkleistungshauptkreis stets auf der linken Seite der Ordinatenachse verlaufen, denn für reine Blindlast im Endpunkt *1* ($n_{1w} = 0$) müssen die Verluste des Übertragungskreises vom Punkt *2* aus gedeckt werden (n_{2w} ist also negativ). Der Mittelpunkt K_w liegt also im zweiten oder dritten Quadranten, je nachdem der „Verzerrungswinkel" φ_u positiv oder negativ ist. Das erstere ist stets bei homogenen Leitungen, das letztere bei Transformatoren der Fall (s. Abschnitt 28 und 35).

b) Blindleistung im Endpunkt *1*.

Die Ableitung des Blindleistungsdiagramms ist dem des Wirkleistungsdiagramms vollkommen analog. Die Ausführung von (124b) mittels (123) ergibt mit Berücksichtigung von (29b) und (36)

$$\frac{n_{1b}}{C^2\sin\varphi_k} = n_{2w}^2 + n_{2b}^2 - \frac{\sigma}{\sin\varphi_k} n_{2w} + \frac{1-\tau}{\sin\varphi_k} n_{2b} - T^2\frac{\sin\varphi_0}{\sin\varphi_k} .$$

Wir führen folgende Bezeichnungen ein:

$$\left.\begin{aligned} \alpha_b &= \frac{\sigma}{2\sin\varphi_k} = \frac{T^2\sin(2\varphi_u)}{2\sin\varphi_k} , \\ \beta_b &= \frac{1-\tau}{2\sin\varphi_k} = \frac{1-T^2\cos(2\varphi_u)}{2\sin\varphi_k} , \end{aligned}\right\} \tag{133}$$

$$R_b = \frac{1}{2C^2\sin\varphi_k} , \tag{134}$$

$$\vartheta_b = T\sqrt{\frac{\sin\varphi_0}{\sin\varphi_k}} . \tag{135}$$

Mit Berücksichtigung von (30 b) ist

$$\vartheta_b = T\sqrt{\frac{t+u}{t-u}} . \tag{135'}$$

Mit diesen Bezeichnungen nimmt die letzte Gleichung für n_{1b} folgende Form an:

$$2\,n_{1b} R_b + \vartheta_w^2 + \alpha_b^2 + \beta_b^2 = (n_{2w} - \alpha_b)^2 + (n_{2b} + \beta_b)^2 .$$

Auf Grund von (28b), (29b) und (34) hat man

$$\alpha_b^2 + \beta_b^2 + \vartheta_b^2 = \frac{1}{4\sin^2\varphi_k}[T^4 - 2\,T^2\cos(\varphi_0 - \varphi_k) + 1] + T^2\,\frac{\sin\varphi_0}{\sin\varphi_k}$$

$$= \frac{1}{4\sin^2\varphi_k}[T^4 + 2\,T^2\cos(\varphi_0 + \varphi_k) + 1] = \frac{1}{4\sin^2\varphi_k\cdot C^4},$$

daher

$$\alpha_b^2 + \beta_b^2 + \vartheta_b^2 = R_b^2, \tag{136}$$

somit

$$2\,n_{1b} R_b + R_b^2 = (n_{2w} - \alpha_b)^2 + (n_{2b} + \beta_b)^2 . \tag{137}$$

Die Kurven konstanter Blindleistung sind ebenfalls konzentrische Kreise, der Mittelpunkt K_b (Abb. 42) hat die Koordinaten

$$n_{2w} = +\alpha_b, \qquad n_{2b} = -\beta_b;$$

es gelten geometrisch genau dieselben Beziehungen wie für das Wirkleistungsdiagramm (Blindleistungsparaboloid, Blindleistungshauptkreis und Konstruktion des Blindleistungsverhält-

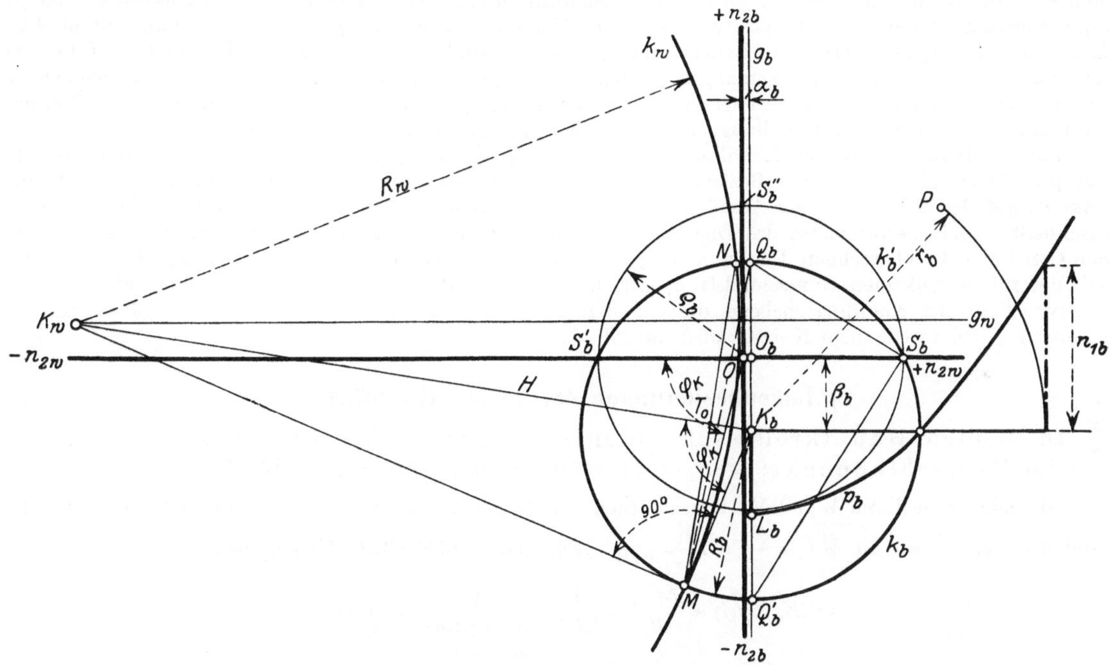

Abb. 42. Blindleistungsdiagramm und Lagenbeziehungen zwischen den beiden Hauptkreisen k_w und k_b. [Diagrammgrößen laut Gleichungen (133) bis (138); $\overline{O_b S_b''} = \vartheta_b$.]

nisses n_{1b}). Der Hauptkreis k_b geht ebenfalls durch Kurzschlußpunkt M und Leerlaufpunkt N, da im Kurzschluß und Leerlauf im Endpunkt *1* auch die Blindleistung $n_{1b} = 0$ wird.

Ist $R_b^2 > \beta_b^2$, so schneidet der Kreis k_b die Abszissenachse. Die halbe Länge der Sehne $S_b' S_b$ ist $\varrho_b = \sqrt{R_b^2 - \beta_b^2}$. Mit Benutzung von (136) hat man

$$\varrho_b^2 = \alpha_b^2 + \vartheta_b^2 = R_b^2 - \beta_b^2 . \tag{138}$$

Reelles ϱ_b ist der Radius des über der Sehne $S_b' S_b$ errichteten Kreises k_b', der als „Blindleistungsgegenkreis“ bezeichnet werde. Er ist das mathematische Analogon des Wirkleistungsgegenkreises k_w' (Abb. 41); geometrisch sind die beiden Kreise jedoch verschieden.

Wenn der Koordinatenursprung innerhalb des Kreises k_b liegt, so schneidet der Kreis k_b' die Ordinatenachse. Der Schnittpunkt S_b'' hat die Ordinate $\pm\sqrt{\varrho_b^2 - \alpha_b^2} = \pm\vartheta_b$.

Der Blindleistungshauptkreis ist in seiner Lage relativ zum Koordinatensystem nicht in gleicher Weise beschränkt wie der Wirkleistungshauptkreis. Der Koordinatenursprung O kann innerhalb oder außerhalb des Kreises liegen. In letzterem Fall kann die Abszissenachse den Kreis schneiden oder außerhalb vorbeigehen. Der Mittelpunkt K_b des Kreises kann in allen vier Quadranten liegen. Alle diese Fälle können im Diagramm homogener Leitungen vorkommen. Für Leitungen von mittlerer Länge (Freileitungen unterhalb etwa 750 km und Kabelleitungen etwa unterhalb 250 km bei 50 Perioden) hat der Blindleistungshauptkreis ungefähr die in Abb. 42 angegebene Lage (s. Abschnitt 29c). Im Diagramm von Transformatoren geht die Abszissenachse außerhalb des Kreises k_b vorbei (s. Abschnitt 35, Abb. 92 und 94).

Die notwendige und hinreichende Bedingung für das Zustandekommen des Schnittes von k_b' mit der Ordinatenachse ist $\vartheta_b^2 > 0$. In diesem Fall liegt der Koordinatenursprung innerhalb des Kreises k_b. Für $\vartheta_b^2 < 0$ liegt der Ursprung außerhalb des Kreises k_b. Für die nunmehr reelle Größe $(j\,\vartheta_b)$ gilt entsprechend (136) die Beziehung

$$(j\,\vartheta_b)^2 = \alpha_b^2 + \beta_b^2 - R_b^2 = \overline{OK_b}^2 - R_b^2\,.$$

Daher ist $(j\,\vartheta_b)$ die Länge der aus dem Ursprung O an Kreis k_b gezogenen Tangente, analog ϑ_w. Für negatives ϑ_b^2 kann ϱ_b^2 laut (138) positiv oder negativ sein. Im ersten Fall schneidet der Kreis k_b die Abszissenachse, trotzdem der Ursprung außerhalb liegt. Beide Schnittpunkte S_b und S_b' liegen auf der gleichen Seite des Ursprungs. Ist dagegen $\alpha_b^2 + \vartheta_b^2 < 0$, so wird ϱ_b imaginär, d. h. die Abszissenachse geht außerhalb des Kreises vorbei. In diesem Fall ist die reelle Größe $(j\,\varrho_b)$ das vollkommen mathematische und geometrische Analogon von ϱ_w (Abb. 41), als Radius eines Blindleistungsgegenkreises, dessen Ursprung auf der Abszissenachse liegt und der den Kreis k_b senkrecht schneidet.

Die Größe ϑ_b^2 ist negativ, wenn φ_0 und φ_k verschiedene Vorzeichen haben. In diesem Fall liegen die Punkte M und N und die Gerade g_u im gleichen Quadranten (vgl. Abb. 31 und 32). Somit haben φ_k und φ_u entgegengesetzte Vorzeichen (da positives φ_u einer Voreilung, positives φ_k einer Nacheilung entspricht). Wenn der Übertragungskreis keine Generatoren enthält, so sind φ_0 und φ_k und daher auch φ_u (absolut) kleiner als 90°. Mit dieser Voraussetzung hat $\sin(2\,\varphi_u)$ das gleiche Vorzeichen wie φ_u, also (bei verschieden bezeichneten φ_k und φ_0) das entgegengesetzte Vorzeichen von φ_k, daher ist laut (133) α_b negativ. Daraus ergibt sich die geometrische Beziehung: Liegt der Ursprung außerhalb von k_b, so liegt der Mittelpunkt K_b stets auf der linken Seite der Koordinatenachse, falls der Übertragungskreis keine Generatoren enthält. (Der physikalische Sinn dieser Beziehung ist in Abschnitt 25d erläutert.) Andererseits kann der Mittelpunkt K_b auf der linken Seite der Abszissenachse liegen, trotzdem der Kreis k_b den Koordinatenursprung O umschließt. Auch hierfür bietet das Diagramm der homogenen Leitung Beispiele (s. Abschnitt 29c). Der nach Gleichung (134) berechnete Radius R_b ist je nach dem Vorzeichen von φ_k positiv oder negativ. Im ersten Fall, der für nacheilenden Kurzschlußstrom gilt, liegt der Scheitel des Blindleistungsparaboloides auf der negativen Seite der Koordinatenebene, die vom Kreis k_b umschlossene Fläche entspricht negativer Blindleistung n_{1b}; bei voreilendem Kurzschlußstrom gilt das Gegenteil.

c) Lagenbeziehungen der beiden Hauptkreise.

Die beiden Hauptkreise schneiden einander senkrecht im Leerlaufpunkt und im Kurzschlußpunkt; $\sphericalangle(K_b M K_w) = 90°$; $\sphericalangle(K_w K_b M) = \varphi_k$ (Abb. 42).

Da beide Kreise durch M und N gehen, so liegen ihre Mittelpunkte auf der Symmetrale von $\overline{MN}$. Der Abstand der Symmetrale ist $\overline{MT_0} = \frac{1}{2}\,\overline{MN} = \frac{1}{2\,C^2}$. Für den Winkel $(K_w K_b M)$ hat man

$$\sin(K_w K_b M) = \frac{\overline{MT_0}}{R_b} = \frac{1}{2\,C^2} : \frac{1}{2\,C^2 \cdot \sin\varphi_k} = \sin\varphi_k\,.$$

In gleicher Weise findet man $\sin(K_b K_w M) = \frac{\overline{MT_0}}{R_w} = \cos\varphi_k$. Der halbe Zentriwinkel des Kreises k_b über $\overline{MN}$ ist somit gleich dem Kurzschlußwinkel φ_k. Der halbe Zentriwinkel des Kreises k_w über $\overline{MN}$ ist $\frac{\pi}{2} - \varphi_k$. Daher bilden die Schnittpunktsradien $\overline{K_w M}$ und $\overline{K_b M}$ einen rechten Winkel (ebenso die nach Punkt N führenden Radien); die beiden Hauptkreise schneiden einander senkrecht.

Die Scheitelpunkte Q_w und Q_b der beiden Hauptkreise liegen auf der im Spannungsverhältnisdiagramm erwähnten Geraden g_d [Symmetrale von $\sphericalangle(OMN)$, Abb. 37; vgl. auch Abb. 63, Tafel III, S. 90].

Die Scheitelpunkte Q_w, Q_w' und Q_b, Q_b' sind die Endpunkte senkrechter Durchmesser in senkrecht schneidenden Kreisen. Sie liegen daher paarweise auf Geraden, die durch die Kreisschnittpunkte gehen (s. Anhang II, 2d). Die Punkte Q_w und Q_b liegen auf einer Geraden, die durch M geht, die Punkte Q_w' und Q_b' auf der dazu senkrechten, durch M gehenden Geraden (Q_w ist stets der nach der Ordinatenachse gekehrte Scheitel des Kreises k_w; die Richtung $\overrightarrow{K_b Q_b}$ hat das Vorzeichen von R_b). Die Gerade $\overline{NN_b}$ ist parallel zur Abszissenachse geführt. Da der Peripheriewinkel des Kreises k_b über der Sehne $\overline{MN}$ gleich φ_k ist, so ist die Gerade $\overline{N_b M}$ gegen die Abszissenachse um φ_k geneigt, Punkt N_b liegt also auf der Geraden $\overline{MO}$. Da Q_b der

Halbierungspunkt des Bogens $\widehat{NN_b}$ ist, so ist die Gerade $\overline{MQ_wQ_b}$ die Symmetrale des Winkels (OMN), daher identisch mit der Geraden g_d des Spannungsverhältnisdiagramms (Abschnitt 21, Abb. 37). Der Peripheriewinkel über dem Bogen $\widehat{Q_bN_b}$ ist somit gleich φ_c. Daher ist die Gerade $\overline{Q'_wNQ_b}$ gegen die Abszissenachse um den Winkel φ_c geneigt. Die gleiche Überlegung kann man auch im Hauptkreis k_w durchführen. Es ergibt sich, daß Q_w auf der Geraden g_d liegt. Damit ist unabhängig von dem oben erwähnten geometrischen Lehrsatz bewiesen, daß die Punkte M, Q_w und Q_b auf einer Geraden liegen.

Die durch die Mittelpunkte K_w und K_b gehenden, zu den Achsen parallelen Geraden g_w und g_b schneiden einander auf der Geraden $\overline{MO}$ (Abb. 63).

Die Gerade g_w entspricht der konstanten Ordinate α_w, g_b der konstanten Abszisse α_b. Für die Phasenrichtung φ_2 des Schnittpunktes O_{wb} dieser Geraden gilt also $\operatorname{tg}\varphi_2 = \frac{\alpha_w}{\alpha_b} = \operatorname{tg}\varphi_k$ [Gleichung (125) und (133)]. Dies ist auch der Neigungswinkel der Geraden $\overline{MO}$ gegen die Abszissenachse.

d) Übertragungsverlust.

Wenn der Übertragungskreis keine Generatoren enthält, so sind die in ihm auftretenden Energieverluste gleich der Differenz der Wirkleistungen an beiden Enden. Der Übertragungsverlust ist naturgemäß immer positiv. Bei der hier festgesetzten Wahl des Vorzeichens wird er daher unabhängig von der Richtung der Energieübertragung durch die Größe $n_{1w} - n_{2w}$ ausgedrückt. Diese Größe ist positiv für alle in Betracht kommenden Fälle, nämlich 1. Übertragung von Punkt *1* nach Punkt *2* ($n_{1w} > n_{2w} > 0$); 2. Übertragung von Punkt *2* nach Punkt *1* (n_{1w} absolut kleiner als n_{2w} und beide Größen kleiner als Null); 3. Anschluß von Generatoren in beiden Endpunkten ($n_{1w} > 0$ und $n_{2w} < 0$). Das Diagramm für $v_w = n_{1w} - n_{2w}$ gibt also den Übertragungsverlust in allen vier Quadranten an.

Zieht man in Gleichung (129) beiderseits $2n_{2w}R_w$ ab und fügt beiderseits $R_w^2 - 2\beta_w R_w$ hinzu, so erhält man mit der Bezeichnung $\beta_w - R_w = \beta'_w$

$$2v_w R_w - 2R_w\beta'_w = (n_{2w} + \beta'_w)^2 + (n_{2b} - \alpha_w)^2 . \tag{139}$$

Die Kurven konstanter Verluste sind daher konzentrische Kreise um den Scheitelpunkt Q_w des Kreises k_w (Abb. 41 und 43)[1]. Ist der Radius eines solchen Verlustkreises r_{vw}, so ist entsprechend (139)

$$v_w = \frac{r_{vw}^2}{2R_w} + \beta'_w . \tag{140}$$

Trägt man den zu jedem Punkt der Ebene gehörigen Verlust v_w senkrecht zur Koordinatenebene auf, so erhält man laut (140) ein Rotationsparaboloid, dessen Achse durch Q_w geht und das mit dem Wirkleistungsparaboloid kongruent ist. Es schneidet jedoch die Koordinatenebene nicht (da es keinen Betriebspunkt gibt, für welchen der Verlust verschwindend klein oder gar negativ würde), sondern sein Scheitel liegt im Abstand β'_w vor der Ebene. Punkt Q_w ist also der Betriebspunkt, in welchem der Verlust bei konstanter Spannung E_2 ein absolutes Minimum wird, wobei er den Betrag $V_{w\min} = \beta'_w \cdot \frac{E_2^2}{W_k}$ annimmt. Der Axialschnitt dieses Paraboloids ergibt die Verlustparabel p_{vw} (Abb. 43).

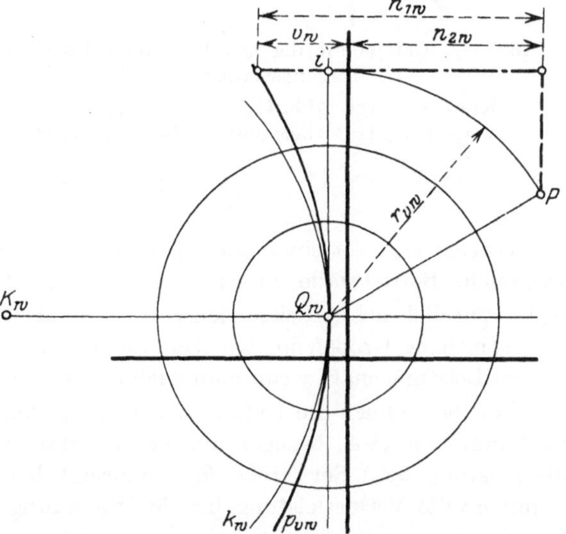

Abb. 43. Diagramm des Übertragungsverlustes. Ermittlung des Verlustes v_w und der Wirkleistung n_{1w}. (Parabel $p_{vw} \simeq$ Parabel p_w der Abb. 40.)

Das Verlustdiagramm kann zur Bestimmung der Wirkleistung n_{1w} ohne Benutzung des Wirkleistungsdiagramms verwendet werden. Dies ist von Wichtigkeit, da das Wirkleistungsdiagramm meist unhandlich groß und daher praktisch schwer

[1] S. Literaturverzeichnis, Nr. 19.

zu verwenden ist. Zum Zweck der Leistungsbestimmung wird die Parabel p_{vw} mit dem Scheitel in Q_w nach der negativen Abszissenrichtung hin gezeichnet. Für einen beliebigen Betriebspunkt P wird um Mittelpunkt Q_w der Kreisbogen $\widehat{Pi}$ geschlagen. Die durch i gelegte horizontale Parabelabszisse, von der Ordinatenachse an gerechnet, ergibt den Verlust. Verlängert man diese Gerade bis zum Schnitt mit der Vertikalen durch P, so ist diese Verlängerung gleich n_{2w}. Daher ist der Abschnitt zwischen der Parabel und der Ordinate von P gleich $n_{2w} + v_w = n_{1w}$. Die Wirkverlustparabel ist kongruent mit der Wirkleistungsparabel; in der gezeichneten Lage ist der Wirkleistungshauptkreis ihr Scheitelkrümmungskreis, so daß sie sich auf größere Entfernung hin nur sehr wenig von ihm unterscheidet.

Die Größe des Übertragungsverlustes ist mittels des Verlustdiagramms nicht sehr genau zu ermitteln; denn gerade in wirtschaftlich wichtigen Fällen sind die Verluste klein gegenüber den Leistungen, und es muß daher jedes graphische Verfahren, durch welches Verluste und Leistungen in gleichem Maßstab dargestellt werden, zu ungenauer Verlustermittlung führen. Eine im ganzen Bereich genaue graphische Ermittlung ist nur möglich, wenn der Verlust vergrößert und in gewissem Sinne verzerrt dargestellt wird, derart, daß die kleinen Verluste an genügend großen Strecken abgelesen werden und trotzdem die Darstellung großer Verluste nicht unhandlich wird. Die Art der Verzerrung muß so beschaffen sein, daß eine Rektifizierung durch einfache Umrechnung möglich ist. Dies wird erreicht, wenn nicht der Verlust selbst, sondern seine Quadratwurzel graphisch dargestellt wird. Tatsächlich läßt sich eine solche Darstellung finden, die bei größter Einfachheit sehr genau ist: Wir schreiben Gleichung (140) in der Form

$$v_w = \frac{1}{2R_w}(r_{cw}^2 + 2R_w\beta_w').$$

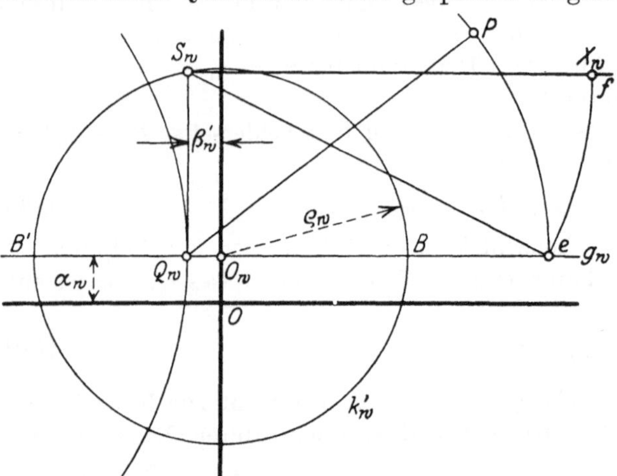

Abb. 44. Darstellung der Quadratwurzel des Übertragungsverlustes.
Kreis k_w' vergl. Abb. 41; $\overline{S_w f} = J_v$ mm.
Verlust V_w laut Gleichungen (142) und (142').

Für das letzte Glied rechts ergibt sich eine geometrische Darstellung mittels des Kreises k_w' (Abb. 41 und 63). Die Größe ϱ_w^2 entspricht als Potenz des Punktes O_w in bezug auf den Hauptkreis K_w der Beziehung

$$\varrho_w^2 = \overline{O_w Q_w} \cdot \overline{O_w Q_w'} = \beta_w' \cdot (2R_w + \beta_w'),$$

daher

$$2R_w\beta_w' = \varrho_w^2 - \beta_w'^2 = \overline{Q_w S_w}^2 \quad \text{(Abb. 44)},$$

Punkt S_w liegt auf dem Wirkleistungsgegenkreis k_w' und hat die gleiche Abszisse wie Punkt Q_w. Somit ist

$$v_w = \frac{1}{2R_w}(\overline{Q_w P}^2 + \overline{Q_w S_w}^2) = \frac{1}{2R_w} \cdot \overline{S_w e}^2. \tag{141}$$

Die Strecke $\overline{S_w e}$ ist somit das Quadratwurzelmaß des Verlustes. Sind die Verluste für zahlreiche Betriebsfälle zu ermitteln, so empfiehlt es sich, diese Strecke auf eine durch S_w gelegte, parallel zur Abszissenachse verlaufende Gerade zu übertragen (Strecke $\overline{S_w f}$). In (141) sind sämtliche Größen im Kurzschlußmaß ausgedrückt. Man erhält den Verlust V_w unmittelbar im Leistungsmaß, wenn man auch die rechts stehenden Größen im Leistungsmaß ausdrückt.

Wir bezeichnen die Größe $\overline{S_w f}$, in Längeneinheiten ausgedrückt, mit J_v. Im Leistungsmaß sei 1 mm $= p$ kVA, bezogen auf eine normale Spannung E_{2n}. Daher entspricht der Länge J_v die Leistung pJ_v; der Größe R_w entspricht bei der gleichen Spannung die Leistung $R_w N_{2k}$. Somit ist die Verlustleistung bei der Spannung E_{2n}

$$V_{wn} = \frac{p^2}{2R_w N_{2k}} J_v^2$$

und bei einer beliebigen Spannung E_2

$$V_w = \frac{p^2}{2R_w N_{2k}}\left(\frac{E_2}{E_{2n}}\right)^2 \cdot J_v^2. \tag{142}$$

Diese Beziehung kann auch in folgender Form ausgedrückt werden: Dem vorliegenden Übertragungsfall entspricht ein äquivalenter Verluststrom J_v (1 mm = 1 Amp) und ein ideeller, in Ohm ausgedrückter Verlustwiderstand

$$H = \frac{1000\,p^2}{2\,R_w N_{2k}}\left(\frac{E_2}{E_{2n}}\right)^2 = 1000\,p^2 \frac{C^2 \cos\varphi_k}{E_{2n}^2/W_k}\left(\frac{E_2}{E_{2n}}\right)^2; \tag{142'}$$

daher der Verlust in kW

$$V_w = H\,J_v^2\,10^{-3}.$$

Für die graphische Ermittlung der Verluste sind also nur die beiden Kreisbogen um Q_w und S_w erforderlich. Die ganze Rechnung ist in der einmaligen Auswertung der Konstanten H konzentriert; eine einzige Einstellung des Rechenschiebers auf den Wert H genügt, um die Verluste für jeden beliebigen Betriebszustand zu ermitteln, wobei auch noch kleinste Verluste deutlich ausgedrückt werden. Für eine Höchstspannungsfernleitung sei z. B. die Kurzschlußscheinleistung 200000 kVA; $\cos\varphi_k = 0{,}2$; $C^2 = 0{,}7$. Der Diagrammaßstab 1 mm = 1000 kVA bei normaler Spannung, also $p = 1000$; daher

$$H = \frac{1000^3 \cdot 0{,}7 \cdot 0{,}2}{200\,000} = 700,$$

somit der Verlust in kW:

$$V_w = 700\,J_v^2 \cdot 10^{-3}.$$

Ist z. B. die übertragene Leistung 50000 kVA (entsprechend 50 mm), so ist J_v etwa gleich 50 mm, daher

$$V_w = 0{,}7 \cdot 2500 = 1750\,\text{kVA}.$$

Im Leistungsmaßstab würde diese Leistung durch 1,75 mm dargestellt.

e) Wirkleistungssumme.

Diese Größe hat keine praktische Bedeutung; ihre Entwicklung erfolge jedoch wegen der Analogie mit der Blindleistungssumme (Abschnitt 22g), die für die Ermittlung der Verhältnisse auf extrem langen Leitungen (über 1000 km) von Wichtigkeit ist (s. Abschnitt 29).

Für die Ermittlung von $s_w = n_{1w} + n_{2w}$ fügt man in Gleichung (129) beiderseits den Ausdruck $2n_{2w}R_w + 2\beta_w R_w + R_w^2$ hinzu. Man erhält

$$2(n_{1w} + n_{2w})R_w + 2R_w(\beta_w + R_w) = (n_{2w} + \beta_w + R_w)^2 + (n_{2b} - \alpha_w)^2. \tag{143}$$

Die Kurven konstanter Wirkleistungssumme sind also konzentrische Kreise um jenen Punkt Q_w' des Wirkleistungshauptkreises, der dem Punkt Q_w diametral gegenüber liegt (Abb. 63); seine Abszisse ist

$$-\beta_w'' = -(\beta_w + R_w) = -(\beta_w' + 2R_w).$$

Trägt man die Summe $n_{1w} + n_{2w}$ zu jedem Punkt der Koordinatenebene senkrecht auf, so erhält man wieder ein Paraboloid, das dem Wirkleistungsparaboloid kongruent ist; seine Achse geht durch Q_w', sein Scheitel liegt im Abstand β_w'' unterhalb der Koordinatenebene; β_w'' ist also das absolute Maximum der negativen Wirkleistungssumme. Das Paraboloid schneidet die Ebene in einem Kreis k_{sw}, welcher als „Hauptkreis der Wirkleistungssumme" bezeichnet werden kann; sein Radius ist [vgl. Gleichung (143)]

$$R_{sw} = \sqrt{2R_w\beta_w''} = \sqrt{4R_w^2 + 2R_w\beta_w'}.$$

Wie auf der vorigen Seite bewiesen, ist $2R_w\beta_w' = \overline{Q_w S_w}^2$ (Abb. 44 und 63), ferner $2R_w = \overline{Q_w Q_w'}$, daher $R_{sw} = \sqrt{\overline{Q_w' Q_w}^2 + \overline{Q_w S_w}^2} = \overline{Q_w' S_w}$, d. h. der Kreis k_{sw} geht durch den Punkt S_w. Für alle Betriebspunkte, die auf diesem Hauptkreis liegen, ist $n_{1w} = -n_{2w}$, beide Leitungsendpunkte wirken dabei generatorisch mit gleicher Energielieferung. Je nach der gegenseitigen Phasenverschiebung dieser Generatoren, d. h. je nach Einstellung ihrer Erregung, erhält man Betriebspunkte, die auf dem Kreis k_{sw} liegen.

Die Wirkleistungssumme kann in gleicher Weise wie die Wirkleistung oder Blindleistung mittels einer Parabel konstruiert werden, die den umgeklappten Axialschnitt des zugehörigen Paraboloides darstellt.

f) Blindleistungsdifferenz.

Die Ermittlung der (auch „Blindverlust" genannten) Größe $d_b = n_{1b} - n_{2b}$ ist, abgesehen von Kontrollzwecken, besonders für kurze Leitungen von Bedeutung, da bei diesen das Blindleistungsdiagramm gegenüber den Strecken, welche wirtschaftlich übertragbare Leistungen darstellen, so groß wird, daß sich nicht gut damit arbeiten läßt. Die Verhältnisse liegen hier wohl nicht so ungünstig wie beim Wirkleistungsdiagramm, da gegenüber diesem das Blindleistungsdiagramm, besonders bei kurzen und mittellangen Leitungen (s. Abschnitt 29), sehr verkleinert ist. Trotzdem wird es für Freileitungslängen bis etwa 300 km noch immer unhandlich groß, so daß hierbei besser mit dem Blindverlustdiagramm gearbeitet wird.

Zur Ermittlung von d_b zieht man in Gleichung (137) beiderseits $2 n_{2b} R_b$ ab und fügt zur Ergänzung der Quadrate die Größe $R_b^2 - 2\beta_b R_b$ beiderseits hinzu. Man erhält mit Verwendung der Bezeichnung $R_b - \beta_b = \beta_b'$ die Beziehung

$$2 d_b R_b + 2 R_b \beta_b' = (n_{2w} - \alpha_b)^2 + (n_{2b} - \beta_b')^2 . \tag{144}$$

Konstanten Werten von d_b entspricht also eine konzentrische Kreisschar um den Mittelpunkt Q_b mit den Koordinaten α_b und β_b' (s. Abb. 42 u. 45). Ist r_{db} der Radius eines solchen Blindverlustkreises, so ergibt die obige Gleichung

$$d_b = \frac{r_{db}^2}{2 R_b} - \beta_b' . \tag{144'}$$

Der Blindverlust kann also durch ein Paraboloid dargestellt werden, das dem Blindleistungsparaboloid kongruent ist. Seine Achse geht durch Q_b, sein Scheitel hat den Abstand $(-\beta_b')$ von der Koordinatenebene. Das Vorzeichen der Richtung $\overrightarrow{K_b Q_b}$ stimmt mit dem Vorzeichen von R_b überein. Q_b ist demnach der obere oder untere Scheitel des Hauptkreises k_b, je nachdem R_b positiv oder negativ ist (d. h. bei nacheilendem bzw. voreilendem Kurzschlußstrom).

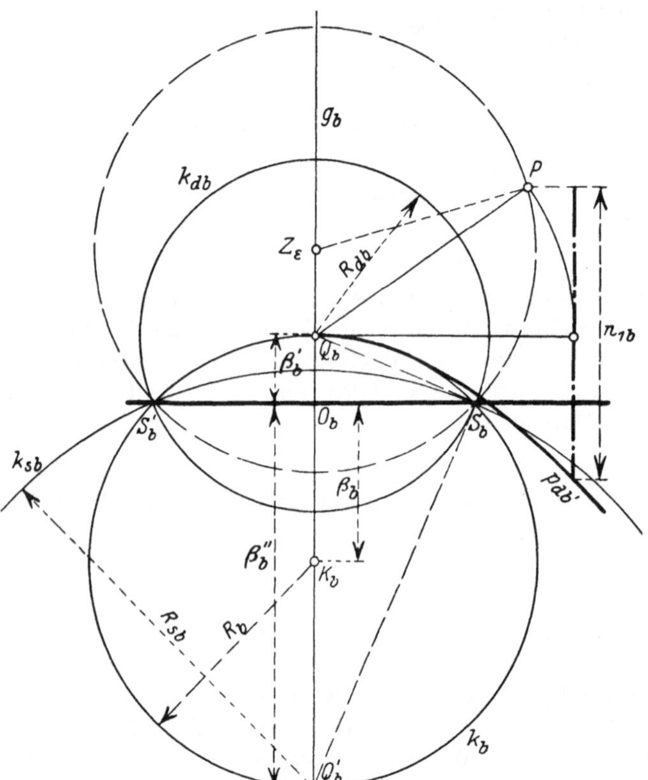

Abb. 45. Diagramme der Differenz, der Summe und des Verhältnisses der Blindleistungen. (Diagrammgrößen vgl. Abb. 42; Parabel $p_{db}' \cong p_b$.)
Kreis $k_{db} \ldots d_b = n_{1b} - n_{2b} = 0$,
Kreis $k_{sb} \ldots s_b = n_{1b} + n_{2b} = 0$.
Für Punkt $P \ldots \dfrac{n_{1b}}{n_{2b}} = \dfrac{\overrightarrow{K_b Z_\varepsilon}}{\overrightarrow{K_b Q_b}}$.

Für $d_b = 0$ hat der Radius des zugehörigen Blindverlustkreises die Größe $R_{db} = \sqrt{2 R_b \beta_b'}$. Dieser Wert ist nur dann reell, wenn R_b und β_b' gleiche Vorzeichen haben. Dies trifft in der Regel für die Diagramme homogener Leitungen zu (s. Abschnitt 29). Sind R_b und β_b' verschieden bezeichnet, so wird R_{db} imaginär, d. h. es existiert kein Betriebszustand, bei dem $d_b = 0$ ist. Dies ist stets beim Diagramm von Transformatoren der Fall (s. Abschnitt 35). Dementsprechend sind zwei Fälle zu unterscheiden, die zu verschiedenartigen Methoden der Blindverlustermittlung führen.

Sind R_b und β_b' verschieden bezeichnet, so liegen Mittelpunkt K_b und Abszissenachse auf verschiedenen Seiten des Scheitels Q_b, z. B. $R_b > 0$, Q_b oberhalb K_b, $\beta_b' < 0$, Q_b unterhalb der Abszissenachse. In diesem Fall liegt somit der Hauptkreis k_b auf einer Seite der Abszissenachse. Der Scheitel Q_b ist der Abszissenachse zugekehrt. Die Größe d_b ist durchaus größer bzw. kleiner als Null, je nachdem der Hauptkreis auf der negativen bzw. positiven Seite der Abszissenachse liegt. Die Ermittlung von d_b ist somit in diesem Fall vollkommen analog derjenigen des Übertragungsverlustes v_w; es sind einfach die Zeichen w und b zu vertauschen. Auch der Quadratwurzelmaßstab der Verluste kann angewendet werden (s. Abb. 92).

Sind die Größen R_b und β'_b gleich bezeichnet, so **schneidet** der Hauptkreis k_b die Abszissenachse (Abb. 45). Wir bezeichnen den Kreis für $d_b = 0$ als „Blindverlusthauptkreis" k_{db}. Aus dem rechtwinkligen Dreieck $Q_b S_b Q'_b$ ergibt sich die Beziehung $2 R_b \beta'_b = \overline{Q_b Q'_b} \cdot \overline{Q_b O_b} = \overline{Q_b S_b}^2 = R^2_{db}$, daher

$$d_b = \frac{1}{2 R_b} (\overline{Q_b P}^2 - \overline{Q_b S_b}^2) \,. \tag{144''}$$

Der Kreis k_{db} geht somit durch die Punkte S_b und S'_b. Dies ist auch zu erwarten, denn für diese Punkte ist sowohl $n_{2b} = 0$ (Abszissenachse) als auch $n_{1b} = 0$ (Blindleistungshauptkreis), daher auch $d_b = 0$. **Der Kreis k_{db} ist der geometrische Ort aller Belastungspunkte, für welche die Blindleistung in unveränderter Größe übertragen wird.** Es ist klar, daß ein analoger Kreis im Wirkleistungsdiagramm nicht vorkommen kann, wenn der Übertragungskreis keine Generatoren enthält, die seine Energieverluste ausgleichen können.

Man kann in gleicher Weise wie bei den bisher erörterten Diagrammen den umgeklappten Axialschnitt des Paraboloides in den Hauptkreis einzeichnen und daraus den Blindverlust graphisch ermitteln. Das Blindverlustdiagramm ermöglicht auch die Ermittlung der Blindleistung n_{1b}. Zu diesem Zweck ist die Parabel p'_{db} in Abb. 45 derart eingezeichnet, daß die Parabelordinaten, von der Abszissenachse an gemessen, die Blindverluste mit umgekehrtem Vorzeichen, also $-(n_{1b} - n_{2b})$ darstellen. Bringt man diese negative Differenz in Abzug von n_{2b}, so erhält man $n_{2b} + (n_{1b} - n_{2b}) = n_{1b}$. Daher läßt sich n_{1b} durch die vertikale Strecke darstellen, die einerseits von der Parabel und andererseits von der Horizontalen durch P begrenzt wird. Eine zeichnerische Vereinfachung ergibt sich noch, wenn man die Abszissen der Parabel p'_{db} im Verhältnis $\frac{\varrho_b}{R_{db}}$ verkleinert, auf gleiche Ordinaten bezogen. Die so erhaltene Parabel p_{db} geht durch den Punkt S_b (Abb. 46). Um auf die gleichen Ordinaten wie in Abb. 45 zu kommen, ist der durch P um den Punkt Q_b gelegte Kreisbogen nicht mit der Horizontalen, sondern mit der schrägen Sehne $\overline{Q_b S_b}$ zum Schnitt zu bringen. Die Abszisse des Schnittpunktes, von der Geraden g_b an gemessen, ist dann tatsächlich im gleichen Verhältnis $\frac{\varrho_b}{R_{db}}$ verkleinert wie die Parabelabszisse, so daß man auch die gleiche Parabelordinate erhält.

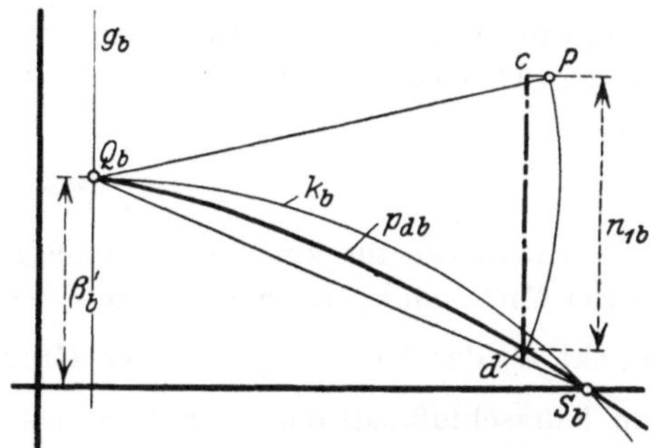

Abb. 46. Ermittlung der Blindleistung n_{1b} mittels Parabel p_{db}. (Scheitelpunkt Q_b und Punkt S_b aus Abb. 42.)

Aus dieser Überlegung ergibt sich die sehr einfache **Konstruktion der Blindleistung n_{1b} ohne Benutzung des Blindleistungsdiagramms**: Man ermittle die Punkte Q_b und S_b. (In Abschnitt 34 wird gezeigt, wie diese Punkte aus Leerlauf- und Kurzschlußleistung unmittelbar bestimmt werden können.) Durch beide Punkte wird die Parabel p_{db} mit vertikaler Achse und dem Scheitel in Q_b gelegt (Abb. 46). Zu einem beliebigen Betriebspunkt P wird die Blindleistung n_{1b} gefunden, indem man um Q_b durch P einen Kreisbogen legt, diesen mit der Sehne $\overline{Q_b S_b}$ zum Schnitt bringt und durch den Schnittpunkt eine Vertikale zieht. Der Abschnitt dieser Vertikalen zwischen der Parabel und der durch P gelegten Horizontalen stellt n_{1b} dar, und zwar positiv oder negativ, je nachdem die Vertikale von der Parabel an aufwärts oder abwärts geht.

Die Scheitelpartie des Kreises k_b mit den Punkten Q_b und S_b liegt auch für kurze Leitungen im Bereiche der Zeichnung, während der Mittelpunkt K_b weit hinaus fällt. Daraus ergibt sich die Bedeutung des Blindverlustdiagramms für die Ermittlung von n_{1b} bei kurzen Leitungen.

g) Blindleistungssumme.

Man addiere in Gleichung (137) beiderseits den Ausdruck $2 n_{2b} R_b + R_b^2 + 2 \beta_b R_b$ hinzu und erhält

$$2 (n_{1b} + n_{2b}) R_b + 2 R_b (\beta_b + R_b) = (n_{2w} - \alpha_b)^2 + (n_{2b} + \beta_b + R_b)^2 \,. \tag{145}$$

Die Kurven konstanter Blindleistungssumme sind also konzentrische Kreise um jenen Punkt Q_b', der dem Punkt Q_b auf dem Blindleistungshauptkreis diametral gegenüberliegt. Man erhält in gleicher Weise wie für den Blindverlust ein Paraboloid, das dem Blindleistungsparaboloid kongruent ist und dessen Achse durch Q_b' geht. Die Ordinate dieses Punktes (Abb. 45) hat den Betrag $-\beta_b'' = -(\beta_b + R_b)$. Der Scheitel des Paraboloides liegt im Abstand β_b'' von der Koordinatenebene; es schneidet dieselbe in dem Hauptkreis k_{sb} mit dem Radius $R_{sb} = 2R_b\beta_b''$. Wenn der Kreis k_b die Abszissenachse schneidet, so ergibt sich aus dem Dreieck $Q_b S_b Q_b'$ der Abb. 45 die Beziehung $R_{sb} = \overline{Q_b' S_b}$. Der Hauptkreis k_{sb} geht also gleichfalls durch den Punkt S_b.

Die graphische Ermittlung der Blindleistungssumme erfolgt genau so wie bei der Blindleistungsdifferenz; ebenso kann man das Diagramm in analoger Weise auch für die unmittelbare graphische Bestimmung von n_{1b} benützen. Man hat $n_{2b} - (n_{1b} + n_{2b}) = -n_{1b}$. Daraus ergibt sich die gleiche Konstruktion wie in Abb. 46; Punkt Q_b' tritt an die Stelle von Q_b die Blindleistung n_{1b} ist nunmehr negativ, wenn die dem Abschnitt $\overline{dc}$ (der Abb. 46) analoge Strecke von der Parabel an aufwärts gerichtet ist.

h) Diagramm des Stromes im Endpunkt *1*. — Konstruktion des Leistungsvektors.

Die Stromstärke J_1 ist bei konstanter Spannung E_2 proportional der im Kurzschlußmaß ausgedrückten Leitfähigkeitsgröße $n_1'' = \frac{J_1}{J_{2k}}$ [Gleichung (117b), S. 47]. Diese Größe ist also durch die Lage des Belastungspunktes P_2 gegeben und kann aus ihr ermittelt werden. Bildet man in Gleichung (120b), S. 50, auf beiden Seiten das Quadrat des Absolutwertes, so erhält man

$$\left(\frac{J_1 W_k}{C E_2}\right)^2 = (n_{2w} + T^2 \cos\varphi_0)^2 + (n_{2b} - T^2 \sin\varphi_0)^2 . \tag{146}$$

Die Ortskurven für konstante Stromstärken J_1 bilden also eine Schar konzentrischer Kreise[1]), deren Mittelpunkt die Koordinaten $-T^2\cos\varphi_0$ und $+T^2\sin\varphi_0$ hat. Dies ist der Leerlaufpunkt N; der Kreisradius hat die Größe $\frac{J_1 W_k}{C E_2} = \frac{n_1''}{C}$, die Länge der Strecke $\overline{NP_2}$ stellt also im Kurzschlußmaß das Verhältnis des Stromes J_1 zu dem in der Kurzschlußstelle fließenden Strom $\frac{E_2}{C W_k}$ dar (Abb. 49).

Daß auch der Strom J_2 aus der Lage des Belastungspunktes P_2 ersichtlich ist, bedarf keines besonderen Nachweises, denn die Strecke $\overline{OP_2}$ stellt die im Kurzschlußmaß gemessene Scheinleitfähigkeit $n_2 = \frac{J_2}{J_{2k}}$ dar.

Aus der Bedeutung der Strecken $\overline{NP_2}$ und $\overline{MP_2}$ (s. Abschnitt 21) ergeben sich unmittelbar die Kurven für konstante Scheinleistung $N_1 = E_1 J_1$ bei konstanter Spannung E_2. Konstante Scheinleistung entspricht der Beziehung

$$\overline{NP_2} \cdot \overline{MP_2} = \frac{J_1 W_k}{C E_2} \cdot \frac{E_1}{C E_2} = \frac{N_1}{C^2 E_2^2 / W_k} = \text{konst.}$$

Für diese Kurven ist also das Produkt der Abstände von zwei festen Punkten konstant. Dieser Bedingung entsprechen die sogenannten „Cassinischen Linien“ (Kurven vierter Ordnung). Die Ortskurven für konstante Scheinleistung im Endpunkt *1* sind also praktisch nicht verwendbar. Trotzdem läßt sich aus den Gesetzen des Stromdiagrammes eine sehr einfache Ermittlung von N_1 ableiten, zu der auch die in Abschnitt 21b durchgeführte, unmittelbare Konstruktion der Belastungsvektoren im Endpunkt *1* führt. Diese Ermittlung wird folgendermaßen durchgeführt (Abb. 47)[2]): Der Winkel ψ bei P_2 wird von der Richtung $\overrightarrow{MN}$ abgetragen, und zwar in demselben Sinn, in dem $\overrightarrow{P_2 N}$ gegen $\overrightarrow{P_2 M}$ gedreht ist. Durch P_2 wird eine Parallele zu $\overline{MN}$ gezogen. Der Abstand des Schnittpunktes P_1 vom Punkt N ist im Leistungsmaß gleich der Scheinleistung N_1. Beweis: $\Delta\, NP_1P_2$ hat bei P_1 den Win-

[1]) S. Literaturverzeichnis, Nr. 18 u. 23. [2]) S. Literaturverzeichnis, Nr. 25.

kel ψ, bei P_2 den Winkel γ; beide sind den entsprechenden Winkeln bei N als Wechselwinkel gleich. Daher $\Delta\, NP_1P_2 \sim \Delta\, MP_2N$, somit $\overline{NP_1} = \overline{NP_2}\,\dfrac{\overline{MP_2}}{\overline{MN}}$. Im Kurzschlußmaß ist $\overline{MN} = \dfrac{1}{C^2}$, daher

$$\overline{NP_1} = C^2 \cdot \frac{J_1 W_k}{C E_2} \cdot \frac{E_1}{C E_2} = \frac{E_1 J_1}{E_2^2 / W_k} = \frac{N_1}{N_{2k}}.$$

Aus der Scheinleistung N_1 lassen sich die Leistungskomponenten N_{1b} und N_{1w} durch Darstellung in einem Koordinatensystem ermitteln, dessen Wirkachse gegenüber $\overrightarrow{NP_1}$ um die Phasenverschiebung φ_1 geneigt ist. Dieses Koordinatensystem *1* hat im Diagramm eine feste Lage, unabhängig vom vorliegenden Belastungsfall. Aus Abschnitt 21b ergibt sich, daß $\psi = \varphi_k - \varphi_1$ ist (s. Abb. 39, S. 54). Die Wirkachse des Systems *1* ist also gegen $\overrightarrow{MN}$ um den Winkel φ_k in gleichem Sinn gedreht wie die negative Abszissenachse gegen $\overrightarrow{OM}$. Daher ist die Wirkachse des Systems *1* identisch mit der Geraden $\overline{K_wN}$, die Blindachse mit der Geraden $\overline{K_bN}$ (Abb. 63): Die Hauptkreismittelpunkte des Systems *2* liegen also auf den Achsen des Systems *1*.

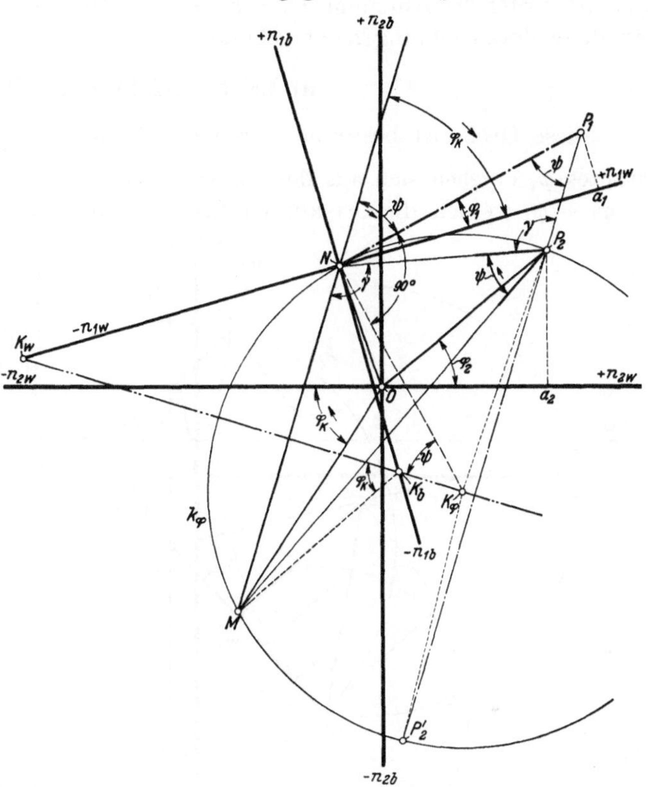

Abb. 47. Konstruktive Beziehungen der beiden Leistungsvektoren.

$\overline{Na_1} = n_{1b}$; $\overline{a_1P_1} = n_{1b}$; $\overline{Oa_2} = n_{2w}$; $\overline{a_2P_2} = n_{2b}$. Punkte M, N, K_w und K_b aus Abb. 39 und 42; $\overline{P_1P_2} \parallel \overline{MN}$.

Der Punkt P_2 liegt auf einem durch die Punkte M und N gehenden Kreis k_φ mit dem Mittelpunkt K_φ, dessen Peripheriewinkel über $\overline{MN}$ gleich ψ ist. Die gleiche Größe hat der halbe Zentriwinkel, daher $\overline{K_\varphi N} \perp \overline{NP_1}$. Ist P_1 gegeben, so kann also P_2 gefunden werden, indem man K_φ ermittelt. P_2 ist der Schnitt des Kreises k_φ mit der durch P_1 parallel zu $\overline{MN}$ gezogenen Geraden. Es ergeben sich zwei Lösungen (Punkte P_2 und P_2'); die zugehörigen Punkte liegen auf einer zu $\overline{MN}$ parallelen Geraden.

Durch diese Beziehungen ist die unmittelbare graphische Lösung des Übertragungsproblems in seiner ersten und zweiten Hauptform gegeben (Abschnitt 15). Der ersten Hauptform entspricht die Ermittlung des Punktes P_1 aus der Lage von P_2, der zweiten Hauptform die Ermittlung von P_2 aus P_1.

Diese auf Grund des Stromdiagramms abgeleitete Konstruktion geht auch aus der Ermittlung von P_1 in Abb. 38 bzw. 39 hervor, wenn man darin das Koordinatensystem *1* mit dem Punkt P_1 um die Gerade g_d umklappt, sodann mit dem Ursprung nach N verschiebt und eine neuerliche Umklappung um die nunmehr zu $\overline{MN}$ senkrechte Wirkachse vornimmt. Bei der ersten Umklappung fällt B_1 nach P_2 (Abb. 38), O nach e, die Richtung $\overrightarrow{P_1B_1}$ wird parallel zu $\overline{MN}$. Durch die Parallelverschiebung des Systems entlang $\overline{MN}$ wird diese Richtung daher nicht beeinflußt, auch nicht durch die neuerliche Umklappung. Die Richtung $\overrightarrow{OM}$ geht durch die beiden Umklappungen in Richtung $\overrightarrow{MN}$ über (Abb. 39). Die positive Wirkachse des Systems *1* schließt also mit $\overrightarrow{MN}$ den Winkel φ_k ein.

Die Konstruktion von P_1 nach Abb. 47 ist einfacher als diejenige nach Abb. 38, dagegen hat die letztere den Vorteil, daß man mit möglichst wenig Diagrammlinien auskommt, da für beide Belastungspunkte das gleiche Achsensystem benutzt wird. In der Ermittlung von P_2 aus der Lage von P_1 (zweite Hauptform) ist die Konstruktion nach Abb. 47 an Einfachheit wesentlich überlegen. Sie eignet sich dagegen nicht zur

Ermittlung von (P_1) (Abb. 38), d. h. zur Lösung des Übertragungsproblems in seiner dritten Hauptform. Diese Aufgabe ist für die Ermittlung des Diagrammes zusammengesetzter Übertragungskreise wichtig (s. Abschnitt 50) und kann unmittelbar nur durch die Konstruktion Abb. 38 bzw. 39 graphisch gelöst werden.

23. Die Verhältnisse der Leistungskomponenten.

Die Verhältnisse der an den beiden Enden des Übertragungskreises auftretenden Wirk- und Blindleistungen sind durch die Belastungsleitfähigkeit bestimmt und unabhängig von der Beschaffenheit des Spannungszustandes. Die folgenden Diagramme werden wohl zum Teil aus der unter der Annahme $E_2 =$ konst. ermittelten Konstruktion abgeleitet; sie sind jedoch an diese Voraussetzung nicht gebunden.

a) Leistungsfaktor im Endpunkt *1*.

Diese Größe ist bestimmt durch das Verhältnis $\frac{N_{1b}}{N_{1w}} = \operatorname{tg}\varphi_1$. Die Ortskurven für konstantes φ_1 ergeben sich aus den Erörterungen in Abschnitt 21b (Abb. 39). Zufolge $\sphericalangle(NP_2M) = \varphi_k - \varphi_1$ werden die Ortskurven für konstantes φ_1 durch die Kreisschar dargestellt, welche durch die Punkte M und N geht (konstanter Peripheriewinkel über einer gegebenen Sehne)[1]). Die Mittelpunkte der Kreisschar bilden demnach die Gerade $\overline{K_w K_b}$ (Abb. 42). Mittels der Konstruktion in Abb. 48 erhält man den Winkel φ_1 derart, daß er von einer festen Richtung abgetragen erscheint. Der durch die Punkte M, N und den gegebenen Belastungspunkt P gehende Kreis ($\varphi_1 =$ konst.) hat den Mittelpunkt s (Schnittpunkt der Symmetrale von $\overline{NP}$ mit $\overline{K_w K_b}$). Durch Vergleich mit Abb. 47 ergibt sich

$$\sphericalangle(K_w s M) = \varphi_k - \varphi_1;$$

daher

$$\sphericalangle(s M K_b) = -\varphi_1.$$

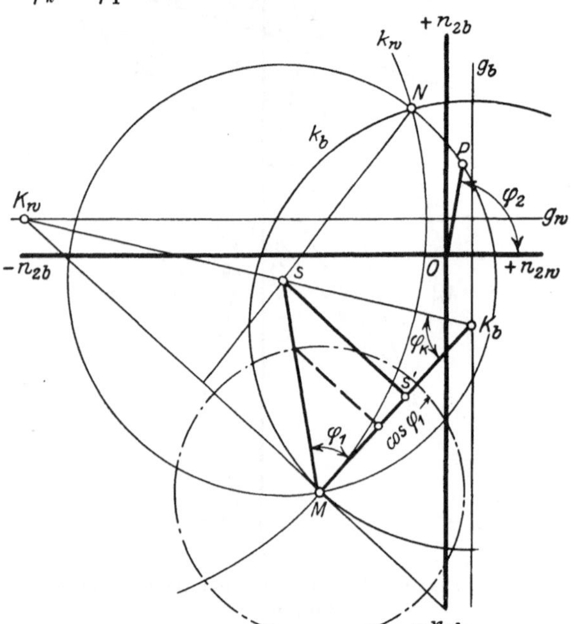

Abb. 48. Diagramm der Phasenverschiebung $\varphi_1 = \sphericalangle(\mathfrak{J}_1, \mathfrak{E}_1)$.
Ortskurven: Kreisschar durch Kurzschlußpunkt M und Leerlaufpunkt N.

Die Richtung $\overrightarrow{Ms}$ ist daher gegenüber der Richtung $\overrightarrow{MK_b}$ nacheilend, wenn φ_1 voreilend ist. Der Richtungssinn des Winkels φ_1 bezieht sich entlang des ganzen Kreises auf die Phasenverschiebung des Blindstroms gegenüber dem Wirkstrom, und zwar gleichgültig, ob Energieverbrauch oder -erzeugung vorliegt. Der Kreisbogen $\widehat{NPM}$ innerhalb des Kreises k_b entspricht voreilendem Erzeugerstrom, also negativer Blindleistung, der Kreisbogen zwischen M und N außerhalb von k_b voreilendem Verbraucherstrom, also positiver Blindleistung im Endpunkt *1*.

Mittels eines um M gezogenen Kreises, dessen Radius gleich einer beliebigen Längeneinheit ist, kann der Leistungsfaktor $\cos\varphi_1$ unmittelbar abgelesen werden.

Ohne besonderen Nachweis ist ersichtlich, daß der Phasenwinkel φ_2 im Endpunkt *2* durch den Winkel zwischen $\overrightarrow{OP}$ und der Abszissenachse gegeben ist $\left(\frac{N_{2b}}{N_{2w}} = \operatorname{tg}\varphi_2\right)$.

An dieser Stelle seien auch die nur theoretisch interessanten Diagramme für die Phasenwinkel zwischen $\mathfrak{J}_1$ und $\mathfrak{E}_2$, zwischen $\mathfrak{J}_2$ und $\mathfrak{E}_1$, sowie zwischen $\mathfrak{J}_1$ und $\mathfrak{J}_2$ erwähnt.

1. $\sphericalangle(\mathfrak{J}_1, \mathfrak{E}_2)$.

Aus Gleichung (120b), S. 50, ergibt sich die Vektorgleichung

$$\frac{\mathfrak{J}_1}{\mathfrak{C}\,\mathfrak{E}_2} = \mathfrak{n}_0 + \mathfrak{n}_2 = \frac{\mathfrak{J}_0}{E_2/W_k} + \frac{\mathfrak{J}_2}{E_2/W_k}.$$

[1]) S. Literaturverzeichnis, Nr. 18.

Dieser Vektor wird auf das Polarkoordinatensystem mit dem Ursprung N (Abb. 49) bezogen; Polarachse parallel zur positiven Abszissenachse. Für $\mathfrak{J}_1 = 0$ ist $\mathfrak{n}_2 = -\mathfrak{n}_0 = \overrightarrow{ON}$, also $\mathfrak{n}_0 = \overrightarrow{NO}$, daher ist $\frac{\mathfrak{J}_1}{\mathfrak{C}\,\mathfrak{E}_2} = \overrightarrow{NO} + \overrightarrow{OP}_2 = \overrightarrow{NP}_2$. Die Vektoramplitude hat den Betrag $\sphericalangle(\mathfrak{J}_1, \mathfrak{E}_2) - \varphi_c$ und wird durch die Neigung der Richtung $\overrightarrow{MP}_2$ gegen die positive Abszissenachse dargestellt. Fügt man den Winkel φ_c hinzu, so ergibt sich $\sphericalangle(\mathfrak{J}_1, \mathfrak{E}_2) = \sphericalangle(P_2 N Q_b)$, da die Richtung $\overrightarrow{NQ}_b$ gegenüber der positiven Abszissenachse um den Winkel φ_c nacheilt (s. Abschnitt 22c und Abb. 63). Die Gerade $\overline{Q_w' N Q_b}$ ist also der geometrische Ort aller Punkte, für die $\mathfrak{J}_1$ und $\mathfrak{E}_2$ phasengleich sind. Damit ergibt sich eine besonders einfache Bestimmung des

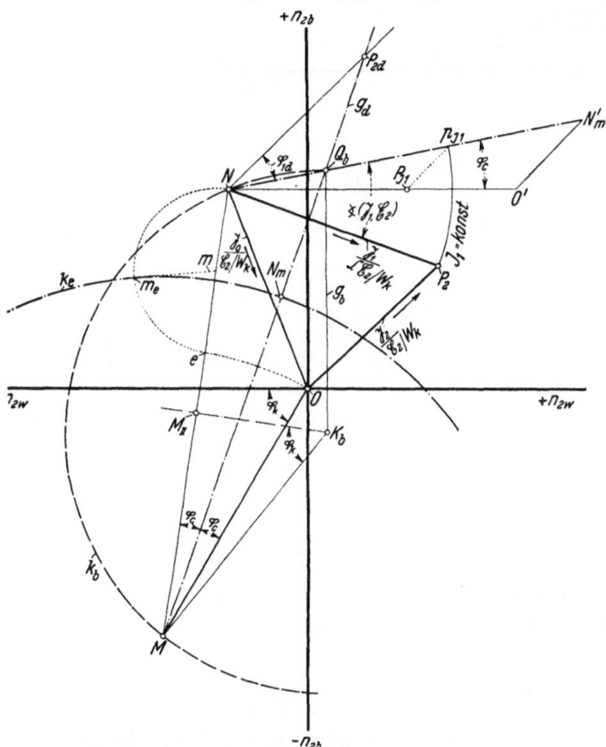

Abb. 49. Diagramm der Ströme J_1 und J_2 bei konstanter Spannung E_2 im Endpunkt *2*. Koordinaten: Leitfähigkeits- bzw. Leistungskomponenten im Endpunkt *2*.

Strommaßstab: $\overline{OM} = \frac{E_2}{W_k} = J_{2k}$ (Kurzschlußstrom).

Ortskurven: Konzentrische Kreise um Leerlaufpunkt N bzw. um Ursprung O.

$$J_1 = C \cdot \overline{NP}_2 = \overline{NP}_{J1};\quad J_2 = \overline{OP}_2;$$

$$\sphericalangle(\mathfrak{J}_1 \mathfrak{E}_2) = \sphericalangle(P_2 N Q_b).$$

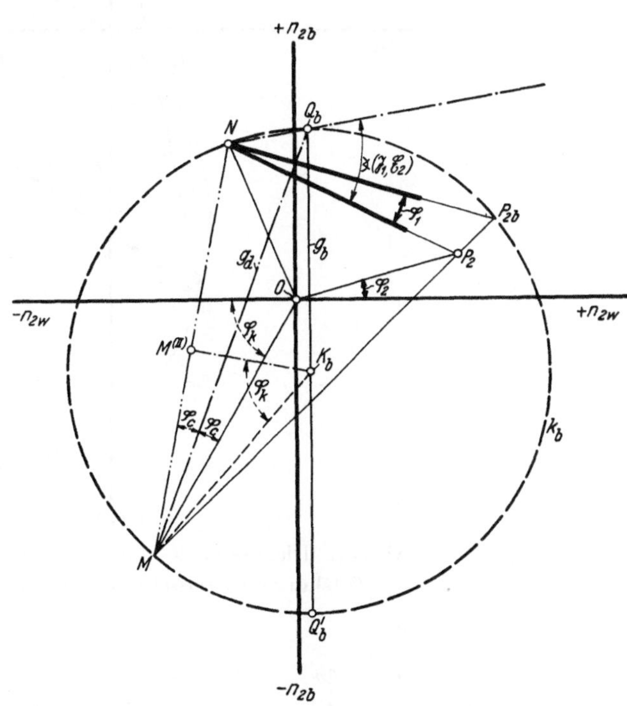

Abb. 50. Konstruktion des Phasenwinkels φ_1 mittels des Hauptkreises k_b (vgl. Abb. 42).

Winkels $\varphi_1 = \sphericalangle(\mathfrak{J}_1, \mathfrak{E}_1)$ für die Punkte P_{2d} der Geraden g_d. Für diese sind (entsprechend Abschnitt 21a) die Spannungen $\mathfrak{E}_1$ und $\mathfrak{E}_2$ phasengleich. Daher $\sphericalangle(\mathfrak{J}_1, \mathfrak{E}_1) = \sphericalangle(\mathfrak{J}_1, \mathfrak{E}_2) = \sphericalangle(P_{2d} N Q_b)$.

Aus der Konstruktion des $\sphericalangle(\mathfrak{J}_1, \mathfrak{E}_2)$ ergibt sich auch eine Ermittlung der Phasenverschiebung φ_1 mittels des Blindleistungshauptkreises k_b (Abb. 50). Nach den Ergebnissen des Spannungsverhältnisdiagramms ist der Winkel zwischen $\overline{MP}_2$ und g_d gleich $\sphericalangle(\mathfrak{E}_1, \mathfrak{E}_2)$, daher Peripheriewinkel über $\widehat{Q_b P}_{2b}$, nämlich $\sphericalangle(P_{2b} N Q_b) = \sphericalangle(P_{2b} M Q_b) = \sphericalangle(\mathfrak{E}_1, \mathfrak{E}_2)$, somit

$$\sphericalangle(P_2 N P_{2b}) = \sphericalangle(P_2 N Q_b) - \sphericalangle(P_{2b} N Q_b) = \sphericalangle(\mathfrak{J}_1, \mathfrak{E}_2) - \sphericalangle(\mathfrak{E}_1, \mathfrak{E}_2) = \sphericalangle(\mathfrak{J}_1, \mathfrak{E}_1) = \varphi_1.$$

Der Strom $\mathfrak{J}_1$ ist voreilend, wenn die Richtung $\overrightarrow{NP}_2$ gegen $\overrightarrow{NP}_{2b}$ voreilt.

2. $\sphericalangle(\mathfrak{E}_1, \mathfrak{J}_2)$ (Abb. 51).

Der durch die Punkte M, O und den Belastungspunkt P_2 gehende Kreis hat über dem Bogen $\widehat{e_1 P}_2$ den Peripheriewinkel φ_2. Daher $\sphericalangle(e_1 M P_2) = \varphi_2 = \sphericalangle(\mathfrak{J}_2, \mathfrak{E}_2)$. Nach den Gesetzen des Spannungsverhältnisdiagramms schließt $\overrightarrow{MP}_2$ mit g_d den $\sphericalangle(\mathfrak{E}_1, \mathfrak{E}_2)$ ein; daher ist $\sphericalangle(\mathfrak{E}_1, \mathfrak{J}_2) = \sphericalangle(\mathfrak{E}_1, \mathfrak{E}_2) - \sphericalangle(\mathfrak{J}_2, \mathfrak{E}_2)$ durch den Winkel gegeben, den $\overrightarrow{Me}_1$ mit der Geraden g_d einschließt. Im dargestellten Fall ist $\mathfrak{E}_1$ gegenüber $\mathfrak{J}_2$ voreilend. Die Ortskurven für konstanten $\sphericalangle(\mathfrak{E}_1, \mathfrak{J}_2)$ sind somit die durch die Punkte O und M gehenden Kreisscharen.

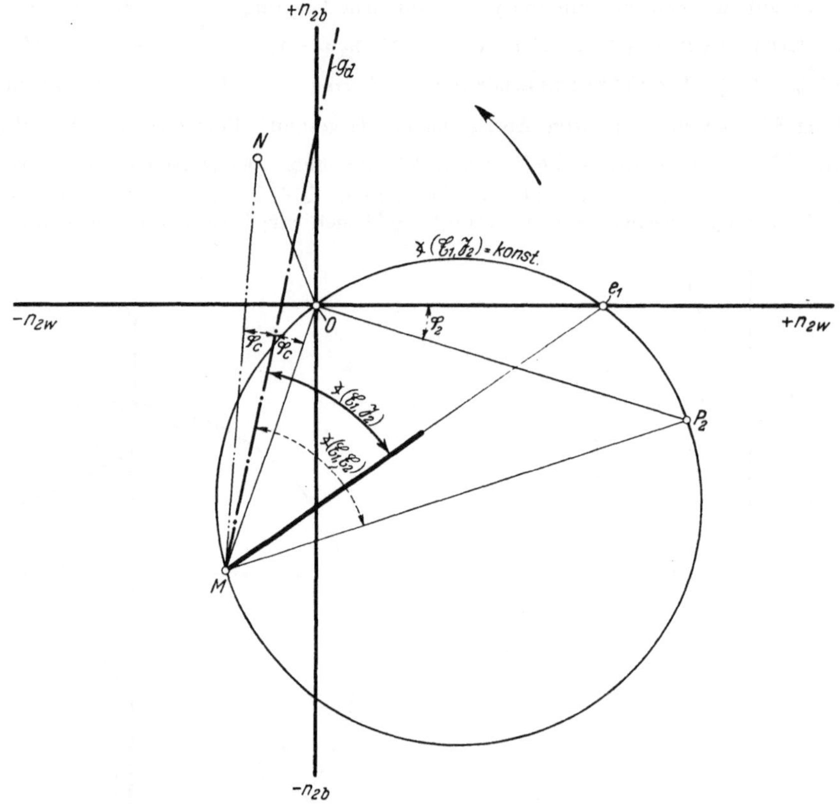

Abb. 51. Diagramm des Phasenwinkels zwischen Spannung $\mathfrak{E}_1$ und Strom $\mathfrak{J}_2$. Ortskurven: Kreisschar durch Ursprung O und Kurzschlußpunkt M.

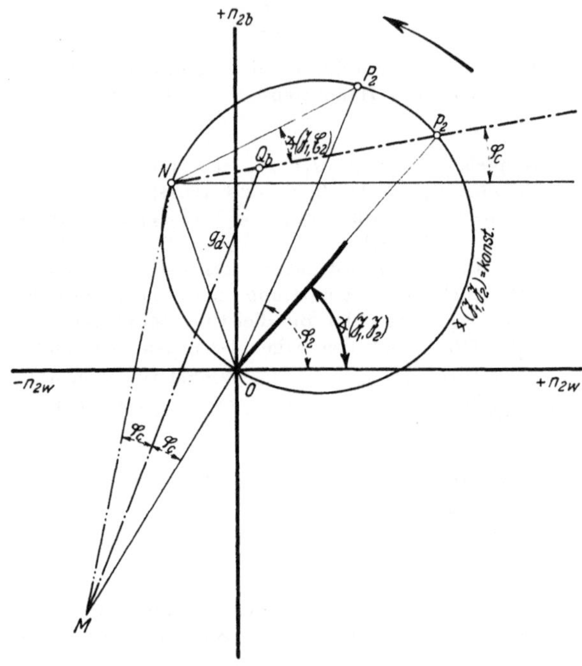

Abb. 52. Diagramm des Phasenwinkels zwischen den Strömen $\mathfrak{J}_1$ und $\mathfrak{J}_2$. Ortskurven: Kreisschar durch Ursprung O und Leerlaufpunkt N.

3. $\sphericalangle(\mathfrak{J}_1, \mathfrak{J}_2)$ (Abb. 52).

Der durch die Punkte O, N und P_2 gehende Kreis schneidet die Gerade $\overline{NQ_b}$ im Punkt p_2. Peripheriewinkel über $\widehat{P_2p_2}$ ist $\sphericalangle(\mathfrak{J}_1, \mathfrak{E}_2) = \sphericalangle(P_2Op_2)$. Die Richtung $\overrightarrow{Op_2}$ schließt somit mit der positiven Abszissenachse den $\sphericalangle\, \varphi_2 - (\mathfrak{J}_1, \mathfrak{E}_2) = \sphericalangle(\mathfrak{J}_2, \mathfrak{E}_2) - \sphericalangle(\mathfrak{J}_1, \mathfrak{E}_2) = \sphericalangle(\mathfrak{J}_2, \mathfrak{J}_1)$ ein. Im dargestellten Fall eilt der Strom $\mathfrak{J}_1$ gegenüber $\mathfrak{J}_2$ vor. Die Ortskurven für konstante Werte des $\sphericalangle(\mathfrak{J}_1, \mathfrak{J}_2)$ bilden somit die durch die Punkte O und N gehende Kreisschar.

b) Verhältnis der beiden Wirkleistungen (Wirkungsgrad).

Der Wirkungsgrad der Übertragung, d. i. das Verhältnis der verbrauchten zur erzeugten Leistung, ist bei Energieströmung von Endpunkt *2* nach Endpunkt *1* gleich $\eta = \frac{N_{1w}}{N_{2w}} = \frac{n_{1w}}{n_{2w}} = \varepsilon_w$. Bei der entgegengesetzten Übertragungsrichtung ist $\eta = \frac{N_{2w}}{N_{1w}} = \frac{1}{\varepsilon_w}$. In beiden Fällen ist ε_w positiv, da n_{1w} und n_{2w} gleich bezeichnet sind; nur wenn an beiden Endpunkten Generatoren angeschlossen sind, welche

Verlustleistung an den Übertragungskreis liefern, wird ε_w negativ ($n_{1w} > 0$, $n_{2w} < 0$); dabei findet keine „Übertragung" von Energie statt. Diesem Fall entsprechen im Diagramm die Belastungspunkte, welche außerhalb des Wirkleistungshauptkreises auf der linken Seite der Ordinatenachse liegen.

Die Ortskurven für konstante Werte von ε_w (bzw. η) werden ermittelt, indem man in Gleichung (129) die Substitution $n_{1w} = \varepsilon_w n_{2w}$ einführt. Nach Ergänzung zu vollständigen Quadraten erhält man

$$R_w^2 - \beta_w^2 + (R_w \varepsilon_w - \beta_w)^2 = (n_{2w} + \beta_w - R_w \varepsilon_w)^2 + (n_{2b} - \alpha_w)^2 .$$

Wir bezeichnen

$$\xi = R_w \varepsilon_w - \beta_w , \tag{147}$$

ferner laut (131): $\beta_w^2 - R_w^2 = \varrho_w^2$. Damit ergibt sich

$$\xi^2 - \varrho_w^2 = (n_{2w} - \xi)^2 + (n_{2b} - \alpha_w)^2 . \tag{148}$$

Die Kurven konstanten Wirkleistungsverhältnisses sind also Kreise, deren Mittelpunkte O_ε die konstante Ordinate $+\alpha_w$ haben, während die Abszissen ξ von ε_w abhängig sind[1]). Für

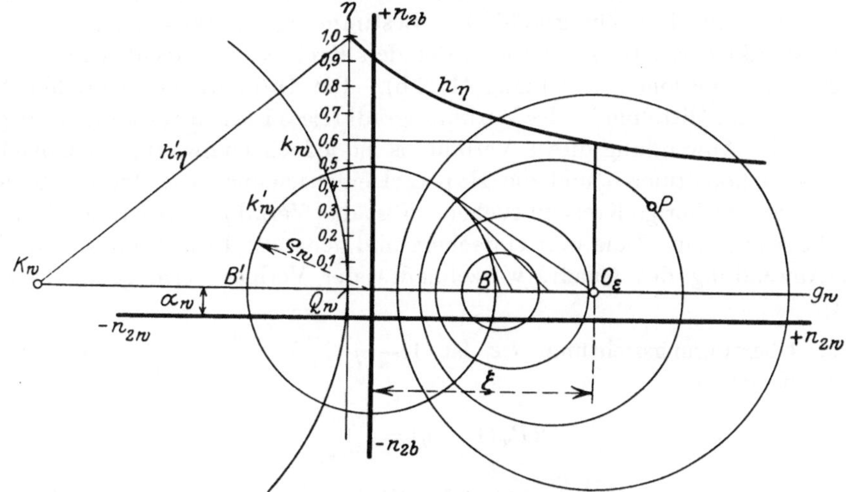

Abb. 53. Diagramm des Wirkungsgrades η.
Ortskurven: Kreisschar senkrecht zu Kreis k_w' (vgl. Abb. 41).
$\eta = \dfrac{\overline{K_w Q_w}}{\overline{K_w O_\varepsilon}} = 0{,}6$ für Kreis um Mittelpunkt O_ε.

den Radius der Kreise gilt $r_\varepsilon^2 = \xi^2 - \varrho_w^2$. Man erkennt daraus, daß diese Kreise den Wirkleistungsgegenkreis k_w' senkrecht schneiden[2]) (Abb. 53). Zur Ermittlung von ε_w hat man aus (147)

$$\varepsilon_w = \frac{\xi + \beta_w}{R_w} = \frac{\overline{K_w O_\varepsilon}}{\overline{K_w Q_w}} .$$

Trägt man über den Mittelpunkten O_ε die zugehörigen Werte von ε_w als Ordinaten auf, so erhält man eine Gerade h_η', die durch K_w geht und auf der durch Q_w gelegten Vertikalen die Längeneinheit (in einem beliebigen Maßstab) abschneidet. Für $\varepsilon_w < 1$ (d. i. in dem zwischen K_w und Q_w liegenden Gebiet) wird durch die Gerade h_η' zugleich der Wirkungsgrad dargestellt. Für $\varepsilon_w > 1$ erhält man zur Ermittlung des Wirkungsgrades eine gleichseitige Hyperbel h_η, deren Ordinaten über zugehörigen Punkten O_ε die Größe $\frac{1}{\varepsilon_w}$ haben. Die Asymptoten dieser Hyperbel sind die durch den Punkt K_w parallel zu den Koordinatenachsen gelegten Geraden.

[1]) S. Literaturverzeichnis, Nr. 18 und 19.

[2]) Zu dem gleichen Ergebnis gelangt man geometrisch durch Anwendung von Anhang II, 3, Gleichung (48) und Vergleich der Abb. 53 und 127. (Es entsprechen einander die Kreise k_w und K_e, k_w' und K_1, Wirkungsgradkreis und K_2.)

Das Wirkungsgraddiagramm läßt anschaulich den günstigsten Wirkungsgrad der Übertragung erkennen. Je näher der Mittelpunkt O_ε an den Wirkleistungsgegenkreis heranrückt, desto größer wird η und desto kleiner der zugehörige Wirkungsgradkreis, der endlich zu einem Punkt degeneriert, wenn O_ε in den Punkt B des Kreises k'_w fällt. Innerhalb des Kreises gibt es keine Mittelpunktslagen für die Wirkungsgradkreise: Bei Übertragung mit maximalem Wirkungsgrad fällt der Belastungspunkt nach B bzw. B'. Man hat daher

$$\eta_{\max} = (\varepsilon_w)_{\max} = \frac{\beta_w - \varrho_w}{R_w} \qquad \text{für } n_{2w} < 0\,,$$

$$\eta_{\max} = \left(\frac{1}{\varepsilon_w}\right)_{\max} = \frac{R_w}{\beta_w + \varrho_w} \qquad \text{für } n_{2w} > 0\,.$$

Aus (131) erkennt man, daß die beiden Werte für $\eta_{\max}$ einander gleich sind, was zu erwarten ist, da sich die vorliegenden Ableitungen auf symmetrische Übertragungskreise beziehen und dabei die Größe des maximalen Wirkungsgrades von der Richtung der Energieströmung nicht abhängt. (Es ist jedoch sehr bemerkenswert, daß auch bei richtungsunsymmetrischen Übertragungskreisen der maximale Wirkungsgrad für beide Übertragungsrichtungen die gleiche Größe hat; s. Abschnitt 42.) Zur graphischen Bestimmung des Wirkungsgrades ist also durch den Belastungspunkt P ein Kreis zu legen, der den Kreis k'_w senkrecht schneidet (die hierfür erforderlichen Konstruktionen s. Anhang II, 2 b). Die Ordinate der Geraden h'_η (bzw. der Hyperbel h_η) über dem Mittelpunkt des Wirkungsgradkreises ist dem Wirkungsgrad proportional.

Die praktische Anwendung dieses Verfahrens ist jedoch langwierig, da zunächst der Wirkungsgradkreis zu konstruieren und die Hyperbel einzuzeichnen ist. Ist zu einem gegebenen Wirkungsgrad der zugehörige Kreis zu suchen, so ist das Verfahren wegen des flachen Hyperbelverlaufes nicht sehr genau. Eine weit einfachere und genauere Ermittlung des Wirkungsgrades wird durch Anwendung des Quadratwurzelmaßes der Verluste ermöglicht (Abschnitt 22 d; vgl. Abb. 44):

Für die Übertragungsrichtung $\overrightarrow{12}$ ist $1 - \eta = \frac{n_{1w} - n_{2w}}{n_{1w}} = \frac{v_w}{n_{1w}}$. Durch Anwendung von (141) ergibt sich

$$2R_w(1 - \eta) = \frac{\overline{S_w e}^2}{n_{1w}}\,.$$

Daraus ergibt sich folgende Konstruktion des Wirkungsgrades (Abb. 54): Man ermittelt die Leistung n_{1w} nach dem in Abschnitt 22 d, Abb. 43, angegebenen Verfahren (Horizontalabstand der Punkte P und k) und macht $\overline{S_w P'_w} = \overline{S_w q} = n_{1w}$. Die Konstruktion der Punkte e und f ist die gleiche wie in Abb. 44. Macht man $\overline{qf}$ parallel $\overline{ex}$, so ist

$$\overline{S_w x} : \overline{S_w f} = \overline{S_w e} : \overline{S_w q} \qquad \text{bzw.} \qquad \frac{\overline{S_w x}}{\overline{S_w e}} = \frac{\overline{S_w e}}{\overline{S_w P'_w}}\,,$$

daher

$$\overline{S_w x} = \frac{\overline{S_w e}^2}{\overline{S_w P'_w}} = \frac{2R_w v_w}{n_{1w}} = 2R_w(1 - \eta)\,.$$

Trägt man also vom Punkt S_w einen mit 100% beginnenden Wirkungsgradmaßstab ab, an welchem die Strecke R_w einem Betrag von 50% entspricht, so kann man mittels des Punktes x den Wirkungsgrad unmittelbar ablesen. Da R_w in der Regel verhältnismäßig groß ist, so ist diese Art der Wirkungsgradbestimmung überaus genau. Wenn man die Übertragungsverluste nach der Methode Abb. 44 bestimmt, so sind nur wenige Linien hinzuzufügen, um auch den Wirkungsgrad zu ermitteln.

Die Konstruktion wird noch einfacher, wenn Energieübertragung in der Richtung $\overrightarrow{21}$ stattfindet (Belastungspunkt P auf der linken Seite der Ordinatenachse). In diesem Falle ist $1 - \eta = \frac{n_{1w} - n_{2w}}{(-n_{2w})}$, so daß als Strecke $\overline{S_w P'_w}$ die Abszissenlänge des Punktes P aufzutragen ist; [da $(-n_{2w})$ positiv ist, so liegt auch in diesem Fall P'_w auf der positiven Seite von S_w]. Im übrigen ist die Konstruktion die gleiche wie für die Übertragungsrichtung $\overrightarrow{12}$.

Ist der Wirkungsgrad gegeben, so kann man aus der zugehörigen Lage des Punktes x in einfacher Weise unmittelbar den Punkt O_ε des Wirkungsgradkreises bestimmen (vgl. Abb. 53): Bei Übertragung in der Richtung $\overrightarrow{12}$ ist $\eta = \frac{\overline{K_w Q_w}}{\overline{K_w O_\varepsilon}}$, daher $\frac{1-\eta}{\eta} = \frac{\overline{Q_w O_\varepsilon}}{\overline{K_w Q_w}} = \frac{\overline{Q_w O_\varepsilon}}{R_w}$ somit $\overline{Q_w O_\varepsilon} = \frac{0,5}{\eta}\overline{S_w x}$. Durch eine einfache Ähnlichkeitskonstruktion (z. B. rechtwinkliges Dreieck mit den Kathetenlängen 0,5 und η) kann $\overline{Q_w O_\varepsilon}$ gefunden werden. O_ε liegt auf der positiven Seite von Q_w. Bei der Übertragungsrichtung $\overrightarrow{21}$ ist $\eta = \frac{\overline{K_w O_\varepsilon}}{\overline{K_w Q_w}}$, daher $R_w(1-\eta) = \overline{O_\varepsilon Q_w} = \frac{1}{2}(\overline{S_w x})$. Punkt O_ε liegt auf der negativen Seite von Q_w.

c) Verhältnis der beiden Blindleistungen.

Das Diagramm dieser Größe hat keine praktische Bedeutung. Man erhält es, indem man in (137) die Substitution $n_{1b} = \varepsilon_b n_{2b}$ einführt. Die Ortskurven für ε_b bilden eine Kreisschar. Wenn der Blindleistungshauptkreis k_b die Abszissenachse nicht schneidet, so ist das Diagramm von ε_b demjenigen von ε_w vollkommen

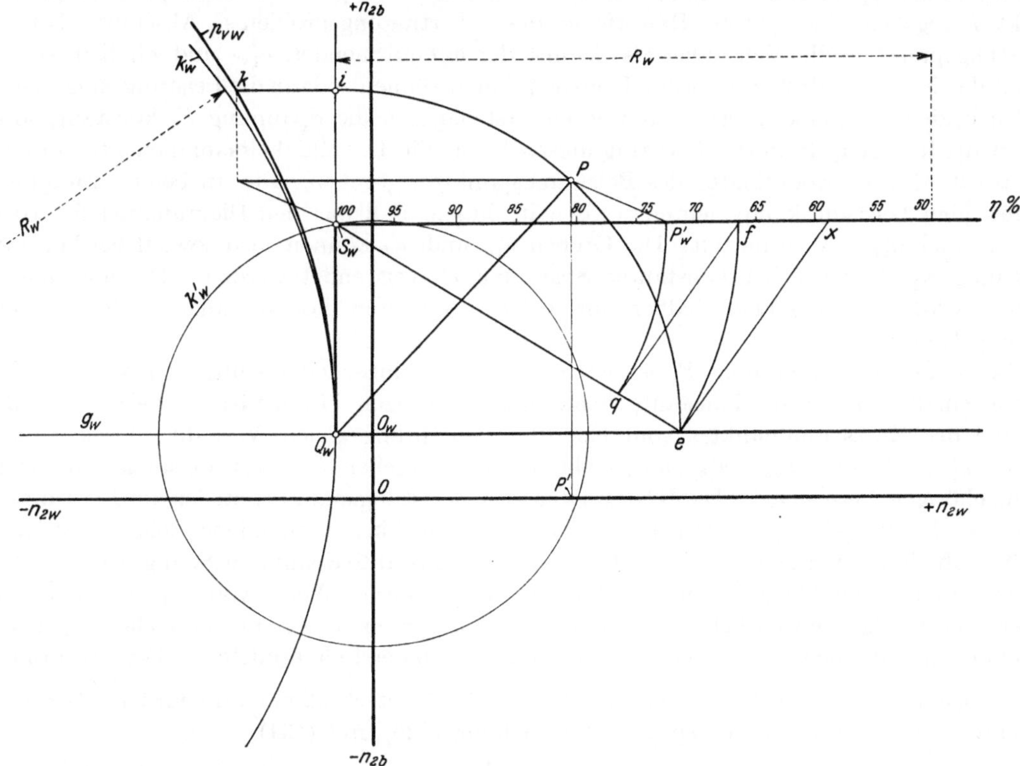

Abb. 54. Ermittlung des Wirkungsgrades mittels des Verlustdiagramms (vgl. Abb. 43 und 44).
$\overline{S_w q} = n_{1w}$; $\quad qf \parallel \overline{ex}$; $\quad \overline{S_w x} = 2R_w(1-\eta)$.

analog. Wenn der Blindleistungshauptkreis k_b die Abszissenachse schneidet (Abb. 45), so gilt in den Punkten S_b und S_b' die Beziehung $n_{1b} = n_{2b} = 0$, also ε_b unbestimmt. Daher geht die Schar der ε_b-Kreise durch die Punkte S_b und S_b'. Die Ausführung der Gleichung ergibt, daß $\varepsilon_b = \frac{\overline{K_b Z_\varepsilon}}{R_b}$ ist. Die einem beliebigen Belastungspunkt P entsprechende Größe ε_b wird also gefunden, indem man die Symmetralen von $\overline{PS_b}$ oder $\overline{PS_b'}$ mit der Geraden g_b zum Schnitt bringt und die Lage des Schnittpunktes Z_ε durch einen Maßstab kennzeichnet, der in K_b mit Null beginnt und in Q_b den Wert $+1$ anzeigt. Die Größe ε_b kann jeden Wert zwischen $\pm\infty$ annehmen, wenn der Hauptkreis k_b die Abszissenachse schneidet.

24. Leistungsermittlung bei veränderlicher Spannung im Koordinatenbezugspunkt. (Konstante Spannung im Gegenpunkt.)

Die Koordinaten n_{2w} und n_{2b} stellen die Komponenten der im Endpunkt *2* angeschlossenen Belastungsleitfähigkeit $\mathfrak{G}_2$ im Kurzschlußmaß dar [s. Gleichung (115)]. Die Leistungskomponenten im Endpunkt *2* sind jedoch nunmehr den Koordinaten nicht proportional, da die Spannung E_2 bei konstanter Spannung E_1 eine Funktion der Belastungsleitfähigkeit ist. Wirk- und Blindleistungen in den beiden Endpunkten sind proportional den Komponenten der Größen $\mathfrak{n}_1'$ bzw. $\mathfrak{n}_2'$ [s. Gleichung (117a)]. Zwischen diesen Größen und den in Abschnitt 22 behandelten Leistungsverhältnissen besteht folgender Zusammenhang:

$$\frac{n'_{1w}}{n_{1w}} = \frac{n'_{1b}}{n_{1b}} = \frac{n'_{2w}}{n_{2w}} = \frac{n'_{2b}}{n_{2b}} = \frac{E_2^2}{E_1^2}. \tag{149}$$

Die Größen n'_{2w} und n'_{2b} sind, ebenso wie n_{1w} und n_{1b}, die im Kurzschlußmaß ausgedrückten Komponenten von ideellen Leitfähigkeiten $\mathfrak{G}_2^*$ bzw. $\mathfrak{G}_1^*$, deren Betrag vom Spannungsverhältnis abhängig ist [s. Gleichungen (117a) und (113b)]. Dagegen stellen die Größen n'_{1w} und n'_{1b} (analog den Koordinaten n_{2w} und n_{2b}) die im Kurzschlußmaß ausgedrückten Komponenten der im Endpunkt *1* tatsächlich vorhandenen Belastungsleitfähigkeit dar. Die im folgenden entwickelten Diagramme für n'_{1w} und n'_{1b} können also auch zur Anwendung kommen, wenn bei konstanter Spannung im Endpunkt *2* die Komponenten der Belastungsleitfähigkeit im Punkt *1* gegeben sind (dritte Hauptform des Übertragungsproblems, Abschnitt 15). Der Belastungspunkt ergibt sich dabei als Schnitt der entsprechenden n'_{1w}- und n'_{1b}-Kurven. Auf Grund der in Abschnitt 22 erwähnten Konstruktionen können sodann die Leistungskomponenten an den beiden Endpunkten ermittelt werden. Ist dagegen die Spannung E_1 konstant, so sind bei der dritten Hauptform des Übertragungsproblems die Leitfähigkeitskomponenten des Endpunktes *2*, also die Koordinaten des Belastungspunktes, gegeben. Die an beiden Endpunkten auftretenden Leistungskomponenten werden in diesem Fall aus den Diagrammen der Größen n'_{1w}, n'_{1b} und n'_{2w}, n'_{2b} ermittelt. Die Größen n'_{1w} und n'_{1b} können also sowohl bei konstanter Spannung E_2 als auch bei konstanter Spannung E_1 verwendet werden. Die folgende Darstellung wird der Einfachheit halber nur auf den letzteren Fall gegründet. Die Ergebnisse gelten jedoch allgemein.

Bei konstanter Spannung E_1 ist auch die Kurzschlußscheinleistung N_{1k} konstant. Das Leistungsmaß wird auf die konstante Spannung E_1 bezogen. Daher ist im Leistungsmaß der Abstand des Kurzschlußpunktes vom Koordinatenursprung gleich N_{1k}; die Strecken, durch welche n'_{1w}, n'_{1b} und n'_{2w}, n'_{2b} dargestellt werden, ergeben im Leistungsmaß unmittelbar die zugehörigen Leistungen. Die Koordinaten des Belastungspunktes stellen im Leistungsmaß diejenigen Leistungskomponenten dar, welche die tatsächlich vorhandene Belastungsleitfähigkeit $\mathfrak{G}_2$ aufnehmen würde, wenn sie statt an E_2 an die konstante Spannung E_1 angeschlossen wäre.

Die analytische Ableitung der Ortskurven für konstante Werte von n'_{1w} und n'_{1b} ist kompliziert und wenig übersichtlich. Man kann diese Kurven einfacher aus den bisher abgeleiteten Beziehungen mit Benutzung von Gleichung (149) geometrisch ermitteln. Der Abstand des Belastungspunktes P vom Kurzschlußpunkt M ist, im Kurzschlußmaß ausgedrückt, $\overline{MP} = \frac{E_1}{C E_2}$ (Abschnitt 21a). Ferner ist entsprechend Gleichung (126) und (134)

$$C^2 = \frac{1}{2 R_w \cos\varphi_k} = \frac{1}{2 R_b \sin\varphi_k},$$

daher

$$\frac{E_1^2}{E_2^2} = C^2 \cdot \overline{MP}^2 = \frac{\overline{MP}^2}{2 R_w \cos\varphi_k} = \frac{\overline{MP}^2}{2 R_b \sin\varphi_k}. \tag{150}$$

a) Wirkleistung und Blindleistung im Endpunkt *1*.

Für n_{1w} gilt [entsprechend Gleichung (130) und Abb. 40] $n_{1w} = \frac{\overline{K_w P}^2 - R_w^2}{2 R_w}$, daher lt. (149) und (150) $\frac{n'_{1w}}{\cos\varphi_k} = \frac{\overline{K_w P}^2 - R_w^2}{\overline{MP}^2}$. Konstanten Werten von n'_{1w} entsprechen Ortskurven des Belastungspunktes P, deren Art und Verlauf durch Vergleich mit Anhang II, 4, Gleichung (52), zu erkennen ist. Es entsprechen einander in den Abb. 40 und 128 die Punkte E_1 und K_w, G und M, P_2 und P, die Radien r_e und R_w. Die Ortskurven für konstantes n'_{1w} sind somit Kreise, die den Wirkleistungshauptkreis k_w im Kurzschlußpunkt M berühren (Abb. 55). Ist Z_{1w} der Mittelpunkt eines solchen Kreises (entsprechend Z_2 in Abb. 128), so ist lt. Anhang II, Gleichung (52)

$$q_{1w} = \frac{n'_{1w}}{\cos\varphi_k} = \frac{\overline{Z_{1w} K_w}}{\overline{Z_{1w} M}}. \tag{151}$$

Additional material from *Theorie der Wechselstromübertragung,*
ISBN 978-3-642-98618-5 (978-3-642-98618-5_OSFO1),
is available at http://extras.springer.com

Den verschiedenen Teilen der Geraden $\overline{K_w M}$ sind die in Abb. 55 eingeschriebenen Werte von q_{1w} zugeordnet. Fällt Z_{1w} nach K_w, so wird $q_{1w} = n'_{1w} = 0$; der zugehörige Leistungskreis geht in den Hauptkreis k_w über. Tatsächlich ist dieser im Leitfähigkeitsdiagramm der geometrische Ort aller Belastungspunkte, für welche die Leistung $N_{1w} = 0$ ist, und zwar unabhängig vom Spannungszustand. Liegen die Wirkleistungskreise innerhalb des Kreises k_w, so ist q_{1w} und somit n'_{1w} negativ (Verbraucherleistung im Endpunkt *1*). Die außerhalb des Kreises k_w verlaufenden Wirkleistungskreise entsprechen einer Generatorleistung im Endpunkt *1*. Bei beliebiger Annäherung von Z_{1w} an Punkt M wird der zugehörige Wirkleistungskreis unendlich klein und geht in den Kurzschlußpunkt über. Dabei werden q_{1w} und n'_{1w} unendlich groß. Dieser Zusammenhang hat folgende physikalische Bedeutung: Im Endpunkt *2* ist die Kurzschlußleitfähigkeit $\overline{OM}$ vorhanden, wenn im Endpunkt *1* ein Kurzschluß vorliegt. Wird die konstante Spannung E_1 auf diesen Kurzschluß geschaltet, so kann die Wirkleistung unendlich groß werden; sie kann aber auch jeden beliebigen anderen Wert annehmen. Der Kurzschluß kann nämlich auch so zustande kommen, daß einem beliebigen konstanten Ohmschen Widerstand ein unendlich großer Kondensator oder eine unendlich kleine verlustfreie Drosselspule parallel geschaltet wird. Die Scheinleitfähigkeit dieser an Endpunkt *1* gelegten Parallelschaltung ist unendlich groß, im Endpunkt *2* ist daher die Kurzschlußleitfähigkeit vorhanden. Die Wirkleistung im Endpunkt *1* aber hat dabei einen beliebigen endlichen Betrag, entsprechend dem an Spannung E_1 angeschalteten Ohmschen Widerstand, während die Blindleistung unendlich groß ist. Dem entspricht in der geometrischen Darstellung die Tatsache, daß sämtliche Wirkleistungskreise durch den Punkt M gehen.

Der einer bestimmten Lage von Z_{1w} entsprechende Wert von n'_{1w} wird folgendermaßen graphisch gefunden (s. Abb. 55). Die Projektion von Z_{1w} auf die Ordinatenachse ist a_{1w}. Die Gerade $\overline{Ma_{1w}}$ schneidet die Gerade g_w im Punkt b_{1w}. Es ist:

$$\frac{n'_{1w}}{\cos\varphi_k} = \frac{\overline{Z_{1w}K_w}}{\overline{Z_{1w}M}} = \frac{\overline{a_{1w}b_{1w}}}{\overline{a_{1w}M}} = \frac{\overline{Oc_{1w}}}{\overline{OM}}.$$

Da im Kurzschlußmaß $\overline{OM} = 1$, so ist $\frac{n'_{1w}}{\cos\varphi_k} = \overline{Oc_{1w}}$. Diese Gerade ist gegen die Abszissenachse um den Winkel φ_k geneigt, daher $n'_{1w} = \overline{O_w b_{1w}}$.

Für die Blindleistungen gelten vollkommen analoge Beziehungen, es sind nur die Indizes w und b, bzw. Wirkachse und Blindachse, zu vertauschen. Sämtliche Blindleistungskreise berühren den Hauptkreis k_b im Punkt M.

Zur konstruktiven Ermittlung der einem Belastungspunkt P entsprechenden Wirkleistung und Blindleistung wird also folgendermaßen verfahren: Symmetrale von $\overline{PM}$ mit den Geraden $\overline{MK_w}$ und $\overline{MK_b}$ zum Schnitt gebracht, ergibt die Punkte Z_{1w} und Z_{1b}. Linienzug $\overline{Z_{1w}a_{1w}b_{1w}}$ ergibt $N_{1w} = \overline{O_w b_{1w}}$ (diese Strecke im Leistungsmaß gemessen). Linienzug $\overline{Z_{1b}a_{1b}b_{1b}}$ ergibt Blindleistung $\overline{O_b b_{1b}}$. Die Wirkleistung N_{1w} entspricht einem im Endpunkt *1* angeschlossenen Verbraucher, wenn die Richtung $\overrightarrow{O_w b_{1w}}$ nach der Verbraucherseite der Abszissenachse (positives n_{2w}) hinweist.

Das Vorzeichen der Blindlast ergibt sich aus dem Vergleich der Richtungen $\overrightarrow{O_b b_{1b}}$ und $\overrightarrow{O_w b_{1w}}$; im vorliegenden Fall ist der Blindstrom voreilend mit Bezug auf einen Verbraucherwirkstrom (Rotation der Zeitlinie entgegengesetzt dem Uhrzeigersinn), daher ist N_{1b} entsprechend den Festsetzungen in Abschnitt 16 positiv.

b) Wirkleistung und Blindleistung im Endpunkt *2*.

Die der Wirkleistung N_{2w} proportionale Größe $n'_{2w} = \frac{N_{2w}}{N_{1k}}$ ergibt sich entsprechend (149) und (150) zu

$$n'_{2w} = \frac{n_{2w}}{C^2 \cdot \overline{MP}^2}.$$

Bezeichnet man die Projektion des Belastungspunktes P auf die Ordinatenachse mit P', so ist $n_{2w} = \overline{PP'}$ und daher $\overline{MP}^2 = \frac{\overline{PP'}}{C^2 n'_{2w}}$. Die Ortskurven des Punktes P für konstanten Wert von n'_{2w} findet man durch Vergleich mit Anhang II, 3a, Gleichung (43). In Abb. 127 setzen wir die Strecke $\overline{P'_2P_2} = n_{2w}$ und identifizieren den Punkt M mit A_1, den Punkt P mit P_2. Daraus ersieht man, daß die Kurven konstanter Wirkleistung n'_{2w} Kreise sind, welche den über den Kurzschlußpunkt M und seinem Spiegelbild M_w errichteten Kreis k_{mw} senkrecht schneiden (Abb. 56). Der Mittelpunkt eines beliebigen Wirkleistungskreises sei Z_{2w}. Durch Vergleich mit Anhangsgleichung (43) erhält man die Beziehung

$$n'_{2w} = \frac{1}{2C^2 \overline{MZ_{2w}}};$$

n'_{2w} hat dasselbe Vorzeichen wie n_{2w}, ist also positiv, wenn Z_{2w} auf der rechten Seite der Ordinatenachse liegt, und umgekehrt. Die negative (generatorische) Leistung wächst ins Unendliche, wenn Z_{2w} sich von der negativen Seite her dem Punkte M beliebig nähert (Speisung auf einen Kurzschluß bei konstanter Spannung E_1 an der Kurzschlußstelle). Die positive (Verbraucher-) Leistung hat jedoch ein Maximum von endlicher Größe, da sich Z_{2w} von der positiven Seite her nur bis zum Punkt M_w bewegen kann. Der Minimalabstand von $\overline{MZ_{2w}}$ hat die Größe $\overline{MM_w} = 2\cos\varphi_k$, daher

$$n'_{2w\max} = \frac{1}{4C^2\cos\varphi_k} = \frac{R_w}{2} \text{ [s. Gleichung (126)]}. \tag{152}$$

Zu dem gleichen Ergebnis gelangt man auf Grund Abschnitt 22a, Gleichung (130): Die Größe $\frac{R_w}{2}$ ist als Scheitelabstand des Wirkleistungsparaboloids gleich der im Kurzschlußmaß ausgedrückten größten übertragbaren Leistung. Da $\overline{OM_w}$ die Umklappung von $\overline{OM}$ um die Ordinatenachse ist, so ergibt sich der Satz:

Bei maximaler Energieübertragung ist der Scheinwiderstand der Belastung am Verbraucherende gleich dem Kurzschluß-Scheinwiderstand; der Phasenwinkel der Belastung ist dabei entgegengesetzt gleich dem Kurzschlußwinkel (Belastungsstrom voreilend, wenn der Kurzschlußstrom nacheilend ist).

Zur graphischen Ermittlung von n'_{2w} kann man in M_w die Maximalleistung $n'_{2w\max}$ in einem beliebigen Maßstab als Strecke $\overline{M_w M'_w}$ auftragen und durch M'_w eine gleichseitige Hyperbel ziehen, deren Asymptoten die durch M parallel den Achsen geführten Geraden sind. Die Größe n'_{2w} ist in dem gewählten Maßstab als die im Punkte Z_{2w} errichtete Hyperbelordinate abzulesen.

Für die Blindleistung n'_{2b} gelten vollkommen analoge Beziehungen. Man muß nur Ordinaten- und Abszissenachse vertauschen und $\sin\varphi_k$ statt $\cos\varphi_k$ setzen. Die Blindleistung hat ein Maximum, wenn Z_{2b} nach Punkt M_b fällt. Der Betrag des Maximums ist

$$n'_{2b\max} = \frac{1}{4C^2\sin\varphi_k} = \frac{R_b}{2} \text{ [s. Gleichung (134)]}. \tag{153}$$

Das Maximum ist positiv oder negativ, je nachdem der Kurzschlußstrom nacheilend oder voreilend ist. Da die Punkte M_b und M_w zentrisch symmetrisch zu O liegen, so erkennt man, daß auch bei maximaler Blindlastübertragung der „Belastungs“widerstand im Endpunkt mit veränderlicher Spannung gleich dem Kurzschlußwiderstand ist und der Phasenverschiebung $(-\varphi_k)$ entspricht. Wegen der negativen Wirkkomponente gilt dieser Fall jedoch stets für den Anschluß eines Generators im Endpunkt mit veränderlicher Spannung. Daraus ergibt sich der Satz:

Herrscht im Verbraucherende eine konstante Spannung, so hat die Blindlast des Generators ein Maximum, wenn die Phasenverschiebung der des Kurzschlußstroms entgegengesetzt gleich ist (wenn also der Generator voreilend belastet ist, falls der Kurzschlußstrom nacheilt). Bei diesem Belastungszustand haben Wirk- und Blindkomponente der Generatorleistung dieselben Beträge, wie wenn der Übertragungskreis im Verbraucherende kurzgeschlossen wäre (bezogen auf gleiche Generatorspannung). Das Vorzeichen der Blindlast ist jedoch entgegengesetzt.

Da $\overline{MM_b} \cdot n'_{2b\max} = \overline{MM_w} \cdot n'_{2w\max}$ ist, liegen M'_b und M'_w auf der gleichen Hyperbel.

Die in Abb. 56 angedeutete graphische Ermittlung der Größen n'_{2w} und n'_{2b} ist wegen der hierfür notwendigen Hyperbel zeitraubend und nicht sehr genau. Eine praktischere Ermittlung ist in Abb. 57 angegeben: Durch Punkt M werden zwei Gerade parallel zu den Achsrichtungen gezogen. Man macht $\overline{ML_w} = n'_{2w\max}$, $\overline{ML_b} = n'_{2b\max}$. Damit ergeben sich die gesuchten Größen, (im Leistungsmaß mit N_{2w} und N_{2b} bezeichnet), als Strecken $\overline{Mc_{2w}}$ und $\overline{Mc_{2b}}$, wobei $\overline{M_w c_{2w}} \parallel \overline{z_{2w} L_w}$ und $\overline{M_b c_{2b}} \parallel \overline{z_{2b} L_b}$. (Der Beweis dieser Ähnlichkeitskonstruktion ist aus den vorerwähnten Beziehungen ohne weiteres ersichtlich.)

Additional material from *Theorie der Wechselstromübertragung*,
ISBN 978-3-642-98618-5 (978-3-642-98618-5_OSFO2),
is available at http://extras.springer.com

Aus Abb. 57 ergibt sich eine weitere wichtige physikalische Beziehung. Da der Kreis (N_{2w} = konst.) den Kreis k_{mw} senkrecht schneidet, so schneidet er auch jeden durch die Punkte M und M_w gelegten Kreis senkrecht (s. Anhang II, 2c, Abb. 125). Das gleiche gilt von Kreis

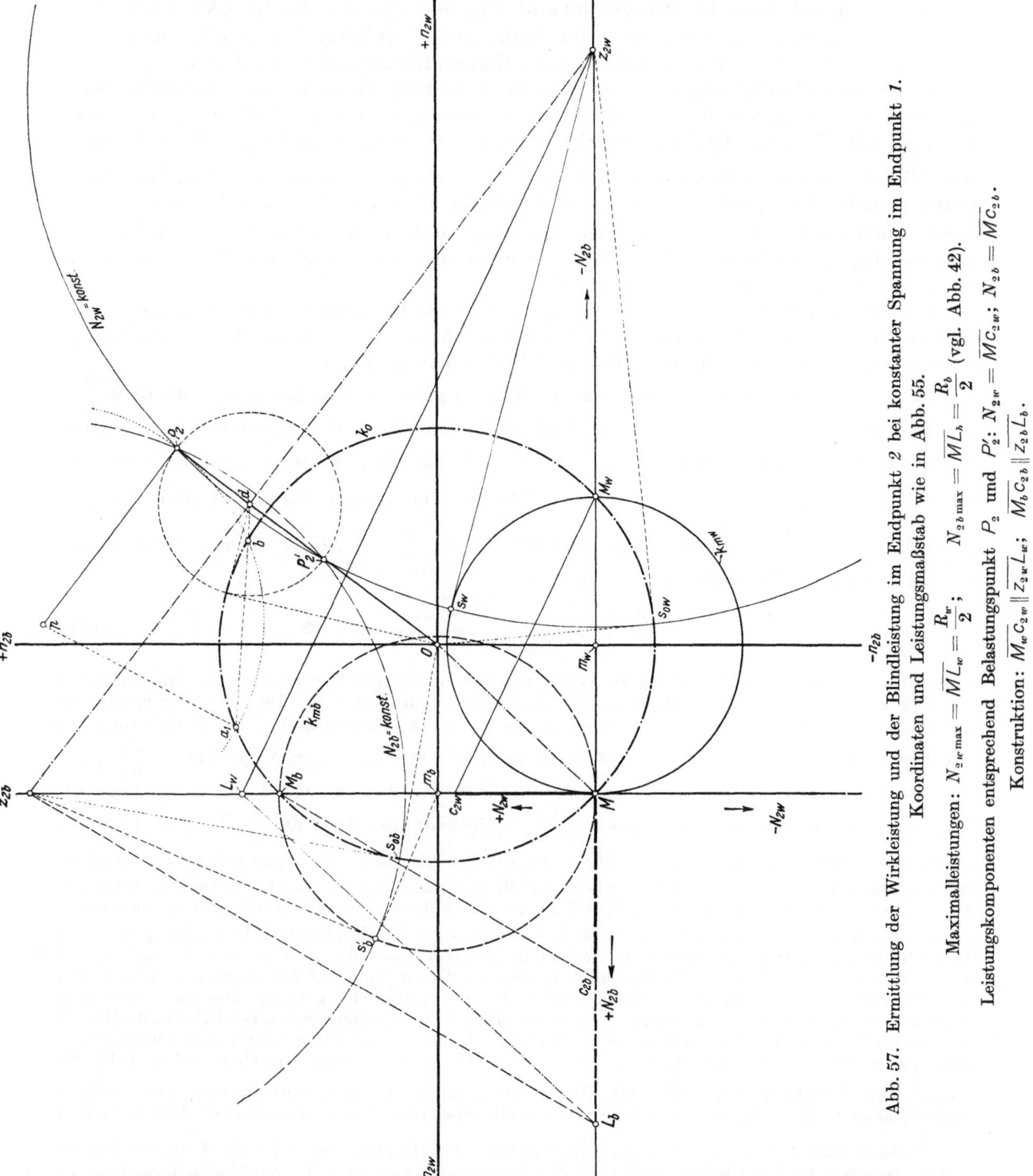

Abb. 57. Ermittlung der Wirkleistung und der Blindleistung im Endpunkt *2* bei konstanter Spannung im Endpunkt *1*. Koordinaten und Leistungsmaßstab wie in Abb. 55.

Maximalleistungen: $N_{2w\,\max} = \overline{ML_w} = \frac{R_w}{2}$; $N_{2b\,\max} = \overline{ML_b} = \frac{R_b}{2}$ (vgl. Abb. 42).

Leistungskomponenten entsprechend Belastungspunkt P_2 und P_2': $N_{2w} = \overline{Mc_{2w}}$; $N_{2b} = \overline{Mc_{2b}}$.

Konstruktion: $\overline{M_w c_{2w}} \parallel \overline{z_{2w} L_w}$; $\overline{M_b c_{2b}} \parallel \overline{z_{2b} L_b}$.

(N_{2b} = konst.) mit Bezug auf jeden durch die Punkte M und M_b gelegten Kreis. Die Kreise (N_{2w} = konst.) und (N_{2b} = konst.) schneiden daher den Kreis k_0 senkrecht, der durch die Punkte M, M_w und M_b geht. Die Punkte z_{2w} und z_{2b} liegen daher auf der Potenzgeraden des Punktes P_2 in bezug auf den Kreis k_0 (die Konstruktion der Potenzgeraden ist ebenso wie in Abb. 125 auf Grund Anhang II, 2a durchgeführt; die Länge der Strecke $\overline{P_2 p}$ kann willkürlich angenommen werden). Die Kreise für konstantes N_{2w} und N_{2b} schneiden einander auch im Punkt P_2'. Daraus ergeben sich folgende physikalische Beziehungen:

Einem gegebenen Leistungszustand (n_{2w}' und n_{2b}') im Endpunkt veränderlicher Spannung entsprechen zwei Belastungsleitfähigkeiten ($\overline{OP_2}$ und $\overline{OP_2'}$), deren geometrisches Mittel gleich der Kurzschlußleitfähigkeit ist.

Dieser zweifachen Lösung entsprechen auch im Leitungsendpunkt mit konstanter Spannung zwei Leitfähigkeiten, die durch die Punkte P_2 und P_2' in Abb. 47, S. 67, dargestellt sind. (In dieser Abbildung war die Spannung E_2 als konstant vorausgesetzt.) Bei gegebener Richtung von $\overrightarrow{OP_2}$, also gegebener Phasenverschiebung φ_2, werden die übertragenen Leistungen um so größer, je näher die Punkte z_{2w} und z_{2b} an den Punkt M heranrücken. Das Maximum ist erreicht, wenn die Gerade $\overline{z_{2w} z_{2b}}$ den Kreis k_0 berührt, d. h. wenn P_2 und P_2' auf dem Kreis k_0 zusammenfallen. In diesem Fall ist also der Belastungsscheinwiderstand gleich dem Kurzschlußwiderstand. Daraus ergibt sich der Satz:

Ist der Leistungsfaktor im Endpunkt veränderlicher Spannung gegeben, so hat die Energieübertragung ein (relatives) Maximum, wenn der Belastungsscheinwiderstand gleich dem Kurzschlußwiderstand ist.

Die maximal übertragbare Scheinleistung hat daher bei jedem Leistungsfaktor $\cos\varphi_2$ die Größe $\frac{E_2^2}{W_k}$, wenn die Spannung E_1 konstant ist. E_2 ist eine Funktion der Leitfähigkeit $\mathfrak{G}_2 = G_2 e^{-j\varphi_2}$; da bei maximaler Übertragung G_2 den vorgeschriebenen Wert $\frac{1}{W_k}$ hat, so ist E_2 nur von φ_2 abhängig. Liegt der Belastungspunkt P_2 auf dem Kreis k_0, so ist $\overline{MP} = 2\overline{MO}\cos\frac{\varphi_k - \varphi_2}{2}$. Entsprechend Abschnitt 21 (Abb. 37) ist allgemein $\overline{MP_2} = \overline{MO}\cdot\frac{E_1}{CE_2}$; daher im vorliegenden Fall $E_2 = \frac{E_1}{2C\cos\frac{\varphi_k-\varphi_2}{2}}$, somit ist die bei gegebenem φ_2 maximal übertragbare Scheinleistung

$$N_{2(\varphi)} = \frac{E_1^2}{4W_k C^2\cos^2\frac{\varphi_k - \varphi_2}{2}}. \tag{154}$$

Stellt man die maximale Scheinleistung als Vektor mit dem zugehörigen Winkel φ_2 dar, so erhält man als geometrischen Ort der Vektorendpunkte die in Abb. 58 dargestellte Parabel[1]). Die Achse der Parabel ist die Gerade $\overline{OM}$, ihr Brennpunkt der Koordinatenursprung O. Die Koordinaten stellen Wirkleistung und Blindleistung im Endpunkt 2 bei konstanter Spannung E_1 dar. Für $\varphi_2 = \varphi_k$ ist $N_{2(\varphi)} = \overline{OS} = \frac{E_1^2}{W_k}\cdot\frac{1}{4C^2}$. Die Entfernung des Leerlaufpunktes N vom Kurzschlußpunkt M (Abb. 32 und 37) ist im Leistungsmaß, bezogen auf die konstante Spannung E_1, gleich $\frac{E_1^2}{W_k C^2}$ (s. Abschnitt 21a), daher $\overline{OS} = \frac{1}{4}\overline{MN}$ und der Scheitelkrümmungsradius der Parabel gleich $\frac{1}{2}\overline{MN}$. Aus der Polargleichung (154) ergibt sich die Konstruktion der Parabelpunkte und -tangenten: Zu einer beliebigen Richtung $\overline{OW_0'}$ wird die zugehörige Tangente gefunden, indem man die Symmetrale des Winkels ($W_0'OS$) mit der Scheiteltangente zum Schnitt bringt und im Schnittpunkt b die Senkrechte zu $\overline{Ob}$ zieht. Auf diese Weise sind die Punkte W_m (maximale Wirkleistung, vertikale Tangente) und B_m (maximale Blindleistung, horizontale Tangente) sowie die Schnittpunkte W_0 und W_0' mit der Abszissenachse ermittelt. Die Parabel stellt die Grenzen der im Endpunkt 2 möglichen Leistungen dar, wenn die Spannung E_1 konstant ist. Sie wird daher als Grenzparabel bezeichnet. Ihre Lage und Größe ist, außer von der konstanten Spannung E_1, nur von Größe und Phasenwinkel des Kurzschlußwiderstandes $\mathfrak{W}_k$ und von der Größe des Leerlauf-Spannungsverhältnisses C abhängig. Verschiedene Übertragungskreise ergeben somit die gleiche Grenzparabel, wenn in ihren Fundamentaldreiecken (Abb. 32) Größe und Richtung von $\overrightarrow{OM}$ und die Entfernungen $\overline{MN}$ übereinstimmen. Der Leerlaufpunkt N kann dabei beliebig auf einem Kreis mit dem Mittelpunkt M liegen. Wenn bei verschiedenen Lagen

[1]) Die Formel (154) ist die Gleichung einer Parabel in Polarkoordinaten, wobei die Achse des Koordinatensystems mit der Parabelachse, der Pol mit dem Brennpunkt zusammenfällt. Zur Umwandlung in rechtwinklige Koordinaten setze man

$$N_{2(\varphi)} = \sqrt{x^2 + y^2}, \qquad 2\cos^2\frac{\varphi_k - \varphi_2}{2} = 1 + \cos(\varphi_k - \varphi_2), \qquad N_{2(\varphi)}\cdot\cos(\varphi_k - \varphi_2) = -x.$$

d. h. Strahl $\overrightarrow{OM}$ als positive x-Achse betrachtet; daher $\sqrt{x^2+y^2} - x = \frac{E_1^2}{2W_k C^2}$ und durch Quadrieren $y^2 = \frac{E_1^2}{W_k C^2}\cdot\left(\frac{E_1^2}{4W_k C^2} + x\right)$.

des Punktes N die Eigenschaften solcher Übertragungskreise auch voneinander verschieden sind, so zeigen sie doch hinsichtlich der maximal übertragbaren Scheinleistungen völlige Übereinstimmung.

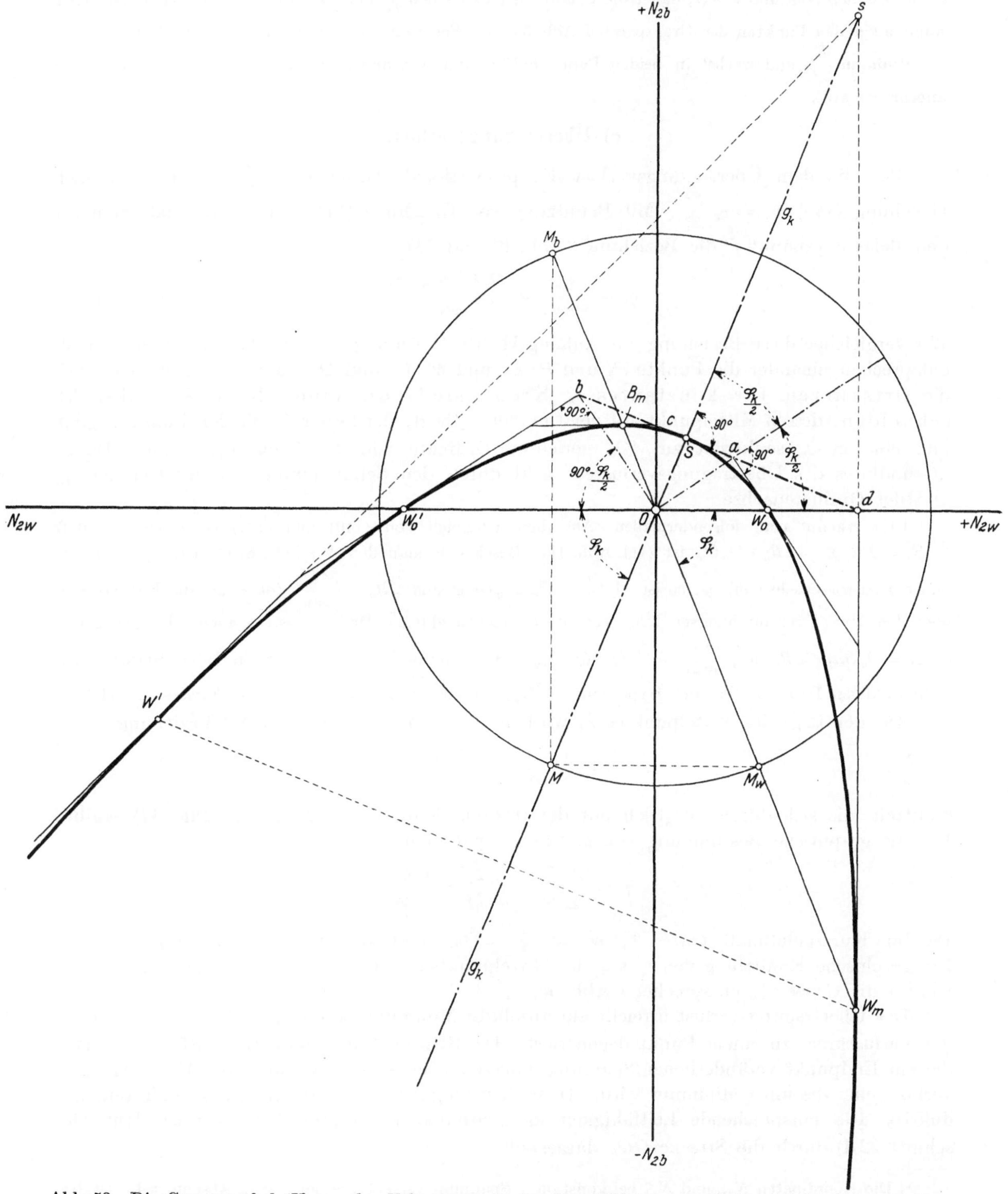

Abb. 58. Die Grenzparabel (Kurve des Vektors maximaler Scheinleistung im Endpunkt *2* bei konstanter Spannung im Endpunkt *1*).
Koordinaten: Wirk- und Blindleistung im Endpunkt *2*.
Leistungsmaßstab wie in Abb. 55.

$\overline{OS} = \frac{1}{4}\,\overline{MN}; \quad \overline{Od} = \frac{R_w}{2}; \quad \overline{Oc} = \frac{R_b}{2};$ (vgl. Abb. 42).

Durchläuft der Belastungspunkt P_2 den Kreis k_0 (Abb. 57), so ändert sich die Entfernung $\overline{MP}$ im Bereich zwischen Null und $2\overline{MO}$, daher die Spannung E_2 zwischen $\frac{E_1}{2C}$ und ∞. Die Spannungen entsprechen somit auch den Punkten der Grenzparabel Abb. 58. Im Scheitelpunkt der Parabel hat die Spannung E_2 das Minimum $\frac{E_1}{2C}$ und wächst in beiden Parabelhälften mit zunehmender Entfernung vom Scheitelpunkt unbegrenzt an[1]).

c) Übertragungsverlust.

Für die dem Übertragungsverlust V_w proportionale Größe $v'_w = \frac{V_w}{N_{1k}}$ ergibt sich nach Gleichung (149) $v'_w = v_w \frac{E_2^2}{E_1^2}$. Mit Benutzung von Gleichung (141) und (150) erhält man für den Belastungspunkt P die Beziehung (Abb. 40 und 44)

$$q_v = \frac{v'_w}{\cos\varphi_k} = \frac{\overline{Q_w P}^2 + \overline{Q_w S_w}^2}{\overline{MP}^2}. \tag{155}$$

Wir vergleichen diese Beziehung mit Anhang II, 3b, Gleichung (47). In Abb. 127 und Abb. 59 entsprechen einander die Punkte P_2 und P, B_1 und M, C_1 und Q_w; daraus ergibt sich, daß die Ortskurven für konstantes v'_w Kreise sind, die einen Kreis k_v senkrecht schneiden, dessen Mittelpunkt auf der Geraden g_d liegt, der ferner durch den Punkt M geht und eine in Q_w senkrecht zu $\overline{MQ_w}$ gerichtete Ordinate von der Größe $\overline{Q_w S_w}$ hat. Dieser „Grundkreis des Übertragungsverlustes" geht durch den Schnittpunkt Q_{w0} der Geraden g_d und der Ordinatenachse.

Dies erkennt man folgendermaßen: Aus dem Vergleich von (140) und (141) ist ersichtlich, daß $\overline{Q_w S_w}^2 = 2R_w \beta'_w = 2R_w \cdot \overline{Q_w O_w}$ ist (vgl. Abb. 41). Bezeichnet man den Winkel zwischen der Geraden g_d und der Abszissenachse mit ψ, so ist $\overline{Q_w O_w} = \overline{Q_w Q_{w0}} \cos\psi$ und $2R_w = \frac{\overline{MQ_w}}{\cos\psi}$ (da $\overline{MQ_w}$ die Kathete des über dem Hauptkreisdurchmesser $2R_w$ errichteten rechtwinkligen Dreiecks ist, s. auch Abb. 63), somit $\overline{Q_w S_w}^2 = \overline{Q_w S_{w0}}^2 = 2R_w \cos\psi \frac{\overline{Q_w O_w}}{\cos\psi} = \overline{MQ_w} \cdot \overline{Q_w Q_{w0}}$. Die Strecke $\overline{Q_w S_{w0}}$ ist also die Höhe eines bei S_{w0} rechtwinkligen Dreiecks über der Hypotenuse $\overline{MQ_{w0}}$, die daher den Durchmesser des Kreises k_v bildet.

Aus der Lage des Mittelpunktes Z_v wird die Größe v'_w entsprechend der Beziehung

$$q_v = \frac{v'_w}{\cos\varphi_k} = \frac{\overline{Z_v Q_w}}{\overline{Z_v M}}$$

ermittelt, die sich durch Vergleich mit der rechten Seite der Anhangsgleichung (47) ergibt. Für die graphische Bestimmung von q_v bzw. v'_w hat man

$$q_v = \frac{\overline{Z_v Q_w}}{\overline{Z_v M}} = \frac{\overline{a_v b_v}}{\overline{a_v M}} = \frac{\overline{O c_v}}{\overline{OM}}.$$

Da im Kurzschlußmaß $\overline{OM} = 1$, so ist $q_v = \overline{Oc_v}$ und daher $v'_w = \overline{Oc_v} \cdot \cos\varphi_k = \overline{O_w b_v}$. Die graphische Ermittlung von v_w aus der Mittelpunktslage des Ortskreises ist also die gleiche wie für die Größe n'_{1w} entsprechend Abb. 55.

Der Übertragungsverlust erreicht ein absolutes Minimum, wenn Z_v nach Q_{w0} fällt, wobei der Verlustkreis zu einem Punkt degeneriert. Die Strecke $\overline{OQ_{w0}}$ stellt die Leitfähigkeit dar, die am Endpunkt veränderlicher Spannung angeschlossen sein muß, damit der Übertragungsverlust ein absolutes Minimum wird. Diese Leitfähigkeit ist im dargestellten Fall rein induktiv. Die entsprechende Leitfähigkeit im Endpunkt konstanter Spannung ist (laut Abschnitt 22d) durch die Strecke $\overline{OQ_w}$ dargestellt.

---

[1]) Die Koordinaten N_{2w} und N_{2b} bei konstanter Spannung E_1 entsprechen der in Abschnitt 17, letzter Absatz, erwähnten Darstellung der Belastung durch die Komponenten von $\mathfrak{G}_2^*$. Die dort erwähnte Schar exzentrischer Spannungsverhältniskreise berührt die Parabel, so daß in jeder Parabelhälfte ein bestimmter Wert von $\frac{E_1}{E_2}$ nur in je einem Punkte vorkommt. Als Hüllkurve dieser Spannungsverhältniskreise wurde die Grenzparabel erstmalig von Ossana gefunden; unabhängig davon durch Evans und Sels. (S. Literaturverzeichnis, Nr. 21 und Nr. 24.)

d) Blindleistungsdifferenz.

Für die Größe $d_b' = \frac{N_{1b} - N_{2b}}{N_{1k}}$ ergibt sich aus Gleichung (149): $d_b' = d_b \frac{E_2^2}{E_1^2}$. Mittels der Gleichungen (144″) und (150) findet man für den Belastungspunkt P (s. Abb 42):

$$\frac{d_b'}{\sin\varphi_k} = \frac{\overline{Q_b P}^2 - \overline{Q_b S_b}^2}{\overline{MP}^2}. \tag{156}$$

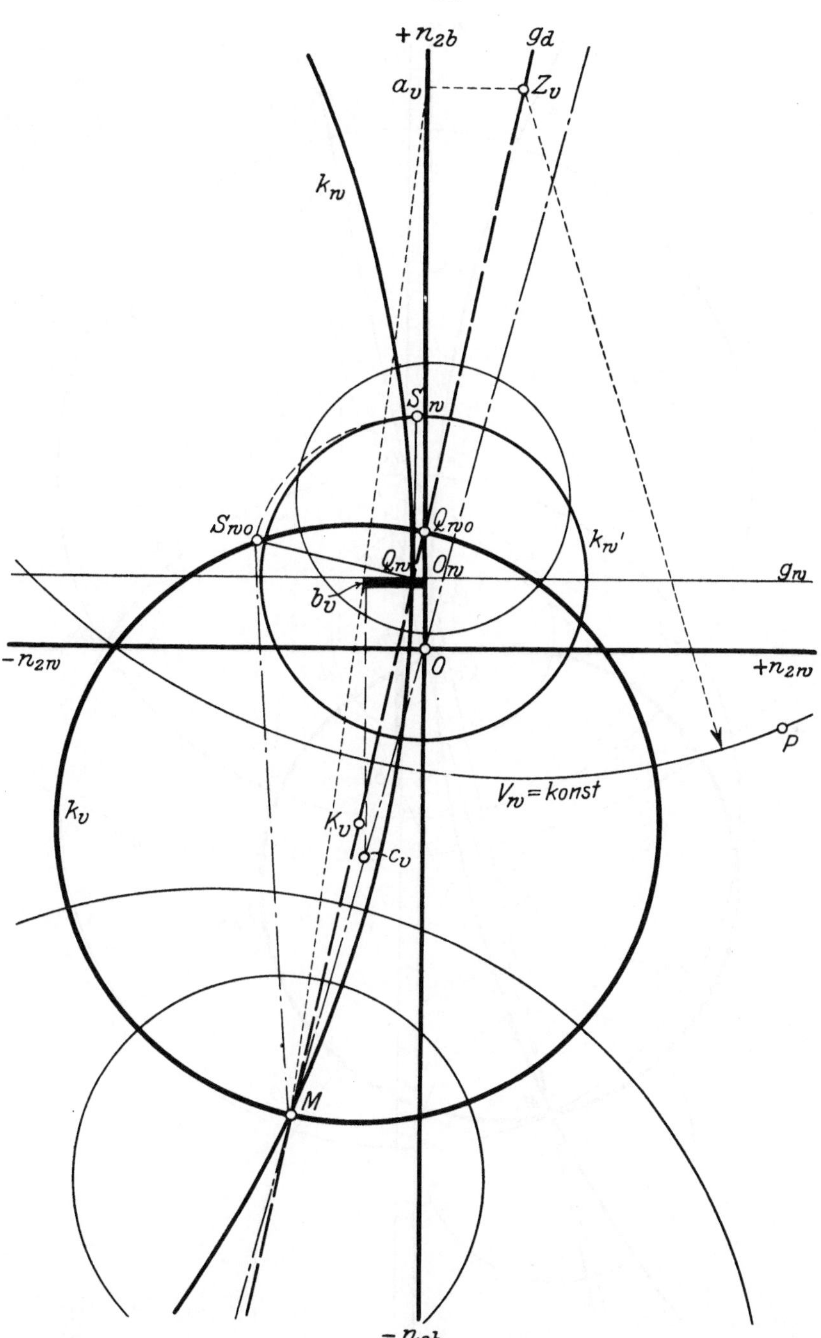

Abb. 59. Diagramm des Übertragungsverlustes V_w bei konstanter Spannung im Endpunkt *1*. Koordinaten und Leistungsmaßstab wie in Abb. 55.
Ortskurven: Kreisschar senkrecht zu Kreis k_v; Mittelpunkte Z_v auf Gerade g_d (vgl. Abb. 37, 40 und 44).
Für Belastungspunkt P: Verlust $V_w = \overline{O_w b_v}$.

Wenn der Blindleistungshauptkreis k_b die Abszissenachse nicht schneidet, so wird die Länge $\overline{Q_b S_b}$ imaginär (s. Abschnitt 22f), und die Bestimmung von d_b' ist geometrisch vollkommen analog derjenigen von v_w'. Im folgenden ist vorausgesetzt, daß der Kreis k_b die Abszissenachse schneidet.

Wir vergleichen die Beziehung (156) mit Anhang II, 3c, Gleichung (50). In den Abb. 127 und 60 entsprechen einander die Punkte P_2 und P, B_1 und M, E_1 und Q_b, E_1' und S_b. Die Ortskurven für konstante Werte von d_b' bilden somit eine Schar von Kreisen, die

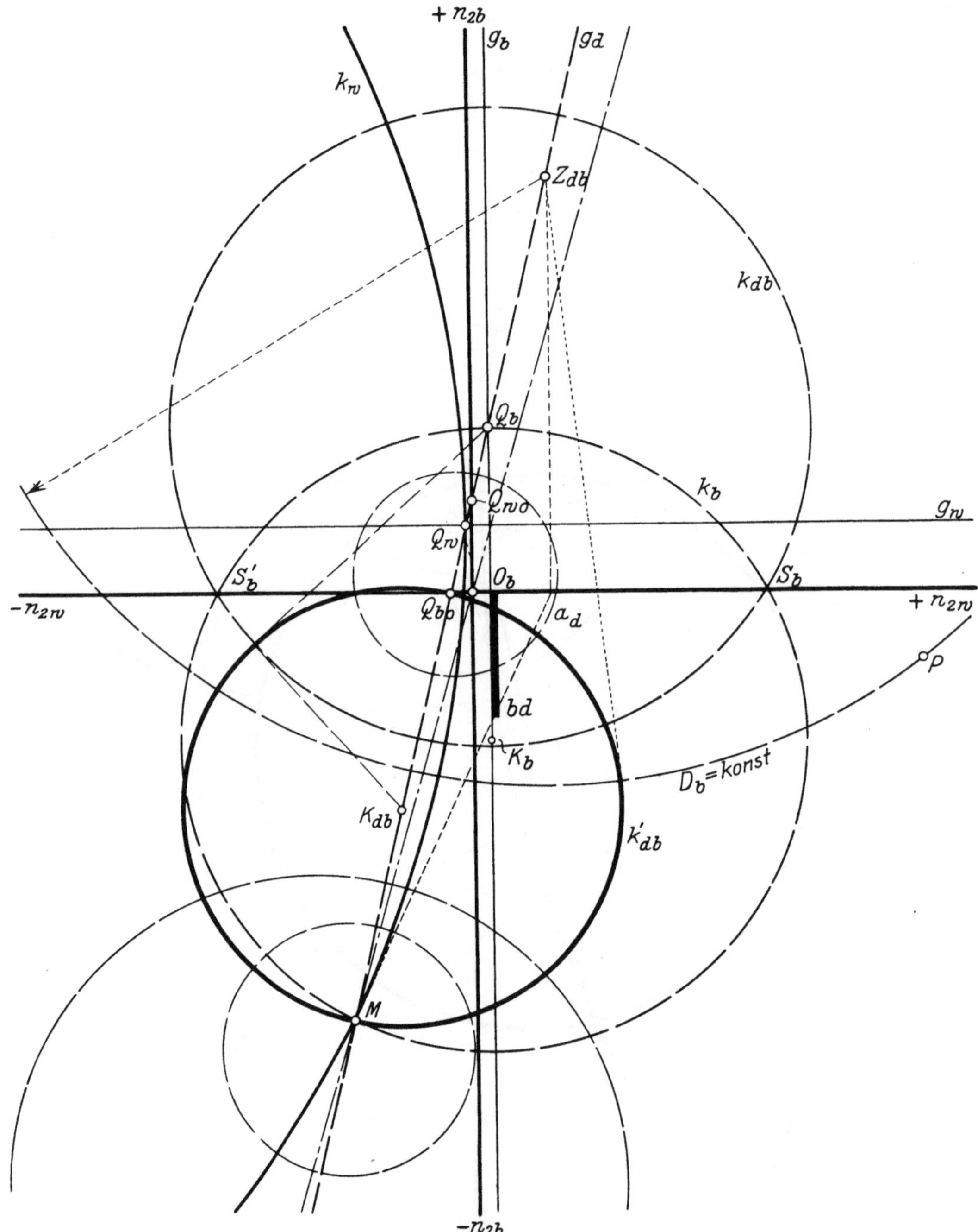

Abb. 60. Diagramm der Blindleistungsdifferenz $D_b = N_{1b} - N_{2b}$ bei konstanter Spannung im Endpunkt *1*. Koordinaten und Leistungsmaßstab wie in Abb. 55.

Ortskurven: Kreisschar senkrecht zu Kreis k_{db}', Mittelpunkte auf Gerade g_d (vgl. Abb. 37, 42 und 45). Für Belastungspunkt P: Blindleistungsdifferenz $D_b = \overline{O_b b_d}$.

einen Kreis k'_{db} senkrecht schneiden, dessen Mittelpunkt auf der Geraden g_d liegt, der ferner durch den Punkt M geht und den durch S_b um den Mittelpunkt Q_b gezogenen Kreis k_{db} (vgl. auch Abb. 45) senkrecht schneidet. Dieser „Grundkreis der Blindleistungsdifferenz" geht durch den Schnittpunkt Q_{b0} der Geraden g_d und der Abszissenachse.

Dies erkennt man folgendermaßen: Aus Abb. 45 und 60 ist ersichtlich, daß $\overline{Q_b S_b}^2 = \overline{Q_b O_b} \cdot \overline{Q_b Q'_b}$ ist. Bezeichnet man den Winkel zwischen g_d und der Abszissenachse mit ψ, so ist $\overline{Q_b O_b} = \overline{Q_b Q_{b0}} \sin\psi$, $\overline{Q_b M} = \frac{\overline{Q_b Q'_b}}{\sin\psi}$, daher $\overline{Q_b S_b}^2 = \overline{Q_b Q_{b0}} \cdot \overline{Q_b M}$. Die Potenz des Punktes Q_b in bezug auf einen über $\overline{M Q_{b0}}$ errichteten Kreis ist also gleich $\overline{Q_b S_b}^2$, d. h. der den Kreis k_{db} senkrecht schneidende Kreis k'_{db} hat den Durchmesser $\overline{M Q_{b0}}$.

Die graphische Ermittlung der Größe d'_b aus der Lage des Ortskreismittelpunktes ist analog der Ermittlung von n'_{1b} entsprechend Abb. 55 (Linienzug $\overline{Z_{db} a_d b_d}$). Die Strecke $\overline{O_b b_d}$ stellt die Blindleistungsdifferenz dar. Das Vorzeichen von d'_b ist positiv, wenn die Richtung $\overrightarrow{O_b b_d}$ nach der negativen Seite der Ordinatenachse weist.

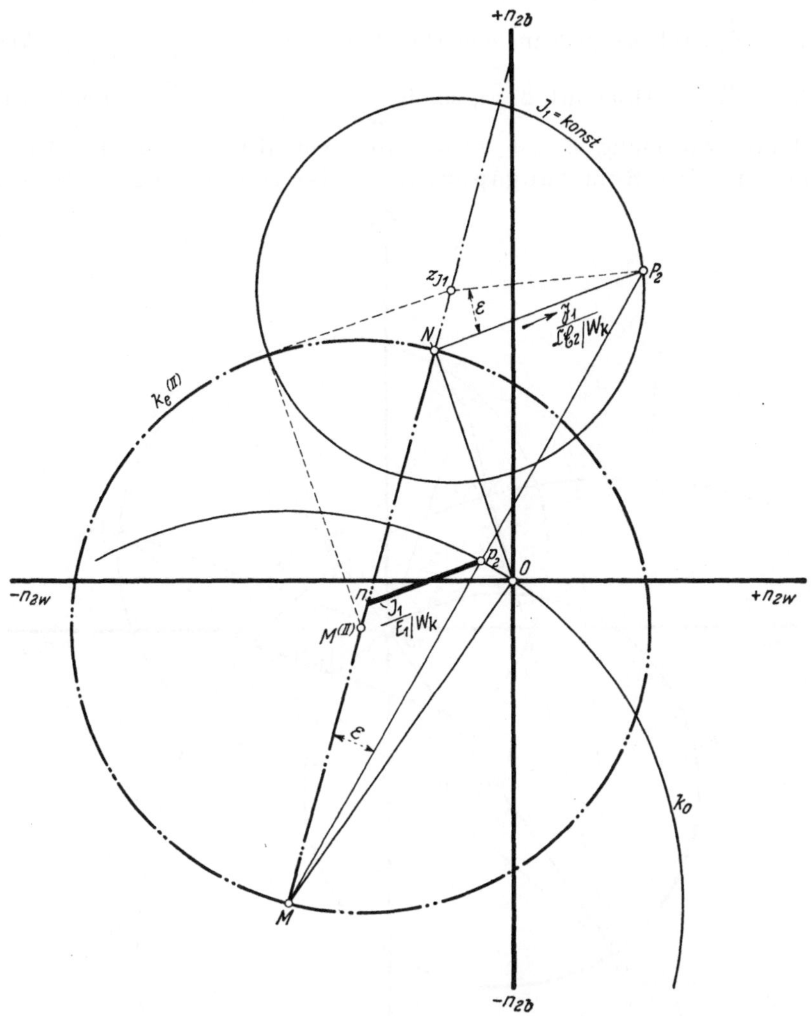

Abb. 61. Diagramm der Stromstärke J_1 im Endpunkt *1* bei konstanter Spannung im Endpunkt *1*. Koordinaten wie in Abb. 55.

Strommaßstab: $\overline{OM} = \frac{E_1}{W_k} = J_{1k}$ (Kurzschlußstrom).

Ortskurven: Kreisschar senkrecht zu Kreis $k_e^{(II)}$ über Kurzschlußpunkt M und Leerlaufpunkt N.

Für Belastungspunkt P_2: Strom $J_1 = \overline{n p_2}$; ($\overline{N P_2}$ entsprechend Abb. 49; $\overline{n p_2} \parallel \overline{N P_2}$).

e) Wirkleistungssumme und Blindleistungssumme.

Die Ermittlung dieser Größen erfolgt vollkommen analog dem vorstehend angegebenen Verfahren zur Bestimmung von d_b'. Es genügt daher, nur das Resultat anzugeben: Die Kreise für konstante Werte von s_w' und s_b' haben ihre Mittelpunkte auf der Geraden g_s, Abb. 63, die durch den Kurzschlußpunkt M senkrecht zu g_d geht und die Scheitelpunkte Q_w' und Q_b' miteinander verbindet. Diese Gerade schneidet die Abszissenachse im Punkt Q_{b0}' und die Ordinatenachse im Punkt Q_{w0}'. Die Schar der s_b'-Kreise schneidet den Grundkreis k_{sb}' senkrecht, der über dem Durchmesser $\overline{MQ_{b0}'}$ errichtet ist. Die Schar der s_w'-Kreise schneidet den Grundkreis k_{sw}' senkrecht, der über dem Durchmesser $\overline{MQ_{w0}}$ errichtet ist. Die graphische Ermittlung der Größen aus den Mittelpunktslagen der Ortskreise erfolgt für s_w' wie in Abb. 59, für s_b' wie in Abb. 60. Die Blindleistungssumme ist im Gegensatz zur Blindleistungsdifferenz positiv, wenn die entsprechende Strecke auf der Geraden g_b nach der positiven Seite weist. Das Analoge gilt von der Wirkleistungssumme.

f) Die Ströme in den beiden Endpunkten.

Die Strecke $\overline{NP_2}$ (Abb. 61) hat im Kurzschlußmaß die Länge $\frac{J_1}{CE_2/W_k}$ (s. Abschnitt 22h). Ferner ist $\overline{MP_2} = \frac{E_1}{CE_2}$ (s. Abschnitt 21a), somit $\frac{\overline{NP_2}}{\overline{MP_2}} = \frac{J_1}{E_1/W_k} = \frac{J_1}{J_{1k}}$. Bei konstantem Strom J_1 und konstanter Spannung E_1 ist auch dieses Verhältnis konstant. Der entsprechende geometrische Ort des Belastungspunktes P_2 ist laut Anhang II, 3a, Gleichung (44),

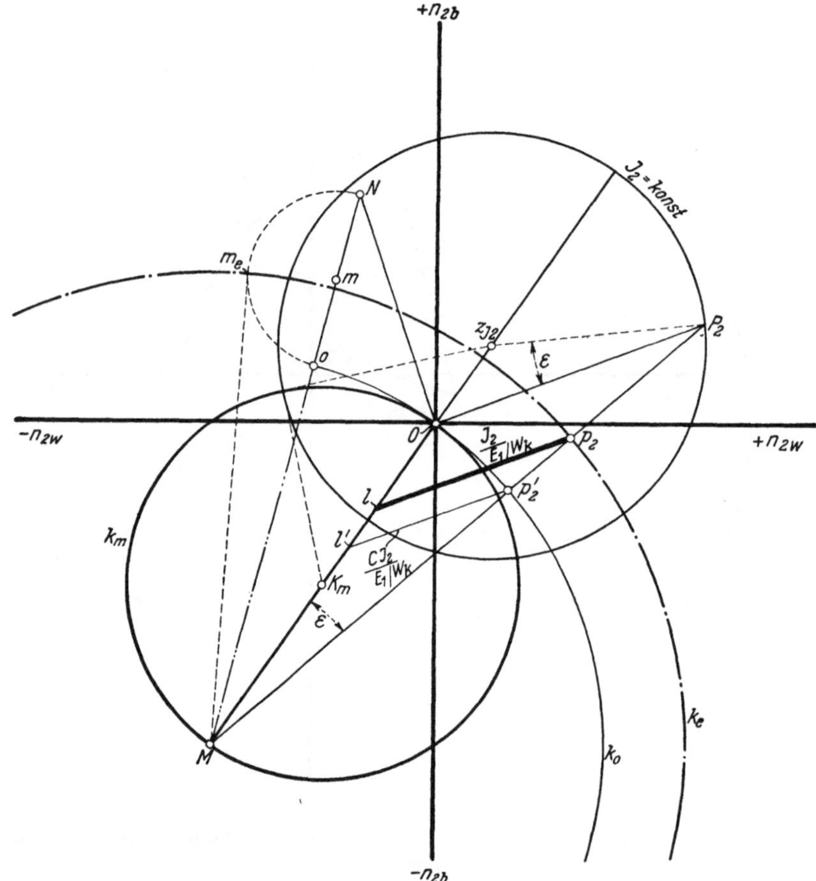

Abb. 62. Diagramm der Stromstärke J_2 im Endpunkt *2* bei konstanter Spannung im Endpunkt *1*. Koordinaten und Strommaßstab wie in Abb. 61.
Ortskurven: Kreisschar senkrecht zu Kreis k_m über Kurzschlußpunkt M und Ursprung O.
Für Belastungspunkt P_2: Strom $J_2 = \overline{lp_2}$; ($\overline{OP_2} \parallel \overline{lp_2}$; Kreis k_e vgl. Abb. 37).

ein Kreis, der den über $\overline{MN}$ errichteten Kreis $k_e^{(II)}$ senkrecht schneidet (vgl. Abb. 61 und 127). Es ist $\overline{np_2} = \overline{OM}\frac{\overline{NP_2}}{\overline{MP_2}} = \overline{OM}\frac{J_1}{J_{1k}}$. Stellt die Strecke $\overline{OM}$ den der konstanten Spannung E_1 entsprechenden Kurzschlußstrom in Amp. dar, so ist $\overline{np_2}$ gleich dem Strom J_1 in Amp.

In ähnlicher Weise ergibt sich auch der Strom J_2 bei konstanter Spannung E_1. Entsprechend der Definition der Koordinaten ist $\overline{OP_2} = \frac{J_2}{E_2/W_k}$, daher $\frac{\overline{OP_2}}{\overline{MP_2}} = \frac{C J_2}{E_1/W_k}$ (Abb. 62). Die Ortskreise für konstanten Strom J_2 schneiden also den über dem Durchmesser $\overline{OM}$ errichteten Kreis senkrecht. Durch Vergleich mit Abb. 61 ist die Bedeutung der Strecke $\overline{l'p_2'} \parallel \overline{OP_2}$ ohne weiteres verständlich. Die Vergrößerung auf $\overline{lp_2}$ entspricht einer Multiplikation mit $\frac{1}{C}$, denn Kreis k_e ist der Einheitsspannungskreis, dessen Radius gleich $\overline{MO}\cdot\frac{1}{C}$ ist [s. Gleichung (122)]. Die Strecke $\overline{lp_2}$ ist somit im Kurzschlußmaß gleich $\frac{J_2}{E_1/W_k} = \frac{J_2}{J_{1k}}$.

25. Die geometrisch-physikalischen Beziehungen des Gesamtdiagramms.

In Abb. 63 (Tafel III, S. 90) sind die meisten der in den vorhergehenden Abschnitten entwickelten Diagrammlinien zusammengestellt. Einige Hilfslinien sind zur Darstellung der Lagenbeziehungen hinzugefügt.

Im folgenden werden die Eigenschaften des Gesamtdiagramms in zusammenfassender Darstellung beschrieben. Soweit die Beziehungen bereits abgeleitet sind, wird dies durch Hinweis auf die betreffenden Abschnitte bemerkt. Ein Teil der Beziehungen läßt sich jedoch erst aus der hier gegebenen Zusammenstellung der Diagrammlinien gewinnen.

a) Die Koordinaten.

(Abschnitte 14, 16 und 18.)

Die Belastungsverhältnisse des Übertragungskreises werden in einem rechtwinkligen Koordinatensystem dargestellt. Die Koordinaten beziehen sich auf den Belastungszustand eines der beiden Endpunkte *1* und *2* des Übertragungskreises. In der Regel wird der Endpunkt *2* als Koordinatenbezugspunkt gewählt. Wegen der Richtungssymmetrie des Übertragungskreises gilt die gleiche Darstellung auch für den Endpunkt *1*. Die Koordinaten stellen Wirk- und Blindleistung im Endpunkt *2* bei konstanter Spannung E_2 dar. Die Wirkleistung wird als Abszisse, die Blindleistung als Ordinate betrachtet. Positive Abszissenrichtung (vom Koordinatenursprung O nach rechts aufgetragen) entspricht einem in Endpunkt *2* angeschlossenen Verbraucher, negative Abszissenrichtung einem Generator. Die Blindleistung im Endpunkt *2* wird positiv bezeichnet, wenn der Blindstrom gegenüber dem Verbraucherwirkstrom um 90° nacheilt. Da positive Blindleistung nach aufwärts aufgetragen wird, ergibt sich der Drehsinn der Zeitlinie entgegengesetzt der Uhrzeigerbewegung. Dieser Drehsinn ist in allen Darstellungen beibehalten.

Zur graphischen Leistungsermittlung ist es notwendig, auch für die im Endpunkt *1* auftretenden Leistungskomponenten das Vorzeichen festzusetzen: Die Wirkleistung im Endpunkt *1* ist positiv, wenn daselbst ein Generator angeschlossen ist; die Blindleistung ist positiv, wenn der Blindstrom gegenüber dem Generatorwirkstrom um 90° nacheilt. Bei Energieübertragung von *1* nach *2* sind somit beide Wirkleistungen positiv bezeichnet, bei der entgegengesetzten Übertragungsrichtung negativ.

Wirk- und Blindleistung sind bei konstanter Spannung den Komponenten der angeschlossenen Leitfähigkeit proportional. Durch die Koordinaten werden daher in entsprechendem Maßstab auch die Leitfähigkeitskomponenten des Endpunktes *2* dargestellt. Darauf beruht die allgemeine Bedeutung der Koordinaten: Das graphische Verfahren wird im wesentlichen mittels des Leitfähigkeits- (Admittanz-) Diagramms durchgeführt. Die analoge Zusammensetzung und Anwendung des Widerstands- (Impedanz-) Diagramms wird in Abschnitt 27 gezeigt.

Jedem Punkt der Koordinatenebene (Belastungspunkt) entspricht eine bestimmte Wirk- und Blindleitfähigkeit im Endpunkt *2*; seine Entfernung vom Koordinatenursprung gibt die

Scheinleitfähigkeit an. Der Winkel, den eine durch Ursprung und Belastungspunkt gezogene Gerade mit der Abszissenachse einschließt, kennzeichnet die Phasenverschiebung des Stromes J_2 gegenüber der Spannung E_2. Die Richtung dieser Verschiebung, d. h. Voreilung oder Nacheilung, ergibt sich aus dem Drehsinn der Zeitlinie.

Bei gegebener Belastungsleitfähigkeit bleibt die Lage des Belastungspunktes im Koordinatensystem unverändert, auch wenn die Spannung E_2 sich ändert. Bei verschiedenen konstanten Werten der Spannung E_2 entsprechen den gleichen Koordinatenstrecken verschiedene Leistungen, die der Größe E_2^2 proportional sind. Die Größe der konstanten Spannung E_2 beeinflußt also nur den Leistungsmaßstab, nicht aber die geometrische Größe und Gestalt des Diagramms; das gleiche Diagramm ist für sämtliche Spannungsgrößen verwendbar.

Ist die Spannung E_1 im Endpunkt *1* konstant, so ist an der allgemeineren Bedeutung der Koordinaten als Leitfähigkeitskomponenten des Endpunktes *2* festzuhalten. Die Spannung E_2 ist in diesem Fall mit der Belastung veränderlich, die Koordinaten sind daher den Leistungskomponenten in Endpunkt *2* nicht proportional.

Praktisch werden die Koordinaten stets als Leistungsgrößen behandelt, die der dargestellten Leitfähigkeit und einer bestimmten konstanten Bezugsspannung entsprechen. Ist Spannung E_2 konstant, so wird sie zur Bezugsspannung gemacht; die Koordinaten stellen in diesem Fall die im Endpunkt *2* tatsächlich vorhandenen Leistungskomponenten dar. Ist die Spannung E_1 konstant und als Bezugsspannung zugrunde gelegt, so stellen die Koordinaten diejenigen Leistungsgrößen dar, welche die ihnen entsprechende Belastungsleitfähigkeit des Punktes *2* bei Anschluß an Spannung E_1 aufnehmen würde. Als physikalische Größen haben diese ideellen Leistungen keine Bedeutung; sie sind nur ein praktisches Maß für die ihnen proportionalen Leitfähigkeiten.

b) Leerlauf- und Kurzschlußpunkt. — Das Spannungsverhältnis.

(Abschnitte 13 und 21.)

Dem Kurzschluß im Endpunkt *1* entspricht der Belastungspunkt M, dem Leerlauf der Belastungspunkt N. In beiden Fällen muß im Endpunkt *2* ein Generator angeschlossen sein, um die Verlustleistung des unter Spannung gesetzten Übertragungskreises zu erzeugen. Die Punkte M und N haben also negative Abszissen. Der Kurzschlußstrom hat die Phasenverschiebung φ_k (Kurzschlußwinkel). Im dargestellten Fall ist er gegenüber dem Generatorwirkstrom nacheilend, der Leerlaufstrom voreilend. Dies entspricht den Verhältnissen bei allen praktisch vorkommenden Leitungslängen. (Bei Transformatoren sind Kurzschlußstrom und Leerlaufstrom nacheilend.)[1]

Die Entfernung eines beliebigen Belastungspunktes vom Kurzschlußpunkt M ist proportional dem Spannungsverhältnis $\frac{E_1}{E_2}$. Konstanten Werten dieses Verhältnisses entsprechen also konzentrische Kreise um M. Dem Wert $\frac{E_1}{E_2} = 1$ entspricht der Einheitsspannungskreis k_e. Sein Radius ist $R_e = \overline{MO} \cdot \frac{1}{C} = \sqrt{\overline{MO} \cdot \overline{MN}}$ (s. Abb. 37). Das „Leerlaufspannungsverhältnis“ C ist gleich dem Verhältnis der Spannung im Speisepunkt zur Spannung im leerlaufenden Ende.

Die Symmetrale der Richtungen $\overrightarrow{MO}$ und $\overrightarrow{MN}$ ist die Gerade g_d. Dem Belastungspunkt P entspricht ein bestimmter Phasenunterschied der Spannung $\mathfrak{E}_1$ gegenüber der Spannung $\mathfrak{E}_2$. Diese Phasenverschiebung wird durch den Winkel, den die Richtung $\overrightarrow{MP}$ mit g_d einschließt, der Größe und Richtung nach dargestellt. Für Leerlauf im Punkt *2*, dargestellt durch den Ursprung O, hat dieser Winkel den Betrag φ_c, für Leerlauf im Punkt *1*, dargestellt durch N, den Betrag $(-\varphi_c)$. Daher schließt g_d sowohl mit $\overrightarrow{MO}$ als auch mit $\overrightarrow{MN}$ den Winkel φ_c ein.

[1]) Das in Abb. 63 dargestellte Diagramm entspricht der in Abschnitt 51a berechneten Freileitung von 1000 km Länge. Der Leistungsmaßstab des Diagramms ist 1 mm = 5000 kVA bei $E_2 = 220$ kV. Die Kurzschlußleistung $\overline{OM}$ ist bei dieser Leitungslänge kleiner als die Leerlaufleistung $\overline{ON}$. Bei kürzeren Leitungen und besonders bei Transformatoren ist $\overline{OM}$ erheblich größer als $\overline{ON}$.

Die Gerade g_d schneidet den Einheitsspannungskreis k_e in den Punkten N_m und M_m. Dem Punkt N_m entspricht $\frac{\mathfrak{E}_1}{\mathfrak{E}_2} = +1$, d. h. die Spannungen an den beiden Endpunkten sind gleich groß und phasengleich. Im Punkt M_m ist $\frac{\mathfrak{E}_1}{\mathfrak{E}_2} = -1$, die beiden Spannungen sind gleich groß, jedoch in Gegenphase. Beiden Fällen entsprechen vollkommen symmetrische Belastungsverhältnisse an den beiden Endpunkten. Dies ist nur möglich, wenn beiderseits gleichartig belastete Generatoren angeschaltet sind, welche auf die Verlustwiderstände des Übertragungskreises arbeiten. Die beiden Punkte haben daher negative Abszissen.

c) Die Leistungskreise.

(Abschnitte 22 und 24.)

Der geometrische Ort aller Belastungspunkte, für welche die Wirkleistung im Endpunkt *1* gleich Null wird, ist der Wirkleistungshauptkreis k_w, mit dem Mittelpunkt K_w und dem Radius R_w (Abschnitt 22a). Konzentrisch zu k_w verläuft die Kreisschar, welche konstanten Werten der Wirkleistung N_{1w} bei konstanter Spannung E_2 entspricht. Die Punkte innerhalb k_w entsprechen einer Verbraucherleistung, die Punkte außerhalb k_w einer Erzeugerleistung im Endpunkt *1*. Analog ist der Verlauf des Blindleistungsdiagramms. Der geometrische Ort aller Punkte, für welche die Blindleistung im Endpunkt *1* gleich Null ist, wird durch den Blindleistungshauptkreis k_b mit dem Mittelpunkt K_b und dem Radius R_b dargestellt (Abschnitt 22b). Für alle Punkte außerhalb des Kreises k_b ist im Endpunkt *1* der Blindstrom gegenüber dem generatorischen Wirkstrom im gleichen Sinn verschoben wie bei Speisung auf den kurzgeschlossenen Übertragungskreis; im vorliegenden Fall also nacheilend (induktiv belasteter Generator oder Verbraucher mit kapazitiver Komponente im Endpunkt *1*). Für die Punkte innerhalb k_b hat die Phasenverschiebung des Blindstroms die entgegengesetzte Richtung.

Die Mittelpunkte K_w und K_b liegen auf der Symmetrale der Strecke $\overline{MN}$ (s. auch Abb. 42). Punkt K_w liegt auf der zur Abszissenachse parallelen Geraden g_w, Punkt K_b auf der zur Ordinatenachse parallelen Geraden g_b. Diese beiden Geraden schneiden einander im Punkt O_{wb}, der auf der Fortsetzung der Strecke $\overline{MO}$ liegt.

Die beiden Hauptkreise gehen durch die Punkte M und N, da sowohl im Leerlauf als auch im Kurzschluß des Endpunktes *1* Wirkleistung und Blindleistung verschwinden. Die Scheitelpunkte des Kreises k_w auf der Geraden g_w sind Q_w und Q_w' (Abb. 63). Scheitel Q_w ist stets der Ordinatenachse zugekehrt. Die Scheitelpunkte von k_b auf der Geraden g_b sind Q_b und Q_b'. Punkt Q_b ist der obere Scheitel, wenn M unterhalb der Abszissenachse liegt, und umgekehrt. Scheitel Q_w und Q_b liegen auf der Geraden g_d (dem geometrischen Ort gleichphasiger Spannungen $\mathfrak{E}_1$ und $\mathfrak{E}_2$). Die Scheitelpunkte Q_w' und Q_b' liegen auf der durch M senkrecht zu g_d gezogenen Geraden g_s. Die Verbindungsgeraden der Scheitel Q_b und Q_w' sowie Q_w und Q_b' gehen durch den Leerlaufpunkt N (Abschnitt 22c).

Der Peripheriewinkel des Kreises k_b über der Sehne $\overline{MN}$ ist gleich dem Kurzschlußwinkel φ_k; der Peripheriewinkel des Kreises k_w über der Sehne $\overline{MN}$ ist $(90^\circ - \varphi_k)$.

Der mit Bezug auf g_b symmetrisch zum Punkt N liegende Punkt N_b des Kreises k_b liegt daher auf der durch M, O und O_{wb} gehenden Geraden. Der Peripheriewinkel des Kreises k_b über dem Bogen $\widehat{Q_b N_b}$ ist somit gleich dem Winkel zwischen $\overrightarrow{MO}$ und g_d, daher gleich φ_c. Der gleiche Peripheriewinkel mit dem Scheitel N ist $\sphericalangle(Q_b N N_b)$. Die Gerade $\overline{Q_w' N Q_b}$ schließt daher mit der Abszissenachse den Winkel φ_c ein (Abschnitt 22c).

Die Richtung $\overrightarrow{MN}$ ist gegen die Richtung $\overrightarrow{MO}$ um den Winkel $2\varphi_c$ geneigt; sie schließt daher mit der positiven Abszissenachse den Winkel $\varphi_k + 2\varphi_c$ ein. Den gleichen Winkel bildet die zu $\overline{MN}$ senkrechte Gerade $\overrightarrow{K_w K_b}$ mit der negativen Ordinatenachse. Somit ist ihr Winkel mit der positiven Abszissenachse $\varphi_k + 2\varphi_c - 90^\circ$.

Um den Schnittpunkt O_w der Geraden g_w mit der Ordinatenachse wird ein als Wirkleistungsgegenkreis bezeichneter Kreis k_w' geschlagen, der den Kreis k_w senkrecht schneidet. Die Ortskurven für konstanten Wirkungsgrad bilden eine Kreisschar, deren Mittelpunkte auf der Geraden g_w liegen und die den Kreis k_w' senkrecht schneidet. Die Scheitelpunkte B und B' entsprechen der Übertragung mit maximalem Wirkungsgrad (Abschnitt 23b).

Jeder durch die Punkte B und B' gehende Kreis schneidet den Kreis k_w senkrecht (Begründung s. Anhang II, 2c, Abb. 125). Jeder Kreis, dessen Mittelpunkt auf der Symmetrale von $\overline{B'B}$ liegt und der den Kreis k_w senkrecht schneidet, geht daher durch die Punkte B und B'. Diese Punkte können also unabhängig von dem meist unhandlich großen Kreis k_w gefunden werden, wenn der Kreis k_b bekannt ist: Die Gerade $\overline{MK_b}$ schneidet die Ordinatenachse im Punkt K_{w0}. Der um diesen Punkt geschlagene, durch M gehende Kreis k_{w0} schneidet den Kreis k_w senkrecht, da $\overline{K_w M} \perp \overline{K_b M}$. Daher schneidet Kreis k_{w0} die Gerade g_w in den Punkten B und B'.

Die folgende Darstellung bezieht sich auf konstante Spannung im Endpunkt *2*.

Trägt man über jedem Punkt der Ebene die zugehörige Wirkleistung des Endpunktes *1* senkrecht zur horizontal gedachten Koordinatenebene auf, und zwar positive Wirklast aufwärts, so erhält man ein Rotationsparaboloid, das als Wirkleistungsparaboloid bezeichnet wird. Seine Achse geht durch den Punkt K_w. Sein Scheitel liegt im Abstand $\frac{R_w}{2}$ unterhalb der Ebene. Sein Schnitt mit der Ebene ist der Kreis k_w (Abschnitt 22a). In gleicher Weise kann auch die Differenz der beiden Wirkleistungen (d. i. der Übertragungsverlust) sowie die Summe der beiden Wirkleistungen dargestellt werden. Die beiden zugehörigen Paraboloide sind dem Wirkleistungsparaboloid kongruent. Die Achse des Verlustparaboloids geht durch den Punkt Q_w, der Scheitel liegt im Abstand $\overline{O_w Q_w}$ oberhalb der Ebene. Das Paraboloid liegt durchaus auf der positiven Seite der Ebene, entsprechend dem wesentlich positiven Charakter des Übertragungsverlustes (falls der Übertragungskreis selbst keine Generatoren enthält; Abschnitt 22d). Die Achse des Paraboloids der Wirkleistungssumme geht durch den Punkt Q_w' (Abb. 63).

Der Scheitel dieses Paraboloids liegt im Abstand $\overline{O_w Q_w'}$ unterhalb der Ebene. Das Paraboloid schneidet die Ebene im Kreis k_{sw}. Dieser ist somit der geometrische Ort aller Belastungspunkte, für welche die Summe der beiden Wirkleistungen gleich Null ist. Dies ist der Fall, wenn an beiden Endpunkten Generatoren angeschlossen sind, die mit gleicher Wirkleistung belastet sind. Der Kreis k_{sw} liegt daher außerhalb des Kreises k_w auf der linken Seite der Ordinatenachse. Er schneidet den Kreis k_w' im Punkt S_w, der auch auf der durch Q_w gehenden Scheiteltangente des Kreises k_w liegt (Abschnitt 22e).

Analog ist die Darstellung der Blindleistung. Die Achse des Blindleistungsparaboloids geht durch den Punkt K_b, der Scheitel liegt im Abstand $\frac{R_b}{2}$ von der Ebene entfernt, und zwar auf der negativen Seite, wenn der Kurzschlußstrom nacheilend ist (Punkt M im dritten Quadranten), andernfalls auf der positiven Seite. Das Paraboloid schneidet die Ebene im Blindleistungshauptkreis k_b (Abschnitt 22b). Summe und Differenz der Blindleistungen werden durch Paraboloide dargestellt, die dem Blindleistungsparaboloid kongruent sind. Die Achse des Differenzparaboloids geht durch den Scheitel Q_b, die Achse des Summenparaboloids durch den Scheitel Q_b' (Abb. 63). Für Größe und Entfernung der Scheitelabstände von der Ebene gelten analoge Beziehungen wie bei den entsprechenden Wirkleistungsparaboloiden, mit der Erweiterung, daß die Ordinaten von Q_b und Q_b' positiv oder negativ sein können, während die Abszissen von Q_w und Q_w' stets negativ sind. Die Scheitelentfernung des Differenzparaboloids ist gleich der Ordinate des Punktes Q_b, hat jedoch das entgegengesetzte Vorzeichen. Im Falle der Abb. 63 liegt also der Scheitel unterhalb der Ebene. Die Scheitelentfernung des Summenparaboloids ist in Größe und Vorzeichen gleich der Ordinate von Q_b'; im vorliegenden Fall liegt also auch der Scheitel des Summenparaboloids unterhalb der Ebene. Wenn der Kreis k_b die Abszissenachse nicht schneidet (z. B. im Transformatorendiagramm, s. Abschnitt 35), so ist die geometrische Analogie mit den entsprechenden Wirkleistungsdiagrammen eine vollkommene. Wenn dagegen der Kreis k_b die Abszissenachse schneidet, so schneiden sowohl das Differenzparaboloid als auch das Summenparaboloid die Koordinatenebene, das erstere im Kreis k_{db}, das letztere im Kreis k_{sb} (Abschnitt 22f und g).

Der Kreis k_{db} ist somit der geometrische Ort aller Belastungspunkte, für welche die Differenz der Blindleistungen gleich Null ist. Dem entspricht ein Übertragungsvorgang, bei dem der zwischen Generator und Verbraucher geschaltete Übertragungskreis keinen Einfluß auf die Blindleistung ausübt. Ist im Punkt *2* ein Verbraucher mit induktivem Widerstand vorhanden, so ist auch der Generator im Punkt *1* induktiv belastet und gibt die gleiche Blindlast ab, die der Verbraucher aufnimmt. Es ist klar, daß ein analoger Kreis im Wirkleistungsdiagramm wegen der stets vorhandenen Übertragungsverluste nicht existieren kann.

Der Kreis k_{sb} ist der geometrische Ort aller Belastungspunkte, für welche die Summe der beiden Blindleistungen gleich Null ist. Dem entsprechen die Belastungsfälle, bei denen die Blindlast in gleicher Größe, aber mit entgegengesetztem Vorzeichen, übermittelt wird: Ist im Punkt *2* ein Verbraucher mit induktivem Widerstand vorhanden, so wird der im Punkt *1* befindliche Generator kapazitiv belastet; der Größe nach ist jedoch seine Blindlast die gleiche, die der Verbraucher aufnimmt. Die beiden Kreise k_{sb} und k_{db} gehen durch die Schnittpunkte S_b und S_b' des Kreises k_b mit der Abszissenachse. Denn für diese Schnittpunkte verschwindet sowohl die Blindleistung im Endpunkt *2* (Abszissenachse) als auch die Blindleistung im Endpunkt *1* (Hauptkreis k_b); das gleiche gilt daher auch von Summe und Differenz der Blindleistungen. Diesen Punkten entspricht blindlastfreie Übertragung, welche eine gewisse Ähnlichkeit mit der Übertragung durch Gleichstrom hat.

Einer bestimmten, durch den Belastungspunkt dargestellten Leitfähigkeit im Endpunkt *2* entspricht auch eine bestimmte Leitfähigkeit im Endpunkt *1*; beide Größen sind durch die Übertragungsgleichung (111) miteinander verbunden. Die Abhängigkeit der Leistungsgrößen von der Lage des Belastungspunktes wird daher durch den Umstand beeinflußt, ob und in welcher Weise die Spannung mit der Belastung veränderlich ist. Die vorstehend beschriebenen Paraboloide kennzeichnen die Leistungsgrößen nur für konstante Spannung im Endpunkt *2*. Eine Ausnahme bilden jedoch die Hauptkreise k_w und k_b sowie die Kreise k_{sw}, k_{db} und k_{sb}. Die Bedeutung dieser Kreise ist von der Art des Spannungszustandes unabhängig. Denn sie entsprechen nicht nur konstanten Leistungsgrößen bzw. konstanten Summen oder Differenzen von Leistungen, sondern auch konstanten Werten des Verhältnisses gleichnamiger Leistungskomponenten in den beiden Endpunkten. Für die Kreise k_w und k_b ist dieses Verhältnis gleich Null, für den Kreis k_{db} ist es $(+1)$, für die Kreise k_{sb} und k_{sw} ist es (-1). Das Verhältnis zweier am Übertragungskreis auftretenden Leistungen ist aber nur eine Funktion der Belastungsleitfähigkeit und wird vom Spannungszustand nicht beeinflußt; denn bei gegebener Leitfähigkeit ist auch das Spannungsverhältnis bestimmt, und es ändern sich daher alle Leistungen im gleichen Verhältnis, wenn die Spannung geändert wird.

Die genannten Kreise gehören somit auch als Nullkreise denjenigen Kreisscharen an, die sich auf konstante Spannung im Endpunkt *1* beziehen. Dieser Fall ist der weiteren Darstellung zugrunde gelegt:

Die Kreise konstanter Wirkleistungen im Endpunkt *1* berühren den Wirkleistungshauptkreis k_w im Kurzschlußpunkt M. Die Kreise konstanter Blindleistung im Endpunkt *1* berühren den Blindleistungshauptkreis k_b im Punkt M (Abschnitt 24a). Auch den Leistungskomponenten des Endpunktes *2* entsprechen nunmehr Kreisscharen. Die Mittelpunkte der Wirkleistungskreise haben die gleichen Ordinaten, die der Blindleistungskreise die gleiche Abszisse wie Punkt M. Beide Kreisscharen werden von dem um den Ursprung O durch Punkt M gelegten Kreis senkrecht geschnitten (Abschnitt 24b).

Die Differenz und Summe der beiden Wirkleistungen bzw. der beiden Blindleistungen werden durch vier Kreisscharen dargestellt, die je einen festen Grundkreis senkrecht schneiden. Die Mittelpunkte der beiden Differenzkreisscharen liegen auf der Geraden g_d, die Mittelpunkte der beiden Summenkreisscharen auf der Geraden g_s. Den vier Kreisscharen sind die folgenden Grundkreise (Abb. 63) zugeordnet (Abschnitt 24c bis e):

Wirkleistungsdifferenz	Kreis	k_v	über Durchmesser	$\overline{MQ_{w0}}$,
Blindleistungsdifferenz	„	k_{db}'	„	$\overline{MQ_{b0}}$,
Wirkleistungssumme	„	k_{sw}'	„	$\overline{MQ_{w0}'}$,
Blindleistungssumme	„	k_{sb}'	„	$\overline{MQ_{b0}'}$.

Die durch Punkt Q_w gehende, senkrecht zu g_d verlaufende Sehne $\overline{S_{w0}S_{w0}'}$ hat die gleiche Länge wie die durch Punkt Q_w senkrecht zu g_w verlaufende Sehne des Kreises k_w' ($\overline{Q_wS_w} = \overline{Q_wS_{w0}}$).

Die im Mittelpunkt K_v des Kreises k_v errichtete Senkrechte zu g_d schneidet die Abszissenachse im Punkt K_{w0}, durch die auch die Gerade $\overline{MK_b}$ geht, wegen der ähnlichen Lage der Dreiecke $MK_{w0}Q_{w0}$ und MK_bQ_b.

Da der Kreis k_{db} auch für $E_1 =$ konst. einer konstanten Blindleistungsdifferenz (von der Größe Null) entspricht, so gehört er zur Schar der Kreise, die den Kreis k'_{db} senkrecht schneiden. Aus dem gleichen Grund schneiden einander die Kreise k_{sb} und k'_{sb} senkrecht, ebenso k_{sw} und k'_{sw}. Die im Mittelpunkt K'_{sb} des Kreises k'_{sb} senkrecht zu g_s errichtete Gerade schneidet die Abszissenachse im Punkt K_{b0}, durch den auch die Gerade $\overline{MK_w}$ geht (wegen der ähnlichen Lage der Dreiecke $MK_{b0}Q'_{b0}$ und $MK_wQ'_w$). Der um K_{b0} geschlagene, durch M und Q'_{b0} gehende Kreis k_{b0} schneidet den Kreis k_b senkrecht, da $\overline{K_wM} \perp \overline{K_bM}$. Daher schneidet er auch jeden durch die Punkte S_b und S'_b gelegten Kreis senkrecht (s. Anhang II, 2c), insbesondere also die Kreise k_{db} und k_{sb}.

Wenn der Blindleistungshauptkreis k_b die Abszissenachse nicht schneidet, so sind die beiden Hauptkreise auch geometrisch einander vollkommen analog, desgl. alle mit mit ihnen zusammenhängenden Diagrammlinien. Dieser Fall ist in Abb. 92 (Tafel VIII S. 132), dargestellt. Es entsprechen einander die Kreise k'_w und k'_b, die Punkte B und B_b, ferner die Punkte S_w und S_b sowie S_{w0} und S_{b0}. Analog $\overline{Q_wS_w} = \overline{Q_wS_{w0}}$ ist $\overline{Q_bS_b} = \overline{Q_bS_{b0}}$. Punkt S_{b0} liegt auf dem über $\overline{MQ_{b0}}$ errichteten Kreis k'_{db}, der dem durch S_{w0} gehenden Kreis k_v physikalisch und nunmehr auch geometrisch analog ist. Ferner liegen die Punkte S_{w0} und S_{b0} auf dem Einheitsspannungskreis k_e (Nachweis für S_{w0} s. nächsten Abschnitt d).

d) Die Beziehungen zwischen Spannungsverhältnisdiagramm und Leistungskreisen.

Aus dem Spannungsdiagramm kann ein Verfahren zur unmittelbaren Konstruktion der Leistungskomponenten abgeleitet werden (s. Abschnitt 21 b). Es ist daher klar, daß die Hauptlinien des Diagramms, nämlich der Einheitsspannungskreis k_e und die Gerade g_d (Abb. 37 und 63), in engen Beziehungen zu den charakteristischen Kreisen der Leistungsdiagramme stehen müssen. Ein Teil der Beziehungen ist bereits erwähnt: Die Gerade g_d geht durch die Scheitelpunkte Q_w und Q_b der beiden Hauptkreise k_w und k_b. Die zahlreichen anderen Beziehungen lassen sich am einfachsten auf Grund der Bedeutung der Leistungskreise mittels des Begriffs der „zugeordneten Diagrammpunkte" nachweisen:

Jeder Leitfähigkeit im Endpunkt *2* ist entsprechend Gleichung (111) eine bestimmte Leitfähigkeit im Endpunkt *1* zugeordnet. Auch diese kann in einem rechtwinkligen Koordinatensystem dargestellt werden. Die beiden zur Darstellung der Leitfähigkeit $\mathfrak{G}_1$ bzw. $\mathfrak{G}_2$ dienenden Achsensysteme seien durch *1* und *2* bezeichnet. Bringt man sie derart zur Deckung, daß die Verbraucher-Wirkkomponenten in beiden Systemen nach der gleichen Seite hin aufgetragen werden, so sind sämtliche festen Diagrammlinien beiden Systemen gemeinsam. Die beiden zusammengehörigen Leitfähigkeiten werden durch die Punkte P_2 und (P_1) dargestellt (s. Abschnitt 21 b, Abb. 38 und 39). Diese beiden Punkte sind somit einander zugeordnet. Ihre Lagenbeziehung ergibt sich entsprechend den Gesetzen des Spannungsverhältnisdiagramms: Die Geraden $\overline{MP_2}$ und $\overline{M(P_1)}$ liegen symmetrisch zu g_d, wegen $\varphi_{e1} - \varphi_{e2} = -(\varphi_{e2} - \varphi_{e1})$. Ferner ist $\overline{MP_2} \cdot \overline{M(P_1)} = R_e^2$, wegen $\frac{E_1}{E_2} \cdot \frac{E_2}{E_1} = 1^2$. Liegt einer der Punkte auf g_d, so muß auch der andere auf g_d liegen. Liegt einer der Punkte auf dem Kreis k_e, so liegt auch der andere auf diesem Kreis, und zwar liegen beide symmetrisch mit Bezug auf g_d.

Jene Punkte, die den Punkten einer beliebigen Kurve zugeordnet sind, bilden im allgemeinen eine andere Kurve: Die beiden Kurven sind einander zugeordnet. Die Schnittpunkte zugeordneter Kurven mit dem Kreis k_e liegen symmetrisch zu g_d und sind einander zugeordnet; die Schnittpunkte zugeordneter Kurven mit der Geraden g_d sind einander gleichfalls zugeordnet.

Dies sei an den folgenden Beispielen erläutert: Die Punkte reiner Blindlast im Endpunkt *1* bilden im System *2* den Wirkleistungshauptkreis k_w. Der gleichen Bedingung entspricht im System *1* die Ordinatenachse. Die analoge Beziehung gilt für reine Wirklast. Es sind daher einander paarweise zugeordnet Kreis k_w und Ordinatenachse, Kreis k_b und Abszissenachse. Daher ist (Abb. 63 und 65) $\overline{MQ_{b0}} \cdot \overline{MQ_b} = \overline{MQ_w} \cdot \overline{MQ_{w0}} = R_e^2$. Die über den Durchmessern $\overline{Q_wQ_{w0}}$ und $\overline{Q_bQ_{b0}}$ errichteten Kreise schneiden daher den Kreis k_e senkrecht. Die Schnittpunkte des Kreises k_e mit den Hauptkreisen k_w und k_b liegen mit Bezug auf g_d paarweise symmetrisch zu den Schnittpunkten von k_e mit der Ordinaten- bzw. Abszissenachse. Dem entsprechen in Abb. 64 die symmetrischen Punktpaare $F_{w1}F_{w2}$, $F'_{w1}F'_{w2}$, $F_{b1}F_{b2}$, $F'_{b1}F'_{b2}$.

Additional material from *Theorie der Wechselstromübertragung*,
ISBN 978-3-642-98618-5 (978-3-642-98618-5_OSFO3),
is available at http://extras.springer.com

Der Kreis k_{db} verändert seine Bedeutung nicht, wenn die Bezeichnungen *1* und *2* vertauscht werden (Gleichheit der Blindleistungen in beiden Endpunkten). Er ist daher sich selbst zugeordnet. Für seine Schnittpunkte mit g_d gilt also die Beziehung, daß das geometrische Mittel ihrer Entfernung von M gleich R_e ist: Die Kreise k_{db} und k_e schneiden einander senkrecht (Abb. 63). Wegen $\overline{MQ_{b0}} \cdot \overline{MQ_b} = R_e^2 = \overline{MS_{b0}}^2$ geht die gemeinsame Sehne $\overline{S_{b0}S'_{b0}}$ durch den Punkt Q_{b0}; die beiden Sehnenendpunkte sind einander zugeordnet. Ferner sind die Schnittpunkte des Kreises k_{db} mit der Abszissenachse, nämlich S_b und S'_b einander zugeordnet, da sich ihre Bedeutung bei Vertauschung der Bezeichnungen *1* und *2* nicht ändert: Sie stellen die Verbraucherleitfähigkeit und die Generatorleitfähigkeit für die blindlastfreie Übertragung dar. Liegt der Ursprung O außerhalb des Kreises k_b, so müssen S_b und S'_b auf der gleichen Seite der Ordinatenachse liegen. In diesem Fall müssen bei blindlastfreier Übertragung an beiden Endpunkten Generatoren angeschlossen sein (falls der Übertragungskreis selbst keine Generatoren enthält). Dies ist der physikalische Sinn der (in Abschnitt 22b, S. 60) geometrisch abgeleiteten Beziehung, daß bei außerhalb liegendem Ursprung der

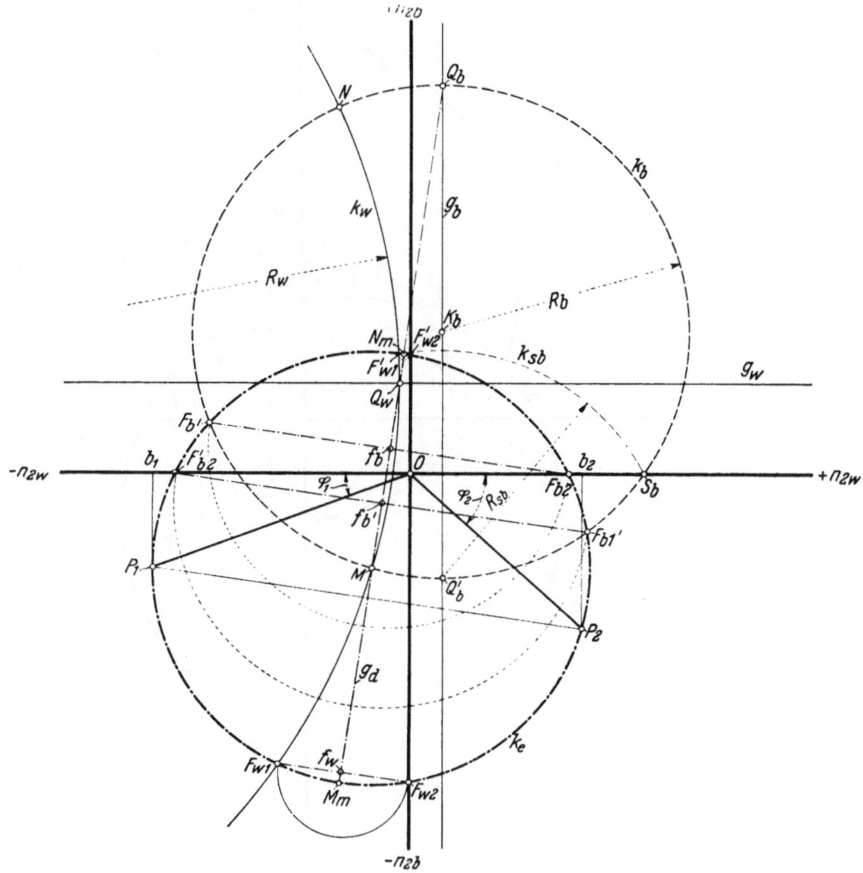

Abb. 64. Beziehungen des Einheitsspannungskreises k_e zu den Leistungshauptkreisen k_w und k_b (vgl. Abb. 37 und 42).
(Schnittpunkte von k_e mit Hauptkreisen und Koordinatenachsen wechselweise symmetrisch zur Geraden g_d.)

Mittelpunkt K_b stets auf der linken Seite der Ordinatenachse liegt. Rein geometrisch läßt sich nachweisen, daß die Verbindungsgerade zweier beliebiger zugeordneter Punkte des Kreises k_{db} durch den Punkt Q_{b0} gehen muß.

Der Kreis k_v schneidet den Kreis k_e in den Punkten S_{w0} und S'_{w0}, die bereits durch den Zusammenhang mit dem Kreis k'_w gefunden wurden (Abb. 63 und 65). Denn für das rechtwinklige Dreieck $MS_{w0}Q_{w0}$ gilt die Beziehung $\overline{MQ_w} \cdot \overline{MQ_{w0}} = \overline{MS_{w0}} = R_e^2$, da die Punkte Q_w und Q_{w0} einander zugeordnet sind. Für die Punkte S_{w0} und S'_{w0} gilt die Beziehung $\overline{Q_{w0}S_{w0}} = \overline{Q_{w0}S'_{w0}} = \overline{Q_{w0}B} = \overline{Q_{w0}B'}$. Denn wegen $\overline{Q_wS_w} = \overline{Q_wS_{w0}}$ (s. Abschnitt 24c) ist $\overline{Q_wS_0}^2_{w0} = \overline{Q_{w0}Q_w^2} + \overline{Q_wS_w^2} = \overline{Q_{w0}O_w^2} + \overline{O_wQ_w^2} + \overline{Q_wS_w^2} = \overline{Q_{w0}O_w^2} + \overline{O_wB}^2 = \overline{Q_{w0}B}^2$. Der durch die Punkte B und B' gelegte Kreis um Q_{w0} schneidet also den Kreis k_e senkrecht in den Punkten S_{w0} und S'_{w0}. Daraus ergibt sich entsprechend Abschnitt 26c (S. 100) die physikalische Bedeutung dieser Punkte. Sie stellen diejenigen zugeordneten Belastungen dar, für welche der Wirkungsgrad den größten mit der Bedingung $E_1 = E_2$ vereinbarlichen Wert hat.

In einer sehr bemerkenswerten Beziehung stehen die Leistungssummenkreise k_{sb} und k_{sw} zum Kreis k_e. Für die Schnittpunkte beider Summenkreise sind beide Wirkleistungen sowie beide Blindleistungen einander entgegengesetzt gleich. An beiden Enden sind also Generatoren vorhanden, die mit der gleichen Wirkleistung und der gleichen Blindleistung belastet sind, beide induktiv oder beide kapazitiv. Jeder der beiden Schnittpunkte der Summenkreise muß also sich selbst zugeordnet sein. Dies trifft nur zu für die Schnittpunkte N_m und M_m der Geraden g_d mit dem Einheitsspannungskreis $k_e \left(\frac{\mathfrak{E}_1}{\mathfrak{E}_2} = \pm 1\right)$. Durch diese beiden Punkte müssen also auch die Kreise k_{sb} und k_{sw} gehen (Abb. 63). Der vollkommenen Symmetrie der Belastung entspricht auch vollkommene Symmetrie des Spannungszustandes: Die beiden Endspannungen sind einander gleich, und zwar entweder in Phase (Punkt N_m) oder in Gegenphase (Punkt M_m).

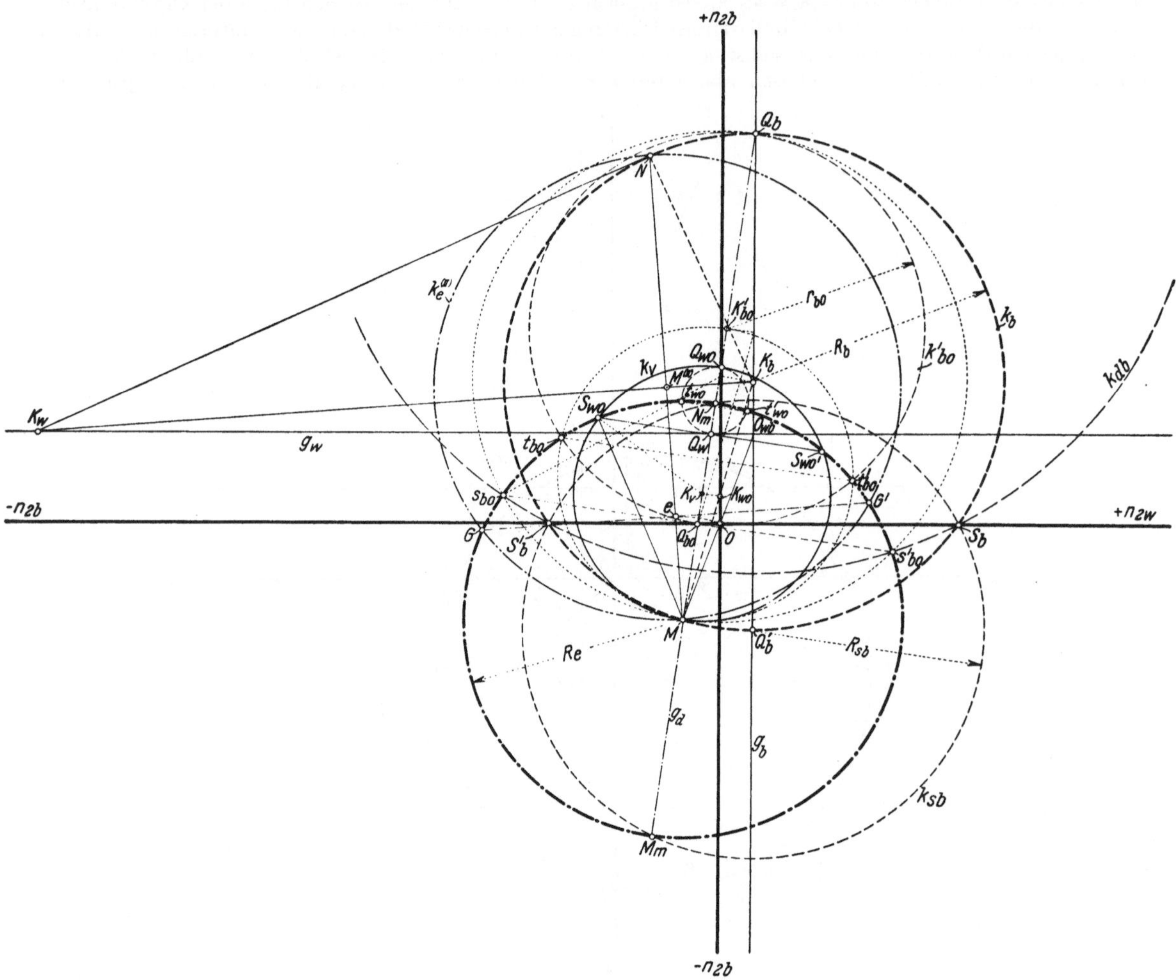

Abb. 65. Beziehungen des Einheitsspannungskreises k_e zu den Diagrammen der Leistungsdifferenzen und -Summen (vgl. Abb. 37, 45, 59 und 60).

Kreise über $\overline{Q_w Q_{w0}}$, $\overline{Q_b Q_{b0}}$ und Kreis k_{sb} schneiden Kreis k_e senkrecht. — Punkt S_{w0} (Abb. 59) auf k_e. — Kreis k_{sb} durch Scheitelpunkte M_m und N_m (ebenso Kreis k_{sw} Abb. 63).

e) Konstruktion des Diagramms auf Grund von Kurzschlußleistung und Leerlaufleistung.

Bei einem vorliegenden Übertragungskreis sind Kurzschluß- und Leerlaufleistung sowie die zugehörigen Phasenverschiebungen verhältnismäßig einfach experimentell zu bestimmen. Bei einem zu berechnenden Übertragungskreis sind diese Leistungen unter allen Belastungsfällen am einfachsten zu ermitteln. Es ist daher wichtig, das Diagramm aus den beiden zugehörigen Punkten M und N (Abb. 63) zu entwickeln. Dies ist möglich, da Dreieck $K_w K_b M$ oder $K_w K_b N$ durch die Lage der Punkte M und N vollständig bestimmt ist ($\overline{K_w K_b}$ ist Symmetrale von $\overline{MN}$, Winkel bei K_b gleich dem Kurzschlußwinkel φ_k). Dadurch sind die beiden Hauptkreise und durch diese alle anderen Diagrammlinien bekannt.

Praktisch läßt sich dieses Verfahren jedoch nicht ohne weiteres durchführen, da der Wirkleistungshauptkreis k_w in der Regel außerordentlich groß ist, wenn die für Übertragung in Betracht kommenden Belastungsgrößen hinreichend deutlich dargestellt werden sollen. Es müssen also die in Abschnitt 22 abgeleiteten Teildiagramme ohne Benützung des Punktes K_w ermittelt werden.

Es sei vorausgesetzt, daß die Punkte M und N im Bereiche praktisch brauchbarer Abmessungen liegen. (Für kurze Leitungen trifft dies nicht zu. Das besondere Verfahren, das diesem Umstand Rechnung trägt, ist in Abschnitt 34 angegeben.)

Die Hauptlinien des Spannungsverhältnisdiagramms werden entsprechend Abb. 37 konstruiert: Gerade g_d als Symmetrale des Winkels (OMN), Radius R_e als geometrisches Mittel von $\overline{MO}$ und $\overline{MN}$. Die Gerade $\overline{MK_b}$ schließt mit $\overline{MN}$ den Winkel $(90° - \varphi_k)$ ein; der Mittelpunkt K_b liegt auf der Symmetrale von $\overline{MN}$. Dadurch ist die Gerade g_b bestimmt. Kreis k_b um Mittelpunkt K_b geht durch M und N. Kontrolle der Konstruktion: $\overline{NN_b}$ parallel zur Abszissenachse; Punkt N_b liegt auf Kreis k_b und in der Fortsetzung von $\overline{MO}$; Winkel $(Q_b N N_b)$ gleich der Hälfte des Winkels (NMO). Statt zur Kontrolle können diese Konstruktionen auch zur Ermittlung von g_b und Q_b verwendet werden: Da die Gerade $\overline{MO}$ und Punkt N bekannt sind, ist auch N_b bekannt. Gerade g_b ist die Symmetrale von $\overline{NN_b}$. Punkt Q_b wird mittels des bekannten Winkels φ_c gefunden (Abb. 63).

Schnittpunkt der Geraden g_b mit $\overline{MN_b}$ ist O_{wb}. (Sollte der Schnitt zu schleifend sein, so kann die Konstruktion mittels der Geraden $\overline{NO_{wb}}$ kontrolliert werden, die mit $\overline{NN_b}$ gleichfalls den Kurzschlußwinkel φ_k einschließt). Durch Punkt O_{wb} geht parallel zur Abszissenachse die Gerade g_w. Die Gerade $\overline{MK_b}$ schneidet die Ordinatenachse im Punkt K_{w0}. Kreis k_{w0} um K_{w0} durch Punkt M schneidet die Gerade g_w in den Punkten maximalen Wirkungsgrades B und B_1. Damit ist der Wirkleistungsgegenkreis k'_w gefunden. Gerade g_w und g_d schneiden einander im Punkt Q_w. Die Gerade $\overline{Q_w S_w}$ parallel zur Ordinatenachse. Punkt S_w liegt auf dem Kreis k'_w. Mittels der Punkte Q_w und S_w sind die Grundlagen des Diagramms für Übertragungsverlust und Wirkungsgradbestimmung mittels des Quadratwurzelmaßstabes gegeben (Abb. 44 und 54, Abschnitt 22d und 23b). Zur Verlustberechnung und Auftragung der Wirkungsgradskala ist die Kenntnis des Radius R_w notwendig. Dieser kann etwa aus einem fünfach verkleinerten Diagramm aus den Punkten M und N ermittelt werden [mittels Punkt K_w auf der Symmetrale von $\overline{NM}$, $\sphericalangle(K_w M N) = \varphi_k$, $\overline{K_w M} = R_w$]. Das so ermittelte $\frac{R_w}{5}$ entspricht der Länge von 10% im Wirkungsgradmaßstab, Abb. 54. Auch ein Punkt der Verlustparabel p_v (Abb. 43 und 54) kann bei bekanntem R_w gefunden werden. Die Gleichung dieser Parabel, bezogen auf das Koordinatensystem mit Ursprung in Q_w und x-Achsenrichtung $\overrightarrow{Q_w S_w}$ lautet $y = \frac{x^2}{2 R_w}$ [s. Gleichung (140), Abschnitt 22d]. Macht man $x = \frac{R_w}{5}$, so ist $y = \frac{R_w}{50}$ (nach Bedarf kann auch ein größerer Anteil von R_w verwendet werden). Die übrigen Parabelpunkte können aus dem bekannten Punkt durch Rechnung oder nach bekanntem Verfahren konstruktiv ermittelt werden.

Mittels der Parabel p_v wird die Wirkleistung im Endpunkt *1*, mittels des Kreises k_b die Blindleistung im Endpunkt *1* bei konstanter Spannung E_2 gefunden (Abschnitt 22b und d, Abb. 42 und 43). Mittels des Diagramms Abb. 44 und 54 werden Verlust und Wirkungsgrad bestimmt. Auch die Diagramme für $\cos\varphi_1$, entsprechend Abb. 48, sowie die Diagramme für konstante Spannung im Endpunkt *1* (Abb. 55, 57, 59, 60) lassen sich ohne weiteres anwenden, wenn auch Punkt K_w außerhalb des Bereiches liegt. (Die Richtung $\overrightarrow{MK_w}$ ist bekannt, da sie senkrecht zu $\overline{MK_b}$ ist.)

26. Die Ermittlung günstigster Belastungszustände.

Die Zusammenstellung der Diagrammkurven macht es möglich, die zum Teil recht komplizierten Gesetze des Übertragungsvorganges aus bloßer Anschauung herzuleiten. Die quantitative Auswertung dieser Erkenntnisse stützt sich im wesentlichen auf die Gleichungen (125) bis (127) und (133) bis (135).

Aus den zahlreichen Aufgaben, die sich mittels sehr einfacher geometrischer Konstruktionen lösen lassen, seien hier nur diejenigen herausgegriffen, die sich auf Extremwerte (Maxima oder Minima) von Belastungsgrößen bei einer bestimmten, gegebenen Belastungsbedingung beziehen. Von besonderer Bedeutung sind die größten übertragbaren Wirkleistungen sowie die höchsten erreichbaren Wirkungsgrade. Auch die unter gegebenen Bedingungen möglichen größten Blindlastübertragungen und kleinsten Übertragungsverluste sind aus dem Diagramm zu entnehmen.

Einer gegebenen Belastungsbedingung entspricht im allgemeinen eine bestimmte Kurve der Belastungspunkte. Bei dem hier benutzten Darstellungssystem sind diese Kurven Kreise oder Gerade. Die Bestimmung des relativen Extrems einer Betriebsgröße kommt geometrisch meist darauf hinaus, den jeweiligen Kurvenpunkt zu bestimmen, der von einem gegebenen festen Punkt den kleinsten Abstand hat oder in welchem ein Kreis berührt wird, der einer bekannten Kreisschar angehört. Im einzelnen hängt das zu wählende Verfahren von der Art der zu bestimmenden Belastungsgröße, also von den Gesetzen ihrer Diagramme ab. Die folgenden Ausführungen geben Beispiele für die Anwendung dieser Methoden, die in Abb. 66 (Tafel IV, S. 96) dargestellt sind[1]).

Die Spannung E_2 im Koordinatenbezugspunkt *2* wird als konstant betrachtet (Abschnitt 22). Die Diagramme für konstante Spannung E_1 (Abschnitt 24) sind komplizierter und daher für die Erkenntnis der Übertragungsgesetze im allgemeinen weniger bedeutend.

a) Größte übertragbare Wirkleistung.

Die Wirkleistung im Endpunkt *1* wird durch das Wirkleistungsparaboloid dargestellt, dessen Achse durch Punkt K_w geht und das die Koordinatenebene im Kreis k_w mit dem Radius R_w schneidet. Sein Scheitel liegt im Abstand $\frac{R_w}{2}$, unterhalb der Koordinatenebene. Die Parabelkuppe unterhalb der Ebene entspricht den Leistungen, die im Endpunkt mit variabler Spannung verbraucht und von dem mit konstanter Spannung E_2 arbeitenden Generator erzeugt werden. Punkt K_w kennzeichnet die Leistungskomponenten im Endpunkt *2*, wenn die Leistung den größten übertragbaren Wert hat. Dieser wird durch die Scheitelordinate des Paraboloids dargestellt. Die größte übertragbare Leistung beträgt somit

$$N_{1w\max} = \frac{R_w}{2} N_{2k} = \frac{1}{4C^2\cos\varphi_k}\frac{E_2^2}{W_k}.$$

Die im Endpunkt *2* erzeugte Leistung ist dabei $\beta_w \frac{E_2^2}{W_k}$ (die Größe $\beta_w = \overline{K_w O_w}$ ist die Abszisse des Punktes K_w). Somit ist der Wirkungsgrad bei maximaler Übertragung

$$\eta_{(N_{1w}\max)} = \frac{R_w}{2\beta_w} = \frac{\beta_w - \beta'_w}{2\beta_w} = \frac{1}{2}\left(1 - \frac{\beta'_w}{\beta_w}\right) = \frac{1}{2C^2(1+\tau)} \quad \text{[s. Gleichung (125), (126)]}.$$

Die Größe β'_w (Abszisse des Scheitelpunktes Q_w) stellt im Leistungsmaß die kleinste Leistung dar, die der Übertragungskreis aufnimmt, wenn er mit der Spannung E_2 gespeist wird. Im Endpunkt *1* ist in diesem Fall reine Blindlast vorhanden, da der Punkt Q_w auf dem Hauptkreis k_w liegt.

Je kleiner die Frequenz des Wechselstroms ist, desto kleiner muß unter sonst gleichen Umständen auch das Minimum der aufgenommenen Leistung werden, denn diese Verlustleistung wird zum Teil durch den Ladestrom der im Übertragungskreis enthaltenen Kapazitäten bedingt. Für eine ableitungsfreie Gleichstromleitung wird diese minimal aufgenommene Leistung gleich Null. (Eine unbelastete, von Isolationsfehlern freie Gleichstromleitung nimmt keine Leistung auf.) Für diesen Fall ist somit $\beta'_w = 0$, woraus sich die bekannte Tatsache ergibt, daß für Gleichstrom der Wirkungsgrad bei maximaler Übertragung 50% beträgt.

Für das Spannungsverhältnis bei größter Leistungsübertragung findet man $\frac{E_1}{CE_2} = \overline{MK_w} = R_w$, daher

$$E_{1(N_{1w}\max)} = \frac{E_2}{2C\cos\varphi_k}.$$

---

[1]) Diese Abbildung entspricht dem Diagramm einer in Abschnitt 52 behandelten Freileitung von 500 km Länge.

Die Phasenverschiebung bei Übertragung der Maximalleistung findet man, wenn man durch K_w, M und N den $\cos\varphi_1$-Kreis legt (Abschnitt 23a und Abb. 48), der den Mittelpunkt c hat. Da $\sphericalangle(MK_bK_w) = \varphi_k$, so ergibt sich für das gleichschenkelige Dreieck McK_b der Winkel $(cMK_b) = \varphi_1 = -\varphi_k$. Diese Beziehung wurde auch in Abschnitt 24b (Abb. 56) gefunden.

Die Maximalleistung wird bei den praktisch verwendeten Übertragungskreisen mit sehr geringem Wirkungsgrad und einer sehr starken Spannungserhöhung ($E_1 \gg E_2$) übertragen, kommt also höchstens als Grenzfall für die Beurteilung der Leistungsfähigkeit in Betracht. Ist das Verhältnis $\frac{E_1}{E_2}$ gegeben (z. B. $\frac{E_1}{CE_2}$ gleich einer gegebenen Größe r_e), so liegt der Belastungspunkt P auf einem Spannungskreis mit dem Radius r_e um den Mittelpunkt M. Unter dieser Bedingung wird die übertragbare Leistung ein Maximum, wenn P dem Punkte K_w am nächsten kommt, d. i auf der Geraden $\overline{MK_w}$ im Punkte a. Trägt man von M aus in der Richtung auf K_w den Spannungsmaßstab (Abb. 36) auf, so ergibt sich für jedes Spannungsverhältnis die zugehörige Maximalleistung als Ordinate des Wirkleistungsparaboloids. Um diese abzulesen, kann man den bereits eingezeichneten Schnitt, die Wirkleistungsparabel p_w, benutzen, indem man von Q_w aus den Spannungsmaßstab in der Richtung nach K_w aufträgt. Für ein bestimmtes auf diesem Maßstab abgelesenes $\frac{E_1}{E_2}$ wird der Radius des Wirkleistungskreises

$$r_w = R_w - r_e = \overline{K_w a} = \frac{1}{2\,C^2\cos\varphi_k} - \frac{E_1}{C\,E_2}\,.$$

und damit für die größte übertragbare Leistung $n^{(e)}_{1w\,\max} = \overline{bb'} = \left(\frac{r_w^2}{2\,R_w} - \frac{R_w}{2}\right)$. [Abschnitt 22a, Gleichung (130)]. Setzt man darin für r_w den obigen Wert ein, so erhält man

$$n^{(e)}_{1w\,\max} = \frac{r_e^2}{2\,R_w} - r_e = -\left(1 - C\frac{E_1}{E_2}\cos\varphi_k\right)\frac{E_1}{C\,E_2}$$

und daher die größte, mit der Generatorspannung E_2 und der Verbraucherspannung E_1 übertragbare Leistung

$$N^{(e)}_{1w\,\max} = n^{(e)}_{1w\,\max}\cdot\frac{E_2^2}{W_k} = -\left(1 - \frac{C\,E_1}{E_2}\cos\varphi_k\right)\cdot\frac{E_1\,E_2}{C\,W_k}\,. \tag{157}$$

Der diesem Zustand entsprechende Betriebspunkt a hat ein negatives n_{2w} von der Größe

$$-n^{(e)}_{2w} = \overline{O_w a'} = \overline{O_w m} + \overline{m a'} = \cos\varphi_k + \overline{mK_w}\cdot\frac{r_e}{R_w} = \cos\varphi_k + (\beta_w - \cos\varphi_k)\cdot 2\,C\frac{E_1}{E_2}\cos\varphi_k\,.$$

Daraus erhält man den dabei auftretenden Wirkungsgrad $\eta^{(e)}_{N_1 w\,\max} = \frac{n^{(e)}_{1w\,\max}}{n^{(e)}_{2w}}$. Nach Einführung der angegebenen Größen erhält man mit Berücksichtigung von Gleichung (125) und (126)

$$\eta^{(e)}_{N_1 w\,\max} = \frac{1 - C\frac{E_1}{E_2}\cos\varphi_k}{C\frac{E_2}{E_1}\cos\varphi_k - 2\,C^2\cos^2\varphi_k + C^2(1+\tau)}\,. \tag{158}$$

Die größte Leistung, die mit der Verbraucherspannung E_2 und der Generatorspannung E_1 übertragen werden kann, ergibt sich als größte positive Abszisse des mit dem Radius $r_e = \frac{E_1}{C\,E_2}$ geschlagenen Spannungsverhältniskreises. Da der Kurzschlußpunkt die Abszisse $(-\cos\varphi_k)$ hat, so ist die größte übertragbare Leistung im Kurzschlußmaß $r_e - \cos\varphi_k = \frac{E_1}{C\,E_2} - \cos\varphi_k$, daher im Leistungsmaß

$$N^{(e)}_{2w\,\max} = \frac{E_2^2}{W_k}\left(\frac{E_1}{C\,E_2} - \cos\varphi_k\right) = \frac{E_1\,E_2}{C\,W_k}\left(1 - \frac{C\,E_2}{E_1}\cos\varphi_k\right). \tag{159}$$

Gegenüber dem mit Gleichung (157) berechneten Fall sind die Indizes der Verbraucher- und Generatorspannung vertauscht. Die Formeln (157) und (159) gehen daher durch Vertauschung der Indizes und des Vorzeichens auseinander hervor (die Änderung des Vorzeichens ist bedingt durch Änderung der Übertragungsrichtung).

Für $E_1 = E_2 = E$ ergibt sich aus (157) und (159) die größte bei Spannungsgleichheit mögliche Leistungsübertragung zu $\pm(1 - C\cos\varphi_k)\frac{E^2}{C\,W_k}$.

Die hier ermittelten Grenzen der Belastungsleitfähigkeit sind durch die Eigenschaften des Übertragungskreises selbst gegeben. Die berechneten Höchstleistungen können aber nur dann mit Sicherheit übertragen werden, wenn die Belastung unter allen Umständen stabilen Charakter hat. Dies trifft z. B. zu, wenn sie sich aus konstanten Ohmschen Widerständen, Kondensatoren und Spulen zusammensetzt. Bei Großkraft-Fernübertragung sind jedoch an der Verbraucherstelle stets Synchronmaschinen vorhanden (Generatoren, Motorgeneratoren oder Phasenschieber). In diesem Fall wird die übertragbare Leistung praktisch durch die Stabilität der angeschlossenen Maschinen begrenzt.

Die Untersuchung der hierfür maßgebenden Verhältnisse liegt nicht im Rahmen dieses Buches. Es sei hier nur der allgemeine Gang des Verfahrens angedeutet:

Die Generatoren im Endpunkt *2* werden als taktgebend, d. h. mit vollkommen gleichförmiger Geschwindigkeit rotierend, angenommen. Aus dem Belastungszustand dieser Generatoren ergibt sich die Phasenlage ihrer Spannung $\mathfrak{E}_2$, bezogen auf die Induktorstellung. Durch die Lage des Belastungspunktes P im Diagramm ist die Phasenlage der Spannung $\mathfrak{E}_1$ mit Bezug auf Spannung $\mathfrak{E}_2$ gegeben (als Winkel, den die Richtung $\overrightarrow{MP}$ mit der Geraden g_d, Abb. 37 und 63, einschließt). Die Induktorstellung der im Endpunkt *1* vorhandenen Synchronmaschinen, bezogen auf die Phase der Klemmenspannung $\mathfrak{E}_1$ ist durch die Eigenschaften dieser Maschinen und die Stärke ihrer Erregung gegeben, die ihrerseits vom verwendeten Regulierverfahren abhängt. Für jeden Belastungspunkt kann also die Stellung der Induktoren im Endpunkt *1* relativ zu den taktgebenden Induktoren im Endpunkt *2*, somit auch das Voreilen oder Zurückbleiben ermittelt werden.

Die Kurve der Belastungspunkte ist durch die Art der Regulierung bestimmt. Im Fall eines unendlich rasch wirkenden Schnellreglers müssen die Belastungspunkte auf einem Kreis konstanten Spannungsverhältnisses liegen. Im Fall einer ungeregelten Synchronmaschine mit konstanter Erregung ist die Blindleistung in doppelter Hinsicht als Funktion der Wirkleistung und der Spannung bestimmt, nämlich erstens mit Bezug auf das Diagramm der Maschine und zweitens mit Bezug auf das Diagramm des Übertragungskreises. Aus diesen Bedingungen ergibt sich für jede Wirklast die zugehörige Blindlast und somit auch der Belastungspunkt als Schnitt des Wirkleistungs- und Blindleistungskreises. Aus der Kurve der Belastungspunkte kann zu jeder Wirklast die zugehörige Induktorstellung ermittelt werden. Stabil ist nur derjenige Bereich, in dem einem stärkeren Zurückbleiben des Induktors auch eine größere Wirklast entspricht. Das Diagramm kann also auch zu dieser, für die praktische Anwendung sehr wichtigen Untersuchung mit Vorteil verwendet werden.

b) Größte übertragbare Blindlast.

Für die Blindlastübertragung gelangt man zu analogen Folgerungen wie für die Wirklastübertragung, wenn man statt des Hauptkreises k_w den Hauptkreis k_b zugrunde legt.

In Abb. 66 ist der am häufigsten vorkommende Fall nacheilenden Kurzschlußstroms dargestellt. Auf diesen Fall beziehen sich die folgenden Bezeichnungen. Bei voreilendem Kurzschlußstrom sind die Worte „voreilend" und „nacheilend", „positiv" und „negativ", „induktiv" und „kapazitiv" zu vertauschen.

Das Blindleistungsparaboloid geht in positiver Richtung ins Unendliche, in negativer Richtung liegt sein Scheitel. Ist daher im Endpunkt *1* ein induktiv belasteter Generator oder ein Verbraucher mit kapazitiver Komponente angeschlossen, so kann die Blindleistung bei konstanter Spannung E_2 beliebig hoch gesteigert werden, sofern nur eine beliebige Steigerung der Spannung E_1 zulässig oder möglich ist. Ist dagegen im Endpunkt *1* ein kapazitiv belasteter Generator oder ein Verbraucher mit induktiver Komponente vorhanden, so ist die Blindleistung bei konstaner Spannung E_2 begrenzt. Ihr absolutes Maximum ergibt sich für den Punkt K_b. Da die beiden Kreise k_w und k_b einander senkrecht schneiden, liegt K_b stets außerhalb des Kreises k_w. Das absolute Maximum der übertragbaren Blindlast entspricht demnach dem Anschluß eines Generators im Endpunkt *1*.

Es ist nur in beschränktem Maße möglich, von der konstanten Spannung E_2 aus nach Endpunkt *1* hin „Phase zu schieben", d. h. die von einem induktiven Verbraucher in Endpunkt *1* benötigte Blindlast von *2* nach *1* zu übertragen. Dem in Endpunkt *1* angeschlossenen Verbraucher mit induktiver Komponente entspricht nur jener Teil der Ebene, welcher beiden Kreisflächen k_w und k_b gemeinsam ist. Einer bestimmten, im Punkt *1* abzugebenden Wirklast entspricht der Wirkleistungskreis mit dem Radius r_w. Die größte bei dieser Leistung übertragbare induktive Blindlast entspricht demjenigen Punkt des Kreises, der dem Punkt K_b am nächsten kommt, d. i. Punkt d auf der Geraden $\overline{K_w K_b}$. Der zugehörige Radius $r_b = \overline{K_b d}$ des Blindleistungskreises bestimmt die auf der Blindleistungsparabel ablesbare größte über-

Additional material from *Theorie der Wechselstromübertragung*,
ISBN 978-3-642-98618-5 (978-3-642-98618-5_OSFO4),
is available at http://extras.springer.com

tragbare Blindlast $n_{1b} = \overline{ee'}$. Aus $\overline{Md} = \frac{E_1}{CE_2}$ ergibt sich die bei diesem Zustand auftretende Spannung E_1.

Soll von Endpunkt *2* nach Endpunkt *1* hin reine Blindlast übertragen werden, so liegen die Belastungspunkte auf dem Wirkleistungshauptkreis k_w. Der Schnittpunkt dieses Kreises mit der Geraden $\overline{K_w K_b}$ bestimmt also die größte übertragbare reine Phasenschieberleistung.

Es mögen noch die Betriebsverhältnisse diskutiert werden, die man bei Bewegung des Betriebspunktes auf einem der beiden Hauptkreise erhält. Der Kreis k_w entspricht der Wirklast $N_{1w} = 0$, also rein induktiver bzw. rein kapazitiver Belastung. Schließt man im Punkt *1* eine verlustlose Spule an, so bewegt sich der Betriebspunkt bei einer von der Größe ∞ an bis auf Null abnehmenden Induktivität vom Leerlaufpunkt N auf dem innerhalb k_b liegenden Teil des Kreises k_w nach dem Kurzschlußpunkt M. Unendlich kleine Induktivität ist identisch mit Kurzschluß. Schließt man dagegen im Punkte *1* eine verlustlose Kapazität an, deren Größe von Null bis ∞ zunimmt, so bewegt sich der Betriebspunkt auf dem außerhalb von k_b liegenden Teil des Kreises k_w von N nach M. Es ist interessant, daß dabei zunächst die vom Punkte *2* an den Übertragungskreis abgegebene voreilende Blindlast zunimmt, nach Überschreiten eines Maximums aber wieder abnimmt, um in nacheilende Blindlast überzugehen. Dies erklärt sich aus dem Umstand, daß bei sehr großen, im Punkte *1* angeschlossenen Kapazitäten die Spannung E_1 abnimmt, so daß auch die elektrische Energie im Übertragungskreis kleiner wird; dagegen überwiegt die magnetische Energie der sehr hohen Ladeströme.

Ganz analoge Folgerungen gelten für die Bewegung des Belastungspunktes P auf dem Blindleistungshauptkreis. Der innerhalb k_w liegende Bogen $\widehat{NM}$ entspricht einer rein Ohmschen Belastung in Punkt *1*; der außerhalb k_w liegende größere Bogen $\widehat{NM}$ entspricht einem in Punkt *1* angeschlossenen Generator, der mit $\cos\varphi_1 = 1$ belastet wird.

c) Größter Wirkungsgrad.

Die Schar der Kreise konstanten Wirkungsgrades (Abb. 53) schneidet den Wirkleistungsgegenkreis k'_w senkrecht. Der Wirkungsgrad der Übertragung ist um so besser, je kleiner der zugehörige Wirkungsgradkreis ist. Für die Scheitelpunkte B und B' des Kreises k'_w erreicht der Wirkungsgrad ein absolutes Maximum. Beide Punkte sind einander zugeordnet. Sie kennzeichnen die Generator- und Verbraucherleitfähigkeit bei Übertragung mit bestem Wirkungsgrad (Abb. 66).

Dabei haben Verbraucher- und Generatorleitfähigkeit gleiche Größe, aber entgegengesetzt gleiche Phasenverschiebungen (symmetrische Lage der Punkte B und B'). Bei positivem α_w (d. h. positivem Verzerrungsfaktor u) ist der Verbraucherstrom nacheilend, der Generatorstrom voreilend. Die Scheinleitfähigkeit der Belastung in beiden Endpunkten ist, im Kurzschlußmaß ausgedrückt, $\overline{OB} = \overline{OB'} = \vartheta_w = T\sqrt{\frac{\cos\varphi_0}{\cos\varphi_k}}$ [s. Abschnitt 22a, Gleichung (127) und (131), Abb. 41]. Dem entspricht der Belastungsscheinwiderstand $\frac{W_k}{\vartheta_w}$. Ist Z der Absolutwert des Wellenwiderstandes, so ist $W_k = T \cdot Z$ [Gleichung (30a), S. 19]. Daher hat der Belastungsscheinwiderstand bei Übertragung mit maximalem Wirkungsgrad in beiden Endpunkten die Größe $Z \cdot \sqrt{\frac{\cos\varphi_k}{\cos\varphi_0}}$. Nur in besonderen Fällen ist er gleich Z (s. Abschnitt 30b, S. 116). Aber auch in diesen Sonderfällen ist die Belastung bei Übertragung mit maximalem Wirkungsgrad verschieden von der Belastung mit dem komplexen Wellenwiderstand $\mathfrak{Z}$. Denn dem letzteren Belastungsfall entsprechen die Endpunkte U bzw. U' des Vektors der Wellenleitfähigkeit. Die Größe dieses Vektors ist im Kurzschlußmaß $\frac{W_k}{Z} = T$. Die beiden einander zugeordneten Belastungspunkte U und U' liegen in diesem Fall auf der Geraden g_u (Abb. 75 und 77, vgl. auch Abb. 31 und 33), beiderseits vom Ursprung O in der Entfernung T. (Der Wellenwiderstand $\mathfrak{Z}$ tritt als Belastungswiderstand in beiden Enden gleichzeitig auf; s. Abschnitt 11, S. 20).

Wenn der Verzerrungsfaktor u von Null verschieden ist, so fallen die Geraden g_w und g_u nicht zusammen. Unter dieser Voraussetzung haben auch die Punkte B und B' auf jeden Fall eine andere Lage als die Punkte U und U'.

Aus Abschnitt 11 geht hervor, daß bei Belastung mit dem komplexen Wellenwiderstand der Übertragungsvorgang auf Leitungen durch eine fortschreitende Sinuswelle dargestellt werden kann, die im Leitungsende nicht reflektiert wird. Die reflektionslose Übertragung ist somit immer verschieden von der Übertragung mit günstigstem Wirkungsgrad, wenn die Leitung nicht verzerrungsfrei ist.

Mittels des Wirkungsgraddiagramms kann auch das relative Maximum des Wirkungsgrades gefunden werden, das mit einer gegebenen Belastungsbedingung vereinbar ist. Die einer gegebenen Bedingung entsprechende Kurve der Belastungspunkte wird von einem Teil der Wirkungsgradkreise im allgemeinen mindestens zweimal, von einem andern Teil dieser Kreise überhaupt nicht geschnitten. Die den letzteren Kreisen entsprechenden Wirkungsgrade sind mit der vorgeschriebenen Belastungsbedingung nicht vereinbar. Den Extremwerten (Maxima oder Minima) des Wirkungsgrades, die unter dieser Bedingung erreichbar sind, entsprechen jene Wirkungsgradkreise, welche die Kurve der Belastungspunkte berühren.

Ein (relatives) Maximum des Wirkungsgrades liegt vor, wenn die Kurve in der Umgebung des Berührungspunktes außerhalb des berührenden Kreises verläuft, denn in diesem Fall ist der Wirkungsgradkreis möglichst klein, der Wirkungsgrad also möglichst günstig. Der Wirkungsgrad hat dagegen ein (relatives) Minimum, wenn die Kurve in der Umgebung des Berührungspunktes innerhalb des Kreises verläuft.

Von besonderem Interesse ist der Fall konstanter Wirkleistung bei konstanter Spannung. Die Kurve konstanter Wirkleistung ist eine Gerade parallel zur Ordinatenachse. Da diese Gerade eine Tangente an den kleinsten zugehörigen Wirkungsgradkreis ist, hat der Berührungspunkt die gleiche Ordinate wie der Kreismittelpunkt. Da sämtliche Mittelpunkte auf der Geraden g_w mit der Ordinate α_w liegen [Gleichung (125)], so ergibt sich das physikalisch bemerkenswerte Resultat: Bei konstanter Spannung E_2 und konstanter Wirkleistung N_{2w} erreicht der Wirkungsgrad ein Maximum, wenn die Blindleistung den Betrag $N_{bm} = \alpha_w \frac{E_2^2}{W_k}$ hat. Mit Benutzung der Beziehungen $W_k = TZ$ [Gleichung (30a)], $\alpha_w = T^2 \frac{\sin(2\varphi_u)}{2\cos\varphi_k}$ [Gleichung (125)] und Leerlaufleistung $N_0 = \frac{E^2 T}{Z}$ [Gleichung (30a) und (21)] ergibt sich

$$N_{bm} = N_0 \frac{\sin(2\varphi_u)}{2\cos\varphi_k}. \tag{160}$$

Zwecks Erzielung des günstigsten Wirkungsgrades ist die Phasenschieberleistung so einzustellen, daß im Endpunkt mit konstanter Spannung die Blindlast den Betrag N_{bm} hat[1]).

Die Größe dieser Blindlast ist unabhängig von der gegebenen konstanten Wirklast und gilt sowohl für Verbraucheranschluß als auch für Generatoranschluß im Endpunkt konstanter Spannung.

Ist die Wirkleistung im Endpunkt *1* gegeben, so liegen die Betriebspunkte auf einem Wirkleistungskreis mit dem Radius r_w (Abb. 66). Der Übertragung mit bestem Wirkungsgrad entspricht der Punkt b', in welchem der Leistungskreis die Gerade g_w schneidet. Aus der Lage des Punktes b' kann mittels des Blindleistungsdiagramms die zugehörige Blindleistung im Endpunkt *1* und mittels des Spannungsverhältnisdiagramms die zugehörige Spannung E_1 gefunden werden.

Der gegebenen Wirkleistung entspricht die Ordinate $\overline{b\,b'}$ der Wirkleistungsparabel p_w. Für praktische Verhältnisse kommt nur der in der Nähe von Q_w liegende Parabelteil in Betracht. Dieser kann folgendermaßen ermittelt werden: Die Gleichung der Parabel ist durch (130) gegeben, worin r_w die Abszisse, n_{1w} die Ordinate darstellt. Verlegt man den Ursprung der Parabelkoordinaten x und y nach Q_w, so ist $r_w = R_w + x$, $n_{1w} = y$, somit $y = \frac{x^2}{2R_w} + x$. Die Parabelordinaten ergeben sich also durch Zusammensetzung einer unter 45° geneigten Geraden, welche die Parabeltangente in Q_w darstellt, und einer Parabel mit der Gleichung $y = \frac{x^2}{2R_w}$, die entsprechend (140) mit der Parabel p_{vw} (Abb. 43) kongruent ist.

Hat die Kurve der Belastungspunkte eine beliebige Gestalt, so entspricht ihr Berührungspunkt P_f mit dem größten oder kleinsten Wirkungsgradkreis der folgenden Beziehung: Der durch die Punkte B, B' und P_f (Abb. 67) gehende Hilfskreis k_h schneidet die gegebene Kurve im Berührungspunkt P_f senkrecht; denn jeder durch die Punkte B und B' gelegte Kreis wird von der Schar der Wirkungsgradkreise senkrecht geschnitten (s. Anhang II, 2c). Somit

[1]) Dabei sind die im Phasenschieber selbst entstehenden Verluste nicht berücksichtigt.

schneidet Kreis k_h auch den durch Punkt P_f gehenden Wirkungsgradkreis senkrecht und daher auch die im Punkt P_f berührende Kurve.

Ist die gegebene Kurve ein Kreis, so wird der Punkt maximalen Wirkungsgrades gefunden, indem man einen Hilfskreis k_h konstruiert, der durch die Punkte B und B' geht und den gegebenen Kreis senkrecht schneidet. Die Schnittpunkte des Hilfskreises und des gegebenen Kreises entsprechen der gesuchten Bedingung. Die Konstruktion des Hilfskreises ist in Abb. 67 in der gleichen Weise durchgeführt wie in Anhang II, 2a, Abb. 125, indem die Potenzgerade des Punktes B mit Bezug auf den gegebenen Kreis ermittelt und mit der Ordinatenachse zum Schnitt gebracht wird. Dieser Schnittpunkt ist der Mittelpunkt des gesuchten Hilfskreises.

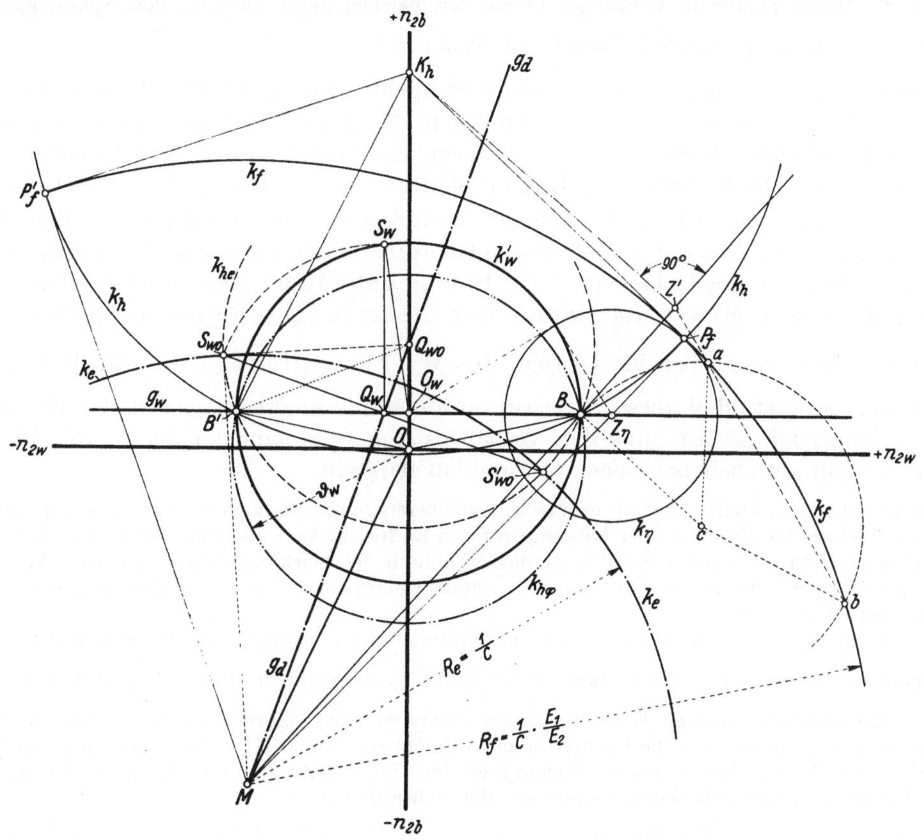

Abb. 67. Ermittlung des besten Wirkungsgrades bei gegebener Betriebsbedingung (vgl. Abb. 37, 44 und 63). Kurve der gegebenen Betriebsbedingung (z. B. k_f) wird in den Punkten besten Wirkungsgrades (P_f und P'_f) von einem durch B und B' gehenden Kreis (k_h) senkrecht geschnitten.
Günstigster Wirkungsgrad für $E_1 = E_2$: Punkte S_{w0} und S'_{w0} (vgl. Abb. 59, 63 und 65).
Günstigster Wirkungsgrad bei gegebenem Leistungsfaktor $\cos\varphi_2$: Angeschlossene Leitfähigkeit $G_2 = \frac{1}{W_k} \cdot \vartheta_w$ (s. Gleichung 127).

Der gegebene Kreis entspricht in Abb. 67 einem konstanten Spannungsverhältnis $\frac{E_1}{E_2}$. Die Aufgabe hat zwei Lösungen, die durch die Punkte P_f und P'_f dargestellt werden. Diese Punkte sind einander im allgemeinen **nicht** zugeordnet, denn sie entsprechen verschiedenen physikalischen Verhältnissen: Für den Punkt P_f hat das Verhältnis von Generatorspannung zu Verbraucherspannung den Betrag $\frac{E_1}{E_2}$, für den Punkt P'_f den (im allgemeinen anderen) Betrag $\frac{E_2}{E_1}$. Nur in dem besonderen Fall $E_1 = E_2$, wenn also der gegebene Kreis mit dem Einheitsspannungskreis k_e identisch ist, sind für beide Punkte die gleichen physikalischen Verhältnisse maßgebend: sie entsprechen den einander zugeordneten Leitfähigkeiten des Generators und Verbrauchers für maximalen Wirkungsgrad bei gleich großen Spannungen an beiden Enden des Übertragungskreises. Da diese Belastungspunkte auf dem Einheitsspannungskreis liegen und einander zugeordnet sind, so liegen sie auch symmetrisch zur Geraden g_d (s. Abschnitt 21b und Abschnitt 25d). Der Mittelpunkt des Hilfskreises liegt hier also auf der Geraden g_d, d. h. er ist der Schnittpunkt Q_{w0} dieser Geraden mit der Ordinatenachse (s. auch Abb. 63). Der um den Punkt Q_{w0} durch die Punkte B und B' gelegte Kreis schneidet den Kreis k_e in den Punkten S_{w0} und S'_{w0} senkrecht (s. S. 91, vorletzter Absatz). Die Punkte S_{w0} und S'_{w0} stellen also diejenigen Belastungen dar, bei welchen unter der Bedingung $E_1 = E_2$ der Wirkungsgrad seinen Höchstwert erreicht.

In Abb. 66 entspricht dem günstigsten Wirkungsgrad bei konstantem Spannungsverhältnis $\frac{E_1}{C E_2} = r_e''$ der Punkt f'. Dieser maximale Wirkungsgrad hat den gleichen Betrag wie der dem Spannungsverhältnis $\frac{E_1}{C E_2} = r_e'$ entsprechende maximale Wirkungsgrad (Punkt f).

Wenn der gegebene Kreis in eine Gerade übergeht, so muß der Mittelpunkt des senkrecht schneidenden Hilfskreises auf dieser Geraden liegen. Er ist also der Schnittpunkt der gegebenen Geraden und der Ordinatenachse. Geht die gegebene Gerade durch den Ursprung, so entspricht ihr eine konstante Größe des Leistungsfaktors $\cos\varphi_2$. Der Radius des Hilfskreises ist in diesem Fall $\overline{OB} = \vartheta_w$ (Abb. 41). Dieser Radius stellt im vorliegenden Fall die Entfernung des gesuchten Belastungspunktes vom Koordinatenursprung, also die im Kurzschlußmaß ausgedrückte Belastungsleitfähigkeit dar: Bei gegebenem Leistungsfaktor ist der Wirkungsgrad ein Maximum, wenn der Belastungsscheinwiderstand dieselbe Größe wie beim absoluten Maximum des Wirkungsgrades hat, nämlich $Z\sqrt{\frac{\cos\varphi_k}{\cos\varphi_0}}$. Es ist bemerkenswert, daß dieser Belastungswiderstand unabhängig von der Größe des gegebenen Leistungsfaktors ist und das Verhältnis von Spannung zu Strom sowohl bei Verbraucheranschluß als auch bei Generatoranschluß darstellt.

Diese Beziehung ist analog dem für größte Energieübertragung geltenden Gesetz (Abschnitt 24b, S. 78). Während sich jedoch das Maximum der Leistung auf den Endpunkt veränderlicher Spannung (bei konstanter Spannung im anderen Endpunkt) bezieht, ist das Maximum des Wirkungsgrades von jeder Voraussetzung über die Spannung frei, da der Wirkungsgrad als reine Belastungsgröße nur eine Funktion der Belastungsleitfähigkeit ist (Abschnitt 14).

Bei konstantem $\cos\varphi_2$ entspricht dem relativen Maximum des Wirkungsgrades die Scheinleistung $\frac{E_2^2}{W_k}\cdot\vartheta_w$. Ist die Spannung im Endpunkt *1* konstant, so ist E_2 bei gegebener Leitfähigkeit $\frac{\vartheta_w}{W_k}$ durch φ_2 bestimmt. Die Endpunkte der zu maximalen Wirkungsgraden gehörigen Leistungsvektoren bilden eine Kurve, die in gleicher Weise gefunden wird wie die Grenzparabel (Abb. 58, Abschnitt 24b). Als Kurve der auf konstante Leistungsfaktoren bezüglichen relativen Wirkungsgradmaxima ergibt sich eine Ellipse, die innerhalb der Grenzparabel verläuft und mit dieser gemeinsam die Achse g_k hat.

d) Kleinster Übertragungsverlust.

Der Übertragungsverlust wird durch das Verlustparaboloid dargestellt, dessen Achse durch Q_w geht und dessen Scheitel im Abstand $\beta'_w = O_w Q_w$ oberhalb der Ebene liegt (Abb. 66). Bei konstanter Spannung E_2 hat der Verlust das absolute Minimum $V_{\min} = \beta'_w \cdot \frac{E_2^2}{W_k}$. Der zugehörige Belastungspunkt ist Q_w. Da dieser auf dem Hauptkreis k_w liegt, so ist im Falle kleinsten Übertragungsverlustes reine Blindleistung im Endpunkt *1* vorhanden. Der kleinste Verlust ist also gleich der hierbei auftretenden Wirkleistung im Endpunkt *2*. Im vorliegenden Fall liegt der Punkt Q_w innerhalb des Kreises k_b. Dies entspricht dem Anschluß einer reinen Induktivität im Endpunkt *2*. Die Größe des zugehörigen induktiven Widerstandes ergibt sich aus der Lage des Punktes Q_{w0}, der dem Punkt Q_w zugeordnet ist (Abb. 59). Der induktive Widerstand beträgt daher $S = W_k \frac{\overline{MO}}{\overline{OQ_{w0}}}$.

Liegt eine bestimmte Belastungsbedingung vor, der zufolge der Belastungspunkt auf einer gegebenen Kurve liegt, so erhält man das relative Minimum des Übertragungsverlustes in jenem Punkt der Kurve, der dem Punkt Q_w am nächsten kommt. Ist z. B. das Spannungsverhältnis $\frac{E_1}{E_2}$ konstant, so ist die gegebene Kurve ein Kreis um M mit dem Radius r_e. Dem kleinsten Übertragungsverlust, der mit den gegebenen konstanten Größen der Spannungen vereinbar ist, entspricht der Punkt i (Schnittpunkt des Kreises mit der Geraden g_d).

Ist die Blindleistung im Endpunkt *1* gegeben, so liegt der Belastungspunkt auf einem Kreis um K_b mit dem Radius r_b. Der kleinste Übertragungsverlust bei gegebener Blindlast ergibt sich für den Punkt q (Schnittpunkt der Geraden $\overline{K_b Q_w}$ mit dem Blindleistungskreis).

Ist die Wirkleistung im Endpunkt *2* gegeben, so liegt der Betriebspunkt auf einer zur Ordinatenachse parallelen Geraden. Diese kommt dem Punkt Q_w dort am nächsten, wo sie die Gerade g_w schneidet. Dieser Schnittpunkt entspricht auch dem relativen Maximum des Wirkungsgrades, da bei gegebener Leistung der Wirkungsgrad seinen Höchstwert hat, wenn der Übertragungsverlust ein Minimum ist.

27. Das Widerstandsdiagramm.

a) Beziehungen zwischen Widerstands- und Leitfähigkeitsdiagramm.

Alle in den vorhergehenden Abschnitten abgeleiteten Sätze gelten in sinngemäßer Anwendung auch für das Widerstandsdiagramm, das dem Leitfähigkeitsdiagramm in jeder Hinsicht analog ist. Statt der Komponenten der Belastungsleitfähigkeit $\mathfrak{G}_2$ werden die Komponenten W_{2w} und W_{2b} des Belastungs widerstandes $\mathfrak{W}_2 = \frac{1}{\mathfrak{G}_2}$ durch die Koordinaten des Diagramms dargestellt. Die für die Entwicklung des Widerstandsdiagramms geeignete Form der Grundgleichungen ist in Abschnitt 19 abgeleitet [Gleichung (119), S. 49].

Die für das Widerstandsdiagramm in Betracht kommenden Größen seien mit den gleichen Buchstaben wie die analogen Größen des Leitfähigkeitsdiagramms bezeichnet, mit Hinzufügung des Kennbuchstaben i. Bei Leerlauf im Endpunkt *1* ist die im Endpunkt *2* aufgenommene Scheinleistung $N_{02i} = \frac{J_2^2}{G_0}$ [1]). Mit Benutzung der in Abschnitt 19 entwickelten Analogien erhält man für die Koordinatengrößen im Leerlaufmaß

$$n_{2wi} = G_0 W_{2w} = \frac{N_{2w}}{N_{02i}}, \qquad n_{2bi} = G_0 W_{2b} = \frac{N_{2b}}{N_{02i}}. \tag{161}$$

Die Koordinaten stellen somit auch die Leistungskomponenten im Endpunkt *2* dar, wobei als Einheit der Leistung die bei dem gleichen Strom J_2 auftretende Leerlaufscheinleistung gilt. Bei konstantem Strom J_2 sind also die Koordinaten den im Endpunkt *2* auftretenden Leistungskomponenten proportional.

Für das Vorzeichen der Wirk- und Blindleistung gelten die in Abschnitt 16 gemachten Vereinbarungen: Verbraucherwirklast im Endpunkt *2* wird wie im Leitfähigkeitsdiagramm nach rechts aufgetragen. Der Drehsinn der Zeitlinie sei in beiden Diagrammarten der gleiche (entgegengesetzt der Uhrzeigerbewegung). Der Winkel eines durch Ursprung und Belastungspunkt gelegten Strahls gegen die Abszissenachse gibt nunmehr der Größe und Richtung nach die Phasenverschiebung der Spannung gegenüber dem Strom an. Die nach aufwärts gerichtete Ordinatenachse entspricht also einer um eine Viertelperiode nacheilenden Spannung, d. h. voreilendem Strom, also negativer Blindlast. Negatives n_{2bi} wird also nach aufwärts aufgetragen.

Die Lagenbeziehungen zwischen dem Leitfähigkeits- und Widerstandsdiagramm des Übertragungskreises zeigt Abb. 68. Bei konstanter Spannung E_2 ist der Vektor $\overrightarrow{ON}$ des Leitfähigkeitsdiagramms dem um φ_0 voreilenden Leerlaufstrom proportional. Bei konstantem Strom J_2 ist der Vektor $\overrightarrow{ON_i}$ des Widerstandsdiagramms der um φ_0 nacheilenden Spannung proportional. Diese beiden Vektoren liegen also symmetrisch zur Abszissenachse. Das gleiche gilt von Vektor $\overrightarrow{OM}$ (Kurzschlußstrom im Leitfähigkeitsdiagramm) und $\overrightarrow{OM_i}$ (Kurzschlußspannung im Widerstandsdiagramm). Daher $\sphericalangle(NOM) = \sphericalangle(M_i O N_i) = \varphi_k + \varphi_0$. Im Kurzschlußmaß ist $\overrightarrow{OM} = 1$; $\overline{ON} = W_k G_0$. Im Leerlaufmaß ist $\overline{ON_i} = 1$; $\overline{OM_i} = G_0 W_k$. Stellt man die Einheit des Kurzschluß- und des Leerlaufmaßes durch die gleiche Strecke dar, so sind die beiden

[1]) Bei Drehstrom ist dies die Scheinleistung der einzelnen Phase; die gesamte Scheinleistung hat die dreifache Größe.

Fundamentaldreiecke OMN und ON_iM_i kongruent. Im Leistungsmaß sind diese beiden Dreiecke einander ähnlich. Als Leistung ist $\overline{OM} = \frac{E_2^2}{W_k}$ und $\overline{OM_i} = \frac{J_2^2}{G_0}$. Die beiden Dreiecke sind daher auch im Leistungsmaß kongruent, wenn $J_2 = E_2\sqrt{\frac{G_0}{W_k}} = \frac{E_2}{Z}$ ist. $Z = \sqrt{\frac{W_k}{G_0}}$ ist der Wellenwiderstand des Übertragungskreises [s. Gleichung (29a), S. 19].

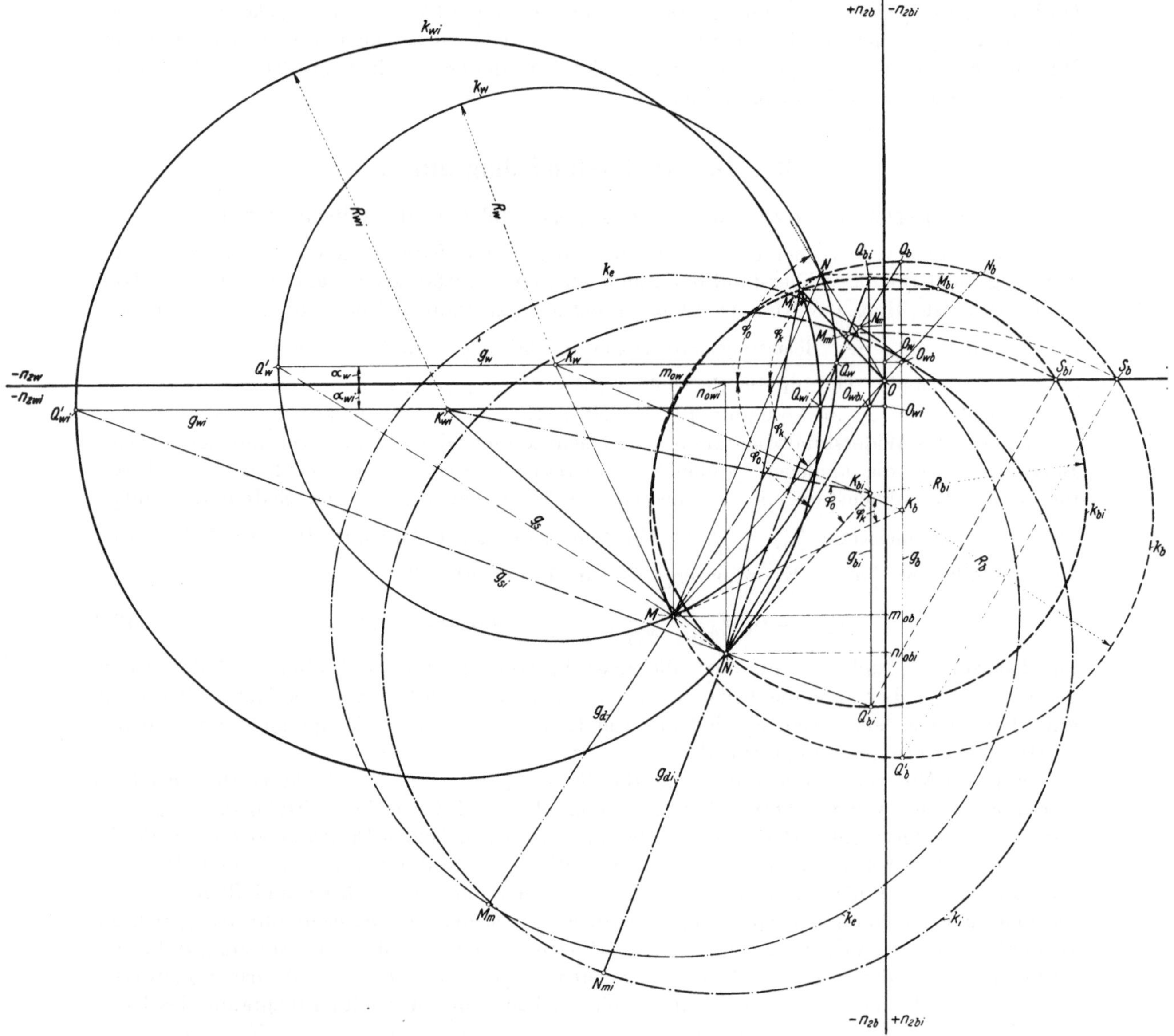

Abb. 68. Beziehungen zwischen Leitfähigkeitsdiagramm und Widerstandsdiagramm. (Punkte und Linien des Widerstandsdiagramms mit Index i bezeichnet.) Koordinaten: Wirk- und Blindleistung im Endpunkt 2 bei konstanter Spannung E_2, bzw. bei konstantem Strom J_2. Leistungsmaßstab für beide Diagramme gemeinsam, wenn $\frac{E_2}{J_2} = Z$ (Wellenwiderstand).

Auf diesen Fall ist Abb. 68 bezogen, wenn beiden Diagrammarten das gleiche Leistungsmaß zugrunde gelegt wird. Die beiden Fundamentaldreiecke sind gegeneinander um den Winkel $\varphi_0 - \varphi_k = 2\varphi_u$ verdreht [s. Gleichung (29b)]. Dem Winkel φ_u im Leitfähigkeitsdiagramm entspricht also der Winkel $(-\varphi_u)$ im Widerstandsdiagramm (vgl. die Abb. 68 und 31).

Die Formeln für die Mittelpunktskoordinaten und Radien der Hauptkreise des Widerstandsdiagramms gehen aus den entsprechenden Formeln (125), (126) und (133), (134) des Leitfähigkeitsdiagramms hervor, wenn man die Winkel $(+\varphi_u)$ und $(-\varphi_u)$ sowie φ_0 und φ_k miteinander vertauscht. Die Größen T^2 und C^2 gelten für beide Diagrammarten gemeinsam, da $\frac{\overline{ON}}{\overline{OM}} = \frac{\overline{OM_i}}{\overline{ON_i}} = T^2$ und $\frac{\overline{MN}}{\overline{MO}} = \frac{\overline{N_i M_i}}{\overline{N_i O}} = \frac{1}{C^2}$. Dem entsprechend ist

$$\left.\begin{aligned} \alpha_{wi} &= -\frac{T^2 \sin(2\varphi_u)}{2\cos\varphi_0} = -\alpha_w \frac{\cos\varphi_k}{\cos\varphi_0}, \\ \beta_{wi} &= \frac{1 + T^2\cos(2\varphi_u)}{2\cos\varphi_0} = \beta_w \frac{\cos\varphi_k}{\cos\varphi_0}, \\ R_{wi} &= \frac{1}{2C^2\cos\varphi_0} = R_w \frac{\cos\varphi_k}{\cos\varphi_0}, \end{aligned}\right\} \tag{162}$$

$$\left.\begin{aligned} \alpha_{bi} &= -\frac{T^2 \sin(2\varphi_u)}{2\sin\varphi_0} = -\alpha_b \frac{\sin\varphi_k}{\sin\varphi_0}, \\ \beta_{bi} &= \frac{1 - T^2\cos(2\varphi_u)}{2\sin\varphi_0} = \beta_b \frac{\sin\varphi_k}{\sin\varphi_0}, \\ R_{bi} &= \frac{1}{2C^2\sin\varphi_0} = R_b \frac{\sin\varphi_k}{\sin\varphi_0}. \end{aligned}\right\} \tag{163}$$

Die in Abb. 68 einander entsprechenden Kreise sind durch gleichartige Bezeichnungen erkennbar. Kreis k_i ist der „Einheitsstromkreis", nämlich der geometrische Ort für die Bedingung $J_1 = J_2$. Sein Radius ist der gleiche wie der des Kreises k_e, nämlich $\sqrt{\overline{N_i O} \cdot \overline{N_i M_i}} = \sqrt{\overline{MO} \cdot \overline{MN}} = \frac{1}{C} = R_e$. Dagegen haben die Leistungshauptkreise im Leitfähigkeits- und Widerstandsdiagramm verschiedene Größen. Das Dreieck $K_w M K_b$ hat bei K_b den Winkel φ_k, das Dreieck $K_{wi} N_i K_{bi}$ hat bei K_{bi} den Winkel φ_0, da Leerlauf und Kurzschluß in den beiden Diagrammarten einander wechselseitig entsprechen. Die Punkte N_m und M_m (Schnittpunkte des Kreises k_e mit der Geraden g_d) liegen auf dem durch Punkt S_b um den Mittelpunkt Q_b' geschlagenen Kreis (Kreis k_{sb}, Abschnitt 25d, letzter Absatz). Ebenso liegen die Punkte M_{mi} und N_{mi} auf dem durch S_{bi} um Q_{bi}' geschlagenen Kreis; da entsprechend Gleichung (163) die Durchmesser und Mittelpunktsordinaten der beiden Hauptkreise k_b und k_{bi} im gleichen Verhältnis stehen, ist $\overline{Q_{bi}' S_{bi}} \parallel \overline{Q_b' S_b}$.

Für Punkt N_m sind die beiden Spannungen E_1 und E_2 nicht nur gleich groß, sondern auch gleichphasig. Dasselbe gilt vom Punkt M_{mi} hinsichtlich der beiden Ströme. Der letztere Belastungsfall tritt dann auf, wenn zwei Generatoren über den Übertragungskreis in Reihe geschaltet sind. Ihre Spannungen sind dabei gleich groß und in Gegenphase. Im Leitfähigkeitsdiagramm wird dieser Fall durch den Punkt M_m dargestellt. Da die beiden Fundamentaldreiecke samt den Einheitskreisen und den damit zusammenhängenden Punkten durch Verdrehung um O ineinander übergeführt werden können, ist $\overline{ON_m} = \overline{OM_{mi}}$ und $\overline{OM_m} = \overline{ON_{mi}}$. Die Scheinleistung im Falle der Parallelschaltung der beiden Endgeneratoren ($\mathfrak{E}_1 = \mathfrak{E}_2$, Punkt N_m) bei Generatorspannung E_2 ist also gleich der Scheinleistung bei Reihenschaltung beider Endgeneratoren, wenn in diesem Fall der Generatorstrom die Größe $\frac{E_2}{Z}$ hat. Ebenso ist die Scheinleistung bei Reihenschaltung und Spannung E_2 gleich der Scheinleistung bei Parallelschaltung und Strom $J_2 = \frac{E_2}{Z}$ (Punkt M_m und N_{mi}).

b) Ermittlung des Belastungszustandes bei konstanter Stromstärke mittels des Leitfähigkeitsdiagramms.

In den Abschnitten 21 bis 24 ist gezeigt, wie mittels des Leitfähigkeitsdiagramms der Belastungszustand zu ermitteln ist, wenn eine der beiden Spannungen E_1 oder E_2 konstant ist. Durch die analogen Konstruktionen kann man den Belastungszustand mittels des Widerstandsdiagramms bestimmen, wenn eine der beiden Stromstärken J_1 oder J_2 konstant ist. Die in Abschnitt 15 angegebenen drei Hauptformen des Übertragungsproblems können auch auf konstante Stromstärken bezogen werden. Die Worte „Spannung" und „Leitfähigkeit" sind dabei durch „Strom" und „Widerstand" zu ersetzen.

Zur Lösung von Übertragungsaufgaben bei gegebener konstanter Stromstärke ist also das Widerstandsdiagramm zu konstruieren. Diese Konstruktion erübrigt sich jedoch, wenn das Leitfähigkeitsdiagramm bereits bekannt ist. Wegen der einfachen Beziehungen der beiden Diagrammarten kann nämlich auch das Leitfähigkeitsdiagramm zur Ermittlung des Belastungszustandes bei konstanter Stromstärke verwendet werden. Dies erkennt man wie folgt: Der für die Konstruktion verwendete Teil des Widerstandsdiagramms wird durch entsprechende Größen oder Lagenveränderung in den analogen Teil des Leitfähigkeitsdiagramms übergeführt. Die Art der Überführung ist aus den Lagenbeziehungen der Abb. 68 zu ersehen und wird in den im folgenden besprochenen Beispielen näher beschrieben. Erteilt man dem Belastungspunkt die gleiche Transformation, so bleibt seine Lage relativ zum transformierten Diagrammteil unverändert. Mit dem veränderten Belastungspunkt kann daher das Ermittlungsverfahren im Leitfähigkeitsdiagramm durchgeführt werden. Die sich ergebenden Punkte oder Strecken müssen wieder zurücktransformiert werden. Dieses Verfahren liegt den drei folgenden Beispielen zugrunde, die den größten Teil der Übertragungsaufgaben umfassen. Dabei ist vorausgesetzt, daß der gegebene konstante Strom die Größe $J_z = \frac{E_2}{Z}$ habe. Für eine beliebige Größe J des konstanten Stroms sind die gegebenen Leistungen durch Multiplikation mit $\frac{J_z^2}{J^2}$ auf den Strom J_z zu reduzieren. Die Ergebnisse sind sodann durch Multiplikation mit $\frac{J^2}{J_z^2}$ auf den Strom J zurück zu beziehen.

1. Unmittelbare Konstruktion der Belastungsvektoren. Für gegebene konstante Spannung ist dieses Verfahren in Abschnitt 21b und 22h durchgeführt. Daraus geht hervor, daß für die Konstruktion nur die Lage des Belastungspunktes relativ zum Fundamentaldreieck notwendig ist, denn auch die Gerade g_d und der Punkt N_m (Abb. 37 und 38) sind ausschließlich durch die Lage des Fundamentaldreiecks bestimmt. Das Dreieck ON_iM_i des Widerstandsdiagramms kann durch Verdrehung um den Winkel $\varphi_0 - \varphi_k = 2\varphi_u$ in das Dreieck OMN des Leitfähigkeitsdiagramms übergeführt werden. Die Verdrehung erfolgt im Uhrzeigersinn, wenn der Winkel φ_u positiv ist (Gerade g_u, Abb. 31, im zweiten Quadranten). Erteilt man daher dem Belastungspunkt P_{2i} die gleiche, mit δ_{0w} bezeichnete Verschiebung (Abb. 69), so kann mittels des so transformierten Punktes P_2' das in Abb. 38 angegebene Verfahren im Leitfähigkeitsdiagramm durchgeführt werden.

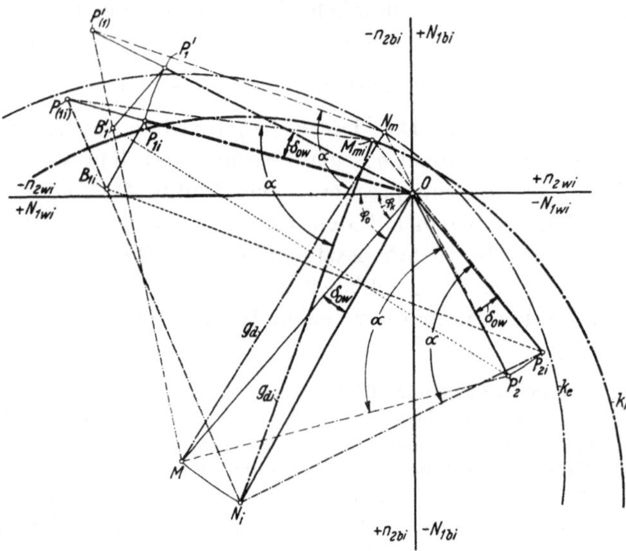

Abb. 69. Konstruktion der Belastungsvektoren bei konstantem Strom J_2 (vgl. Abb. 38).

In Abb. 69 ist dieses Verfahren sowohl im Widerstandsdiagramm als auch im Leitfähigkeitsdiagramm dargestellt. Die transformierten Punkte im Leitfähigkeitsdiagramm sind durch einen Apostroph, die Belastungspunkte des Widerstandsdiagramms durch den Index i gekennzeichnet. Die Koordinaten des Punktes P_{2i} geben die Leistungen im Endpunkt *2*, die des Punktes P_{1i} die Leistungen im Endpunkt *1* an, wenn J_2 konstant ist. Punkt P_{1i} wird aus der Lage von P_{2i} in gleicher Weise ermittelt wie in Abb. 38 der Punkt P_1 aus der Lage von P_2, und zwar mittels der Geraden g_{di} und des Punktes M_{mi} ($\sphericalangle\alpha$ mit dem Scheitel P_{2i} gleich $\sphericalangle\alpha$ mit dem Scheitel M_{mi}; Punkt B_{1i} symmetrisch zu P_{2i} mit Bezug auf die Gerade g_{di}; $B_{1i}P_{1i} \parallel \overline{ON_i}$). Das gleiche Verfahren ist mittels des Punktes P_2', der Geraden g_d und des Punktes N_m wie in Abb. 38 durchgeführt. Daraus ergibt sich der Punkt P_1', der durch Verdrehung um den Winkel δ_{0w} in den gesuchten Punkt P_{1i} übergeführt werden kann. Diese Ermittlung entspricht der ersten Hauptform des Übertragungsproblems. Bei den anderen Formen ist P_{1i} oder $P_{(1i)}$ gegeben und daraus der Punkt P_{2i} zu ermitteln. Der Vorgang ist in allen Fällen der gleiche: Der gegebene Belastungsvektor wird um den Winkel δ_{0w} verdreht, und zwar im Sinn der Uhrzeigerbewegung, wenn $\varphi_0 - \varphi_k > 0$. Mit dem so veränderten Punkt wird das Verfahren im L e i t f ä h i g k e i t s d i a g r a m m durchgeführt. Der sich ergebende Belastungsvektor ist um den Winkel δ_{0w} im entgegengesetzten Sinn zu verdrehen und stellt sodann die gesuchte Belastung im Widerstandsdiagramm dar.

2. Die Konstruktion mittels des Wirkleistungsdiagramms. Die Bestimmung der Wirkleistung (Abschnitt 22a), des Übertragungsverlustes (Abschnitt 22d) und des Wirkungsgrades (Abschnitt 23b) wird entweder mittels des Wirkleistungshauptkreises k_w oder mittels solcher Linien durchgeführt, die durch die Lage und Größe von k_w durchaus gegeben sind. Die Überführung des Kreises k_{wi} in den Kreis k_w (Abb. 68) bedeutet also zugleich Überführung der Verlustparabel p_{vi} in die Verlustparabel p_v (Abb. 70, vgl. auch Abb. 43). Die Art der Über-

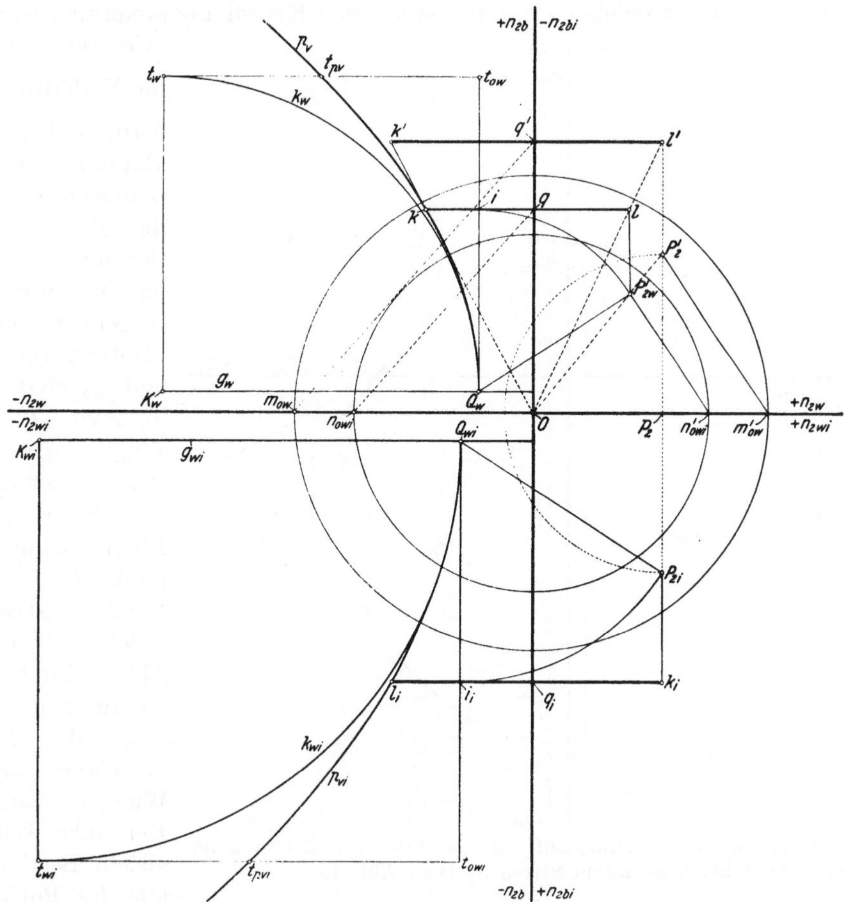

Abb. 70. Ermittlung des Übertragungsverlustes und der Wirkleistung im Endpunkt *1* bei konstantem Strom J_2 (vgl. Abb. 43).

führung geht aus den Gleichungen (162) hervor. Sie besteht in einer affinen Verschiebung mit Bezug auf den Koordinatenursprung, wobei sich alle Ursprungsentfernungen im Verhältnis $\frac{\cos\varphi_0}{\cos\varphi_k}$ ändern, und in einer Umklappung um die Abszissenachse (wegen des Minuszeichens in der ersten Gleichung). Führt man die gleiche Transformation mit dem Belastungspunkt P_{2i} durch, so geht er in den Punkt P'_{2w} über. Die auf der Abszissenachse liegenden Punkte m_{0w} und n_{0wi} sind aus Abb. 68 in die Abb. 70 übertragen. Wegen $\overline{OM} = \overline{ON_i}$ ist $\frac{\overline{On_{0wi}}}{\overline{Om_{0w}}} = \frac{\cos\varphi_0}{\cos\varphi_k}$. Punkt P'_2 liegt symmetrisch zu P_{2i} mit Bezug auf die Abszissenachse.

Die Bestimmung der Wirkleistung im Endpunkt *1* mittels der Verlustparabel ist in gleicher Weise wie in Abb. 43 durchgeführt. Der untere Teil der Abb. 70 zeigt diese Ermittlung mittels des Punktes P_{2i} im Widerstandsdiagramm. Die gesuchte Wirkleistung wird durch die Strecke $\overline{l_i k_i}$ dargestellt. Der obere Teil der Abb. 70 zeigt die gleiche Ermittlung im Leitfähigkeitsdiagramm mittels des Punktes P'_{2w}. Die sich ergebende Strecke $\overline{kl}$ muß zwecks Rücktransformierung im Verhältnis $\frac{\cos\varphi_k}{\cos\varphi_0}$ verändert werden. Dabei geht sie in die Strecke $\overline{k'l'} = \overline{l_i k_i}$ über.

Mittels der gleichen Transformierung des Belastungspunktes kann auch der Wirkungsgrad aus dem Leitfähigkeitsdiagramm dargestellt werden. Dabei ist jedoch keine Rücktransformierung nötig, da das den Wirkungsgrad darstellende Verhältnis zweier Strecken bei der proportionalen Überführung nicht geändert wird.

3. Die Konstruktion mittels des Blindleistungsdiagramms. Durch Überführung des Kreises k_{bi} (Abb. 68) in den Kreis k_b werden auch die Diagramme zur Bestimmung der Blindleistungsdifferenz und Blindleistungssumme aus dem Widerstandsdiagramm in das Leitfähigkeitsdiagramm transformiert. Die Art der Überführung geht aus den Gleichungen (163) hervor. Sie besteht in einer affinen Verschiebung mit Bezug auf den Koordinatenursprung, wobei sich alle Ursprungsentfernungen im Verhältnis $\frac{\sin\varphi_0}{\sin\varphi_k}$ ändern, und in einer Umklappung um die Ordinatenachse. Führt man die gleiche Transformation mit dem Belastungspunkt P_{2i} durch (Abb. 71), so geht er in den Punkt P'_{2b} über. Die Punkte m_{0b} und n_{0bi} sind aus Abb. 68 in Abb. 71 übertragen,

$$\frac{\overline{O n_{0bi}}}{\overline{O m_{0bi}}} = \frac{\sin\varphi_0}{\sin\varphi_k}.$$

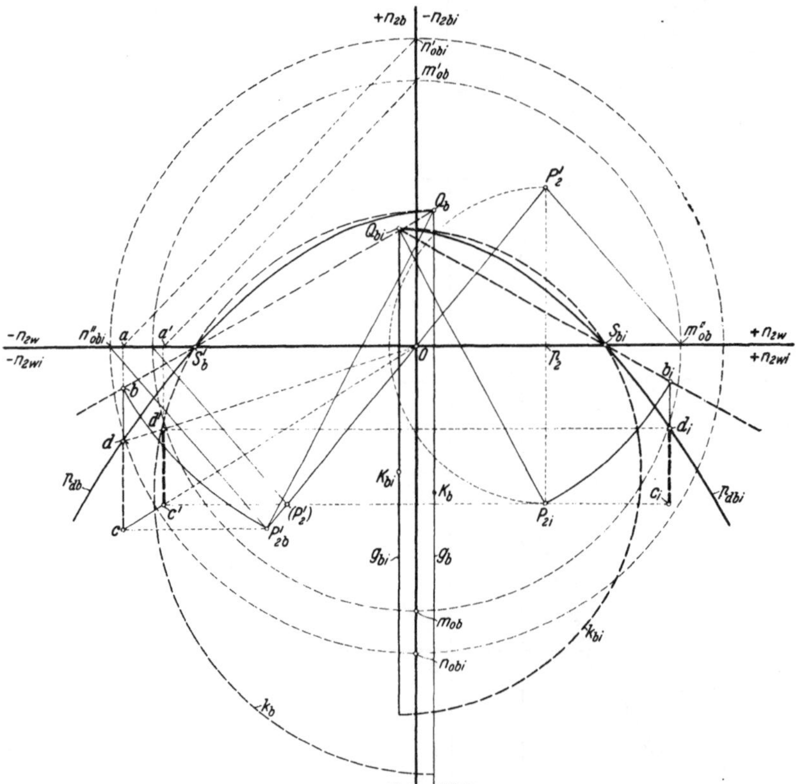

Abb. 71. Ermittlung der Blindleistungsdifferenz und der Blindleistung im Endpunkt *1* bei konstantem Strom J_2 (vgl. Abb. 46).

Die Ermittlung der Blindleistung im Endpunkt *1* ist mittels der Blindverlustparabel in gleicher Weise wie in Abb. 46 durchgeführt. Der rechte Teil der Abb. 71 zeigt die Bestimmung mittels des Punktes P_{2i} im Widerstandsdiagramm. Der linke Teil zeigt die gleiche Bestimmung mittels des Punktes P'_{2b} im Leitfähigkeitsdiagramm. Im Widerstandsdiagramm ergibt sich als Blindleistung die Strecke $\overline{c_i d_i}$, im Leitfähigkeitsdiagramm die Strecke $\overline{c d}$, die zwecks Rücktransformierung im Verhältnis $\frac{\sin\varphi_k}{\sin\varphi_0} = \frac{\overline{O(P'_2)}}{\overline{O P'_{2b}}}$ verändert werden muß und dadurch in die Strecke $\overline{c' d'} = \overline{c_i d_i}$ übergeht.

Die Abb. 69 bis 71 gehören zum Gesamtdiagramm Abb. 68 und sind im gleichen Maßstab dargestellt, der Punkt P_{2i} hat in den drei letzten Abbildungen die gleiche Lage. Die Koordinaten des Punktes P_{1i} in Abb. 69 geben Wirkleistung und Blindleistung im Endpunkt *1* bei konstantem Strom J_2 an. Daher ist die Abszisse von P_{1i} in Abb. 69 gleich der Strecke $\overline{l_i k_i}$ der Abb. 70, die Ordinate von P_{1i} gleich der Strecke $\overline{c_i d_i}$ der Abb. 71.

IV. Die Übertragung auf der homogenen Leitung.

28. Die Bestimmungsgrößen des Diagramms.

Die homogene Leitung stellt einen Übertragungskreis dar, der aus unendlich vielen, unendlich kleinen und gleichmäßig verteilten Scheinwiderstandselementen zusammengesetzt ist. Wegen der räumlich symmetrischen Anordnung dieser Elemente ist der Verlauf des Übertragungsvorgangs unabhängig von der Übertragungsrichtung. Die Leitung ist daher als Sonder-

Additional material from *Theorie der Wechselstromübertragung*,
ISBN 978-3-642-98618-5 (978-3-642-98618-5_OSFO5),
is available at http://extras.springer.com

fall des richtungssymmetrischen Übertragungskreises zu behandeln. Das in den vorhergehenden Kapiteln II und III abgeleitete graphische Verfahren gilt daher ohne jede Einschränkung auch für Fernleitungen. Zur Anwendung des Verfahrens auf Theorie und Berechnung der Leitungen sind die Diagrammgrößen als Funktionen der Leitungskonstanten darzustellen. Der Einfluß dieser Konstanten auf die Diagrammgestaltung läßt ihren Zusammenhang mit dem Übertragungsvorgang deutlich erkennen.

Das Diagramm ist bestimmt durch die Lage des Kurzschlußpunktes M und des Leerlaufpunktes N (Abb. 72). Zur deutlicheren Kennzeichnung seien auch die Mittelpunktskoordinaten und die Radien der beiden Hauptkreise k_w und k_b verwendet. Die Übertragungseigenschaften der Leitungen werden im folgenden an einer Reihe von Diagrammen dargestellt, die im gleichen Leistungsmaßstab, auf eine bestimmte Spannung E bezogen, gezeichnet sind. Die Kurzschlußleistung $\overline{OM}$ ist gleich $N_k = \frac{E^2}{W_k} = \frac{E^2}{TZ}$ [s. Gleichung (21) und (30a), S. 18 und 19]. Aus den im Kurzschlußmaß ausgedrückten Diagrammgrößen erhält man die zugehörigen Leistungsgrößen durch Multiplikation mit der Kurzschlußleistung. Sämtliche Größen sind proportional der „Wellenleistung“ $N_z = \frac{E^2}{Z}$. Für Kurzschluß- und Leerlaufleistung hat man:

$$N_k = N_z \cdot \frac{1}{T} = \overline{OM}; \qquad N_0 = N_z \cdot T = \overline{ON}.$$

Die in den Gleichungen (125) bis (127), S. 56, und Gleichung (133) bis (135), S. 58, gegebenen Bestimmungsgrößen der Hauptkreise seien als Leistungsgrößen (d. h. nach Multiplikation mit N_k) durch den hochgesetzten Index (kVA) bezeichnet. Dementsprechend ist

$$\left.\begin{aligned} \alpha_w^{(\mathrm{kVA})} &= N_z \cdot \frac{T \sin(2\varphi_u)}{2\cos\varphi_k}, \\ \beta_w^{(\mathrm{kVA})} &= N_z \cdot \frac{1 + T^2 \cos(2\varphi_u)}{2T\cos\varphi_k}, \\ R_w^{(\mathrm{kVA})} &= N_z \cdot \frac{1}{2C^2 T \cos\varphi_k}, \\ \vartheta_w^{(\mathrm{kVA})} &= N_z \cdot \sqrt{\frac{\cos\varphi_0}{\cos\varphi_k}} = N_z \sqrt{\frac{1-tu}{1+tu}}. \end{aligned}\right\} \tag{164}$$

$$\left.\begin{aligned} \alpha_b^{(\mathrm{kVA})} &= N_z \cdot \frac{T \sin(2\varphi_u)}{2\sin\varphi_k}, \\ \beta_b^{(\mathrm{kVA})} &= N_z \cdot \frac{1 - T^2 \cos(2\varphi_u)}{2T\sin\varphi_k}, \\ R_b^{(\mathrm{kVA})} &= N_z \cdot \frac{1}{2C^2 T \sin\varphi_k}, \\ \vartheta_b^{(\mathrm{kVA})} &= N_z \cdot \sqrt{\frac{\sin\varphi_0}{\sin\varphi_k}} = N_z \sqrt{\frac{t+u}{t-u}}. \end{aligned}\right\} \tag{165}$$

Die Diagrammgrößen sind also bestimmt durch den Wellenwiderstand Z, den Verzerrungswinkel φ_u, das Leerlaufkurzschlußverhältnis T^2, das Leerlaufspannungsverhältnis C und den halben Phasenunterschied φ_t zwischen Leerlauf- und Kurzschlußstrom [entsprechend den Beziehungen $\varphi_0 = \varphi_t + \varphi_u$ und $\varphi_k = \varphi_t - \varphi_u$, Gleichung (30b), S. 19].

Zur Entwicklung des Diagramms der homogenen Leitung sind also diese fünf Größen als Funktionen der Leitungskonstanten darzustellen. Die Formelausdrücke sind in Abschnitt 12c, S. 27, zusammengestellt. Die Leitung ist physikalisch bestimmt durch die vier kilometrischen Einheitskonstanten (Ohmscher Widerstand w, induktiver Widerstand s, Ableitung g, kapazitive Leitfähigkeit $\varkappa$) und durch die Leitungslänge x. Die Größen s und $\varkappa$ sind bei gegebener Leitung proportional der Wechselstromperiodenzahl.

Die Größen Z und φ_u sind lediglich Funktionen der kilometrischen Konstanten [s. Gleichung (48), (49) und (63)]; desgl. der Dämpfungsfaktor a und der Wellenlängenfaktor b [Gleichung (57)]. Für die Größen C^2, T^2 und $\operatorname{tg}\varphi_t = t$ hat man

$$2C^2 = \mathfrak{Cof}(2ax) + \cos(2bx) \qquad \text{Gleichung (58),}$$

$$T^2 = \frac{\mathfrak{Cof}(2ax) - \cos(2bx)}{\mathfrak{Cof}(2ax) + \cos(2bx)} \qquad \text{Gleichung (60),}$$

$$t = \frac{\sin(2bx)}{\mathfrak{Sin}(2ax)} \qquad \text{Gleichung (61).}$$

Daher sind die Radien der Hauptkreise entsprechend (164) und (165):

$$R_w^{(\mathrm{kVA})} = N_z \cdot \frac{1}{\cos\varphi_k \sqrt{\mathfrak{Cof}^2(2\,a\,x) - \cos^2(2\,b\,x)}}, \tag{166a}$$

$$R_b^{(\mathrm{kVA})} = N_z \cdot \frac{1}{\sin\varphi_k \sqrt{\mathfrak{Cof}^2(2\,a\,x) - \cos^2(2\,b\,x)}}. \tag{166b}$$

Die Leitungskonstanten gehen also nicht unmittelbar in die Formeln ein, sondern mittels ihrer Funktion Z, φ_u, a und b (die letzteren erscheinen stets multipliziert mit der Leitungslänge x, d. h. es ist die gesamte Dämpfung $a\,x$ und der Längenwinkel $b\,x$ maßgebend). Auf diese Größen muß sich die Diskussion des Einflusses der Leitungskonstanten beschränken, wenn die Ergebnisse hinreichend übersichtlich sein sollen.

Am einfachsten ist der Einfluß des Wellenwiderstandes zu überblicken. Sind die übrigen Bestimmungsgrößen konstant, so sind alle Diagrammgrößen entsprechend (164) und (165) proportional der Wellenleistung $N_z = \frac{E^2}{Z}$. Verschiedenen Werten von Z entsprechen daher ähnliche Diagramme. Es findet nur eine proportionale Änderung sämtlicher Leistungsgrößen statt, in gleicher Weise, wie wenn bei einer bestimmten Leitung die Spannung geändert wird. Auf die physikalische Bedeutung dieser Tatsache wird in Abschnitt 33 näher eingegangen.

Der Verzerrungswinkel φ_u ist praktisch stets sehr klein, kleiner als $10°$. Er ist hauptsächlich von Einfluß auf die Größen α_w und α_b (Abb. 72), die mit zunehmendem φ_u größer werden. Der Sonderfall $\varphi_u = 0$ (verzerrungsfreie Leitung) ist für die Starkstromtechnik ohne besondere Bedeutung, ergibt aber theoretisch sehr interessante Verhältnisse und ist in Abschnitt 32 näher besprochen.

Die Gerade g_u ist die Symmetrale der Vektoren, durch welche die kilometrische Impedanz $\mathfrak{r} = w + j\,s = r \cdot e^{j\varphi_r}$ und die kilometrische Admittanz $\mathfrak{k} = g + j\,\varkappa = k \cdot e^{j\varphi_{\mathfrak{k}}}$ dargestellt werden (vgl. Abb. 33). Wegen der stets sehr kleinen Ableitung ist bei Leitungen praktisch immer $\varphi_{\mathfrak{k}} > \varphi_r$, daher $\varphi_u = \frac{1}{2}(\varphi_{\mathfrak{k}} - \varphi_r) > 0$. Die Gerade g_u (Abb. 72) liegt daher stets im zweiten Quadranten; wegen $\varphi_u > 0$ ist auch $\alpha_w > 0$. Der Mittelpunkt K_w des Hauptkreises k_w liegt daher bei Leitungen ebenfalls stets im zweiten Quadranten.

Der Dämpfungsfaktor a ist praktisch stets sehr klein (vgl. Abschnitt 12b, S. 26). Vergrößerung des Dämpfungsfaktors bedeutet Verkleinerung des Winkels φ_t [Gleichung (61)]. In dem praktisch immer zutreffenden Fall des nacheilenden Kurzschlußstromes und voreilenden Leerlaufstromes (Leitungslänge kleiner als die Viertelwelle) werden durch Verkleinerung von φ_t auch der Kurzschlußwinkel φ_k und der Leerlaufwinkel φ_0 (Abb. 31, S. 37) verkleinert, daher die Wirkleistung im Leerlauf und im Kurzschluß vergrößert, entsprechend den größeren Leitungsverlusten. Unter der gleichen Voraussetzung wächst die Größe T^2 [Gleichung (60)] mit zunehmendem Dämpfungsfaktor a an, daher auch α_w [Gleichung (164)]. Der Hauptkreisradius R_w wird bei zunehmender Dämpfung kleiner [Gleichung (166a)]. Dies bedeutet Verminderung der größten übertragbaren Leistung. Die Abszisse β_w des Mittelpunktes K_w [Gleichung (164)] nimmt mit zunehmender Dämpfung wegen des konstanten Gliedes im Zähler weniger ab als R_w. Die Abszisse $\beta'_w = \beta_w - R_w$ des Scheitelpunktes Q_w (Abb. 72) wächst daher mit zunehmender Dämpfung an. Dies bedeutet Vergrößerung des Verlustminimums. Aus dem gleichen Grund wird bei zunehmender Dämpfung Radius $\varrho_w = \sqrt{\beta_w^2 - R_w^2}$ des Wirkleistungsgegenkreises k'_w größer. Da ϱ_w im Vergleich zu R_w und β_w klein ist, so bewirkt eine geringe Zunahme der Dämpfung eine verhältnismäßig große Zunahme von ϱ_w. Diese Größe stellt die Wirkleistung bei Übertragung mit maximalem Wirkungsgrad dar (vgl. Abschnitt 23b). Damit ergibt sich das paradox erscheinende Resultat: Bei zunehmenden Leitungsverlusten wird die mit maximalem Wirkungsgrad übertragbare Leistung größer; denn je größer die Dämpfung, desto mehr fallen die auch bei Leerlauf vorhandenen Verluste (Ohmsche Wärme des Ladestroms und Ableitung) ins Gewicht gegenüber den durch Leistungsübertragung verursachten Verlusten. Diese Leerlaufverluste bewirken, daß der Wirkungsgrad zurückgeht, wenn die Leistung unter einen bestimmten Betrag sinkt. Je größer die Dämpfung, desto größer ist also auch der Leistungsbereich, in dem die Leerlaufverluste einen überwiegenden Einfluß auf den Wirkungsgrad ausüben. Die Größe des maximalen Wirkungsgrades wird mit zunehmender Dämpfung selbstverständlich kleiner.

Mit Ausnahme des Kreises k'_w wird das Diagramm nur in geringem Maß durch den Dämpfungsfaktor beeinflußt.

Am meisten hängt die Diagrammgestaltung von der Größe $b\,x$ ab. Der Einfluß dieser Größe ist so bedeutend, daß auch bei sehr verschiedenen Werten der Einheitskonstanten die Diagramme zweier Leitungen einander sehr ähnlich sind, wenn beide den gleichen „Längenwinkel" $b\,x$ haben. Dagegen erfährt das Diagramm durch Änderung von $b\,x$ eine durchgreifende

Umgestaltung. Bei einer Leitung mit gegebenen Einheitskonstanten ändert sich die Größe bx mit der Leitungslänge x oder mit der Frequenz.

Bei Änderung der Leitungslänge ändert sich auch die Dämpfungsgröße ax, was aber, wie erwähnt, nur von geringem Einfluß ist. Der Wellenlängenfaktor b ist der Frequenz ω annähernd proportional, da die Fortpflanzungsgeschwindigkeit $v = \frac{\omega}{b}$ [s. Gleichung (54), S. 26] fast ausschließlich durch die Eigenschaften des umgebenden Dielektrikums bestimmt wird, also von der Frequenz nahezu unabhängig ist. Auch der Dämpfungsfaktor wird von der Frequenz nur wenig beeinflußt [vgl. Gleichung (57″)]. Änderung der Frequenz wirkt also wie eine proportionale Längenänderung bei gleichzeitiger umgekehrt proportionaler Änderung des Dämpfungsfaktors; in beiden Fällen ändert sich bx, während ax konstant bleibt. Damit ist der Einfluß der Frequenz zurückgeführt auf den Einfluß der Leitungslänge und des Dämpfungsfaktors.

Der bedeutende Einfluß der Größe bx auf die Gestalt des Diagramms bedarf einer näheren Erörterung.

29. Einfluß der Leitungslänge.

In den folgenden Abbildungen sind die Diagramme je einer Kabelleitung und einer Freileitung für verschiedene Leitungslängen dargestellt. Für die Kabeldiagramme (Abb. 72—80) sind die Leitungslängen im allgemeinen so gewählt, daß ihre Verhältnisse zur Wellenlänge charakteristische Werte annehmen. Eine Ausnahme bilden die Abb. 74 und 78, für welche die Leitungslänge so bemessen ist, daß die kurzgeschlossene Leitung im Speisepunkt reine Wirklast aufnimmt (s. Abschnitt 30c). In den Freileitungsdiagrammen (Abb. 81—85) sind die kilometrischen Längen mit runden Zahlen angenommen, die auf den Abbildungen angegeben sind.

Zahlenangaben zu den Kabeldiagrammen Abb. 72—78.

Wechselzahl: 50 Per/sek.

Kilometrische Einheitskonstanten (vgl. Abschnitt 12, S. 24):

$$w = 0{,}058\ \Omega/\text{km}, \qquad s = 0{,}22\ \Omega/\text{km},$$

$$g = 0{,}565 \cdot 10^{-6}\ \frac{1}{\Omega}/\text{km}, \qquad \varkappa = 56{,}5 \cdot 10^{-6}\ \frac{1}{\Omega}/\text{km}.$$

Daraus ergibt sich

Wellenwiderstand	$Z = 63{,}3\ \Omega$,	[Gleichung (49) und (48)],
Verzerrungsfaktor	$u = 0{,}1246$,	[„ (63) „ (56)],
Wellenlänge	$\lambda = 1770$ km.	[„ (53) „ (57)].

Maßstab: Ein Teilstrich des auf jeder Abbildung angegebenen verkleinerten Millimetermaßstabes entspricht bei der Spannung $E_2 = 80$ kV einer Scheinleistung von 1000 kVA. Die Verkleinerung ist so gewählt, daß 1 mm natürlicher Größe einer Scheinleistung von 5000 kVA bei der Spannung $E_2 = 110$ kV entspricht.

Zahlenangaben zu den Freileitungsdiagrammen Abb. 81—85.

Wechselzahl: 50 Per/sek.

Kilometrische Einheitskonstanten:

Die Werte sind in Abschnitt 51, S. 164 angegeben. Daselbst ist die Berechnung des Diagramms für 1000 km Länge, Abb. 83, durchgeführt. Die anderen Diagramme sind in analoger Weise entwickelt.

Wellenwiderstand	$Z = 372\ \Omega$,
Verzerrungsfaktor	$u = 0{,}08217$,
Wellenlänge	$\lambda = 5744$,
Maßstab:	1 mm = 5000 kVA bei der Spannung $E_2 = 220$ kV.

In den Kabeldiagrammen 72 bis 80 sind die bei Abb. 72 näher bezeichneten Diagrammteile dargestellt. Die Freileitungsdiagramme sind durch die Hauptkreise K_w und K_b, den Einheitsspannungskreis und den Kreis K_w' gekennzeichnet. Würden die Kabeldiagramme im gleichen Leistungsmaßstab und für gleiche Spannung dargestellt wie die Freileitungsdiagramme, so müßte man sie 4fach vergrößern. Die wesentlich größeren Abmessungen der Kabeldiagramme werden hauptsächlich durch den kleineren Wellenwiderstand bzw. die größere Wellenleistung N_z bedingt [vgl. Gleichung (164) und (165)].

a) Kurzschluß und Leerlaufpunkt.

Der Einfluß der Leitungslänge auf die Diagrammgröße drückt sich in dem Verlauf der Größen t und T bei veränderlichem x aus. Durch die erstere wird die Richtung, durch die letztere die Größe des Kurzschluß- und des Leerlaufvektors bestimmt [Gleichungen (30) und (35)].

Der Zähler des Ausdruckes für t [Gleichung (61)] ist eine Sinusfunktion; der Nenner wächst mit zunehmendem x an und nähert sich einer Exponentialfunktion. Die Größe t verläuft daher nach einer gedämpften Sinusschwingung. Für $x = 0$ ist $t = \frac{a}{b}$, wie man durch Reihenentwicklung in Zähler und Nenner findet. Daher nähert sich mit unbegrenzt abnehmendem x der Kurzschlußwinkel φ_k dem Werte φ_r, der Leerlaufwinkel φ_0 dem Werte $\varphi_{\mathfrak{f}}$ [Amplituden der kilometrischen Impedanz bzw. Admittanz (vgl. Abb. 31 und 33)]. Bei zunehmendem x wächst der Nenner rascher, der Zähler langsamer an als x. Die Größe t und somit auch Winkel φ_t nehmen dabei ab. Die Richtungen von $\overrightarrow{OM}$ und $\overrightarrow{ON}$ nähern sich daher von beiden Seiten her der Geraden g_u (vgl. Abb. 72 und 73): Bei $\sin(2bx) = 0$, $bx = \frac{\pi}{2}$, also Viertelwellenlänge, ist $t = 0$; die Punkte M und N liegen daher auf der Geraden g_u, Abb. 75. Das gleiche ist bei allen Vielfachen der Viertelwellenlänge der Fall, also auch bei der Halbwellenlänge (Abb. 77). Zwischen Viertel- und Halbwellenlänge ist t negativ; Punkt M liegt daher oberhalb, Punkt N unterhalb der Geraden g_u (Abb. 76). Die Vektoren $\overrightarrow{OM}$ und $\overrightarrow{ON}$ führen daher mit zunehmender Leitungslänge Schwingungen um die Gerade g_u aus, die stets ihre Symmetrale ist. Die Schwingungen werden immer kleiner. Bei unbegrenzt anwachsendem x gehen beide Vektoren in die Gerade g_u über, da die unendlich lange Leitung auf den Speisepunkt so wirkt, als ob daselbst der Wellenwiderstand $\mathfrak{Z} = Z\,e^{-j\varphi_u}$ angeschlossen wäre, der einen um φ_u phasenverschobenen Strom aufnimmt.

Die Größe T^2 [Gleichung (60)] hat folgenden Verlauf: Für $x = 0$ ist auch $T^2 = 0$ und wächst mit zunehmendem x an. Für die Viertelwellenlänge $\left(bx = \frac{\pi}{2},\ \cos(2bx) = -1\right)$ wird der Nenner des Ausdrucks (60) bei dem praktisch stets sehr kleinen Dämpfungsfaktor sehr klein, der Wert T^2 daher sehr groß. Bei weiterer Zunahme von x nimmt T^2 wieder ab und wird für die Halbwellenlänge ($bx = \pi$, $\cos 2bx = +1$) sehr klein. Die Größe T^2 (und somit auch T) verläuft also in Schwingungen, die mit dem Nullwert beginnen und in der Nähe der Viertelwellenlänge (und ihrer ungeraden Vielfachen) Maximalwerte, in der Nähe der Halbwellenlänge (und ihrer Vielfachen) Minimalwerte aufweisen. Die Maxima und Minima werden immer flacher; bei unbegrenzt zunehmendem x nähert sich T^2 der Einheit wegen des überwiegenden Einflusses von $\mathfrak{Cof}(2ax)$ in Zähler und Nenner von (60).

Der Verlauf von T bestimmt die Änderungen der Strecken $\overline{OM} = N_z \cdot \frac{1}{T} = N_k$ und $\overline{ON} = N_z \cdot T = N_0$. Bei kurzen Leitungen ist die Kurzschlußleistung sehr groß, die Leerlaufleistung sehr klein. Bei anwachsendem x nimmt die Kurzschlußleistung ab, die Leerlaufleistung zu (vgl. Abb. 72 und 73). In der Nähe der Viertelwellenlänge erreicht die Kurzschlußleistung ein Minimum, die Leerlaufleistung ein Maximum (Abb. 75). Bei weiterer Vergrößerung der Leitungslänge nimmt die Kurzschlußleistung wieder zu, die Leerlaufleistung ab. In der Nähe der Halbwellenlänge erreicht die Kurzschlußleistung ein Maximum, die Leerlaufleistung ein Minimum (vgl. Abb. 76 und 77). Die Maxima und Minima werden immer flacher; mit unbegrenzt anwachsendem x nähern sich Kurzschluß- und Leerlaufleistung der Wellenleistung N_z.

Aus Größen- und Winkeländerung des Kurzschluß- bzw. Leerlaufvektors ergibt sich, daß sich die Punkte M und N bei Änderung der Leitungslänge auf Spiralen bewegen, die sich asymptotisch dem auf der Geraden g_u liegenden Endpunkt des Wellenleistungsvektors nähern. Die Umlaufrichtung stimmt für beide Punkte überein mit der Drehrichtung der Zeitlinie.

b) Wirkleistungshauptkreis.

Durch den Verlauf der Punkte M und N wird auch die Lagen- und Größenänderung der beiden Hauptkreise k_w und k_b bei Änderung der Leitungslänge bestimmt. Der Mittelpunkt K_w liegt stets im zweiten Quadranten. Die Änderung seiner Ordinate $\alpha_w^{(\mathrm{kVA})}$ [Gleichung (164)] wird überwiegend durch die Änderung von T bestimmt, da diese Größe vielmehr schwankt als $\cos\varphi_k$. Die Größe α_w ist daher bei kurzen Leitungen sowie in der Nähe der Halbwellenlänge sehr klein und erreicht in der Nähe der Viertelwellenlänge ein Maximum (vgl. Abb. 72, 75 und 77). Die Abszisse $\beta_w'^{(\mathrm{kVA})}$ des Punktes Q_w stellt das Minimum der Verlustleistung bei Speisung mit konstanter Spannung dar (Abschnitt 22d, S. 61). Diese Größe nimmt bei Vergrößerung der Leistungslänge stets zu (vgl. die Folge der Abb. 72 bis 77). Die Größe $R_w^{(\mathrm{kVA})}$ ist sehr groß im Vergleich zu den Leistungen, die mit gutem Wirkungsgrad übertragbar sind; für $x = 0$ ist sie unendlich groß und nimmt mit zunehmendem x ab.

Der Wurzelausdruck im Nenner von (166a) erreicht Minimalwerte in der Nähe von $\cos(2bx) = \pm 1$, d. i. bei der Viertelwelle und ihrer Vielfachen. Gleichzeitig aber ist $\cos\varphi_k$ in der Nähe seiner Maxima (φ_k gleich dem kleinen Winkel φ_u). Dadurch werden die Schwankungen abgeflacht, so daß der Einfluß der stetig zunehmenden Größe $\mathfrak{Cof}^2(2ax)$ im Nenner von (166a) überwiegt und somit die durch Radius $R^{(\mathrm{kVA})}$ bestimmte maximal übertragbare Leistung mit zunehmender Leitungslänge immer kleiner wird.

c) Blindleistungshauptkreis.

In weit stärkerem Maße wird Lage und Größe des Blindleistungshauptkreises k_b durch die Leitungslänge beeinflußt. Denn während die Größe $\frac{1}{\cos\varphi_k}$ [Gleichung (164)] sich nur in beschränktem Bereich ändert und stets positiv ist, nimmt die Größe $\frac{1}{\sin\varphi_k}$ [Gleichung (165)] bei veränderlichem x alle Werte zwischen $-\infty$ und $+\infty$ an, mit Ausnahme eines endlichen Bereiches, der den Nullwert umgibt.

Die Beziehungen zwischen der Lage des Kreises k_b und den hierfür charakteristischen Diagrammgrößen sind in Abschnitt 22b und c erörtert, wovon im folgenden Gebrauch gemacht wird.

Für $x = 0$ ist $\alpha_b^{(\mathrm{kVA})} = 0$, $\beta_b^{(\mathrm{kVA})} = R_b^{(\mathrm{kVA})} = \infty$, da $T = 0$ ist [Gleichung (165)]. Mit zunehmendem x nimmt $\alpha_b^{(\mathrm{kVA})}$ zu; $\beta_b^{(\mathrm{kVA})}$ und $R_b^{(\mathrm{kVA})}$ nehmen ab, verbleiben aber zunächst noch positiv. Der Mittelpunkt K_b liegt im vierten Quadranten (Abb. 72). Mit weiter zunehmendem x geht $\beta_b^{(\mathrm{kVA})}$ wegen der Zunahme von T^2 durch Null in negatives Gebiet: Der Mittelpunkt K_b geht vom vierten in den ersten Quadranten (Abb. 73; vgl. auch Abb. 81, 82). Der Radius $R_b^{(\mathrm{kVA})}$ wird zunächst wegen Zunahme von T kleiner; bei weiterem Anwachsen von x macht sich aber die Abnahme von $\sin\varphi_k$ stärker geltend, so daß $R_b^{(\mathrm{kVA})}$ wieder anwächst (vgl. Abb. 82 und 83). Wenn sich die Größe t bei zunehmendem x dem kleinen Wert u nähert, so nähert sich $\varphi_k = \varphi_t - \varphi_u$ dem Nullwert. Die Größen $\alpha_b^{(\mathrm{kVA})}$, $\beta_b^{(\mathrm{kVA})}$ und $R_b^{(\mathrm{kVA})}$ wachsen infolgedessen unbegrenzt an [s. Gleichung (165)].

Der Fall $\varphi_k = 0$ werde als „Kurzschlußkompensation" bezeichnet, da hierbei die Leitung im Kurzschluß selbstkompensierend wirkt, d. h. reine Wattleistung aufnimmt. Der Blindleistungshauptkreis k_b geht in diesem Fall in die Gerade $\overline{MN}$ über (Abb. 74). Die zugehörige Leitungslänge x_c liegt nur wenig unterhalb der Viertelwellenlänge, für welche $t = 0$, daher $\varphi_k = \varphi_0 = \varphi_u$ ist (Abb. 75).

Beim Durchschreiten der Länge x_c springt die Größe $\frac{1}{\sin\varphi_k}$ vom Wert $+\infty$ auf den Wert $-\infty$. Der Mittelpunkt K_b geht daher in unendlicher Entfernung vom ersten in den dritten Quadranten über. Mit zunehmender Leitungslänge nehmen die Mittelpunktskoordinaten und die Radien des Blindleistungshauptkreises (absolut) ab. Ist $-u < t < +u$, so ist $|\varphi_t| < \varphi_u$, daher $\varphi_k = \varphi_t - \varphi_u < 0$ und $\varphi_0 = \varphi_t + \varphi_u > 0$. In diesem Längenbereich liegen die Punkte M und N im zweiten Quadranten; die Größe ϑ_b [Gleichung (165)] ist dabei imaginär; der Koordinatenursprung liegt außerhalb des Kreises k_b (Abb. 75). Für $x < x_c$ ist ϑ_b reell, der Ursprung wird vom Kreis k_b umschlossen (vgl. Abb. 72 und 73). Wird bei weiter zunehmender Leitungslänge $t = -u$, so wird $\varphi_0 = 0$, d. h. die Leitung wird im Leerlauf selbst kompensierend. Für das Leitfähigkeitsdiagramm hat dieser Fall keine besondere Bedeutung. Im Widerstandsdiagramm geht dabei der Blindleistungshauptkreis k_{bi} in die Gerade $\overline{M_i N_i}$ über (vgl. Abschnitt 27, Abb. 68). Die Leitungslänge ist hierbei etwas größer als die Viertelwellenlänge. Bei weiterer Längenzunahme durchschreitet der Mittelpunkt K_b die Abszissenachse und geht in den zweiten Quadranten über (Abb. 76). Die Größen von $\alpha_b^{(\mathrm{kVA})}$ und $R_b^{(\mathrm{kVA})}$ nehmen zunächst (absolut) ab, dann aber wieder zu, da sich die Größe t und somit auch $\sin\varphi_k$ von der negativen Seite her dem Nullwert nähern. Ein wenig unterhalb der Halbwellenlänge findet wieder Leerlaufkompensation statt ($t = -u$). In der Umgebung der Halbwellenlänge liegen die Punkte M und N wieder im zweiten Quadranten, die Größe ϑ_b ist wieder imaginär, der Ursprung liegt außerhalb des Kreises k_b. Da aber nunmehr α_b wesentlich kleiner ist als bei der Viertelwellenlänge, so ist nicht nur $\vartheta_b^2 < 0$, sondern auch $\alpha_b^2 + \vartheta_b^2 < 0$, d. h. die Abszissenachse liegt außerhalb des Kreises k_b (Abb. 77). Ein wenig oberhalb der Halbwellenlänge ist $t = +u$, daher $\varphi_k = 0$. Es findet wieder Kurzschlußkompensation statt, der Kreis k_b geht in die Gerade $\overline{MN}$ über (Abb. 78). Bei Überschreiten der zugehörigen Länge x_c springt der Mittelpunkt K_b in unendlicher Entfernung aus dem zweiten in den vierten Quadranten über und nähert sich dann der Abszissenachse, wie bei Leitungslängen, die unterhalb der Viertelwellenlänge liegen.

Der Mittelpunkt K_b beschreibt somit bei zunehmender Leitungslänge folgende Kurve: Aus unendlicher Entfernung auf der negativen Abszissenachse geht er durch den vierten in den ersten Quadranten; in diesem geht er ins Unendliche, springt sodann in den dritten Quadranten über und nähert sich aus dem Unendlichen dem Koordinatenursprung, in dessen Nähe er in den zweiten Quadranten übergeht. Hier geht er abermals ins Unendliche, um sodann in den ersten Quadranten überzuspringen, worauf der Umlauf, mit veränderter Kurvenform, wieder beginnt. Die unendlich fernen Punkte dieser Kurve entsprechen der Kurzschlußkompensation (Punkt M auf der Abszissenachse). Diese kommt zustande, solange die Maxima von t größer als u sind, so daß bei Abnahme von t auf den Nullwert der Wert u durchschritten werden muß. Wenn jedoch bei extrem großen Leitungslängen t kleiner als u bleibt, so verbleiben auch die Punkte M und N im zweiten Quadranten, um mit unbegrenzt zunehmender Leitungslänge in den auf der Geraden g_u liegenden Endpunkt des Wellenleistungsvektors überzugehen.

30. Sonderfälle der Übertragung bei charakteristischen Leitungslängen.

Die Formelausdrücke der Diagrammgrößen werden für gewisse Werte von bx wesentlich vereinfacht. Dementsprechend ergeben sich auch besondere geometrische und physikalische

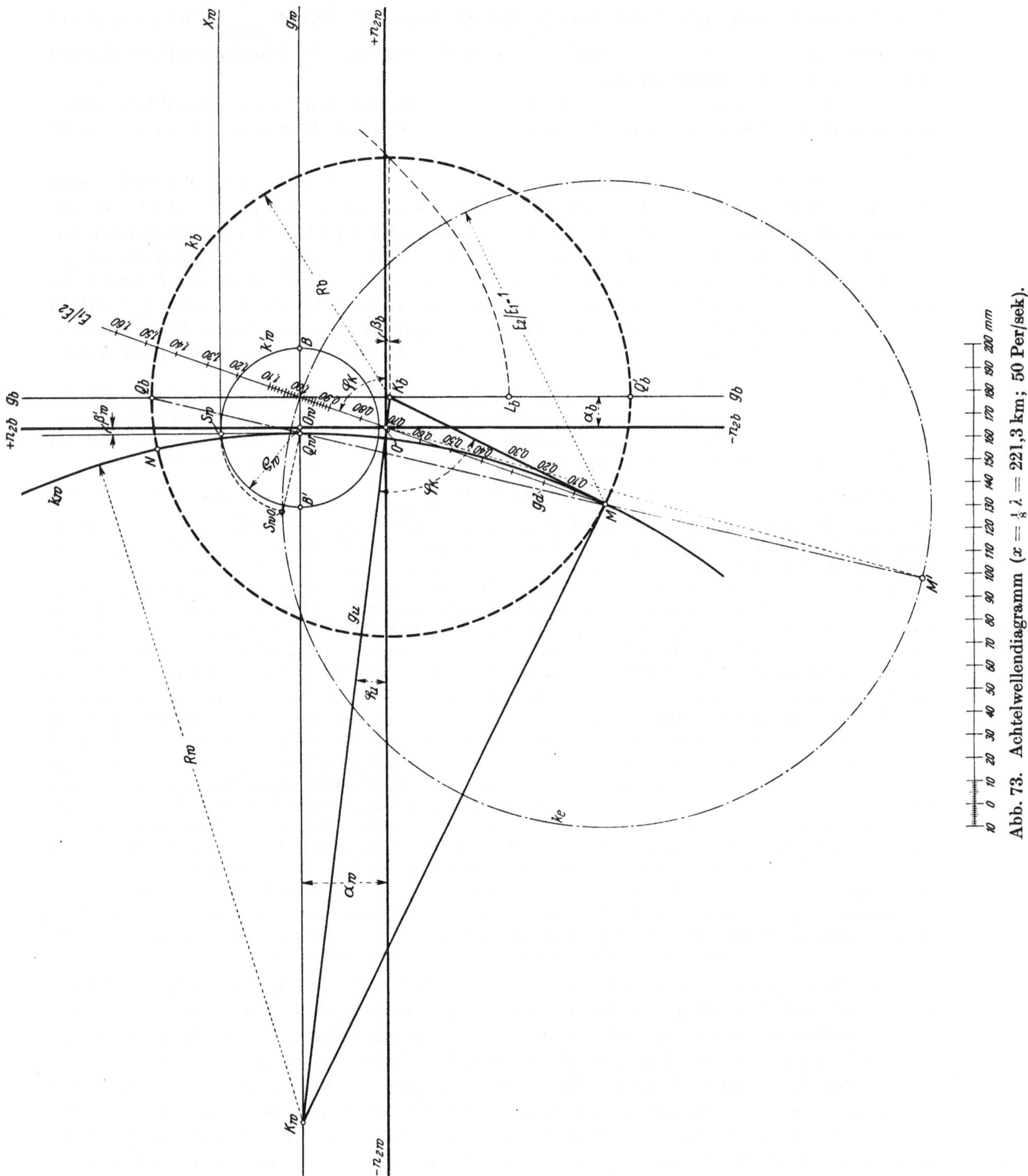

Abb. 73. Achtelwellendiagramm ($x = \frac{1}{8}\lambda = 221{,}3$ km; 50 Per/sek).

Beziehungen. Im folgenden werden diese charakteristischen Fälle im einzelnen behandelt. Dabei wird die Leitungslänge auf Werte unterhalb Wellenlänge beschränkt. Bei weiterer Zunahme der Leitungslänge wiederholen sich die einzelnen Fälle.

Additional material from *Theorie der Wechselstromübertragung,*
ISBN 978-3-642-98618-5 (978-3-642-98618-5_OSFO6),
is available at http://extras.springer.com

a) Achtelwelle und Dreiachtelwelle (Abb. 73 und 76).

Für $bx = \frac{\pi}{4}$ bzw. $\frac{3\pi}{4}$ ist $\cos(2bx) = 0$, somit entsprechend Gleichung (60) $T = 1$. Daher sind Kurzschluß- und Leerlaufleistung gleich der Wellenleistung, also $\overline{OM} = \overline{ON}$. Die Ausdrücke (164) und (165) nehmen mit $T = 1$ und $2C^2 = \mathfrak{Cof}(2ax)$ [Gleichung (58)] folgende Form an:

$$\left.\begin{aligned} \alpha_w^{(\mathrm{kVA})} &= N_z \cdot \frac{\sin(2\varphi_u)}{2\cos\varphi_k}, \\ \beta_w^{(\mathrm{kVA})} &= N_z \cdot \frac{\cos^2\varphi_u}{\cos\varphi_k}, \\ R_w^{(\mathrm{kVA})} &= N_z \cdot \frac{1}{\mathfrak{Cof}(2ax)\cos\varphi_k}. \end{aligned}\right\} \quad (167)$$

$$\left.\begin{aligned} \alpha_b^{(\mathrm{kVA})} &= N_z \cdot \frac{\sin(2\varphi_u)}{2\sin\varphi_k}, \\ \beta_b^{(\mathrm{kVA})} &= N_z \cdot \frac{\sin^2\varphi_u}{\sin\varphi_k}, \\ R_b^{(\mathrm{kVA})} &= N_z \cdot \frac{1}{\mathfrak{Cof}(2ax)\sin\varphi_k}. \end{aligned}\right\} \quad (168)$$

Die Mittelpunkte K_w und K_b liegen auf der Geraden g_u, denn es ist

$$\frac{\alpha_w}{\beta_w} = \frac{\beta_b}{\alpha_b} = \operatorname{tg}\varphi_u = u\,.$$

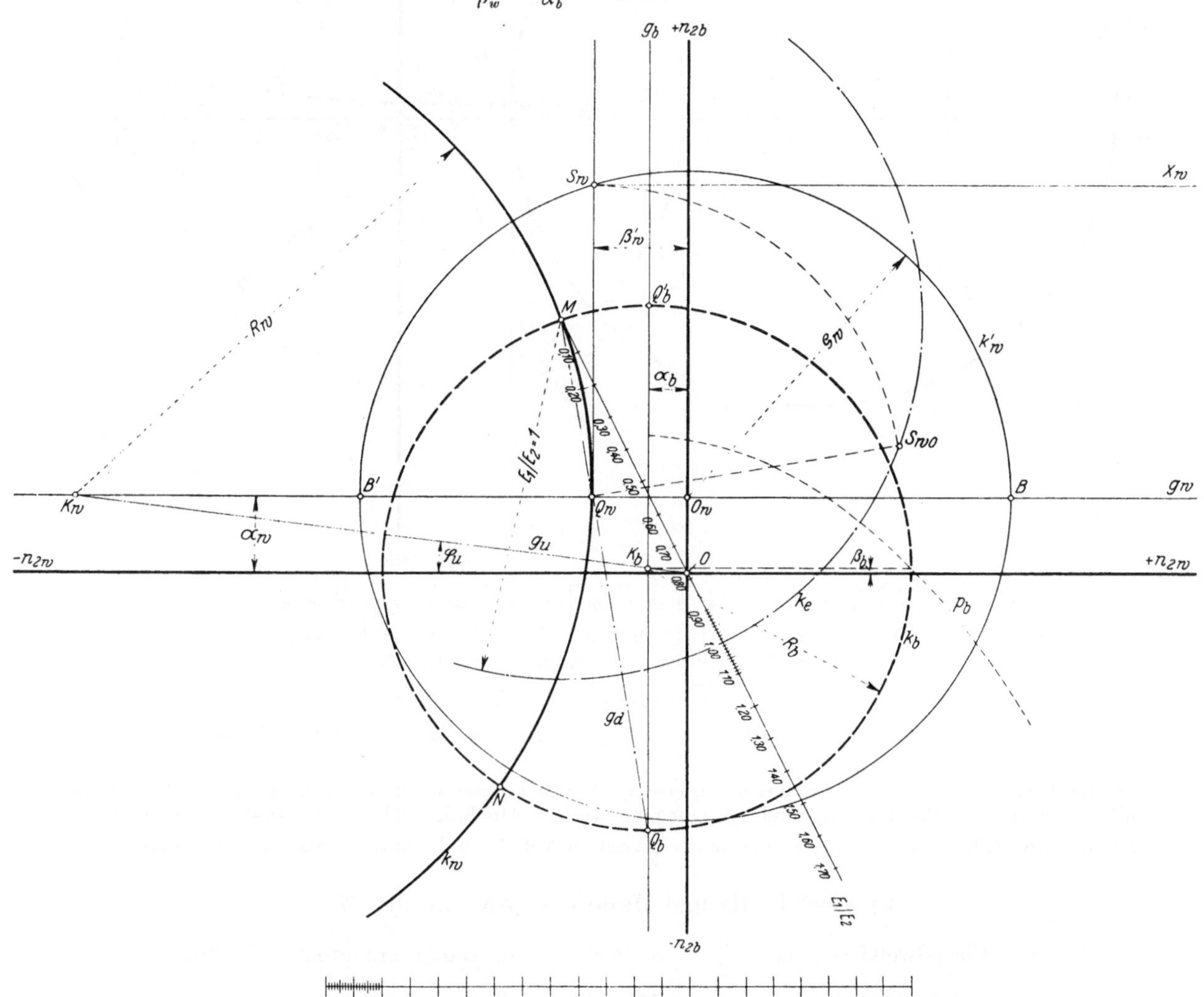

Abb. 76. Dreiachtelwellendiagramm ($x = \frac{3}{8}\lambda = 663{,}8$ km; 50 Per/sek).

Da bei kleinem φ_u auch α_b klein ist, so ist β_b nicht viel von Null verschieden: Der Übergang des Punktes K_b vom vierten in den ersten Quadranten findet ein wenig oberhalb der Achtelwelle, der Übergang vom dritten in den zweiten Quadranten ein wenig unterhalb der Dreiachtelwelle statt.

Für $bx = \frac{\pi}{4}$ ist $t = \frac{1}{\mathfrak{Sin}(2ax)}$; für $bx = \frac{3\pi}{4}$ ist $t = -\frac{1}{\mathfrak{Sin}(2ax)}$. Im ersteren Fall sind φ_k und φ_0 positiv, im letzteren Fall negativ. Den Punkten innerhalb des Kreises k_b entspricht negative bzw. positive

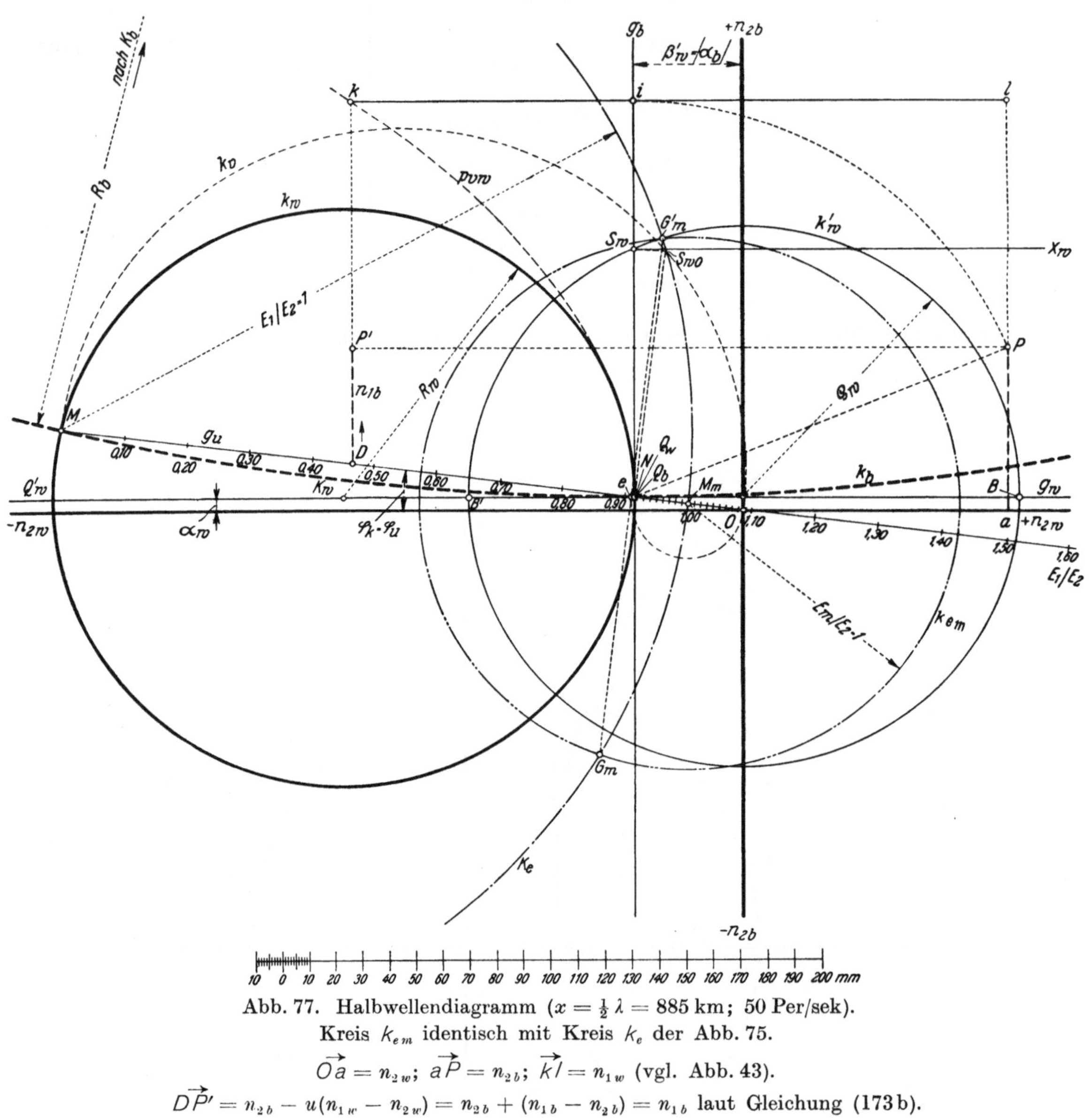

Abb. 77. Halbwellendiagramm ($x = \frac{1}{2}\lambda = 885$ km; 50 Per/sek).
Kreis K_{em} identisch mit Kreis K_e der Abb. 75.
$\overrightarrow{Oa} = n_{2w}$; $\overrightarrow{aP} = n_{2b}$; $\overrightarrow{kl} = n_{1w}$ (vgl. Abb. 43).
$\overrightarrow{DP'} = n_{2b} - u(n_{1w} - n_{2w}) = n_{2b} + (n_{1b} - n_{2b}) = n_{1b}$ laut Gleichung (173b).

Blindleistung im Endpunkt *1*. Auf diesen Unterschied beziehen sich die verschiedenen Lagen der Parabel p_b, mittels welcher die Blindleistung graphisch bestimmt wird (s. Abschnitt 22b). Der Punkt Q_b liegt stets auf der Geraden $\overline{MQ_w}$, in Abb. 73 ist er daher in der oberen, in Abb. 76 in der unteren Scheitellage des Kreises k_b.

b) Viertelwelle und Halbwelle (Abb. 75 und 77).

Für die Viertelwelle ist $bx = \frac{\pi}{2}$, $\cos(2bx) = -1$, daher entsprechend (60)

$$T = \sqrt{\frac{\mathfrak{Cof}(2ax) + 1}{\mathfrak{Cof}(2ax) - 1}} = \mathfrak{Ctg}(ax)\,.$$

Das gleiche gilt für die Dreiviertelwelle, deren Diagramm dieselben charakteristischen Eigenschaften hat wie das der Viertelwelle.

Für die Halbwelle ist $bx = \pi$, $\cos(2\,bx) = +1$, daher $T = \mathfrak{Tg}(ax)$.

In beiden Fällen ist $\sin(2bx) = 0$, somit auch $t = 0$, daher $\varphi_0 = -\varphi_k = \varphi_u$. Kurzschlußpunkt M und Leerlaufpunkt N liegen auf der Geraden g_u. Für die Viertelwelle liegt der Kurzschlußpunkt näher dem Koordinatenursprung, für die Halbwelle der Leerlaufpunkt, da im ersteren Fall das Kurzschluß-Leerlaufverhältnis groß, im letzteren Fall klein im Vergleich zur Einheit ist. Mit den angegebenen Werten von T und φ_k nehmen die Gleichungen (164) bis (166) folgende Form an:

$$\left.\begin{aligned} R_w^{(\mathrm{kVA})} &= N_z \frac{1}{\mathfrak{Sin}(2\,ax)\cos\varphi_u}, \\ \vartheta_w^{(\mathrm{kVA})} &= N_z, \end{aligned}\right\} \tag{169}$$

$$\left.\begin{aligned} R_b^{(\mathrm{kVA})} &= N_z \frac{1}{\mathfrak{Sin}(2\,ax)\sin\varphi_u}, \\ \vartheta_b^{(\mathrm{kVA})} &= j\,N_z, \quad \text{(imaginär)}. \end{aligned}\right\} \tag{170}$$

Ferner für die Viertelwelle | Halbwelle

$$\left.\begin{aligned} &\alpha_w^{(\mathrm{kVA})} = N_z \cdot \mathfrak{Ctg}(ax)\sin\varphi_u && \alpha_w^{(\mathrm{kVA})} = N_z \cdot \mathfrak{Tg}(ax)\sin\varphi_u, \\ &\beta_w^{(\mathrm{kVA})} = N_z \cdot \frac{1 + \mathfrak{Ctg}^2(ax)\cos(2\varphi_u)}{2\,\mathfrak{Ctg}(ax)\cos\varphi_u}, && \beta_w^{(\mathrm{kVA})} = N_z \cdot \frac{1 + \mathfrak{Tg}^2(ax)\cos(2\varphi_u)}{2\,\mathfrak{Tg}(ax)\cos\varphi_u}, \end{aligned}\right\} \tag{171}$$

$$\left.\begin{aligned} &\alpha_b^{(\mathrm{kVA})} = -N_z \cdot \mathfrak{Ctg}(ax)\cos\varphi_u, && \alpha_b^{(\mathrm{kVA})} = -N_z \cdot \mathfrak{Tg}(ax)\cos\varphi_u, \\ &\beta_b^{(\mathrm{kVA})} = -N_z \cdot \frac{1 - \mathfrak{Ctg}^2(ax)\cos(2\varphi_u)}{2\,\mathfrak{Ctg}(ax)\sin\varphi_u}, && \beta_b^{(\mathrm{kVA})} = -N_z \cdot \frac{1 - \mathfrak{Tg}^2(ax)\cos(2\varphi_u)}{2\,\mathfrak{Tg}(ax)\sin\varphi_u}. \end{aligned}\right\} \tag{172}$$

Die Radien R_w und R_b haben für beide Längen die gleichen Formeln. Wegen des doppelt so großen Arguments sind jedoch die Radien im Halbwellendiagramm ungefähr halb so groß wie im Viertelwellendiagramm. Dagegen ist die Entfernung $\overline{OB} = \vartheta_w^{(\mathrm{kVA})}$ in beiden Diagrammen gleich groß.

In beiden Fällen ist $\alpha_b^{(\mathrm{kVA})} = -N_z T\cos\varphi_u = -N_0\cos\varphi_0$. Dies ist die Wirkkomponente der Leerlaufleistung. Die Gerade g_b (der die Koordinatengleichung $n_{2w} = \alpha_b$ entspricht) geht daher durch den Leerlaufpunkt N. Auf dieser Geraden liegen die Scheitel Q_b und Q_b' des Kreises k_b (vgl. z. B. Abb. 72). Dem Kreis k_b gehört auch der Leerlaufpunkt N an. Er muß daher mit einem dieser Scheitelpunkte zusammenfallen. Da die beiden Hauptkreise k_w und k_b im Punkt N einander senkrecht schneiden, so berührt die Gerade g_b den Kreis k_w im Punkt N. Dieser ist somit ein Endpunkt des zur Abszissenachse parallelen Durchmessers von k_w. Er liegt daher auch auf der Geraden g_w. Für die Viertelwelle fällt N mit dem entfernteren Scheitel Q_w', für die Halbwelle mit dem näheren Scheitel Q_w zusammen. Für die Viertelwelle ist $\beta_b > 0$, daher die Ordinate $(-\beta_b)$ des Mittelpunktes K_b negativ. Punkt N fällt daher mit dem oberen Scheitel des Kreises k_b zusammen. Das ist in diesem Fall der Punkt Q_b', da R_b negativ ist. Somit fallen für die Viertelwelle die Punkte N, Q_w' und Q_b' zusammen. Die analoge Überlegung zeigt, daß für die Halbwelle die Punkte N, Q_w und Q_b zusammenfallen.

Dieser geometrischen Eigentümlichkeit der Diagramme entspricht eine interessante physikalische Beziehung: die Scheitelpunkte Q_w und Q_w' sind die Mittelpunkte der Kreise konstanter Wirkleistungsdifferenz bzw. Wirkleistungssumme bei konstanter Spannung E_2 (s. Abschnitt 22d und e). Die Scheitelpunkte Q_b und Q_b' sind die Mittelpunkte der Kreise konstanter Blindleistungsdifferenz bzw. Blindleistungssumme bei konstanter Spannung E_2 (s. Abschnitt 22f und g). Bezeichnet man mit r den Abstand eines Belastungspunktes P vom Punkt $Q_w' \equiv Q_b'$ (Abb. 75), so ist entsprechend Gleichung (143), S. 63, und (145), S. 65,

$$s_w = n_{1w} + n_{2w} = \frac{r^2}{2R_w} - (\beta_w + R_w) = \frac{r^2}{2R_w} + \alpha_b,$$

$$s_b = n_{1b} + n_{2b} = \frac{r^2}{2R_b} - (\beta_b + R_b) = \frac{r^2}{2R_b} + \alpha_w$$

(wegen des Zusammenfallens der Punkte Q'_w und Q'_b ist $-\alpha_b = \beta_w + R_w$ und $-\alpha_w = \beta_b + R_b$). Bezeichnet man mit r' den Abstand eines Belastungspunktes P vom Punkt $Q_w = Q_b$ (Abb. 77), so ist entsprechend Gleichung (140), S. 61 und (144'), S. 64

$$v_w = n_{1w} - n_{2w} = \frac{r'^2}{2R_w} + \beta_w - R_w = \frac{r'^2}{2R_w} - \alpha_b,$$

$$d_b = n_{1b} - n_{2b} = \frac{r'^2}{2R_b} - (R_b - \beta_b) = \frac{r'^2}{2R_b} - \alpha_w$$

(wegen des Zusammenfallens der Punkte Q_w und Q_b ist $-\alpha_b = \beta_w - R_w$ und $\alpha_w = R_b - \beta_b$). Allgemein ist $\frac{\alpha_w}{\alpha_b} = \frac{R_w}{R_b} = \operatorname{tg}\varphi_k$ [s. Gleichung (164) und (165)]. Im vorliegenden Fall ist $\operatorname{tg}\varphi_k = -u$. Somit ergibt sich aus den obigen Gleichungen für die Viertelwelle

$$N_{1b} + N_{2b} = -u(N_{1w} + N_{2w}); \tag{173a}$$

für die Halbwelle

$$N_{1b} - N_{2b} = -u(N_{1w} - N_{2w}). \tag{173b}$$

Diese Beziehung gilt unabhängig vom Belastungszustand. Bei jedem bestimmten Belastungszustand ist das Verhältnis zweier bestimmter Leistungen unabhängig vom Spannungszustand. Daher ist die Gültigkeit der Beziehungen (173) auch frei von jeder Voraussetzung über den Spannungszustand, und es gilt allgemein:

Für die Halbwelle und ihre ganzen Vielfachen ist das Verhältnis von Blindleistungsdifferenz zu Wirkleistungsdifferenz konstant. Für die Viertelwelle und ihre ungeraden Vielfachen ist das Verhältnis von Blindleistungssumme zu Wirkleistungssumme konstant, und zwar in beiden Fällen entgegengesetzt gleich dem Verzerrungsfaktor.

Daraus ergeben sich in beiden Fällen einfache Ermittlungen der Blindleistung ohne Benutzung des Blindleistungshauptkreises oder seiner Scheitelpunkte: Für die Viertelwelle (Abb. 75) wird mittels der Parabel p_{vw} die Wirkleistung $N_{1w} = \overline{kl}$ bestimmt (s. Abschnitt 22 d). Man mache $\overline{kl} = \overline{qb_1}$, Punkt b_1 auf der Geraden g_u, $\overline{qD} \parallel g_u$. Daher ist $\overrightarrow{DP} = \overrightarrow{Db_1} + \overrightarrow{b_1a_1} + \overrightarrow{a_1P} = u\,N_{1w} + u\,N_{2w} + N_{2b} = -(N_{1b} + N_{2b}) + N_{2b} = -N_{1b}$, daher $\overrightarrow{PD} = N_{1b}$. Die Blindleistung N_{1b} ist im dargestellten Fall negativ (voreilend belasteter Generator im Endpunkt *1*), da $\overrightarrow{PD}$ die Richtung negativer Ordinaten hat.

Für die Halbwelle (Abb. 77) wird mittels des Parabel p_{vw} der Übertragungsverlust $N_{1w} - N_{2w}$ als Abszisse von Punkt k ermittelt. Die Ordinate des auf der Geraden g_u liegenden Punktes D ist gleich $u\,(N_{1w} - N_{2w})$, daher $\overrightarrow{DP'} = N_{2b} - u(N_{1w} - N_{2w}) = N_{2b} + (N_{1b} - N_{2b}) = N_{1b}$. Die Blindleistung N_{1b} ist im dargestellten Fall positiv (nacheilend belasteter Generator im Endpunkt *1*), da $\overrightarrow{DP'}$ die Richtung positiver Ordinaten hat.

Eine bemerkenswerte physikalische Beziehung drückt auch die zweite Formel von (169) aus: $\vartheta_w^{(\mathrm{kVA})} = \overline{OB}$ ist die Scheinleistung bei Übertragung mit günstigstem Wirkungsgrad (s. Abschnitt 23b). Für die Viertelwelle und ihre ganzen Vielfachen ist diese Scheinleistung gleich der Wellenleistung. Bei Übertragung mit günstigstem Wirkungsgrad ist daher der Belastungswiderstand gleich dem absoluten Wert Z des Wellenwiderstandes. Auch dem relativen Maximum des Wirkungsgrades bei konstantem Leistungsfaktor entspricht hier der Belastungsscheinwiderstand Z; (im allgemeinen Fall ist der entsprechende Belastungswiderstand gleich $Z \cdot \sqrt{\frac{\cos\varphi_0}{\cos\varphi_k}}$, s. Abschnitt 26c). Das absolute Maximum des Wirkungsgrades ist jedoch auch in dem hier behandelten Sonderfall verschieden von der Belastung mit dem komplexen Wellenwiderstand $\mathfrak{Z}$. Denn dieser entsprechen als Belastungspunkte die Endpunkte des Wellenleistungsvektors, der mit der Geraden g_u zusammenfällt. Der Übertragung mit maximalem Wirkungsgrad entsprechen die Punkte B und B', die auch bei der Viertel- und Halbwelle nicht auf der Geraden g_u liegen. Im Verbraucherende haben in beiden Übertragungsfällen die Phasenverschiebungen verschiedene Richtungen. (Wenn u positiv ist, so ist bei Belastung mit maximalem Wirkungsgrad der Verbraucherstrom nacheilend, dagegen bei Belastung mit dem komplexen Wellenwiderstand voreilend.)

Abb. 79 und 80 stellen gleichfalls Diagramme von Halbwellenleitungen dar. Abb. 79 bezieht sich auf die gleiche Leitung wie die vorhergehenden Abbildungen, jedoch bei der Periodenzahl 100. Die Wellenlänge ist daher etwa halb so groß, nämlich 890 km. Die Leitungslänge stimmt daher ungefähr überein mit der dem

Viertelwellendiagramm Abb. 75 zugrunde liegenden Länge. Wegen der doppelten Periodenzahl ist die (großenteils durch dielektrische Hysteresis bedingte) scheinbare Ableitung doppelt so groß, der Ohmsche Widerstand um 10% größer angenommen als bei den vorhergehenden Diagrammen. Trotz der größeren Dämpfung ist der Hauptkreis k_w erheblich größer als im Halbwellendiagramm Abb. 77, da die Erhöhung der Periodenzahl

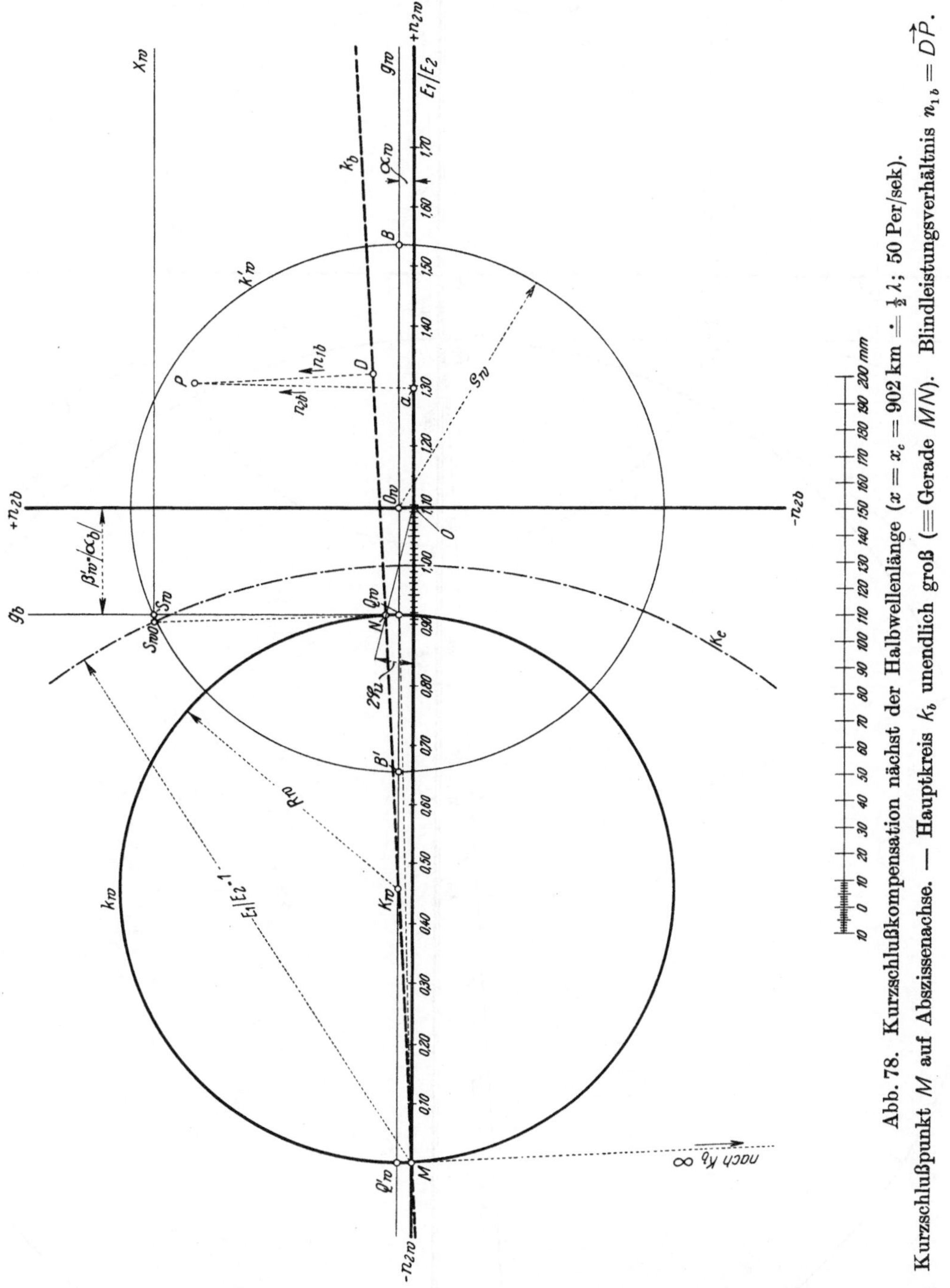

Abb. 78. Kurzschlußkompensation nächst der Halbwellenlänge ($x = x_c = 902$ km $\doteq \frac{1}{2}\lambda$; 50 Per/sek). Kurzschlußpunkt M auf Abszissenachse. — Hauptkreis k_b unendlich groß ($\equiv$ Gerade $\overline{MN}$). Blindleistungsverhältnis $n_{1b} = \overrightarrow{DP}$.

wie eine proportionale Vergrößerung der Länge bei gleichzeitiger proportionaler Verkleinerung des Dämpfungsfaktors wirkt.

Abb. 80 stellt das Diagramm einer künstlichen Halbwellenleitung dar, die aus der Viertelwellenleitung Abb. 75 bei gleicher Periodenzahl durch Einschalten von Spulen erhalten wurde. Die Viertelwellenleitung ist dabei in vier gleich große Teile zerlegt. An den beiden Enden jedes Leitungsabschnittes ist je eine Spule mit der Leitung in Reihe geschaltet, deren Größe nach dem in Abschnitt 12c, S. 28 angedeuteten Verfahren derart ermittelt wurde, daß der Leitungsabschnitt den Charakter der Achtelwelle annimmt. Der Energie-

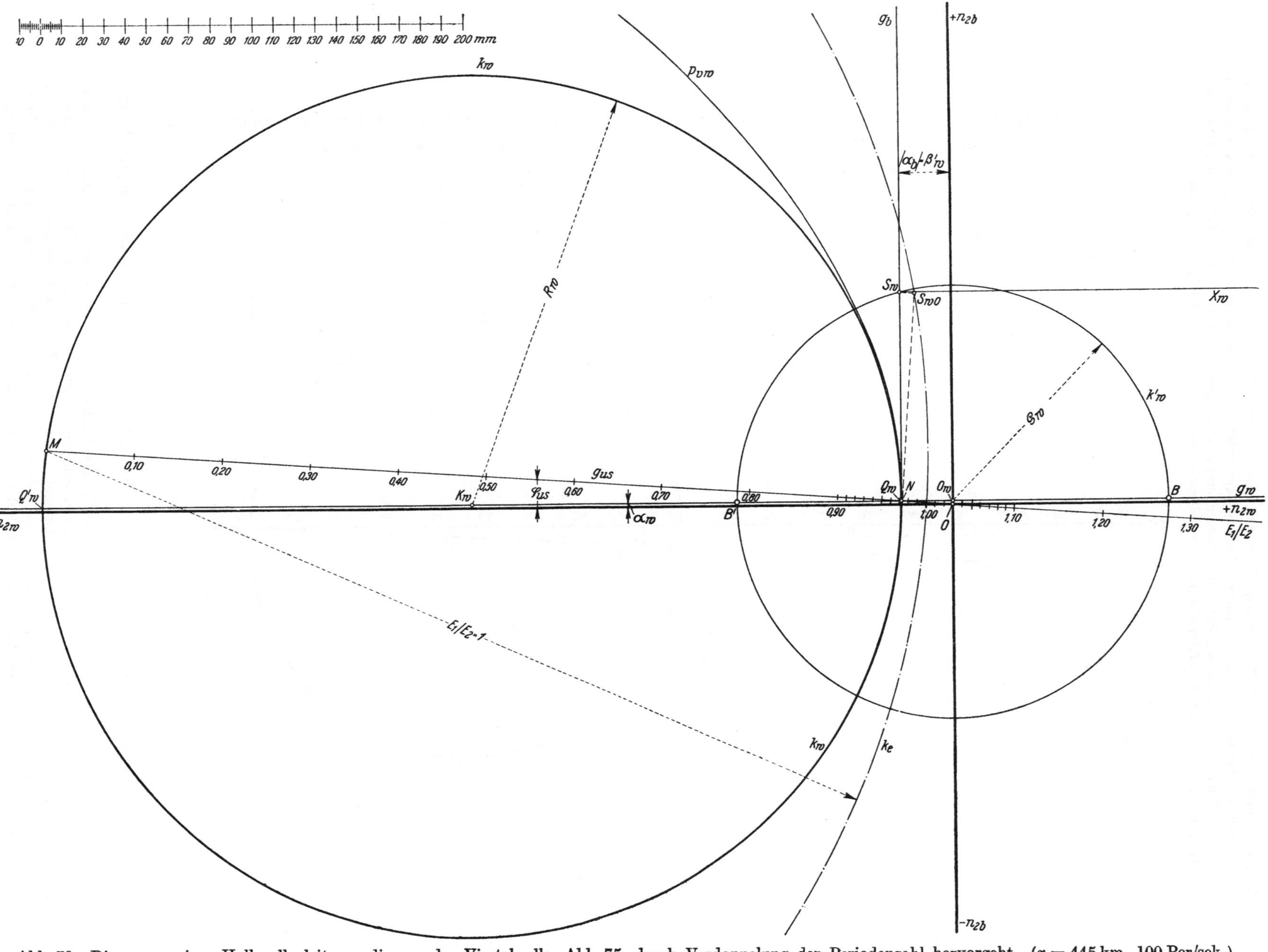

Abb. 79. Diagramm einer Halbwellenleitung, die aus der Viertelwelle, Abb. 75, durch Verdoppelung der Periodenzahl hervorgeht. ($x = 445$ km, 100 Per/sek.)

verlust in den Spulen ist mit 1% ihrer Scheinleistung angenommen. Dadurch wird die Dämpfung so vermehrt, daß der Durchmesser des Hauptkreises k_w ungefähr ebenso groß ausfällt wie bei der natürlichen Halbwelle (Abb. 77), obwohl die Leitungslänge nur die Hälfte beträgt.

c) Kurzschlußkompensation.

Für die Viertel- und Halbwelle ist $t = 0$. Hat der Verzerrungsfaktor u einen kleinen positiven Wert, was praktisch bei Leitungen stets der Fall ist, so ist $t = u$ bei Leitungslängen, die etwas kleiner als die Viertelwelle oder etwas größer als die Halbwelle sind (Abb. 74 und 78).

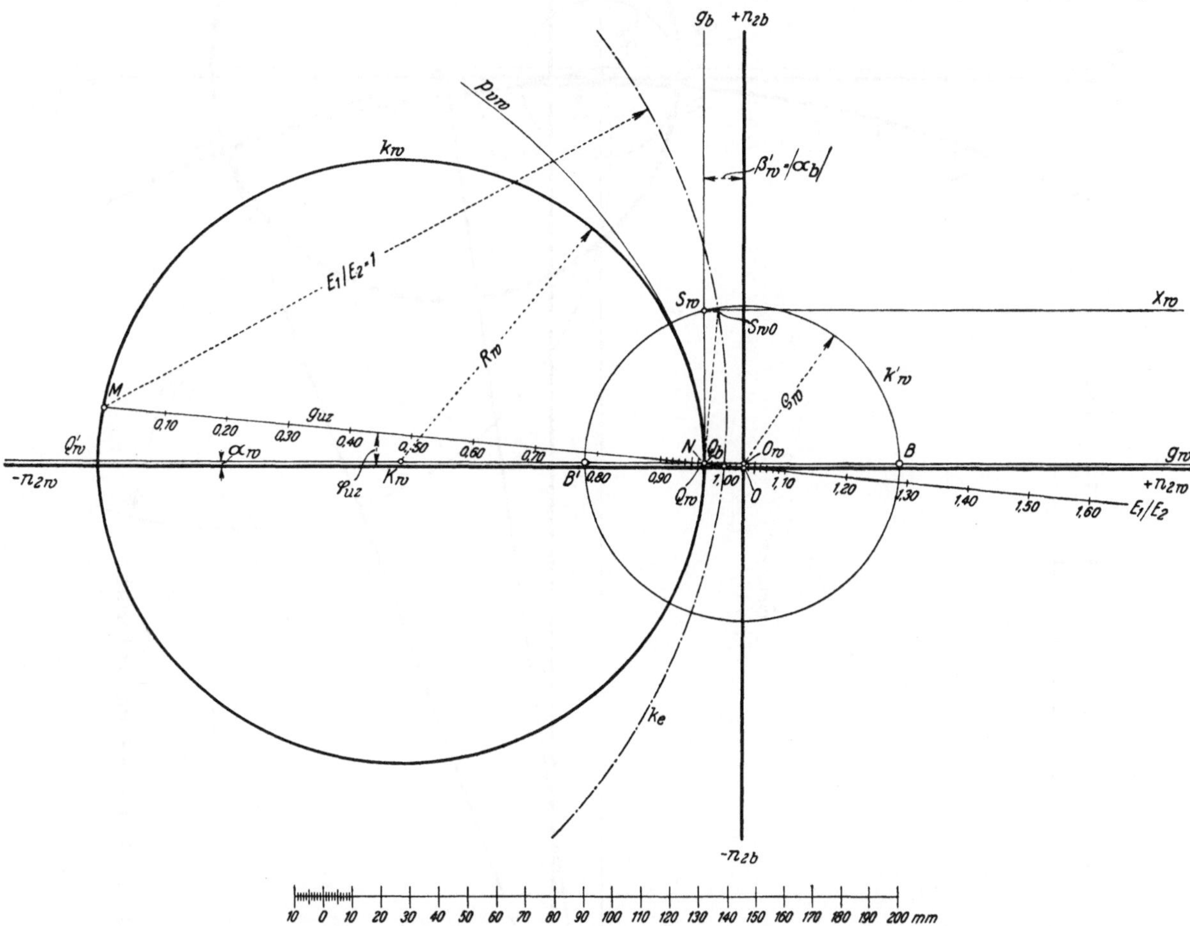

Abb. 80. Diagramm einer Halbwellenleitung, die aus der Viertelwelle, Abb. 75, durch Einschaltung von Zwischen- und Endinduktivitäten hervorgeht. ($x = 442{,}5$ km, 50 Per/sek.)

In diesem Fall ist $\varphi_k = \varphi_t - \varphi_u = 0$; der Kurzschlußpunkt M liegt auf der Abszissenachse. Der Leerlaufwinkel ist $\varphi_0 = 2\varphi_u$. Wegen $\sin\varphi_k = 0$ wird der Blindleistungshauptkreis unendlich groß und geht in die Gerade $\overline{MN}$ über.

Die Ermittlung der Blindleistung N_{1b} bei konstanter Spannung E_2 ist in diesem Fall besonders einfach: sie wird dargestellt durch den Abstand des Betriebspunktes P von der Geraden $\overline{MN}$.

Beweis: Bezeichnet man bei endlicher Größe des Kreises k_b den Abstand des Betriebspunktes P vom Mittelpunkt K_b mit r_b, so gilt entsprechend Gleichung (137), S. 59, allgemein die Beziehung

$$n_{1b} = \frac{r_b^2 - R_b^2}{2R_b} = (r_b - R_b)\frac{r_b + R_b}{2R_b}.$$

Der Klammerausdruck ist der Abstand des Punktes P vom Kreis k_b. Mit unbegrenzt zunehmendem R_b und r_b nähert sich der rechts stehende Bruch dem Grenzwert 1, und der Abstand vom Kreis k_b geht über in den Abstand von der Geraden $\overline{MN}$. Der Vergleich mit den übrigen Diagrammen zeigt, daß n_{1b} negativ ist, wenn Punkt P auf der rechten Seite der Richtung $\overrightarrow{MN}$ liegt.

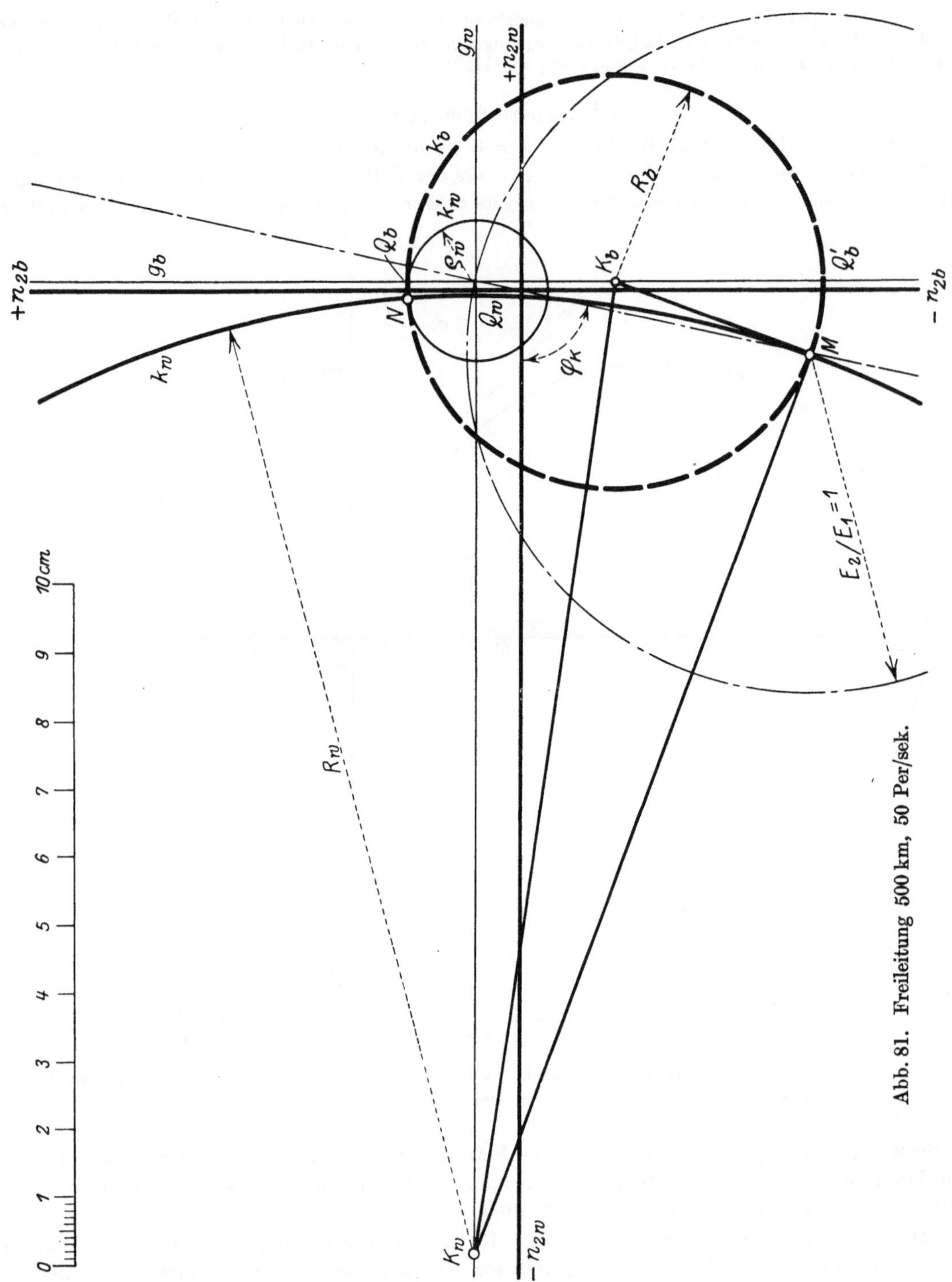

Abb. 81. Freileitung 500 km, 50 Per/sek.

Die Berechnung der Leitungslänge x_c, bei welcher Kurzschlußkompensation stattfindet, erfolgt durch ein Näherungsverfahren. Für $t = u$ ist entsprechend Gleichung (61)

$$\sin(2\,b\,x_c) = u \cdot \mathfrak{Sin}(2\,a\,x_c)\,. \tag{174}$$

In erster Näherung wird auf der rechten Seite dieser Gleichung x_c gleich der Viertelwelle bzw. der Halbwelle gesetzt. Daher $\sin(2b\,x_c) \doteq u \cdot \mathfrak{Sin}\left(\frac{a}{b}\,\pi\right)$ bzw. $\doteq u \cdot \mathfrak{Sin}\left(\frac{2a}{b}\right)\pi$. Der daraus erhaltene Wert von x_c wird in die rechte Seite von (174) eingesetzt; die linke Seite ergibt x_c in zweiter Näherung, die praktisch vollkommen genau ist.

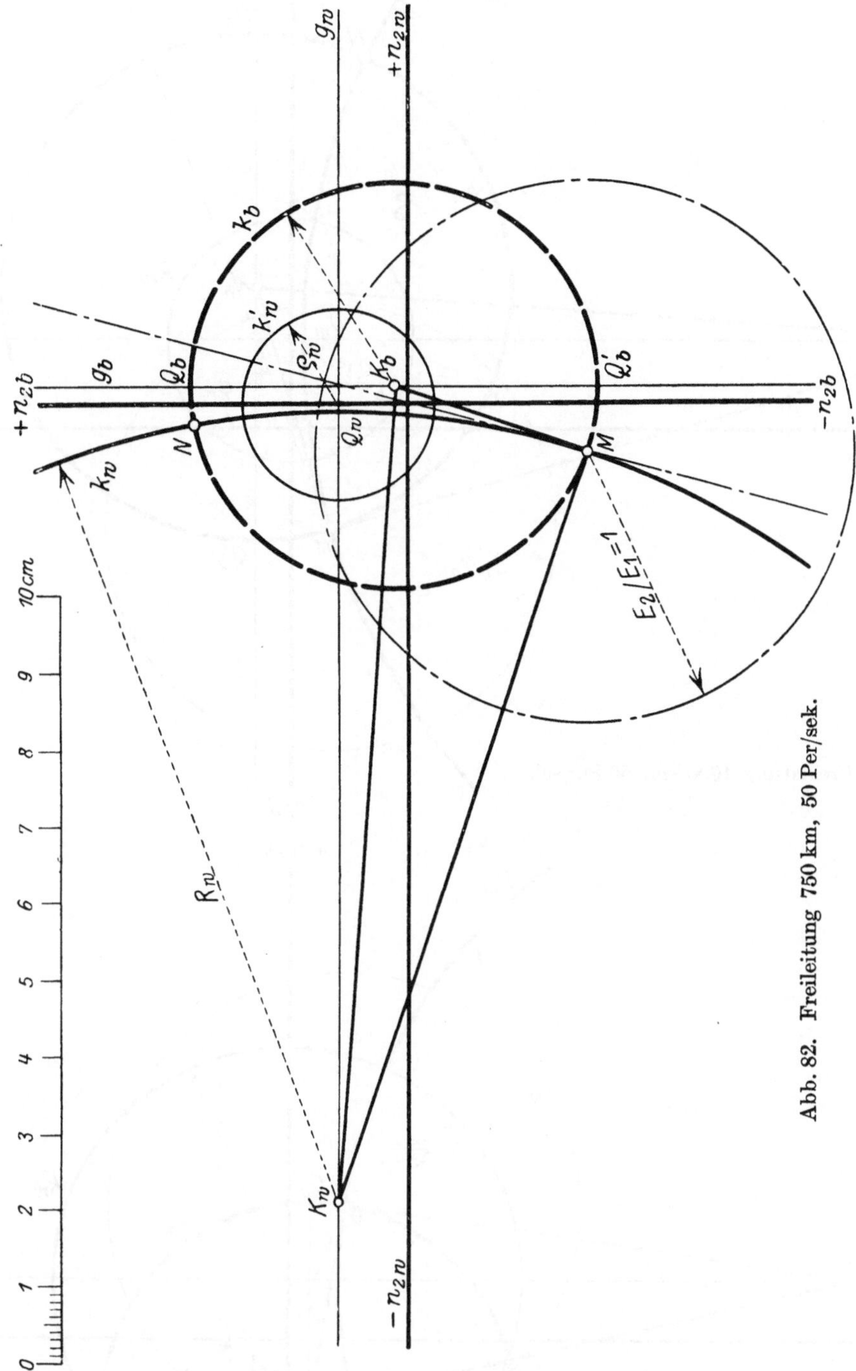

Abb. 82. Freileitung 750 km, 50 Per/sek.

31. Spannungsverhältnisdiagramm und Leerlaufpunkt für halbe, einfache, doppelte und vierfache Leitungslängen.

Zwischen den Kurzschlußpunkten und Leerlaufpunkten der Leitungen von halber und ganzer Länge besteht eine besonders charakteristische Lagenbeziehung, wenn man beide Diagramme im gleichen Leistungsmaßstab, auf gleiche Spannung bezogen, darstellt. Zu dieser Beziehung gelangt man am einfachsten durch folgende physikalische Überlegung: Die Leitung $\overline{1\,2}$ wird in ihrem mittleren Punkt m aufgeschnitten. Die Trennstellen seien unbelastet. In den Endpunkten *1* und *2* seien Generatoren angeschlossen, deren Spannungen in Größe

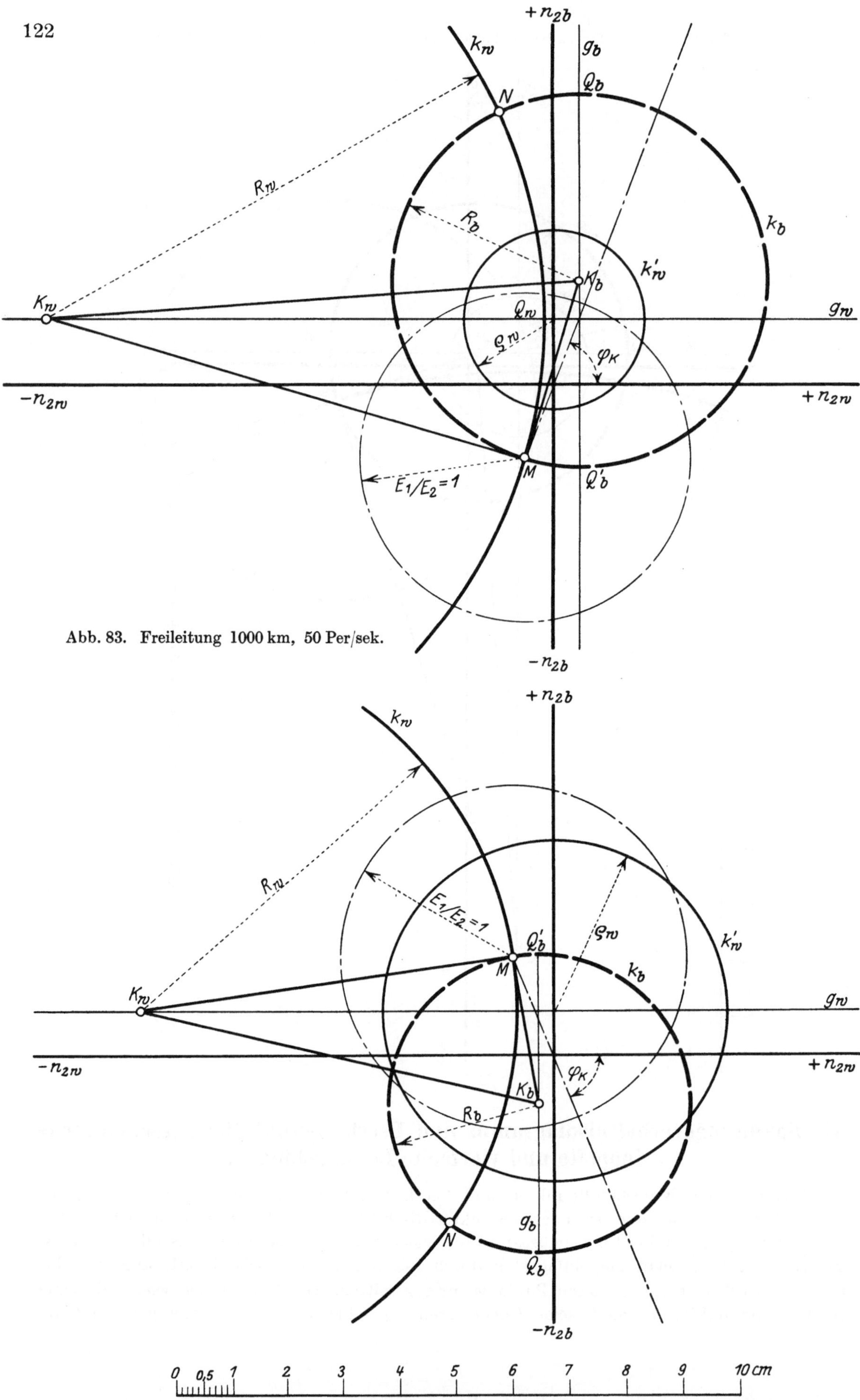

Abb. 83. Freileitung 1000 km, 50 Per/sek.

Abb. 85. Freileitung 2000 km, 50 Per/sek.

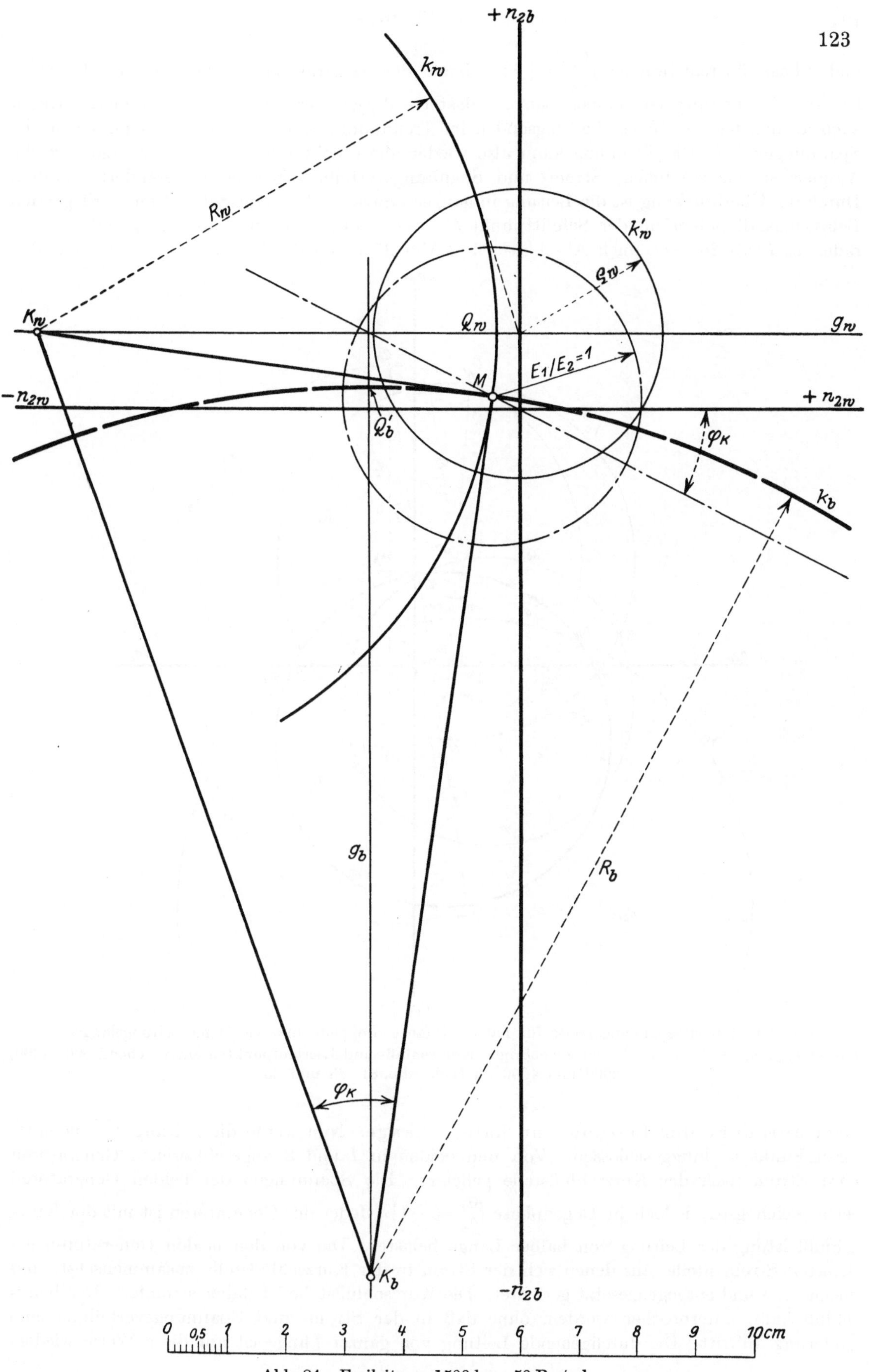

Abb. 84. Freileitung 1500 km, 50 Per/sek.

und Phase übereinstimmen $\left(\frac{\mathfrak{E}_1}{\mathfrak{E}_2} = +1\right)$. Jeder der Generatoren ist also mit der Leerlaufleistung der Leitung von halber Länge belastet. Wegen der allgemeinen Symmetrie treten auch an den beiden offenen Leitungsenden im Trennpunkt *m* gleich große und phasengleiche Spannungen auf. Die Trennung kann also wieder überbrückt werden, ohne daß irgendwelche Ausgleichströme entstehen; Strom- und Spannungsverteilung bleiben unverändert erhalten. Durch die Überbrückung ist die Leitung in ganzer Länge wieder hergestellt. Dem vorliegenden Belastungsfall entspricht der Schnittpunkt N_m des Einheitsspannungskreises k_e mit der Geraden g_d (Abb. 86, vgl. auch Abschnitt 21a, Abb. 37 und 38). Punkt N_m ist somit der

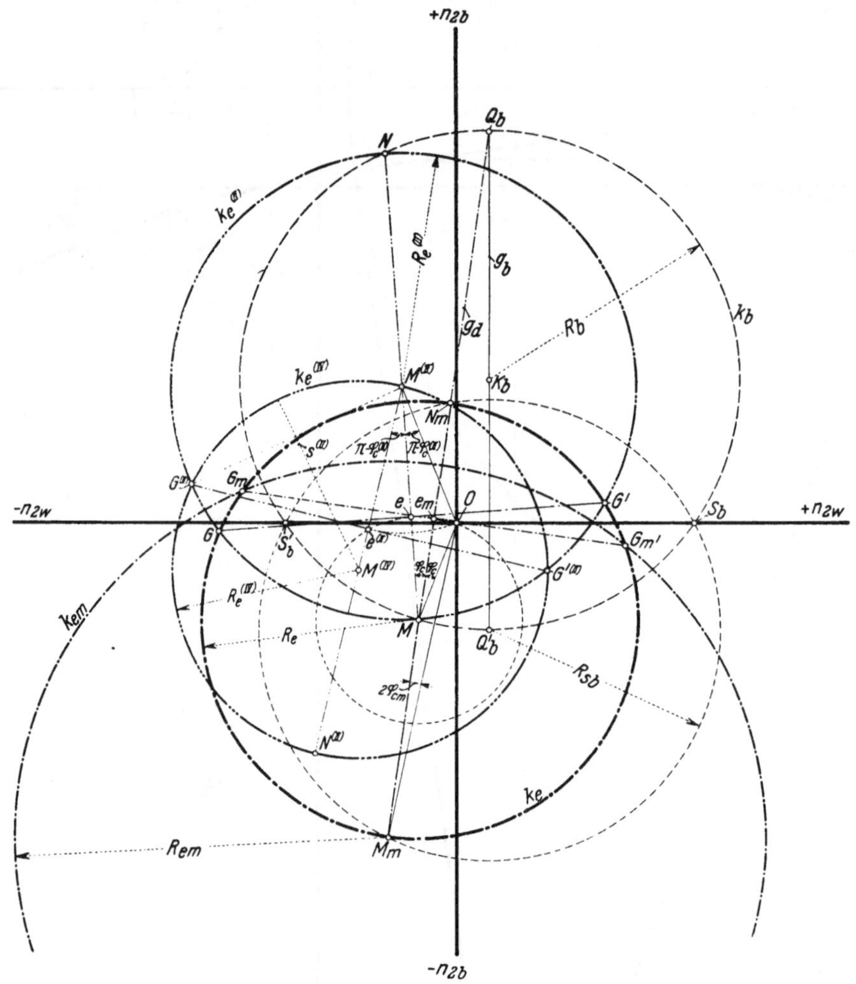

Abb. 86. Einheitsspannungskreise für halbe, einfache, doppelte und vierfache Leitungslängen. Kreise k_{em}, k_e, $k_e^{(II)}$ und $k^{(IV)}$ samt zugehörigen Kurzschluß- und Leerlaufpunkten entsprechend 500, 1000, 2000 und 4000 km (vgl. Abb. 81, 83 und 85).

Leerlaufpunkt der Leitung von halber Länge. Nun werde die Leitung $\overline{1\,2}$ im mittleren Punkt *m* kurzgeschlossen. Von den beiden in *1* und *2* angeschlossenen Generatoren wird Strom nach der Kurzschlußstelle geliefert. Die Spannungen der beiden Generatoren seien gleich groß, jedoch in Gegenphase $\left(\frac{\mathfrak{E}_1}{\mathfrak{E}_2} = -1\right)$. Jeder der Generatoren ist mit der Kurzschlußleistung der Leitung von halber Länge belastet. Die von den beiden Generatoren gelieferten Stromanteile, aus denen sich der Strom in der Kurzschlußstelle zusammensetzt, sind gleich groß und entgegengesetzt gerichtet. Die Kurzschlußstelle ist daher stromlos. Der Kurzschluß kann unterbrochen werden, ohne daß in der Strom- und Spannungsverteilung eine Änderung auftritt. Die durchgehende Leitung von ganzer Länge ist auf diese Weise wiederhergestellt. In ihrem Diagramm entspricht der Schnittpunkt M_m des Kreises k_e mit der Geraden g_d dem vorliegenden Belastungsfall (Abb. 86). Punkt M_m ist der Kurzschlußpunkt der Leitung von halber Länge.

Aus diesen Beziehungen zwischen den Diagrammen der halben und einfachen Leitungslänge kann auf die Beziehungen zwischen den Diagrammen der einfachen und doppelten Leitungslänge geschlossen werden. Der Kurzschlußpunkt M der einfachen Leitungslänge ist der Halbierungspunkt der Strecke $\overline{M_m N_m}$. Daher ist der Halbierungspunkt $M^{(II)}$ der Strecke $\overline{MN}$ identisch mit dem Kurzschlußpunkt der Leitung von doppelter Länge. Der über $\overline{M_m N_m}$ errichtete Kreis k_e ist der Einheitsspannungskreis für einfache Leitungslänge, daher ist der über $\overline{MN}$ errichtete Kreis $k_e^{(II)}$ identisch mit dem Einheitsspannungskreis für doppelte Länge. Die Gerade MN entspricht in ihrer physikalischen Bedeutung der Geraden g_d (geometrischer Ort der Belastungspunkte für phasengleiche Endspannungen an der Leitung von doppelter Länge).

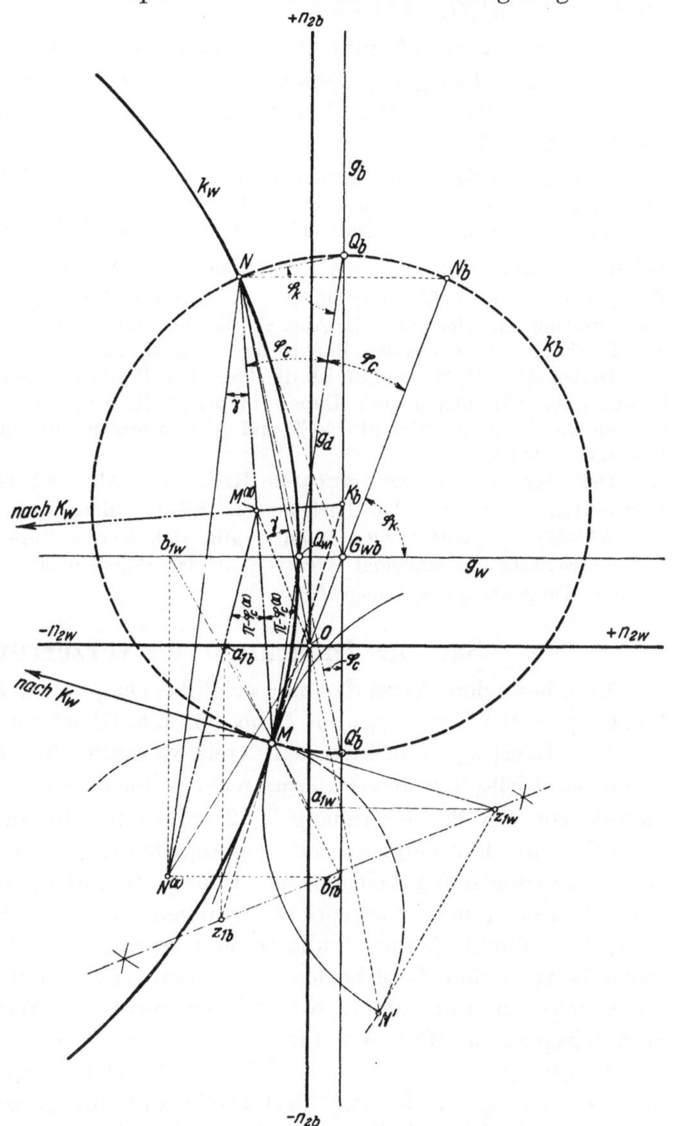

Abb. 87. Ermittlung des Kurzschluß- und des Leerlaufpunktes (M und N) für die Leitung doppelter Länge. Punkte M, N, $M^{(II)}$ und $N^{(II)}$ wie in Abb. 86; vgl. auch Abb. 38. Ermittlung von $N^{(II)}$: 1. durch Übertragung des Winkels γ und Umklappung von $\overline{M^{(II)}O}$; 2. durch die Methode Abb. 55.

Die gemeinsame Sehne GG' der Kreise k_e und $k_e^{(II)}$ schneidet die Gerade MN im Punkt e. Rein geometrisch gilt die Beziehung $\overline{MG}^2 = \overline{Me} \cdot \overline{MN}$. Da $\overline{MG} = R_e$, so ist zufolge Gleichung (122), (S. 53), $\overline{Me} = \overline{MO}$.

Der Rückschluß von dieser Beziehung auf die Leitung halber Länge ergibt die Konstruktion ihres Einheitsspannungskreises k_{em}: es ist $\overline{M_m O} = \overline{M_m e_m}$. Das im Punkt e_m errichtete Lot auf die Gerade g_d schneidet den Kreis k_e in den Punkten G_m und G'_m, durch die auch der Kreis k_{em} geht. Bei der den zugeordneten Punkten G_m und G'_m entsprechenden Belastung sind die Spannungen an den beiden Endpunkten und im mittleren Punkt der Leitung gleich groß.

Der Kreis k_{em} läßt die Spannung E_m im mittleren Punkt der Leitung erkennen. Für einen Belastungspunkt P gilt, analog dem Diagramm der einfachen Länge, die Beziehung

$$\frac{\overline{M_m P}}{R_{em}} = \frac{E_m}{E_2} \quad \text{[vgl. Gleichung (122)]}.$$

Die Beurteilung der Spannungen im mittleren Leitungspunkt ist von Bedeutung, wenn daselbst eine größere Spannungserhöhung zu erwarten ist. Dies ist besonders bei der kurzgeschlossenen Halbwellenleitung der Fall. Der Übertragungsvorgang hat dabei annähernd den Charakter einer stehenden Welle. Im Diagramm der Halbwellenleitung (Abb. 77) ist der Kreis k_{em} in gleicher Weise wie in Abb. 86 konstruiert. Man erkennt, daß bei Kurzschluß (Punkt M) eine Spannungserhöhung um etwa 130% im mittleren Punkt auftritt $\left(\frac{\overline{M_m M}}{\overline{M_m G_m}} = 2{,}3\right)$ Kreis k_{em} und Punkt M_m sind identisch mit Kreis k_e und Punkt M des Viertelwellendiagramms Abb. 75. Für den Belastungspunkt P ist die Generatorspannung etwa das 1,5fache der Verbraucherspannung, während im mittleren Punkt der Leitung die Spannung etwa das 1,3fache der Verbraucherspannung ist. $\left(\frac{\overline{MP}}{\overline{MG_m}} = 1{,}5;\ \frac{\overline{M_m P}}{\overline{M_m G_m}} = 1{,}31\right)$.

Auch der Leerlaufpunkt für die Leitung von doppelter Länge ist einfach zu finden: Es ist $\Delta MON_m \sim \Delta MN_m N$ [Abschnitt 21a, Gleichung (122), und Abb. 37)]. Daher ist analog $\Delta M^{(II)}ON \sim \Delta M^{(II)}NN^{(II)}$. Somit kann $N^{(II)}$ durch Übertragung zweier Winkel gefunden werden (Abb. 87).

Eine gleichartige Konstruktion ergibt sich aus der Ähnlichkeit der Dreiecke $M^{(II)}ON$ und $MON^{(II)}$. Auf anderem Wege wurde der Punkt $N^{(II)}$ in Abschnitt 21b (letzter Absatz), Abb. 38 gefunden. Die Leitung ist dabei in ihrem Ende mit einer leerlaufenden Leitung von gleicher Länge belastet. Der eine Belastungsvektor ist $\overrightarrow{ON'} = -\overrightarrow{ON}$. Aus der Lage des Punktes N' kann $N^{(II)}$ auch durch Bestimmung der Komponenten von $\overline{ON^{(II)}}$ mittels der in Abschnitt **24a** entwickelten Methode gefunden werden. Diese Konstruktion ist gleichfalls in Abb. 87 durchgeführt. Die zugehörigen Punkte sind ebenso bezeichnet wie die ihnen entsprechenden Punkte der Abb. 55, Tafel I, S. 75.

In den Abb. 38, 86 und 87 ist die Lage der Punkte M und N aus dem Diagramm der 1000-km-Freileitung (Abb. 83) entnommen. Daher entspricht die Lage von M_m und N_m dem Kurzschluß und Leerlauf der 500 km-Leitung, Abb. 81. $M^{(II)}$ und $N^{(II)}$ stimmen überein mit den Punkten M und N der 2000 km-Leitung, Abb. 85.

Der über $M^{(II)}$ und $N^{(II)}$ errichtete Kreis $k_e^{(IV)}$ (Abb. 86) ist der Einheitsspannungskreis der Leitung 4facher Länge. Analog den Beziehungen zwischen den Kreisen k_e und $k_e^{(II)}$ ist $\overline{M^{(II)}O} = \overline{M^{(II)}e^{(II)}}$, ferner $\sphericalangle(OM^{(II)}M) = \sphericalangle(MM^{(II)}N^{(II)})$. Damit ergibt sich eine weitere Methode zur Konstruktion von $N^{(II)}$: Das in $e^{(II)}$ errichtete Lot schneidet Kreis $k_e^{(II)}$ in den Punkten $G^{(II)}$ und $G'^{(II)}$. Auf der durch diese Punkte gezogenen Tangente an $k_e^{(II)}$ liegt $N^{(II)}$.

32. Das Diagramm der verzerrungsfreien Leitung.

Eine besondere Vereinfachung zeigt das Diagramm, wenn der Verzerrungsfaktor $u = 0$ ist. Wegen $\varphi_u = 0$ ist $\varphi_k = \varphi_0 = \varphi_t$ [Abb. 88; s. a. Gleichung (30b), S. 19].

Der Kreis k_w' schneidet den Kreis k_w senkrecht. Durch seine Scheitelpunkte B und B' gehen sämtliche den Kreis k_w senkrecht schneidende Kreise, deren Mittelpunkt auf der Symmetrale von $\overline{BB'}$ liegen (Anhang II, 2c). Somit geht auch der Blindleistungshauptkreis durch diese Punkte. Der Vergleich mit dem allgemeinen Fall (z. B. Abb. 72) zeigt, daß im Diagramm der verzerrungsfreien Leitung die Punkte B und S_b zusammenfallen (desgl. die Punkte B' und S_b'). Dem Punkt B entspricht im allgemeinen die Übertragung mit günstigstem Wirkungsgrad, dem Punkt S_b die blindlastfreie Übertragung $(N_{1b} - N_{2b} = 0)$. Bei der verzerrungsfreien Leitung sind diese beiden Übertragungsfälle identisch. Da die Gerade g_w mit der Abszissenachse zusammenfällt, so wird bei gegebener Wirklast und konstanter Spannung der Wirkungsgrad ein Maximum für $\cos\varphi = 1$ wie bei einer extrem kurzen Leitung.

Wegen $\varphi_0 = \varphi_k$ ist $\overline{OB} = \vartheta_w^{(\mathrm{kVA})} = N_z$ [Gleichung (164)]. Im allgemeinen Fall gilt diese Beziehung nur für die Viertelwelle und ihre ganzen Vielfachen [Gleichung (169)]. Bei der verzerrungsfreien Leitung gilt sie unabhängig von der Länge. Da wegen $\varphi_u = 0$ der Wellenwiderstand rein Ohmschen Charakter hat, so entspricht der Punkt $B \equiv S_b$ auch dem auf g_u liegenden Endpunkt des Wellenleistungsvektors, d. h. dem Fall reflektionsfreier Übertragung Bei der verzerrungsfreien Übertragung fallen also drei Übertragungsfälle zusammen, die im allgemeinen verschieden sind. Da die Größe des Wellenwiderstandes unabhängig von der Leitungslänge ist, ergibt sich das Gesetz: Wenn der Belastungswiderstand einer verzerrungsfreien Leitung gleich ihrem Wellenwiderstand ist, so sind in allen Punkten der Leitung Spannung und Strom in Phase; ihr Verhältnis ist gleich dem Wellenwiderstand; diesem Belastungsfall entspricht das absolute Maximum des Wirkungsgrades.

Eine bemerkenswerte Übertragungseigenschaft zeigen die verzerrungsfreie Viertel- und Halbwellenleitung. Setzt man in den Gleichungen (173a und b) $u = 0$, so ergibt sich für die Viertelwellenleitung $N_{1b} = -N_{2b}$, für die Halbwellenleitung $N_{1b} = N_{2b}$, unabhängig vom

Belastungszustand. [Im allgemeinen Fall gelten diese Beziehungen nur für Belastungspunkte, die auf den Kreisen k_{sb} bzw. k_{db} liegen (Abschnitt 22f und g, Abb. 45)]. Für die verzerrungsfreie Halbwellenleitung sind die Blindlasten des Generators und Verbrauchers einander gleich, für die verzerrungsfreie Viertelwellenleitung entgegengesetzt gleich. Hinsichtlich der Blindlastübertragung wirkt die verzerrungsfreie Halbwellenleitung so, als ob der Verbraucher unmittelbar an den Generator angeschlossen wäre (induktiver Verbraucher, nacheilend belasteter Generator). Bezüglich der Blindlast-

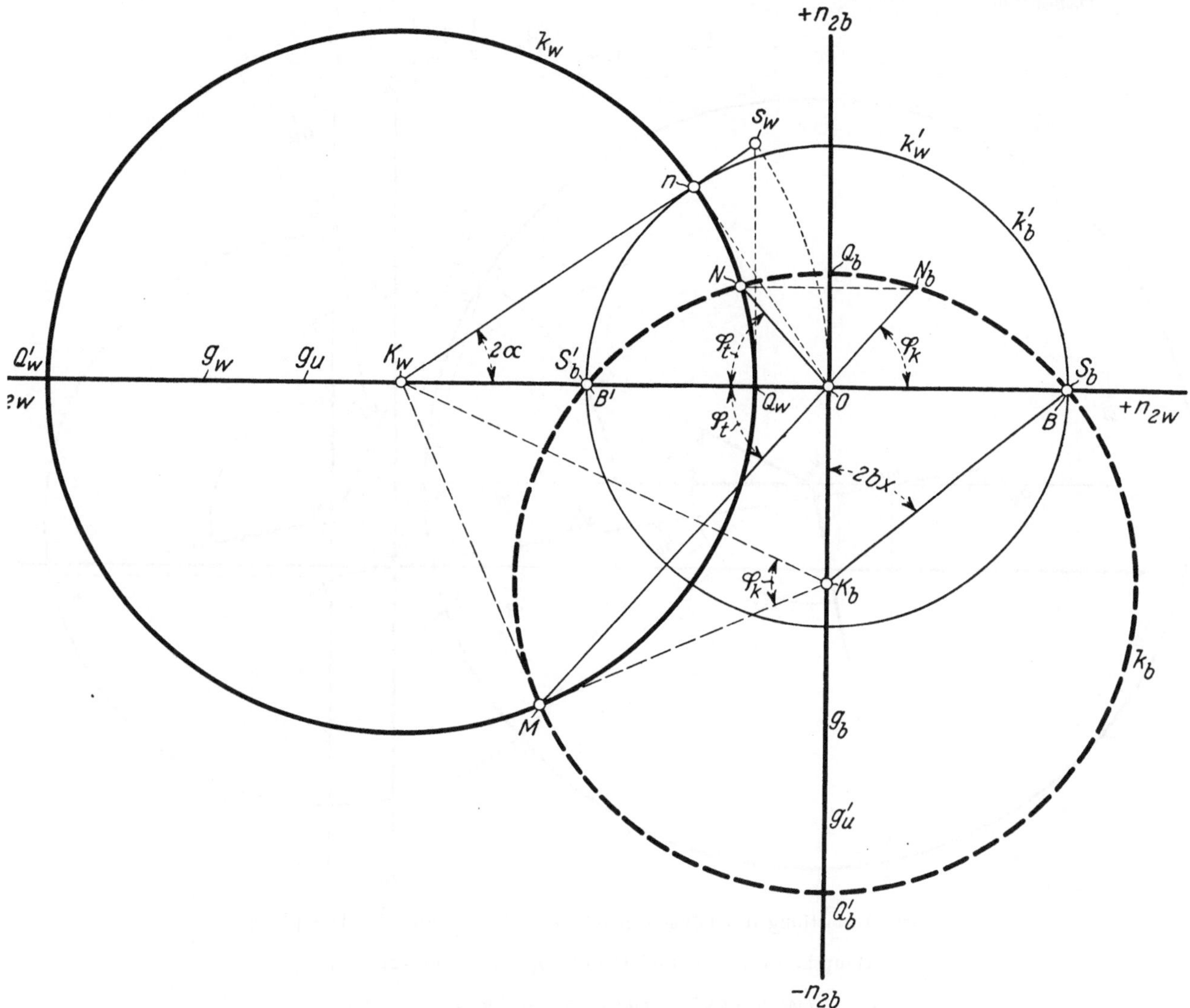

Abb. 88. Diagramm der verzerrungsfreien Leitung.
Hauptkreismittelpunkte auf den Koordinatenachsen. — Punkte S_b und B zusammenfallend. (Vgl. Abb. 72.)

größe gilt das gleiche auch für die Viertelwellenleitung, es findet jedoch eine Umkehrung der Phasenverschiebung statt (induktiver Verbraucher, voreilend belasteter Generator).

Der Kreis k_b geht in diesen Fällen in die Abszissenachse über, auf der auch Kurzschluß- und Leerlaufpunkt liegen: Bei der verzerrungsfreien Leitung fallen Kurzschluß- und Leerlaufkompensation zusammen mit der Viertelwelle bzw. ihren ganzen Vielfachen.

33. Darstellung der Dämpfung und des Wellenwinkels. — Physikalisch ähnliche Leitungen.

Die Dämpfung ax und der Wellenwinkel bx sind von bestimmendem Einfluß auf die Diagrammgestaltung und finden auch in dieser ihren geometrischen Ausdruck. Der Mittelpunkt K_w (Abb. 89) des Wirkleistungshauptkreises hat die Abszisse [s. Gleichung (125), S. 56].

$$-\beta_w = -\frac{1 + T^2(\cos^2\varphi_u - \sin^2\varphi_u)}{2\cos\varphi_k}.$$

Der Schnittpunkt U_w der Geraden g_u und g_w hat die Abszisse

$$-\frac{\alpha_w}{\operatorname{tg}\varphi_u} = -\frac{T^2\cos^2\varphi_u}{\cos\varphi_k}.$$

Daher ist

$$\overrightarrow{K_w U_w} = -\frac{\alpha_w}{\operatorname{tg}\varphi_u} + \beta_w = \frac{1 - T^2}{2\cos\varphi_k}$$

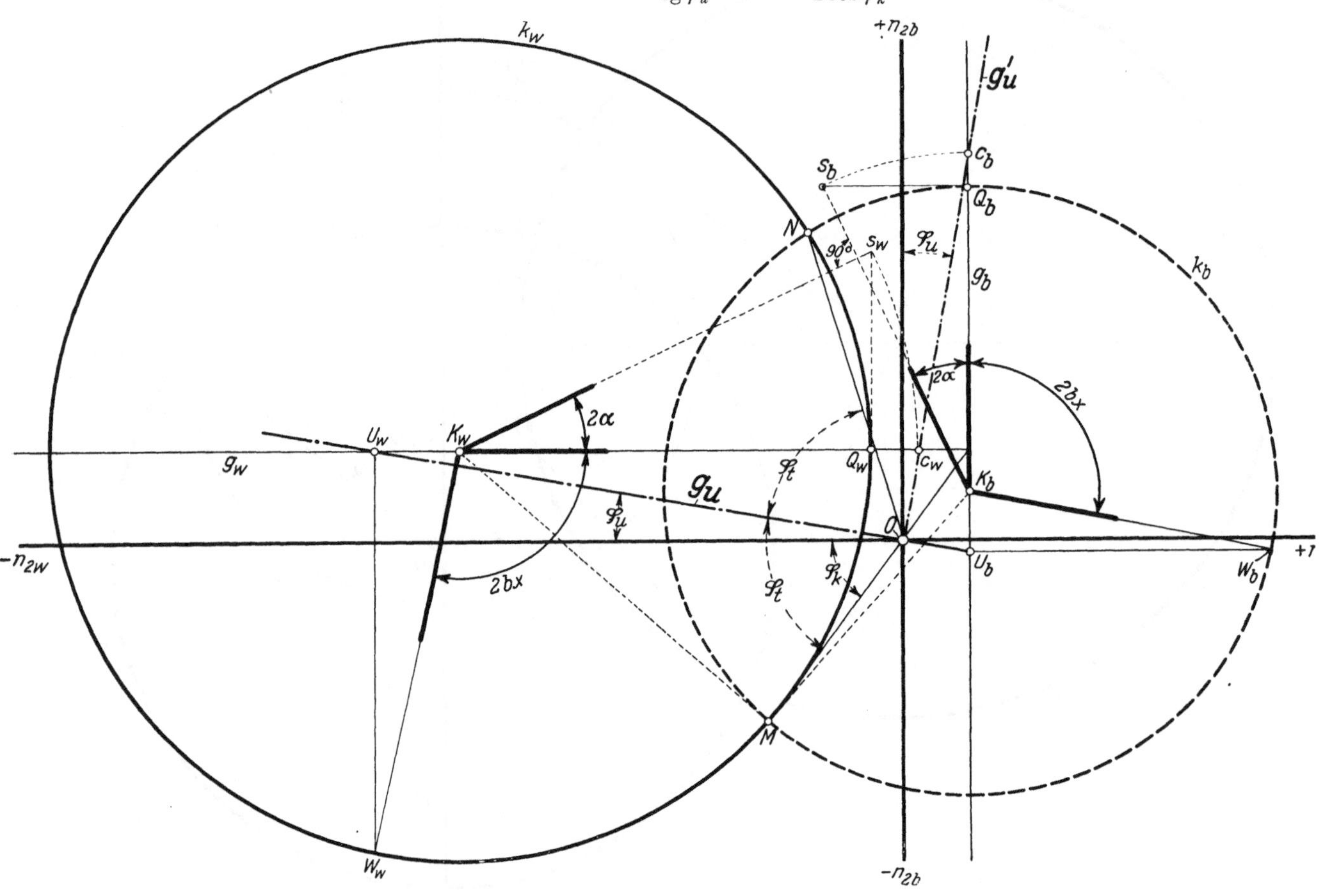

Abb. 89. Ermittlung des Längenwinkels $bx = 2\pi \cdot \frac{x}{\lambda}$ und der Dämpfung ax.
(Hauptkreise k_w, k_b und Gerade g_u, vgl. Abb. 72; $g'_u \perp g_u$)

$2bx = \sphericalangle(W_w K_w Q_w) = \sphericalangle(W_b K_b Q_b)$; $\mathfrak{Cof}(2ax) = \frac{\overline{K_w s_w}}{\overline{K_w Q_w}} = \frac{\overline{K_b s_b}}{\overline{K_b Q_b}}$.

oder zufolge Gleichung (62), S. 28, und Gleichung (126)

$$\overrightarrow{K_w U_w} = \frac{\cos(2bx)}{2C^2\cos\varphi_k} = R_w \cdot \cos(2bx),$$

somit

$$\sphericalangle(W_w K_w Q_w) = 2bx.$$

Diese Konstruktion ist auch im Diagramm für $x = \frac{1}{16}\lambda$ (Abb. 72) durchgeführt. In diesem Fall ist $2bx = 2 \cdot \frac{2\pi}{16} = \frac{\pi}{4} = 45°$.

Der Schnittpunkt c_w der auf g_u senkrecht stehenden Geraden g'_u mit der Geraden g_w hat die Abszisse

$$\alpha_w \operatorname{tg}\varphi_u = \frac{T^2\sin^2\varphi_u}{\cos\varphi_k},$$

daher mit Benutzung von (62) und (125)

$$\overline{K_w c_w} = \beta_w + \alpha_w \operatorname{tg} \varphi_u = \frac{1+T^2}{2\cos\varphi_k} = R_w \cdot \mathfrak{Cof}(2\,a\,x)\,.$$

Das Argument $2\,a\,x$ kann durch einen Winkel $2\,\alpha$ dargestellt werden, für welchen $\cos(2\,\alpha) = \frac{1}{\mathfrak{Cof}(2\,a\,x)}$ ist (Abschnitt 13, S. 36). Mit $\overline{K_w s_w} = \overline{K_w c_w}$ ergibt sich

$$\sphericalangle(s_w K_w Q_w) = 2\,\alpha\,.$$

Dieselben Ableitungen können am Blindleistungshauptkreis gemacht werden; es ergibt sich, daß

$$\sphericalangle(W_b K_b Q_b) = 2\,b\,x\,, \qquad \sphericalangle(s_b K_b Q_b) = 2\,\alpha\,.$$

Diese Konstruktion versagt im Diagramm der verzerrungsfreien Leitung, da hier die Geraden g_w und g_u bzw. g_b und g_u' zusammenfallen (Abb. 88). Die Darstellung wird jedoch hier besonders einfach. Wegen $\varphi_u = 0$ ist auf Grund von (125), (126) und (62)

$$\beta_w = \frac{1+T^2}{2\cos\varphi_k} = R_w \cdot \mathfrak{Cof}(2\,a\,x)\,; \qquad \beta_b = \frac{1-T^2}{2\sin\varphi_k} = R_b \cdot \cos(2\,b\,x)\,.$$

Somit $\sphericalangle(s_w K_w O) = \sphericalangle(n K_w O) = 2\,\alpha$, $\sphericalangle(S_b K_b O) = 2\,b\,x$.

Die Größen $a\,x$ und $b\,x$ bestimmen zusammen mit dem Verzerrungswinkel φ_u und dem Wellenwiderstand Z die Gestalt des Diagramms sowie seine Größe im Leistungsmaßstab. Zwei Leitungen mit übereinstimmenden Diagrammen sind hinsichtlich des Übertragungsvorganges gleichartig.

Es ist jedoch nicht erforderlich, daß die kilometrischen Einheitskonstanten zweier solcher Leitungen übereinstimmen. Ändert man die Konstanten in einem bestimmten Verhältnis, die Leitungslänge dagegen im umgekehrten Verhältnis, so bleiben die vier Bestimmungsgrößen des Diagramms unverändert. Die Fortpflanzungsgeschwindigkeit ändert sich im Verhältnis der Leitungslängen, was mit einer Änderung des Längenmaßstabes gleichbedeutend ist. Alle anderen Erscheinungen werden quantitativ nicht geändert.

Hierauf beruht die Herstellung künstlicher Leitungen, mittels welcher die Übertragungsvorgänge langer Leitungen auf eine kleine Länge zusammengedrängt werden und daher der experimentellen Prüfung zugänglich sind. Die kilometrischen Konstanten werden durch Schaltungen von Spulen, Kapazitäten und Ohmschen Widerständen in entsprechender Größe hergestellt. Gleichartige Betriebszustände auf zwei solchen Leitungen liegen vor, wenn die Spannungen und Belastungen übereinstimmen.

Die physikalische Abbildung einer Leitung durch eine andere läßt sich jedoch noch auf eine wesentlich breitere Grundlage stellen. Es ist nicht notwendig, daß die Leitungen gleichartige Übertragungseigenschaften haben. Zur Abbildung der Vorgänge ist ihre physikalische Ähnlichkeit hinreichend. Die Diagramme solcher Leitungen sind einander geometrisch ähnlich, haben jedoch im Leistungsmaßstab, auf gleiche Spannung bezogen, verschiedene Größe. Sämtliche Diagrammgrößen sind entsprechend Gleichung (164) und (165) der Wellenleistung N_z proportional. Dies besagt, daß bei physikalisch ähnlichen Leitungen die drei Gestaltungsgrößen des Diagrammes, nämlich Dämpfung, Wellenwinkel und Verzerrung übereinstimmen, die Wellenwiderstände dagegen verschieden sind. Die Belastungszustände zweier ähnlicher Leitungen entsprechen einander, wenn sich die Belastungswiderstände wie die Wellenwiderstände verhalten. Wenn sich gleichzeitig die Spannungen wie die Wurzeln aus den Wellenwiderständen verhalten, so sind die Leistungen bei entsprechenden Belastungszuständen übereinstimmend.

Das Verhalten der Leitung ist somit wesentlich durch die Größen φ_u, $a\,x$ und $b\,x$ bestimmt. Diese Größen sind Funktionen der Größen $w\,x$, $g\,x$, $s\,x$ und $\varkappa\,x$ (Leitungslänge mal den Einheitskonstanten). Bei einer bestimmten geforderten Diagrammgestaltung ist eines dieser vier Produkte frei wählbar. Die übrigen drei sind bestimmt durch die drei Gestaltungsgrößen des Diagramms.

Um das Diagramm aus den drei Größen φ_u, $a\,x$ und $b\,x$ zu konstruieren, wird wie folgt verfahren: Der Radius R_b des Kreises k_b (Abb. 90) wird willkürlich angenommen. Zu konstruieren ist das Achsenkreuz und der Kreis k_w. Man macht $\overline{K_b h_b} = \overline{K_b s'} = R_b \cdot \mathfrak{Cof}(2\,a\,x)$, daher $\sphericalangle(Q_b K_b s') = 2\,\alpha$; $\overline{K_b U_b} = R_b \cdot \cos(2\,b\,x)$. Das $\Delta\, U_b O h_b$ ist rechtwinklig mit $\sphericalangle(O h_b U_b) = \varphi_u$. Aus dem Vergleich mit Abb. 89 geht hervor, daß die beiden Katheten mit den Geraden g_u und g_u' übereinstimmen. Punkt O ist der Koordinatenursprung.

Der Vergleich mit Abb. 29, S. 36, ergibt $\overline{Q_b q} = R_b \cdot \mathfrak{Tg}(a\,x)$, daher $\overline{Q_b c_b} = \overline{Q_b c} = R_b \cdot \mathfrak{Tg}(a\,x)\operatorname{tg}(b\,x)$, somit entsprechend Gleichung (59), S. 27, $\sphericalangle(c K_b Q_b) = \varphi_c$. Damit ergibt sich der Leerlaufpunkt N, denn es ist $\sphericalangle(NK_bQ_b) = 2\varphi_c$ (vgl. Abb. 63; φ_c ist Peripheriewinkel über $\widehat{NQ_b}$). Dadurch ist auch der Kurzschlußpunkt M gefunden, da mit Bezug auf g_u die Richtung $\overrightarrow{OM}$ symmetrisch zur Richtung $\overrightarrow{ON}$ liegt. Dadurch ist Kreis k_w bestimmt, der k_b in den Punkten M und N senkrecht schneidet.

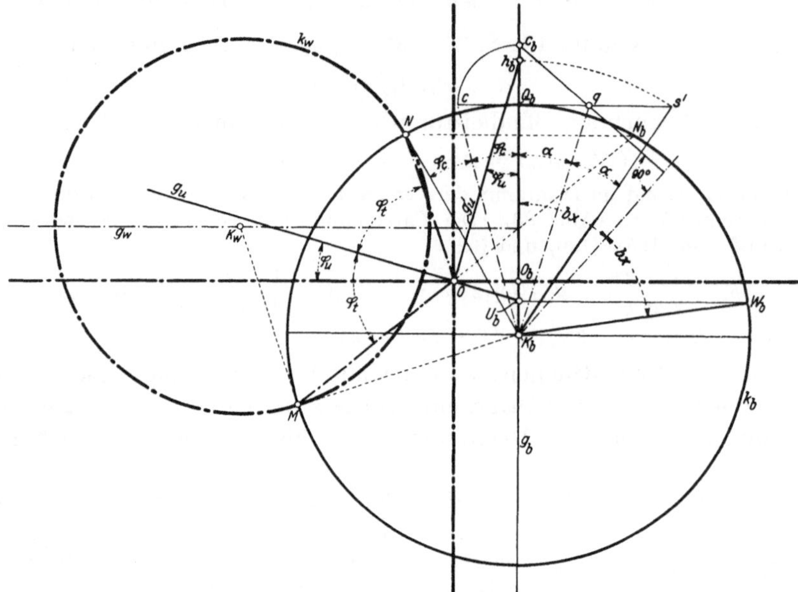

Abb. 90. Ermittlung des Diagramms aus dem Verzerrungswinkel φ_u, dem Längenwinkel bx und der Dämpfung ax.
Gegeben: Hauptkreis k_b. — Zu konstruieren: Koordinatenachsen und Hauptkreis k_w.
$\sphericalangle(Q_bK_bW_b) = 2bx$; $K_bh_b = K_bQ_b \cdot \mathfrak{Cof}(2ax)$; $\sphericalangle(Oh_bK_b) = \varphi_u$.

34. Konstruktion des Diagramms für kurze Leitungen.

Bei kurzen Leitungen ist die Kurzschlußscheinleistung sehr groß gegenüber den Leistungen, die mit hinreichend großem Wirkungsgrad und kleinem Spannungsabfall übertragen werden können. Werden diese praktisch übertragbaren Leistungen durch genügend große Strecken im Diagramm abgebildet, so fällt der Kurzschlußpunkt M aus dem Bereich der Zeichnung, falls diese nicht unhandlich groß werden soll. Die Betrachtung der Diagramme von Leitungen verschiedener Längen zeigt, daß bei Leitungslängen kleiner als etwa $\frac{1}{20}$ bis $\frac{1}{16}$ der Wellenlänge (300 bis 375 km) der Kurzschlußpunkt für die Diagrammkonstruktion nicht mehr verwendbar ist. Die in Abschnitt 25e besprochene Konstruktion ist also nur bei längeren Leitungen anwendbar. Die folgende Entwicklung zeigt, wie die für die graphische Ermittlung notwendigen Teildiagramme kurzer Leitungen mit möglichst wenig Rechnungen auf konstruktivem Weg gefunden werden. Diese Teildiagramme sind:

1. Diagramm zur Bestimmung des Übertragungsverlustes, d. h. die Punkte Q_w und S_w (Abschnitt 22d, Abb. 44),

2. Diagramm zur Bestimmung der Blindleistungsdifferenz, d. h. Punkt Q_b und S_b (Abschnitt 22f, Abb. 45),

3. Einheitsspannungskreis k_e samt dem Spannungsverhältnismaßstab (Abschnitt 21a, Abb. 35 und 36).

Gegeben ist die Leerlaufleistung $N_0 = ON$, der Leerlaufwinkel φ_0, also auch der Leerlaufpunkt N (Abb. 107, S. 168), ferner die Kurzschlußleistung $N_k = OM$ (im Diagramm nicht darstellbar), und der Kurzschlußwinkel φ_k (Gerade g_k).

Die Ermittlung der Geraden g_w und g_b erfolgt entsprechend Abschnitt 25e (S. 93): Gerade g_b ist die Symmetrale von $\overline{NN_b}$; $\sphericalangle(O_{wb}NN_b) = \varphi_k$. Aus Abb. 63 ersieht man: $\sphericalangle(Q_bNN_b) = \varphi_c$. Dadurch ist bei bekanntem φ_c der Punkt Q_b bestimmt. Für kurze Leitungen ist φ_c nahezu gleich Null; es entsteht nur ein verschwindend kleiner Fehler, wenn Q_b auf der Geraden NN_b angenommen wird. Durch den Punkt Q_b wird die Gerade g_d gelegt, deren Richtung aus einer verkleinerten Darstellung des Dreiecks OMN (vgl. Abb. 32) entnommen wird. Aus diesem Dreieck kann auch der Winkel φ_e entnommen und, falls er nicht vernachlässigbar klein ist, zur Konstruktion von Q_b benützt werden.

Als Grundsatz ist zu beachten, daß aus verkleinerten Diagrammen niemals kleine Strecken entnommen werden dürfen, da sich hierbei die Ungenauigkeit vergrößern würde; wohl aber können Winkel bzw. Richtungen entnommen werden, falls diese im verkleinerten Diagramm zwischen Strecken auftreten, deren Größe zur Richtungsbestimmung hinreicht.

Die Geraden g_d und g_w schneiden einander im Punkt Q_w; ($\sphericalangle Q_w N Q_b = 90°$).

Zur Konstruktion der Punkte S_w und S_b ist die Kenntnis von $\varrho_w = \sqrt{\vartheta_w^2 - \alpha_w^2} = \overline{O_w B}$ und $\varrho_b = \sqrt{\vartheta_b^2 + \alpha_b^2} = \overline{O_b S_b}$ notwendig [s. Gleichungen (131) und (138), Abb. 41 und 42]. Man berechnet auf Grund von (164) und (165), S. 107, und mit Benutzung von (32), S. 19, die Größen

$$\vartheta_w^{(\mathrm{kVA})} = \sqrt{\overline{OM} \cdot \overline{ON}}\sqrt{\frac{\cos\varphi_0}{\cos\varphi_k}}, \qquad \vartheta_b^{(\mathrm{kVA})} = \sqrt{\overline{OM} \cdot \overline{ON}}\sqrt{\frac{\sin\varphi_0}{\sin\varphi_k}}.$$

Da die Maßzahl von $\overline{OM} = N_k$ bekannt ist, desgl. φ_0 und φ_k, so kann die Rechnung einfach durchgeführt werden. Mit $\vartheta_w^{(\mathrm{kVA})} = \overline{OB}$ findet man den Kreis k_w' und somit den Punkt S_w, mit $\vartheta_b^{(\mathrm{kVA})} = \overline{OS_b''}$ und $\overline{O_b S_b''} = \overline{O_b S_b}$ den Punkt S_b.

Senkrecht auf g_d steht $\overline{Q_w S_{w0}} = \overline{Q_w S_w}$ (vgl. Abb. 59 und 63). Punkt S_{w0} liegt auf dem Einheitsspannungskreis k_e. Ferner $NN' \perp g_d$, Punkt N' auf g_k. Die Symmetrale des Winkels $(N' S_{w0} O)$ schneidet g_k in einem Punkte O_e, der gleichfalls auf dem Kreis k_e liegt.

Beweis: Da g_d die Symmetrale von $\sphericalangle(NMO)$ ist, so ist $\overline{MN'} = \overline{MN}$. Da $\overline{MN} \cdot \overline{MO} = R_e^2$ [s. Gleichung (122)], so wird der über $\overline{ON'}$ errichtete Kreis vom Kreis k_e senkrecht geschnitten. Da S_{w0} auf k_e liegt, so geht zufolge Anhang II, 2e die Symmetrale von $\sphericalangle(N' S_{w0} O)$ durch den auf g_k liegenden Punkt des Kreises k_e.

Aus $\overline{MO_e} = R_e = \frac{1}{C} \cdot \overline{MO}$ [Gleichung (122)] kann das Leerlaufspannungsverhältnis C sehr genau gefunden werden:

$$C = \frac{\overline{OM}}{\overline{OM} + \overline{OO_e}} \qquad \text{bzw.} \qquad \frac{1}{C} - 1 = \frac{\overline{OO_e}}{\overline{OM}}.$$

Von Punkt O_e wird der Spannungsverhältnismaßstab (Abb. 36) abgetragen, bei O_e mit 1,0 beginnend. Die Größe von 1% entspricht der Strecke 0,01 $(\overline{OM} + \overline{OO_e})$.

An Stelle des Kreises k_e wird eine Ersatzparabel p_e gezeichnet, deren Scheitelschmiegungskreis k_e ist (Abb. 91). Ihre Scheiteltangente ist $g_e \perp \overline{OO_e}$.

Ist γ ein beliebiger Abschnitt auf der Geraden g_e, so ist die zugehörige Parabelordinate $\xi = \frac{\gamma^2}{2 R_e}$ (die exakte Gleichung des Einheitsspannungskreises lautet: $\gamma^2 + \xi^2 = 2 \xi R_e$). Ist z. B. $\gamma = 0{,}2 R_e$ (d. i. die Strecke „20%" auf dem Spannungsmaßstab), so ist $\xi = 0{,}02 R_e$ (2% auf dem Spannungsmaßstab). Um die einem beliebigen Belastungspunkt P entsprechende Spannung E_1 zu bestimmen, wird der Abstand des Punktes P von der Parabel p_e zeichnerisch ermittelt (etwa indem man um P einen Kreis schlägt, der die Parabel in zwei Punkten schneidet und die Symmetrale dieser beiden Punkte mit der Parabel zum Schnitt bringt). Dieser Abstand wird vom Punkt O_e aus auf dem Spannungsmaßstab abgetragen, nach derselben Seite, auf welcher P liegt. Der Endpunkt der abgetragenen Strecke fällt unmittelbar auf den gesuchten Wert von $\frac{E_1}{E_2}$. Die sehr kleinen Ungenauigkeiten des Näherungsver-

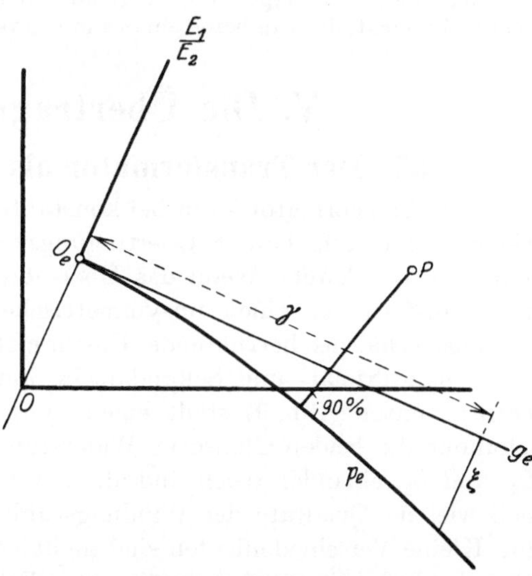

Abb. 91. Spannungsverhältnisdiagramm für kurze Leitungen (vgl. Abb. 37). Kurzschlußpunkt M außerhalb der Zeichnung, Kreis k_e ersetzt durch Parabel p_e; $\xi^2 = 2 R_e \gamma$.

fahrens kommen praktisch nicht in Betracht, da gerade bei kurzen Strecken, wo dieses Verfahren angewendet werden muß, der Spannungsmaßstab verhältnismäßig sehr groß ist; bei praktisch brauchbaren Zeichnungsgrößen liegt die Ungenauigkeit in der Größenordnung von ca. 0,1% der Spannung.

Zur Bestimmung des Übertragungsverlustes [Konstruktion der Verlustparabel, Abb. 43, oder Ausrechnung der Formel (141)] ist die Größe R_w notwendig. Da C^2 bereits bekannt ist, kann diese Größe nach Gleichung (126) berechnet werden.

Auch das in Abb. 47 dargestellte Verfahren zur Ermittlung des Übertragungsvorganges kann auf kurze Leitungen angewendet werden. Aus einer verkleinerten Darstellung des Fundamentaldreiecks wird die Richtung der Geraden $\overrightarrow{MN}$ gewonnen. Die Wirkachse des Systems *1* schließt mit dieser Richtung den Kurzschlußwinkel φ_k ein. Sind die Leistungskomponenten im Endpunkt *2* gegeben, nämlich $N_{2w} = \overline{Oa_2}$, $N_{2b} = \overline{a_2 P_2}$, so wird Punkt P_1 so ermittelt, wie in Abschnitt 22h angegeben: $\overline{P_1 P_2} \parallel \overline{MN}$; $\overrightarrow{NP_1}$ schließt mit $\overrightarrow{MN}$ den $\sphericalangle \psi = \sphericalangle(NP_2M)$ ein. Der Schenkel $\overline{NP_2}$ dieses Winkels ist bekannt; die Richtung von $\overrightarrow{P_2M}$ wird aus einer verkleinerten Darstellung gewonnen. Durch die Lage des so ermittelten Punktes P_1 sind die Leistungskomponenten $N_{1w} = \overline{Na_1}$ und $N_{1b} = \overline{a_1 P_1}$ bestimmt.

Sind umgekehrt die Leistungskomponenten im Endpunkt *1* (also Punkt P_1) gegeben, so ist der durch die Punkte N und P_2 gehende Kreis durch eine sich anschmiegende Parabel zu ersetzen, deren Scheiteltangente $\overline{NP_1}$ ist.

Der Radius dieses Kreises ist

$$r = \frac{\overline{MN}}{2\sin(\varphi_k - \varphi_1)}.$$

Ist ξ die auf der Geraden $\overline{NP_1}$ aufgetragene Abszisse, γ die dazugehörige Ordinate, so lautet die Kreisgleichung

$$\gamma^2 + \xi^2 = 2r\gamma,$$

daher die Gleichung der Ersatzparabel $\xi^2 = 2r\gamma$.

Um einen Punkt dieser Parabel zu erhalten, macht man $\xi = \frac{r}{5}$, somit $\gamma = \frac{r}{50} = 0{,}1\,\xi$. Die Länge ξ wird gefunden aus ihrer Projektion ξ' auf die Gerade $\overline{MN}$, nämlich $\xi' = \xi \sin(\varphi_k - \varphi_1) = 0{,}1\,\overline{MN}$ (also gleich der Entfernung $\overline{MN}$ in zehnfach verkleinerter Darstellung). Ist ein Punkt der Parabel bekannt, so kann sie konstruiert werden, da auch der Parabelscheitel N und die Scheiteltangente $\overline{MP_1}$ bekannt sind. Ihr Schnittpunkt mit der durch P_1 parallel zu $\overline{MN}$ gezogenen Geraden ist der gesuchte Punkt P_2.

Der zweite Schnittpunkt P_2' liegt außerhalb des Bereichs der Zeichnung und kommt auch praktisch nicht in Betracht, da er in bezug auf Spannungsverhältnis und Wirkungsgrad außerordentlich ungünstig liegt.

V. Die Übertragung im Transformator.

35. Der Transformator als symmetrischer Übertragungskreis.

Der Transformator kann bei konstanter mittlerer Sättigung als ein aus konstanten Scheinwiderständen aufgebauter Übertragungskreis aufgefaßt werden. Das Ersatznetz ist in Abschnitt 1 abgeleitet. Wenn das Übersetzungsverhältnis nicht gleich der Einheit ist, so stellt der Transformator einen unsymmetrischen Übertragungskreis dar (Abb. 8). Die vom Übersetzungsverhältnis herrührende Unsymmetrie kann aber rechnerisch leicht beseitigt werden, wenn man Primär- und Sekundärseite auf gleiche Windungszahl reduziert. Der so erhaltene Transformator (Abb. 9) stellt einen symmetrischen Übertragungskreis dar, wenn primär und sekundär die beiden Ohmschen Widerstände W_1 und W_2 sowie die beiden Streuinduktivitäten L_{1s} und L_{2s} einander gleich sind (d. h. wenn beim nichtreduzierten Transformator diese Größen sich wie die Quadrate der Windungszahlen verhalten). Dies trifft praktisch stets annähernd zu. Kleine Verschiedenheiten sind nicht von Belang, da diese Größen an sich klein sind gegenüber der Induktivität des gemeinsamen Feldes. Wäre diese unendlich groß, so würde der Transformator durch eine reine Reihenschaltung von Ohmschen und induktiven Widerständen darstellbar sein, die auf jeden Fall richtungssymmetrisch ist (vgl. Abb. 9; unendlich großes M wirkt so, als ob keine Querspule vorhanden wäre).

Additional material from *Theorie der Wechselstromübertragung,*
ISBN 978-3-642-98618-5 (978-3-642-98618-5_OSFO7),
is available at http://extras.springer.com

Der Übertragungsvorgang des Transformators läßt sich daher grundsätzlich durch das Diagramm des symmetrischen Übertragungskreises darstellen, wie es in Kapitel III entwickelt wurde. Die besondere, für den Transformator charakteristische Diagrammgestaltung beruht darauf, daß sowohl bei Kurzschluß als auch bei Leerlauf nacheilender Strom von großer Phasenverschiebung aufgenommen wird, und daß ferner, wie übrigens auch bei kurzen Leitungen, der Kurzschlußstrom sehr viel größer ist als der Leerlaufstrom, auf gleiche Speisespannung bezogen.

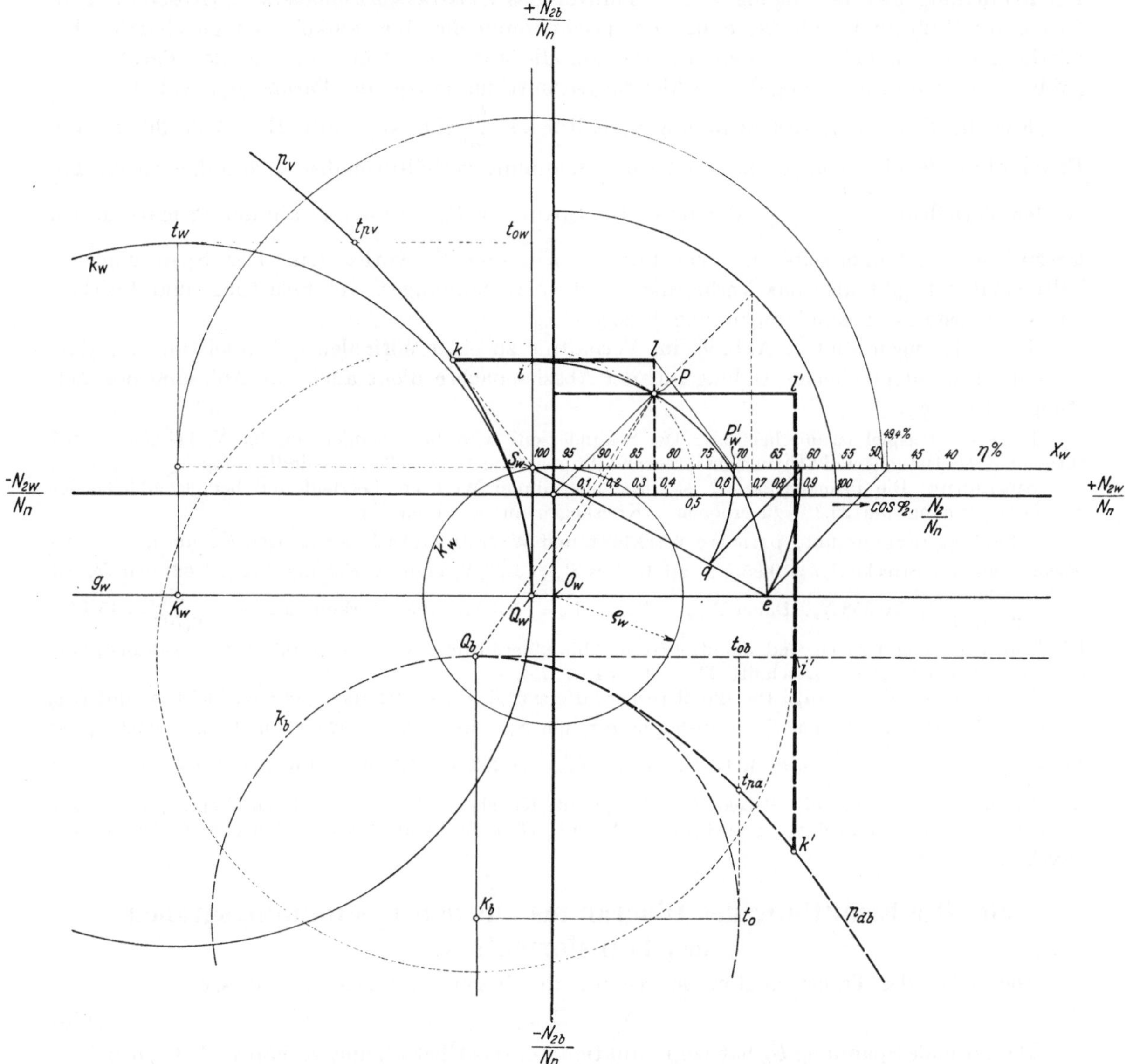

Abb. 93. Verwendung des Diagramms Abb. 92 zur Leistungsermittlung.

Primäre Wirkleistung $\frac{N_{1w}}{N_n} = kl$ (vgl. Abb. 43).

Übertragungsverlust im Wirkungsgrad entsprechend Abb. 44 und 54.

Primäre Blindleistung $\frac{N_{1b}}{N_n} = k'l'$ (analog Abb. 43).

Das Diagramm eines symmetrischen Übertragungskreises mit nacheilendem Leerlauf- und Kurzschlußstrom ist in Abb. 92 dargestellt. Die Kurzschlußleistung $\overline{OM}$ ist erheblich größer als die Leerlaufleistung $\overline{ON}$. Im übrigen sind, im Interesse deutlicher Darstellung, die bei Transformatoren praktisch auftretenden Verhältnisse nicht berücksichtigt. Der Kurzschlußwinkel φ_k ist wesentlich kleiner, das Leerlaufkurzschlußverhältnis wesentlich größer als in den praktisch vorkommenden Fällen. Das Diagramm hat die in Abschnitt 25 besprochenen, in Abb. 63 dargestellten allgemeinen Eigenschaften. Die einander entsprechenden Punkte und Linien beider Abbildungen sind gleich bezeichnet. Zum Unterschied von Abb. 63 hat der Mittelpunkt K_w des Wirkleistungshauptkreises eine negative Ordinate. Ferner verläuft die Abszissenachse außerhalb des Blindleistungshauptkreises k_b.

Daraus ergeben sich die in Abschnitt 25c, letzter Absatz, besprochenen Beziehungen: Der Ermittlung des Übertragungsverlustes mittels des Quadratwurzelmaßstabes [Abschnitt 22d, Gleichung (142) und Abb. 44, S. 62] entspricht nunmehr eine vollkommen gleichartige Ermittlung der Blindleistungsdifferenz. Die Blindleistungsermittlung mittels der Parabel p_{db} (Abb. 93) ist nunmehr analog der Wirkleistungsermittlung mittels der Parabel p_{vw} (vgl. Abb. 43).

Für die Ermittlung des Spannungsverhältnisses $\frac{E_1}{E_2}$ gilt Abschnitt 21a, Abb. 36 (S. 51). Etwas abweichend davon ist in Abb. 92 der Spannungsverhältnismaßstab so aufgetragen, daß er das Verhältnis $\frac{\overline{MP}}{\overline{MO}} = \frac{E_1}{CE_2}$ darstellt. Die Spannung $E_{01} = CE_2$ ist auf der Primärseite bei leerlaufender Sekundärseite und konstanter Spannung E_2 vorhanden. Der Spannungsverhältnismaßstab gibt also das Verhältnis der Primärspannungen bei Belastung und Leerlauf an, auf konstante Sekundärspannung bezogen.

Die Leistungen sind in Abb. 92 im Verhältnis zu einer normalen Scheinleistung N_n dargestellt. Die entsprechende Teilung auf der Abszissenachse dient auch zur Ablesung des Leistungsfaktors φ_2.

Folgendes Beispiel ist durchgeführt: Der Sekundärseite wird die Scheinleistung $0{,}5\,N_n$ bei $\cos\varphi_2 = 0{,}7$ entnommen (Belastungspunkt P); dementsprechend Wirkleistung $N_{2w} = 0{,}35\,N_n$, Blindleistung $N_{2b} = 0{,}357\,N_n$.

Spannung: Die Primärspannung ist, gegenüber ihrem Wert bei Leerlauf und bei gleichbleibender Sekundärspannung, um 25,3% zu erhöhen. (Kreisbogen um M durch P.)

Übertragungsverlust, primäre Wirklast und Wirkungsgrad: Kreisbogen $\widehat{Pe}$ um Q_w, Kreisbogen $\widehat{ef}$ um S_w. Strecke $\overline{S_w f} = 0{,}95\,N_n$; mit Radius $R_w = 1{,}26\,N_n$ ergibt Gleichung (142) (S. 62) den Verlust $V_w = \frac{0{,}95^2}{2 \cdot 1{,}26} N_n = 0{,}358\,N_n$. Daher $N_{1w} = N_{2w} + V_w = 0{,}708\,N_n$ und Wirkungsgrad $\eta = \frac{0{,}35}{0{,}708} = 49{,}4\,\%$. Die beiden letzteren Größen sind unmittelbar in Abb. 93 ermittelt: $N_{1w} = \overline{kl} = 0{,}708\,N_n$, Wirkungsgradkonstruktion entsprechend Abschnitt 23b, Abb. 54 (S. 73).

Primäre Blindleistung: Die Blindleistungsdifferenz ist in Abb. 92 analog der Wirkleistungsdifferenz ermittelt: Kreisbogen $\widehat{Pe_b}$ um Q_b, Kreisbogen $\widehat{e_b f_b}$ um S_b. Mit $\overline{S_b f_b} = 1{,}526\,N_n$ und $R_b = 0{,}92\,N_n$ ist $D_b = N_{1b} - N_{2b} = \frac{(1{,}526)^2}{2 \cdot 0{,}92} N_n = 1{,}263\,N_n$, daher $N_{1b} = (1{,}263 + 0{,}357)\,N_n = 1{,}62\,N_n$. Diese Größe ist in Abb. 93 unmittelbar durch die Strecke $\overline{k'l'}$ dargestellt: Kreisbogen $\widehat{Pi'}$ um Q_b; durch i' eine Parallele zur Ordinatenachse, mit Parabel p_{db} zum Schnitt gebracht. (Für die Parabelkonstruktion gilt: t_{pd} halbiert die Strecke $\overline{t_{ob} t_o} = R_b$).

36. Die Ermittlung des Diagramms aus den Bestimmungsgrößen des Transformators.

Die Größe des Transformators ist gegeben durch seine normale Scheinleistung

$$N_n = E_n J_n . \tag{175}$$

Die normale Spannung E_n hat bei Reduktion auf das Übersetzungsverhältnis 1:1 auf beiden Transformatorseiten die gleiche Größe, desgl. der normale Strom J_n. Das Verhalten des Transformators ist durch die im folgenden angeführten Größen bestimmt:

$$\left.\begin{array}{ll}
\text{Kupferverlust (bei Strom } J_n) & V_{Cu} = e_{kw}\, 10^{-2} \cdot N_n , \\
\text{Streuspannung (,, ,, } J_n) & E_\sigma = e_{kb}\, 10^{-2} \cdot E_n , \\
\text{Eisenverlust (bei Spannung } E_n) & V_{Fe} = e_{0w}\, 10^{-2} \cdot N_n , \\
\text{Magnetisierungsstrom (bei Spannung } E_n) & J_m = e_{0b}\, 10^{-2} \cdot J_n , \\
\text{Kurzschlußspannung (bei Strom } J_n) & E_k = e_k\, 10^{-2} \cdot E_n , \\
\text{Leerlaufstrom (bei Spannung } E_n) & J_0 = e_0\, 10^{-2} \cdot J_n .
\end{array}\right\} \tag{176}$$

Soll der sekundär kurzgeschlossene Transformator den Strom J_n führen, so ist er primär an die Kurzschlußspannung E_k zu legen. Wird der sekundär leerlaufende Transformator primär an die Spannung E_n gelegt, so nimmt er den Leerlaufstrom J_0 auf. Da im Kurzschluß das gemeinsame Feld und daher auch der Eisenverlust (Wirbelstrom- und Hysteresiswärme) fast verschwinden, so ist die Kurzschlußwirkleistung praktisch gleich dem Kupferverlust; die Blindleistung rührt fast ausschließlich von der magnetischen Energie der (großenteils in Luft verlaufenden) Streufelder her. Bezeichnet man die auf Strom J_n bezogene Kurzschluß-Scheinleistung mit N'_k, so ist die entsprechende Kurzschluß-Wirkleistung bzw. -Blindleistung

$$\left.\begin{aligned} N'_{kw} &= E_k J_n \cos\varphi_k = e_k 10^{-2}\cdot N_n \cos\varphi_k = e_{kw} 10^{-2}\cdot N_n\,, \\ N'_{kb} &= E_k J_n \sin\varphi_k = e_k 10^{-2}\cdot N_n \sin\varphi_k = e_{kb} 10^{-2}\cdot N_n\,. \end{aligned}\right\} \qquad (177\,\mathrm{a})$$

Im Leerlauf ist der Strom (und daher auch der Kupferverlust) sehr klein, die Leerlaufwirkleistung rührt größtenteils vom Eisenverlust her. Die magnetomotorische Kraft der Wirkkomponente des Leerlaufstromes wird durch die Rückwirkung der Wirbelströme kompensiert; durch die Blindkomponente des Leerlaufstromes wird das der Spannung E_n entsprechende und gegen diese um fast eine Viertelperiode phasenverschobene gemeinsame Feld des Transformators erzeugt[1]). (Die Streufelder sind wegen der Kleinheit des Leerlaufstromes zu vernachlässigen.) Daher ist die Wirkkomponente bzw. die Blindkomponente der auf Spannung E_n bezogenen Leerlaufleistung

$$\left.\begin{aligned} N_{0w} &= E_n J_0 \cos\varphi_0 = e_0 10^{-2}\cdot N_n \cos\varphi_0 = e_{0w} 10^{-2}\cdot N_n\,, \\ N_{0b} &= E_n J_n \sin\varphi_0 = e_0 10^{-2}\cdot N_n \sin\varphi_0 = -e_{0b} 10^{-2}\cdot N_n\,. \end{aligned}\right\} \qquad (177\,\mathrm{b})$$

(Das Minuszeichen in der letzten Gleichung rührt davon her, daß der Leerlaufstrom nacheilend ist; nacheilendes φ_0 wird entsprechend Abschnitt 9, S. 17, negativ bezeichnet.)

Aus (177a) und (177b) folgt:

$$\left.\begin{aligned} e_k &= \sqrt{e_{kw}^2 + e_{kb}^2}\,; \qquad \cos\varphi_k = \frac{e_{kw}}{e_k}\,, \qquad \sin\varphi_k = \frac{e_{kb}}{e_k}\,, \\ e_0 &= \sqrt{e_{0w}^2 + e_{0b}^2}\,; \qquad \cos\varphi_0 = \frac{e_{0w}}{e_0}\,, \qquad \sin\varphi_0 = -\frac{e_{0b}}{e_0}\,. \end{aligned}\right\} \qquad (178)$$

Die beiden letzten Größen der Gruppe (176) sind also durch die ersten vier Größen bestimmt. Durch diese sind, zusammen mit N_n, die beiden Komponenten der Kurzschluß- und Leerlaufleistung gegeben.

Die so ermittelte Lage des Kurzschluß- und des Leerlaufpunktes ist bestimmend für das gesamte Diagramm: Für jeden Belastungszustand kann der Übertragungsvorgang aus N_n und den ersten vier Größen von (176) ermittelt werden.

Entsprechend der Voraussetzung konstanter Scheinwiderstände gilt das Transformatordiagramm nur in jenem Gebiete, wo die Spannung nicht viel von der normalen Spannung E_n abweicht. Nur unter dieser Voraussetzung hat die Sättigung und somit auch die dem gemeinsamen Felde entsprechende Induktivität eine ziemlich konstante Größe. Bei Kurzschluß ist der Transformator ungesättigt, die Permeabilität daher größer als im normalen Betrieb. Da jedoch das gemeinsame Feld im Kurzschluß verschwindet, so kann ihm ohne Änderung des Ergebnisses jede beliebige Permeabilität zugeordnet werden. Die Kurzschlußgrößen können daher auch unter der Voraussetzung konstanter Scheinwiderstände für die Berechnung verwendet werden; sie sind Funktionen des konstanten Ohmschen Widerstands und der annähernd konstanten Streuinduktivität.

Der Leistungsmaßstab des Diagramms wird auf die konstante Spannung E_n bezogen. Wird der kurzgeschlossene Transformator mit der Spannung E_k gespeist, so führt er den Strom J_n. Daher ist bei der Spannung E_n der Kurzschlußstrom gleich

$$J_k = J_n \frac{E_n}{E_k} = \frac{100}{e_k} J_n\,.$$

[1]) Diese Darstellung gilt strenggenommen nur für den Fall, daß der ganze Eisenverlust durch Wirbelströme verursacht wird. Wegen der Hysteresis ist der Magnetisierungsstrom gegenüber dem Feld ein wenig voreilend. Er setzt sich aus der Blindkomponente und einem Teil der Wirkkomponente des Leerlaufstromes zusammen. Der andere Teil wird in seiner magnetisierenden Wirkung durch die Wirbelströme kompensiert. Doch ist auch in diesem Fall der Magnetisierungsstrom nahezu gleich der Blindkomponente des Leerlaufstromes.

Somit sind Kurzschluß- und Leerlaufscheinleistung, bezogen auf Spannung E_n

$$N_k = E_n J_k = \frac{100}{e_k} N_n, \qquad N_0 = E_n J_0 = \frac{e_0}{100} N_n. \tag{179}$$

Die Winkel φ_k und φ_0 sind durch (178) bestimmt.

In Abb. 94 sind die Leistungen durch ihr Verhältnis zur Normalleistung dargestellt, d. h. die Einheit des auf der Abszissenachse aufgetragenen Maßstabes entspricht der Leistung N_n. Werden alle Diagrammlängen in dieser Einheit ausgedrückt, so ist der Faktor N_n aus den vorstehenden und den folgenden Formeln wegzulassen. In dieser Schreibweise ist

$$\overline{ON} = \frac{N_0}{N_n} = \frac{e_0}{100}, \qquad \overline{OM} = \frac{N_k}{N_n} = \frac{100}{e_k}, \qquad \overline{Mm_{0w}} = OM \sin\varphi_k = 100\,\frac{e_{kb}}{e_k^2}.$$

Aus (178) und (179) ergibt sich:

$$T^2 = \frac{N_0}{N_k} = e_0 e_k \cdot 10^{-4} \text{ [vgl. Gleichung (31), S. 19]}, \tag{180}$$

$$\left.\begin{aligned} \sin(2\varphi_t) &= \sin(\varphi_k + \varphi_0) = \frac{1}{e_0 e_w}(e_{0w} e_{kb} - e_{0b} e_{kw}), \\ \cos(2\varphi_t) &= \cos(\varphi_k + \varphi_0) = \frac{1}{e_0 e_w}(e_{0w} e_{kw} + e_{0b} e_{kb}), \end{aligned}\right\} \text{[vgl. Gleichung (28b)]}, \tag{181}$$

$$N_z = \frac{E_n^2}{Z} = \sqrt{N_0 N_k} = N_n \sqrt{\frac{e_0}{e_k}}, \qquad Z = \frac{E_n^2}{N_n}\sqrt{\frac{e_k}{e_0}} = \frac{E_n}{J_n}\sqrt{\frac{e_k}{e_0}} \text{ [vgl. Gleichung (32)]}, \tag{182}$$

$$\left.\begin{aligned} \sin(2\varphi_u) &= \sin(\varphi_0 - \varphi_k) = -\frac{1}{e_0 e_w}(e_{0w} e_{kb} + e_{0b} e_{kw}), \\ \cos(2\varphi_u) &= \cos(\varphi_0 - \varphi_k) = \frac{1}{e_0 e_w}(e_{0w} e_{kw} - e_{0b} e_{kb}). \end{aligned}\right\} \text{[vgl. Gleichung (29b)]}. \tag{183}$$

Die beiden letzten Gleichungsgruppen stellen den Wellenwiderstand und den Verzerrungswinkel des Transformators als Funktionen der Bestimmungsgrößen dar.

Das Leerlaufspannungsverhältnis C kann aus (180) und (181) mittels (34) berechnet werden. Eine einfache Näherungsformel, die praktisch vollkommen genau ist, erhält man in folgender Weise: Da $\overline{OM} \gg \overline{ON}$, so ist (Abb. 94 und 95)

$$\overline{MN} \doteq \overline{MN'} = \overline{OM} - \overline{ON'} = \overline{OM} - \overline{ON} \cdot \cos(NON').$$

Mit $MN = \frac{1}{C^2} \cdot OM$ (s. Abschnitt 21a, S. 51) und $\sphericalangle(NON') = [\varphi_k - (-\varphi_0)] = 2\varphi_t$ ergibt sich aus (180) und (181)

$$\left.\begin{aligned} \frac{1}{C^2} &= 1 - 10^{-4} \cdot (e_{0w} e_{kw} + e_{0b} e_{kb}), \\ C &= 1 + 5 \cdot 10^{-5} (e_{0w} e_{kw} + e_{0b} e_{kb}). \end{aligned}\right\} \tag{184}$$

Aus (179) bis (184) können die Diagrammgrößen (164) und (165), S. 107, im Leistungsmaß gerechnet werden:

$$\left.\begin{aligned} R_w^{(\mathrm{kVA})} &= \frac{100}{e_k} N_n \frac{1}{2C^2 \cos\varphi_k} = \frac{50}{e_{kw}} \frac{1}{C^2} N_n, \\ R_b^{(\mathrm{kVA})} &= \frac{100}{e_k} N_n \frac{1}{2C^2 \sin\varphi_k} = \frac{50}{e_{kb}} \frac{1}{C^2} N_n, \end{aligned}\right\} \tag{185}$$

$$\vartheta_w^{(\mathrm{kVA})} = N_n \sqrt{\frac{e_{0w}}{e_{kw}}}. \tag{186}$$

Die Größe $\vartheta_w^{(\mathrm{kVA})}$ ist die Scheinleistung bei Übertragung mit günstigstem Wirkungsgrad. Sie ist gleich der Normalleistung, wenn der prozentuale Eisenverlust gleich dem prozentualen Kupferverlust ist.

Additional material from *Theorie der Wechselstromübertragung,*
ISBN 978-3-642-98618-5 (978-3-642-98618-5_OSFO8),
is available at http://extras.springer.com

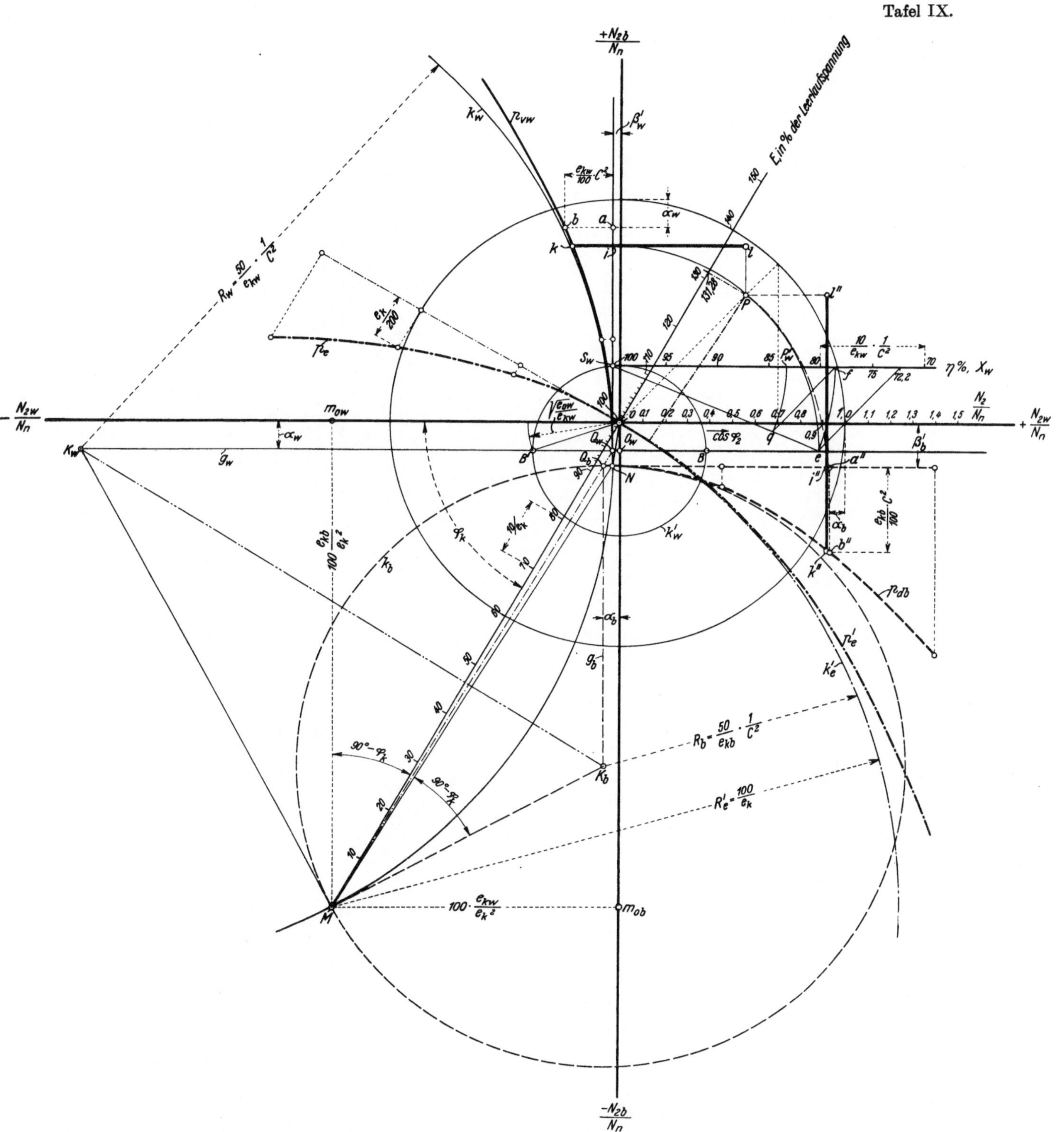

Abb. 94. Diagramm des Transformators.
Koordinaten und Diagrammlinien wie in Abb. 92 und 93.

Transformator-Konstanten	Wirkkomponente	Blindkomponente	Gesamt
Prozentuale Kurzschlußspannung .	$e_{kw} = 20$	$e_{kb} = 34{,}64$	$e_k = 40$
Prozentualer Leerlaufstrom . . .	$e_{0w} = 3{,}0$	$e_{0b} = 19{,}775$	$e_0 = 20$

Das in Abb. 94 (Tafel IX) dargestellte Diagramm ist den für Transformatoren praktisch geltenden Werten der Übertragungskonstanten besser angepaßt als Abb. 92. Doch sind auch hier die prozentualen Größen der Kurzschlußspannung und des Leerlaufstromes gegenüber den praktisch vorkommenden Werten bedeutend vergrößert. Die Werte der Konstanten, mit denen das Diagramm entworfen ist, sind auf Tafel IX angegeben. Diese Annahmen wurden gemacht, um den Kurzschlußpunkt M im Bereich der Zeichnung zu erhalten, und so die Zusammenhänge deutlicher darstellen zu können. Praktisch ist bei Großtransformatoren für Höchstspannung

$$e_{kw} \sim 1; \qquad e_{kb} \sim 10,$$
$$e_{0w} \sim 0{,}75; \qquad e_{0b} \sim 8.$$

Hierbei ist $\overline{OM}$ etwa 10mal so groß als die der Normalleistung entsprechende Strecke. In den folgenden Angaben ist dementsprechend angenommen, daß der Kurzschlußpunkt nicht in den Bereich der Zeichnung fällt.

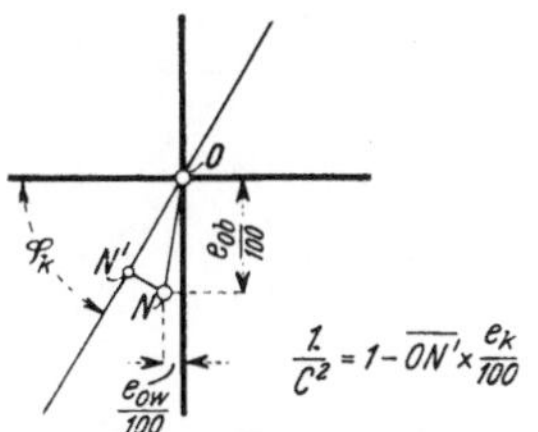

Abb. 95. Ermittlung des Leerlaufspannungsverhältnisses C aus Abb. 94.

Das Diagramm wird folgendermaßen konstruiert: Durch die Bestimmungsgrößen ist der Leerlaufpunkt N und der Winkel φ_k gegeben. Wegen der großen Entfernung des Punktes M geht der in Abb. 92 stark gezeichnete Linienzug $Q_b Q_w N$ in ein rechtwinkliges Dreieck über. Punkt Q_b hat die gleiche Ordinate, Q_w die gleiche Abszisse wie N (Abb. 94). Die Gerade $\overline{Q_b Q_w}$ ist praktisch parallel $\overline{OM}$ und halbiert die Gerade $\overline{NN'}$ (vgl. Abb. 95). Dadurch sind die Punkte Q_b und Q_w und somit die Geraden g_b und g_w bestimmt. Mit $\overline{OB} = \vartheta_w^{(\mathrm{kVA})}$ [Gleichung (186)] ist Punkt B, somit auch Kreis k_w' und Punkt S_w gegeben (Diagramm für Verlust- und Wirkungsgradbestimmung). Die Wirkleistung auf der Primärseite wird aus der Parabel p_{vw}, die Blindleistung aus der Parabel p_{db} bestimmt. Einen Punkt b der ersteren Parabel findet man mit $\overline{Q_w a} = N_n$, $\overline{ab} = \frac{e_{kw}}{100} C^2 N_n$ [entsprechend Gleichung (140), S. 61, und Gleichung (185)]. Analog ergibt sich ein Punkt b'' der Parabel p_{db} mit $\overline{Q_b a''} = N_n$ und $\overline{a''b''} = \frac{e_{kb}}{100} \cdot C^2 N_n$.

Die Bestimmung der Wirkleistung, der Blindleistung und des Übertragungsverlustes ist wie im vorigen Abschnitt, Abb. 92 und 93, durchgeführt. Außerdem ist die graphische Wirkungsgradbestimmung entsprechend Abschnitt 23b, Abb. 54, aufgenommen. Auch das Spannungsverhältnisdiagramm ist wie in Abb. 92 dargestellt. Wegen der großen Entfernung des Mittelpunktes M ist ein Näherungsverfahren, analog Abschnitt 34, Abb. 91 durchzuführen: Der durch den Koordinatenursprung gehende Kreis k_e' ist durch eine Parabel ersetzt. Wird auf der Scheiteltangente die Größe N_n als Parabelabszisse abgetragen, so ist die zugehörige Ordinate $\frac{e_k}{200} N_n$. Im Spannungsverhältnismaßstab sind

$$10\% = 0{,}1\,\overline{OM} = \frac{10}{e_k} N_n.$$

Sind Spannung und Leistungskomponenten auf der Generatorseite des Transformators gegeben (P auf der linken Seite der Ordinatenachse), so empfiehlt es sich, den Punkt „100%" des Spannungsverhältnismaßstabs in den Punkt N' (Abb. 95) zu verlegen. Auf diese Weise mißt man mittels des Maßstabes das Verhältnis

$$\frac{\overline{MP}}{\overline{MN}} = \frac{C E_1}{E_2} = \frac{E_1}{E_2/C} = \frac{E_1}{E_{01}}.$$

Bei konstanter Generatorspannung E_2 ist E_{01} die Spannung auf der leerlaufenden Verbraucherseite. Der Spannungsverhältnismaßstab gibt also in diesem Fall die bei Belastung auftretende Spannungsänderung, bezogen auf Leerlaufspannung, an.

Auch die Methoden zur unmittelbaren Konstruktion der Belastungsvektoren (Abschnitt 21b, Abb. 39, und insbesondere Abschnitt 22h, Abb. 47) können auf den Transformator angewendet werden. Die Richtung der Geraden $\overline{MN}$ und $\overline{MP}$ wird aus einem verkleinerten Diagramm entnommen, in welchem die Kurzschlußleistung OM zeichnerisch darstellbar ist.

C. Der unsymmetrische Übertragungskreis.

I. Grundlagen der Berechnung und des graphischen Verfahrens.

37. Die Leerlauf- und Kurzschlußgrößen.

Die in Abschnitt 5 und 7 abgeleiteten allgemeinen Gleichungen des Übertragungsvorganges lauten:

$$\mathfrak{E}_1 = \mathfrak{C}_{II}\mathfrak{E}_2 + \mathfrak{M}\mathfrak{J}_2\,, \qquad \text{s. Gleichung (13 a)}$$

$$\mathfrak{J}_1 = \mathfrak{N}\mathfrak{E}_2 + \mathfrak{C}_I\mathfrak{J}_2\,, \qquad \text{,, ,, (13 b)}$$

$$\mathfrak{C}_I\mathfrak{C}_{II} - \mathfrak{M}\mathfrak{N} = 1\,, \qquad \text{,, ,, (14)}$$

$$\mathfrak{E}_2 = \mathfrak{C}_I\mathfrak{E}_1 - \mathfrak{M}\mathfrak{J}_1\,, \qquad \text{,, ,, (15 a)}$$

$$-\mathfrak{J}_2 = \mathfrak{N}\mathfrak{E}_1 - \mathfrak{C}_{II}\mathfrak{J}_1\,. \qquad \text{,, ,, (15 b)}$$

Aus diesen Hauptgleichungen können die Leerlauf- und Kurzschlußgrößen wie in Abschnitt 9 abgeleitet werden. Wegen der Richtungsunsymmetrie ist nunmehr zu unterscheiden, ob Leerlauf und Kurzschluß im Endpunkt *1* oder im Endpunkt *2* vorliegen. Im ersteren Fall seien die Größen durch den Index I, im letzteren durch den Index II gekennzeichnet. Für den Fall I ergeben sich die Leerlaufgrößen aus (13b) und (15a) mit $\mathfrak{J}_1 = 0$, die Kurzschlußgrößen aus (13a) und (15b) mit $\mathfrak{E}_1 = 0$. Für den Fall II ($\mathfrak{J}_2 = 0$ bzw. $\mathfrak{E}_2 = 0$) sind die Gleichungsbezeichnungen a und b zu vertauschen. Man erhält:

Leerlauf bzw. Kurzchluß im	Endpunkt *1*	Endpunkt *2*	
1. Leerlaufleitfähigkeit	$\mathfrak{G}_{0I} = G_{0I}\cdot e^{j\varphi_{0I}} = \dfrac{\mathfrak{N}}{\mathfrak{C}_I}$,	$\mathfrak{G}_{0II} = G_{0II}\cdot e^{j\varphi_{0II}} = \dfrac{\mathfrak{N}}{\mathfrak{C}_{II}}$,	(187)
2. Kurzschlußwiderstand	$\mathfrak{W}_{kI} = W_{kI}\cdot e^{j\varphi_{kI}} = \dfrac{\mathfrak{M}}{\mathfrak{C}_{II}}$,	$\mathfrak{W}_{kII} = W_{kII}\cdot e^{j\varphi_{kII}} = \dfrac{\mathfrak{M}}{\mathfrak{C}_I}$,	
3. Leerlaufspannungsverhältnis	$\mathfrak{C}_I = C_I\cdot e^{j\varphi_{cI}}$,	$\mathfrak{C}_{II} = C_{II}\cdot {}^{j\varphi_{cII}}$.	

Das Kurzschlußstromverhältnis ist für jeden der beiden Fälle gleich dem Leerlaufspannungsverhältnis des anderen Falles, also $\mathfrak{C}_{II}$ im Fall I und $\mathfrak{C}_I$ im Fall II.

Aus (187) folgt:

$$\frac{\mathfrak{G}_{0I}}{\mathfrak{G}_{0II}} = \frac{\mathfrak{W}_{kII}}{\mathfrak{W}_{kI}} = \frac{\mathfrak{C}_{II}}{\mathfrak{C}_I}\,,$$

somit

$$G_{0I}W_{kI} = G_{0II}W_{kII}\,, \tag{188 a}$$

$$\varphi_{0I} + \varphi_{kI} = \varphi_{0II} + \varphi_{kII}\,, \tag{188 b}$$

$$W_{kI} = W_{kII}\cdot\frac{C_I}{C_{II}}\,, \qquad G_{0I} = G_{0II}\cdot\frac{C_{II}}{C_I}\,. \tag{189 a}$$

$$\varphi_{kI} = \varphi_{kII} + \delta\,, \qquad \varphi_{0I} = \varphi_{0II} - \delta\,, \qquad \text{mit} \qquad \delta = \varphi_{cI} - \varphi_{cII}\,. \tag{189 b}$$

Für die Vektorprodukte aus Leerlaufleitfähigkeit und Kurzschlußwiderstand hat man

$$\left.\begin{aligned} \sigma_I &= G_{0I}W_{kI}\sin(\varphi_{0I} - \varphi_{kI}); \qquad & \sigma_{II} &= G_{0II}W_{kII}\sin(\varphi_{0II} - \varphi_{kII})\,,\\ \tau_I &= G_{0I}W_{kI}\cos(\varphi_{0I} - \varphi_{kI}); \qquad & \tau_{II} &= G_{0II}W_{kII}\cos(\varphi_{0II} - \varphi_{kII})\,. \end{aligned}\right\} \tag{190}$$

Diesen Ausdrücken sind die folgenden ähnlich, die in den Diagrammformeln erscheinen:

$$\left.\begin{aligned} \sigma' &= G_{0I} W_{kI} \sin(\varphi_{0I} - \varphi_{kII}) = G_{0II} W_{kII} \sin(\varphi_{0II} - \varphi_{kI}) , \\ \tau' &= G_{0I} W_{kI} \cos(\varphi_{0I} - \varphi_{kII}) = G_{0II} W_{kII} \cos(\varphi_{0II} - \varphi_{kI}) . \end{aligned}\right\} \quad (191)$$

Aus (189b) und (190) ergibt sich

$$\left.\begin{aligned} \sigma' &= \sigma_I \cos\delta + \tau_I \sin\delta = \sigma_{II} \cos\delta - \tau_{II} \sin\delta , \\ \tau' &= \tau_I \cos\delta - \sigma_I \sin\delta = \tau_{II} \cos\delta + \sigma_{II} \sin\delta . \end{aligned}\right\} \quad (192)$$

Für $\delta = 0$ ist $\sigma_I = \sigma_{II} = \sigma'$ und $\tau_I = \tau_{II} = \tau'$.

Mit den Ausdrücken (187) nehmen die Hauptgleichungen (13) bis (15) folgende Form an:

$$\left.\begin{aligned} \mathfrak{E}_1 &= \mathfrak{C}_{II} (\mathfrak{E}_2 + \mathfrak{W}_{kI} \mathfrak{J}_2) , \\ \mathfrak{J}_1 &= \mathfrak{C}_I \, (\mathfrak{G}_{0I} \mathfrak{E}_2 + \mathfrak{J}_2) , \end{aligned}\right\} \quad (193)$$

$$\left.\begin{aligned} \mathfrak{E}_2 &= \mathfrak{C}_I \, (\mathfrak{E}_1 - \mathfrak{W}_{kII} \mathfrak{J}_1) , \\ -\mathfrak{J}_2 &= \mathfrak{C}_{II} (\mathfrak{G}_{0II} \mathfrak{E}_2 - \mathfrak{J}_1) , \end{aligned}\right\} \quad (194)$$

$$\frac{1}{\mathfrak{C}_I \mathfrak{C}_{II}} = 1 - \mathfrak{W}_{kI} \mathfrak{G}_{0I} = 1 - \mathfrak{W}_{kII} \mathfrak{G}_{0II} . \quad (195)$$

Bildet man in der letzten Gleichung auf beiden Seiten das Quadrat des Absolutwertes, so erhält man

$$\left.\begin{aligned} \frac{1}{C_I^2 C_{II}^2} &= 1 - 2 G_{0I} \, W_{kI} \, \cos(\varphi_{0I} + \varphi_{kI}) + G_{0I}^2 W_{kI}^2 \\ &= 1 - 2 G_{0II} W_{kII} \cos(\varphi_{0II} + \varphi_{kII}) + G_{0II}^2 W_{kII}^2 . \end{aligned}\right\} \quad (196)$$

Bei Symmetrie des Übertragungskreises geht diese Beziehung in Gleichung (34), S. 19, über.

38. Der mittlere symmetrische Übertragungskreis[1]). — Die Fundamentaldreiecke.

Die Vektorkonstanten $\mathfrak{M}$ und $\mathfrak{N}$ erscheinen in den beiden Hauptgleichungsgruppen (13) und (15) in gleicher Anordnung. Ihre Größen sind, wie beim symmetrischen Übertragungskreis, unabhängig von der Übertragungsrichtung. Setzt man

$$\mathfrak{C}_I \mathfrak{C}_{II} = \mathfrak{C}^2 , \quad (197)$$

so entsprechen die Größen $\mathfrak{M}$, $\mathfrak{N}$ und $\mathfrak{C}$ der Hauptgleichung (17), S. 17; sie bestimmen also einen symmetrischen Übertragungskreis, der zum vorliegenden unsymmetrischen Kreis in einer bemerkenswerten Beziehung steht: Seine komplexen Leerlauf- und Kurzschlußgrößen sind das geometrische Mittel der analogen, auf die beiden Übertragungsrichtungen bezüglichen Größen des unsymmetrischen Kreises. Er werde daher als „mittlerer symmetrischer Übertragungskreis“ bezeichnet. Seine Konstanten T, φ_t, Z und φ_u [s. Gleichung (25) bis (29)] entsprechen somit den folgenden Beziehungen:

$$T^2 = G_0 W_k = G_{0I} W_{kI} = G_{0II} W_{kII} , \quad (198\,a)$$

$$2\varphi_t = \varphi_k + \varphi_0 = \varphi_{kI} + \varphi_{0I} = \varphi_{kII} + \varphi_{0II} , \quad (198\,b)$$

$$Z^2 = \frac{W_k}{G_0} = \frac{W_{kI}}{G_{0II}} = \frac{W_{kII}}{G_{0I}} , \quad (199\,a)$$

$$2\varphi_u = \varphi_0 - \varphi_k = \varphi_{0II} - \varphi_{kI} = \varphi_{0I} - \varphi_{kII} . \quad (199\,b)$$

Daher ist entsprechend Gleichung (36) und (191)

$$\sigma' = T^2 \sin(2\varphi_u) = \sigma ; \quad \tau' = T^2 \cos(2\varphi_u) = \tau . \quad (200)$$

Die Größen σ' und τ' sind also die Vektorprodukte aus Leerlaufleitfähigkeit und Kurzschlußwiderstand des mittleren symmetrischen Kreises. Die analogen Größen des unsymmetrischen Kreises sind davon verschieden und von der Übertragungsrichtung abhängig. Ihr Zusammenhang mit σ' und τ' ist durch (192) gegeben.

---

[1]) S. Literaturverzeichnis, Nr. 10.

Der unsymmetrische Übertragungskreis ist bestimmt durch die Größen des mittleren symmetrischen Kreises und den Ungleichheitsfaktor $\mathfrak{q}$, welcher der Beziehung entspricht

$$\mathfrak{q} = q e^{j\frac{\delta}{2}} = \sqrt{\frac{\mathfrak{C}_I}{\mathfrak{C}_{II}}} \quad \text{(vgl. auch Abschnitt 44, letzter Absatz)}. \tag{201}$$

Aus (187), (189) und (197) ergibt sich

$$\left.\begin{aligned} C_I &= qC, & W_{kI} &= qW_k, & G_{0I} &= \frac{1}{q} G_0, \\ C_{II} &= \frac{1}{q} C, & W_{kII} &= \frac{1}{q} W_k, & G_{0II} &= qG_0, \end{aligned}\right\} \tag{202 a}$$

$$\left.\begin{aligned} \varphi_{cI} &= \varphi_c + \frac{\delta}{2}, & \varphi_{kI} &= \varphi_k + \frac{\delta}{2}, & \varphi_{0I} &= \varphi_0 - \frac{\delta}{2}, \\ \varphi_{cII} &= \varphi_c - \frac{\delta}{2}, & \varphi_{kII} &= \varphi_k - \frac{\delta}{2}, & \varphi_{0II} &= \varphi_0 + \frac{\delta}{2}. \end{aligned}\right\} \tag{202 b}$$

Bei Kurzschluß und Leerlauf im Endpunkt *1* bzw. *2* sind die Scheinleistungen am Generatorende

$$\left.\begin{aligned} N_{kI} &= \frac{E_2^2}{W_{kI}}, & N_{0I} &= E_2^2 G_{0I}, \\ N_{kII} &= \frac{E_1^2}{W_{kII}}, & N_{0II} &= E_1^2 G_{0II}. \end{aligned}\right\} \tag{203}$$

Trägt man die entsprechenden Scheinleistungsvektoren in gleicher Weise wie in Abb. 32, Abschnitt 13, in einem rechtwinkligen Koordinatensystem auf, so erhält man für jede der beiden Übertragungsrichtungen je ein Fundamentaldreieck, das vom Koordinatenursprung O, dem Kurzschlußpunkt (M_I bzw. M_{II}) und dem Leerlaufpunkt (N_I bzw. N_{II}) gebildet wird. Die beiden Dreiecke sind in Abb. 100 dargestellt, zusammen mit dem Fundamentaldreieck OMN des mittleren symmetrischen Kreises, bezogen auf gleiche Spannungen $E_1 = E_2 = E$. (Da die Spannungen im vorliegenden Fall verschiedenen Übertragungsfällen zugeordnet sind, können sie willkürlich angenommen werden.) Aus (198a) und (198b) folgt

$$\frac{N_{kI}}{N_{0I}} = \frac{N_{kII}}{N_{0II}} = \frac{N_k}{N_0}, \qquad \sphericalangle(M_I O N_I) = \sphericalangle(M_{II} O N_{II}) = \sphericalangle(MON).$$

Beide Fundamentaldreiecke sind also dem Dreieck des mittleren Übertragungskreises ähnlich und gegen dieses um die Winkel $\pm\frac{\delta}{2}$ verdreht. Die Vektoren des Dreiecks I eilen nach, wenn $\delta = \varphi_{cI} - \varphi_{cII} > 0$. Aus (202) folgt durch Vergleich mit Abb. 32:

$$\frac{\overline{M_I N_I}}{\overline{M_I O}} = \frac{\overline{M_{II} N_{II}}}{\overline{M_{II} O}} = \frac{1}{C_I C_{II}} = \frac{\overline{MN}}{\overline{MO}} = \frac{1}{C^2},$$

$$\sphericalangle(OM_I N_I) = \sphericalangle(OM_{II} N_{II}) = \varphi_{cI} + \varphi_{cII} = \sphericalangle(OMN) = 2\varphi_c.$$

Bei der Darstellung Abb. 96 sind die beiden Dreiecke derart parallel verschoben, daß ihre Kurzschlußpunkte in M zusammenfallen. Da in beiden Dreiecken der Winkel bei M die Größe $\varphi_{cI} + \varphi_{cII}$ hat, und die gegenseitige Verdrehung $\varphi_{cI} - \varphi_{cII}$ beträgt, liegen die von M ausgehenden Seiten paarweise symmetrisch zur Geraden g_d, mit der sie die Winkel φ_{cI} bzw. φ_{cII} einschließen. Wie aus den weiteren Entwicklungen hervorgeht, hat diese Gerade die gleiche physikalische Bedeutung wie im Diagramm des symmetrischen Übertragungskreises (vgl. Abschnitt 21, 22, 24 und 25).

39. Darstellung des Belastungszustandes. — Die Koordinaten.

Für die Entwicklung des graphischen Verfahrens gelten die in Abschnitt 14 bis 19 gebrachten Überlegungen in sinngemäßer Anwendung. Der Belastungszustand wird durch die in einem der beiden Endpunkte vorhandenen Belastungsleitfähigkeiten $\mathfrak{G}_2 = \frac{\mathfrak{J}_2}{\mathfrak{E}_2}$ bzw. $\mathfrak{G}_1 = \frac{\mathfrak{J}_1}{\mathfrak{E}_1}$ gekennzeichnet, deren Komponenten in einem rechtwinkligen Koordinatensystem dargestellt werden. Wegen der Unsymmetrie ergeben sich nunmehr verschiedene Diagramme, je nachdem die Koordinaten auf die Belastungsleitfähigkeit des Endpunktes *2* oder des Endpunktes *1* bezogen werden. Im ersteren Fall entsprechen Kurzschluß- und Leerlaufpunkt den in den vorhergehenden Abschnitten mit Index *I* bezeichneten Kurzschluß- und Leerlaufgrößen. Das zugehörige Diagramm werde als Diagramm *I* bezeichnet. In analoger Bezeichnung stellen die Koordinaten des Diagramms *II* die Komponenten der Leitfähigkeit im Endpunkt *1* dar.

Mit Einführung der Größen $\mathfrak{G}_2$ und $\mathfrak{G}_1$ nehmen die Hauptgleichungen (193) und (194) folgende Form an:

$$\left.\begin{aligned} \mathfrak{E}_1 &= \mathfrak{C}_{II}\,\mathfrak{E}_2 (1 + \mathfrak{W}_{kI}\,\mathfrak{G}_2)\,, \\ \mathfrak{J}_1 &= \mathfrak{C}_I\,\mathfrak{E}_2 (\mathfrak{G}_{0I} + \mathfrak{G}_2)\,, \end{aligned}\right\} \quad (204\,\text{a})$$

$$\left.\begin{aligned} \mathfrak{E}_2 &= \mathfrak{C}_I\,\mathfrak{E}_1 (1 - \mathfrak{W}_{kII}\,\mathfrak{G}_1)\,, \\ -\mathfrak{J}_2 &= \mathfrak{C}_{II}\,\mathfrak{E}_1 (\mathfrak{G}_{0II} - \mathfrak{G}_1)\,. \end{aligned}\right\} \quad (204\,\text{b})$$

Die erste Gleichungsgruppe bestimmt das Diagramm *I*, die zweite das Diagramm *II*.

Statt der Leitfähigkeitskomponente können auch die Komponenten des Belastungswiderstandes $\mathfrak{W}_2 = \dfrac{\mathfrak{E}_2}{\mathfrak{J}_2}$ bzw. $\mathfrak{W}_1 = \dfrac{\mathfrak{E}_1}{\mathfrak{J}_1}$ als Koordinaten dargestellt werden. Widerstands- und Leitfähigkeitsdiagramme stehen zueinander in den gleichen Beziehungen wie beim symmetrischen Übertragungskreis (Abschnitt 19 und 27) mit der Maßgabe, daß Widerstandsdiagramm *I* dem Leitfähigkeitsdiagramm *II* zugeordnet ist und umgekehrt. Die folgenden Darstellungen beziehen sich ausschließlich auf die Leitfähigkeitsdiagramme.

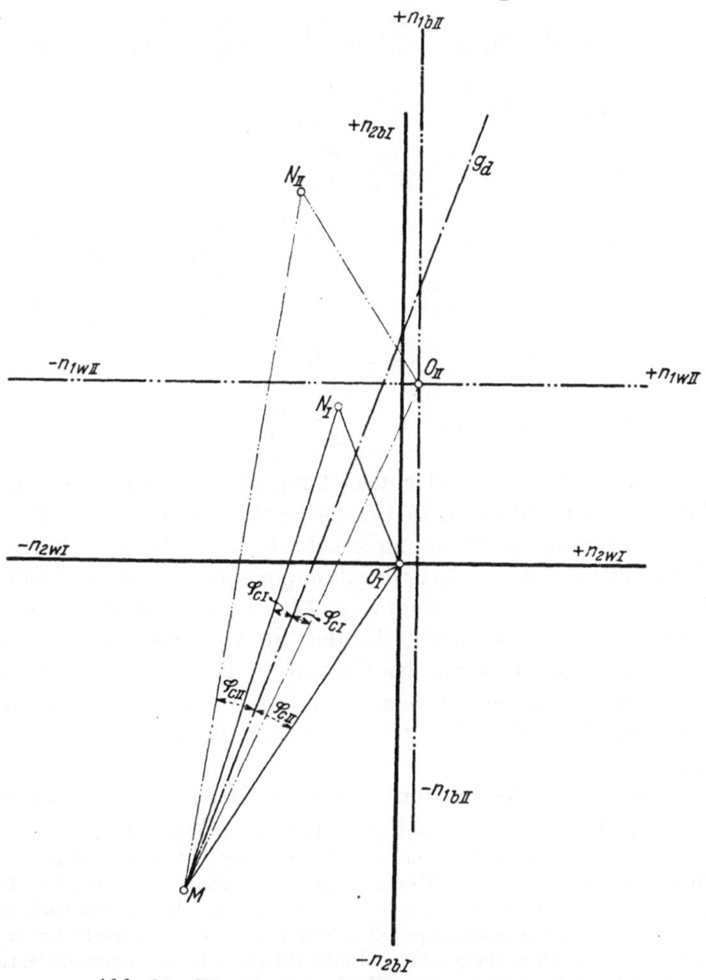

Abb. 96. Die Fundamentaldreiecke (vgl. Abb. 32).
Koordinaten: Wirk- und Blindkomponente der Leitfähigkeit im Endpunkt *2* (System *I*) und im Endpunkt *1* (System *II*) bzw. Wirk- und Blindleistungen in beiden Endpunkten, auf gleiche Spannung bezogen.

Kurzschluß, bzw. Leerlauf im	Endpunkt *1*	Endpunkt *2*
Kurzschlußleistung	$\overline{O_I M}$	$\overline{O_{II} M}$
Leerlaufleistung	$\overline{O_I N_I}$	$\overline{O_{II} N_{II}}$

$\Delta O_I M N_I \backsim \Delta O_{II} M N_{II}$; Winkel φ_{cI} und φ_{cII} entsprechend Gleichung (187).

Mit jedem der Diagramme *I* und *II* können sämtliche Übertragungsaufgaben gelöst werden, größtenteils mit den gleichen Konstruktionen wie beim symmetrischen Übertragungskreis. In einigen Fällen wird die Ermittlung durch geeignete Zusammenstellung der beiden Diagramme besonders vereinfacht. Diese Vereinigung wird als „Doppeldiagramm" bezeichnet. Zum Unterschied davon seien die Diagramme *I* und *II* als „Einfachdiagramme" bezeichnet.

Die Leitfähigkeitskomponenten können durch die ihnen proportionalen Wirkleistungen bzw. Blindleistungen ausgedrückt werden, bezogen auf eine bestimmte Spannung. Ist die Spannung im Koordinatenbezugspunkt konstant, so sind die Koordinaten den daselbst auftretenden Leistungskomponenten proportional.

Wie beim symmetrischen Übertragungskreis ist es für die Entwicklung der Formeln vorteilhaft, die Diagrammgrößen im Kurzschlußmaß auszudrücken, d. h. als Einheit der Leitfähigkeit die Kurzschlußleitfähigkeit, als Einheit der Leistung die auf gleiche Spannung bezogene Kurzschlußleistung zu betrachten. Da aber nunmehr zwei Kurzschlußwiderstände vorhanden sind, so verdoppelt sich die Anzahl der im Kurzschlußmaß ausgedrückten Größen. Mit den Bezeichnungen der Gleichung (203) erhält man die folgenden, analog Gleichung (117a), S. 46, zusammengestellten Größen:

$$\left.\begin{aligned}
\mathfrak{n}_{2I} &= W_{kI}\mathfrak{G}_2 = \frac{\mathfrak{N}_2}{N_{kI}} = \frac{N_{2w}}{N_{kI}} - j\frac{N_{2b}}{N_{kI}} = n_{2wI} - jn_{2bI} = n_{2I}\cdot e^{-j\varphi_2}\,,\\
\mathfrak{n}_{1I} &= W_{kI}\mathfrak{G}_1\frac{E_1^2}{E_2^2} = \frac{\mathfrak{N}_1}{N_{kI}} = \frac{N_{1w}}{N_{kI}} - j\frac{N_{1b}}{N_{kI}} = n_{1wI} - jn_{1bI} = n_{1I}\cdot e^{-j\varphi_1}\,,\\
\mathfrak{n}'_{2I} &= W_{kI}\mathfrak{G}_2\frac{E_2^2}{E_1^2} = \frac{\mathfrak{N}_2}{N_{kII}}\cdot\frac{W_{kI}}{W_{kII}}\,,\\
\mathfrak{n}'_{1I} &= W_{kI}\mathfrak{G}_1 = \frac{\mathfrak{N}_1}{N_{kII}}\cdot\frac{W_{kI}}{W_{kII}}\,,
\end{aligned}\right\}\qquad(205\,\mathrm{a})$$

$$\left.\begin{aligned}
\mathfrak{n}_{1II} &= -W_{kII}\mathfrak{G}_1 = -\frac{\mathfrak{N}_1}{N_{kII}} = -\frac{N_{1w}}{N_{kII}} + j\frac{N_{1b}}{N_{kII}} = n_{1wII} - jn_{1bII} = n_{1II}\cdot e^{-j\varphi_1}\,,\\
\mathfrak{n}_{2II} &= -W_{kII}\mathfrak{G}_2\frac{E_2^2}{E_1^2} = -\frac{\mathfrak{N}_2}{N_{kII}} = -\frac{N_{2w}}{N_{kII}} + j\frac{N_{2b}}{N_{kII}} = n_{2wII} - jn_{2bII} = n_{2II}\cdot e^{-j\varphi_2}\,,\\
\mathfrak{n}'_{1II} &= -W_{kII}\mathfrak{G}_1\frac{E_1^2}{E_2^2} = -\frac{\mathfrak{N}_1}{N_{kI}}\cdot\frac{W_{kII}}{W_{kI}}\,,\\
\mathfrak{n}'_{2II} &= -W_{kII}\mathfrak{G}_2 = -\frac{\mathfrak{N}_2}{N_{kI}}\cdot\frac{W_{kII}}{W_{kI}}\,.
\end{aligned}\right\}\qquad(205\,\mathrm{b})$$

Die erste Zeile jeder Gleichungsgruppe stellt die Koordinatengrößen des Diagramms *I* bzw. *II* dar. Sie sind den Leistungskomponenten im Koordinatenbezugspunkt proportional, wenn daselbst die Spannung konstant ist. Unter der gleichen Voraussetzung stellen die Größen der zweiten Zeile die Leistungskomponenten im Gegenpunkt dar (Endpunkt *1* im Diagramm *I* bzw. Endpunkt *2* im Diagramm *II*). Diese Größen werden aus den Einfachdiagrammen durch Konstruktionen ermittelt, die den in Abschnitt 22 abgeleiteten vollkommen analog sind.

Die Komponenten der Größen in der dritten und vierten Zeile jeder Gruppe sind den Leistungskomponenten beider Endpunkte proportional, wenn die Spannung im Gegenpunkt konstant ist. Ihre Ermittlung erfolgt durch Konstruktionen, die denen des Abschnittes 24 entsprechen.

In gleicher Weise können die der Gruppe (117b) analogen Größen entwickelt werden.

Die Vorzeichen der im Kurzschlußmaß ausgedrückten Größen des Diagramms *II* [Gleichung (205b)] sind entgegengesetzt den Vorzeichen der ihnen entsprechenden Leistungs- und Leitfähigkeitskomponenten. Mit Rücksicht auf die in Abschnitt 16 gemachte Festsetzung des Leistungsvorzeichens, deren Beibehaltung sich auch hier als zweckmäßig erweist, besagt dies: Im Kurzschlußmaß wird in beiden Diagrammen *I* und *II* eine im Koordinatenbezugspunkt (Endpunkt *2* bzw. *1*) auftretende Verbraucherwirklast positiv bezeichnet, desgl. eine im entgegengesetzten Ende auftretende Erzeugerwirklast. (Die Blindleistung wird in allen Fällen positiv bezeichnet, wenn der Blindstrom um eine Viertelperiode nacheilt gegenüber jenem Wirkstrom, der einer positiven Wirklast entspricht.) Zufolge dieser Annahme unterscheiden sich die im folgenden abgeleiteten, im Kurzschlußmaß ausgedrückten Diagrammgrößen in den Fällen *I* und *II* nur durch Vertauschung der Indizes; eine Vertauschung des Vorzeichens ist dabei nicht vorzunehmen.

Mit Einführung der im Kurzschlußmaß ausgedrückten Leitfähigkeitsgrößen gehen die Hauptgleichungen (204) in folgende Form über:

$$\left.\begin{aligned}
\mathfrak{E}_1 &= \mathfrak{C}_{II}\mathfrak{E}_2(1 + n_{2I}\cdot e^{j(\varphi_{kI}-\varphi_2)})\,,\\
\mathfrak{J}_1 &= \frac{\mathfrak{C}_I\mathfrak{E}_2}{W_{kI}}(G_{0I}W_{kI}\cdot e^{j\varphi_{0I}} + n_{2I}\cdot e^{-j\varphi_2})\,,
\end{aligned}\right\}\qquad(206\,\mathrm{a})$$

$$\left.\begin{aligned}
\mathfrak{E}_2 &= \mathfrak{C}_I\mathfrak{E}_1(1 + n_{1II}\cdot e^{j(\varphi_{kII}-\varphi_1)})\,,\\
-\mathfrak{J}_2 &= \frac{\mathfrak{C}_{II}\mathfrak{E}_1}{W_{kII}}(G_{0II}W_{kII}\cdot e^{j\varphi_{0II}} + n_{1II}\cdot e^{-j\varphi_1})\,.
\end{aligned}\right\}\qquad(206\,\mathrm{b})$$

II. Das Einfachdiagramm.

Die folgenden Entwicklungen beziehen sich durchweg auf das Diagramm *I* (Leitfähigkeitskomponenten des Endpunktes *2* als Koordinatengrößen). Die für das Diagramm *II* geltenden Beziehungen sind gleichartig und werden durch Vertauschung der Indizes erhalten.

40. Das Spannungsverhältnisdiagramm (vgl. Abschnitt 21).

Aus der ersten Gleichung (206a) folgt:

$$\frac{\mathfrak{E}_1}{\mathfrak{C}_{II}\mathfrak{E}_2} = \frac{E_1}{C_{II}E_2} \cdot e^{j(\varphi_{e1} - \varphi_{e2} - \varphi_{cII})} = 1 + n_{2I} \cdot e^{j(\varphi_{kI} - \varphi_2)}. \tag{207}$$

Diese Gleichung ist analog (121′) und führt daher auch zu gleichartigen Beziehungen (vgl. Abb. 97 und 37). Für Kurzschluß bzw. Leerlauf im Endpunkt *1* fällt der Belastungspunkt nach M bzw. N_I. Die Strecke $\overline{O_I M}$ stellt die Kurzschlußleitfähigkeit $\frac{1}{W_{kI}}$ dar und ist gleich

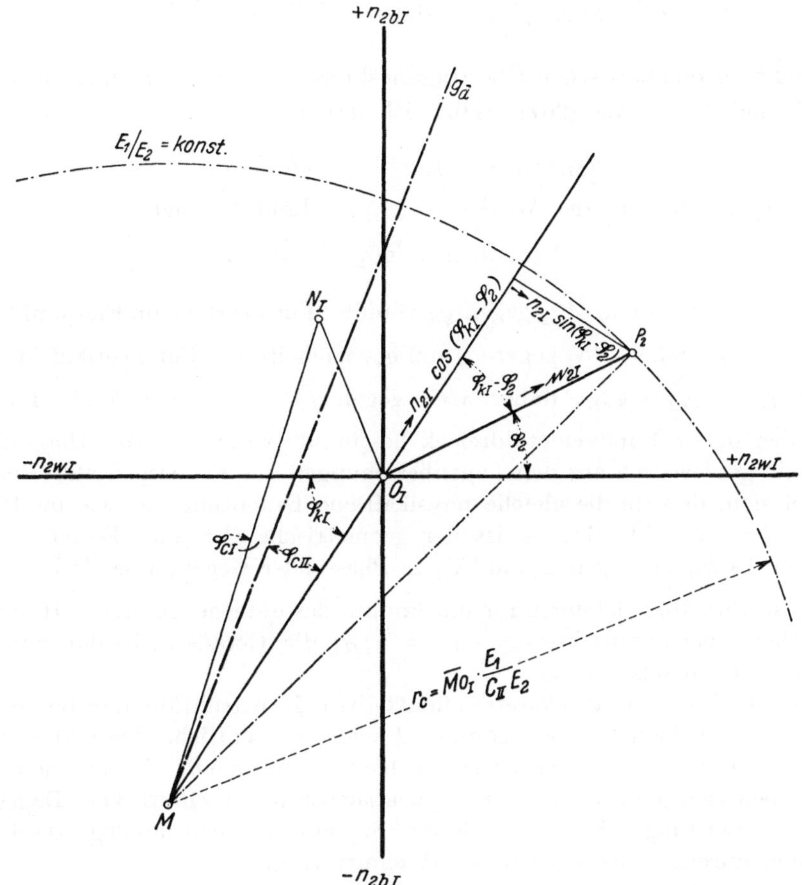

Abb. 97. Das Spannungsverhältnis im Diagramm *I* (vgl. Abb. 37).
Koordinaten: Wirk- und Blindkomponenten der im Endpunkt *2* angeschlossenen Leitfähigkeit (bzw. Wirk- und Blindleistung im Endpunkt *2* bei konstanter Spannung E_2).
Punkte M und N_I wie in Abb. 96.
Größe φ_{cI}, φ_{cII}, φ_{kI}, φ_{kII} und C_{II} entsprechend Gleichung (187).
Ortskurven: Konzentrische Kreise um Kurzschlußpunkt M.
Gerade g_d: Ortslinie für phasengleiche Endspannungen.
Geometrisch-physikalische Beziehungen entsprechend Gleichungen (208a bis d).

der Einheit des Kurzschlußmaßes. Die Strecke $\overline{O_I N_I}$ stellt die Leerlaufleitfähigkeit G_{0I} dar und hat, im Kurzschlußmaß ausgedrückt, den Betrag $\frac{\overline{O_I N_I}}{\overline{MO_I}} = G_{0I} \cdot W_{kI}$.

Für einen beliebigen Belastungspunkt P_2 ist analog (122)

$$\frac{\overline{MP_2}}{\overline{MO_I}} = \frac{E_1}{C_{II}E_2}. \tag{208a}$$

Konstanten Werten des Belastungsverhältnisses entsprechen konzentrische Kreise um M, das Spannungsverhältnis ist dem Kreisradius proportional. Für Leerlauf im Endpunkt *1* ist $\frac{E_1}{E_2} = \frac{1}{C_{II}}$, daher

$$\frac{\overline{MN_I}}{\overline{MO_I}} = \frac{1}{C_I C_{II}}, \tag{208 b}$$

wie bereits in Abschnitt 38 gefunden wurde.

Für Spannungsgleichheit $\left(\frac{E_1}{E_2} = 1\right)$ liegen die Belastungspunkte auf dem Einheitsspannungskreis mit dem Radius

$$R_e = \overline{MO_I} \cdot \frac{1}{C_{II}}, \qquad \text{daher} \qquad \frac{\overline{MP_2}}{R_e} = \frac{E_1}{E_2}. \tag{208 c}$$

Zum Unterschied vom symmetrischen Übertragungskreis ist nunmehr R_e nicht das geometrische Mittel aus $\overline{MO_I}$ und $\overline{MN_I}$. Aus (207) ergibt sich ferner

$$\varphi_{e1} - \varphi_{e2} - \varphi_{cII} = \sphericalangle(P_2 M O_I).$$

Ist daher $\overrightarrow{Mg_d}$ gegen $\overrightarrow{MO_I}$ um den Winkel $(-\varphi_{cII})$ gedreht, so folgt

$$\sphericalangle(P_2 M g_d) = (\varphi_{e1} - \varphi_{e2}). \tag{208 d}$$

$\mathfrak{E}_1$ ist gegen $\mathfrak{E}_2$ voreilend, wenn $\overrightarrow{MP_2}$ gegen g_d voreilt. Für Leerlauf im Endpunkt *1*, $\left(\frac{\mathfrak{E}_1}{\mathfrak{E}_2} = \frac{1}{\mathfrak{C}_I}\right)$, ist $\varphi_{e1} - \varphi_{e2} = -\varphi_{cI}$, daher $\overrightarrow{MN_I}$ gegen g_d um φ_{cI} nacheilend. Für Leerlauf im Endpunkt *2*, $\left(\frac{\mathfrak{E}_1}{\mathfrak{E}_2} = \mathfrak{C}_{II}\right)$, ist $\varphi_{e1} - \varphi_{e2} = \varphi_{cII}$, daher $\overrightarrow{MO_I}$ gegen g_d um φ_{cII} voreilend. Dadurch ist die Lage der Geraden g_d im Fundamentaldreieck bestimmt (vgl. Abb. 96). Diese Gerade ist in Abschnitt 38 rein geometrisch aus den Lagenbeziehungen des Fundamentaldreiecks abgeleitet. Nunmehr ergibt sich, daß sie die gleiche physikalische Bedeutung hat wie im Diagramm des symmetrischen Kreises (Abb. 37): sie ist der geometrische Ort aller Belastungspunkte, für welche die beiden Endspannungen $\mathfrak{E}_1$ und $\mathfrak{E}_2$ in Phase oder Gegenphase sind (ersteres für den Punkt des Halbstrahls $\overrightarrow{Mg_d}$, letzteres für die Punkte des entgegengesetzten Halbstrahls). Für den symmetrischen Übertragungskreis ist $\varphi_{cI} = \varphi_{cII}$, die Gerade g_d ist daher in diesem Falle die Symmetrale des Winkels (OMN).

Für die in Abschnitt 21 abgeleitete unmittelbare Konstruktion der Belastungsvektoren ist die Gleichheit der beiden Einzeldiagramme *1* und *2* wesentlich. Sie läßt sich daher nicht auf das Einfachdiagramm des unsymmetrischen Kreises anwenden. Vollkommen analoge Konstruktionen ergeben sich jedoch aus dem Doppeldiagramm (Abschnitt 47). Dagegen kann die Konstruktion des Leistungsvektors mittels des Stromdiagramms, analog Abschnitt 22h, im Einfachdiagramm durchgeführt werden (s. Abschnitt 41b).

41. Ermittlung der Leistungskomponenten und der Ströme bei konstanter Spannung im Koordinatenbezugspunkt. (E_2 = konst.; vgl. Abschnitt 22.)

a) Die Leistungsdiagramme.

Bei konstanter Spannung E_2 sind die Koordinaten n_{2wI} und n_{2bI} den Leistungskomponenten N_{2w} und N_{2b} proportional und geben diese in dem gleichen Maßstab an, in welchem durch die Strecke $\overrightarrow{O_I M}$ die Kurzschlußleistung N_{kI} dargestellt wird. Die Leistungskomponenten N_{1w} und N_{1b} werden in diesem Falle durch die Größen n_{1wI} und n_{1bI} dargestellt [Gleichung (205a)]. Der funktionelle Zusammenhang zwischen diesen Größen und den Koordinaten ergibt sich aus den Hauptgleichungen (206a).

Aus den komplexen Ausdrücken für Spannung und Strom ermittelt man die Leistungskomponenten durch die Beziehung (s. Anhang I, 7, S. 203)

$$\mathfrak{E}_1 \mathfrak{J}_1' = N_{1w} + j N_{1b}.$$

$\mathfrak{J}_1'$ geht aus $\mathfrak{J}_1$ durch Vertauschung des Vorzeichens von j hervor (konjugiert komplexe Ausdrücke). Aus (206a) erhält man in etwas veränderter Schreibweise

$$\mathfrak{E}_1 = E_2 e^{j\varphi_{e2}} C_{II} e^{j\varphi_{cII}} (1 + n_{2I} e^{j(\varphi_{kI} - \varphi_2)}),$$

$$\mathfrak{J}_1' = \frac{E_2 e^{-j\varphi_{e2}}}{W_{kI}} C_I e^{-j\varphi_{cI}} (G_{0I} W_{kI} e^{-j\varphi_{0I}} + n_{2I} e^{j\varphi_2}),$$

daher

$$N_{1w} + jN_{1b} = \frac{E_2^2}{W_{kI}} \cdot C_I C_{II} e^{-j\delta} (n_{2I} e^{j(\varphi_{kI} - \varphi_2)} + 1)(n_{2I} e^{j\varphi_2} + G_{0I} W_{kI} e^{-j\varphi_{0I}}),$$

und mit Benutzung von (189b), (203) und (205a)

$$n_{1wI} + jn_{1bI} = C_I C_{II} [n_{2I}^2 e^{j\varphi_{kII}} + n_{2I}(e^{j(\varphi_2 - \delta)} + G_{0I} W_{kI} e^{-j(\varphi_{0I} - \varphi_{kII} + \varphi_2)}) + G_{0I} W_{kI} e^{-j\varphi_{0II}}].$$

Die Zerlegung in reellen und imaginären Teil ergibt mit Verwendung der Bezeichnungen (191)

$$\frac{n_{1wI}}{C_I C_{II}} = (n_{2wI}^2 + n_{2bI}^2) \cos\varphi_{kII} + n_{2wI}(\tau' + \cos\delta) - n_{2bI}(\sigma' - \sin\delta) + G_{0I} W_{kI} \cos\varphi_{0II},$$

$$\frac{n_{1bI}}{C_I C_{II}} = (n_{2wI}^2 + n_{2bI}^2) \sin\varphi_{kII} - n_{2wI}(\sigma' + \sin\delta) + n_{2bI}(\cos\delta - \tau') - G_{0I} W_{kI} \sin\varphi_{0II}.$$

Wir führen die folgenden Bezeichnungen für Ausdrücke ein, die den Größen (125) bis (127) und (133) bis (135) geometrisch und physikalisch entsprechen:

$$\left.\begin{aligned} \alpha_{wI} &= \frac{\sigma' - \sin\delta}{2\cos\varphi_{kII}}, & \beta_{wI} &= \frac{\tau' + \cos\delta}{2\cos\varphi_{kII}}, \\ R_{wI} &= \frac{1}{2C_I C_{II} \cos\varphi_{kII}}, & \vartheta_{wI} &= \sqrt{G_{0I} W_{kI}} \sqrt{\frac{\cos\varphi_{0II}}{\cos\varphi_{kII}}}, \end{aligned}\right\} \tag{209}$$

$$\left.\begin{aligned} \alpha_{bI} &= \frac{\sigma' + \sin\delta}{2\sin\varphi_{kII}}, & \beta_{bI} &= \frac{\cos\delta - \tau'}{2\sin\varphi_{kII}}, \\ R_{bI} &= \frac{1}{2C_I C_{II} \sin\varphi_{kII}}, & \vartheta_{bI} &= \sqrt{G_{0I} W_{kI}} \sqrt{\frac{\sin\varphi_{0II}}{\sin\varphi_{kII}}}. \end{aligned}\right\} \tag{210}$$

Mit diesen Ausdrücken nehmen die obigen Gleichungen folgende Form an:

$$2R_{wI} n_{1wI} = (n_{2wI} + \beta_{wI})^2 + (n_{2bI} - \alpha_{wI})^2 - (\alpha_{wI}^2 + \beta_{wI}^2 - \vartheta_{wI}^2),$$

$$2R_{bI} n_{1bI} = (n_{2wI} - \alpha_{bI})^2 + (n_{2bI} + \beta_{bI})^2 - (\alpha_{bI}^2 + \beta_{bI}^2 + \vartheta_{bI}^2).$$

Für die letzten Klammerausdrücke der rechten Seiten gelten die Beziehungen

$$\left.\begin{aligned} \alpha_{wI}^2 + \beta_{wI}^2 - \vartheta_{wI}^2 &= R_{wI}^2, \\ \alpha_{bI}^2 + \beta_{bI}^2 + \vartheta_{bI}^2 &= R_{bI}^2, \end{aligned}\right\} \tag{211}$$

die mittels der Gleichung (196) ebenso bewiesen werden wie die analogen Beziehungen (128) und (136) des symmetrischen Übertragungskreises mittels der Gleichung (34). Damit ergeben sich die Gleichungen der Leistungsdiagramme

$$\left.\begin{aligned} 2R_{wI} n_{1wI} + R_{wI}^2 &= (n_{2wI} + \beta_{wI})^2 + (n_{2bI} - \alpha_{wI})^2, \\ 2R_{bI} n_{1bI} + R_{bI}^2 &= (n_{2wI} - \alpha_{bI})^2 + (n_{2bI} + \beta_{bI})^2. \end{aligned}\right\} \tag{212}$$

Man ersieht daraus, daß die Leistungsdiagramme denen des symmetrischen Übertragungskreises durchaus analog sind. Das gleiche gilt für die Diagramme der Summen und Differenzen der Leistungskomponenten. Alle in Abschnitt 22 gegebenen Konstruktionen zur Ermittlung der Leistungskomponenten und des Übertragungsverlustes können unverändert auf den unsymmetrischen Übertragungskreis angewendet werden.

Auch die Beziehungen zwischen den beiden Hauptkreisen sind im wesentlichen von gleicher Art. Wie in Abschnitt 22c wird nachgewiesen, daß die Kreise k_{wI} und k_{bI} (Abb. 98) einander im Leerlauf- und Kurzschlußpunkt senkrecht schneiden. Man beachte dabei, daß im Kurzschlußmaß $\overline{MN_I} = \frac{1}{C_I C_{II}}$ [entsprechend Gleichung (208b)].

Im rechtwinkligen Dreieck $K_{wI} M K_{bI}$ (Abb. 98) hat der Winkel bei K_{bI} die Größe φ_{kII}, ist also im allgemeinen verschieden von dem Winkel φ_{kI}, den die Gerade $\overline{MO_I}$ mit der Abszissenachse einschließt. Auf dieser Verschiedenheit beruhen alle Unterschiede gegenüber dem Diagramm des symmetrischen Übertragungskreises, bei welchem diese beiden Winkel einander gleich sind.

Auf dem außerhalb des Kreises k_{wI} liegenden Teil von k_{bI} ist also der Peripheriewinkel über $\widehat{MN_I}$ gleich φ_{kII}. Ist daher $\overline{N_I N'_{Ib}}$ parallel zur Abszissenachse, so liegt N'_{Ib} auf der durch M gehenden Geraden g_{kII}, die gegen die Abszissenachse um den Winkel φ_{kII} geneigt ist. Der Mittelpunkt K_{bI} liegt auf der Symmetrale g_{bI} der Strecke $\overline{N_I N'_{Ib}}$. Die Gerade g_{kI} hat gegen die Abszissenachse die Neigung φ_{kI} und schneidet den Kreis k_{bI} in N_{Ib}. Daher ist der Peripheriewinkel über $\widehat{N_{Ib}N'_{Ib}}$ gleich $\varphi_{kI} - \varphi_{kII} = \varphi_{cI} - \varphi_{cII} = \delta$; da $\sphericalangle(O_I M N_I) = \varphi_{cI} + \varphi_{cII}$ (Abschnitt 39), so ist $\sphericalangle(N'_{Ib} M N_I) = (\varphi_{cI} + \varphi_{cII}) + \delta = 2\varphi_{cI}$. Der Peripheriewinkel über $\widehat{N_I N'_{Ib}}$ ist somit $2\varphi_{cI}$, daher der Peripheriewinkel über $\widehat{N_I Q_{bI}} = \varphi_{cI}$: der Scheitelpunkt Q_{bI} liegt somit auf der auch im Spannungsverhältnisdiagramm auftretenden Geraden g_d (vgl. Abb. 97). Die gleiche Über-

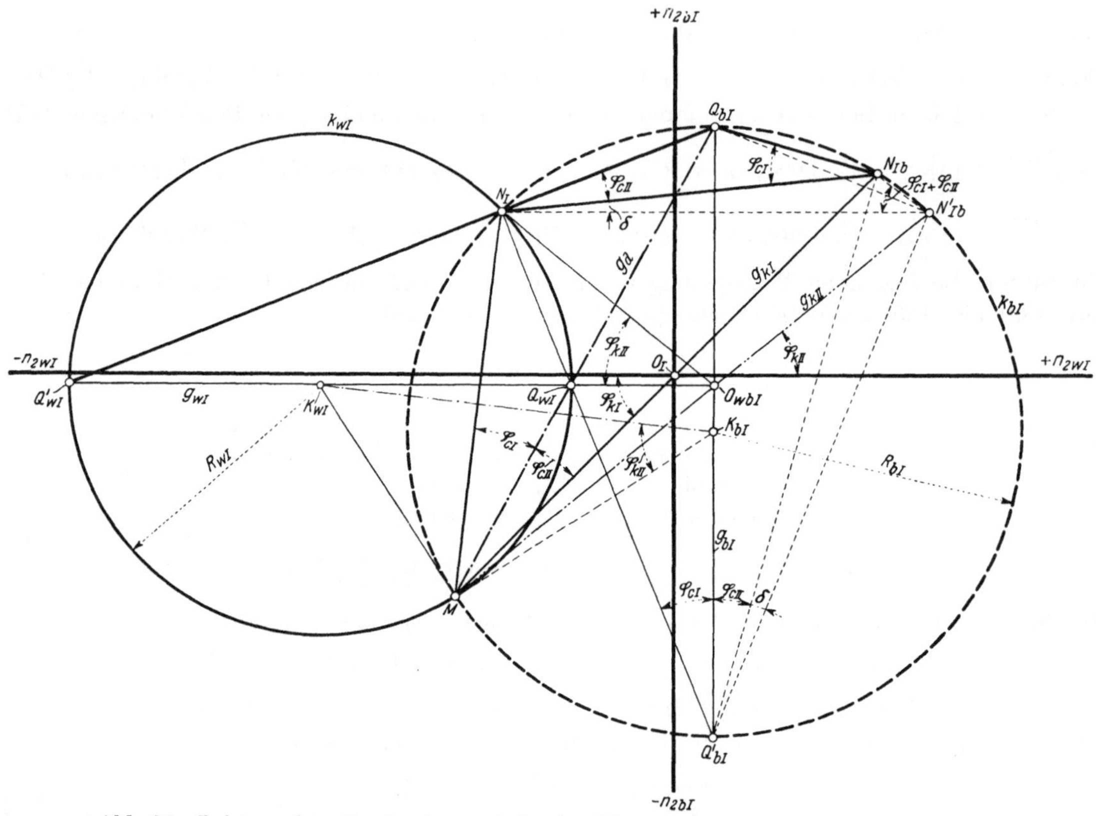

Abb. 98. Leistungshauptkreise k_{wI} und k_{bI} im Diagramm I (vgl. Abb. 40, 42 und 63).
Koordinaten, Punkte M, N_I und Gerade g_d wie in Abb. 97.
Bedeutung der Winkelgrößen entsprechend Gleichungen (187) und (189 b).

legung, auf den Kreis k_{wI} angewendet, ergibt, daß auch der Scheitelpunkt Q_{wI} auf der Geraden g_d liegt, und daß der Schnittpunkt Q_{wbI} der Geraden g_{wI} und g_{bI} auf der Geraden g_{kII} liegt (Schnittpunkt der Katheten-Symmetralen auf der Hypotenuse).

Aus der Gleichheit der über dem gleichen Bogen errichteten Peripheriewinkel folgt, daß $\sphericalangle(N_{Ib} N_I Q_{bI}) = \varphi_{cII}$ und $\sphericalangle(Q_{bI} N_{Ib} N_I) = \varphi_{cI}$ ist. Im Diagramm des symmetrischen Übertragungskreises fallen die Punkte N_{Ib} und N'_{Ib} sowie die Geraden g_{kII} und g_{kI} zusammen (vgl. Abb. 63).

b) Diagramm des Stromes J_1. — Konstruktion des Leistungsvektors mittels des Stromdiagramms (vgl. Abschnitt 22 h).

Auch Strom und Scheinleistung werden in gleicher Weise wie beim symmetrischen Übertragungskreis ermittelt. Bezeichnet man die Leerlaufleitfähigkeit $\mathfrak{G}_{0I}$ im Kurzschlußmaß mit

$$\mathfrak{n}_{0I} = W_{kI}\,\mathfrak{G}_{0I}\,,$$

so nimmt die zweite Gleichung (206a) folgende Form an:

$$\mathfrak{J}_1 = \frac{\mathfrak{E}_I\mathfrak{E}_2}{W_{kI}}\,(\mathfrak{n}_{0I} + \mathfrak{n}_{2I})\,.$$

Diese Gleichung geht aus der ihr entsprechenden Gleichung (120b), S. 50, hervor, wenn man alle Leitfähigkeits- und Übertragungsgrößen mit dem Index I bezeichnet. Es gelten daher auch die in Abschnitt 22h gemachten Folgerungen, die in Abb. 49 dargestellt sind. Daher ist, im Kurzschlußmaß ausgedrückt,

$$\overline{N_I P_2} = \frac{J_1}{C_I E_2 / W_{kI}}.$$

Der Winkel, den $\overrightarrow{N_I P_2}$ mit der positiven Abszissenachse einschließt, ist $\varphi_{i1} - \varphi_{e2} - \varphi_{eI}$. Da $\sphericalangle(Q_{bI} N_I N'_{Ib}) = \varphi_{eII} + \delta = \varphi_{eI}$ (Abb. 98), so ist

$$\sphericalangle(P_2 N_I Q_{bI}) = \varphi_{i1} - \varphi_{e2} = \sphericalangle(\mathfrak{J}_1, \mathfrak{E}_2),$$

analog Abb. 49.

Für die Scheinleistung $N_1 = E_1 J_1$ gilt die gleiche Konstruktion wie in Abb. 47, wenn man darin N durch N_I ersetzt.

Mit dem gleichen Beweis wie auf S. 66 und 67 findet man, daß

$$\overline{N_I P_1} = \overline{N_I P_2}\,\frac{\overline{M P_2}}{\overline{M N_I}}.$$

Mit den im Kurzschlußmaß ausgedrückten Größen $\overline{M P_2} = \frac{E_1}{C_{II} E_2}$ [Gleichung (208a)], $\overline{M N_I} = \frac{1}{C_I C_{II}}$ [Gleichung (208b)] wird, gleichfalls im Kurzschlußmaß ausgedrückt,

$$\overline{N_I P_1} = \frac{E_1 J_1}{E_2^2 / W_{kI}} = \frac{N_1}{N_{kI}}.$$

Daher ist die Strecke $\overline{N_I P_1}$ im Leistungsmaß gleich der Scheinleistung N_1. Die Leistungskomponenten N_{1w} und N_{1b} werden an einem Achsensystem (n_{1wI}, n_{1bI}) abgelesen, dessen positive Wirkachse mit $\overrightarrow{M N_I}$ den Winkel φ_{kII} einschließt.

Beweis: Die positive Wirkachse dieses verschobenen Achsensystems schließt mit $\overrightarrow{M N_I}$ den Winkel $\psi + \varphi_1$ ein (vgl. Abb. 47). Als Peripheriewinkel über $\overline{M N_I}$ (Abb. 98) ist $\sphericalangle(N_I Q_{bI} M) = \varphi_{kII}$. Ferner ist

$$\sphericalangle(P_2 N_I Q_{bI}) = (\varphi_{i1} - \varphi_{e2}), \qquad \sphericalangle(P_2 M Q_{bI}) = \varphi_{e1} - \varphi_{e2} \quad \text{[Gleichung (208d)]},$$

daher

$$\sphericalangle(N_I P_2 M) = \sphericalangle(N_I Q_{bI} M) + \sphericalangle(P_2 N_I Q_{bI}) - \sphericalangle(P_2 M Q_{bI}) = \varphi_{kII} + (\varphi_{i1} - \varphi_{e2}) - (\varphi_{e1} - \varphi_{e2}) = \varphi_{kII} - (\varphi_{e1} - \varphi_{i1})$$

also

$$\psi = \sphericalangle(N_I P_2 M) = \varphi_{kII} - \varphi_1,$$

somit

$$\psi + \varphi_1 = \varphi_{kII}.$$

Aus Abb. 98 geht hervor, daß die Wirkachse des zur Bestimmung von N_{1w} und N_{1b} dienenden Koordinatensystems durch K_{wI}, die Blindachse durch K_{bI} geht. Auch die Umkehrung der Konstruktion, nämlich Ermittlung des Punktes P_2 aus dem gegebenen Punkt P_1, erfolgt wie in Abb. 47. Die Aufgabe hat zwei Lösungen, nämlich die symmetrisch zu $\overline{K_{wI} K_{bI}}$ liegenden Punkte P_2 und P'_2.

42. Leistungsfaktor und Wirkungsgrad (vgl. Abschnitt 23).

Die Phasenverschiebung φ_2 im Endpunkt *2* ist durch den Winkel zwischen dem Ursprungsstrahl $\overrightarrow{O_I P_2}$ und der Abszissenachse gegeben. Für die Phasenverschiebung φ_1 im Endpunkt *1* gelten die gleichen Gesetze und Konstruktionen wie bei symmetrischen Leitungen. Da, wie im vorigen Abschnitt nachgewiesen, $\sphericalangle(N_I P_2 M) = \varphi_{kII} - \varphi_1$ ist, sind die Ortskurven konstanten Leistungsfaktors Kreise, die durch die Punkte M und N_I gehen. Wegen der Beziehung $\sphericalangle(K_{wI} K_{bI} M) = \varphi_{kII}$ ist auch die Konstruktion Abb. 48 unverändert auf den unsymmetrischen Übertragungskreis anwendbar.

Auch für den Wirkungsgrad gelten die gleichen Beziehungen wie beim symmetrischen Übertragungskreis (Abb. 53 und 54): Die Kreise konstanten Wirkungsgrades schneiden den Wirkleistungsgegenkreis k'_{wI}, Abb. 99, senkrecht, der seinerseits den Kreis k_{wI} senkrecht schneidet. Die Scheitelpunkte B_I und B'_I entsprechen denjenigen Belastungen, bei denen der Wirkungsgrad der Übertragung ein absolutes Maximum ist. Der Betrag dieses Maximums ist

$$\eta_{\max} = \frac{\overline{K_{wI} Q_{wI}}}{\overline{K_{wI} B_I}} = \frac{R_{wI}}{\beta_{wI} + \varrho_{wI}}.$$

Für den Radius ϱ_{wI} des Kreises k'_{wI} gilt die der Gleichung (131) analoge Beziehung

$$\varrho^2_{wI} = \vartheta^2_{wI} - \alpha^2_{wI} = \beta^2_{wI} - R^2_{wI}.$$

Aus den Gleichungen (209) ergibt sich mit Vertauschung der Indizes I und II die Beziehung

$$\frac{\beta_{wII}}{\beta_{wI}} = \frac{R_{wII}}{R_{wI}} = \frac{\cos\varphi_{kII}}{\cos\varphi_{kI}}, \qquad \text{somit auch} \qquad \frac{\varrho_{wII}}{\varrho_{wI}} = \frac{\cos\varphi_{kII}}{\cos\varphi_{kI}}.$$

Daraus geht hervor, daß der maximale Wirkungsgrad im Diagramm II die gleiche Größe hat wie im Diagramm I, d. h.: die Größe des maximalen Wirkungsgrades ist auch beim unsymmetrischen Übertragungskreis unabhängig von der Übertragungsrichtung. Sie ist somit gleich dem maximalen Wirkungsgrad des mittleren symmetrischen Übertragungskreises.

Aus der symmetrischen Lage von B_I und B'_I ergibt sich für die Phasenverschiebungen bei Belastung mit maximalem Wirkungsgrad folgendes Gesetz: In jedem der beiden Endpunkte ist die Phasenverschiebung bei Übertragung in der Richtung $\overrightarrow{12}$ entgegengesetzt gleich der Phasenverschiebung, die bei Übertragung in der Richtung $\overrightarrow{21}$ auftritt. Bei dem in Abb. 99 dargestellten Fall ist z. B. im Endpunkt 2 ein Verbraucher mit kapazitiver Komponente (Punkt B_I) oder ein nacheilend belasteter Generator (Punkt B'_I) vorhanden. Der Leistungsfaktor im Endpunkt 2 ist in beiden Fällen gleich groß. Dagegen gilt nun nicht die für den symmetrischen Übertragungskreis (Abschnitt 26c) abgeleitete Beziehung, daß die Phasenverschiebungen in beiden Endpunkten einander entgegengesetzt gleich sind. Denn für diese Phasenverschiebungen gilt die Beziehung

$$\sin\varphi_2 = \frac{\alpha_{wI}}{\vartheta_{wI}}, \qquad \sin\varphi_1 = \frac{\alpha_{wII}}{\vartheta_{wII}}.$$

Aus Gleichung (209) geht durch Vertauschung der Indizes hervor, daß

$$\frac{\alpha_{wI}}{\vartheta_{wI}} : \frac{\alpha_{wII}}{\vartheta_{wII}} = \frac{\sigma' - \sin\delta}{\sigma' + \sin\delta} \cdot \sqrt{\frac{\cos\varphi_{0I}\cos\varphi_{kI}}{\cos\varphi_{0II}\cos\varphi_{kII}}}.$$

Diese Größe ist im allgemeinen nicht gleich der Einheit. Ebenso haben die mit maximalem Wirkungsgrad übertragbaren Leistungen (bei gleicher Spannung am Verbraucher) für die verschiedenen Übertragungsrichtungen verschiedene Größen. Um so bemerkenswerter ist es, daß der maximale Wirkungsgrad bei beiden Übertragungsrichtungen die gleiche Größe hat.

43. Ermittlung der Leistungskomponenten und Ströme bei konstanter Spannung im Gegenpunkt. (E_1 = konst.; vgl. Abschnitt 24.)

Die Koordinatengrößen n_{2wI} und n_{2bI} sind den Komponenten der in Endpunkt 2 angeschlossenen Leitfähigkeit proportional, jedoch nicht den Leistungskomponenten N_{2w} und N_{2b}, da nunmehr die Spannung E_2 mit der Belastung veränderlich ist. Der Leistungsmaßstab des Diagramms wird auf die konstante Spannung E_1 bezogen, d. h. die Koordinaten stellen diejenigen Leistungskomponenten dar, die bei der angeschlossenen Leitfähigkeit $\mathfrak{G}_2$ vorhanden wären, wenn diese an der Spannung E_1 läge. Daher ist auch die dem Kurzschlußpunkt entsprechende Scheinleistung gleich

$$\overline{O_I M} = \frac{E_1^2}{W_{kI}} = N_{kII} \cdot \frac{W_{kII}}{W_{kI}} \text{ [vgl. Gleichung (203)]}.$$

Diese Scheinleistungsgröße ist die Einheit der im Kurzschlußmaß ausgedrückten Leistungskomponenten, die demnach durch die Komponenten der Größen

$$\mathfrak{n}'_{1I} = \mathfrak{n}_{1I}\frac{E_2^2}{E_1^2} \qquad \text{und} \qquad \mathfrak{n}'_{2I} = \mathfrak{n}_{2I}\frac{E_2^2}{E_1^2}$$

gegeben sind [Gleichung (205a)].

Die Diagramme konstanter Wirk- und Blindleistungen werden in gleicher Weise wie in Abschnitt 24 abgeleitet, desgl. die Diagramme für die Differenzen und Summen der Leistungskomponenten. An Stelle der Gleichung (150) tritt nunmehr die analoge Beziehung

$$\frac{E_1^2}{E_2^2} = C_{II}^2 \cdot \overline{MP}^2 = \frac{\overline{MP}^2}{2R_{wI}\cos\varphi_{kII}} \cdot \frac{C_{II}}{C_I} = \frac{\overline{MP}^2}{2R_{bI}\sin\varphi_{kII}} \cdot \frac{C_{II}}{C_I}.$$

Bildet man damit die den Gleichungen (151), (152), (155) und (156) analogen Beziehungen zur Ermittlung von N_{1w}, N_{1b}, V_w und D_b, so ergibt sich: Statt der Größe φ_k ist nunmehr φ_{kII}

einzusetzen, ferner erscheinen die zu bestimmenden Leistungsgrößen noch durchaus mit $\frac{C_{II}}{C_I}$ multipliziert. Daher sind die in den Abb. 55, 59 und 60 angegebenen Konstruktionen entsprechend abzuändern.

Wendet man z. B. die in Abschn. 24a abgeleitete Konstruktion (Abb. 55) auf den unsymmetrischen Übertragungskreis an, so ist

$$\frac{n'_{1Iw}}{\cos\varphi_{kII}} \cdot \frac{C_{II}}{C_I} = \frac{\overline{O_I c_w}}{\overline{O_I M}}.$$

Punkt c_w liegt nunmehr auf der Geraden $\overline{MO_I}$, die gegen die Abszissenachse den Neigungswinkel φ_{kI} hat. Der Endpunkt b_w kann daher nicht durch Projektion auf eine zur Abszissenachse parallele Gerade gefunden werden. Daher ist auch die Konstruktion mittels des Linienzuges $Ma_w b_w$ nicht statthaft. Der Punkt c_w muß auf eine durch O gehende Gerade projiziert werden, die gegen die Abszissenachse die Neigung $\varphi_{kI} - \varphi_{kII} = \delta$ hat. Die so erhaltene Strecke $\overline{O_I b_w}$ müßte noch mit $\frac{C_I}{C_{II}}$ multipliziert werden, um im Leistungsmaß die Leistung N_{1w} zu ergeben. Die gleiche Konstruktionsänderung gilt für Ermittlung der Blindleistung, des Übertragungsverlustes und der Blindleistungsdifferenz. Alle diese Größen lassen sich in gleich einfacher Weise wie beim symmetrischen Übertragungskreis nur aus dem Doppeldiagramm ermitteln (s. Abschnitt 46).

Dagegen gelten die Konstruktionen zur Ermittlung von N_{2w} und N_{2b} (Abschnitt 24b, Abb. 57) unverändert für den unsymmetrischen Übertragungskreis. Daraus ergibt sich: Bezüglich des Belastungswiderstandes bei maximaler Energieübertragung gilt das gleiche Gesetz wie beim symmetrischen Übertragungskreis, wenn man den Kurzschlußwiderstand und den Kurzschlußwinkel auf das Verbraucherende bezieht, also W_{kI} und φ_{kI} einsetzt, wenn der Verbraucher im Endpunkt *2* angeschlossen ist.

In gleicher Weise ergibt sich die Grenzparabel, Abb. 58. Für die bei gegebener Phasenverschiebung φ_2 maximal übertragbare Scheinleistung erhält man analog (154)

$$N_{2(\varphi)} = \frac{E_1^2}{4\,W_{kI} C_{II}^2 \cos^2 \frac{\varphi_{kI} - \varphi_2}{2}},$$

Die Achse der Parabel ist also die Gerade g_{kI}. Der Scheitelabstand ist $\overline{OS} = \frac{E_1^2}{W_{kI}} \cdot \frac{1}{4C_{II}^2} = \frac{E_1^2}{W_{kII}} \cdot \frac{1}{4C_I C_{II}}$ [entsprechend Gleichung (189a)]. Aus Gleichung (208b) geht durch Vertauschung der Indizes hervor, daß $\overline{OS} = \frac{\overline{MN_{II}}}{4}$ ist. Die im Zähler stehende Strecke stellt den Abstand zwischen Kurzschluß- und Leerlaufpunkt im Diagramm *II* dar.

Auch für die Ströme J_1 und J_2 gelten die gleichen Ortskurven wie beim symmetrischen Übertragungskreis (Abschnitt 24f). Die erforderlichen Änderungen der Konstruktionen und Bezeichnungen in Abb. 61 und 62 sind leicht ersichtlich.

44. Lagenbeziehungen des Gesamtdiagramms. Konstruktive Ermittlung aus Leerlauf- und Kurzschlußleistung. — Physikalische Bedeutung des Ungleichheitsfaktors.

In Abb. 99 sind die für alle Kurvenscharen in Betracht kommenden Haupt- und Grundkreise in gleicher Weise wie in Abb. 63 eingetragen. Zwischen Kreisen und Geraden der Leistungsdiagramme bestehen großenteils gleiche Beziehungen wie beim symmetrischen Übertragungskreis. Es treten aber auch Unterschiede auf. So z. B. schneiden die Kreise k_{swI} und k_{sbI} einander nicht auf der Geraden g_d, ihr Schnittpunkt liegt auch nicht auf dem Einheitsspannungskreis k_e: Wenn auch an beiden Enden gleiche Wirkleistungen und gleiche Blindleistungen vorhanden sind, so sind doch die beiden Spannungen der Größe und Phase nach voneinander verschieden. Auch die anderen Beziehungen des Einheitsspannungskreises zu den Kreisen des Leistungsdiagramms (Abschnitt 25d) sind nun nicht mehr vorhanden. Dies beruht wesentlich darauf, daß der Radius R_e nunmehr nicht das geometrische Mittel von $\overline{MO_I}$ und $\overline{MN_I}$ ist. Man beachte insbesondere, daß der Punkt S_{w0I} zum Unterschied vom Diagramm des symmetrischen Übertragungskreises nicht auf dem Einheitsspannungskreis liegt.

Für die konstruktive Ermittlung des Diagramms gilt folgendes: Der unsymmetrische Übertragungskreis wird durch drei Vektorgrößen bestimmt, da die Hauptgleichungen (13) und (15) mit Berücksichtigung von (14) drei unabhängige Vektorkonstanten enthalten. Jede Vektorgröße ist durch zwei skalare Größen (entsprechend Betrag und Richtung des Vektors) bestimmt. Zur Konstruktion des Diagramms müssen demnach sechs Größen bekannt sein. Am besten eignen sich hierzu die Beträge des Kurzschluß- und Leerlaufwiderstandes (oder die dadurch gegebenen Größen der Kurzschluß- und Leerlaufscheinleistung samt den zugehörigen Phasen-

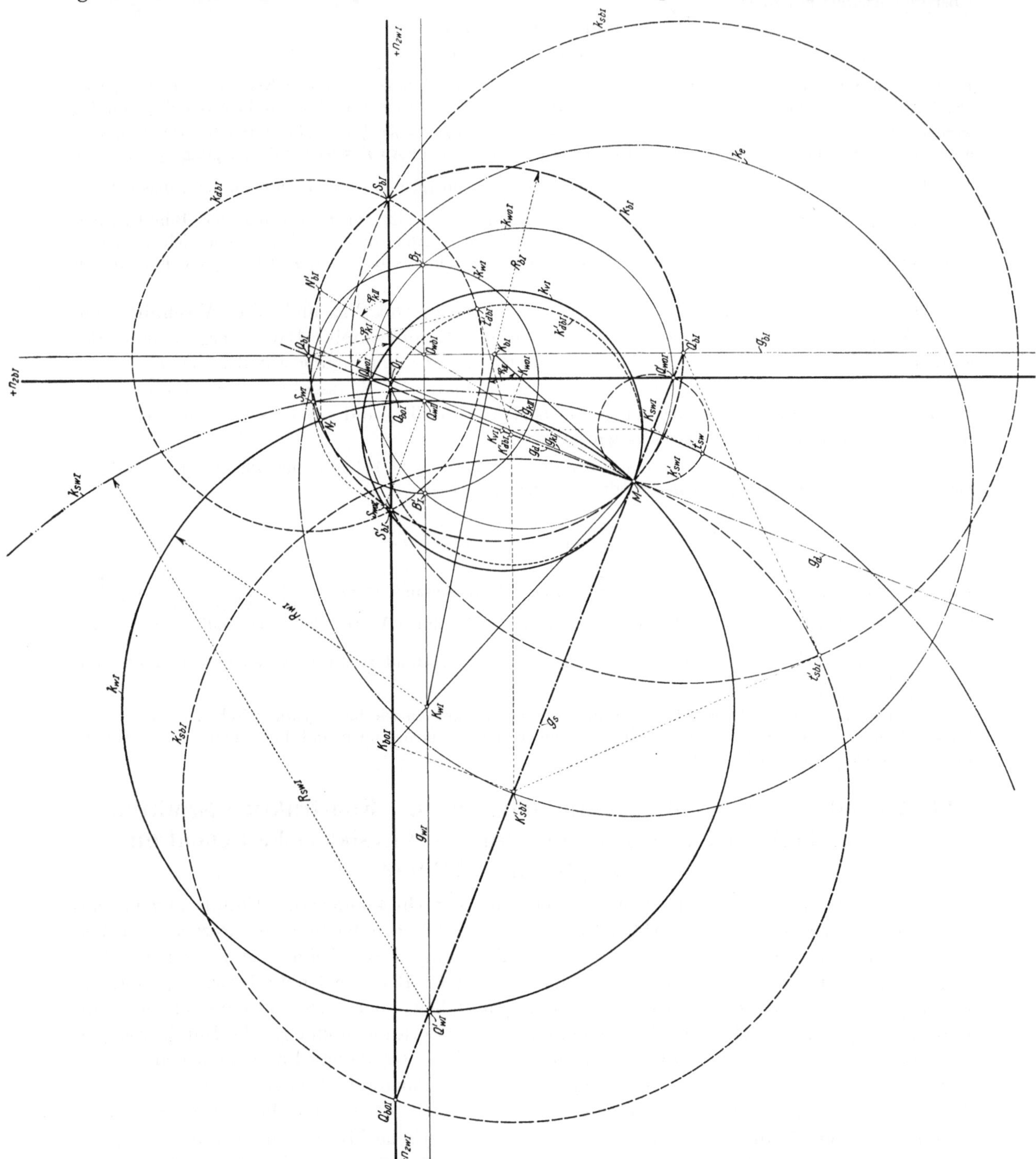

Abb. 99. Feste Diagrammlinien und Lagenbeziehungen des Diagramms I.
Koordinaten wie in Abb. 97.
Bezeichnungen und Bedeutungen der Diagrammlinien entsprechen dem Gesamtdiagramm des symmetrischen Übertragungskreises, Abb. 63.

verschiebungen), und zwar bezogen auf beide Endpunkte. Dadurch sind die Kurzschluß- und Leerlaufpunkte der Diagramme I und II gegeben. Die 8 Koordinaten dieser vier Punkte sind durch zwei Bedingungsgleichungen (188a und b) verknüpft, so daß nur 6 Größen unabhängig sind.

Es kann etwa Kurzschluß- und Leerlaufpunkt im Diagramm I und der Kurzschluß- oder Leerlaufpunkt des Diagramms II gegeben sein. Der noch fehlende Punkt ist durch die Ähnlichkeit der beiden Fundamentaldreiecke (Abschnitt 38) bestimmt. Aus (208b und c) ergibt sich mit Benutzung von (189a) bzw. (202a) der Radius des Einheitsspannungskreises im Diagramm I zu

$$R_e = \sqrt{\overline{MO_I} \cdot \overline{MN_I} \cdot \frac{W_{kI}}{W_{kII}}} = q\sqrt{\overline{MO_I} \cdot \overline{MN_I}}\,. \tag{213}$$

Die Leistungskreise des Diagramms I (somit auch die das Spannungsverhältnisdiagramm vervollständigende Gerade g_d, Abb. 98 und 99) sind durch Kurzschlußpunkt M, Leerlaufpunkt N_I und den Winkel $\delta = \varphi_{kI} - \varphi_{kII}$ bestimmt. Die Mittelpunkte der Hauptkreise liegen auf der Symmetrale von $\overline{MN_I}$. Durch die Beziehungen $\sphericalangle(K_{wI}MN_I) = \varphi_{kII}$, $\sphericalangle(N_IMK_{bI}) = \frac{\pi}{2} - \varphi_{kII}$ sind die Mittelpunkte K_{bI} und K_{wI} bestimmt.

Die genauere Konstruktion der Diagrammteile erfolgt analog Abschnitt 25e, mit Berücksichtigung der durch die Unsymmetrie notwendigen Änderungen. Wenn der Kreis k_{wI} für die Konstruktionsverwendung zu groß ausfällt, die Punkte M und N_I jedoch im Bereich der Zeichnung liegen, so erhält man die notwendigen Teildiagramme, entsprechend den in Abb. 98 angegebenen geometrischen Beziehungen: Da die Winkel φ_{kI} und φ_{kII} bekannt sind, so ist außer der Geraden g_{kI} auch die Gerade g_{kII} gegeben. Somit ist auch Punkt N'_{Ib} bekannt. Die Gerade g_{bI} ist die Symmetrale von $\overline{N_IN'_{Ib}}$. Diese Gerade mit der Symmetrale von $\overline{MN_I}$ zum Schnitt gebracht, ergibt Punkt K_{bI}, somit Kreis k_{bI}, Punkt Q_{bI} und daher die Gerade g_d und Punkt Q_{wI}. Die Punkte B_I und B'_I ergeben sich als Schnitte der Geraden g_{wI} mit dem Kreis k_{w0I} (Mittelpunkt $\overline{K_{w0I}}$ auf $\overline{MK_{bI}}$ und der Ordinatenachse, Abb. 99). Damit ist Kreis k'_{wI} und Punkt S_{wI} bekannt (Diagramm zur Ermittlung des Übertragungsverlustes und Wirkungsgrades, analog Abb. 44 und 54). Die zur Berechnung notwendige Größe R_{wI} wird so ermittelt, wie in Abschnitt 25e für die Größe R_w angegeben ist.

Wenn Punkt M nicht im Bereich der Zeichnung liegt, die Länge der Strecke $\overline{O_IM}$ entsprechend der gegebenen Kurzschlußleistung jedoch bekannt ist, so erfolgt die Konstruktion analog den in Abschnitt 34 gemachten Angaben. Durch die beiden verkleinert zu zeichnenden Fundamentaldreiecke sind die Winkel φ_{eI} und φ_{eII} entsprechend Abb. 96 sowie die Richtung der Geraden g_d bestimmt. Die Richtung $\overrightarrow{N_IN_{Ib}}$ (Abb. 98) ist gegen die positive Abszissenachse unter dem Winkel $\delta = \varphi_{kI} - \varphi_{kII}$ geneigt (und zwar im Sinn einer Nacheilung, wenn $\delta > 0$). Daraus ergibt sich der auf g_{kI} liegende Punkt N_{Ib}. Aus der Beziehung $\sphericalangle(N_{Ib}N'_{Ib}N_I) = \varphi_{eI} + \varphi_{eII}$ ergibt sich Punkt N'_{Ib} und damit die Gerade g_{kII}, die mit der Abszissenachse den $\sphericalangle\varphi_{kII}$ einschließt. (Diese Gerade ist auch durch den auf ihr liegenden Punkt O_{II}, Abb. 96, bestimmt. Die Koordinaten dieses Punktes entsprechen den Leistungen $N_{kIIw} - N_{kIw}$ und $N_{kIIb} - N_{kIb}$, wobei die beiden Kurzschlußleistungen N_{kI} und N_{kII} auf gleiche Spannung zu beziehen sind.)

Punkt Q_{bI} liegt auf der Symmetrale von $\overline{N_IN'_{Ib}}$ und ist bestimmt durch die Beziehung $\sphericalangle(Q_{bI}N_IN'_{Ib}) = \varphi_{eI}$. Mit der bekannten Richtung von g_d ergibt sich Punkt Q_{wI}; auch ist $\sphericalangle(Q_{wI}N_IQ_{bI}) = 90°$. Zur Ermittlung der Punkte S_{wI} und S_{bI} (Abb. 99) sind analog Abschnitt 34 die Größen ϑ_{wI} und ϑ_{bI} zu bestimmen. Hierfür hat man auf Grund von (209) und (210)

$$\vartheta_{wI}^{(\mathrm{kVA})} = \sqrt{\overline{O_IM} \cdot \overline{O_IN_I}}\,\sqrt{\frac{\cos\varphi_{0II}}{\cos\varphi_{kII}}},$$

$$\vartheta_{bI}^{(\mathrm{kVA})} = \sqrt{\overline{O_IM} \cdot \overline{O_IN_I}}\,\sqrt{\frac{\sin\varphi_{0II}}{\sin\varphi_{kII}}}.$$

Da die Länge $\overline{O_IM}$ bzw. die ihr entsprechende Leistung N_{kI} bekannt ist, so können die Größen $\vartheta_{wI}^{(\mathrm{kVA})}$ und $\vartheta_{bI}^{(\mathrm{kVA})}$ entsprechend den obigen Formeln durch Rechnung ermittelt werden. Mit diesen Größen ergeben sich die Punkte S_{wI} und S_{bI} wie im Diagramm des symmetrischen Übertragungskreises (Abschnitt 34). Dagegen kann die Bestimmung des Einheitsspannungskreises hier nicht in gleicher Weise erfolgen. Eine einfache Konstruktion ergibt sich aus dem Doppeldiagramm (Abschnitt 47).

Zur Konstruktion des Leistungsdiagramms ist also außer den Punkten M und N_I nur der Winkel δ notwendig, d. h. die Amplitude des Ungleichheitsfaktors $\mathfrak{q}$ [Gleichung (201)]. Dagegen ist der **Betrag** q dieses Faktors für das Leistungsdiagramm belanglos. Bei gegebenen Leistungskomponenten im Endpunkt *2* sind auch die Leistungskomponenten im Endpunkt *1* bestimmt, und zwar unabhängig von der Größe q. Diese hat nur Einfluß auf die Größen von Strom und Spannung im Endpunkt *1*, nicht aber auf die Größe der Leistungskomponenten. Eine Änderung der Größe q wirkt daher ebenso, als ob im Endpunkt *1* ein von Verlusten und Spannungsabfall freier Transformator dem Übertragungskreis vorgeschaltet wäre. Durch Änderung der Übersetzung dieses ideellen Transformators läßt sich die Größe q beliebig beeinflussen, ohne daß an den Eigenschaften des Übertragungskreises, soweit sie die Leistungen betreffen, etwas geändert wird. Ist daher der Ungleichheitsfaktor $\mathfrak{q}$ reell, d. h. $\delta = 0$, so kann der unsymmetrische Übertragungskreis durch „Reduktion auf das Übersetzungsverhältnis 1:1" ohne weiteres auf den symmetrischen Übertragungskreis zurückgeführt werden. Dieses Verfahren ist bei der Behandlung des Transformators (Abschnitt 35) angewendet. Dagegen liegt eine nicht reduzierbare Unsymmetrie vor, wenn δ von Null verschieden ist. Die beiden, den komplexen Ungleichheitsfaktor bildenden Größen δ und q haben also folgende physikalische Bedeutung: Durch δ wird die Unsymmetrie der Leistungsübertragung bestimmt; die Größe q ist kennzeichnend für das Übersetzungsverhältnis der Ströme und Spannungen in den beiden Endpunkten. Man kann δ als den Unsymmetriewinkel, q als den Umspannfaktor des Übertragungskreises bezeichnen.

III. Das Doppeldiagramm.

45. Vereinigung der beiden Einfachdiagramme.

Mit dem Einfachdiagramm kann die qualitative und quantitative Analyse des Übertragungsvorganges in den meisten Fällen in gleicher Weise durchgeführt werden wie beim symmetrischen Übertragungskreis. Für einige Aufgaben ist es jedoch notwendig, die beiden Einfachdiagramme *I* und *II* in geeigneter Weise zusammenzustellen, um übersichtliche Beziehungen zu erhalten. Es liegt nahe, diese Zusammenstellung derart zu machen, daß beide Diagramme auf die gleichen Koordinatenachsen bezogen werden. Auf diese Weise sind in Abb. 100 die Diagramme *I* und *II*, zusammen mit dem Diagramm des mittleren symmetrischen Übertragungskreises, dargestellt. Die nach rechts gerichtete Abszissenachse entspricht in allen Fällen einer Verbraucherleistung. Mit Rücksicht auf die in Abschnitt 39 getroffenen Festsetzungen sind die nach rechts aufgetragenen, im Kurzschlußmaß ausgedrückten Abszissen in allen drei Fällen positiv, desgl. die nach aufwärts aufgetragenen Ordinaten. Der Leistungsmaßstab ist in allen Diagrammen auf die gleiche Spannung E bezogen, d. h. es ist

$$\overline{OM_I} = \frac{E^2}{W_{kI}}, \qquad \overline{OM_{II}} = \frac{E^2}{W_{kII}}, \qquad \overline{OM} = \frac{E^2}{W_k}.$$

Das mittlere Diagramm ist identisch mit dem in Abb. 83 dargestellten Diagramm einer Freileitung von 1000 km Länge. Der Ungleichheitsfaktor ist mit $\mathfrak{q} = \frac{1}{1{,}1} e^{j(7{,}5^\circ)}$ angenommen. Trotz der verhältnismäßig kleinen Unsymmetrie weisen die beiden Diagramme große Verschiedenheiten in Lage und Größe auf.

Aus dem Einfachdiagramm (Abb. 98) sind folgende Beziehungen nachweisbar:

$$\overline{M_I N'_{Ib}} \parallel \overline{M_{II} N_{IIb}}, \qquad \overline{M_{II} N'_{IIb}} \parallel \overline{M_I N_{Ib}}.$$

Der Einheitsspannungskreis hat in allen drei Diagrammen die gleiche Größe, denn da

$$\overline{OM_I} : \overline{OM_{II}} : \overline{OM} = \frac{1}{W_{kI}} : \frac{1}{W_{kII}} : \frac{1}{W_k} = C_{II} : C_I : C \qquad \text{[s. Gleichung (202 a)]},$$

so ist entsprechend (208c)

$$\overline{OM_I} \cdot \frac{1}{C_{II}} = \overline{OM_{II}} \cdot \frac{1}{C_I} = \overline{OM} \cdot \frac{1}{C} = R_e.$$

Additional material from *Theorie der Wechselstromübertragung*,
ISBN 978-3-642-98618-5 (978-3-642-98618-5_OSFO9),
is available at http://extras.springer.com

Ebenso hat in den drei Diagrammen die Gerade g_d (vgl. Abb. 98) die gleiche Richtung. Ihr Winkel mit der Abszissenachse ist $\varphi_{kI} + \varphi_{cII} = \varphi_{kII} + \varphi_{cI} = \varphi_k + \varphi_c$ [s. Gleichung (202b)]. Die Spannungsverhältnisdiagramme stimmen also der Größe nach überein und sind wegen der verschiedenen Lage der Punkte M_I und M_{II} gegeneinander parallel verschoben.

Dieser Umstand ermöglicht es, beide Einfachdiagramme weit übersichtlicher und beziehungsreicher als in Abb. 100 zusammenzustellen, indem man sie samt ihren Achsen derart parallel gegeneinander verschiebt, daß die Spannungsverhältnisdiagramme zusammenfallen (Abb. 101). Dieser Zusammenstellung entspricht auch die Darstellung der Fundamentaldreiecke in Abb. 96. Zwischen den Mittelpunkten sowie zwischen den Scheitelpunkten der beiderseitigen Leistungshauptkreise ergeben sich einfache Lagenbeziehungen. Entsprechend Abb. 98 ist

$$\sphericalangle(K_{wI} M N_I) = \varphi_{kII}, \qquad \text{analog} \qquad \sphericalangle(K_{wII} M N_{II}) = \varphi_{kI}.$$

Wegen

$$\sphericalangle(N_I M N_{II}) = \varphi_{cI} - \varphi_{cII} = \delta$$

ist

$$\sphericalangle(K_{wI} M N_I) = \varphi_{kII} = \varphi_{kI} - \delta = \sphericalangle(K_{wII} M N_{II}) - \delta = \sphericalangle(K_{wII} M N_I),$$

d. h. die Punkte M, K_{wI} und K_{wII} liegen auf einer Geraden, desgl. die Punkte M, K_{bI} und K_{bII}. Die Scheitelpunkte Q_{wI}, Q_{bI}, Q_{wII} und Q_{bII} liegen auf der gemeinsamen Geraden g_d, die entgegengesetzten Scheitel auf der gemeinsamen Geraden g_s. Die beiden Wirkleistungsdiagramme liegen also ähnlich mit Bezug auf das Zentrum M, ebenso die beiden Blindleistungsdiagramme. Das Ähnlichkeitsverhältnis ist für die Wirkleistungsdiagramme mit Benutzung von (209) und (189a)

$$\xi_w = \frac{\overline{MK_{wI}}}{\overline{MK_{wII}}} = \frac{R_{wI} \cdot \overline{MO_I}}{R_{wII} \cdot \overline{MO_{II}}} = \frac{\overline{MO_I} \cdot \cos\varphi_{kI}}{\overline{MO_{II}} \cdot \cos\varphi_{kII}} = \frac{N_{kIw}}{N_{kIIw}} = \frac{C_{II}}{C_I} \cdot \frac{\cos\varphi_{kI}}{\cos\varphi_{kII}}, \tag{214a}$$

analog für die Blindleistungsdiagramme

$$\xi_b = \frac{\overline{MK_{bI}}}{\overline{MK_{bII}}} = \frac{N_{kIb}}{N_{kIIb}} = \frac{C_{II}}{C_I} \cdot \frac{\sin\varphi_{kI}}{\sin\varphi_{kII}}. \tag{214b}$$

Aus der ähnlichen Lage der beiden Wirkleistungsdiagramme ergibt sich, daß auch die Geraden $\overline{B_I B_{II}}$ und $\overline{B_I' B_{II}'}$ durch M gehen. Ferner ist daraus ohne weiteres die Gleichheit der maximalen Wirkungsgrade für beide Übertragungsrichtungen zu entnehmen (vgl. Abschnitt 42).

Die beiden Teildiagramme sind bei dieser Darstellung durch die gemeinsamen Bindeglieder (Kurzschlußpunkt, Einheitsspannungskreis, Gerade g_d und g_s) zu einem Gesamtkomplex vereinigt. Die Lagenbeziehungen dieses Doppeldiagramms ermöglichen es, die im folgenden besprochenen Aufgaben in gleich einfacher Weise wie im Diagramm des symmetrischen Übertragungskreises zu behandeln. Es sind dies diejenigen Fälle, in denen das Einfachdiagramm versagt oder zu komplizierten, unübersichtlichen Lösungen führt.

46. Ermittlung der Leistungskomponenten bei gegebener Belastungsleitfähigkeit im Endpunkt *2* und konstanter Spannung im Endpunkt *1*.

Die Bezugsspannung E des Leistungsmaßstabes wird der gegebenen Spannung gleichgesetzt; im vorliegenden Fall also $E = E_1$. Die Koordinaten im System I sind den Komponenten der im Punkt *2* vorhandenen Leitfähigkeit proportional. Im Leistungsmaß stellen sie die Komponenten der ideellen Vektorleistung $\mathfrak{N}_2^* = \mathfrak{G}_2 E_1^2$ dar (vgl. Abschnitt 14).

Als Ortskurven des Systems I für konstante Leistungskomponenten N_{1w} und N_{1b} im Endpunkt *1* ergeben sich (laut Abschnitt 43) die gleichen Kurvenscharen wie für den symmetrischen Übertragungskreis (Abb. 55). Gegeben sei der Belastungspunkt P_I im System I (Abb. 102) durch die Leitfähigkeitskomponenten G_{2w} und G_{2b} bzw. durch die Koordinaten $\overline{O_I p_{Iw}} = G_{2w} E_1^2$ und $\overline{O_I p_{Ib}} = G_{2b} E_1^2$. Konstanter Wirkleistung N_{1w} entspricht der durch P_I gehende Kreis, der die Gerade $\overline{MK_{bI}}$ im Punkt M berührt. Für die Leistungsermittlung ist nur der Mittelpunkt Z_{IIw} notwendig (Schnittpunkt der Symmetrale von $\overline{MP_I}$ mit $\overline{K_{wI} M}$). Aus Abschnitt 43 geht durch Anwendung von Abschnitt 24a hervor, daß

$$N_{1w} \cdot \frac{C_{II}}{C_I \cos\varphi_{kII}} = \overline{O_I M} \cdot \frac{\overline{Z_{IIw} K_{wI}}}{\overline{Z_{IIw} M}} = O_I M \cdot \frac{\overline{a_{IIw} b_{IIw}'}}{a_{IIw} M} = \overline{O_I M} \cdot \frac{\overline{O_I c_{IIw}'}}{\overline{O_I M}} = \overline{O_I c_{IIw}'}.$$

Bezeichnet man mit O_{wI} den Schnittpunkt der Geraden g_{wI} mit der Ordinatenachse des Systems I [1]), also

$$\overline{O_I c'_{II w}} = \frac{\overline{O_{wI} b'_{II w}}}{\cos \varphi_{kI}},$$

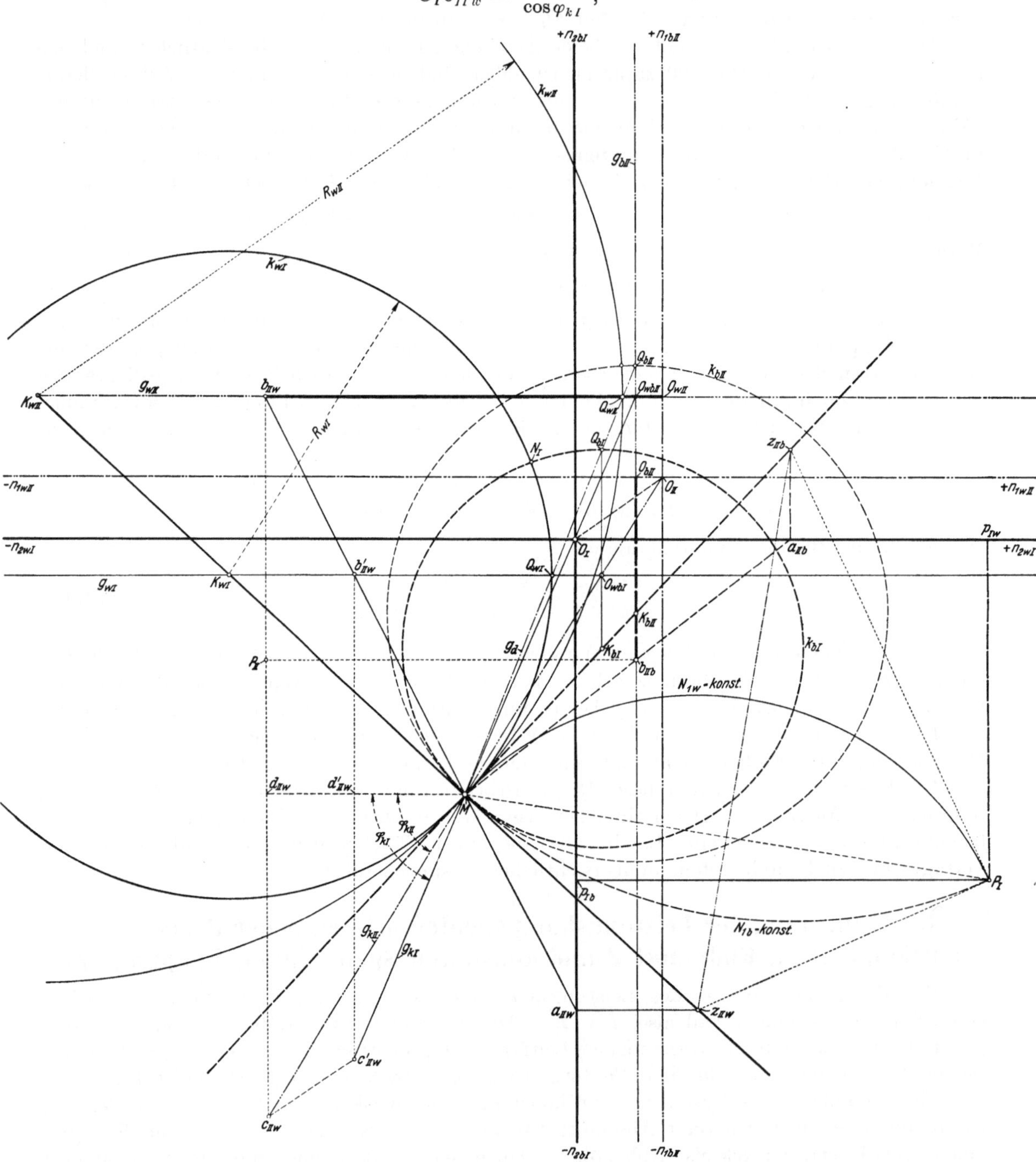

Abb. 102. Ermittlung der Wirkleistung und Blindleistung im Endpunkt *1*, (N_{1w} und N_{1b}), bei konstanter Spannung E_1 im Endpunkt *1* und gegebenen Leitfähigkeitskomponenten (G_{2w}, G_{2b}) im Endpunkt *2* (vgl. Abb. 55). Koordinaten und Hauptkreise wie in Abb. 101.

Leistungsmaßstab: $\overline{O_I M} = \frac{E_1^2}{W_{kI}}$.

Ortskurven: Kreisscharen durch Kurzschlußpunkt M, Mittelpunkte auf $\overline{MK_{wI}K_{wII}}$, bzw. auf $\overline{MK_{bI}K_{bII}}$.

Für Belastungspunkt P_I: Abszisse $\overline{O_I p_{Iw}} = G_{2w} E_1^2$; Ordinate $\overline{O_I p_{Ib}} = G_{2b} E_1^2$.

Leistungskomponenten: $N_{1w} = \overline{O_{wII} b_{IIw}}$; $N_{2b} = \overline{O_{bII} b_{IIb}}$.

[1]) In Abb. 102 wegen Raummangels nicht eingetragen.

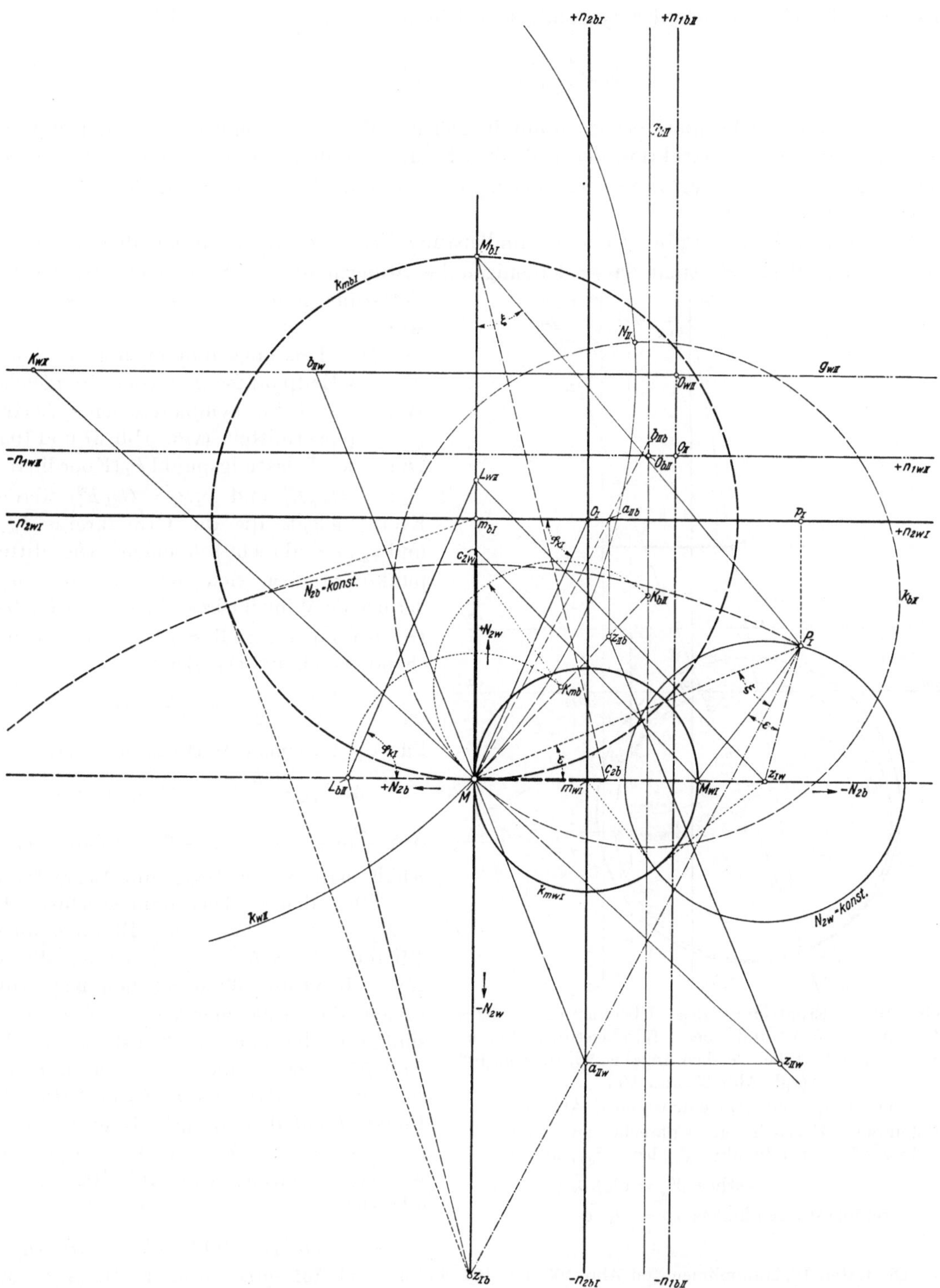

Abb. 103. Ermittlung der Wirkleistung und Blindleistung im Endpunkt *2*, (N_{2w} und N_{2b}), bei gleichen Angaben wie in Abb. 102 (vgl. Abb. 56 und 57).

Ortskurven: Kreisscharen senkrecht zu k_{mwI} (Mittelpunkte Z_{Iw}), bzw. zu k_{mbI} (Mittelpunkte Z_{Ib}).

Maximalleistungen: $N_{2\max} = \overline{ML_{wII}} = \frac{R_{wII}}{2}$; $N_{2b\max} = \overline{ML_{bII}} = \frac{R_{bII}}{2}$ (vgl. Abb. 102).

Leistungskomponenten für Belastungspunkt P_I: $N_{2w} = \overline{Mc_{2w}}$; $N_{2b} = \overline{Mc_{2b}}$.

Konstruktion: $\overline{M_{wI}c_{2w}} \parallel \overline{Z_{Iw}L_{wII}}$; $\overline{M_{bI}c_{2b}} \parallel \overline{Z_{Ib}L_{bII}}$.

so ist mit Berücksichtigung der Ähnlichkeitsbeziehung (214a)

$$N_{1w} = \overline{O_{wI} b'_{IIw}} \cdot \frac{C_I \cos\varphi_{kII}}{C_{II}\cos\varphi_{kI}} = \overline{O_{wI} b'_{IIw}} \cdot \frac{1}{\xi_w} = O_{wII} b_{IIw}\,.$$

Die Ermittlung der Leistung erfolgt somit in gleicher Weise wie beim symmetrischen Übertragungskreis: Die Konstruktion der Abb. 55 ist nunmehr derart auszuführen, daß die Verlängerung von $\overline{aM}$ im Diagramm I mit der dem Diagramm II angehörenden Geraden g_w zum Schnitt zu bringen ist.

In gleicher Weise ergibt sich die Blindleistung $N_{1b} = \overline{O_{bII} b_{IIb}}$ durch den Linienzug $\overline{z_{IIb} a_{IIb} b_{IIb}}$. Punkt P_{II} stellt daher denjenigen Belastungspunkt im System II dar, der dem Belastungspunkt P_I des Systems I entspricht.

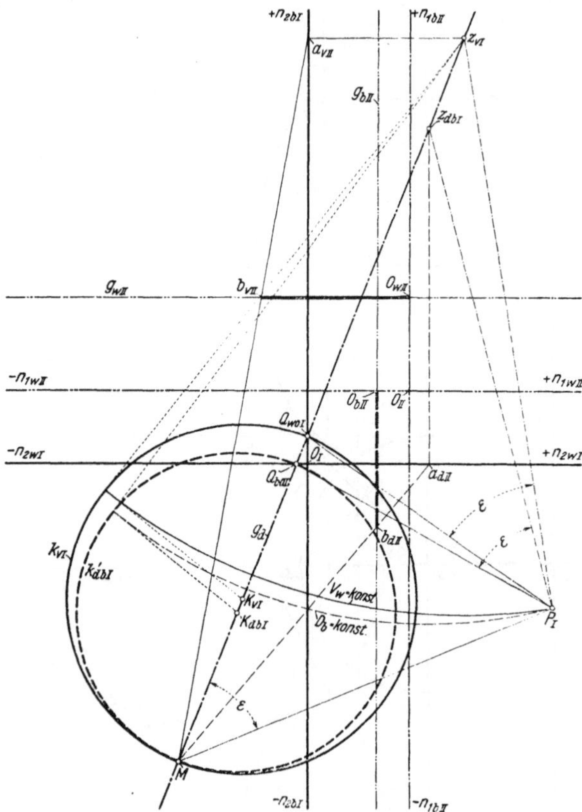

Abb. 104. Ermittlung des Übertragungsverlustes ($V_w = N_{1b} - N_{2b}$) und der Blindleistungsdifferenz ($D_b = N_{1b} - N_{2b}$), bei gleichen Angaben wie in Abb. 102 (vgl. Abb. 59 und 60).

Kreise k_{vI} und k'_{dbI} entsprechend Abb. 99.

Ortskurven: Kreisscharen senkrecht zu Kreis k_{vI} bzw. k'_{dbI}; Mittelpunkte Z_{vI} bzw. Z_{dbI} auf g_d.

Verlust $V_w = \overline{O_{wII} b_{vII}}$;

Blindleistungsdifferenz $D_b = \overline{O_{bII} b_{dII}}$.

Die Leistungskomponenten N_{2w} und N_{2b} des Endpunktes *2* werden in gleicher Weise wie beim symmetrischen Übertragungskreis ermittelt (vgl. Abb. 57 und 103). Durch den Belastungspunkt P_I (Koordinaten $\overline{O_I p_I} = G_{2w} E_1^2$ und $\overline{p_I P_I} = G_{2b} E_1^2$) werden Kreise gelegt, die die Grundkreise k_{mwI} und k_{mbI} senkrecht schneiden. Die Mittelpunkte ergeben sich aus der Gleichheit der beiden Winkel ε bzw. ξ (Anhang II, 2b). Die maximale Blindlast $\overline{ML_{bII}}$ ist (entsprechend Abschnitt 41) gleich

$$\frac{R_{bII}}{2} = \frac{1}{2}\,\overline{MK_{bII}} = \overline{MK_{mb}}\,.$$

Für die maximale Wirklast hat man

$$\overline{ML_{wII}} = \frac{R_{wII}}{2} = \overline{ML_{bII}} \cdot \operatorname{tg}\varphi_{kI}\,.$$

Aus $\overline{Z_{Iw} L_{wII}} \parallel \overline{M_{wI} c_{2w}}$ und $\overline{Z_{Ib} L_{bII}} \parallel \overline{M_{bI} c_{2b}}$ erhält man $N_{2w} = \overrightarrow{Mc_{2w}}$ und $N_{2b} = \overrightarrow{Mc_{2b}}$.

Für den Übertragungsverlust $V_w = N_{1w} - N_{2w}$ und die Blindleistungsdifferenz $D_b = N_{1b} - N_{2b}$ gelten die in den Abb. 59 und 60 gegebenen Konstruktionen, die in gleicher Weise zu erweitern sind wie die analoge Konstruktion der Abb. 55. Die Punkte a liegen auf den Achsen des Systems I (Abb. 104), die Punkte b auf den Hauptkreisdurchmessern des Systems II. Der Beweis ist der gleiche wie bei Ableitung von Abb. 102. Es ergibt sich

$$V_w = \overline{O_{wII} b_{vII}} \quad \text{und} \quad D_b = \overline{O_{bII} b_{dII}}\,.$$

Die festen Diagrammlinien von Abb. 103 und 104 sind aus Abb. 101 entnommen. Die Lage des Belastungspunktes P_I ist in beiden Abbildungen die gleiche. In Abb. 103 ist auch die Ermittlung der Leistungskomponenten im Endpunkt *1* (nach dem gleichen Verfahren wie in Abb. 102) durchgeführt. Der Vergleich ergibt für die Wirkleistung

$$\overline{O_{wII} b_{IIw}} - \overline{Mc_{2w}} \quad \text{(Abb. 103)} \qquad = \overline{O_{wII} b_{vII}} \quad \text{(Abb. 104)}$$

und die analogen Beziehungen für die Blindleistungen.

47. Konstruktion der Belastungsvektoren mittels des Spannungsverhältnisdiagramms.

Der Radius des Einheitsspannungskreises ist im Leistungsmaß zufolge Gleichung (208c) und (189a)

$$R_e = \frac{E^2}{W_{kI} C_{II}} = \frac{E^2}{W_{kII} C_I}.$$

Wegen dieser engen Beziehung zu den Übertragungsgrößen der Systeme I und II ist der Einheitsspannungskreis in das Doppeldiagramm organisch eingereiht. Daher kann in diesem Diagramm auch das Verfahren zur unmittelbaren Konstruktion der Belastungsvektoren in gleicher Weise wie beim symmetrischen Übertragungskreis durchgeführt werden (Abschnitt 21b). Die Koordinaten des Punktes P_{2I} im System I (Abb. 105) sind den Leitfähigkeitskomponenten im Endpunkt *2* proportional; die Koordinaten des Punktes P'_{1II} im System II sind den Leitfähigkeiten im Endpunkt *1* proportional. Zufolge (208c und d) ist

$$\overline{MP_{2I}} = R_e \frac{E_1}{E_2}; \qquad \sphericalangle(P_{2I} M N_m) = \varphi_{e1} - \varphi_{e2}.$$

Da der Kreis k_e in gleicher Weise dem Diagramm II zugeordnet ist, so gilt analog

$$\overline{MP'_{1II}} = R_e \frac{E_2}{E_1}; \qquad \sphericalangle(P'_{1II} M N_m) = \varphi_{e2} - \varphi_{e1}.$$

Wenn die Punkte P_{2I} und P'_{1II} einander zugeordnet sind, d. h. sich auf den gleichen Übertragungsfall beziehen und die zusammengehörigen Belastungsleitfähigkeiten der beiden Endpunkte darstellen, so liegen die Geraden $\overline{MP_{2I}}$ und MP'_{1II} symmetrisch zur Geraden g_d, ferner ist

$$\frac{\overline{MP_{2I}}}{R_e} = \frac{R_e}{\overline{MP'_{1II}}} \qquad \text{und} \qquad \frac{\overline{MP_{2I}}}{\overline{MP'_{1II}}} = \left(\frac{E_1}{E_2}\right)^2.$$

Daraus ergeben sich die gleichen Konstruktionsmethoden wie beim symmetrischen Übertragungskreis (Abb. 38, S. 53): Ist P_{2I} gegeben, so wird P'_{1II} mittels des Punktes M_m durch Übertragung des Winkels ε (oder in gleicher Art mittels des Punktes N_m) gefunden.

Die Konstruktion kann auch mittels der Leerlaufpunkte N_I bzw. N_{II}, analog Abb. 39 durchgeführt werden. Man beweist in gleicher Weise, wie in Abschnitt 21b, daß

$$\sphericalangle(N_I P_{2I} M) = \sphericalangle(P'_{1II} O_{II} M) \qquad \text{und} \qquad \sphericalangle(N_{II} P'_{1II} M) = \sphericalangle(P_{2I} O_I M).$$

Ist die Spannung im Endpunkt *2* konstant ($E_2 = E$), so stellen die Koordinaten des Punktes P_{2I} die Leistungskomponenten im Endpunkt *2* dar. Die Strecke $O_{II}P'_{1II}$ ist proportional der Scheinleitfähigkeit G_1 im Endpunkt *1* und hat im Leistungsmaß die Größe $G_1 E_2^2$. Um daraus die im Endpunkt *1* tatsächlich vorhandene Scheinleistung $N_1 = G_1 E_1^2$ zu finden, ist die Strecke $\overline{O_{II}P'_{1II}}$ im Verhältnis $\left(\frac{E_1}{E_2}\right)^2 = \frac{\overline{MP_{2I}}}{\overline{MP'_{1II}}}$ zu ändern. Dem entspricht die Konstruktion des Punktes P_{1II} mittels des Punktes B_{1II}, wobei $\overline{B_{1II}P_{1II}} \parallel \overline{O_{II}M}$ ist. Die Koordinaten von P_{1II} sind im Leistungsmaß gleich den Leistungskomponenten im Endpunkt *1*.

Ist die Spannung E_1 konstant ($E_1 = E$), so stellen die Koordinaten von P'_{1II} im System II die Leistungskomponenten im Endpunkt *1* dar; die zugehörigen Leistungskomponenten im Endpunkt *2* werden durch die Koordinaten von P'_{2I} dargestellt, wobei $\overline{B'_{2I}P'_{2I}} \parallel \overline{O_I M}$ ist.

Die Anwendung dieser Beziehungen auf die Hauptformen des Übertragungsproblems erfolgt in gleicher Weise wie in Abschnitt 21b.

Sind die Spannungen an den beiden Endpunkten gleich groß, so wird auch beim unsymmetrischen Übertragungskreis die Ermittlung des Belastungszustandes besonders einfach: Die beiden einander zugeordneten Belastungspunkte liegen auf dem Einheitsspannungskreis k_e symmetrisch zur Geraden g_d. Da nur e i n e Endpunktspannung vorhanden ist, werden durch die Koordinaten der beiden Belastungspunkte die Leistungskomponenten in den beiden Endpunkten dargestellt. Einem derartigen Punktpaar D und D' entsprechen aber nunmehr, je nach der Übertragungsrichtung, z w e i verschiedene Belastungsfälle, nämlich

$$(N_{2w} = \overline{a_I D}, \quad N_{1w} = \overline{d_{II} D'}) \qquad \text{und} \qquad (N_{2w} = \overline{a_{II} D}, \quad N_{1w} = \overline{d_I D'}).$$

Man erkennt, daß bei dem hier dargestellten Paar der Wirkungsgrad bei der Übertragungsrichtung $\overrightarrow{1\,2}$ wesentlich größer ist als bei der Übertragungsrichtung $\overrightarrow{2\,1}$.

Ebenso hat das relative Maximum des Wirkungsgrades bei Spannungsgleichheit an den Endpunkten für jede der beiden Übertragungsrichtungen eine andere Größe. Man findet die diesem Maximum entsprechenden Punkte in gleicher Weise wie beim symmetrischen Übertragungskreis (Abschnitt 26c), indem man

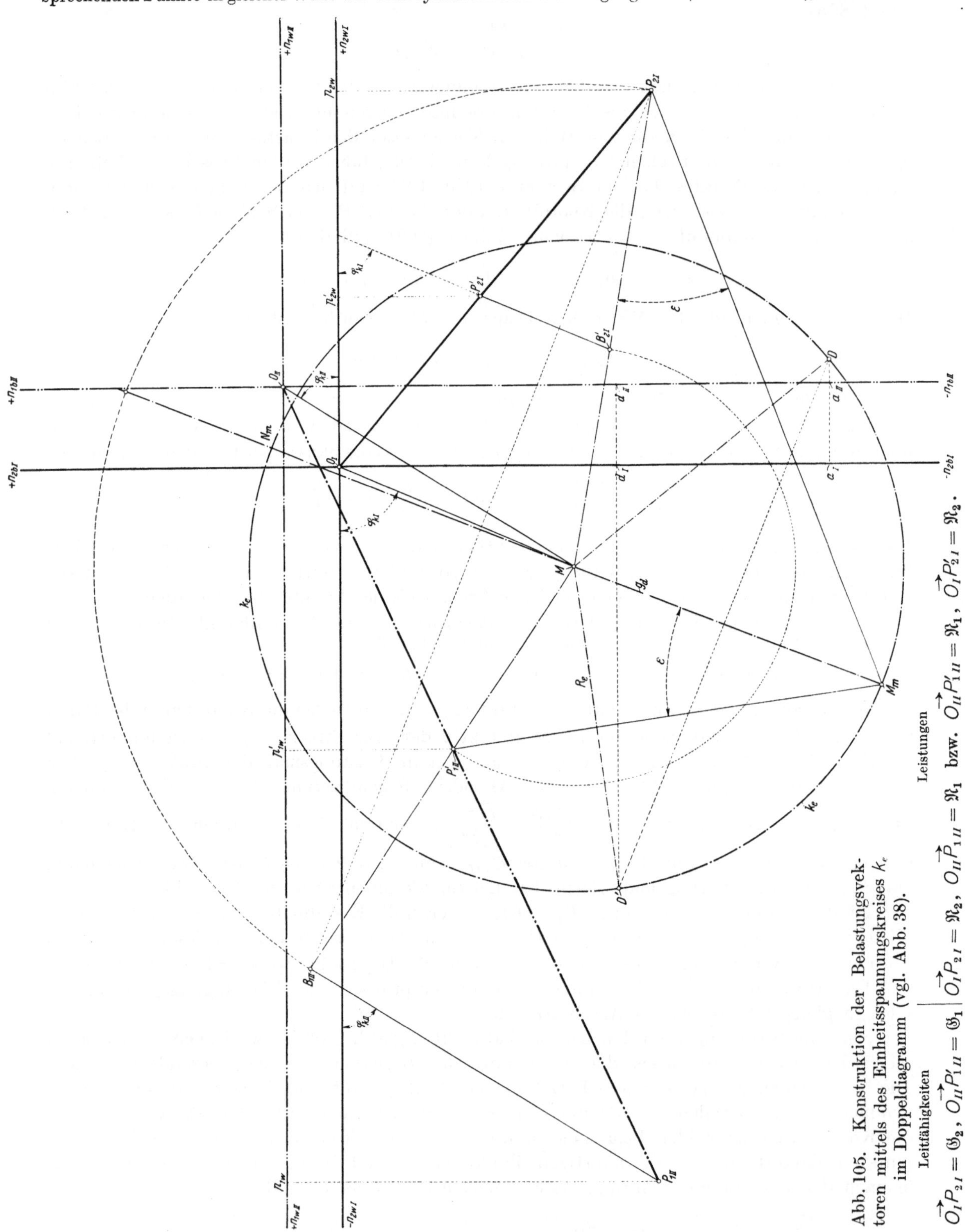

Abb. 105. Konstruktion der Belastungsvektoren mittels des Einheitsspannungskreises k_e im Doppeldiagramm (vgl. Abb. 38).

Leitfähigkeiten	Leistungen
$\overrightarrow{O_I P_{2I}} = \mathfrak{G}_2$, $\overrightarrow{O_{II} P'_{1II}} = \mathfrak{G}_1$	$\overrightarrow{O_I P_{2I}} = \mathfrak{N}_2$, $\overrightarrow{O_{II} P_{1II}} = \mathfrak{N}_1$ bzw. $\overrightarrow{O_{II} P'_{1II}} = \mathfrak{N}_1$, $\overrightarrow{O_I P'_{2I}} = \mathfrak{N}_2$.

Additional material from *Theorie der Wechselstromübertragung*,
ISBN 978-3-642-98618-5 (978-3-642-98618-5_OSFO10)
is available at http://extras.springer.com

durch die Punkte B_I und B_I' bzw. B_{II} und B_{II}' (Abb. 101) Kreise legt, die den Einheitsspannungskreis k_e senkrecht schneiden. Die Mittelpunkte dieser Hilfskreise liegen aber nunmehr nicht auf der Geraden g_d. Daher liegen die von jedem Hilfskreis gebildeten Schnittpunkte unsymmetrisch mit Bezug auf g_d, jedoch wechselseitig symmetrisch zu den vom anderen Hilfskreis gebildeten Schnittpunkten mit dem Kreise k_e.

48. Zugeordnete Punktpaare. — Konstruktive Ermittlung des Einheitsspannungskreises.

Die Gesetze der Zuordnung (s. Abschnitt 25d) ergeben im Doppeldiagramm eine große Anzahl aufschlußreicher Beziehungen.

Jeder der beiden Punkte N_m und M_m ist sich selbst zugeordnet. Diese Punkte entsprechen wie im Diagramm des symmetrischen Übertragungskreises jenen Belastungszuständen, bei denen die Spannungen in beiden Endpunkten gleich groß und gleichphasig bzw. in Gegenphase sind. Aber auch in diesen Fällen sind nunmehr in den beiden Endpunkten verschiedenartige Betriebszustände vorhanden.

Die Komponenten der Leistungen $\mathfrak{N}_2$ und $\mathfrak{N}_1$ werden durch die Koordinaten in den Systemen I und II dargestellt. In Abb. 105 entspricht dem Punkt N_m eine Energieübertragung in der Richtung $\overrightarrow{1\,2}$, da dieser Punkt im Gebiet positiver Abszissen des Systems I und negativer Abszissen des Systems II liegt. Dem Punkte M_m entspricht Energieaufnahme in beiden Endpunkten des Übertragungskreises, wobei jedoch die beiden Endgeneratoren verschieden belastet sind. Gleichartig belastete und mit gleicher Spannung arbeitende Endgeneratoren sind hier nicht möglich, da die beiden Achsensysteme nicht zusammenfallen.

Im Diagramm des symmetrischen Übertragungskreises steht der Einheitsspannungskreis in engen Beziehungen zu den Leistungshauptkreisen (Abschnitt 25d). Die analogen Beziehungen gelten für das Doppeldiagramm des unsymmetrischen Übertragungskreises (Abb. 106). Die Diagrammkreise stimmen mit denen der Abb. 101 überein. Die Leistungshauptkreise des Systems I sind den Koordinatenachsen des Systems II wechselseitig zugeordnet, und umgekehrt. Die Schnittpunkte des Kreises k_e mit den vier Leistungshauptkreisen und den vier Koordinatenachsen bilden somit acht Punktpaare, deren jedes zur Geraden g_d symmetrisch liegt, nämlich $(F_{wI} F_{wII})$, $(H_{wII} H_{wI})$ usw. Jedem Punkt der Geraden g_d ist ein auf derselben Geraden liegender Punkt zugeordnet. Der wechselseitigen Zuordnung der Leistungshauptkreise und Koordinatenachsen entsprechen daher in Abb. 101 die Punktpaare $(Q_{wI} Q_{w0II})$, $(Q_{bI} Q_{b0II})$, $(Q_{wII} Q_{w0I})$ und $(Q_{bII} Q_{b0I})$.

Auch diejenigen Belastungspunkte, in denen der Wirkungsgrad ein absolutes Maximum hat, sind einander wechselseitig zugeordnet, nämlich die Punktpaare $(B_I B_{II}')$ und $(B_{II} B_I')$.

Aus Abb. 106 ist ferner die Zuordnung derjenigen Punkte ersichtlich, die in den beiden Systemen den Fällen maximaler Leistungsübertragung entsprechen. Bei konstanter Spannung im Endpunkt 2 und bei Übertragung in der Richtung $\overrightarrow{2\,1}$ sind dies die Punkte K_{wI} und M_{wII}, ersterer im System I, letzterer im System II (Abschnitt 41a, Abb. 98 und Abschnitt 46, Abb. 103). Diese beiden Punkte entsprechen daher den Gesetzen der Zuordnung (Gleichheit der Winkel ε_w bzw. ξ_w). In gleicher Weise sind einander zugeordnet $(K_{wII} M_{wI})$ sowie die Punktpaare maximaler Blindlastübertragung, nämlich $(K_{bI} M_{bII})$ und $(K_{bII} M_{bI})$.

Aus den Ähnlichkeitsbeziehungen der beiden Systeme I und II folgt: Sowohl bei Übertragung mit maximalem Wirkungsgrad als auch bei Übertragung maximaler Wirklast oder Blindlast ist die Phasenverschiebung der Verbraucherspannung gegen die Generatorspannung unabhängig von der Übertragungsrichtung; dagegen hat das Größenverhältnis dieser Spannungen für jede der beiden Übertragungsrichtungen einen anderen Wert.

Für die Konstruktion des Einheitsspannungskreises aus dem Kurzschlußpunkt und den Leerlaufpunkten sind die für den Leerlauffall geltenden Zuordnungen von Bedeutung. Dem Leerlauf im Endpunkt 2 entspricht im System I der Koordinatenursprung O_I, im System II der Leerlaufpunkt N_{II}. Es sind daher einander zugeordnet die Punktpaare $(O_I N_{II})$ und $(N_{II} O_I)$. Mit $\overline{MO_I} = \overline{Me_I}$ (Abb. 106) ergibt sich $R_e = \overline{Mm_e}$ als Tangente aus M an den über $\overline{e_I N_{II}}$ geschlagenen Kreis.

Fällt der Kurzschlußpunkt außerhalb des Bereichs der Zeichnung, so wird der Kreis k_e bzw. eine ihm entsprechende Parabel aus dem Diagramm des mittleren symmetrischen Übertragungskreises (analog Abschnitt 34) konstruiert. Diesem Diagramm gehört Kreis k_e gleichfalls an. Für die Konstruktion ist der auf k_e liegende Punkt S_{w0} notwendig (vgl. Abb. 107), der aus dem Punkt S_{w0I} des Diagramms I (Abb. 99) und dem analogen Punkt S_{w0II} des Diagramms II gefunden wird. Ist für die Bestimmung des Übertragungsverlustes der Punkt S_{wI} bereits ermittelt (Abschnitt 44), so ist auch S_{w0I} durch die in Abb. 99 angegebene Konstruktion bestimmt; ($\overline{Q_{wI} S_{wI}} = \overline{Q_{wI} S_{w0I}} \perp g_d$). Punkt S_{w0II} ergibt sich aus der Ähnlichkeit der Dreiecke $Q_{w0I} Q_{wI} S_{w0I}$ und $Q_{w0II} Q_{wII} S_{w0II}$. Wegen der Ähnlichkeitsbeziehungen des Doppeldiagramms liegt S_{w0} auf der Strecke $\overline{S_{w0I} S_{w0II}}$ und teilt diese im Verhältnis [vgl. Gleichung (214a)]

$$\frac{\overline{S_{w0I} S_{w0}}}{\overline{S_{w0} S_{w0II}}} = \frac{N_{kI} \cos \varphi_{kI}}{N_k \cos \varphi_k} = \frac{N_{kI} \cos \varphi_{kI}}{\sqrt{N_{kI} N_{kII}} \cdot \cos \frac{\varphi_{kI} + \varphi_{kII}}{2}}.$$

Die Größen des rechts stehenden Ausdruckes sind bekannt. Zähler und Nenner können auch graphisch aus einem verkleinerten Diagramm bestimmt werden, in welchem die Kurzschlußpunkte noch in den Bereich der Zeichnung fallen. Damit kann S_{w0} konstruiert werden. Die weitere Konstruktion erfolgt analog Abschnitt 34, wobei im System I der Leerlaufpunkt N_{II}, im System II der Leerlaufpunkt N_I zu verwenden ist.

D. Die Zusammenschaltung von Übertragungskreisen.

49. Der resultierende Übertragungskreis.

Einfache Übertragungskreise, wie sie z. B. durch homogene Leitungen ohne Zwischenbelastung oder durch Transformatoren dargestellt werden, kommen für die praktische Anwendung der Übertragungslehre verhältnismäßig selten in Betracht. Meist liegt eine durch Zusammenschaltung entstandene Kombination derartiger einfacher Kreise vor. Eine Leitung mit zwei Endtransformatoren stellt eine Reihenschaltung von drei Übertragungskreisen dar. Eine Leitung mit Zwischenbelastungen, die durch konstante Scheinwiderstände ersetzt werden können, stellt gleichfalls eine Reihenschaltung mehrerer Glieder dar, die zum Teil aus den Leitungsabschnitten zwischen zwei Belastungspunkten, zum Teil aus den Belastungsscheinwiderständen selbst gebildet werden. Bei einem Leitungsnetz kommen auch Parallelschaltungen von Übertragungskreisen in Betracht. Den einfachsten Fall dieser Art stellt die Ringleitung dar.

Derartige Zusammenschaltungen sind mit Bezug auf den Übertragungsvorgang grundsätzlich wie der einfache Übertragungskreis zu behandeln. Denn die Hauptgleichungen (13) bis (15) gelten (mit den in Abschn. 5 erwähnten Einschränkungen) auch für den resultierenden Übertragungskreis, der aus beliebigen Zusammenschaltungen entsteht. Der funktionelle Zusammenhang zwischen Strom- und Spannungsvektoren und den Vektorkonstanten der Übertragungsgleichungen ist stets der gleiche, ohne Rücksicht auf die besondere Zusammensetzung des Übertragungskreises, die nur auf die Größe der Konstanten von Einfluß ist.

Die Berechnung zusammengesetzter Kreise besteht also im wesentlichen in der Entwicklung und Ausrechnung der Vektorkonstanten. Hierin sind aber die großen Schwierigkeiten begründet, welche die praktische Anwendung eines zusammenfassenden exakten rechnerischen Verfahrens meist unmöglich machen. Schon die Reihenschaltung einer Leitung mit zwei Endtransformatoren führt bei der Berechnung der resultierenden Übertragungskonstanten zu sehr ausgedehnten Vektorformeln[1]), deren Auswertung äußerst mühsam und zeitraubend ist. Auch die Parallelschaltung zweier langer Leitungen ist namentlich bei Berücksichtigung der verteilten Kapazität und Ableitung rechnerisch schwer zu erfassen[2]). Man muß sich in diesen Fällen teils mit vereinfachenden Vernachlässigungen, teils mit einem schrittweisen Verfahren begnügen, das der Übersichtlichkeit entbehrt und erst im Endergebnis zeigt, ob die bezüglich der Belastung gemachten Annahmen richtig bzw. zweckmäßig waren.

[1]) S. Literaturverzeichnis Nr. 9.
[2]) S. Literaturverzeichnis Nr. 7.

Die exakte und übersichtliche Behandlung des Übertragungsproblems kann aber auch bei komplizierten Reihen- und Parallelschaltungen mittels des graphischen Verfahrens durchgeführt werden. Der aus den Zusammenschaltungen entstehende resultierende Übertragungskreis ist im allgemeinen unsymmetrisch, in vielen Fällen ist er symmetrisch. Das zugehörige Diagramm ist durch Kurzschluß- und Leerlaufleistung des resultierenden Übertragungskreises vollkommen bestimmt und kann dementsprechend aus Kurzschluß- und Leerlaufpunkt ermittelt werden (Abschnitt 25e, 34, 44 und 48). Die besondere Aufgabe besteht also nur darin, Kurzschluß- und Leerlaufleistung des resultierenden Kreises aus den analogen, gegebenen Größen der einzelnen zusammenzuschaltenden Kreise zu ermitteln. Dies kann ohne jede Rechnung auf Grund des vorstehend entwickelten Verfahrens rein konstruktiv erfolgen.

Die meisten praktisch vorkommenden Zusammenschaltungen lassen sich übersichtlich in Reihenschaltung und Parallelschaltung von je zwei Übertragungskreisen auflösen. Diese beiden elementaren Fälle seien im folgenden behandelt. Durch wiederholte Anwendung der verhältnismäßig einfachen Konstruktionen kann das Diagramm komplizierter Schaltungen auf graphischem Weg gefunden werden.

50. Reihenschaltung und Parallelschaltung von Übertragungskreisen.

a) Reihenschaltung.

Gegeben sind zwei Übertragungskreise P und Q durch ihre Kurzschluß- und Leerlaufpunkte. Der Einfachheit halber werde angenommen, daß beide Übertragungskreise symmetrisch seien. (Die für den unsymmetrischen Kreis notwendigen Erweiterungen sind nach Erläuterung des Verfahrens ohne weiteres ersichtlich.) Die beiden Kreise seien in Reihe geschaltet. Es ist der Kurzschluß- und Leerlaufpunkt des resultierenden Übertragungskreises zu bestimmen. Die Endpunkte des Übertragungskreises P seien mit *1* und *2*, die des Kreises Q mit *2* und *3* bezeichnet. Die gesuchten Punkte des resultierenden Diagramms ergeben sich aus Wirk- und Blindkomponenten der Leistung, mit der ein im Endpunkt *1* befindlicher Generator bei konstanter Spannung belastet wird, wenn im Endpunkt *3* Kurzschluß bzw. Leerlauf vorhanden ist. In diesen Fällen erscheint der Übertragungskreis P in seinem Endpunkt *2* durch den Kurzschlußwiderstand bzw. die Leerlaufleitfähigkeit des Kreises Q belastet. Zu ermitteln sind die entsprechenden Leitfähigkeitskomponenten im Endpunkt *1*, die wegen der Konstanz der Spannung den gesuchten Leistungskomponenten proportional sind. Kurzschluß- und Leerlaufpunkt des resultierenden Kreises (bei Speisung im Endpunkt *1*) seien mit M_I und N_I bezeichnet (Abb. 114, S. 186).

Dieser Fall gehört der dritten Hauptform des Übertragungsproblems an (Abschnitt 15). Die gesuchten Punkte werden unmittelbar durch das in Abschnitt 21b gegebene Verfahren gefunden (s. S. 54). Leerlauf- und Kurzschlußpunkte der gegebenen Übertragungskreise seien mit M_p, N_p bzw. M_q, N_q bezeichnet. Der Leistungsmaßstab sei in beiden Diagrammen auf die im Endpunkt *1* vorhandene Spannung E_1 bezogen. Im Diagramm des Übertragungskreises P (Abb. 114, a) ist der Belastungspunkt N_q' mit Bezug auf den Koordinatenursprung O zentrisch-symmetrisch zu N_q einzutragen ($\overrightarrow{ON_q'} = -\overrightarrow{ON_q}$). Die Koordinaten des Punktes N_q' sind proportional den Komponenten der Leitfähigkeit, mit denen der Übertragungskreis Q den Endpunkt *2* des Übertragungskreises P bei Leerlauf im Endpunkt *3* belastet. Punkt N_q' entspricht dem Punkt P_2 der Abb. 38, der zugeordnete Punkt N_I entspricht dem Punkt (P_1) und wird am einfachsten aus der Ähnlichkeit der Dreiecke $M_pN_q'N_{mp}$ und $M_pN_{mp}N_I$ gefunden. (Punkt N_{mp} entspricht dem Punkt N_m der Abb. 38.)

In gleicher Weise ermittelt man den Punkt M_I mittels eines Belastungspunktes M_q', der zentrisch-symmetrisch zu M_q liegt. Bei dem in Abb. 114 dargestellten Fall ist angenommen, daß M_q bzw. M_q' außerhalb des Bereichs der Zeichnung liegt. Dieser Fall tritt z. B. ein, wenn P eine lange Leitung, Q einen Transformator darstellt, der an diese Leitung geschaltet ist. Die Kurzschlußleistung des Transformators ist, bezogen auf die normale Betriebsspannung, etwa das 10—12fache der normalen Leistung. In diesem Fall wird Punkt M_I wie folgt gefunden: Das Dreieck Om_pm_q' ist das proportional verkleinerte Abbild des Dreiecks OM_pM_q', das wegen der großen Entfernung des Punktes M'_q nicht darstellbar ist. Das Verkleinerungsverhältnis sei $1:c$. Man macht $\overline{M_p m''_q}$ parallel und gleich $\overline{m_p m'_q}$. Daher weist die Richtung $\overrightarrow{M_p m''_q}$ nach dem nicht darstellbaren Punkt M'_q hin. Dem Punkt m''_q ist der Punkt m_I zugeordnet ($\Delta M_p m''_q N_{mp} \backsim \Delta M_p N_{mp} m_I$). Da M'_q auf der Geraden $\overline{M_p m''_q}$ liegt, so liegt der gesuchte Punkt M_I auf der Geraden $\overline{M_p m_I}$. Da ferner für zwei beliebige einander zugeordnete Punkte des Diagramms P das Produkt der Abstände von M_p konstant ist, so hat man wegen $\overline{M_p m''_q} = \frac{1}{c} \overline{M_p M'_q}$, auch $\overline{M_p M_I} = \frac{1}{c} \cdot \overline{M_p m_I}$.

Im vorliegenden Fall ist $c = 10$ angenommen, d. h. der Übertragungskreis Q würde die sehr große Kurzschlußleistung $10 \cdot \overline{O m'_q}$ haben. Bei Kurzschluß im Endpunkt *3* erscheint der Übertragungskreis P in seinem Endpunkt *2* mit einem sehr kleinen Widerstand belastet. Der Belastungsfall unterscheidet sich daher nicht viel vom vollkommenen Kurzschluß im Endpunkt *2*. Daher liegt Punkt M_I in der Nähe von M_p.

Da der resultierende Übertragungskreis im allgemeinen unsymmetrisch ist, so ist sein Diagramm durch die Punkte M_I und N_I noch nicht ausreichend bestimmt. Diese Punkte bilden zusammen mit dem Koordinatenursprung das eine der Fundamentaldreiecke des resultierenden Diagramms (vgl. Abschnitt 38 und Abb. 100). Das andere Dreieck wird gefunden, indem die Konstruktion in umgekehrter Reihenfolge wiederholt wird, d. h. es werden die zentrisch-symmetrisch zu M_p und N_p liegenden Punkte als Belastungspunkte im Diagramm des Übertragungskreises Q betrachtet. Ihnen zugeordnet sind die gesuchten Punkte M_{II} und N_{II}. Wegen der Ähnlichkeit der beiden Fundamentaldreiecke genügt es, nur einen dieser beiden Punkte zu ermitteln.

Ist dem Übertragungskreis P ein dem Kreise Q gleichartiger Kreis auch im Endpunkt *1* vorgeschaltet (Reihenschaltung $Q + P + Q$), so genügt es, die Punkte N_I und M_I zu ermitteln. Die zentrisch-symmetrisch zu ihnen liegenden Punkte werden als Belastungspunkte im Diagramm des vorgeschalteten Übertragungskreises Q betrachtet. Die ihnen zugeordneten Punkte M und N bestimmen als Kurzschluß- und Leerlaufpunkt das Diagramm des resultierenden Übertragungskreises, der in diesem Fall symmetrisch ist. Eine derartige Reihenschaltung wird durch eine Übertragungsleitung mit zwei gleichartigen Endtransformatoren gebildet (s. Abschnitt 54).

Sind die beiden Übertragungskreise unsymmetrisch, so ist die Ermittlung der zugeordneten Punkte in jedem Fall mittels des Doppeldiagramms (Abb. 105, Abschnitt 47) vorzunehmen. Jedem der beiden Übertragungskreise entsprechen zwei einfache Diagramme *I* und *II*, die je nach Art der Zusammenschaltung wechselseitig aufeinander zu beziehen sind. Für den Übertragungskreis P sei Endpunkt *2* der Koordinatenbezugspunkt des Diagramms *I*, Endpunkt *1* der Koordinatenbezugspunkt des Diagramms *II*. In analoger Weise sei beim Übertragungskreis Q der Endpunkt *3* dem Diagramm *I*, Endpunkt *2* dem Diagramm *II* als Koordinatenbezugspunkt zugeordnet. Bei einer Konstruktion entsprechend Abb. 114 gehören die Punkte M_p und N_p dem Diagramm *I* des Übertragungskreises P an. Die Scheinleistungen $\overline{OM_q}$ und $\overline{ON_q}$ sind dem Diagramm *II* des Übertragungskreises Q zu entnehmen. Bei umgekehrter Reihenfolge der Konstruktion zur Ermittlung der Punkte M_{II} und N_{II} sind die Bezeichnungen *I* und *II* zu vertauschen.

b) Parallelschaltung.

Die beiden Übertragungskreise P und Q seien in ihren gemeinsamen Endpunkten *1* und *2* durch Sammelschienensysteme parallel geschaltet. Der Einfachheit halber sei zunächst wieder angenommen, daß P und Q symmetrisch sind. In diesem Fall muß auch der resultierende Übertragungskreis symmetrisch sein (zum Unterschied von der Reihenschaltung).

Dem Kurzschlußpunkt des resultierenden Diagramms entspricht die an einem der beiden Sammelschienensysteme aufgenommene Vektorleistung bei Kurzschluß des andern Systems. Durch den Kurzschluß der Sammelschienen ist auch jeder der einzelnen Übertragungskreise P und Q kurzgeschlossen. Ist der Kurzschluß etwa im Endpunkt *2* vorhanden, so nimmt im Endpunkt *1* sowohl P als Q seinen zugehörigen Kurzschlußstrom auf. Der dem Sammelschienensystem *1* zuzuführende Kurzschlußstrom ist daher gleich der Vektorsumme der beiden einzelnen Kurzschlußströme, d. h. der Kurzschlußvektor $\overrightarrow{OM}$ des resultierenden Diagramms ergibt sich durch Vektorsummierung (Aneinanderreihung) der analogen Vektoren $\overrightarrow{OM_p}$ und $\overrightarrow{OM_q}$ der Einzeldiagramme.

Das gleiche Verfahren kann jedoch auf den resultierenden Leerlaufvektor $\overrightarrow{ON}$ nicht angewendet werden. Denn wenn auch etwa das Sammelschienensystem *2* unbelastet ist, so müssen die beiden Übertragungskreise, jeder für sich betrachtet, im Endpunkt *2* nicht unbelastet sein. „Leerlauf im Endpunkt *2*" besagt nur, daß die vom Übertragungskreis P im Endpunkt *2* abgegebene Wirk- und Blindleistung durch den Übertragungskreis Q wieder aufgenommen wird (und umgekehrt), daß also lediglich eine Übertragung zwischen den beiden Kreisen über das sie verbindende Sammelschienensystem *2* stattfindet, ohne daß an diesem, nach außen hin, Strom abgegeben wird. Nur wenn die beiden Kreise hinsichtlich ihrer Übertragungseigenschaften vollkommen gleichartig sind, kann diese innere Übertragung nicht stattfinden. In diesem Fall ist jeder der beiden Kreise leerlaufend, wenn das gemeinsame Sammelschienensystem unbelastet ist. In jedem andern Fall aber findet über die unbelastete Sammelschiene eine innere Übertragung statt, deren Größe und Richtung durch die Verschiedenheit der beiden einzelnen Kreise bestimmt wird und zunächst noch nicht bekannt ist.

Eine sehr einfache Ermittlung des resultierenden Leerlaufvektors ergibt sich in folgender Weise: Nimmt man an, daß die beiden Endspannungen $\mathfrak{E}_1$ und $\mathfrak{E}_2$ in Größe und Phase gleich seien, so entspricht der zugehörige Belastungspunkt in jedem der beiden Einzeldiagramme dem Punkt N_m der Abb. 37 (Abschnitt 21a). Der analoge Punkt des resultierenden Diagramms ergibt sich durch Summierung der zugehörigen Einzelvektoren $\overrightarrow{ON_m}$.

In gleicher Weise werden die Punkte M und N_m bei Parallelschaltung einer beliebigen Anzahl von Übertragungskreisen P, Q, R usw. durch die folgenden Vektoradditionen gefunden:

$$\overrightarrow{OM} = \overrightarrow{OM_p} + \overrightarrow{OM_q} + \overrightarrow{OM_r} + \cdots \qquad \text{und} \qquad \overrightarrow{ON_m} = \overrightarrow{ON_{mp}} + \overrightarrow{ON_{mq}} + \overrightarrow{ON_{mr}} + \cdots$$

Aus den Punkten M und N_m ergibt sich der Punkt N entsprechend der Ähnlichkeit der Dreiecke MON_m und MN_mN.

Sind die parallel geschalteten Übertragungskreise unsymmetrisch, so ist das angegebene Verfahren in sämtlichen Diagrammen *I* bzw. sämtlichen Diagrammen *II* vorzunehmen. Für das resultierende Doppeldiagramm (vgl. Abb. 101 und 105) erhält man aus den Doppeldiagrammen der einzelnen Übertragungskreise

$$\overrightarrow{MO_I} = \overrightarrow{M_pO_{Ip}} + \overrightarrow{M_qO_{Iq}} + \cdots; \qquad \overrightarrow{MO_{II}} = \overrightarrow{M_pO_{IIp}} + \overrightarrow{M_qO_{IIq}} + \cdots; \qquad \overrightarrow{O_IN_m} = \overrightarrow{O_{Ip}N_{mp}} + \overrightarrow{O_{Iq}N_{mq}} + \cdots.$$

Daraus ergeben sich die resultierenden Leerlaufpunkte N_I und N_{II} entsprechend der Ähnlichkeit der Dreiecke MO_IN_m und MN_mN_{II} bzw. $MO_{II}N_m$ und NN_mN_I (Abschnitt 48).

Aus dem resultierenden Diagramm sind die für den Übertragungsvorgang wichtigen Größen unmittelbar zu entnehmen, z. B. der gesamte Übertragungsverlust, die Phasenschieberleistung zur Herstellung einer bestimmten Spannungsregelung usw., und zwar ohne Rücksicht auf die Vorgänge in den einzelnen parallel geschalteten Übertragungskreisen; aber auch die Aufteilung der Belastung auf die einzelnen Kreise kann in einfacher Weise ermittelt werden. Hierfür wird das Spannungsverhältnisdiagramm (Abschnitt 21a und 40) benutzt. Aus der Gesamtbelastung ergibt sich im resultierenden Diagramm das Größenverhältnis und die gegenseitige Phasenverschiebung der beiden Endspannungen. Diese Größen gelten auch für den einzelnen parallel geschalteten Übertragungskreis. Aus ihnen wird entsprechend den Beziehungen (122) bzw. (208c und d) die Lage des Belastungspunktes in jedem der Einzeldiagramme und dadurch die Belastung jedes einzelnen Übertragungskreises ermittelt. Für einen der parallel geschalteten Kreise kann die Belastung durch Differenzbildung gefunden werden, da die Summe der Einzelbelastungen gleich der Gesamtbelastung sein muß.

E. Beispiele für praktische Anwendung.

51. Die Ermittlung des Diagramms der homogenen Leitung.

Das Verfahren zur Diagrammermittlung hängt wesentlich davon ab, ob der Kurzschlußpunkt bei hinlänglich deutlicher Darstellung der wirtschaftlich übertragbaren Leistungsgrößen noch im Bereich der Zeichnung liegt und daher für die konstruktive Verwendung verfügbar ist. Dies ist bei 50 Perioden der Fall, wenn die Länge der Freileitung größer als etwa 350 km, die Länge des Kabels größer als etwa 100 km ist. Bei kürzeren Leitungen muß die Ermittlung ohne den Kurzschlußpunkt durchgeführt werden. Zur Erläuterung beider Verfahren seien im folgenden die Diagramme für 1000 km und 100 km Freileitungslänge ermittelt:

a) Das Diagramm einer Freileitung von 1000 km Länge.

1. Rein konstruktive Ermittlung. Gegeben sei eine Drehstrom-Doppelleitung für 220 kV verkettete Spannung. Die Leitung besteht aus 2×3 Stahl-Aluminium-Seilen, deren Leitfähigkeit einem Kupferquerschnitt von je 240 mm² äquivalent ist, und einem Erdseil von 70 mm Querschnitt. Die Leitung ist dreifach verdrillt, so daß sie als vollkommen phasensymmetrisch betrachtet werden kann. Der mittlere Phasenabstand beträgt 5,5 m. Der Ableitungsverlust ist auf jeder Hälfte der Doppelleitung 3 kW/km, bei einer Spannung von 220 kV. Auch die weiteren Rechnungen beziehen sich auf je eine Hälfte der Doppelleitung.

Aus den in Anhang III gegebenen Tabellen und Formeln ermitteln sich die kilometrischen Einheitskonstanten (Abschnitt 12a) für eine Frequenz von 50 Per/sek:

Ohmscher Widerstand . . . . $w = 0{,}0752\ \Omega/\text{km}$,

Induktiver Widerstand . . . . $s = L\omega = 0{,}402\ \Omega/\text{km}$,

Kapazitive Leitfähigkeit . . . . . . $\varkappa = C\omega = 2{,}955 \cdot 10^{-6} \frac{1}{\Omega}/\text{km}$,

Ableitung $g = \frac{3}{220^2 \cdot 10^3}$ . . . . . . $= 0{,}062 \cdot 10^{-6} \frac{1}{\Omega}/\text{km}$.

Dämpfungs- und Wellenlängenfaktor sowie die Wellenleistung werden durch die in Abb. 33 dargestellte Konstruktion ermittelt.

Mit den auf S. 39 angegebenen Konstanten haben die Strecken dieser Abbildung folgende Größen:

$$\overline{OK'} = 10^8 \cdot g = 6{,}2\,\text{mm}; \qquad \overline{K'K} = 10^8 \cdot \varkappa = 295{,}5\,\text{mm};$$

$$\overline{OR'} = 400\,w = 30{,}1\,\text{mm}; \qquad \overline{R'R} = 400\,s = 160{,}8\,\text{mm}.$$

Die Gerade g_u ist die Symmetrale des $\sphericalangle(KOR)$. Das geometrische Mittel von $\overline{OR}$ und $\overline{OK}$ ist $\overline{OF'} = \overline{OD}$. Es ergibt sich

$$\overline{OD'} = 22{,}6\,\text{mm}, \qquad \overline{D'D} = 218{,}8\,\text{mm}.$$

Somit hat man für den Dämpfungsfaktor

$$2a = \overline{OD'} \cdot 10^{-5} = 22{,}6 \cdot 10^{-5},$$

für den Wellenlängenfaktor

$$2b = \overline{D'D} \cdot 10^{-5} = 218{,}8 \cdot 10^{-5}.$$

Mit $\overline{OG} = 200$ mm ergibt sich $\overline{OW} = 268{,}7$ mm; daraus mit $E = 220$ kV die Wellenleistung $N_z = \frac{E^2}{Z} = 268{,}7 \cdot \left(\frac{220}{10}\right)^2 = 130\,100$ kVA.

Mit $x = 1000$ km erhält man:

$$2ax = 0{,}226\,, \qquad 2bx = 2{,}188\,, \text{ bzw. im Gradmaß } 2bx = 2{,}188\left(\frac{180}{\pi}\right)^\circ = 125^\circ\, 22{,}2'\,.$$

Aus Tabellen für Hyperbel- und Kreisfunktionen[1]) findet man $\mathfrak{Sin}(2ax) = 0{,}2281$, $\cos(2bx) = -0{,}57885$. In Abb. 30, S. 37, macht man den Radius des Kreises gleich 100 mm, ferner $\overline{mm'} = 22{,}8$ mm aufwärts aufgetragen, $\overline{nn'} = -57{,}9$ mm abwärts aufgetragen. Da $\cos(2bx)$ negativ ist, liegt nunmehr Punkt s' links, Punkt g' rechts. Mittels der angegebenen Konstruktion findet man den Winkel φ_t; ferner ist $\overline{s's} = 359{,}1$ mm; daher

$$T^2 = 3{,}59\,, \qquad T = 1{,}895\,.$$

Die Größe T wird rechnerisch oder in der angegebenen Weise graphisch ermittelt.

Der nach Abb. 30 ermittelte Winkel φ_t wird von der laut Abb. 33 ermittelten Geraden g_u nach beiden Seiten hin abgetragen (Abb. 31). Daraus ergeben sich die Richtungen der Geraden $\overline{OM}$ und $\overline{ON}$ (Abb. 63, Tfl. III, S. 90, und Abb. 83, S. 122). Für die zugehörigen Leistungsgrößen hat man $N_0 = N_z \cdot T = 130100 \cdot 1{,}895 = 246540$ kVA, $N_k = N_z \cdot \frac{1}{T} = 68660$ kVA. In Abb. 63 und 83 ist der Leistungsmaßstab zu 1 mm = 5000 kVA, bezogen auf 220 kV, angenommen; daher $\overline{OM} = \frac{68660}{5000} = 13{,}7$ mm, $\overline{ON} = \frac{246540}{5000} = 49{,}3$ mm. (Für praktische Verwendung wäre 1 mm = 1000 kVA zu setzen.)

Mittels der so gefundenen Punkte M und N werden sämtliche für die Verwendung notwendigen Diagrammteile (s. Abschnitt 52) nach den ausführlichen Angaben des Abschnittes 25e konstruiert.

2. Rechnerische Ermittlung des Diagramms. Die rein konstruktive Ermittlung ist besonders für sehr lange Leitungen (von 500 km aufwärts) gut geeignet. Bei kürzeren Leitungen muß sehr sorgfältig gezeichnet werden, wenn große Genauigkeit gefordert wird. In diesem Falle empfiehlt es sich, die Konstruktion der festen Diagrammlinien durch Rechnung zu kontrollieren. Es wird daher im folgenden auch die rechnerische Ermittlung erläutert. Mit Hilfe der Rechnung kann das Diagramm für alle Leitungslängen mit größter Sicherheit entworfen werden. Es sei jedoch hervorgehoben, daß mittels des einmal entworfenen Diagramms sämtliche Betriebsfälle vollkommen genau durch Konstruktion ermittelt werden können. Die folgenden Berechnungen beziehen sich nur auf die festen Diagrammlinien und -punkte. Die Ausdrücke sind so zusammengestellt, wie es der praktische Gang der Berechnung erfordert.

Die kilometrischen Konstanten w, s, g und $\varkappa$ haben die auf S. 164 angegebenen Werte Die folgenden Gleichungsnummern beziehen sich auf die verwendeten Textgleichungen.

$$\left.\begin{aligned} r^2 &= w^2 + s^2 = 1671{,}05 \cdot 10^{-4}; \quad & k^2 &= g^2 + \varkappa^2 = 8{,}734 \cdot 10^{-12}; \\ r &= 40{,}88 \cdot 10^{-2}; & k &= 2{,}9557 \cdot 10^{-6}; \quad rk = 1{,}2085 \cdot 10^{-6}\,. \end{aligned}\right\} \text{ s. Gleichung (48)}$$

$$Z = \sqrt{\frac{r}{k}} = 372\,\Omega \text{ (Wellenwiderstand)}\,. \qquad \text{,, ,, (49)}$$

$$\left.\begin{aligned} c &= s\varkappa - wg = 118{,}384 \cdot 10^{-8}\,, \quad & h &= s\varkappa + wg = 119{,}316 \cdot 10^{-8}\,, \\ p &= w\varkappa - sg = 19{,}728 \cdot 10^{-8}\,, & q &= w\varkappa + sg = 24{,}712 \cdot 10^{-8}\,, \end{aligned}\right\} \text{,, ,, (56)}$$

$$u = \frac{p}{rk + h} = 0{,}08217\,. \qquad \text{,, ,, (63)}$$

$$\sin(2\varphi_u) = \frac{p}{rk} = 0{,}16315\,, \qquad \cos(2\varphi_u) = \frac{h}{rk} = 0{,}9876\,. \qquad \text{,, ,, (64)}$$

$$2b^2 = rk + c = 239{,}234 \cdot 10^{-8}\,, \qquad b = 10{,}94 \cdot 10^{-4}\,, \qquad \text{,, ,, (57)}$$

$$a = \frac{q}{2b} = 1{,}131 \cdot 10^{-4}\,. \qquad \text{,, ,, (57')}$$

[1]) Z. B. im Taschenbuch „Hütte“, I. Bd., 1. Abschnitt.

Die bisher berechneten Größen sind lediglich Funktionen der kilometrischen Einheitskonstanten. Nunmehr wird die Leitungslänge $x = 1000$ km in die Rechnung eingeführt.

$$2ax = 0{,}2262\,, \qquad 2bx = 2{,}188\left(\frac{180}{\pi}\right)^\circ = 125^\circ\,22{,}2'\,,$$

$$\mathfrak{Sin}(2ax) = 0{,}2281\,, \qquad \mathfrak{Cos}(2ax) = 1{,}0257\,,$$

$$\sin(2bx) = 0{,}81543\,, \qquad \cos(2bx) = -0{,}57885\,,$$

$$\left.\begin{aligned} 2C^2 &= \mathfrak{Cos}(2ax) + \cos(2bx) = 0{,}4468; \quad C^2 = 0{,}2234; \quad \frac{1}{C} = 0{,}2116\,, \\ 2S^2 &= \mathfrak{Cos}(2ax) - \cos(2bx) = 1{,}6046; \end{aligned}\right\} \text{s. Gleichung (58)}$$

$$T^2 = \frac{S^2}{C^2} = 3{,}591; \qquad T = 1{,}895\,, \qquad \text{,, ,, (60)}$$

$$t = \frac{\sin(2bx)}{\mathfrak{Sin}(2ax)} = 3{,}58\,, \qquad \text{,, ,, (61)}$$

$$t + u = 3{,}66217\,, \qquad t - u = 3{,}49783\,, \qquad 1 + tu = 1{,}2942\,, \qquad 1 - tu = 0{,}7058\,,$$

$$\left.\begin{aligned} \operatorname{tg}\varphi_k &= \frac{t-u}{1+tu} = 2{,}702; \qquad 1 + \operatorname{tg}^2\varphi_k = 8{,}3\,, \\ \cos\varphi_k &= \sqrt{\frac{1}{8{,}3}} = 0{,}3469; \qquad \sin\varphi_k = \cos\varphi_k \operatorname{tg}\varphi_k = 0{,}9376\,, \end{aligned}\right\} \text{s. Gleichung (63')}$$

$$\sigma = \sin(2\varphi_u)\cdot T^2 = 0{,}5856; \qquad \tau = \cos(2\varphi_u)\cdot T^2 = 3{,}547\,. \qquad \text{,, ,, (36)}$$

Berechnung der Diagrammstrecken:

Für $E = 220$ kV ist die Kurzschlußleistung $N_k = \frac{E^2\cdot 10^3}{ZT} = 68660$ kVA; daher $\overline{OM} = 13{,}7$ mm (Abb. 63 und 83).

Die folgenden Größen sind im Kurzschlußmaß angegeben, d. h. ihre Einheit ist die Kurzschlußleistung N_k. Um sie als Leistungsgrößen zu erhalten, sind sie daher mit N_k zu multiplizieren.

Mittelpunktskoordinaten und Radien der Kreise k_w und k_b (vgl. auch Abb. 108):

$$\alpha_w = \frac{\sigma}{2\cos\varphi_k} = 0{,}846; \qquad -\beta_w = -\frac{1+\tau}{2\cos\varphi_k} = -6{,}556\,, \quad \text{s. Gleichung (125)}$$

$$R_w = \frac{1}{2C^2\cos\varphi_k} = 6{,}457\,. \qquad \text{,, ,, (126)}$$

$$\alpha_b = \frac{\sigma}{2\sin\varphi_k} = 0{,}313; \qquad -\beta_b = -\frac{1-\tau}{2\sin\varphi_k} = +1{,}356\,. \quad \text{,, ,, (133)}$$

$$R_b = \frac{1}{2C^2\sin\varphi_k} = 2{,}387\,. \qquad \text{,, ,, (134)}$$

Abstand $\overline{OB}$ (Abb. 63):

$$\vartheta_w = T\cdot\sqrt{\frac{1-tu}{1+tu}} = 1{,}397\,. \qquad \text{,, ,, (127)}$$

Koordinaten des Punktes M:

$$-\cos\varphi_k = -0{,}3469; \qquad -\sin\varphi_k = -0{,}9376\,.$$

Der Punkt M ergibt sich auch als Schnittpunkt der Kreise k_w und k_b.

Radius des Einheitsspannungskreises $\left(\frac{E_1}{E_2} = 1 \text{ in Abb. } 63\right)$:

$$R_e = \frac{1}{C} = 0{,}2116\,. \qquad \text{,, ,, (122)}$$

b) Das Diagramm einer Freileitung von 100 km Länge.

Gegeben sei eine Drehstrom-Einfachleitung für 100 kV, Cu 120 mm², Phasenabstand 3 m, Ableitungsverlust 1 kW/km bei 100 kV. Mit den in Anhang III gegebenen Tabellen und Formeln erhält man die folgenden kilometrischen Konstanten, bezogen auf 50 Per/sek:

$$w = 0{,}157\ \Omega/\text{km}; \qquad s = L\omega = 0{,}38\ \Omega/\text{km};$$

$$\varkappa = C\omega = 3{,}08 \cdot 10^{-6} \frac{1}{\Omega}/\text{km}; \qquad g = 0{,}1 \cdot 10^{-6};$$

$$r^2 = w^2 + s^2 = 0{,}1691; \qquad k^2 = g^2 + \varkappa^2 = 9{,}496 \cdot 10^{-12};$$

$$r = 0{,}4112; \qquad k = 3{,}0817 \cdot 10^{-6}; \qquad rk = 1{,}2672 \cdot 10^{-6}.$$

Die Winkel φ_0 und φ_k können wie in dem unter a) gegebenen Beispiel berechnet werden. Etwas einfacher ist es, die in Abschnitt 12e angegebenen Näherungsformeln zu verwenden, die bei der vorliegenden Leitungslänge sehr genau sind:

$$\tfrac{1}{3} s k^2 = 0{,}012 \cdot 10^{-10}; \qquad \tfrac{1}{3} w k^2 = 0{,}00496 \cdot 10^{-10};$$

$$\tfrac{1}{3} \varkappa r^2 = 0{,}174 \cdot 10^{-6}; \qquad \tfrac{1}{3} g r^2 = 0{,}006 \cdot 10^{-6}.$$

$$\operatorname{tg}\varphi_k = \frac{s - \frac{1}{3}\varkappa r^2 x^2}{w + \frac{1}{3} g r^2 x^2} = 2{,}409. \qquad \text{s. Gleichung (103a)}$$

$$\operatorname{tg}\varphi_0 = \frac{\varkappa - \frac{1}{3} s k^2 x^2}{g + \frac{1}{3} w k^2 x^2} = 29{,}2. \qquad \text{,, ,, (103b)}$$

$$\cos\varphi_k = \frac{1}{\sqrt{1 + \operatorname{tg}^2\varphi_k}} = 0{,}3835, \qquad \sin\varphi_k = 0{,}924,$$

$$\cos\varphi_0 = \frac{1}{\sqrt{1 + \operatorname{tg}^2\varphi_0}} = 0{,}0342, \qquad \sin\varphi_0 = 0{,}998.$$

$$T^2 = r k x^2 = 0{,}01267; \qquad T = 0{,}1126. \qquad \text{s. Gleichung (98)}$$

$$Z = \sqrt{\frac{r}{k}} = 365\ \Omega. \qquad \text{,, ,, (49)}$$

$$N_k = \frac{E^2 \cdot 10^3}{Z T} = 243300\ \text{kVA}; \qquad N_0 = \frac{E^2 \cdot T \cdot 10^3}{Z} = 3083\ \text{kVA}.$$

Das Diagramm der Leitung ist in Abb. 107 dargestellt. In dem eingetragenen verkleinerten Maßstab ist 1 mm = 100 kVA, bezogen auf 100 kV. Daher $\overline{ON} = (N_0) = 30{,}8$ mm, gegen die Abszissenachse um den Winkel φ_0 geneigt, der mittels des berechneten $\operatorname{tg}\varphi_0$ konstruiert wird. Die Gerade g_k, nach dem entfernt liegenden Punkt M hinweisend, ist unter dem Winkel φ_k geneigt. Die nicht darstellbare Entfernung des Kurzschlußpunktes ist $\overline{OM} = (N_k) = 2433$ mm. Mit dieser Länge sind die im Kurzschlußmaß ausgedrückten Diagrammgrößen zu multiplizieren, um ihre Längen in Millimetern zu erhalten.

1. Konstruktive Ermittlung. Die konstruktive Ermittlung des Diagramms erfolgt nach den ausführlichen Angaben des Abschnittes 34. Zur Bestimmung der Entfernung $\overline{OB}$ und $\overline{OS_b''}$ hat man (s. S. 131)

$$\overline{OB} = \vartheta_w^{(\text{kVA})} = \sqrt{\overline{OM} \cdot \overline{ON}} \cdot \sqrt{\frac{\cos\varphi_0}{\cos\varphi_k}} = 81{,}8\ \text{mm},$$

$$\overline{OS_b''} = \vartheta_b^{(\text{kVA})} = \sqrt{\overline{OM} \cdot \overline{ON}} \cdot \sqrt{\frac{\sin\varphi_0}{\sin\varphi_k}} = 284{,}2\ \text{mm}^{1)}.$$

Für die Bestimmung des Leerlaufspannungsverhältnisses C hat man:

$$\overline{OO_e} = 14{,}1\ \text{mm}, \qquad \text{daher} \qquad \frac{1}{C} = 1 + \frac{\overline{OO_e}}{\overline{OM}} = 1 + \frac{14{,}1}{2433} = 1{,}00577.$$

Einfacher ist die Berechnung von C mittels der Näherungsformel (95). Die konstruktive Methode muß jedoch angewendet werden, wenn in einem vorliegenden symmetrischen Übertragungskreis-

¹) In Abb. 107 irrtümlich mit 274,2 mm eingetragen. Dementsprechend wird die Parabel p_{ab} etwas flacher, da der Punkt S_b um 10 mm (des eingetragenen verkleinerten Maßstabes) nach rechts rückt.

Leerlauf- und Kurzschlußleistung durch Versuch bestimmt sind. — Der Radius des Einheitsspannungskreises ist

$$R_e^{(\mathrm{kVA})} = \overline{MO} \cdot \frac{1}{C} = 2447\,\mathrm{mm}\,, \qquad \text{s. Gleichung (122)}$$

daher für den auf der Geraden g_k aufgetragenen Spannungsverhältnismaßstab 1% = 24,5 mm. Mit der gefundenen Größe von C ergibt sich $C^2 = 0{,}98845$ und daraus als Rechnungsgröße der Radius des Wirkleistungshauptkreises

$$R_w = \frac{1}{2\,C^2 \cos\varphi_k} = 1{,}322\,, \quad \text{und als Länge} \quad R_w^{(\mathrm{kVA})} = 1{,}322 \cdot 2433 = 3220\,\mathrm{mm}\,. \quad \text{s. Gl. (126)}$$

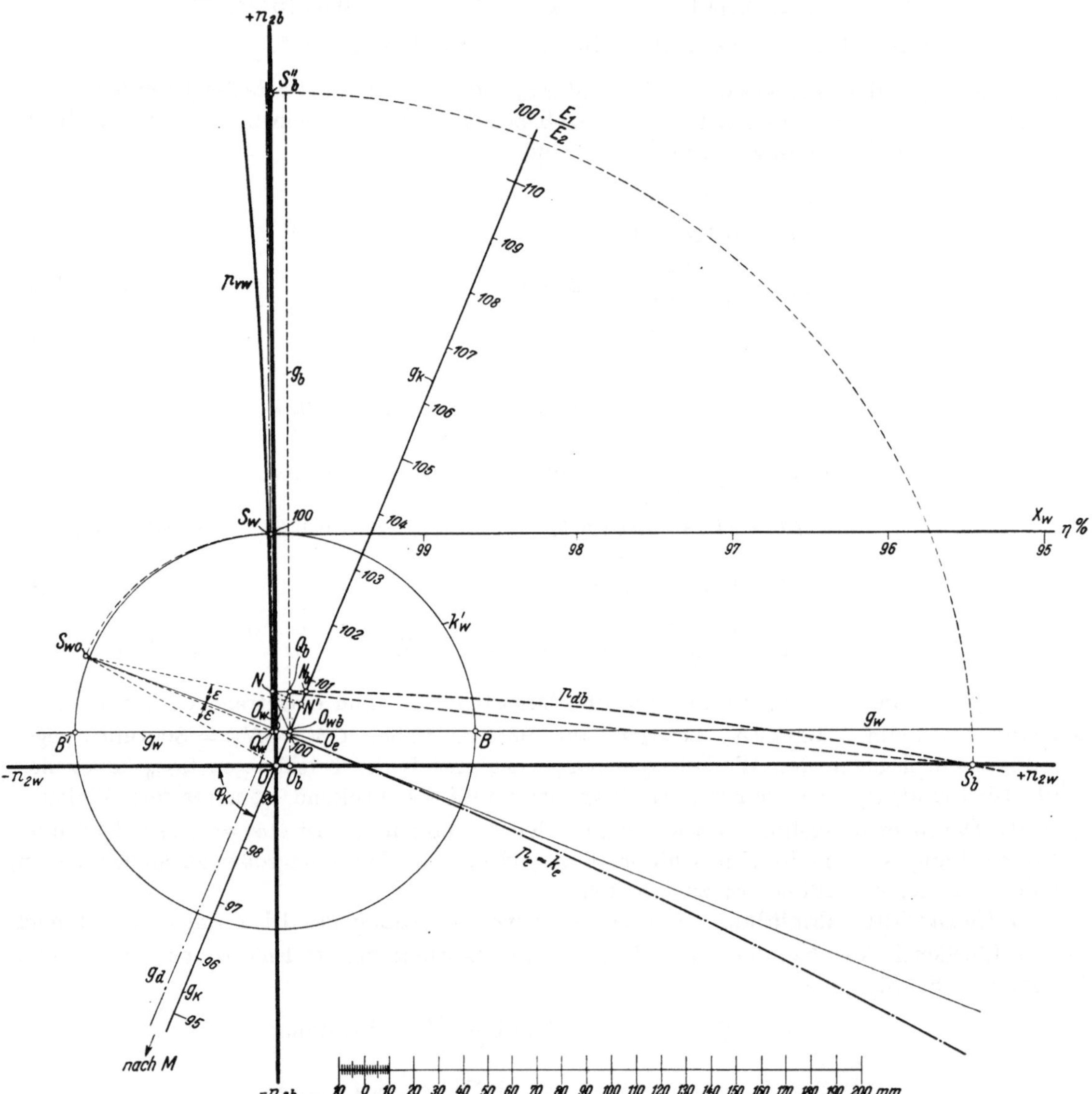

Abb. 107. Diagramm einer 100 kV Drehstrom-Freileitung von 100 km Länge, 50 Per/sek. Kilometrische Konstanten und Diagrammgrößen s. S. 167 und 168.

Koordinaten: Wirkleistung und Blindleistung im Endpunkt *2*, bei konstanter Spannung E_2.

$$\text{Leistungsmaßstab: } 1\,\mathrm{mm} = 100\left(\frac{E_2}{100}\right)^2 \mathrm{kVA}.$$

Spannungsverhältnisdiagramm: Maßstab auf g_k und Parabel p_e; (vgl. Abb. 36 und 91).
Wirkleistungsdiagramm : Parabel p_{vw} (vgl. Abb. 43).
Verlustdiagramm: Gerade x_w (vgl. Abb. 44).
Blindleistungsdiagramm: Parabel p_{db} (vgl. Abb. 46).
Wirkungsgraddiagramm: Kreis k_w' und Maßstab auf X_w (vgl. 53 und 54).

Für den auf der Geraden X_w aufgetragenen Wirkungsgradmaßstab ist $1\% = 0{,}02\ R_w^{(\mathrm{kVA})} = 64{,}4$ mm. Für die Parabel p_e (Scheitel O_e) und die Parabel p_{vw} (Scheitel Q_w) gelten die Gleichungen:

$$\gamma = \frac{\xi^2}{2\,R_e} \qquad \text{bzw.} \qquad \gamma = \frac{\xi^2}{2\,R_w}.$$

Darin ist ξ die auf der Scheiteltangente abgetragene Abszisse, γ die zugehörige Ordinate.

2. Rechnerische Ermittlung. Man ermittelt wie vorstehend die Größen T, N_k, $\sin\varphi_k$ und $\cos\varphi_k$, ferner die Größen

$$\left.\begin{aligned} c &= s\varkappa - wg = 1{,}1547 \cdot 10^{-6}, \\ h &= s\varkappa + wg = 1{,}1861 \cdot 10^{-6}, \\ p &= w\varkappa - sg = 0{,}44556 \cdot 10^{-6}, \end{aligned}\right\} \qquad \text{s. Gleichung (56)}$$

$$\left.\begin{aligned} \sigma &= p x^2 = 0{,}4456 \cdot 10^{-2}, \\ \tau &= h x^2 = 1{,}1861 \cdot 10^{-2}, \end{aligned}\right\} \qquad \text{,, ,, (98)}$$

$$c x^2 = 1{,}1547 \cdot 10^{-2},$$

$$C^2 = 1 - c x^2 = 0{,}98845, \qquad \frac{1}{C} = 1 + \frac{1}{2} c x^2 = 1{,}00577.$$

Damit ergeben sich die folgenden, im Kurzschlußmaß ausgedrückten Größen, aus denen man durch Multiplikation mit der (die Kurzschlußleistung darstellenden) Strecke 2433 mm die zugehörigen Diagrammstrecken erhält. Das Längenmaß ist nur bei jenen Größen angegeben, die im Diagramm unmittelbar verwendet werden. Die geometrische Bedeutung dieser Strecken geht auch aus dem Vergleich mit Abb. 113, III hervor. Die übrigen Größen dienen für Zwischenrechnung:

$$\alpha_w = \frac{\sigma}{2\cos\varphi_k} = 0{,}00581 \ldots\ldots 14{,}1\,\text{mm} = \overline{O O_w}, \qquad \text{s. Gleichung (125)}$$

$$\vartheta_w = T\sqrt{\frac{\cos\varphi_0}{\cos\varphi_k}} = 0{,}03362, \qquad \text{,, ,, (127)}$$

$$\varrho_w = \sqrt{\vartheta_w^2 - \alpha_w^2} = 0{,}0332 \ldots 80{,}8\,\text{mm} = \overline{O_w B}, \qquad \text{,, ,, (131)}$$

$$R_w = \frac{1}{2 C^2 \cos\varphi_k} = 1{,}322, \qquad \text{,, ,, (126)}$$

$$\beta'_w = \frac{\varrho_w^2}{2\,R_w} = 0{,}000417 \ldots 1{,}01 \sim 1\,\text{mm} = \overline{O_w Q_w}, \qquad \text{,, ,, (132)}$$

$$\left.\begin{aligned} \alpha_b &= \alpha_w \operatorname{tg}\varphi_k = 0{,}002413 \ldots\ldots 5{,}9\,\text{mm} = \overline{O O_b}, \\ \beta_b &= \frac{1-\tau}{2\sin\varphi_k} = 0{,}534, \end{aligned}\right\} \qquad \text{,, ,, (133)}$$

$$R_b = \frac{R_w}{\operatorname{tg}\varphi_k} = 0{,}548. \qquad \text{,, ,, (134)}$$

$$\vartheta_b = T\sqrt{\frac{\sin\varphi_0}{\sin\varphi_k}} = 0{,}1169, \qquad \text{,, ,, (135)}$$

$$\varrho_b \doteq \vartheta_b = 0{,}1169 \ldots\ldots\ldots 284{,}2\,\text{mm} = \overline{O_b S_b}, \qquad \text{,, ,, (138)}$$

$$\beta'_b = \frac{\varrho_b^2}{R_b + \beta_b} = 0{,}01257 \ldots\ldots 30{,}6\,\text{mm} = \overline{O_b Q_b}, \ (\text{vgl. Abb. 45}).$$

Die Verwendung und Berechnung der Längen von R_w und R_e erfolgt nach den bei der konstruktiven Ermittlung gemachten Angaben.

52. Die Verwendung des Leitungsdiagramms.

a) Berechnung des Übertragungsvorgangs auf einer langen Freileitung.

Gegeben sei eine 500 km lange Drehstromleitung für 220 kV verkettete Betriebsspannung. Die Maste sind für Doppelleitung konstruiert, jedoch nur mit Einfachleitung belegt. Das Mastbild, d. i. die räumliche Anordnung der Leiter, ist in Abb. 108 dargestellt. Die Leitung besteht

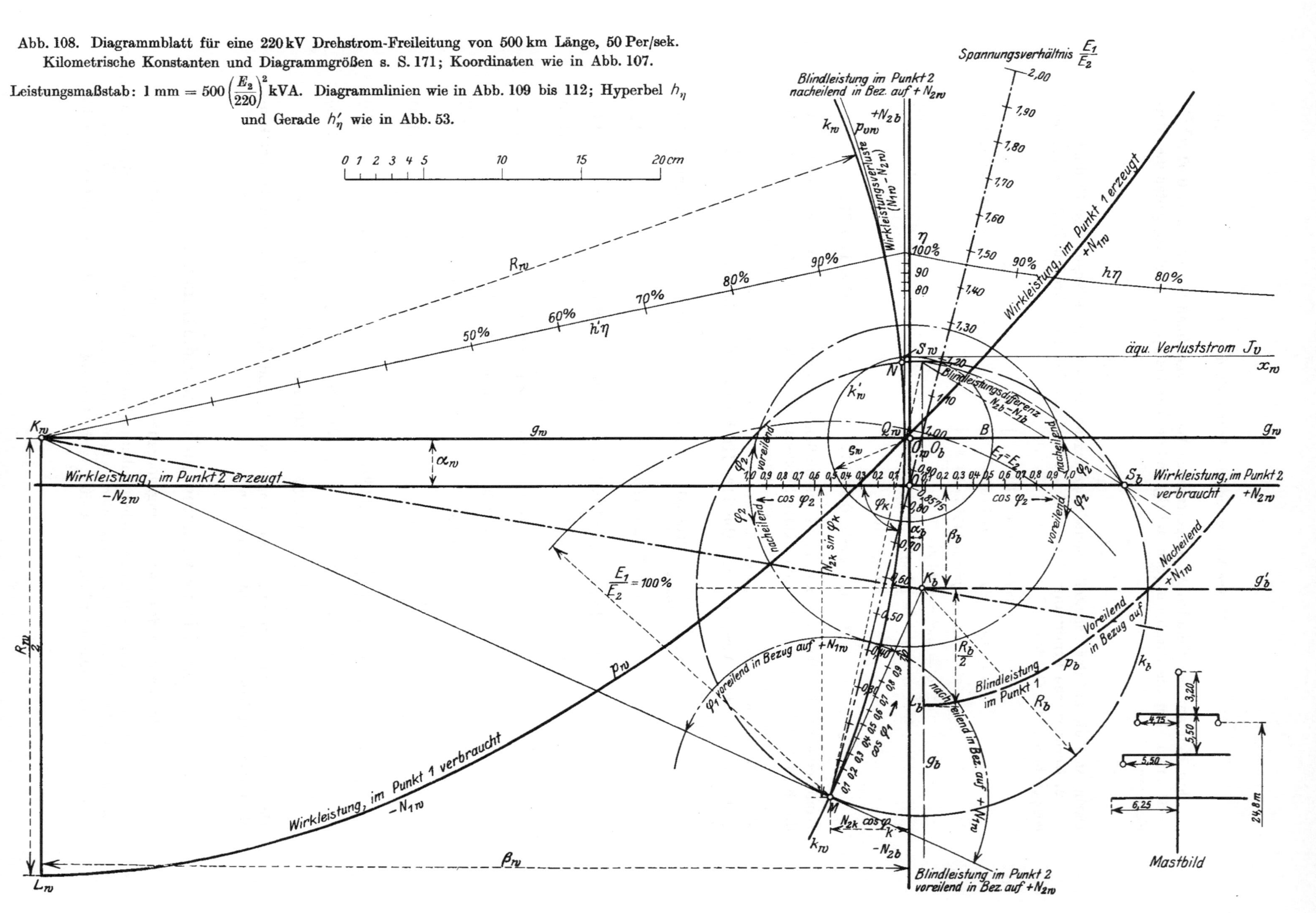

Abb. 108. Diagrammblatt für eine 220 kV Drehstrom-Freileitung von 500 km Länge, 50 Per/sek. Kilometrische Konstanten und Diagrammgrößen s. S. 171; Koordinaten wie in Abb. 107.

Leistungsmaßstab: 1 mm $= 500\left(\frac{E_2}{220}\right)^2$ kVA. Diagrammlinien wie in Abb. 109 bis 112; Hyperbel h_η und Gerade h'_η wie in Abb. 53.

aus drei Stahl-Aluminiumseilen, deren Leitfähigkeit einem Kupferquerschnitt von je 185 mm² äquivalent ist, und einem Erdseil von 70 mm². Ableitungs- und Koronaverluste sind mit 4 kW/km bei 220 kV (im übrigen proportional dem Quadrat der örtlichen Spannung) angenommen. Die kilometrischen Konstanten (Abschnitt 12a) haben bei einer Frequenz von 50 Per/sek folgende Werte:

Ohmscher Widerstand . . . . $w = 0{,}097\,\Omega$,

Induktiver Widerstand . . . . $s = L\omega = 0{,}422\,\Omega$,

Kapazitive Leitfähigkeit . . . $\varkappa = C\omega = 2{,}802 \cdot 10^{-6}\,\frac{1}{\Omega}/\text{km}$,

Ableitung . . . . $g = 0{,}0827 \cdot 10^{-6}\,\frac{1}{\Omega}/\text{km}$.

Die Leitung wird durch zwei Zwischenstationen in drei Teilstrecken von 160, 140 und 200 km zerlegt. Die Diagramme für die gesamte Strecke und die Teilstrecken werden nach dem im vorigen Abschnitt angegebenen Verfahren graphisch oder rechnerisch ermittelt. In der folgenden Zusammenstellung sind außer der Kurzschlußleistung und dem Kurzschlußwiderstand die wichtigsten Diagrammstrecken angegeben, deren geometrische Bedeutung aus den Abb. 108 und 113, III (auch aus Abb. 40÷45) hervorgeht. Die Diagrammgrößen sind als dimensionslose Zahlen im Kurzschlußmaß angegeben. Die ihnen entsprechenden Leistungsgrößen werden durch Multiplikation mit der Kurzschlußleistung N_{2k} erhalten. $R_e = \frac{1}{C}$ ist der Radius des Einheitsspannungskreises ($E_1 = E_2$) im Kurzschlußmaß.

Streckenlänge km	500	200	160	140
Kurzschlußwiderstand W_k	239,8	87,92	70,00	61,07
Kurzschlußleistung $N_{2k} = \frac{E_2^2 \cdot 10^{-3}}{W_k}$ kVA für $E_2 = 220$ kV	201850	550300	691000	792400
$R_e = \frac{1}{C}$	1,1663	1,023	1,0148	1,0116
$\sin\varphi_k$	0,96790	0,97370	0,97428	0,97495
$\cos\varphi_k$	0,2520	0,22815	0,2263	0,2258
α_w	0,1400	0,02142	0,01367	0,01044
$-\beta_w$	−2,722	−2,3000	−2,2860	−2,2680
R_w	2,708	2,2950	2,2860	2,265
β'_w	0,0119	0,001553	0,000950	0,000712
ϱ_w	0,2542	0,0832	0,06575	0,05713
α_b	0,03755	0,00502	0,00325	0,00242
$-\beta_b$	−0,3270	−0,4862	−0,49750	−0,5010
R_b	0,7010	0,5390	0,5290	0,5250
β'_b	0,3732	0,0501	0,0317	0,0242
ϱ_b	0,6198	0,2267	0,1803	0,1575

Von den Zwischenstationen werde zunächst abgesehen, d. h. es wird der Übertragungsvorgang auf der 500 km langen Leitung berechnet. Das Gesamtdiagramm dieser Leitung ist in Abb. 108 dargestellt, welche die Verkleinerung eines für praktische Verwendung geeigneten Blattes ist. Es entspricht 1 mm des eingetragenen verkleinerten Maßstabes einer Leistungsgröße von 1000 kVA, bezogen auf eine Spannung von 220 kV. Um vielseitige Verwendung zu ermöglichen, sind fast sämtliche in Abschnitt 22 abgeleiteten festen Diagrammlinien eingetragen. Für praktische Zwecke kommt man jeweils mit einem Teil dieser Linien aus. Im folgenden Beispiel soll aber die Verwendung aller Diagrammteile der Abb. 108 erläutert werden. Zur Verdeutlichung sind die für die Verwendung notwendigen Konstruktionslinien in die Abb. 109 bis 112 aufgenommen, in welchen die einzelnen Teile der Abb. 108 kongruent wiedergegeben sind.

Für die praktische Verwendung empfiehlt es sich, häufig gebrauchte Diagrammblätter als Weißpausen anzufertigen und die zur Ermittlung der verschiedenen Betriebsfälle notwendigen Konstruktionslinien mit Bleistift einzutragen, so daß sie leicht wieder entfernt werden können.

Die Radien der Leistungsfaktorkreise ($\cos\varphi_1$ und $\cos\varphi_2$) sind willkürlich angenommen. Die Radien und Koordinatenmittelpunkte der andern Kreise sind der vorstehenden Tabelle zu entnehmen. Die Parabeln können nach bekanntem Verfahren konstruiert werden, wenn die Achse, der Scheitel und ein zweiter Punkt gegeben sind[1]). Diese Konstruktionsangaben sind für alle Parabeln mit Ausnahme von p_{vw} ersichtlich. Für die letztere ist noch ein Punkt zu ermitteln,

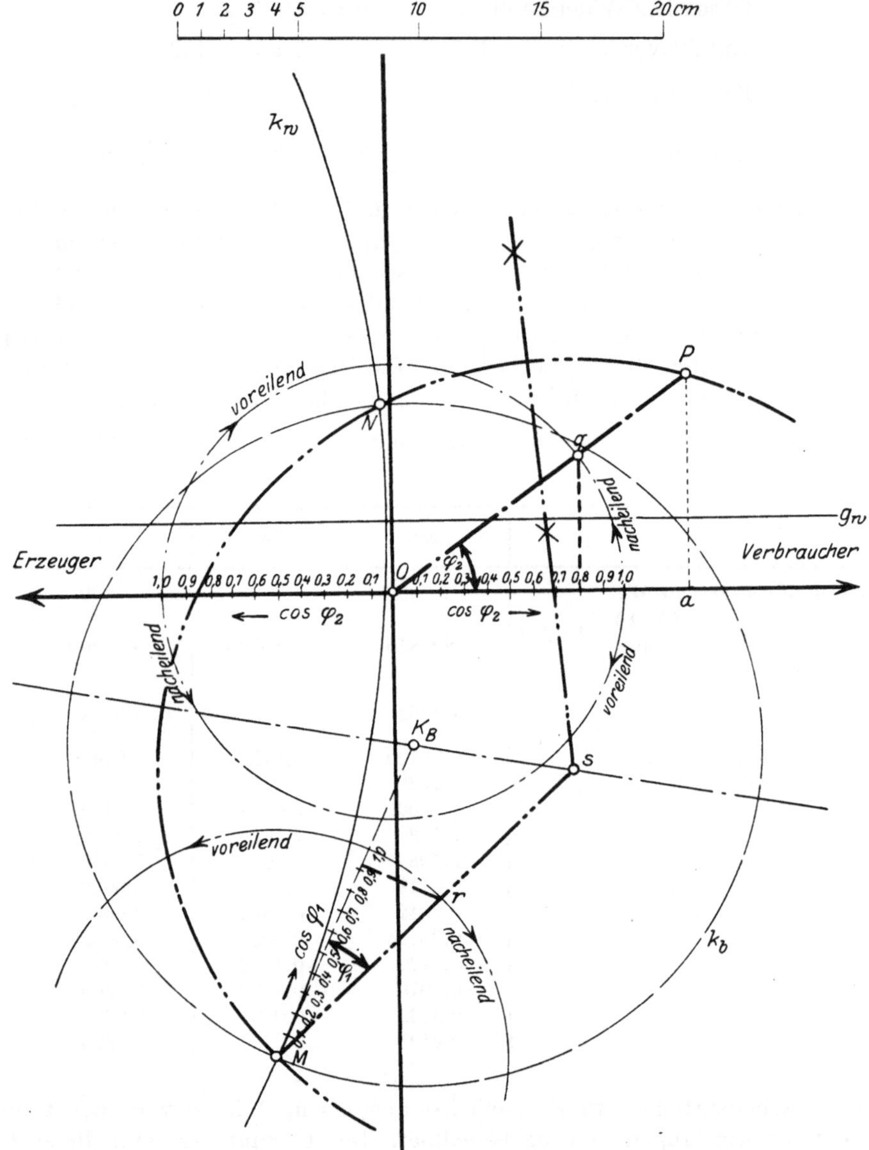

Abb. 109. Die Leistungsfaktoren $\cos\varphi_1$ und $\cos\varphi_2$ (Teildiagramm aus Abb. 108). Spannung $E_2 = 220$ kV.
Belastungspunkt P: Verbraucherwirklast $(+N_{2w}) = 120000$ kW, $(\overrightarrow{Oa} = +120$ mm); $\cos\varphi_2 = 0{,}8$ (nacheilend).
Diagramm für $\cos\varphi_1$ wie in Abb. 48; $\cos\varphi_1 = 0{,}89$ (nacheilend).

der zusammen mit der Achse g_w und dem Scheitel Q_w die Parabel bestimmt. Bezeichnet man die von g_w an vertikal aufgetragene Ordinate mit ξ, die zugehörige Abszisse (von der durch Q_w gehenden Vertikalen abgetragen) mit γ, so lautet die Gleichung der Parabel $\gamma = \frac{\xi^2}{2R_w}$.

Gegeben ist der Betriebszustand im Endpunkt 2 durch die folgenden Größen: Spannung $E_2 = 220$ kV, Verbraucherwirklast $N_{2w} = 120000$ kW, Leistungsfaktor $\cos\varphi_2 = 0{,}8$ (nach-

[1]) S. Taschenbuch „Hütte“, I. Bd., 1. Abschn.

eilend). Zu ermitteln sind die Betriebsgrößen im Endpunkt *1* sowie der gesamte Übertragungsverlust und der Wirkungsgrad. (Vom Einfluß der Transformatoren ist in diesem Beispiel aus methodischen Gründen abgesehen.)

1. Ermittlung des Belastungspunktes *P*: Punkt *q* (Abb. 109) auf dem Quadranten „Verbraucher — nacheilend" des $\cos\varphi_2$-Kreises, hat die auf dem $\cos\varphi_2$-Maßstab abgelesene Abszisse 0,8. Der Betriebspunkt *P* liegt auf $\overline{Oq}$ und hat die Abszisse $\overline{Oa} = 120000$ kW = 120 mm.

2. Spannung E_1: Durch Punkt *P* (Abb. 110) ein Kreis mit Mittelpunkt *M*, schneidet den Spannungsverhältnismaßstab im Punkte: 141,3%, d. h. $E_1 = 220 \cdot 1{,}413 = 311$ kV. Es

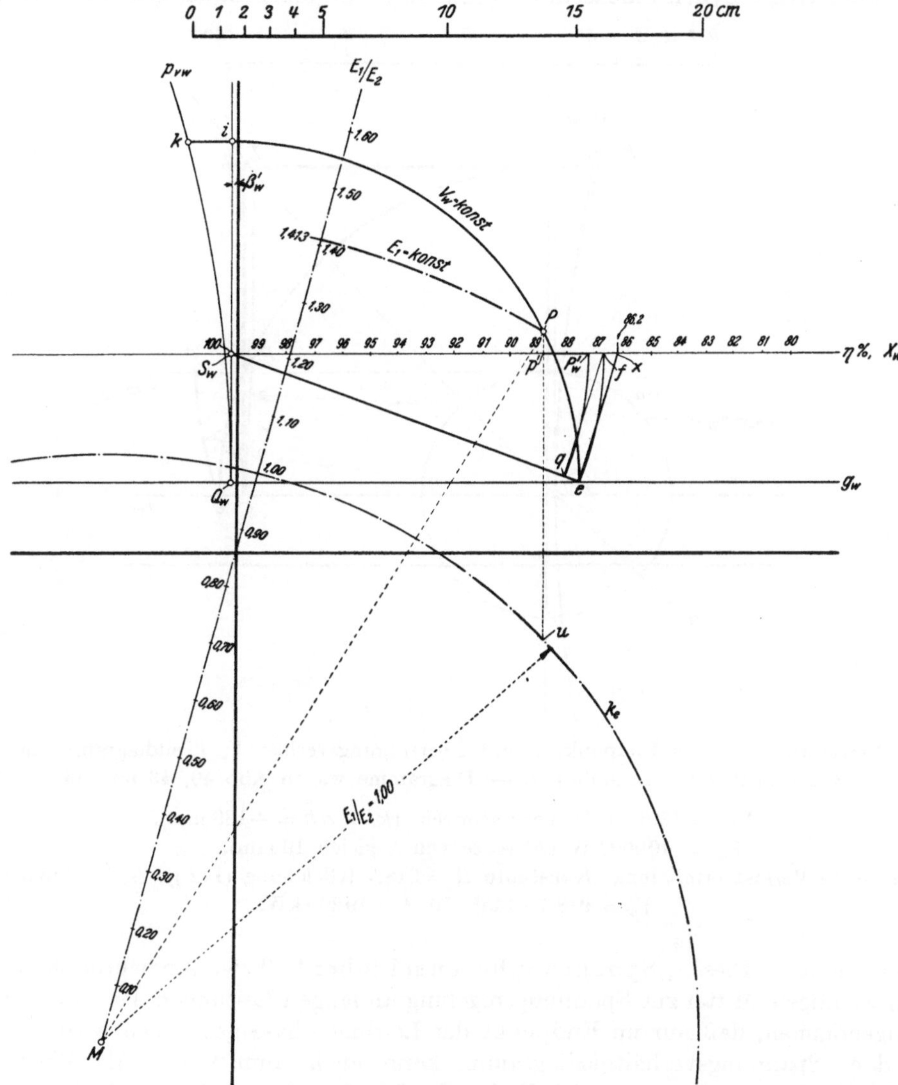

Abb. 110. Spannungsverhältnis $\frac{E_1}{E_2}$ und Wirkungsgrad η [Teildiagramm aus Abb. 108[1])].

Belastungsfall wie in Abb. 109. — Spannungsverhältnismaßstab und Kreis k_e wie in Abb. 36 und 37. — Wirkungsgraddiagramm wie in Abb. 54.

Spannungsverhältnis $\frac{E_1}{E_2} = 1{,}413$; $E_1 = 1{,}413 \cdot 220 = 311$ kV.

Wirkungsgrad $\eta = 86{,}2\,\%$.

Zur Herstellung der Spannungsgleichheit ($E_1 = E_2 = 220$ kV) erforderliche Phasenschieberleistung:

$\overrightarrow{Pu} = -123{,}8$ mm, $N_{2(ph)} = 123800$ kVA (übererregt).

[1]) Abb. 110 ist etwas weniger verkleinert als Abb. 108, was im eingetragenen Maßstab berücksichtigt ist.

tritt also ein Spannungsabfall von 40%, bezogen auf die Verbraucherspannung in der Leitung auf. Um die Verbraucherspannung konstant zu halten, müßte die Generatorspannung in einem praktisch unzulässig großen Bereich geändert werden. Auch ist es mit Rücksicht auf Überschlagsgefahr und Koronaverlust nicht angängig, die Spannung wesentlich über ihren normalen Betrag zu erhöhen. Man kann jedoch das Spannungsverhältnis praktisch in beliebiger Größe herstellen, auch Spannungsgleichheit ($E_1 = E_2$) erzielen, wenn man der Blindleistung im Verbraucherende (oder auch in Zwischenpunkten) eine geeignete Größe gibt. Die durch die Belastung selbst gegebene Blindlast kann vergrößert oder verkleinert werden, indem leerlaufende, über- oder untererregte Synchronmaschinen (bzw. Asynchronmaschinen mit Rotorerregung) an-

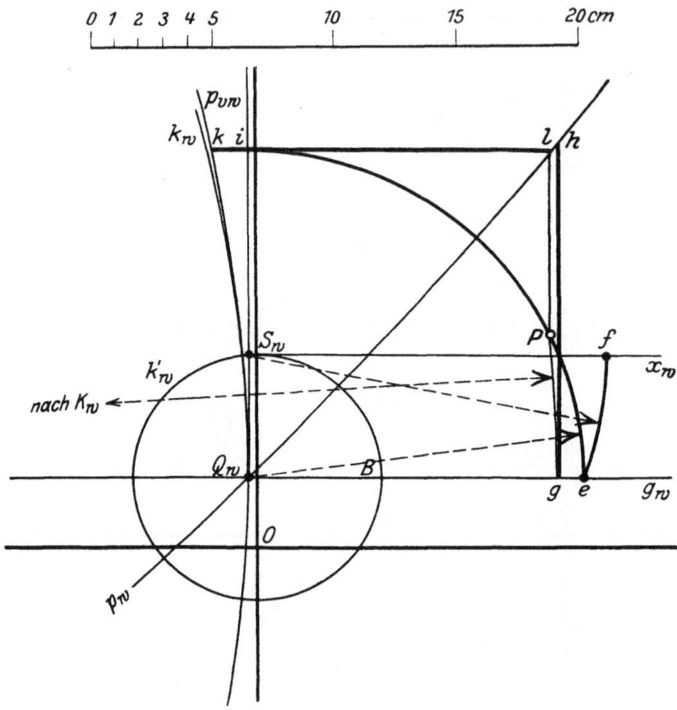

Abb. 111. Wirkleistung N_{1w} im Endpunkt *1* und Übertragungsverlust V_w (Teildiagramm aus Abb. 108). Belastungsfall wie in Abb. 109. — Diagramme wie in Abb. 40, 43 und 44.

$N_{1w} = 139000$ kW generatorisch, ($\overrightarrow{kl} = \overrightarrow{gh} = +139$ mm).

$V_w = 19000$ kW (Abszisse von k gleich 19 mm).

Genauere Verlustvermittlung: Konstante $H = 918{,}7$ [Gleichung (142')]; $\overline{S_w f} = 145$ mm.

$V_w = 918{,}7 \cdot 145^2 \cdot 10^{-3} = 19200$ kW.

geschlossen werden. Diese „Synchronphasenschieber" (bzw. Asynchronphasenschieber) stellen das wichtigste Mittel zur Spannungsregelung an langen Leitungen dar. Im vorliegenden Fall ist angenommen, daß nur im Endpunkt der Leitung Phase geschoben wird.

Aus dem Spannungsverhältnisdiagramm kann auch unmittelbar die Phasenschieberleistung abgelesen werden, die man im Endpunkt *2* aufwenden muß, um ein bestimmtes vorgeschriebenes Verhältnis $\frac{E_1}{E_2}$ zu erlangen. Soll z. B. $E_1 = E_2$ sein, so wird die Vertikale durch P mit dem Einheitsspannungskreis zum Schnitt gebracht (Punkt u). Die notwendige Phasenschiebung beträgt in diesem Fall $\overline{Pu} = 123{,}8$ mm $= 123800$ kVA (im Sinne einer Vorwärtsdrehung der Stromphase).

Bei einer beliebigen anderen Größe des Spannungsverhältnisses ist die Vertikale durch P mit jenem um M geschlagenen Kreis zum Schnitt zu bringen, der dem geforderten Spannungsverhältnis entspricht.

3. Wirkleistung N_{1w} im Endpunkt *1* (ohne Phasenschiebung im Endpunkt *2*). Es können zwei verschiedene Konstruktionen angewendet werden (Abb. 111), nämlich:

α) mittels der Wirkleistungsparabel p_w: Kreisbogen durch P um Zentrum K_w bis zum Punkt g auf der Horizontalen g_w. Die Ordinate $\overline{gh}$ der Wirkleistungsparabel ergibt N_{1w}. Man erhält $\overline{gh} = 139$ mm, also $N_{1w} = 139000$ kW, und zwar generatorisch, da h oberhalb g liegt;

β) mittels der Wirkverlustparabel p_{vw}: Kreisbogen durch P um den Mittelpunkt Q_w bis zum Punkt i auf der durch Q_w gelegten Vertikalen. Die durch i gelegte Horizontale wird zum Schnitt gebracht mit der Parabel p_{vw} (Punkt k) und mit der durch P gehenden Vertikalen (Punkt l). Die Strecke $\overline{kl}$ ergibt N_{1w}. Man erhält wieder $\overline{kl} = 139$ mm, $N_{1w} = 139000$ kW, generatorisch, da l rechts von k liegt.

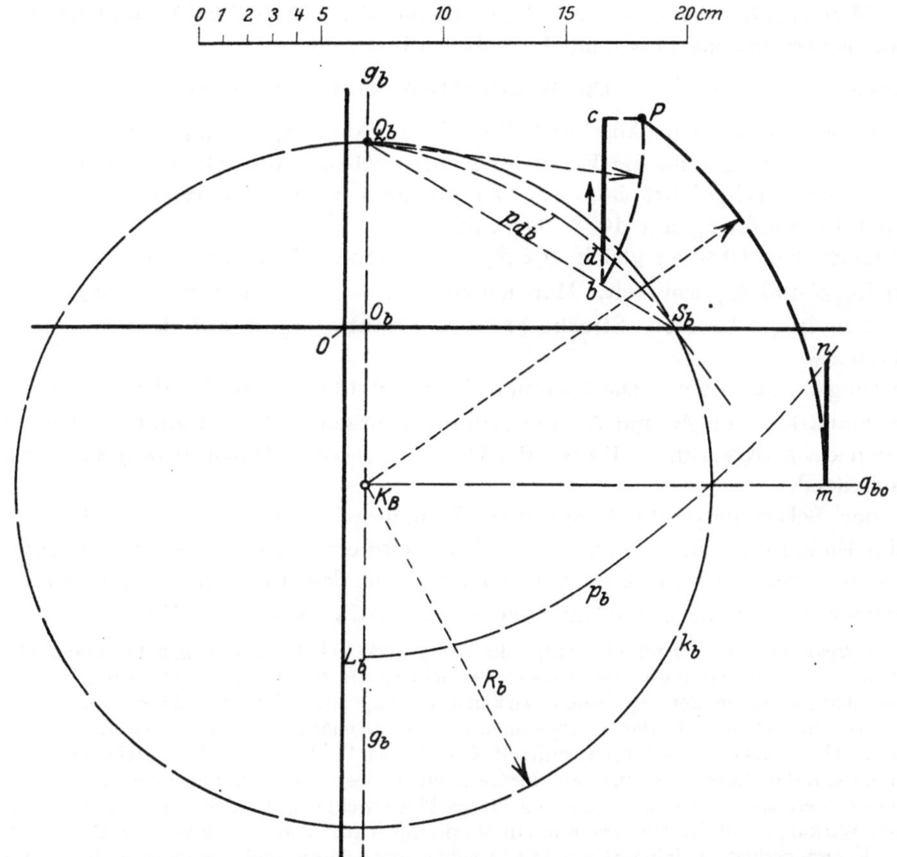

Abb. 112. Blindleistung N_{1b} im Endpunkt *1* (Teildiagramm aus Abb. 108). Belastungsfall wie in Abb. 109. — Diagramme wie in Abb. 42 und 46.

$N_{1b} = 69000$ kVA, nacheilend mit Bezug auf Generatorwirkleistung ($\overrightarrow{mn} = \overrightarrow{dc} = +69$ mm).

4. Übertragungsverlust V_w: Man erhält V_w entweder in der unter 3. erwähnten Weise als Abszisse von k oder wesentlich genauer nach dem in Abb. 44 angegebenen Verfahren. Der ideelle Verlustwiderstand beträgt im vorliegenden Fall [laut Gleichung (142'), S. 63) und mit den Werten der vorstehenden Tabelle für $p = 1000$ und $E_{2n} = E_2$:

$$H = \frac{10^9}{2 \cdot 2{,}708 \cdot 201\,850} = 918{,}7\,.$$

Der äquivalente Verluststrom J_v wird wie folgt ermittelt (Abb. 110): Kreisbogen durch P um den Mittelpunkt Q_w bis zum Schnittpunkt e mit der Geraden g_w; sodann Kreisbogen durch e um den Mittelpunkt S_w (vgl. Abb. 108) bis zum Schnittpunkt f auf der Geraden X_w. Die Strecke $\overline{S_w f}$, in Millimetern gemessen, gibt die Amperezahl von J_v. Man erhält $\overline{S_w f} = 145$ mm, daher $V_w = 918{,}7 \cdot 145^2 \cdot 10^{-3} = 19\,200$ kW (die ungenauere Methode nach 3., β ergibt: $V_w = 139000—120000 = 19000$ kW).

5. Blindleistung N_{1b}: Diese ist analog der Wirkleistung auf zwei verschiedene Arten bestimmbar, nämlich (Abb. 112):

α) mittels der Blindleistungsparabel p_b: Kreisbogen durch P um den Mittelpunkt K_b bis zum Punkt m auf der Geraden g_{b_0}. Die Ordinate $\overline{mn}$ der Blindleistungsparabel ergibt N_{1b}. Man erhält $\overline{mn} = 69$ mm, $N_{1b} = 69000$ kVA, nacheilend in bezug auf generatorische Leistung, da n oberhalb m liegt;

β) mittels der Blindverlustparabel p_{db}: Kreisbogen durch P um den Mittelpunkt Q_b bis zum Schnittpunkt b auf der Sehne $\overline{Q_b S_b}$. Durch b eine Vertikale gelegt, welche die Parabel p_{db} im Punkte d und die durch P gehende Horizontale im Punkte c schneidet. Die Strecke $\overline{cd}$ ergibt N_{1b}. Man erhält wieder $\overline{dc} = 69$ mm, daher $N_{1b} = 69000$ kVA, und zwar nacheilend in bezug auf generatorische Leistung, da c oberhalb d liegt.

6. Wirkungsgrad $\eta = \frac{N_{2w}}{N_{1w}}$: Die Konstruktion kann mittels der Parabel h_η (Abb. 108) entsprechend den Angaben in Abschnitt 23b, S. 71, Abb. 53, durchgeführt werden. Wesentlich genauer und einfacher ist die Ermittlung entsprechend Abb. 54, die für den vorliegenden Fall in Abb. 110 durchgeführt ist. Auf der Geraden X_w ist der Wirkungsgradmaßstab abgetragen, der im Punkt S_w mit 100% beginnt.

Die Strecke von 10% ist gleich $0{,}2\ R_w = 109{,}4$ mm. Die Punkte e, f, i und k sind wie vorstehend [3., β und 4.] ermittelt. Man macht $\overline{p'P'_w} = \overline{ki}$, durch P'_w um S_w ein Kreisbogen gelegt, der $\overline{S_w e}$ in q schneidet, Strecke $\overline{qf} \parallel \overline{ex}$. Punkt x ergibt auf dem Maßstab den Wirkungsgrad 86,2%.

7. Leistungsfaktor $\cos\varphi_1$: Die Symmetrale der Punkte P und M oder P und N (Abb. 109) mit der Symmetrale von M und N zum Schnitt gebracht, ergibt Punkt s. Die Strecke $\overline{Ms}$ schneidet den $\cos\varphi_1$-Kreis in r. Dieser Punkt auf den $\cos\varphi_1$-Maßstab projiziert, ergibt $\cos\varphi_1 = 0{,}89$ nacheilend.

Liegt der Belastungspunkt P auf dem Einheitsspannungskreis, so wird die Wirk- und Blindlast im Endpunkt *1* in besonders einfacher Weise ermittelt: Diese Leistungskomponenten sind die Koordinaten eines Punktes, der gleichfalls auf dem Einheitsspannungskreis liegt, und zwar symmetrisch zu P in bezug auf die Gerade $\overline{MQ_w}$ (Abschnitt 21b, S. 53).

Wird die Spannung im Verbraucherendpunkt *2* konstant gehalten, so liegen bei konstanter abgenommener Leistung N_{2w} und veränderlicher Phasenverschiebung die Belastungspunkte auf einer vertikalen Geraden, deren Abszisse gleich der gegebenen Wirkleistung N_{2w} ist. (Von den Energieverlusten, die in den Phasenschiebern entstehen, ist dabei abgesehen.) Die zugehörigen Betriebszustände im Endpunkt *1* werden nach dem beschriebenen Verfahren ermittelt. Günstigster Wirkungsgrad bei gegebener Wirkleistung N_{2w} wird erhalten, wenn der Belastungspunkt auf der Geraden g_w liegt. Der Abstand eines gegebenen Belastungspunktes von der Geraden g_w gibt somit die zugehörige Phasenschieberblindleistung an, welche aufzuwenden ist, damit der Wirkungsgrad der Übertragung ein Maximum wird. Von dem durch den Phasenschieber selbst verursachten Energieverlust ist dabei abermals abgesehen, doch kann auch dieser in einfacher Weise berücksichtigt werden. Ist der Phasenschieberverlust in Abhängigkeit von der Phasenschieberblindlast bekannt, so genügt es, diesen Verlust zum Übertragungsverlust hinzuzufügen. (Der zusätzliche Übertragungsverlust, der durch die Phasenschieberwirklast verursacht wird, ist im allgemeinen zu vernachlässigen.) Auf diese Weise erhält man den Gesamtverlust in Abhängigkeit von der Phasenschieberblindlast. Durch Darstellung mittels einer Kurve erhält man diejenige Phasenschieberleistung, bei welcher der Gesamtverlust ein Minimum wird. Durch den so erhaltenen Belastungspunkt ist auch das Spannungsverhältnis $\frac{E_1}{E_2}$ bestimmt. Ist jedoch das Spannungsverhältnis gegeben, so erhält man nach dem vorstehend beschriebenen Verfahren die zugehörige Phasenschieberblindlast. Der dieser Blindlast entsprechende Phasenschieberverlust ist zum Übertragungsverlust hinzuzufügen.

Das vorstehend durchgerechnete Beispiel zeigt, daß zur Ermittlung von N_{1w} und N_{1b} die Parabeln p_w und p_b nicht notwendig sind. Sind diese Parabeln jedoch eingezeichnet, so läßt sich damit auch der Übertragungsfall berechnen, bei welchem Wirk- und Blindleistung im Endpunkt *1* und die Spannung im Endpunkt *2* gegeben sind (z. B. Generator mit konstanter Spannung und Verbraucher mit gegebenen Leistungskomponenten): Man ermittelt den Betriebspunkt P als Schnitt der zugehörigen Wirkleistungs- und Blindleistungskreise. Die Parabelordinate $\overline{gh}$ (Abb. 111) muß dann den gegebenen Wert N_{1w} haben, und analog die Parabelordinate $\overline{mn}$ (Abb. 112) den gegebenen Wert N_{1b}. (Im vorliegenden Fall ist N_{1w} eine Generatorleistung. Soll der Endpunkt *1* durch einen Verbraucher belastet sein, so liegt $\overline{gh}$ links von Q_w). Durch die Fußpunkte g und m werden die zugehörigen Leistungskreise gelegt, deren Schnittpunkt der gesuchte Belastungspunkt P ist. Es ergeben sich im allgemeinen zwei Belastungspunkte, die der vorgeschriebenen Bedingung genügen, entsprechend den beiden Schnittpunkten der Kreise. In der Regel hat jedoch nur einer der beiden Schnittpunkte praktische Bedeutung.

Ist insbesondere $N_{1w} = 0$, also Speisung im Endpunkt *2*, reine Blindlast im Endpunkt *1*, so muß P auf dem Wirkleistungshauptkreis k_w liegen. Durch Verschiebung dieses Punktes entlang k_w kann der Fall untersucht werden, daß in Endpunkt *1* bei Leerlauf Phase geschoben wird, unter Konstanthaltung der Spannung im Endpunkt *2*. Zu jedem solchen auf k_w liegenden Belastungspunkt wird die zugehörige Phasenschieberleistung aus dem Blindleistungsdiagramm gefunden, in der unter 5. beschriebenen Weise. Der Übertragungsverlust, nämlich die im Endpunkt *2* auftretende Generatorleistung, wird durch die Abszisse des Belastungspunktes dargestellt. Die genaue Bestimmung läßt sich mittels des Verlustdiagramms durchführen. Von den Phasenschieberverlusten ist dabei abgesehen, diese können nachträglich hinzugefügt werden. Auf diese Weise kann man Kurven zur Darstellung des Übertragungsverlustes und der Spannung im leerlaufenden Endpunkt *1* bei konstanter Spannung im Endpunkt *2* ermitteln, in Abhängigkeit von der in Endpunkt *1* stattfindenden Phasenschiebung. Sieht man vom Phasenschieberverlust ab, so ergibt sich die kleinste Energieaufnahme der leerlaufenden Leitung, wenn der Belastungspunkt mit Q_w zusammenfällt.

Der zuletzt besprochene Fall gegebener Leistungskomponenten im Endpunkt *1* bei gegebener Spannung im Endpunkt *2* wird zweckmäßig nach dem in Abb. 47 dargestellten, in Abschnitt 22h (S. 67) beschriebenen Verfahren behandelt: Die Leistungskomponenten im Endpunkt *2* sind $\overline{Oa_2} = N_{2w}$ und $\overline{a_2P_2} = N_{2b}$. Die Leistungskomponenten im Endpunkt *1* sind $\overline{Na_1} = N_{1w}$ und $\overline{a_1P_1} = N_{1b}$. Die Wirkachse des Systems *1* schließt mit der Richtung $\overrightarrow{MN}$ den Kurzschlußwinkel φ_k ein. Ist P_1 gegeben, so findet man P_2 durch folgende Konstruktion: $\overline{P_1P_2} \parallel \overline{MN}$, $\overline{NK_\varphi} \perp \overline{NP_1}$; Punkt K_φ auf der Symmetrale von $\overline{MN}$ ist der Mittelpunkt eines durch M gehenden Kreises k_φ, auf dem P_2 liegt. Ist umgekehrt P_2 gegeben, so wird der $\sphericalangle\, \psi$ in der aus Abb. 47 ersichtlichen Art von P_2 nach N übertragen. Der Schnittpunkt des so gefundenen Halbstrahls mit der Geraden $\overline{P_2P_1} \parallel \overline{MN}$ ist der gesuchte Punkt P_1.

b) Anwendung des Verfahrens für kurze Leitungen.

Die „kurze“ Leitung ist dadurch charakterisiert, daß die Kurzschlußleistung ein Vielfaches der Leerlaufleistung und auch der wirtschaftlich übertragbaren Leistungen ist. Werden diese in hinreichender Größe dargestellt, so liegt der Kurzschlußpunkt außerhalb des Bereichs der Zeichnung. Die Freileitungslängen, die in diesem Sinn als „kurz“ zu bezeichnen sind, liegen bei 50 Perioden unterhalb etwa 350 km (bei 60 Perioden unterhalb 300 km). — Es werde der Übertragungsvorgang auf der 200 km langen Leitung berechnet, deren Diagrammgrößen auf S. 171 angegeben sind.

Das gleiche Verfahren läßt sich grundsätzlich auf beliebig kurze Leitungen anwenden. Doch ist für Leitungslängen unterhalb 100 km die Berücksichtigung der verteilten Kapazität praktisch nicht erforderlich. In diesem Gebiet können die bekannten Methoden angewendet werden, bei welchen die Kapazität, falls sie überhaupt berücksichtigt wird, zu gleichen Teilen an den beiden Endpunkten konzentriert gedacht ist.

Das Diagramm der Leitung ist in Abb. 113, III dargestellt. Die Endpunkte der Leitung, welche die letzte Teilstrecke der vorstehend berechneten 500 km langen Leitung (Abb. 108) bildet, sind mit c und *2* bezeichnet. Für den vorliegenden Fall wird angenommen, daß im Endpunkt c der Generator, im Endpunkt *2* der Verbraucher angeschlossen ist.

Bei einer Spannung von 220 kV entspricht 1 mm des eingetragenen (verkleinerten) Maßstabes einer Leistung von 500 kVA.

Da die Punkte M, K_w und K_b (vgl. Abb. 108) nicht im Bereich der Zeichnung liegen, muß mit dem Quadratwurzelmaßstab des Übertragungsverlustes (Punkte Q_w, S_w, Gerade X_w) und mit dem Diagramm der Blindleistungsdifferenz (Punkte Q_b, S_b, Parabel p_{db}) gearbeitet werden (Abschnitt 22d, S. 62, und 22f, S. 65). Die Ermittlung und Verwendung des Spannungsverhältnisdiagramms erfolgt nach den in Abschnitt 34, S. 131, gemachten Angaben.

Im Endpunkt *2* wird bei einer Spannung von 220 kV eine Wirklast von 60000 kW bei $\cos\varphi = 0{,}7$ (nacheilend) abgenommen. Außerdem ist daselbst ein Phasenschieber vorhanden, der voreilenden Blindstrom, entsprechend einer Blindleistungsgröße von 20000 kVA, aufnimmt.

1. Ermittlung des Belastungspunktes: $\overline{Oa'} = 60000$ kW $= 120$ mm. $\overline{OP}$ schneidet den $\cos\varphi$-Kreis in einem Punkte mit der Abszisse 0,7. Der voreilenden Phasenschiebung entspricht die Strecke $\overrightarrow{PP'} = -20000$ kVA $= 40$ mm nach abwärts. P' gilt nunmehr als Belastungspunkt.

2. Spannungsverhältnis $\frac{E_c}{E_2}$: Von P' wird eine Senkrechte auf den Einheitsspannungskreis gefällt. (Diese wird erhalten, indem man einen um P' geschlagenen Kreisbogen mit dem Einheitskreis zum Schnitt bringt und die Symmetrale der Schnittpunkte bildet). Die Länge der Senkrechten wird auf dem Spannungsmaßstab vom Punkt 1,00 nach derselben Seite abgetragen, auf welcher P' liegt. Der Endpunkt ergibt $\frac{E_c}{E_2} = 1{,}075$, daher ist die Spannung $E_c = 220 \cdot 1{,}075 = 236{,}7$ kV.

3. Übertragungsverlust V_w: Die graphische Ermittlung erfolgt in gleicher Weise wie bei der 500 km langen Leitung (S. 175). Der ideelle Verlustwiderstand beträgt hier 98,85 Ohm für $E_2 = 220$ kV. Man findet $\overline{S_w f} = 163{,}1$ mm, daher $V_w = 98{,}85 \cdot 163{,}1^2 \cdot 10^{-3} = 2625$ kW. Somit beträgt die vom Punkte c aus in die Leitung hineingespeiste Leistung $N_{cw} = N_{2w} + V_w = 60000 + 2625 = 62625$ kW.

4. Blindleistung N_{cb}: Diese wird mittels der Blindverlustparabel p_{db} in der auf S. 176 erläuterten Weise gefunden. Man erhält $\overline{dc} = 38{,}8$ mm, nach aufwärts gerichtet. Somit beträgt die vom Punkte c aus in der Richtung nach Punkt 2 abgegebene Blindlast $N_{cb} = +38{,}8 \cdot 500 = +19400$ kVA.

Die Anwendung des in Abb. 47 (S. 67) dargestellten Verfahrens auf kurze Leitungen ist am Ende des Abschnittes 34 ausführlich erläutert.

c) Zusammensetzung von Teilstrecken.

Es sei nunmehr angenommen, daß die unter a) berechnete 500 km lange Leitung auch in ihren Zwischenstationen a und c belastet sei; die Diagramme der drei Teilstrecken sind in Abb. 113 dargestellt. Im Endpunkt 2 wird die Spannung auf 220 kV gehalten. Abgenommen werden die folgenden (auf Hochspannungsseite der Transformatoren bezogenen) Leistungen:

In Punkt 2 . . . . . 60000 kW bei $\cos\varphi = 0{,}7$ nacheilend,
„ „ c . . . . . 20000 „ „ „ $= 0{,}7$ „
„ „ a . . . . . 10000 „ „ „ $= 0{,}7$ „

Außerdem wirkt in Punkt 2 ein Phasenschieber, mit 20000 kVA voreilend, zum Zweck der Spannungsregulierung in den Zwischenstationen. (In dem für Punkt 2 angegebenen $\cos\varphi = 0{,}7$ ist diese Phasenschiebung noch nicht berücksichtigt.)

Zunächst wird der Übertragungsvorgang auf der 200 km langen Teilstrecke (c—2) ermittelt. Dieser ist bereits unter b) durchgerechnet. Es ergibt sich, daß von der Station c aus in die Leitung (c—2) eine Wirkleistung $N_{cw} = 62625$ kW und eine Blindleistung $N_{cb} = +19400$ kVA gespeist wird. Hierzu kommen noch die in der Station c abgenommenen Leistungskomponenten, nämlich $\overline{N'_{cw}} = 20000$ kV und die dem $\cos\varphi = 0{,}7$ entsprechende Blindleistung $N'_{cb} = +20400$ kVA. In der Station c werden daher die folgenden Leistungskomponenten aus der Richtung von Station a her bezogen:

Wirkleistung $N''_{cw} = N_{cw} + N'_{cw} = +62625 + 20000 = +82625$ kW,
Blindleistung $N''_{cb} = N_{cb} + N'_{cb} = +19400 + 20400 = +39800$ kVA.

Mit den Leistungen N''_{cw} und N''_{cb} geht man in das Diagramm für die 140 km lange Leitung (a—c). Die Spannung im Punkte c ist nach den obigen Ermittlungen $E_c = 236{,}7$ kV, daher st der Leistungsmaßstab für die Leitung (a—c) bei dieser Spannung:

$$1 \text{ mm} = 500 \cdot \left(\frac{236{,}7}{220}\right)^2 = 578 \text{ kW}.$$

Man hat somit für die Wirkleistung die Strecke $82625 : 578 = +143{,}0$ mm als Abszisse, für die Blindleistung die Strecke $39800 : 578 = +68{,}9$ mm als Ordinate des Belastungspunktes. Mit dem so gefundenen Punkt wird im Diagramm der Strecke (a—c) dieselbe Konstruktion ausgeführt, wie sie für die Leitung (c—2) erläutert wurde. Auf diese Weise erhält man die Spannung im Punkte a sowie die Wirkleistung N_{aw} und die Blindleistung N_{ab}, welche vom Punkte a aus in die Leitung (a—c) gespeist werden. Diese Leistungen werden wieder zusammengesetzt mit dem im Punkte a abgenommenen Leistungskomponenten N'_{aw} und N'_{ab}. Auf diese Weise erhält man die Gesamtleistungen N''_{aw} und N''_{ab}, die dem Punkte a aus der Richtung von Punkt *1* her zugeführt werden. Mit diesen Leistungskomponenten und der aus dem Diagramm der Leitung (a—c) ermittelten Spannung E_a wiederholt man im Diagramm der 160 km langen Leitung (*1*—a) das gleiche Verfahren und erhält auf diese Weise den Betriebszustand im Punkte *1*.

Zur systematischen Durchführung des Verfahrens und zwecks Vermeidung von Irrtümern wird zweckmäßig ein nach Art der folgenden Tabelle zusammengestelltes Formular benutzt. Die darin eingeschriebenen Zahlen beziehen sich auf die bis zum Endpunkt *1* fortgesetzte Durchrechnung des vorstehenden Beispieles.

Die Transformator- und Phasenschieberverluste sind in diese Berechnung nicht mit einbezogen, sie werden erst am Schluß berücksichtigt. Dadurch wird wohl hinsichtlich der Spannungs- und Verlustermittlung ein Fehler gemacht, da diese zusätzlichen Verluste den Übertragungsvorgang selbst beeinflussen und insbesondere auch die Übertragungsverluste verändern, doch ist dieser Einfluß gewissermaßen klein von zweiter Ordnung und kann daher praktisch in der Regel vernachlässigt werden.

Formularmuster für Ermittlung der Übertragungsgrößen auf einer Leitung mit zwei Zwischenstationen.

3 × Stahlaluminium äquiv. Cu 185 mm². Ableitungs- und Koronaverlust 4 kW/km für 220 kV.
Gesamte Leitungslänge 500 km.
Länge der Teilstrecken:
1—a = 160 km, a—c = 140 km, c—*2* = 200 km.

Abgenommene Leistung:	Station			
	1:	..... kW	bei $\cos\varphi$ = ...	
	„ a:	10000 „	„ $\cos\varphi$ = 0,7	nacheilend
	„ c:	20000 „	„ $\cos\varphi$ = 0,7	„
	„ *2*:	60000 „	„ $\cos\varphi$ = 0,7	„
	Gesamt	90000 kW		

	kW	Blind kVA	kV	Bemerkung
Abgenommen in Station *2*	60000	+61200 −20000 (Ph)	220	Phasenschiebung nur in Station *2*, $N_{\text{ph}} = -20000$ kVA.
Verlust auf Strecke c—*2*	2625			
Von c in Richtung *2* abgegeben ...	62625	+19400		
Abgenommen in Station c	20000	+20400	236,7	
In c aus Richtung a bezogen ...	82625	+39800		
Verlust auf Strecke a—c	2545			
Von a in Richtung c abgegeben ..	85170	+24600		
Abgenommen in Station a	10000	+10200	249,1	
In a aus Richtung *1* bezogen ...	95170	+34800		
Verlust auf Strecke *1*—a	3200			
Generatorleistung in Station *1* ...	98370	+15600	261,8	

Transformatorenleistungen[1]) (oberspannungsseitig):		Phasenschieberleistung (oberspannungsseitig):	
Station *1*	100000 kVA	Station *1*	— kVA
„ a	14000 „	„ a	— „
„ c	28000 „	„ c	— „
„ *2*	73000 „	„ *2*	(−)20000 „
	215000 kVA		(−)20000 kVA

Übertragungsverlust .... 8370 kW	Wirkungsgrad:
Transformatorverlust (2%) . 4300 „	$= \left(1 - \frac{13740}{90000}\right) \cdot 100 = \underline{\underline{85,5\ \%}}.$
Phasenschieberverlust (4%) . 800 „	
Gesamtverlust ...... 13470 kW	

[1]) $\frac{N_w}{\cos\varphi}$; in Station *2* ist die Phasenschieberleistung zu berücksichtigen.

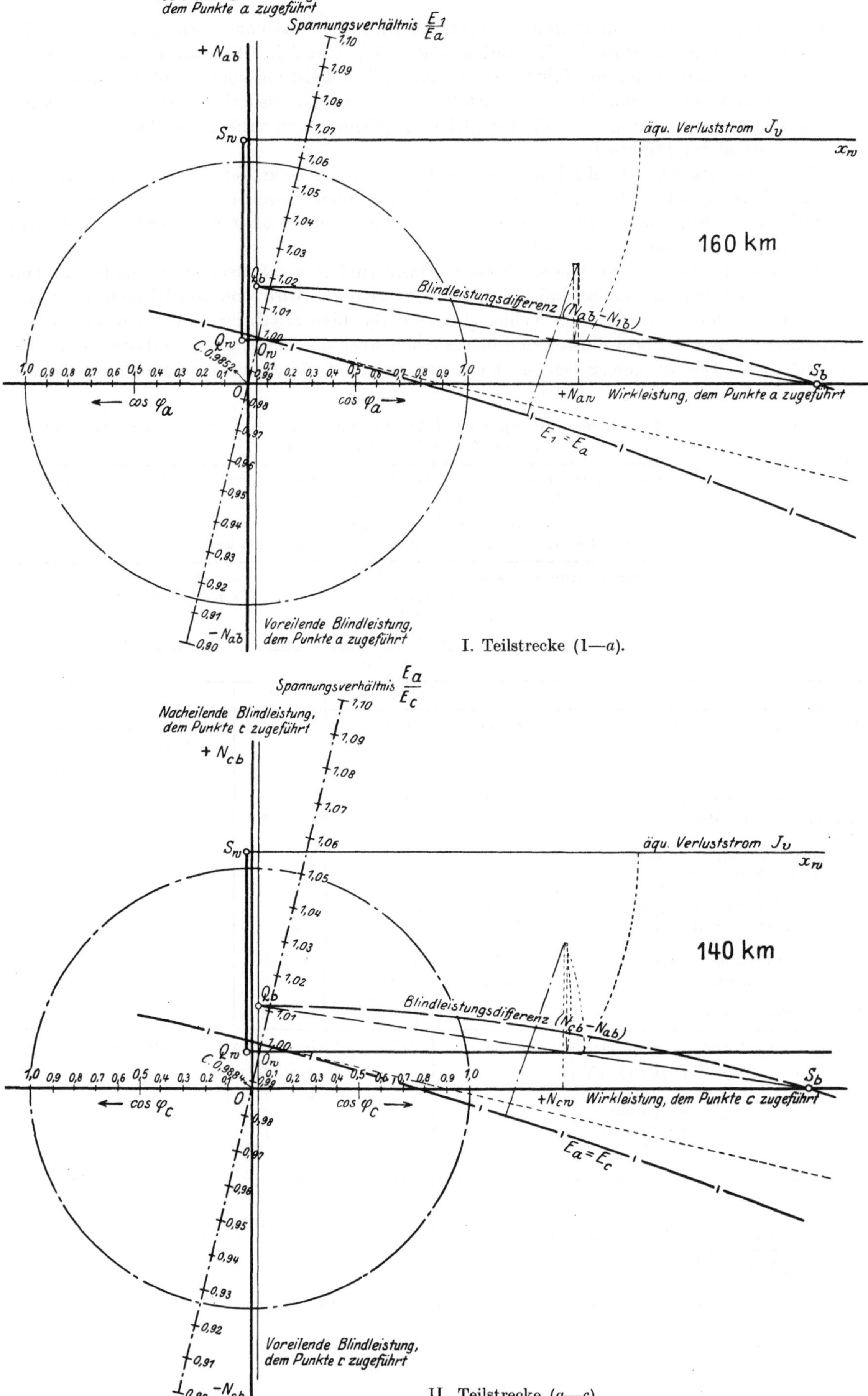

I. Teilstrecke (1—a).

II. Teilstrecke (a—c).

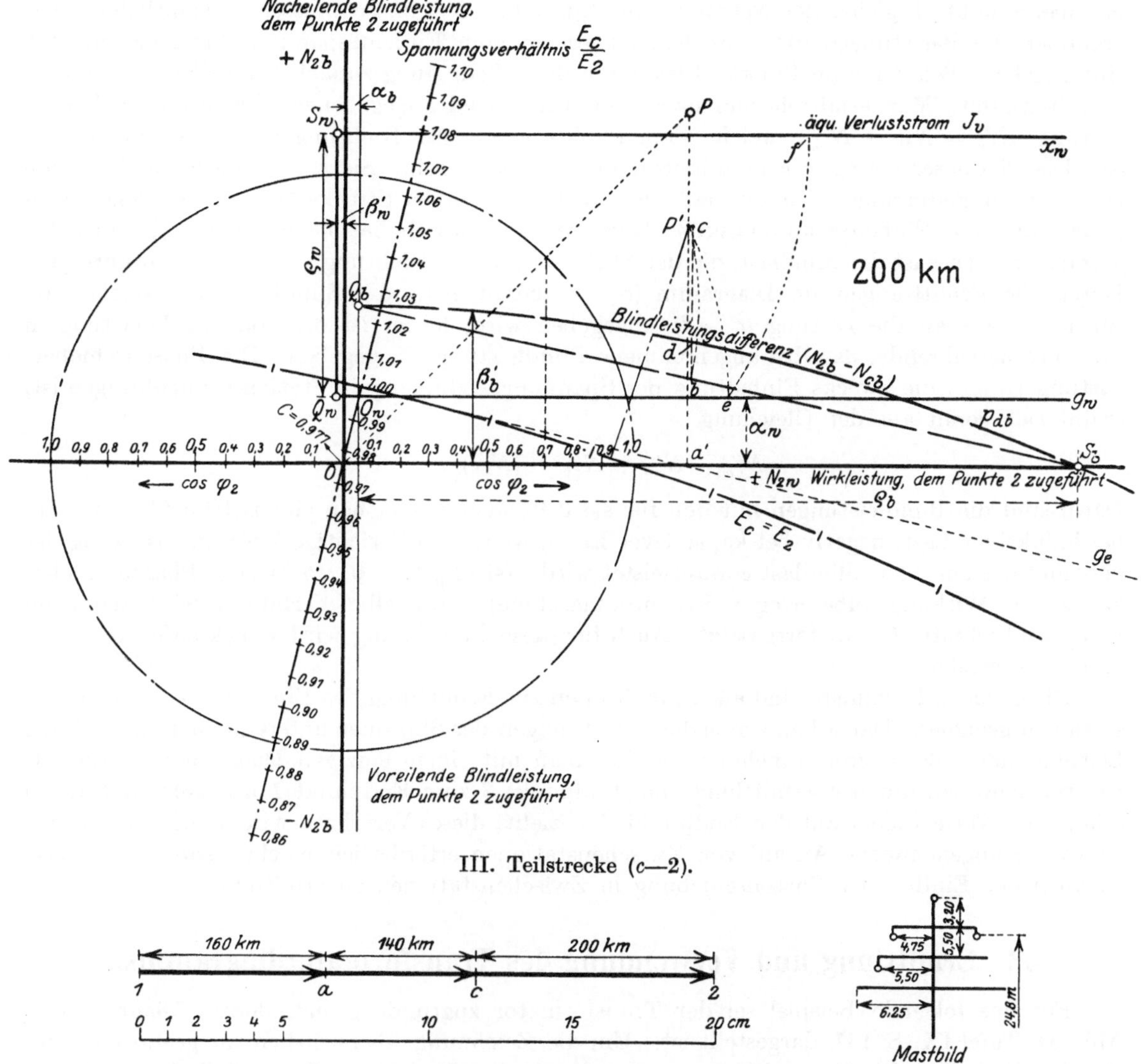

Abb. 113. Ermittlung der Übertragung auf einer 500 km langen 220 kV-Drehstromleitung mit Leistungsentnahme in zwei Zwischenstationen.

Kilometrische Konstanten und Diagrammgrößen s. S. 171.

Koordinaten analog Abb. 108.

Diagramm	I	II	III
Bezugspunkt	a	c	2
Bezugsspannung	$E = E_a$	E_c	E_2

Leistungsmaßstab $1\ \text{mm} = 500\left(\frac{E}{220}\right)^2$ kVA.

Diagrammlinien für Spannungsverhältnis, Verlust und Blindleistung wie in Abb. 107.

Belastungspunkt P und durchgeführtes Beispiel entsprechend Tabelle S. 179.

Zwecks Aufnahme von Betriebskurven kann die Phasenschiebung im Punkte *2* abgeändert werden; die so erhaltenen Werte der elektrischen Größen in den übrigen Stationen können in Abhängigkeit von der Phasenschiebung aufgetragen werden, woran u. a. der Einfluß auf die Spannungsregelung entlang der Strecke ersichtlich ist. Für jeden angenommenen Betrag der Phasenschiebung muß dabei ein Formular ausgefüllt werden, was jedoch nach einiger Übung nur kurze Zeit beansprucht.

Es unterliegt nun keiner Schwierigkeit, die an den Abnahmestellen erforderlichen Phasenschiebungen zu ermitteln, falls bezüglich der Spannungen in den Zwischenstationen eine bestimmte Bedingung vorgeschrieben ist. Sollen z. B. diese Spannungen und auch die Spannung im Speisepunkte *1* gleich der Spannung im Endpunkt *2* sein, so müssen in sämtlichen Diagrammen die Belastungspunkte auf dem eingezeichneten Einheitsspannungskreis liegen. Für eine gegebene Belastung im Punkte *2* ist durch diese Bedingung zunächst die Phasenschiebung in *2* bestimmt. Man ermittelt nun nach dem vorstehend angegebenen Verfahren die Wirkleistung $N''_{cw} = N_{cw} + N'_{cw}$, welche dem Punkte c aus der Richtung von a her zuzuführen ist. Die Phasenschiebung in c muß hierfür nicht bekannt sein. Sie wird nach Ermittlung von N''_{cw} aus der Bedingung bestimmt, daß auch im Diagramm der Strecke (a——c) der Belastungspunkt auf dem Einheitsspannungskreis liegen muß, wodurch bei bekanntem N''_{cw} auch N''_{cb} gegeben ist. Dies ist die Blindlast, die der Station c aus der Richtung von a her zuzuführen ist. Durch die Ermittlungen im Diagramm (c——*2*) kennt man die Blindlast N_{cb}, welche von Station c aus an die Leitung (c——*2*) abgegeben wird, ferner ist die von der Belastung in Station c herrührende, daselbst abgenommene Blindleistung N'_{cb} gegeben. Die Phasenschieberleistung $(N_{\text{ph}})_c$, die zwecks Einhaltung der Spannungsbedingung in Station c anzubringen ist, ergibt sich somit aus der Gleichung

$$N''_{cb} = N'_{cb} + N_{cb} + (N_{\text{ph}})_c .$$

Darin sind die Blindleistungen mit den für sie geltenden Vorzeichen einzusetzen (d. h. positiv bei induktiver Last, negativ bei kapazitiver Last), wodurch die richtige Zusammensetzung der vor- und nacheilenden Blindlast gewährleistet wird. Ist $(N_{\text{ph}})_c < 0$, so hat der Phasenschieber kapazitive Wirkung (übererregte Synchronmaschine). Dasselbe Verfahren wird dann im Leitungsabschnitt (*1*——a) fortgesetzt. Auch für diese Berechnung wird zweckmäßig das Formular verwendet.

Die gleichen Formulare sind auch für Studien zur Ermittlung des Einflusses von Zwischenstationen geeignet. Dabei kann man die Entfernungen der Stationen untereinander und von den Leitungsenden gleich groß annehmen, so daß man mit einem einzigen Diagramm auskommt, bei welchem man mit der Ermittlung vom Endpunkt *2* zum Endpunkt *1* übergeht und die so erhaltenen Werte wieder auf den Endpunkt *2* bezieht; dieses Verfahren wird so oft wiederholt, als es die angenommene Anzahl von Zwischenstationen erforderlich macht. Auf diese Weise ist auch der Einfluß der Phasenschiebung in Zwischenstationen zu ermitteln.

53. Ermittlung und Verwendung des Transformatordiagramms.

Für das folgende Beispiel sei der Transformator zugrunde gelegt, dessen Diagramm in Abb. 94, Tafel IX, S. 137, dargestellt ist. Um die Zeichnung übersichtlich zu gestalten, sind für die Verluste, die Magnetisierungsströme und die Streuspannung praktisch unzulässig große Werte angenommen. Bei den praktisch in Betracht kommenden Werten liegen die festen Diagrammpunkte N, O_w, Q_w und Q_b sehr nahe beisammen. Die Genauigkeit der aus dem Diagramm gewonnenen Ergebnisse wird jedoch hierdurch nicht beeinträchtigt. Für das vorliegende Beispiel sind die folgenden prozentualen Werte angenommen (deren Definition auf S. 134 gegeben ist):

Kupferverlust 20%;
Streuspannung . . . . . . 34,64%; daher
Kurzschlußspannung . . . $\sqrt{20^2 + 34{,}64^2}\,\% = 40\%$;
Eisenverlust 3%;
Magnetisierungsstrom . . . 19,78%; daher
Leerlaufstrom . . . . . . $\sqrt{3^2 + 19{,}78^2}\,\% = 20\%$;

daher also

$$e_{kw} = 20\,,\quad e_{kb} = 34{,}64\,,\quad e_k = 40\,.$$
$$e_{0w} = 3\,,\quad e_{0b} = 19{,}78\,,\quad e_0 = 20\,,$$

Die in Abb. 94 eingeschriebenen Streckenlängen sind Verhältniswerte und beziehen sich auf eine Längeneinheit, durch welche die Normalleistung N_n dargestellt wird. Diese Einheit ist mit 100 mm angenommen. (Die Abbildung ist in der vorliegenden Darstellung im Verhältnis

1 : 2,5 verkleinert). Die Verhältniswerte sind also mit 100 zu multiplizieren, um die natürliche Größe der Länge in Millimetern zu erhalten. Der Leerlaufpunkt N hat die Koordinaten

$$\frac{e_{0w}}{100} \cdot N_n = \frac{3}{100} \cdot 100 = 3\,\text{mm} \qquad \text{und} \qquad \frac{e_{0b}}{100} \cdot 100 = 19{,}8\,\text{mm}; \qquad (\overline{ON} = 20\,\text{mm}).$$

Der Kurzschlußpunkt M liegt praktisch außerhalb des Bereichs der Darstellung. Der Neigungswinkel der Geraden $\overline{OM}$ gegen die Abszissenachse ist bestimmt durch

$$\cos\varphi_k = \frac{e_{kw}}{e_k} = 0{,}5\,.$$

Für die Größe des auf dieser Geraden aufgetragenen Spannungsmaßstabes hat man

$$10\,\% = \frac{10}{e_k} \cdot N_n = \frac{1000}{40} = 25\,\text{mm}\,.$$

Der Spannungsmaßstab gibt in der vorstehenden Darstellung das Verhältnis der Primärspannungen bei Belastung und Leerlauf an, bezogen auf konstante Sekundärspannung. Die zur Ermittlung dieses Verhältnisses notwendige Parabel p_e' hat die Achse $\overline{OM}$ und den Scheitel O. Der auf der Scheiteltangente abgetragenen Abszisse $N_n = 100\,\text{mm}$ entspricht die Ordinate

$$\frac{N_n^2}{2\,\overline{OM}} = \frac{e_k}{200} \cdot N_n = \frac{40}{200} \cdot 100 = 20\,\text{mm}\,.$$

Mittels des so erhaltenen Punktes kann die Parabel konstruiert werden.

Das Leerlaufspannungsverhältnis C, bezogen auf das Übersetzungsverhältnis 1 : 1, ist praktisch nahezu gleich der Einheit. Im vorliegenden Fall muß eine genauere Bestimmung vorgenommen werden. Entsprechend Gleichung (184) ist

$$\frac{1}{C^2} = 1 - 10^{-4}(e_{0w}\,e_{kw} + e_{0b}\,e_{kb}) = 1 - 10^{-4}(3 \cdot 20 + 19{,}78 \cdot 34{,}64) = 0{,}9255\,.$$

Eine sehr genaue Ermittlung erhält man auch aus Abb. 95: $\overline{NN'} \perp \overline{OM}$, $\overline{ON'} = 18{,}6\,\text{mm}$; in Einheiten von der Größe N_n ist daher $\overline{ON'} = 0{,}186$, somit

$$\frac{1}{C^2} = \frac{\overline{MN}}{\overline{MO}} \doteq \frac{\overline{MN'}}{\overline{MO}} = 1 - \frac{\overline{ON'}}{\overline{MO}} = 1 - \overline{ON'}\,\frac{e_k}{100} = 1 - 0{,}186 \cdot \frac{40}{100} = 1 - 0{,}0744 = 0{,}9256\,.$$

Für Großtransformatoren mit praktisch in Betracht kommenden Werten der Kurzschlußspannung und des Leerlaufstroms ist $\frac{1}{C^2} = 0{,}99 \div 0{,}995$.)

Punkt Q_w hat die gleiche Abszisse, Punkt Q_b die gleiche Ordinate wie Punkt N. Die Gerade $\overline{Q_w Q_b}$ ist die Symmetrale von $\overline{NN'}$ (Abb. 95). Dadurch sind die beiden Punkte bestimmt. Punkt Q_w ist der Scheitel der Parabel p_{vw}, Punkt Q_b der Scheitel der Parabel p_{db}. Man findet je einen weiteren Punkt b bzw. b'' dieser beiden Parabeln, entsprechend den Beziehungen:

$$\overline{Q_w a} = N_n = 100\,\text{mm}\,, \qquad \overline{ab} = \frac{e_{kw}}{100} C^2 N_n = \frac{20}{100} \cdot \frac{1}{0{,}926} \cdot 100 = 21{,}6\,\text{mm}\,,$$

$$\overline{Q_b a''} = N_n = 100\,\text{mm}\,, \qquad \overline{a''b''} = \frac{e_{kb}}{100} C^2 N_n = \frac{34{,}64}{100} \cdot \frac{1}{0{,}926} \cdot 100 = 37{,}5\,\text{mm}\,.$$

Zur Ermittlung des Punktes S_w hat man

$$\overline{OB} = \sqrt{\frac{e_{0w}}{e_{kw}}}\, N_n = \sqrt{\frac{3}{20}}\, 100 = 38{,}75\ \text{mm}.$$

Kreis k_w' über $\overline{BB'}$, mit der Vertikalen durch Q_w zum Schnitt gebracht, ergibt S_w. Durch S_w wird parallel zur Abszissenachse die zur Verlust- und Wirkungsgradermittlung dienende Gerade X_w gezogen. Für den Wirkungsgradmaßstab hat man

$$10\% = \frac{10}{e_{kw}} \cdot \frac{1}{C^2} \cdot N_n = \frac{10}{20} \cdot 0{,}926 \cdot 100 = 46{,}3\,\text{mm}\,.$$

Für die Verlustbestimmung ist die Kenntnis von R_w notwendig. Es ist

$$2\,R_w = \frac{100}{e_{kw}} \cdot \frac{1}{C^2} \cdot N_n = 462{,}8\,\text{mm}.$$

Mit den festen Diagrammlinien werde folgender Fall ermittelt:

Normalleistung $N_n = 1000$ kVA ($= 100$ mm),

Sekundärleistung $N_2 = 800$ kVA bei $\cos\varphi_2 = 0{,}7$ nacheilend,

Sekundärspannung $E_2 = 10$ kV.

Zu bestimmen sind der Gesamtverlust, der Wirkungsgrad, die Leistungskomponenten und die Spannung auf der Primärseite (letztere bezogen auf das Übersetzungsverhältnis 1 : 1).

Man macht $\overline{OP} = 80$ mm, Neigungswinkel dieser Strecke entsprechend dem gegebenen $\cos\varphi_2$ (punktierte Linien). Die Koordinaten des Punktes P ergeben:

$$N_{2w} = 560\,\text{kW}, \qquad N_{2b} = 571\,\text{kVA}.$$

Die konstruktive Ermittlung von N_{1w}, $V_w = N_{1w} - N_{2w}$ und Wirkungsgrad η erfolgt in gleicher Weise wie in Abb. 110 und 111 (S. 173 u. f. S.).

Es ergibt sich

$$N_{1w} = \overline{kl} = 77{,}5\,\text{mm} = 775\,\text{kW},$$

$$V_w = \frac{1}{2R_w} \cdot \overline{S_w f}^2 = \frac{1}{462{,}8} \cdot 99{,}7^2 = 21{,}47\,\text{mm} = 215\,\text{kW}.$$

$\overline{S_w q} = \overline{kl}$; Parallele zu $\overline{qf}$ durch Punkt e ergibt $\eta = 72{,}2\,\% \left(= \frac{560}{775}\right)$.

Zur Ermittlung der Blindleistung N_{1b} hat man: Kreisbogen $\widehat{Pl''}$ um Punkt Q_b; $N_{1b} = \overline{k''l''}$ $= 114{,}9$ mm $= 1149$ kVA (nacheilend, da l'' oberhalb von k'' liegt). Die primäre Scheinleistung ist

$$N_1 = \sqrt{560^2 + 1149^2} = 1387\,\text{kVA}.$$

Der primäre Leistungsfaktor ist

$$\cos\varphi_1 = \frac{775}{1387} = 0{,}56.$$

Die Länge der aus Punkt P auf die Parabel p_e errichteten Senkrechten, auf dem Spannungsverhältnismaßstab von 0 aus abgetragen, ergibt

$$\frac{E_1}{E_{01}} = 1{,}3128,$$

darin ist

$$E_{01} = CE_2 = \frac{E_2}{\sqrt{0{,}9255}} = 1{,}039\,E_2$$

die Primärspannung (bezogen auf Übersetzungsverhältnis 1 : 1), bei Leerlauf der Sekundärseite mit Spannung E_2. (Praktisch ist stets $E_{01} = E_2$). Es sei $E_2 = 10$ kV, Übersetzung 10 : 1, daher

$$E_1 = 10 \cdot 10 \cdot 1{,}039 \cdot 1{,}3128 = 136{,}4\,\text{kV}.$$

Aus Scheinleistung und Spannung werden in bekannter Weise die beiden Ströme errechnet.

Das erläuterte Verfahren eignet sich dort, wo eine große Anzahl von Betriebsfällen zu ermitteln ist (Berechnung von Betriebskurven unter verschiedenen Annahmen). Sind nur einzelne Fälle zu berechnen, so ist das in Abb. 47 (S. 67) dargestellte Verfahren einfacher, das in gleicher Weise wie bei kurzen Leitungen entsprechend den Angaben des Abschnittes 34 (letzter Absatz) anzuwenden ist, nachdem Leerlaufpunkt und Kurzschlußleistung wie in Abb. 95 ermittelt sind. Das gleiche unmittelbare Verfahren ist auch anzuwenden, wenn die Spannung auf der Primärseite und die Leistungskomponenten auf der Sekundärseite gegeben sind.

54. Das Diagramm einer Reihenschaltung von Übertragungskreisen.

Als Erläuterungsbeispiel zu der in Abschn. 50 besprochenen Zusammenschaltung von Übertragungskreisen werde das Diagramm einer homogenen Leitung einschließlich der an beiden Endpunkten befindlichen Transformatoren ermittelt. Bei den in den Abschnitten 51 und 52 gebrachten Beispielen wird nur der Vorgang auf der Leitung selbst, also die Übertragung zwischen den beiden Oberspannungs-Sammelschienensystemen betrachtet. Für die Praxis kommt jedoch in erster Linie der Übertragungsvorgang zwischen den beiden Unterspannungsseiten in Betracht, auf den die Transformatoren einen wesentlichen Einfluß ausüben. Wenn das Diagramm der Leitung selbst bekannt ist, so kann man sich mit einem schrittweisen Verfahren behelfen, indem man von der Unterspannungsseite zur Oberspannungsseite übergeht, ferner die Übertragung auf der Leitung ermittelt, und sodann den Umspannvorgang im Endpunkt berechnet. Bei einer größeren Anzahl von Belastungsfällen (Betriebskurven) ist jedoch dieser Vorgang sehr umständlich. Auch geht dabei die Übersichtlichkeit des graphischen Verfahrens verloren. Weit vorteilhafter ist es, mit dem Diagramm des resultierenden Übertragungskreises zu arbeiten, das unmittelbar den Übertragungsvorgang zwischen den beiden Unterspannungsseiten erkennen läßt. Aus den Konstanten der Leitung und der Transformatoren können in einfacher Weise der Leerlauf- und der Kurzschlußpunkt des resultierenden Diagramms konstruktiv ermittelt werden. Aus diesen beiden Punkten ergibt sich das Diagramm in allen seinen Teilen in gleicher Weise wie beim einfachen Übertragungskreis (Abschnitt 25e, 34, 44 und 51). Im folgenden Beispiel wird daher nur die Ermittlung der beiden Fundamentalpunkte des resultierenden Diagramms durchgeführt.

Die gegebene Leitung sei identisch mit der in Abschnitt 52a behandelten 500 km langen 220 kV-Drehstromleitung. An beiden Enden sind gleichartige Transformatoren von gleicher Größe und gleicher Anzahl vorhanden; der resultierende Übertragungskreis ist daher symmetrisch. Die Normalleistung jedes der beiden Umspannwerke ist $N_n = 200000$ kVA. Die vier Transformatorkonstanten (s. Abschnitt 36 und 53) haben folgende Werte:

$$e_{0w} = 0{,}75\,, \qquad e_{0b} = 8\,,$$
$$e_{kw} = 1\,, \qquad e_{kb} = 9{,}95\,; \qquad (e_k = 10)\,.$$

Die Transformatorübersetzung wird auf 1 : 1 reduziert, d. h. es wird die Windungszahl der Unterspannungsseite gleich der tatsächlich vorhandenen Windungszahl der Oberspannungsseite angenommen. Es entspricht 1 mm des eingetragenen (verkleinerten) Maßstabes einer Leistungsgröße von 1000 kVA, bezogen auf 220 kV an den „Unterspannungsklemmen" des so reduzierten Transformators. Die tatsächlich auftretende Unterspannung ergibt sich durch Multiplikation mit dem Verhältnis der Windungszahlen (Unterspannungsseite zu Oberspannungsseite). Die aus dem Diagramm erhaltenen Leistungskomponenten werden durch die Reduktion nicht beeinflußt. Sie gelten unmittelbar für die Unterspannungsklemmen.

Zunächst werden Kurzschluß- und Leerlaufpunkt der 500 km langen Leitung nach dem in Abschnitt 51 gegebenen Verfahren ermittelt. Diese Punkte sind in Abb. 114, a mit M_p und N_p bezeichnet; (sie sind aus Abb. 108 übertragen, wo sie mit M und N bezeichnet sind). Der Kurzschluß- und der Leerlaufpunkt des Transformators sind mit dem Index q bezeichnet. Der Leerlaufpunkt N_q (Abb. 114, b) hat die Koordinaten

$$-0{,}01\, N_n \cdot e_{0w} = -0{,}01 \cdot 200 \cdot 0{,}75 = -1{,}5\,\text{mm}$$

und

$$-0{,}01\, N_n \cdot e_{0b} = -0{,}01 \cdot 200 \cdot 8 \quad = -16\,\text{mm}\,.$$

Die Richtung der nach dem Kurzschlußpunkt M_q weisenden Geraden ist bestimmt durch $\cos\varphi_k = \frac{e_{kw}}{e_k} = 0{,}1$. Die (in der Zeichnung nicht darstellbare) Entfernung des Kurzschlußpunktes von Koordinatenursprung ist $\overline{OM_q} = \frac{100}{e_k} N_n = 2000\,\text{mm}$. Das Schema des resultierenden Übertragungskreises lautet: Transformator *1* + Leitung (*1*—*2*) + Transformator *2*.

Zunächst werden die Fundamentalpunkte M_I und N_I jenes Übertragungskreises bestimmt, der aus der Zusammenschaltung der Leitung mit einer der Transformatorstationen besteht [Transformator *1* + Leitung (*1*—*2*)]. Die Diagrammstrecken seien als Leitfähigkeiten betrachtet. Bei Leerlauf im Endpunkt *1* (unterspannungsseitig) wird die Leitung mit der Leerlaufleitfähigkeit des Transformators *1* belastet. Der entsprechende Belastungspunkt ist N_q' (Abb. 114, a). Seine Koordinaten sind denen des Punktes N_q (Abb. 114, b) entgegengesetzt gleich. Zu entwickeln ist die Leerlaufleitfähigkeit der Leitung samt dem mit ihr in Reihe geschalteten Transformator *1*. Der dementsprechende Punkt N_I ist dem Punkt N_q' im Diagramm der Leitung „zugeordnet" (s. Abschn. 25e; Konstruktionsverfahren entsprechend Abschn. 21b). Die Gerade g_d ist die Symmetrale des $\sphericalangle(OM_pN_p) = 2\varphi_c$, Punkt N_{mp} ist der Schnitt dieser Geraden mit dem Einheitsspannungskreis und wird wie in Abb. 37 ermittelt. Die Beziehung zwischen den Punkten N_q' und N_I ist die gleiche wie zwischen den Punkten P_2 und (P_1) der Abb. 38: $\overline{M_p N_q'}$ symmetrisch zu $\overline{M_p N_I}$ mit Bezug auf die Gerade g_d, $\Delta(M_p N_q' N_{mp}) \backsim \Delta(M_p N_{mp} N_I)$. Daher schließt $\overrightarrow{N_q' N_{mp}}$ mit $\overrightarrow{N_{mp} N_I}$ den $\sphericalangle \varepsilon$ ein. In gleicher Weise könnte der Punkt M_I ermittelt werden,

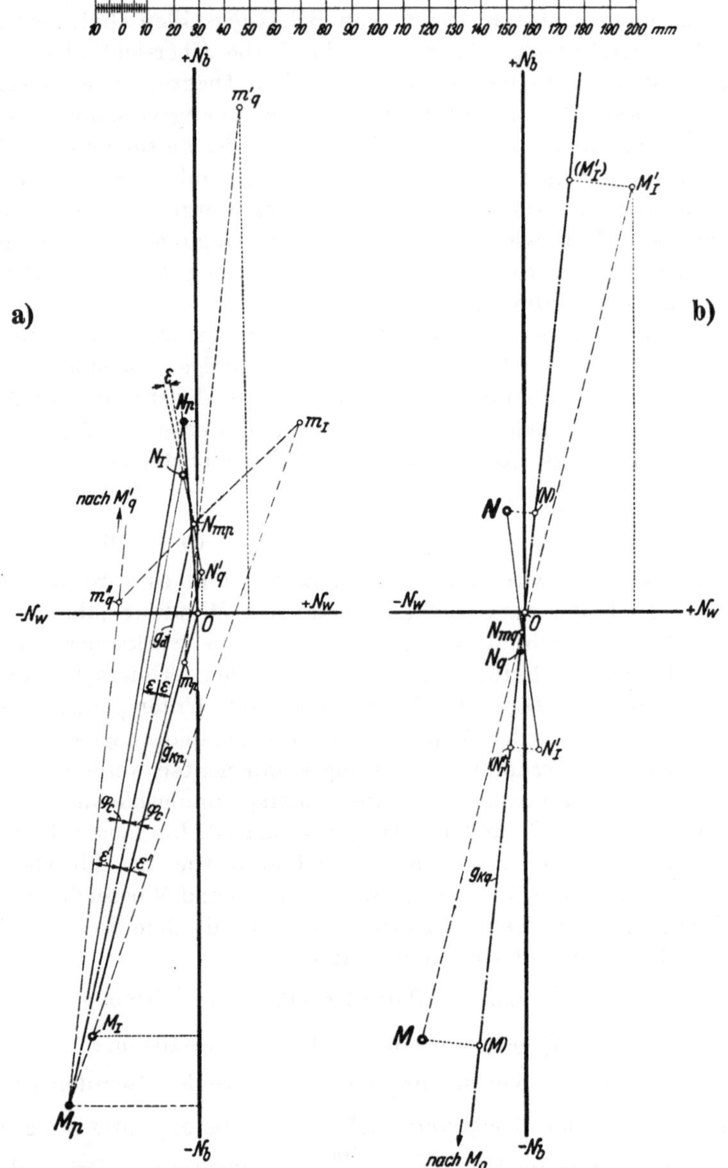

Abb. 114. Graphische Ermittlung der auf Unterspannungsseite bezogenen Kurzschluß- und Leerlaufleistung einer 500 km langen 220 kV-Leitung (P) mit zwei gleichartigen Endtransformatoren (Q).
Schema des Übertragungskreises: $Q + P + Q$.
Koordinaten: Wirk- und Blindleistung auf der Unterspannungsseite, bei konstanter Unterspannung.
Leistungsmaßstab: 1 mm = 1000 kVA, bei Unterspannung $\left(220 \frac{n_u}{n_o}\right)$ kV.
$\left[\text{Windungszahlverhältnis des Transformators} = \frac{n_u}{n_o}\right]$.
Leitung wie in Abschnitt 52; Transformatorkonstanten s. S. 182.

Punkt	Kurzschluß	Leerlauf	Diagramm
Leitung P	M_p [1])	N_p [1])	a
Transformator Q	M_q [2])	N_q	b
Schaltung $(P + Q)$	M_I	N_I	a
Schaltung $(Q + P + Q)$	M	N	b

[1]) Identisch mit M bzw. N in Abb. 108. [2]) Liegt außerhalb der Zeichnung ($\overline{OM_q} = 2000$ mm).

wenn M_q bzw. der zentrisch-symmetrisch zu M_q liegende Punkt M'_q im Bereich der Zeichnung läge. Im vorliegenden Fall wird mit 10fach verkleinerten Hilfsstrecken gearbeitet. Es ist

$$\overline{Om_p} = 0{,}1 \cdot \overline{OM_p} = 20{,}2\,\text{mm}; \qquad \overline{Om'_q} = 0{,}1 \cdot \overline{OM'_q} = 200\,\text{mm},$$

ferner $\overline{Om'_q} \| g_{kq}$. Wegen der proportionalen Verkleinerung gibt $\overline{m_p m'_q}$ die Richtung von $\overline{M_p M'_q}$ an. Man macht $\overline{M_p m''_q} \# \overline{m_p m'_q}$. Die Gerade $\overline{M_p m''_q}$ weist nach dem Punkt M'_q hin. Punkt m_I ist dem Punkt m''_q zugeordnet, daher $\overline{M_p m''_q}$ symmetrisch zu $\overline{M_p m_I}$; Strecke $\overline{m''_q N_{mp}}$ schließt mit $\overline{N_{mp} m_I}$ den Winkel ε' ein. Dadurch ist m_I ermittelt. Zufolge der Zuordnung gilt die Beziehung

$$\overline{OM'_q} \cdot \overline{OM_I} = \overline{Om''_q} \cdot \overline{Om_I} = \overline{ON}_{mp}^2 .$$

Da $\overline{Om''_q} = 0{,}1 \cdot \overline{OM'_q}$, so ist $\overline{OM_I} = 0{,}1 \cdot \overline{Om_I}$.

Nunmehr wird der durch die Punkte M_I und N_I bestimmte Übertragungskreis an den Transformator *2* geschaltet. Es wird dabei das gleiche Verfahren angewendet wie bei der ersten Zusammenschaltung, jedoch im Diagramm des Transformators (Abb. 114, b). Die Koordinaten des Punktes M'_I bzw. N'_I sind denen des Punktes M_I bzw. N_I entgegengesetzt gleich. Diesen Punkten zugeordnet sind die gesuchten Punkte M und N des resultierenden Übertragungskreises. Da der Leerlaufpunkt N_q des Transformators nahezu auf g_{kq} liegt, so fällt die Gerade g_d des Diagramms (vgl. Abb. 37) mit g_{kq} zusammen (im allgemeinen ist sie wegen der großen Entfernung von M_q parallel zu g_{kq}, und zwar die Symmetrale von $\overline{NN'}$, Abb. 95). Ferner ist N_{mq} (Schnitt des Einheitsspannungskreises mit g_d) in diesem Falle der Halbierungspunkt von $\overline{ON_q}$. [Allgemein ist $R_e^2 = \overline{M_q N}_{mq}^2 = \overline{M_q N_q} \cdot \overline{M_q O}$ (Abschnitt 21 b). Da $\overline{M_q N_{mq}} \ggg \overline{ON_q}$, so kann statt des geometrischen Mittels das arithmetische Mittel genommen werden.] Da der Winkel ε (vgl. Abb. 114, a) im Transformatordiagramm verschwindend klein ist, so geht die Verbindungsgerade zugeordneter Punkte durch N_{mq}. Daher liegt M auf der Geraden $\overline{N_{mq} M'_I}$, N auf der Geraden $\overline{N_{mq} N'_I}$. Zur Ermittlung dieser Punkte macht man $\overline{M_I (M'_I)} \perp g_{kq}$; $\overline{N_I (N'_I)} \perp g_{kq}$. Zufolge der Zuordnung ist

$$\overline{M_q M} \cdot \overline{M_q M'_I} = \overline{M_q N}_{mq}^2 \doteq M_q(M) \cdot M_q(M'_I) .$$

Es ist

$$\overline{ON_{mq}} \doteq \tfrac{1}{2} \overline{ON_q} = 8\,\text{mm}; \qquad \overline{M_q N_{mq}} = 2000 - 8 \quad = 1992\,\text{mm};$$

$$\overline{O(M'_I)} = 171\,\text{mm}, \qquad \overline{M_q(M'_I)} = 2000 + 171 = 2171\,\text{mm},$$

daher $M_q(M) = \frac{1992^2}{2171}$. Diese Zahl wird sehr genau durch folgende Zerlegung ermittelt:

$$\frac{1992^2}{2171} = \frac{(2171 - 179)^2}{2171} = 2171 - 2 \cdot 179 + \frac{179^2}{2171} = 2171 - 358 + 14{,}8 = 1827{,}8;$$

daher

$$\overline{O(M)} = 2000 - 1827{,}8 = 172{,}2\,\text{mm}.$$

Auf der durch (M) senkrecht zu g_{kq} gezogenen Geraden liegt der gesuchte Punkt M. In gleicher Weise findet man

$$\overline{O(N'_I)} = 54\,\text{mm}; \quad \overline{M_q(N'_I)} = 2000 - 54 = 1946\,\text{mm};$$

$$\overline{M_q(N)} = \frac{1992^2}{1946} = 2039{,}1\,\text{mm}; \qquad O(N) = 2039{,}1 - 2000 = 39{,}1\,\text{mm};$$

$\overline{N(N)} \perp g_{kq}$ ergibt den gesuchten Punkt N.

Der Vergleich mit den Fundamentalpunkten der reinen Leitung (M_p und N_p) im Diagramm a) zeigt, in wie hohem Maß die Lage der Fundamentalpunkte und dadurch die Diagrammgestaltung durch die Transformatoren beeinflußt wird.

Wenn die beiden Umspannwerke ungleichartig sind, so ist der resultierende Übertragungskreis unsymmetrisch. Der Ermittlungsvorgang ist im Abschnitt 50a angegeben.

Das gleiche Verfahren der schrittweisen Zusammensetzung gilt in sinngemäßer Anwendung auch für eine Leitung, die in Zwischenpunkten durch konstante Scheinwiderstände belastet ist. Zur Leerlauf- und Kurzschlußleistung der Teilstrecke wird die (auf konstante Spannung bezogene) Leistungsaufnahme des Belastungswiderstandes vektoriell hinzugefügt (Parallelverschiebung der Fundamentalpunkte). Mit den so erhaltenen Punkten geht man zur nächsten Teilstrecke über.

Anhang.

I. Die Darstellung von Wechselstromgrößen.

1. Grundschwingung und Oberschwingungen.

Technische Wechselströme und Wechselspannungen sind periodisch ungedämpfte Schwingungsvorgänge, welche durch die elektromotorische Kraft der Wechselstromerzeuger in den Leitungen und angeschlossenen Apparaten hervorgerufen werden. Als periodische Zeitfunktionen können sie zerlegt werden in eine Grundschwingung und in harmonische Oberschwingungen, deren Wechselzahlen ganze Vielfache der Grundschwingungs-Wechselzahl sind. Die Oberschwingungen sind im allgemeinen für die Wirtschaftlichkeit der Energieerzeugung und -übertragung schädlich. Bei neueren Wechselstromerzeugern hat man es durch geeignete Ausbildung der Wicklungen und der Magnetfelder erreicht, daß im Verlauf der elektromotorischen Kraft die Oberschwingungen weitgehend unterdrückt sind. Bei Betrachtung von Übertragungsvorgängen auf Freileitungen genügt es daher, nur die Grundschwingung in Rechnung zu ziehen. Bei ausgedehnten Kabelnetzen mit ihren großen Kapazitäten können die in der EMK-Kurve auftretenden schwachen Reste von Oberschwingungen Veranlassung zur Ausbildung von merkbar starken Stromharmonischen geben. Doch erhält man auch hier noch eine brauchbare Annäherung in der Beschreibung der Wechselstromfortleitung, wenn man die höheren Harmonischen vernachlässigt.

In den Untersuchungen des vorliegenden Buches ist stets nur die Grundschwingung berücksichtigt. Erfordert es die Genauigkeit, so kann die Fortleitung der Oberschwingungen nach dem gleichen Verfahren untersucht werden, wie es für die Grundschwingung abgeleitet wird. Es sind dabei nur die Leitungskonstanten zu ändern, entsprechend den höheren Frequenzen der Oberschwingungen. Bei Bildung des Endergebnisses sind die Einzelergebnisse zu superponieren.

2. Darstellung durch Vektoren.

Der mathematische Ausdruck für den Verlauf der Grundschwingung lautet

$$P_{\mathrm{t}} = P \sin(\omega \mathrm{t} + \varphi_p)\,. \tag{1}$$

P_{t} ist der Momentanwert und daher von der Zeit t abhängig. P ist der Scheitelwert, ω die „Kreisfrequenz", welche zur sekundlichen Wechselzahl oder Frequenz ν der Schwingung in der Beziehung steht

$$\omega = 2\pi\nu\,.$$

Hat die Zeit t eine Vermehrung um die Periodendauer $\mathrm{T} = \frac{1}{\nu}$ erfahren, so ändert sich das Argument des Sinus um den Betrag 2π; zur Zeit $\mathrm{t} + \mathrm{T}$ hat also P_{t} wieder den gleichen Wert wie zur Zeit t.

Die Größe P_{t} kann durch einen Vektor geometrisch dargestellt werden. Ein Vektor (gerichtete Größe) ist bestimmt durch Angabe seiner Richtung und seines Betrages oder Absolutwertes. Er kann durch eine Strecke $\overline{Op}$ dargestellt werden (Abb. 115), deren Länge ein Maß für den Betrag P ist und deren Richtung $\overrightarrow{Op}$ die Vektorrichtung kennzeichnet. Im vorliegenden Fall kommen nur die in einer Ebene liegenden Richtungen in Betracht. Sie sind bestimmt durch den Winkel, den $\overrightarrow{Op}$ mit einer festliegenden Richtung, z. B. $(\overrightarrow{O, +z})$

einschließt. Wenn dieser Winkel die Größe $\omega t + \varphi_p$ hat und $\overline{Op} \doteq P$ ist, so wird der Momentenwert P_t der Wechselstromgröße dargestellt durch die Projektion des Vektors $\mathfrak{P} = \overrightarrow{Op}$ auf die y-Achse, die zur z-Achse senkrecht steht. Zur Zeit $t = 0$ hat der Winkel die Größe φ_p; in jeder Zeiteinheit vergrößert er sich um den Wert ω. Der Vektor rotiert also mit der Winkelgeschwindigkeit ω. Wir nehmen an, daß die Drehrichtung im Sinne der Uhrzeigerbewegung erfolge. Da es bei der Projektion nur auf den Winkel zwischen Vektor und Bezugsgeraden

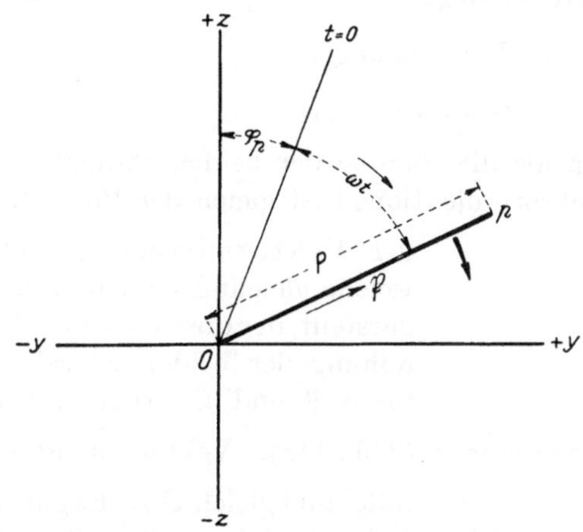

Abb. 115. Darstellung einer Wechselstromgröße als Projektion eines um O rotierenden Vektors $\overrightarrow{Op}$ auf die ruhende y-Achse.

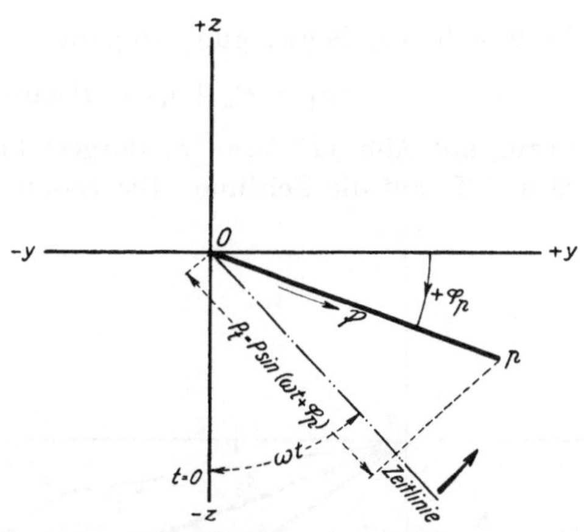

Abb. 116. Darstellung einer Wechselstromgröße $P\sin(\omega t + \varphi)$ als Projektion eines ruhenden Vektors $\mathfrak{P}$ auf die rotierende Zeitlinie.

und nicht auf die sonstige räumliche Lage ankommt, so kann man auch den Vektor feststehend denken und ihn auf eine Gerade projizieren, die entgegengesetzt der Uhrzeigerbewegung rotiert. Durch die Lage dieser Geraden ist in jedem Augenblick die Zeit gekennzeichnet, weshalb sie auch Zeitlinie genannt wird (Abb. 116). In dem Augenblick, da diese Gerade mit dem Vektor zusammenfällt, erreicht die schwingende Größe ihren Höchstwert; steht sie auf dem Vektor senkrecht, so geht die schwingende Größe durch Null.

Es mögen nun zwei Schwingungen vorliegen, welche durch die Vektoren $\mathfrak{P}$ und $\mathfrak{Q}$ dargestellt werden (Abb. 117). Mit dem Vektor $\mathfrak{P}$ fällt die rotierende Zeitlinie in einem früheren Zeitpunkt zusammen als mit dem Vektor $\mathfrak{Q}$. Vektor $\mathfrak{P}$ ist gegenüber $\mathfrak{Q}$ um einen Winkel φ im Uhrzeigersinn verschoben. Die Schwingung $\mathfrak{P}$ erreicht also früher ihren Maximalwert als die Schwingung $\mathfrak{Q}$, der Zeitunterschied beträgt $t = \frac{\varphi}{\omega}$. Da beide Schwingungen sinusförmig verlaufen und gleiche Periodendauer haben, so ist die ganze Schwingung $\mathfrak{P}$ zeitlich verschoben gegenüber der Schwingung $\mathfrak{Q}$: Die beiden Schwingungen haben gegeneinander einen Gangunterschied oder Phasenunterschied, der durch den Winkel φ bestimmt wird. Dieser wird daher als Phasenverschiebungswinkel oder kurz als Phasenverschiebung zwischen den beiden Schwingungen bezeichnet. Im vorliegenden Fall ist die Phasenverschiebung derart, daß die Schwingung $\mathfrak{P}$ gegenüber der Schwingung $\mathfrak{Q}$ voreilt.

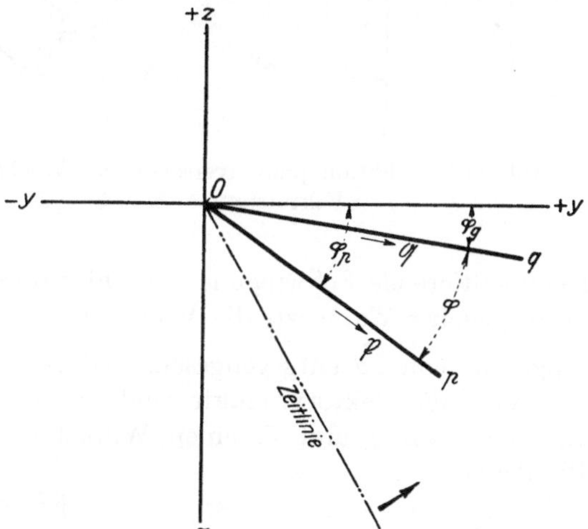

Abb. 117. Darstellung phasenverschobener Wechselstromgrößen durch ruhende Vektoren. ($\mathfrak{Q}$ gegen $\mathfrak{P}$ um den Phasenwinkel φ nacheilend).

Die durch Vektor $\mathfrak{P}$ dargestellte Schwingung ist bei positivem φ_p voreilend gegenüber einer Schwingung, die zur Zeit $t = 0$ durch den Nullwert geht. Denn die Schwingung $\mathfrak{P}$ hat entsprechend (1) ihren Nullwert schon zur Zeit $t = -\frac{\varphi_p}{\omega}$ durchschritten. Diese Voreilung ist um so größer, je größer φ_p ist. Die Schwingung $\mathfrak{P}$ ist daher auch gegenüber der Schwingung $\mathfrak{Q}$ voreilend, wenn $\varphi = \varphi_p - \varphi_q$ positiv ist[1]).

3. Wechselstromgrößen als Vektorsummen und Vektorprodukte. — Wirk- und Blindleistung.

Es bestehe ein Schwingungsvorgang aus zwei Einzelschwingungen:

$$S_t = P_t + Q_t = P \sin(\omega t + \varphi_p) + Q \sin(\omega t + \varphi_q)\,.$$

Mit Bezug auf Abb. 117 kann S_t dargestellt werden als die Summe der beiden Projektionen von $\mathfrak{P}$ und $\mathfrak{Q}$ auf die Zeitlinie. Die Summe der Vektorprojektionen ist gleich der Projektion der Vektorsumme $\mathfrak{S} = \overrightarrow{Os}$, welche gleichfalls einen Vektor darstellt, der durch Aneinanderreihung der beiden Einzelvektoren $\mathfrak{P}$ und $\mathfrak{Q}$ erhalten wird (Abb. 118). Vektor $\overrightarrow{ps}$ ist parallel und gleich $\overrightarrow{Oq}$. Es gilt die Vektorbeziehung $\mathfrak{S} = \mathfrak{P} + \mathfrak{Q}$. Die charakteristischen Größen der resultierenden Schwingung werden also erhalten, indem man den Schwingungsvorgang durch den Vektor $\mathfrak{S}$ in gleicher Weise kennzeichnet wie die Einzelschwingungen durch Vektor $\mathfrak{P}$ bzw. $\mathfrak{Q}$.

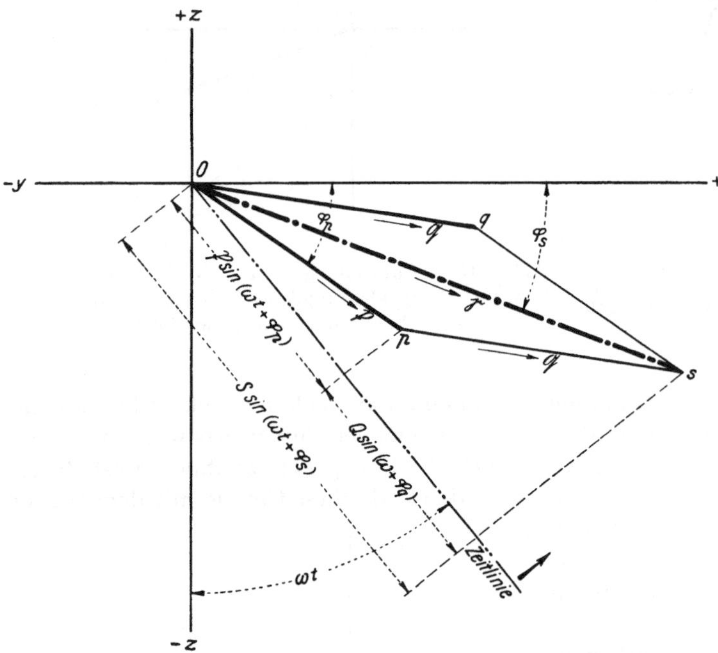

Abb. 118. Addition phasenverschobener Wechselstromgrößen. (Vektorsumme $\mathfrak{S} = \mathfrak{P} + \mathfrak{Q}$).

Ebenso gilt von einem Schwingungsvorgang, der durch die Subtraktion zweier Einzelschwingungen entsteht (Abbildung. 119):

$$D_t = P_t - Q_t = P \sin(\omega t + \varphi_p) - Q \sin(\omega t + \varphi_q)\,.$$

Die resultierende Schwingung wird hier durch die Vektordifferenz dargestellt; man erhält sie in gleicher Weise wie die Vektorsumme durch Aneinanderreihung, wobei jedoch der Richtungssinn von $\overrightarrow{pd}$ entgegengesetzt ist dem von $\overrightarrow{oq}$.

Auch die Vektorprodukte sind für die Wechselstromtheorie von Wichtigkeit. Schließen zwei Vektoren $\mathfrak{P}$ und $\mathfrak{Q}$ einen Winkel φ miteinander ein, so ist bekanntlich das innere Produkt

$$\mathfrak{P}\mathfrak{Q} = PQ\cos\varphi\,, \tag{2a}$$

das äußere Produkt

$$[\mathfrak{P}\mathfrak{Q}] = PQ\sin\varphi\,. \tag{2b}$$

Das äußere Produkt wechselt das Vorzeichen, je nachdem die von der Richtung $\mathfrak{P}$ nach der Richtung $\mathfrak{Q}$ führende Winkeldrehung positiv oder negativ gezählt wird. (Von dieser Tatsache

[1]) Dies folgt mit Notwendigkeit aus (1), stellt aber dennoch eine willkürliche Festsetzung dar. Denn das Pluszeichen in (1) ist willkürlich gesetzt. Die Erscheinungen lassen sich ebenso beschreiben, wenn statt dessen ein Minuszeichen gesetzt wird. In diesem Fall sind bei gleichen Vorzeichen von φ die Begriffe „voreilend" und „nacheilend" zu vertauschen. Für die weiteren Entwicklungen sei die durch die Form von (1) gemachte Annahme zugrunde gelegt.

ausgehend, kann das äußere Produkt selbst wieder als ein Vektor dargestellt werden, der auf den Vektoren $\mathfrak{P}$ und $\mathfrak{Q}$ senkrecht steht.)

Nun seien Spannung und Strom in irgendeinem Punkt eines Einphasenwechselstromkreises in ihrem zeitlichen Verlauf gegeben durch die Beziehungen

$$E_t = \overline{E}\sin(\omega t + \varphi_e),$$
$$J_t = \overline{J}\sin(\omega t + \varphi_i).$$

Der Momentanwert der Leistung beträgt

$$N_t = E_t J_t.$$

Die durchschnittliche Leistung, d. i. die je Zeiteinheit umgesetzte Energie, beträgt

$$N_w = \frac{1}{T}\int_0^T E_t J_t dt = \frac{\overline{E}\overline{J}}{T}\int_0^T \sin(\omega t + \varphi_e)\cdot\sin(\omega t + \varphi_i)\,dt = \frac{\overline{E}\overline{J}}{2}\cos(\varphi_e - \varphi_i).$$

Der Winkel $\varphi = \varphi_e - \varphi_i$ ist die Phasenverschiebung zwischen Strom und Spannung. Sie ist positiv, wenn die Spannung dem Strom vorauseilt, d. h. bei nacheilendem Strom. Die Größen

$$E = \frac{1}{\sqrt{2}}\overline{E}, \qquad J = \frac{1}{\sqrt{2}}\overline{J} \tag{3}$$

werden als Effektivwerte der Spannung bzw. des Stromes bezeichnet. (Wenn in folgendem kurz von Spannung und Strom gesprochen wird, so sind stets die Effektivwerte gemeint.) Für die Leistung erhält man somit

$$N_w = EJ\cos\varphi. \tag{4}$$

$\cos\varphi$ ist der Leistungsfaktor; er gibt an, in welchem Verhältnis die tatsächliche mittlere Leistung kleiner ist als die größte Leistung EJ, die man mit der Spannung E und dem Strom J übertragen kann. Die letztere Leistung wird als Scheinleistung bezeichnet. Die tatsächliche Leistung ist gleich der Scheinleistung, wenn Strom und Spannung phasengleich sind ($\varphi = 0$; $\cos\varphi = 1$).

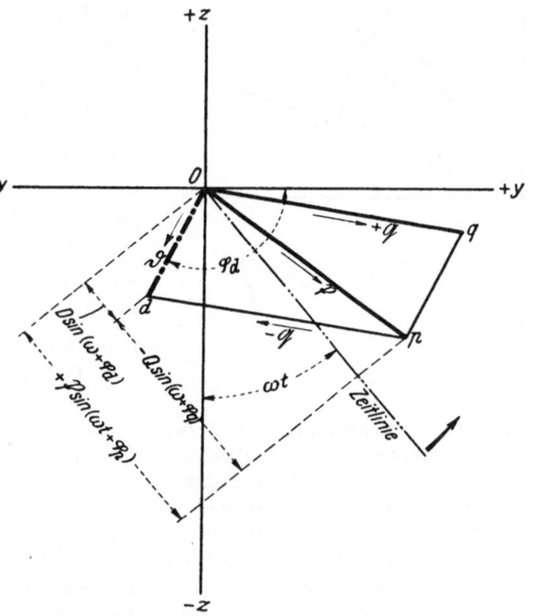

Abb. 119. Subtraktion phasenverschobener Wechselstromgrößen. (Vektordifferenz $\mathfrak{D} = \mathfrak{P} - \mathfrak{Q}$).

Die gleiche Beziehung gilt auch für die Leistung in einer der Phasen eines symmetrischen Drehstromsystems, wenn man darin statt E die „Phasenspannung" oder „Sternspannung" E_p, d. i. die Spannung jedes Außenleiters gegen den Nullpunkt, einsetzt. J ist, wie bei dem Einphasenkreis, der in einem der Leiter fließende Strom, φ ist die Phasenverschiebung des Stromes jeder Phase gegen die zugehörige Phasenspannung. Die zwischen je zwei Außenleitern auftretende „verkettete Spannung" oder „Dreiecksspannung" ist $E = E_p\sqrt{3}$, die Phasenleistung also $\frac{EJ}{\sqrt{3}}\cos\varphi$, somit die Gesamtleistung des Drehstromsystems $N_w = EJ\sqrt{3}\cos\varphi$. Diejenigen Leistungsformeln des Einphasenkreises, in denen der Faktor E^2 vorkommt, gelten unverändert auch für Drehstrom, denn hier hat die Phasenleistung den Faktor E_p^2, daher die Gesamtleistung den Faktor $3E_p^2 = E^2$, wie bei Einphasenstrom.

Die nach (4) berechnete Leistung N_w ist positiv, wenn der absolute Betrag des Winkels φ kleiner ist als 90°, andernfalls ist sie negativ. Dem Gegensatz von positiver und negativer Leistung entspricht der Gegensatz von Erzeugung und Verbrauch elektrischer Energie. Die wechselseitige Zuordnung ist jedoch willkürlich. Positive Leistung kann entweder die Erzeugung oder den Verbrauch elektrischer Energie bedeuten. Die Leistung ist positiv, wenn Strom und

Spannung **gleichphasig** sind ($\varphi = 0$, $\cos\varphi = +1$). In diesem Falle durchlaufen beide Größen gleichzeitig ihre positiven bzw. ihre negativen Halbwellen. Strom und Spannung sind in **Gegenphase**, wenn gleichzeitig die eine Größe ihre positive, die andere ihre negative Halbwelle durchläuft. In diesem Falle ist $\varphi = 180°$, $\cos\varphi = -1$, N_w negativ. Es bleibt aber einer willkürlichen Festsetzung überlassen, welche Richtung des Stromes bzw. der Spannung als positiv bezeichnet wird. Erst wenn diese Richtungen festgesetzt sind, kann entschieden werden, ob die Verbraucherleistung oder die Erzeugerleistung als positiv gilt[1]).

Die Leistung kann also entsprechend (2a) aufgefaßt werden als das **innere** Produkt zweier Vektoren $\mathfrak{E}$ und $\mathfrak{J}$, durch welche die Spannung und der Strom dargestellt werden. Es sind jedoch die Absolutwerte dieser Vektoren nicht gleich den Scheitelwerten, sondern gleich den effektiven Werten anzunehmen. (Wenn also aus diesen Vektoren die Augenblickswerte berechnet werden sollen, so ist das Resultat stets noch mit $\sqrt{2}$ zu multiplizieren.)

Auch das **äußere** Produkt von $\mathfrak{E}$ und $\mathfrak{J}$ hat physikalische Bedeutung: Man zerlege den Stromvektor in zwei Komponenten $\mathfrak{J}_w$ und $\mathfrak{J}_b$, von denen die erstere in Richtung oder Gegenrichtung von $\mathfrak{E}$ fällt, während die letztere darauf senkrecht steht (Abb. 120). Die Effektivwerte dieser Komponenten sind gleich den absoluten Beträgen $J_w = |J\cos\varphi|$ bzw. $J_b = |J\sin\varphi|$. Der Leistungsfaktor von $\mathfrak{J}_w$ ist $\cos\varphi_L = \pm 1$. Wäre der Strom $\mathfrak{J}_w$ allein vorhanden, dann hätte er die Leistung

$$E J_w \cos\varphi_L = E \cdot |J\cos\varphi| \cdot \cos\varphi_L = E \cdot J\cos\varphi = N_w .$$

Die Komponente $\mathfrak{J}_b$ hat den Leistungsfaktor $\cos\varphi_b = 0$, da sie auf $\mathfrak{E}$ senkrecht steht. Ihre mittlere Leistung ist daher gleich Null.

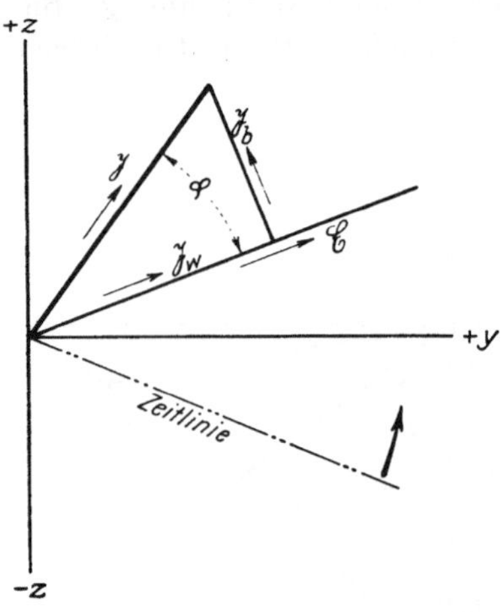

Abb. 120. Vektordarstellung des Wechselstroms $\mathfrak{J}$ und der Wechselspannung $\mathfrak{E}$ ($\mathfrak{J}$ gegen $\mathfrak{E}$ um Phasenwinkel φ nacheilend; Wirkstrom $\mathfrak{J}_w$ in Phase mit $\mathfrak{E}$; Blindstrom $\mathfrak{J}_b$ gegen $\mathfrak{E}$ um eine Viertelperiode nacheilend).

Die gesamte Leistung N_w wird also gleichsam nur durch die Komponente $\mathfrak{J}_w$ übertragen, die daher als **Wirkstrom** bezeichnet wird. $\mathfrak{J}_b$ ist an der Leistungsübertragung nicht beteiligt und wird daher als **Blindstrom** bezeichnet.

Der Augenblickswert der Leistung des Wirkstromes ist

$$N_{wt} = E_t J_{wt} = \overline{E} \cdot \overline{J}\cos\varphi \cdot \sin^2(\omega t + \varphi_e) .$$

Die beiden Faktoren E_t und J_{wt} sind stets gleich bezeichnet, wenn $\mathfrak{E}$ und $\mathfrak{J}_w$ gleichphasig, bzw. stets ungleich bezeichnet, wenn $\mathfrak{E}$ und $\mathfrak{J}_w$ in Gegenphase sind. Daher schwankt N_{wt} zwischen Null und einem stets positiven bzw. stets negativen Maximalwert von der Größe $\overline{E}\,\overline{J}_w = 2EJ_w = 2E \cdot |J\cos\varphi| = 2|N_w|$. Der Mittelwert von N_{wt} ist N_w (Abb. 121a). Die **Richtung** der durch N_w bewirkten Energieübertragung bleibt also über die ganze Periodendauer die gleiche, wenn auch die **Größe** der Energieströmung pulsiert. Die Periodenzahl dieser Pulsation ist, wie die Abbildung ohne weiteres zeigt, das Doppelte der Periodenzahl des Wechselstroms.

In analoger Weise kann man auch den Augenblickswert der Leistung N_{bt} des Blindstroms $\mathfrak{J}_b$ bilden, nämlich $N_{bt} = E_t J_{bt}$. Die Größen E_t und J_{bt} haben abwechselnd gleiche und verschiedene Vorzeichen; daher wechselt auch das Vorzeichen von N_{bt}. Man hat

$$J_{bt} = \overline{J}_b \sin(\omega t + \varphi_e \mp 90°) = \mp \overline{J}_b \cos(\omega t + \varphi_e) = \mp |\overline{J}\sin\varphi| \cdot \cos(\omega t + \varphi_e)$$

und daher

$$N_{bt} = E_t J_{bt} = \mp \overline{E} \cdot \overline{J}_b \cdot \sin(\omega t + \varphi_e) \cdot \cos(\omega t + \varphi_e) = \mp E J_b \sin[2(\omega t + \varphi_e)] .$$

Die Leistung N_{bt} schwankt also sinusförmig mit der doppelten Wechselstromfrequenz (Abb. 121b) zwischen einem positiven und einem negativen Maximum vom Betrage $EJ_b = |EJ\sin\varphi|$. Ihr Mittelwert ist also gleich Null: Durch einen Strom, der gegenüber der Spannung um eine Viertelperiode verschoben ist, wird abwechselnd der Spannungsquelle Leistung entnommen und wieder an sie zurückgegeben. Es liegt eine Energieströmung wechselnder Richtung, aber keine

[1]) Eine derartige Festsetzung ist in Abschn. 4, S. 9 gemacht; daraus ist die Folgerung für das Leistungsvorzeichen in Abschn. 16, S. 43, gezogen.

Energieübertragung vor. Ein Maß für die Größe dieser „Energieschwingung" ist der Scheitelwert der wechselnden Leistung, nämlich

$$N_b = E J \sin\varphi \,. \tag{5}$$

Man bezeichnet diese Größe als **Blindleistung**. Sie ist das äußere Vektorprodukt von $\mathfrak{E}$ und $\mathfrak{J}$. Würde die tatsächliche mittlere Leistung N_w als „Leistung" schlechtweg bezeichnet, so könnten

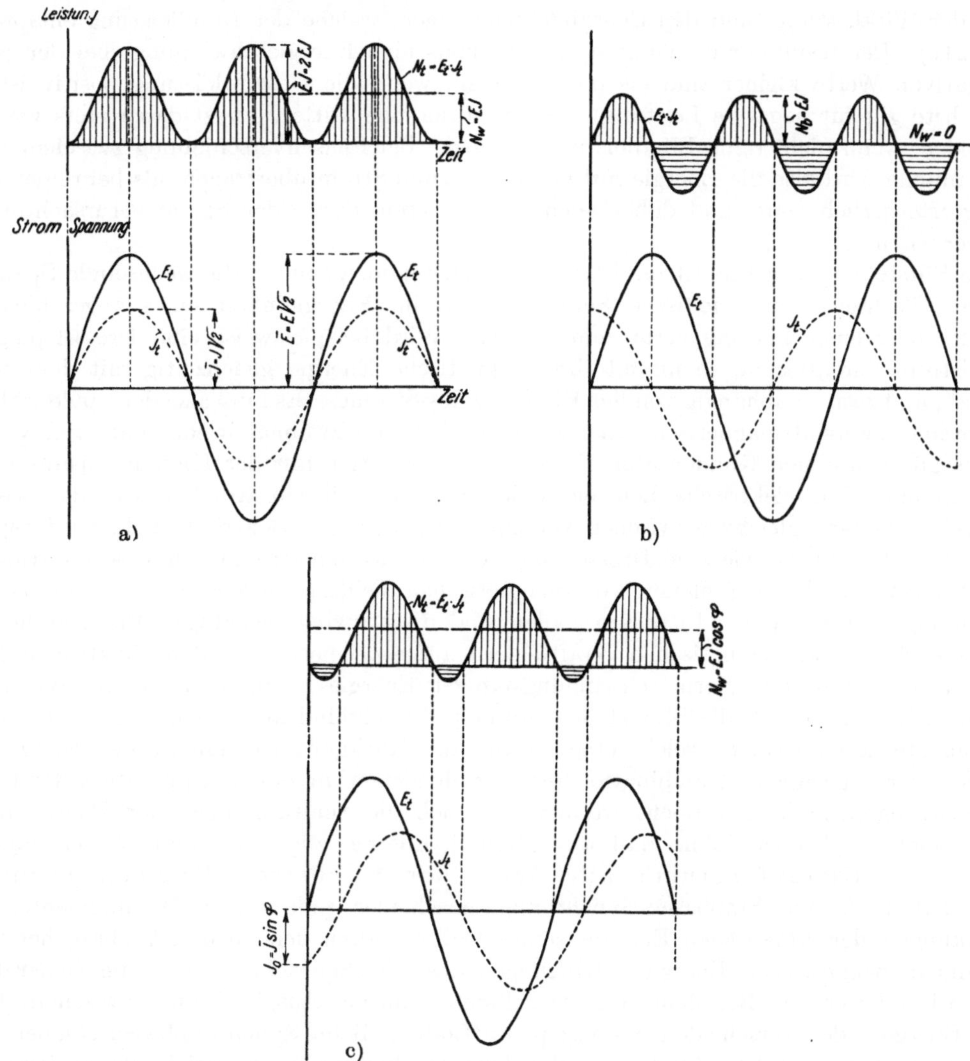

Abb. 121. Die Wechselstromleistung als Zusammensetzung einer pulsierenden Energieumsetzung und einer Energieschwingung.
Spannung E_t, Strom J_t.

a) Reine Wirkleistung ($\cos\varphi = 1$): Leistung pulsiert zwischen Nullwert und einem stets positiven bzw. stets negativen Maximum $2EJ$. Mittelwert $N_w = EJ$.

b) Reine Blindleistung ($\cos\varphi = 0$): Leistung schwingt zwischen einem positiven und einem negativen Maximum von der Größe $N_b = EJ$.

c) Leistung bei beliebiger Phasenverschiebung: Überlagerung einer Pulsation mit dem Maximum $2N_w = 2EJ\cos\varphi$ und einer Schwingung mit der Amplitude $N_b = EJ\sin\varphi$; Leistungsmittelwert N_w gleich dem Mittelwert der Pulsation.

Verwechslungen mit der Blindleistung vorkommen. Zur deutlicheren Unterscheidung wird daher das innere Vektorprodukt N_w als **Wirkleistung** bezeichnet.

Die Blindleistung ist positiv, wenn $\sin\varphi$ und daher auch wenn φ positiv ist. Entsprechend der willkürlichen Festsetzung, daß die Phasenverschiebung φ positiv gezählt wird bei Voreilung der Spannung gegenüber dem Strom, folgt aus (5): Die Blindleistung ist positiv, wenn der Strom gegenüber der Spannung nacheilt, genauer: wenn der Strom um weniger als 180° nacheilt gegenüber jenem Wirkstrom, der einer positiv bezeichneten Wirkleistung entspricht, der also je nach Festsetzung eine Erzeugung bzw. einen Verbrauch elektrischer Energie bewirkt. Negative Blindleistung entspricht einem voreilenden Strom.

Bei einer Übertragung mit beliebigem, zwischen 0 und 1 liegenden Leistungsfaktor ist der Verlauf der Momentanleistung zusammengesetzt aus den stets gleichgerichteten Pulsationen, welche der Wirkleistung, und den Energieschwingungen, welche der Blindleistung entsprechen (Abb. 121c). Der resultierende Vorgang ist abermals eine Energieschwingung, bei der jedoch die negativen Werte kleiner sind als die positiven, wenn die Gesamtleistung positiv ist (das Umgekehrte gilt für negative Leistung). Der resultierende Mittelwert ist daher stets von Null verschieden, wenn nicht reine Blindleistung vorliegt. Bei Phasenverschiebung zwischen Strom und Spannung wird also die Energie mit einem größeren Strom übertragen, als bei reiner Wirkleistung erforderlich wäre, und daher auch mit größeren, durch den Strom verursachten Leistungsverlusten.

Die Entstehung von Blindstrom kommt dort zustande, wo durch die wechselnde Spannung oder den Wechselstrom periodische Schwankungen im Energieinhalt eines angeschlossenen Apparates oder einer Leitung verursacht werden. Wird beispielsweise eine Drosselspule von Wechselstrom durchflossen, so nimmt ihre magnetische Energie gleichzeitig mit dem Strom zu und ab, und zwar unabhängig von der Richtung des Stromes. Es muß also der Spule während jeder Periode zweimal magnetische Energie zugeführt und zweimal wieder entzogen werden. Analoges gilt von einem Kondensator, dessen Ladungsenergie mit der Klemmenspannung zu- und abnimmt. Eine elektrische Leitung wirkt zum Teil wie ein Kondensator, da zwischen den einzelnen Leitern, gleichwie zwischen Kondensatorbelegungen, elektrische Felder aufgespannt sind; zum Teil wirkt sie wie eine Drosselspule, da die aus den stromdurchflossenen Hin- und Rückleitungen gebildeten Schleifen von magnetischen Feldern durchsetzt sind, ebenso wie die Windungen einer Spule. In diesen Fällen sind die schwingungsfähigen Energieinhalte in den elektrischen bzw. magnetischen Kraftfeldern aufgespeichert. Bei den Elektromaschinen kommt noch eine weitere Form schwingungsfähiger Energie hinzu, nämlich die Wucht der rotierenden Massen. Durch die Blindströme werden abwechselnd antreibende und verzögernde Drehmomente hervorgerufen, welche eine Zufuhr und Rückgabe von kinetischer Energie veranlassen. Durch geeignete Kombination der verschiedenen in einem Apparate auftretenden Energieschwingungen kann erreicht werden, daß sich die Schwankungen der Energieinhalte untereinander ausgleichen, ohne daß abwechselnd Energie zugeführt und wieder entzogen werden müßte. Hierauf beruhen alle Arten von Blindstrom-Kompensierung[1]).

So hat z. B. ein Einphasen-Synchronphasenschieber pulsierende Drehmomente. Die Schwankungen der kinetischen Energie seines Rotors halten den an den Verbraucherstellen auftretenden magnetischen Energieschwingungen das Gleichgewicht, so daß die Generatoren davon entlastet werden. Bei Mehrphasenmaschinen kann der Ausgleich auch zwischen gleichartigen Energien der verschiedenen Phasen stattfinden. Beim Synchronphasenschieber eines Mehrphasensystems werden durch die einzelnen Wicklungsphasen gleichfalls positive und negative Drehmomente hervorgerufen, in ihrer Gesamtheit halten sich diese schwingenden Drehmomente jedoch das Gleichgewicht, so daß sich die kinetische Rotorenergie nicht ändert, ebensowenig wie die Summe aller in sämtlichen Phasen auftretenden magnetischen Energien.

4. Vektoren und symbolische komplexe Ausdrücke. Impedanz und Admittanz.

Die Darstellung von Wechselstromgrößen durch Vektoren hat den großen Vorteil, daß komplizierte Wechselstromerscheinungen mit der Anschaulichkeit geometrischer Probleme beschrieben werden können. Es läßt sich jedoch hier die Vektorrechnung nicht in gleich ausgedehnter Weise anwenden wie etwa in der allgemeinen Theorie der Kraft- und Geschwindigkeitsfelder: Die Vektoranalysis mit ihren fruchtbaren Begriffen von „Wirbel“ und „Quelle“

[1]) S. Literaturverzeichnis, Nr. 6.

kommt hier nicht in Betracht, da die Linien der elektrischen Ströme, der magnetischen und der elektrischen Felder im allgemeinen in einfachen vorgeschriebenen Bahnen verlaufen, und da zudem die Kraftfelder nur insoweit interessieren, als durch sie Induktionsspannungen oder Ladeströme hervorgerufen werden. Andererseits ist die reine Vektordarstellung nicht imstande, eine wichtige Beziehung, welche im sinusförmigen Verlauf der Wechselstromgrößen begründet ist, genügend übersichtlich zum Ausdruck zu bringen. Es ist dies die Beziehung zwischen einer sinusförmig verlaufenden Größe und ihrem Differentialquotienten nach der Zeit. Differenziert man den Ausdruck (1) nach der Zeit t, so erhält man

$$\frac{dP_t}{dt} = \omega \cdot P \cos(\omega t + \varphi_e) = (\omega P) \sin(\omega t + \varphi_e + 90^\circ). \tag{6}$$

Der Differentialquotient stellt also abermals eine Sinusschwingung vor, die man aus P_t erhält, wenn man den Scheitelwert mit ω multipliziert und die Phase um 90° vorwärts dreht.

Auf dieser Beziehung beruht die besondere Wichtigkeit, die der Sinusschwingung für die Wechselstromtechnik zukommt. Denn durch die Sinuslinie wird die einzige periodische Funktion dargestellt, deren Differentialquotient eine gleichartige Funktion, nämlich abermals eine Sinusfunktion von gleicher Periodendauer ist. Ferner ergibt die Superposition zweier Sinusschwingungen von gleicher Periodendauer ebenfalls eine gleichartige Schwingung. In der Wechselstromtechnik kommt es beim Zusammenhang von Strom und Spannung meist auf die Summierung von Ausdrücken an, die teils einer bestimmten Wechselstromgröße, teils ihrem Differentialquotienten nach der Zeit proportional sind [s. Anhangsgleichung (9a) und (9b)]. Bei Verwendung von Sinusschwingungen verlaufen daher Strom und Spannung wesentlich nach dem gleichen Zeitgesetz, was für die Wirtschaftlichkeit der Energieübertragung mittels Wechselstroms von großer Bedeutung ist.

Die Differentialquotienten von Wechselströmen und -spannungen erscheinen in der Rechnung aus folgendem Grund: Jedes sich ändernde Magnetfeld erzeugt in den Leiterschleifen, die es durchsetzt, eine elektromotorische Kraft (EMK), deren Größe der Änderungsgeschwindigkeit des Feldes, d. h. der auf die Zeiteinheit gerechneten Feldänderung proportional ist. Nimmt man die Magnetfelder proportional den sie erzeugenden Strömen an, was für eisenfreie Kreise zutrifft, so kann man diesen Satz auch so formulieren: Jeder sich ändernde Strom ruft in der Leiterschleife, die er durchsetzt, eine EMK hervor, welche der Änderungsgeschwindigkeit des Stromes, d. h. seinem Differentialquotienten nach der Zeit proportional ist. Wird daher eine Spule oder eine beliebige Leiterschleife mit vernachlässigbar kleinem Ohmschen Widerstand von einem Strom J_t durchflossen, so muß ihr bei Änderung dieses Stromes eine Spannung E_{Lt} aufgedrückt werden, welche der induzierten elektromotorischen Kraft das Gleichgewicht hält. Es gilt daher

$$E_{Lt} = L_0 \frac{dJ_t}{dt}. \tag{7a}$$

L_0 ist eine von der Leiteranordnung und der Art des umgebenden Mediums abhängige Konstante[1]), der Selbstinduktionskoeffizient. Er ist stets positiv, wenn der Verbrauch elektrischer Leistung positiv bezeichnet wird. Denn jeder Vergrößerung des Stromes entspricht auch eine Vergrößerung der magnetischen Energie; also ist dabei ein Verbrauch elektrischer Leistung notwendig: $E_{Lt} J_t > 0$. Es sind also E_{Lt} und J_t bei Stromzunahme gleich bezeichnet. Ebenso sind auch J_t und $\frac{dJ_t}{dt}$ bei zunehmender Stromstärke gleich bezeichnet, daher auch E_{Lt} und $\frac{dJ_t}{dt}$, was nur bei positivem L_0 möglich ist.

Eine analoge Beziehung zwischen Spannung und Strom, jedoch mit vertauschten Rollen, erhält man, wenn man statt des veränderlichen Magnetfeldes ein sich änderndes elektrisches Feld in Betracht zieht. Ein Kondensator, der an eine Spannung E_t gelegt ist, nimmt eine elektrische Ladung auf, deren Größe proportional der Spannung ist: $Q_t = C_0 E_t$. Wird die Span-

[1]) Strenggenommen ist L_0 in jenen Fällen, wo es durch das umgebende Medium wesentlich beeinflußt wird, also bei ferromagnetischen Körpern, nicht konstant, sondern von der Stromstärke abhängig. Für die Vorgänge auf Leitungen ist dieser Fall im allgemeinen ohne Bedeutung.

nung vergrößert, so vergrößert sich auch die Ladung, und dementsprechend muß dem Kondensator ein Ladestrom $J_{ct} = \frac{dQ_t}{dt}$ zugeführt werden. Es ist daher

$$J_{ct} = C_0 \frac{dE_t}{dt}. \tag{7 b}$$

C_0 ist eine Konstante, die **Kapazität**, die von der Größe und Anordnung der Kondensatorplatten, oder allgemeiner von der Leiteranordnung, und von der Art des umgebenden Mediums abhängig ist. Sie ist gleichfalls stets positiv, was ebenso wie für die Selbstinduktion nachgewiesen werden kann. Es sind dabei nur die Worte „Strom" und „Spannung" sowie „elektrische Energie" und „magnetische Energie" miteinander zu vertauschen. Den Beziehungen (7a) und (7b) stehen die einfacheren Gleichungen gegenüber, die für das Durchströmen eines Ohmschen Widerstandes gelten. Wird ein Ohmscher Widerstand w_0 von einem Strom J_t durchflossen, so ist die Spannung, welche den Strom durch den Widerstand drückt,

$$E_{wt} = w_0 J_t. \tag{8 a}$$

Bezeichnet man den Wert $\frac{1}{w_0}$ mit g_0 (Ohmsche Leitfähigkeit), so gilt die Beziehung

$$J_{gt} = g_0 E_t. \tag{8 b}$$

Wird eine Reihenschaltung eines Ohmschen Widerstandes und einer Spule (Abb. 122) von einem Strom J_t durchflossen, so ist die erforderliche Klemmenspannung [durch Superposition von (8a) und (7a)]

$$E_t = E_{wt} + E_{Lt} = w_0 J_t + L_0 \frac{dJ_t}{dt}. \tag{9 a}$$

Wird die Parallelschaltung einer Kapazität und einer Ohmschen Leitfähigkeit (Abb. 123) an eine veränderliche Spannung E_t gelegt, so ist die gesamte Stromaufnahme

$$J_t = J_{gt} + J_{ct} = g_0 E_t + C_0 \frac{dE_t}{dt}. \tag{9 b}$$

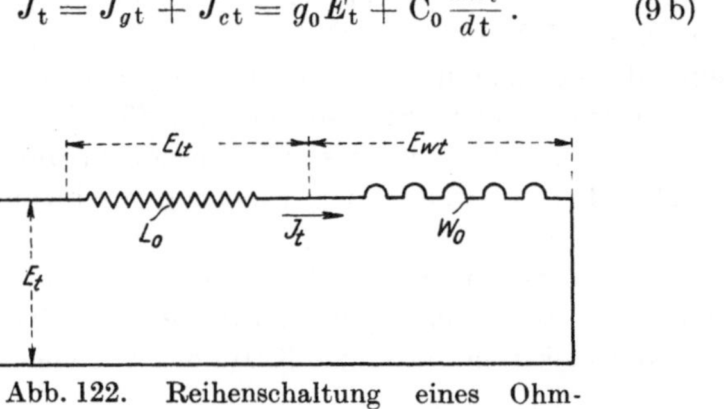

Abb. 122. Reihenschaltung eines Ohmschen Widerstandes w_0 und einer Induktivität L_0.

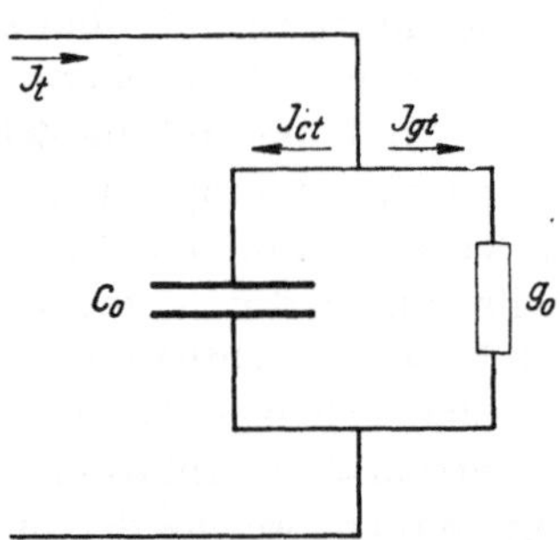

Abb. 123. Parallelschaltung einer Ohmschen Leitfähigkeit g_0 und einer Kapazität C_0.

Die beiden Gleichungen (9) sind die **Grundlage für die Theorie der Fernleitungsvorgänge**. Die rechnerische Behandlung wird bedeutend vereinfacht, wenn man diesen Beziehungen formal die einfachere Gestalt der Gleichungen (8) gibt. Dies kann für Sinusschwingungen bewirkt werden durch Berücksichtigung des in Gleichung (6) ausgesprochenen Gesetzes, indem die Begriffe von „Widerstand" und „Leitfähigkeit" entsprechend erweitert werden. Man verfährt dabei wie folgt:

Der feststehende Vektor $\mathfrak{P}$, durch welchen (bei rotierender Zeitlinie) eine Wechselstromgröße charakterisiert wird, kann in die beiden Komponenten P_y und P_z zerlegt werden (Abb. 124), die in die Richtung der beiden Achsen fallen. Durch diese beiden Komponenten ist der Vektor seinem Betrage und seiner Richtung nach vollkommen bestimmt. Die Richtung messen wir durch den Winkel φ, den der Vektor mit der positiven Richtung der y-Achse einschließt, und zählen diesen Winkel positiv, wenn $\mathfrak{P}$ gegenüber der y-Achse voreilend ist. Man erhält daher für den Betrag P und den Richtungswinkel φ

$$P = \sqrt{P_y^2 + P_z^2}; \qquad P_y = P\cos\varphi; \qquad P_z = -P\sin\varphi; \qquad \operatorname{tg}\varphi = -\frac{P_z}{P_y}. \tag{10}$$

Der Vektor $\mathfrak{P}$ kann durch geometrische Summierung, d. h. durch Aneinanderreihung seiner Komponenten, erhalten werden: $\overrightarrow{Op} = \overrightarrow{Op'} + \overrightarrow{p'p}$. Man kann dieser geometrischen Summe die Form einer algebraischen Summe geben, wenn man die Zahlwerte, die sich auf Messung der z-Komponente beziehen, durch ein charakteristisches Symbol unterscheidet von den Zahlen, mit welcher die y-Komponente gemessen wird, also gewissermaßen mit zwei Zahlensystemen rechnet. Eine reelle Zahl a ohne hinzugefügtes Symbol bedeute also die Länge einer y-Komponente; a ist positiv oder negativ, je nachdem ob die so gemessene y-Komponente nach der positiven oder negativen Seite der y-Achse weist. Eine andere reelle Zahl b mit hinzugefügtem Symbol σ messe die z-Komponente, und zwar in Richtung der positiven oder negativen z-Achse, je nachdem b positiv oder negativ ist. Die Vektorsumme der Komponenten kann nunmehr in Form der algebraischen Summe $a + b_\sigma$ dargestellt werden.

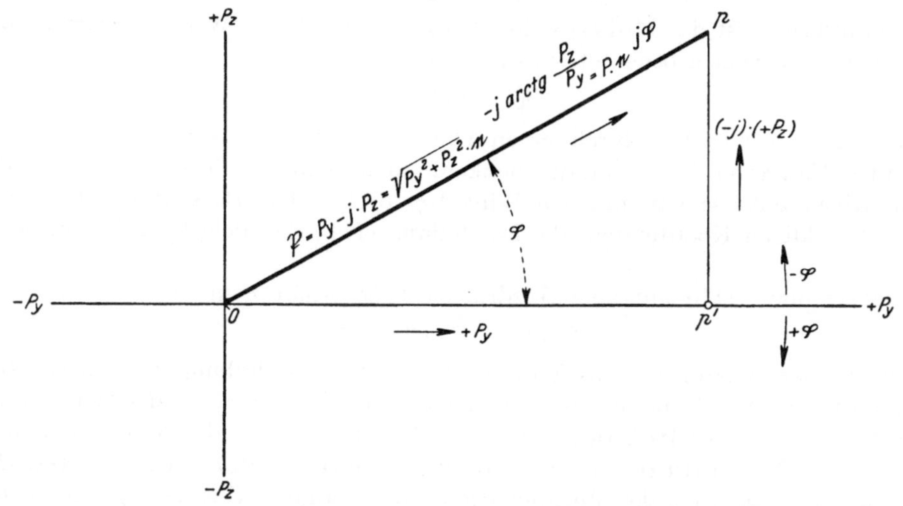

Abb. 124. Symbolische Darstellung eines Vektors $\mathfrak{P} = \overrightarrow{Op}$.
1. Rechtwinklige Koordinaten: Reelle Komponente $\overline{Op'} = P_y$, imaginäre Komponente $\overline{p'p} = P_z$.
2. Polarkoordinaten: Absolutwert $P = \overline{Op}$, Amplitude $\varphi = \sphericalangle(pOp')$.

Durch Hinzufügung des Symbols wird also ein Vektor von positiver bzw. negativer y-Richtung in einen Vektor von positiver bzw. negativer z-Richtung verwandelt. Dies ist gleichbedeutend mit einer Drehung von 90°, und zwar (bei der angenommenen Richtung der Koordinatenachsen und des Drehsinns der Zeitlinie) entgegengesetzt dem Uhrzeigersinn oder im Sinne einer Nacheilung. Es liegt nahe, dieser Eigenschaft des Symbols eine allgemeinere Bedeutung zu geben, in welcher die oben ausgesprochene Kennzeichnung der z-Achse implizite mit enthalten ist: Jede Hinzufügung des Symbols bedeutet eine Verdrehung um 90°. Daher bedeutet zweimalige Hinzufügung eine Drehung von 180°.

Bei einer Verdrehung um 180° kehren y- und z-Komponenten ihren Richtungssinn um, ohne ihren absoluten Betrag zu ändern. Zweimalige Hinzufügung des Symbols ist also gleichbedeutend mit einer Multiplikation mit (-1). Es ist daher möglich, unter „Hinzufügung" des Symbols eine Multiplikation zu verstehen, ohne dadurch den besonderen Charakter, durch welchen sich das Symbol von einer reellen Zahl unterscheidet, zu beeinträchtigen. Denn man hat

$$b \cdot \sigma \cdot \sigma = -b; \qquad \sigma^2 = -1; \qquad \sigma = \pm\sqrt{-1} = \pm j\,.$$

Wir wählen $\sigma = -j$ [1]. Multiplikation mit $(-j)$ verwandelt also eine positive y-Komponente in eine positive z-Komponente; d. h. sie bedeutet eine Verdrehung um 90° im Sinne einer Nacheilung. Dementsprechend ist Multiplikation mit $(+j)$ für eine Vorwärtsdrehung um 90° kennzeichnend.

[1] Für die symbolische Darstellung der Wechselstromgrößen ist es unwesentlich, ob man als Symbol $(-j)$ oder $(+j)$ annimmt. Die Entscheidung erfolgte hier nur, um in Übereinstimmung mit der auf S. 43 gemachten Annahme zu bleiben, daß nacheilende Blindlast positiv gezählt wird, und dabei gleichzeitig die übliche Annahme beizubehalten, nach welcher die Multiplikation mit $(+j)$ eine Vorwärtsdrehung bedeutet. —

Nunmehr ist die Vektorsumme tatsächlich durch eine algebraische Summe dargestellt, welche sich durchaus aus den natürlichen (reellen und imaginären) Zahlen zusammensetzt, nämlich

$$\mathfrak{P} = P_y - jP_z\,. \tag{11a}$$

Man behandelt also die Maßzahlen für die z-Komponente so, als ob sie imaginär wären. Es ist dies ein typisches Beispiel einer fruchtbaren mathematischen Fiktion. In der symbolischen Darstellung kann daher mit den Wechselstromgrößen gerechnet werden, als ob sie komplexe Zahlen wären[1]).

Die symbolische Darstellung läßt sich noch auf eine zweite, einfachere Form bringen. Setzt man in (11a) für P_y und P_z die Beziehungen (10) ein, so erhält man

$$\mathfrak{P} = P(\cos\varphi + j\sin\varphi)\,.$$

Der Klammerausdruck ist das Moivresche Binom und hat den Wert $e^{j\varphi}$, worin e die Basis der natürlichen Logarithmen bedeutet[2]); es ist daher

$$\mathfrak{P} = Pe^{j\varphi}\,. \tag{11b}$$

Der Vektor ist darin unmittelbar durch seinen Absolutwert P und durch seine Amplitude φ gekennzeichnet. Man kann ihn entstanden denken, indem man eine Strecke P, welche die Richtung der positiven y-Achse hat, um den Winkel φ dreht. Die Darstellung (11a) entspricht also den rechtwinkligen Koordinaten, die Darstellung (11b) den Polarkoordinaten des Vektorendpunktes.

Multipliziert man (11b) mit dem Ausdruck $e^{j\alpha}$, so erhält man

$$\mathfrak{P}\cdot e^{j\alpha} = P\cdot e^{j(\varphi+\alpha)}\,.$$

Dies entspricht einem Vektor, der aus $\mathfrak{P}$ durch eine weitere Verdrehung um den Winkel α hervorgeht. Daraus ergibt sich die allgemeinste Bedeutung des Symbols: Multiplikation mit $e^{+j\varphi}$ bedeutet eine Verdrehung um den Winkel φ, und zwar im Sinn einer Voreilung oder Nacheilung, je nachdem φ positiv oder negativ ist. In dieser Festsetzung ist die Bedeutung der Multiplikation mit j, nämlich Verdrehung um einen rechten Winkel, als Sonderfall enthalten, denn für einen rechten Winkel, also $\varphi = \frac{\pi}{2}$, ergibt das Moivresche Binom

$$e^{j\varphi} = e^{j\frac{\pi}{2}} = \cos\left(\frac{\pi}{2}\right) + j\sin\left(\frac{\pi}{2}\right) = j\,.$$

Es ist als besonderer Vorteil der symbolischen Methode anzusehen, daß in den Ausdrücken die Zeit nicht mehr vorkommt. In der Regel interessieren ja auch nicht die Momentanwerte, sondern nur die Effektivwerte von Strom und Spannung sowie ihr inneres und äußeres Produkt, d. i. Wirkleistung und Blindleistung. Man kann aber aus den symbolischen Ausdrücken ohne weiteres auch die Augenblickswerte der Wechselstromgrößen ermitteln. Der Zusammenhang ergibt sich auf Grund der Beziehung (1) aus Abb. 115, die sich auf einen rotierenden Vektor bezieht. Dieser schließt mit der y-Achse zur Zeit $\mathrm{t} = 0$ den Winkel $\varphi = \varphi_p - 90°$ ein, somit allgemein zur Zeit t den Winkel $\omega\mathrm{t} + \varphi$. Er wird also entsprechend (11b) dargestellt durch

$$\mathfrak{P}_{(\mathrm{t})} = Pe^{j(\varphi+\omega\mathrm{t})} = Pe^{j\varphi}\cdot e^{j\omega\mathrm{t}} = \mathfrak{P}e^{j\omega\mathrm{t}}\,.$$

Um daher den Augenblickswert einer Wechselstromgröße zu erhalten, multipliziere man den sie darstellenden komplexen Ausdruck mit $e^{j\omega\mathrm{t}}$. In dem so entstehenden Ausdruck

$$P\cdot e^{j(\omega\mathrm{t}+\varphi)} = P[\cos(\omega\mathrm{t}+\varphi) + j\sin(\omega\mathrm{t}+\varphi)]$$

---

[1]) Die symbolische Verwendung komplexer Ausdrücke wurde in die Wechselstromtechnik durch C. P. Steinmetz eingeführt (s. Literaturverzeichnis Nr. 5), dessen Darstellung den hier gegebenen Ableitungen zugrunde liegt.

[2]) Der Beweis ergibt sich z. B., indem man für $\sin\varphi$ und $\cos\varphi$ die unendlichen Reihen in das Binom einsetzt und mit der Reihe für die e-Potenz vergleicht, oder, einfacher, indem man den Differentialquotienten des Binoms nach φ bildet und ihn zum Binom in Beziehung setzt:

$$\mathcal{M} = \cos\varphi + j\sin\varphi\,; \qquad \frac{d\mathcal{M}}{d\varphi} = -\sin\varphi + j\cos\varphi = j\mathcal{M}\,; \qquad \frac{d\mathcal{M}}{\mathcal{M}} = j\cdot d\varphi\,.$$

Das Integral dieser Gleichung lautet: $\mathcal{M} = k\cdot e^{j\varphi}$; für $\varphi = 0$ ist $\mathcal{M} = 1$, daher $k = 1$, also $\mathcal{M} = e^{j\varphi}$.

ist der reelle Teil $P\cos(\omega t + \varphi) = P\sin(\omega t + \varphi_p)$ entsprechend (1) gleich dem Augenblickswert P_t der Wechselstromgröße.

Die Zeit verschwindet nun nicht nur aus den symbolischen Ausdrücken für die Wechselstromgrößen selbst, sondern auch aus den Ausdrücken für die nach der Zeit genommenen Differentialquotienten der Wechselstromgrößen. Dadurch kommt der Vorteil, daß die Zeit in der Rechnung nicht mitgeführt werden muß, erst voll zur Geltung. Der im Anschluß an Gleichung (6) ausgesprochene Satz läßt sich nämlich unter Berücksichtigung der Bedeutung einer Multiplikation mit j ohne weiteres folgendermaßen formulieren:

$$\frac{d\mathfrak{P}}{dt} = j\omega\mathfrak{P}. \tag{12}$$

Dadurch ist auch die Aufgabe gelöst, den grundlegenden Beziehungen (9a) und (9b) die einfachere Form der Gleichungen (8a) und (8b) zu geben, wenn J_t und E_t die Momentanwerte von sinusförmig veränderlichen Wechselstromgrößen sind. Man erhält für die Reihenschaltung Abb. 122

$$\mathfrak{E} = (w_0 + jL_0\omega)\,\mathfrak{J} = \mathfrak{W}\cdot\mathfrak{J}, \tag{13a}$$

für die Parallelschaltung Abb. 123

$$\mathfrak{J} = (g_0 + jC_0\omega)\,\mathfrak{E} = \mathfrak{G}\cdot\mathfrak{E}. \tag{13b}$$

$\mathfrak{W}$ wird als komplexer Widerstand, $\mathfrak{G}$ als komplexe Leitfähigkeit bezeichnet. Für diese beiden Größen ist entsprechend der Darstellung (11b) und (11a)

$$\left.\begin{aligned} \mathfrak{W} &= W e^{j\varphi_w}; & W &= \sqrt{w_0^2 + (L_0\omega)^2}\,; & \varphi_w &= \operatorname{arctg}\frac{L_0\omega}{w_0}, \\ \mathfrak{G} &= G e^{j\varphi_g}; & G &= \sqrt{g_0^2 + (C_0\omega)^2}\,; & \varphi_g &= \operatorname{arctg}\frac{C_0\omega}{g_0}. \end{aligned}\right\} \tag{14}$$

Setzt man

$$\mathfrak{E} = E e^{j\varphi_e}; \qquad \mathfrak{J} = J e^{j\varphi_i},$$

so ergibt sich aus (13a und b) und (14)

$$E e^{j\varphi_e} = WJ\cdot e^{j(\varphi_i + \varphi_w)}, \tag{15a}$$

$$J e^{j\varphi_i} = GE\cdot e^{j(\varphi_e + \varphi_g)}. \tag{15b}$$

Für die Reihenschaltung von w_0 und L_0 ist also W das Verhältnis der effektiven Spannung zum effektiven Strom. Für die Parallelschaltung von g_0 und C_0 ist G das Verhältnis des effektiven Stromes zur effektiven Spannung. Ein Verhältnis der ersten Art wird allgemein als Impedanz, ein Verhältnis der zweiten Art als Admittanz bezeichnet. Winkel φ_w gibt entsprechend (15a) den Phasenunterschied zwischen Strom und Spannung an und ist positiv, wenn die Spannung voreilt. Winkel φ_g gibt entsprechend (15b) ebenfalls die Phasenverschiebung zwischen Strom und Spannung an, ist jedoch positiv, wenn der Strom voreilt.

Zur Vereinfachung der Schreibweise kann man noch folgende Bezeichnungen einführen:

$$L_0\omega = s_0; \qquad C_0\omega = \varkappa_0.$$

s_0 ist der induktive Widerstand (auch als Induktanz oder induktive Reaktanz bezeichnet). $\varkappa_0$ ist die kapazitive Leitfähigkeit, $\frac{1}{\varkappa_0}$ der kapazitive Widerstand.

$\mathfrak{W}$ und $\mathfrak{G}$ werden auch als Vektorverhältnis von $\mathfrak{E}$ zu $\mathfrak{J}$ bzw. $\mathfrak{J}$ zu $\mathfrak{E}$ bezeichnet. Das Vektorverhältnis ist selbst ein Vektor, dessen Absolutwert gleich dem Verhältnis der Absolutwerte, und dessen Amplitude gleich der Differenz der Amplituden der beiden Einzelvektoren, also dem von beiden Vektoren eingeschlossenen Winkel ist.

5. Anwendung der symbolischen Ausdrücke auf zusammengesetzte Wechselstromkreise.

In gleicher Weise wie die einfachen Gruppen Abb. 122 und 123 durch die Formeln (13a) und (13b), läßt sich jeder beliebige Wechselstromkreis mittels komplexer Zahlen berechnen. Das Ziel der Berechnung ist die Ermittlung des Gesamtwiderstandes $\mathfrak{W}_r$ bzw. der Gesamtleitfähigkeit

$\mathfrak{G}_r = \frac{1}{\mathfrak{W}_r}$ des Kreises, so daß bei gegebener Klemmenspannung $\mathfrak{E}_r$ der aufgenommene Gesamtstrom $\mathfrak{J}_r$, bei gegebenem Gesamtstrom die dazu notwendige Klemmenspannung der Größe und Phase nach berechnet werden kann. Denn es bestehen die Beziehungen

$$\mathfrak{E}_r = \mathfrak{W}_r \cdot \mathfrak{J}_r\,, \qquad \mathfrak{J}_r = \mathfrak{G}_r \cdot \mathfrak{E}_r\,.$$

Für ein aus beliebiger gruppenweiser Reihen- oder Parallelschaltung von Ohmschen Widerständen, Selbstinduktionen und Kapazitäten zusammengesetztes Netz erfolgt die Berechnung von $\mathfrak{W}_r$ und $\mathfrak{G}_r$ schrittweise aus den Einzelelementen nach folgenden Regeln:

1. Der Gesamtwiderstand jeder Reihenschaltung ist gleich der Summe der einzelnen Widerstände.

2. Die Gesamtleitfähigkeit jeder Parallelschaltung ist gleich der Summe der einzelnen Leitfähigkeiten.

3. Die Gesamtleitfähigkeit einer Gruppe ist gleich dem Reziprokwert des Gesamtwiderstandes der Gruppe.

Für die einzelnen Elemente gelten als komplexe Widerstände bzw. Leitfähigkeiten die folgenden Größen:

	Ohmscher Widerstand w_0	Selbstinduktion L_0	Kapazität C_0
„Komplexer" Widerstand $\mathfrak{W}$ . .	w_0	$jL_0\omega = js_0$	$\frac{1}{jC_0\omega} = -\frac{j}{\varkappa_0}$
„Komplexe" Leitfähigkeit $\mathfrak{G}$ . .	$\frac{1}{w_0}$	$\frac{1}{js_0} = -\frac{j}{s_0}$	$jC_0\omega = j\varkappa_0$

Für die Elemente des Wechselstromkreises gehen also die komplexen Größen $\mathfrak{W}$ und $\mathfrak{G}$ in reelle oder rein imaginäre Größen über.

Bei Bildung der Reziprokwerte können komplexe Ausdrücke in den Nenner kommen. ist das Gesamtergebnis nach Komponenten in der Art des Ausdrucks (11a) darzustellen, so muß es in seine reellen und imaginären Teile zerlegt werden. Dementsprechend muß der Nenner reell gemacht werden, indem man Zähler und Nenner mit einer komplexen Größe multipliziert, welche dem Nennerausdruck konjugiert ist. Es ist z. B.:

$$\frac{a + jb}{m + jn} = \frac{(a + jb)(m - jn)}{(m + jn)(m - jn)} = \frac{am + bn}{m^2 + n^2} + j\,\frac{bm - an}{m^2 + n^2}\,.$$

Als Beispiele seien die folgenden, in Abschnitt 12e, S. 34, erwähnten Wechselstromkreise berechnet:

a) Parallelschaltung der Gruppen Abb. 122 und 123 mit folgenden Werten:

$$\begin{aligned} &\text{Ohmscher Widerstand} && w_0 = xw,\\ &\text{induktiver Widerstand} && s_0 = L_0\omega = xs,\\ &\text{Ohmsche Leitfähigkeit} && g_0 = \tfrac{1}{3}gx,\\ &\text{kapazitive Leitfähigkeit} && \varkappa_0 = C_0\omega = \tfrac{1}{3}\varkappa x,\\ &r^2 = w^2 + s^2, && k^2 = g^2 + x^2. \end{aligned}$$

Zu berechnen ist der Gesamtwiderstand $\mathfrak{W}_k = \frac{\mathfrak{E}}{\mathfrak{J}_k}$.

Gruppe I (w_0 und s_0): $\mathfrak{W}_I = x(w + js)$; $\mathfrak{G}_I = \frac{1}{x(w + js)}$,

Gruppe II (g_0 und $\varkappa_0$): $\mathfrak{G}_{II} = \frac{1}{3}gx + j\cdot\frac{1}{3}\varkappa x$.

Gruppe I parallel Gruppe II:

$$\mathfrak{G}_k = \mathfrak{G}_I + \mathfrak{G}_{II} = \frac{1}{x(w + js)} + \frac{1}{3}\,x(g + j\varkappa) =$$

$$= \frac{1}{x(w + js)}\cdot\left[1 - \frac{1}{3}\,x^2(s\varkappa - wg) + j\cdot\frac{1}{3}\,x^2(w\varkappa + sg)\right].$$

$$\left.\begin{aligned}\mathfrak{W}_k &= \frac{1}{\mathfrak{G}_k} = \frac{x(w+js)}{1-\frac{1}{3}x^2(s\varkappa-wg)+j\cdot\frac{1}{3}x^2(w\varkappa+sg)} = \frac{x(w+js)\left[1-\frac{1}{3}x^2(s\varkappa-wg)-j\cdot\frac{1}{3}x^2(w\varkappa+sg)\right]}{1-\frac{2}{3}x^2(s\varkappa-wg)+\frac{1}{9}x^4[(s\varkappa-wg)^2+(w\varkappa+sg)^2]} = \\ &= x\cdot\frac{w+\frac{1}{3}x^2 g r^2+j\cdot(s-\frac{1}{3}x^2\varkappa r^2)}{1-\frac{2}{3}x^2(s\varkappa-wg)+\frac{1}{9}x^4 r^2 k^2}\,.\end{aligned}\right\} \quad (16)$$

b) Reihenschaltung der Gruppen Abb. 122 und 123 mit folgenden Werten:

$$w_0 = \tfrac{1}{3}wx\,,\qquad s_0 = \tfrac{1}{3}sx\,,\qquad g_0 = gx\,,\qquad k_0 = kx\,,$$

r und k wie in Beispiel a).

Zu berechnen ist die gesamte Leitfähigkeit $\mathfrak{G}_0 = \frac{\mathfrak{J}_0}{\mathfrak{E}}$.

Gruppe I (g_0 und $\varkappa_0$): $\quad \mathfrak{G}_I = x(g+j\varkappa)$; $\quad \mathfrak{W}_I = \frac{1}{x(g+j\varkappa)}$,

Gruppe II (w_0 und s_0): $\quad \mathfrak{W}_{II} = \frac{1}{3}wx + j\cdot\frac{1}{3}sx$.

Gruppe I in Reihe mit Gruppe II:

$$\mathfrak{W}_0 = \mathfrak{W}_I + \mathfrak{W}_{II} = \frac{1}{x(g+j\varkappa)} + \frac{1}{3}x(w+js)$$

$$= \frac{1}{x(g+j\varkappa)}\left[1-\frac{1}{3}x^2(s\varkappa-wg)+j\cdot\frac{1}{3}x^2(w\varkappa+sg)\right].$$

$$\mathfrak{G}_0 = \frac{1}{\mathfrak{W}_0} = \frac{x(g+j\varkappa)}{1-\frac{1}{3}x^2(s\varkappa-wg)+j\cdot\frac{1}{3}x^2(w\varkappa+sg)} = x\cdot\frac{g+\frac{1}{3}x^2wk^2+j\cdot(\varkappa-\frac{1}{3}x^2sk^2)}{1-\frac{2}{3}x^2(s\varkappa-wg)+\frac{1}{9}x^4r^2k^2}\,. \quad (17)$$

Die Zwischenrechnung erfolgt in gleicher Weise wie bei Gleichung (16).

6. Die Darstellung der Leistung als komplexe Größe.

Wirkleistung N_w und Blindleistung N_b können als Komponenten einer „komplexen“ Leistung $\mathfrak{N}$ aufgefaßt werden, die bei gegebenem Strom proportional dem Vektorwiderstand $\mathfrak{W} = \frac{\mathfrak{E}}{\mathfrak{J}}$, bei gegebener Spannung proportional der Vektorleitfähigkeit $\mathfrak{G} = \frac{\mathfrak{J}}{\mathfrak{E}}$ ist. In gleicher Weise sind die beiden Leistungskomponenten proportional den Komponenten (d. h. dem reellen und dem imaginären Bestandteil) von $\mathfrak{W}$ bzw. $\mathfrak{G}$. Für diese beiden Größen hat man die Darstellung

$$\left.\begin{aligned}\mathfrak{W} &= \frac{\mathfrak{E}}{\mathfrak{J}} = \frac{E\,e^{j\varphi_e}}{J\,e^{j\varphi_i}} = W e^{j\varphi} = W_w + jW_b\,,\\ \mathfrak{G} &= \frac{\mathfrak{J}}{\mathfrak{E}} = \frac{1}{\mathfrak{W}} = \frac{1}{W}e^{-j\varphi} = Ge^{-j\varphi} = G_w - jG_b\,.\end{aligned}\right\} \quad (18)$$

Daraus folgt:

$$\left.\begin{aligned}W &= \frac{E}{J}\,; &\quad W_w &= W\cos\varphi\,; &\quad W_b &= W\sin\varphi\,;\\ G &= \frac{J}{E}\,; &\quad G_w &= G\cos\varphi\,; &\quad G_b &= G\sin\varphi\,.\end{aligned}\right\} \quad (19)$$

$\varphi = \varphi_e - \varphi_i$ (positiv, wenn $\mathfrak{J}$ gegenüber $\mathfrak{E}$ nacheilt).

Für die Bestimmung der Leistungskomponenten kommt es nur auf die Größe und gegenseitige Verschiebung der Vektoren $\mathfrak{E}$ und $\mathfrak{J}$, nicht aber auf die Lage im Koordinatensystem an. Legt man die reelle Achse des Systems in die Richtung von $\mathfrak{E}$, dann stellen die beiden Komponenten des Stromvektors $\mathfrak{J}$ den Wirkstrom und Blindstrom dar. Für diesen Fall hat man

$$\varphi_e = 0\,,\qquad \text{daher}\qquad \mathfrak{E} = E\,,\qquad \mathfrak{J} = E\mathfrak{G} = EG_w - jEG_b = J_w - jJ_b\,,$$

also

$$J = EG\,;\qquad J_w = EG_w = EG\cos\varphi = J\cos\varphi\,,\qquad J_b = EG_b = EG\sin\varphi = J\sin\varphi\ ^{1)}\,;$$

---

[1]) Zur Vereinfachung der Schreibweise ist hier, im Gegensatz zu S. 192, J_w statt $J_w\cos\varphi_w$ gesetzt; d. h., die Größe $\cos\varphi_w = \pm 1$ ist in J_w einbezogen, das daher positiv oder negativ sein kann, je nach dem $|\varphi| \lesseqgtr 90°$. Analoges gilt von J_b.

daher für die Leistungskomponenten und die Scheinleistung

$$N_w = E J_w = E^2 G_w; \qquad N_b = E J_b = E^2 G_b; \qquad N = E^2 G; \tag{20}$$

für die Vektorleistung

$$\mathfrak{N} = E^2 \mathfrak{G} = N_w - j N_b = N e^{-j\varphi}. \tag{21}$$

Die Vorzeichen von G_w und G_b stimmen mit den Vorzeichen der Leistungskomponenten überein. G_b ist [laut (19)] positiv bei positivem φ, d. h. bei nacheilendem Strom. In diesem Fall ist auch Vektor $\mathfrak{N}$ nacheilend gegenüber der reellen positiven Achse, $\mathfrak{N}$ fällt also in die Richtung des Stromvektors.

In gleicher Weise können die Leistungskomponenten auch durch den reellen und imaginären Bestandteil des Widerstandes dargestellt werden. In diesem Falle wird die reelle Achse des Koordinatensystems in die Richtung des Stromvektors verlegt: $\varphi_i = 0$, also $\mathfrak{J} = J$, daher

$$\mathfrak{E} = J \mathfrak{W} = J W_w + j J W_b = E_w + j E_b.$$

Nunmehr erscheint die Spannung in eine Wirkkomponente und eine Blindkomponente zerlegt. Man hat

$$E = J W; \qquad E_w = J W_w = J W \cos\varphi = E \cos\varphi,$$

$$E_b = J W_b = J W \sin\varphi = E \sin\varphi;$$

daher

$$N_w = J E_w = J^2 E_w, \qquad N_b = J E_b = J^2 W_b; \qquad N = J^2 W. \tag{22}$$

Die Komponenten W_w und W_b sind mit der Wirklast bzw. Blindlast gleich bezeichnet. W_b ist positiv bei voreilender Spannung, also nacheilendem Strom. Aus (22) erhält man für den der Formel (21) analogen Ausdruck

$$\mathfrak{N}' = J^2 \mathfrak{W} = N_w + j N_b = N e^{j\varphi}.$$

Auch durch den Vektor $\mathfrak{N}'$ kann die komplexe Leistung dargestellt werden. Bei positivem φ (voreilende Spannung) ist auch $\mathfrak{N}'$ voreilend gegenüber der reellen positiven Achse, fällt also in die Richtung des Spannungsvektors. Die Größen $\mathfrak{N}$ und $\mathfrak{N}'$ sind konjugiert komplex.

7. Vektorprodukte und Produkte komplexer Größen.

Die zur Vektordarstellung dienenden komplexen Ausdrücke werden der Einfachheit halber häufig als Vektoren schlechtweg bezeichnet. Es ist jedoch zwischen der Rechnung mit Vektoren und der Rechnung mit den ihnen zugeordneten komplexen Ausdrücken ein Unterschied zu machen. Dieser besteht im wesentlichen darin, daß durch die Vektorrechnung die gegenseitigen Beziehungen der gerichteten Größen unabhängig von der relativen Lage zu irgendeinem Bezugssystem ausgedrückt werden, während die komplexen Ausdrücke sich auf eine bestimmte Achse beziehen, von der aus die Amplitudenwinkel gezählt werden.

Solange man sich auf Addition und Subtraktion beschränkt, macht sich dieser Unterschied allerdings nicht bemerkbar; denn die Summe zweier komplexer Ausdrücke ist der Vektorsumme in gleicher Weise zugeordnet, wie die einzelnen komplexen Ausdrücke den einzelnen Vektoren zugeordnet sind: Die Komponenten einer Vektorsumme sind die Summen der entsprechenden einzelnen Vektorkomponenten; und in gleicher Weise besteht der reelle bzw. imaginäre Teil einer Summe von komplexen Ausdrücken aus der Summe der rellen bzw. der imaginären Teile der Einzelausdrücke. Durch die Summe der komplexen Ausdrücke wird daher die Vektorsumme sowohl ihrer absoluten Größe nach als auch insbesondere in ihrem Richtungsunterschied gegenüber den Einzelvektoren richtig dargestellt, und zwar unabhängig von der Lage des Koordinatensystems.

Sobald man jedoch zu den Produkten übergeht, macht sich der Unterschied bemerkbar. Das Produkt zweier komplexer Ausdrücke $\mathfrak{P} = P e^{j\varphi_p}$ und $\mathfrak{Q} = Q e^{j\varphi_q}$ stellt einen Vektor $PQ e^{j(\varphi_p + \varphi_q)}$ dar, dessen Richtungsunterschied gegenüber den beiden Einzelvektoren die Größe φ_q bzw. φ_p hat, der also durchaus nicht durch die inneren Beziehungen der Einzelvektoren gegeben ist, sondern vollständig von der willkürlich angenommenen Lage der Bezugsachsen abhängt (das gleiche gilt vom Verhältnis komplexer Größen). Dagegen sind die durch Gleichung (4) und (5) definierten Vektorprodukte nur durch die absoluten Beträge der beiden Vektoren und ihren Winkelunterschied bestimmt. Die relative Lage zu irgendeinem Koordinatensystem kommt dabei nicht in Frage.

Es besteht jedoch eine wichtige Beziehung zwischen den Vektorprodukten und dem Produkt der komplexen Ausdrücke, durch welche die beiden einzelnen Vektoren dargestellt werden: Gegeben seien die Vektoren

$$\left.\begin{aligned}\mathfrak{J} &= J e^{j\varphi_i} = \mathfrak{B}\cdot(p_i + jq_i)\,,\\ \mathfrak{E} &= E e^{j\varphi_e} = \mathfrak{B}\cdot(p_e + jq_e)\,.\end{aligned}\right\} \tag{23}$$

$\mathfrak{B}$ ist ein beliebiger komplexer Ausdruck; die Größen p und q sind reell. Laut (4) und (5) hat man für das innere bzw. äußere Vektorprodukt

$$N_w = EJ\cos(\varphi_e - \varphi_i)\,,$$
$$N_b = EJ\sin(\varphi_e - \varphi_i)\,.$$

Daraus bilde man den Ausdruck

$$N_w + jN_b = EJ[\cos(\varphi_e - \varphi_i) + j\sin(\varphi_e - \varphi_i)] = EJ\,e^{j(\varphi_e - \varphi_i)} = E e^{j\varphi_e}\cdot J e^{-j\varphi_i} = \mathfrak{E}\cdot\mathfrak{J}'\,. \tag{24}$$

Die Größe $\mathfrak{J}'$ erhält man aus dem Ausdruck für $\mathfrak{J}$, indem man darin das Vorzeichen von j vertauscht. $\mathfrak{J}'$ ist der zu $\mathfrak{J}$ konjugiert komplexe Ausdruck.

Man erhält also den Satz: Bildet man das Produkt eines komplexen Ausdruckes $\mathfrak{E}$ mit dem konjugierten $\mathfrak{J}'$ eines komplexen Ausdrucks $\mathfrak{J}$, so ist der reelle Teil gleich dem inneren Produkt, der imaginäre Teil gleich dem äußeren Produkt der durch $\mathfrak{E}$ und $\mathfrak{J}$ dargestellten Vektoren.

Daraus folgt der Satz: Multipliziert man einen komplexen Ausdruck $\mathfrak{J}$ mit seinem eigenen Konjugierten, so ist das Produkt gleich dem Quadrat des Absolutwertes von $\mathfrak{J}$:

$$\mathfrak{J}\mathfrak{J}' = J e^{j\varphi_i}\cdot J e^{-j\varphi_i} = J^2\,.$$

Auf Grund von (23) erhält man $\mathfrak{J}' = \mathfrak{B}'(p_i - jq_i)$ und daher

$$N_w + jN_b = \mathfrak{B}\cdot(p_e + jq_e)\cdot\mathfrak{B}'\cdot(p_i - jq_i) = V^2[(p_e p_i + q_e q_i) + j(p_i q_e - p_e q_i)]\,. \tag{24'}$$

Darin ist V der Absolutwert von $\mathfrak{B}$. Daraus ergibt sich

$$\left.\begin{aligned}N_w &= V^2(p_e p_i + q_e q_i)\,,\\ N_b &= V^2(p_i q_e - p_e q_i)\,.\end{aligned}\right\} \tag{25}$$

Gleichwie das Produkt $\mathfrak{E}\cdot\mathfrak{J}$, so stellt auch der Quotient $\mathfrak{W} = \frac{\mathfrak{E}}{\mathfrak{J}} = \left(\frac{E}{J}\right) e^{j(\varphi_e - \varphi_i)}$ einen Vektor dar. Dieser schließt mit $\mathfrak{E}$ den Winkel $\varphi_e - (\varphi_e - \varphi_i) = \varphi_i$, mit $\mathfrak{J}$ den Winkel $\varphi_i - (\varphi_e - \varphi_i) = 2\varphi_i - \varphi_e$ ein. $\mathfrak{W}$ ist also ebenfalls in seiner relativen Lage gegenüber $\mathfrak{E}$ und $\mathfrak{J}$ nicht nur durch die inneren Beziehungen zwischen diesen Vektoren, sondern auch durch deren Lage zum willkürlich angenommenen Koordinatensystem bestimmt, kann also nicht durch Vektorrechnung aus $\mathfrak{E}$ und $\mathfrak{J}$ ermittelt werden. Der Kürze halber werde jedoch ein Ausdruck von der Form $\mathfrak{W}$ als Vektorverhältnis oder Vektorquotient bezeichnet.

8. Berechnung besonderer Funktionen komplexer Ausdrücke.

Die Funktion einer komplexen Größe ist im allgemeinen ebenfalls komplex. Die Berechnung der Funktion besteht in der Ermittlung des reellen und imaginären Teiles bzw. des Absolutwertes und der Amplitude des resultierenden komplexen Ausdrucks.

Für derartige Funktionsberechnungen sind im Textteil mehrfach nur die Ansätze und die Ergebnisse angeführt. An dieser Stelle seien für die in Betracht kommenden Funktionen die vollständigen Berechnungen durchgeführt:

a) Gegeben

$$\mathfrak{r} = w + js = r e^{j\varphi_r}\,, \qquad r = \sqrt{w^2 + s^2}\,;$$
$$\mathfrak{k} = g + j\varkappa = k e^{j\varphi_k}\,, \qquad k = \sqrt{g^2 + \varkappa^2}\,;$$

ferner die abkürzenden Bezeichnungen c bis q für die folgenden Ausdrücke:

$$c = s\varkappa - wg\,,$$
$$h = s\varkappa + wg\,,$$
$$p = w\varkappa - sg\,,$$
$$q = w\varkappa + sg\,.$$

Zu berechnen ist die Funktion $\nu = \sqrt{\mathfrak{r} \cdot \mathfrak{k}} = a + jb$ durch Ermittlung von a und b. [S. Textgleichungen [(48), (56), (57), (57′) und (57″)].

Es ist

$$\nu^2 = \mathfrak{r}\mathfrak{k} = (w + js)(g + j\varkappa) = -c + jq = (a + jb)^2 = a^2 - b^2 + 2jab\,.$$

Ferner ist der Absolutwert von ν gleich

$$\sqrt{r \cdot k} = \sqrt{a^2 + b^2}\,.$$

Aus diesen Beziehungen folgt durch Vergleich der reellen und imaginären Komponenten bzw. der Absolutwerte

$$\left.\begin{aligned} a^2 - b^2 &= -c\,,\\ a^2 + b^2 &= rk\,,\\ 2ab &= q\,.\end{aligned}\right\} \tag{26}$$

Aus den beiden ersten Gleichungen von (26) folgt

$$\left.\begin{aligned} a &= \sqrt{\tfrac{1}{2}(rk - c)}\,,\\ b &= \sqrt{\tfrac{1}{2}(rk + c)}\,.\end{aligned}\right\} \tag{27}$$

In praktischen Fällen ist $g \lll \varkappa$, $w < s$, daher rk nur wenig größer als c. Die Ausrechnung von a nach Gleichung (27) ist daher sehr ungenau, da eine sehr kleine Differenz von verhältnismäßig großen Zahlen darin enthalten ist. Auf Grund der letzten Gleichung von (26) ergibt sich aber die für genaueste Berechnung geeignete Beziehung

$$a = \frac{q}{2b} = \frac{q}{\sqrt{2(rk + c)}} = \frac{w\varkappa + sg}{\sqrt{2}\sqrt{\sqrt{(w^2 + s^2)(g^2 + \varkappa^2)} + s\varkappa - wg}}\,. \tag{27′}$$

Eine angenäherte Formel für a, die in der Regel praktisch ausreichend genau ist, erhält man, wenn man den in (27) vorkommenden Ausdruck rk nach dem binomischen Satz bis zu den Gliedern zweiter Ordnung entwickelt. Es ist

$$\begin{aligned} rk &= \sqrt{(w^2 + s^2)\,(g^2 + \varkappa^2)} = s\varkappa\sqrt{\left(1 + \frac{w^2}{s^2}\right)\left(1 + \frac{g^2}{\varkappa^2}\right)} = s\varkappa\left(1 + \frac{w^2}{2s^2} + \frac{g^2}{2\varkappa^2} + \cdots\right)\\ &= s\varkappa + \frac{w^2}{2}\,\frac{\varkappa}{s} + \frac{g^2}{2}\,\frac{s}{\varkappa} + \cdots \end{aligned}$$

Unter der praktisch meist zutreffenden Voraussetzung, daß $\frac{w^2}{s^2}$ und $\frac{g^2}{\varkappa^2}$ klein gegen die Einheit sind, kann die unendliche Reihe nach den angeschriebenen Gliedern abgebrochen werden, und man erhält daher

$$rk - c = \frac{w^2}{2}\,\frac{\varkappa}{s} + \frac{g^2}{2}\,\frac{s}{\varkappa} + gw = \frac{1}{2}\left(w\sqrt{\frac{\varkappa}{s}} + g\sqrt{\frac{s}{\varkappa}}\right)^2.$$

Somit ist laut (27)

$$a = \sqrt{\frac{1}{2}(rk - c)} = \frac{w}{2}\sqrt{\frac{\varkappa}{s}} + \frac{g}{2}\sqrt{\frac{s}{\varkappa}}\,. \tag{27″}$$

b) Gegeben seien die gleichen Größen wie in a); zu berechnen ist die Funktion

$$\mathfrak{Z} = \sqrt{\frac{\mathfrak{r}}{\mathfrak{k}}} = Ze^{-j\varphi_u}$$

durch Ermittlung von Z und $u = \operatorname{tg}\varphi_u$; ferner sind zu berechnen die Ausdrücke $\cos(2\varphi_u)$ und $\sin(2\varphi_u)$. [S. Textgleichungen (49), (63), (64) und (70)].

Aus der zweiten Form der Ausdrücke für $\mathfrak{r}$ und $\mathfrak{k}$ ergibt sich

$$Z = \sqrt{\frac{r}{k}}\,. \tag{28}$$

Ferner ist

$$\mathfrak{Z} = \sqrt{\frac{\mathfrak{r}}{\mathfrak{k}}} = \frac{\sqrt{\mathfrak{r}\mathfrak{k}}}{\mathfrak{k}} = \frac{\nu}{\mathfrak{k}} = \frac{a + jb}{g + j\varkappa} = \frac{(a + jb)(g - j\varkappa)}{g^2 + \varkappa^2} = \frac{(ag + b\varkappa) - j(a\varkappa - bg)}{k^2}.$$

Auf diese Beziehung sowie auf den gegebenen Ausdruck für u seien die Gleichungen (10), (11a) und (11b) angewendet, indem gesetzt wird

$$\mathfrak{Z} = \mathfrak{P}; \qquad Z = P; \qquad -\varphi_u = \varphi; \qquad \frac{ag + b\varkappa}{k^2} = P_y, \qquad \frac{a\varkappa - bg}{k^2} = P_z.$$

Die letzte Gleichung von (10) ergibt daher

$$u = -\operatorname{tg}\varphi = \frac{P_z}{P_y} = \frac{a\varkappa - bg}{ag + b\varkappa}. \tag{29_1}$$

In gleicher Weise kann u gerechnet werden aus

$$\frac{1}{\mathfrak{Z}} = \frac{1}{Z} e^{+j\varphi_u} = \sqrt{\frac{\mathfrak{k}}{\mathfrak{r}}} = \frac{\sqrt{\mathfrak{r}\mathfrak{k}}}{\mathfrak{r}} = \frac{\nu}{\mathfrak{r}} = \frac{a + jb}{w + js} = \frac{(a + jb)(w - js)}{w^2 + s^2} = \frac{aw + bs + j(bw - as)}{r^2};$$

daraus

$$u = \frac{bw - as}{aw + bs}. \tag{29_2}$$

Multipliziert man den Ausdruck (29_1) in Zähler und Nenner mit a, so ergibt sich, unter Berücksichtigung von (26) und (27)

$$u = \frac{a^2\varkappa - abg}{a^2 g + ab\varkappa} = \frac{(rk - c)\varkappa - qg}{(rk - c)g + q\varkappa} = \frac{rk\varkappa - (g^2 + \varkappa^2)s}{rkg + (g^2 + \varkappa^2)w} = \frac{\varkappa r - sk}{gr + wk}. \tag{29_3}$$

Multipliziert man den Ausdruck (29_1) in Zähler und Nenner mit b, so erhält man in gleicher Weise

$$u = \frac{ab\varkappa - b^2 g}{abg + b^2\varkappa} = \frac{q\varkappa - g(rk + c)}{qg + \varkappa(rk + c)} = \frac{-grk + k^2 w}{\varkappa rk + k^2 s} = \frac{wk - gr}{sk + \varkappa r}. \tag{29_4}$$

[Die Ausdrücke (29_3) und (29_4) erhält man auch aus (29_2) durch Multiplikation des Zählers und Nenners mit b bzw. a).]

Ist der Wellenwiderstand Z auf Grund (28) gerechnet, so kann man die Berechnung von u noch weiter vereinfachen: Wenn die beiden letzten Ausdrücke (29_3) und (29_4) in Zähler und Nenner durch k dividiert werden, so erhält man

$$u = \frac{\varkappa Z^2 - s}{gZ^2 + w} = \frac{w - gZ^2}{s + \varkappa Z^2}. \tag{29_5}$$

Eine weitere (siebente) Form von u stellt Gleichung (31) dar. In dem oft zutreffenden Fall $g = 0$ wird $\varkappa = k$ und daher

$$u = \frac{a}{b} = \frac{r - s}{w} = \frac{w}{r + s}. \tag{29_6}$$

Für die beiden letzten unter b) zur Berechnung gestellten Ausdrücke bilde man

$$\mathfrak{Z}^2 = Z^2 e^{-2j\varphi_u} = \frac{\mathfrak{r}}{\mathfrak{k}} = \frac{r}{k} e^{j(\varphi_r - \varphi_{\mathfrak{k}})},$$

daher

$$\left.\begin{aligned} 2\varphi_u &= \varphi_{\mathfrak{k}} - \varphi_r, \\ \sin(2\varphi_u) &= \sin\varphi_{\mathfrak{k}}\cos\varphi_r - \cos\varphi_{\mathfrak{k}}\sin\varphi_r = \frac{1}{rk}(\varkappa w - gs) = \frac{p}{rk}, \\ \cos(2\varphi_u) &= \cos\varphi_{\mathfrak{k}}\cos\varphi_r + \sin\varphi_{\mathfrak{k}}\sin\varphi_r = \frac{1}{rk}(wg + s\varkappa) = \frac{h}{rk}. \end{aligned}\right\} \tag{30}$$

Für $g = 0$ ist $\varphi_{\mathfrak{k}} = \frac{\pi}{2}$, daher $2\varphi_u = \frac{\pi}{2} - \varphi_r$, somit

$$\sin(2\varphi_u) = \cos\varphi_r = \frac{w}{r}, \qquad \cos(2\varphi_u) = \sin\varphi_r = \frac{s}{r}. \tag{31}$$

Mittels der Ausdrücke (30) läßt sich eine weitere Formel für u ableiten. Man hat

$$u = \operatorname{tg}\varphi_u = \frac{2\sin\varphi_u\cos\varphi_u}{2\cos^2\varphi_u} = \frac{\sin(2\varphi_u)}{1 + \cos(2\varphi_u)} = \frac{p}{rk + h} = \frac{w\varkappa - sg}{rk + s\varkappa + wg}.$$

Die sämtlichen hier abgeleiteten Ausdrücke für u lauten somit

$$u = \frac{a\varkappa - bg}{ag + b\varkappa} = \frac{bw - as}{aw + bs} = \frac{\varkappa r - sk}{gr + wk} = \frac{wk - gr}{sk + \varkappa r} = \frac{\varkappa Z^2 - s}{gZ^2 + w} = \frac{w - gZ^2}{s + \varkappa Z^2} = \frac{w\varkappa - sg}{rk + s\varkappa + wg}. \tag{32}$$

Der vierte und der sechste Ausdruck ist für die Berechnung am besten geeignet.

c) Gegeben sei die unter a) berechnete Funktion $\nu = \sqrt{\mathfrak{r}\mathfrak{k}} = a + jb$. Zu berechnen ist die Funktion $\mathfrak{Tg}(\nu x) = T e^{j\varphi_t}$ durch Ermittlung von T und $t = \operatorname{tg}\varphi_t$. [S. Textgleichungen (60) und (61)].

Die Hyperbelfunktionen eines beliebigen Argumentes m sind durch folgende Beziehungen definiert:

$$\left.\begin{aligned} \mathfrak{Sin}\, m &= \tfrac{1}{2}(e^{+m} - e^{-m})\,; \qquad \mathfrak{Cos}\, m = \tfrac{1}{2}(e^{+m} + e^{-m})\,; \\ \mathfrak{Tg}\, m &= \frac{\mathfrak{Sin}\, m}{\mathfrak{Cos}\, m} = \frac{e^{+m} - e^{-m}}{e^{+m} + e^{-m}}\,. \end{aligned}\right\} \tag{33}$$

Auf Grund dieser Definitionen können die folgenden Beziehungen ohne weiteres nachgewiesen werden:

$$2\mathfrak{Sin}\, m \cdot \mathfrak{Cos}\, m = \mathfrak{Sin}(2m)\,,$$

$$\mathfrak{Cos}^2 m + \mathfrak{Sin}^2 m = \mathfrak{Cos}(2m)\,,$$

$$\mathfrak{Cos}^2 m - \mathfrak{Sin}^2 m = 1\,;$$

daher aus den beiden letzten Gleichungen

$$\mathfrak{Cos}(2m) = 2\mathfrak{Cos}^2 m - 1 = 2\mathfrak{Sin}^2 m + 1\,.$$

Ferner folgt aus den Definitionsgleichungen:

$$\mathfrak{Sin}\, m \cdot \mathfrak{Cos}\, n \pm \mathfrak{Cos}\, m \cdot \mathfrak{Sin}\, n = \mathfrak{Sin}(m \pm n)\,,$$

$$\mathfrak{Cos}\, m \cdot \mathfrak{Cos}\, n \pm \mathfrak{Sin}\, m \cdot \mathfrak{Sin}\, n = \mathfrak{Cos}(m \pm n)\,.$$

Aus den beiden letzten Gleichungen erhält man

$$\mathfrak{Sin}(m + n) + \mathfrak{Sin}(m - n) = 2\,\mathfrak{Sin}\, m \cdot \mathfrak{Cos}\, n\,,$$

$$\mathfrak{Cos}(m + n) + \mathfrak{Cos}(m - n) = 2\,\mathfrak{Cos}\, m \cdot \mathfrak{Cos}\, n$$

und durch Division dieser vorstehenden Gleichungen

$$\frac{\mathfrak{Sin}(m + n) + \mathfrak{Sin}(m - n)}{\mathfrak{Cos}(m + n) + \mathfrak{Cos}(m - n)} = \mathfrak{Tg}\, m\,.$$

Setzt man

$$m = d + f, \qquad n = d - f, \qquad \text{daher} \qquad m + n = 2d, \qquad m - n = 2f,$$

so erhält man aus der letzten Gleichung

$$\mathfrak{Tg}(d + f) = \frac{\mathfrak{Sin}(2d) + \mathfrak{Sin}(2f)}{\mathfrak{Cos}(2d) + \mathfrak{Cos}(2f)}\,. \tag{34}$$

Um daraus $\mathfrak{Tg}(\nu x)$ zu erhalten, setze man $d = ax$, $f = jbx$. Das Argument $2f$ wird somit rein imaginär. Für die Hyperbelfunktionen eines rein imaginären Argumentes $j\beta$ erhält man aus dem Moivreschen Binom $e^{\pm j\beta} = \cos\beta \pm j\sin\beta$ die Beziehungen

$$\mathfrak{Sin}(j\beta) = \tfrac{1}{2}(e^{+j\beta} - e^{-j\beta}) = j\sin\beta\,,$$

$$\mathfrak{Cos}(j\beta) = \tfrac{1}{2}(e^{+j\beta} + e^{-j\beta}) = \cos\beta\,.$$

Somit ergibt (34) mit der erwähnten Substitution

$$\mathfrak{Tg}(\nu x) = \mathfrak{Tg}(ax + jbx) = \frac{\mathfrak{Sin}(2ax) + j\sin(2bx)}{\mathfrak{Cos}(2ax) + \cos(2bx)}\,. \tag{35}$$

Durch Anwendung von (10), (11a) und (11b) erhält man t (Verhältnis von imaginärem Teil zu reellem Teil)

$$t = \frac{\sin(2bx)}{\mathfrak{Sin}(2ax)}\,. \tag{36}$$

Für das Quadrat des Absolutwertes (gleich Quadratsumme von reellem und imaginärem Teil) ergibt sich aus (35)

$$T^2 = \frac{\mathfrak{Sin}^2(2ax) + \sin^2(2bx)}{[\mathfrak{Cos}(2ax) + \cos(2bx)]^2}\,.$$

Der Zähler dieses Ausdruckes kann wie folgt umgeformt werden:

$$\begin{aligned} \mathfrak{Sin}^2(2ax) + \sin^2(2bx) &= [\mathfrak{Cos}^2(2ax) - 1] + [1 - \cos^2(2bx)] = \mathfrak{Cos}^2(2ax) - \cos^2(2bx) \\ &= [\mathfrak{Cos}(2ax) + \cos(2bx)] \cdot [\mathfrak{Cos}(2ax) - \cos(2bx)]\,. \end{aligned}$$

Mit dieser Umformung erhält man

$$T^2 = \frac{\mathfrak{Cof}(2ax) - \cos(2bx)}{\mathfrak{Cof}(2ax) + \cos(2bx)}. \tag{37}$$

Aus $\mathfrak{Cof}(2ax) = 2\,\mathfrak{Sin}^2(ax) + 1$ und $\cos(2bx) = 1 - 2\sin^2(bx) = 2\cos^2(bx) - 1$ folgt für T^2 der weitere Ausdruck

$$T^2 = \frac{\mathfrak{Sin}^2(ax) + \sin^2(bx)}{\mathfrak{Sin}^2(ax) + \cos^2(bx)}. \tag{37'}$$

d) Mit den gleichen Angaben wie unter c) sind die folgenden Funktionen zu berechnen:

$$\mathfrak{Cof}(\nu x) = \mathfrak{Cof}(ax + jbx) = C \cdot e^{j\varphi_c}, \text{ [s. Textgleichungen (58) und (59)]},$$

$$\mathfrak{Sin}(\nu x) = \mathfrak{Sin}(ax + jbx) = S \cdot e^{j\varphi_s}.$$

Durch Anwendung der in c) gegebenen Gesetze der Hyperbelfunktionen erhält man

$$\mathfrak{Cof}(\nu x) = \mathfrak{Cof}(ax) \cdot \cos(bx) + j\,\mathfrak{Sin}(ax) \cdot \sin(bx).$$

Daher ist

$$\operatorname{tg}\varphi_c = \frac{\mathfrak{Sin}(ax) \cdot \sin(bx)}{\mathfrak{Cof}(ax) \cdot \cos(bx)} = \mathfrak{Tg}(ax) \cdot \operatorname{tg}(bx), \tag{38}$$

$$C^2 = \mathfrak{Cof}^2(ax) \cdot \cos^2(bx) + \mathfrak{Sin}^2(ax) \cdot \sin^2(bx).$$

Substituiert man darin das eine Mal $\mathfrak{Cof}^2(ax) = 1 + \mathfrak{Sin}^2(ax)$, das andere Mal $\mathfrak{Sin}^2(ax) = \mathfrak{Cof}^2(ax) - 1$, so erhält man

$$C^2 = \mathfrak{Cof}^2(ax) - \sin^2(bx) = \mathfrak{Sin}^2(ax) + \cos^2(bx).$$

Durch Addition der rechts stehenden Ausdrücke erhält man

$$C^2 = \tfrac{1}{2}[\mathfrak{Cof}(2ax) + \cos(2bx)]. \tag{39}$$

Für die Sinusfunktion hat man

$$\mathfrak{Sin}(\nu x) = \mathfrak{Sin}(ax) \cdot \cos(bx) + j\,\mathfrak{Cof}(ax) \cdot \sin(bx).$$

Die weiteren Ermittlungen erfolgen in gleicher Art wie für $\mathfrak{Cof}(\nu x)$, daher erhält man

$$\operatorname{tg}\varphi_s = \mathfrak{Ctg}(ax) \cdot \operatorname{tg}(bx); \tag{40}$$

$$S^2 = \mathfrak{Cof}^2(ax) - \cos^2(bx) = \mathfrak{Sin}^2(ax) + \sin^2(bx) = \tfrac{1}{2}[\mathfrak{Cof}(2ax) - \cos(2bx)]. \tag{41}$$

II. Geometrische Beziehungen zwischen Kreisen.

Die Beweise der Diagrammkonstruktionen werden an einigen Stellen sehr erleichtert, wenn man sie auf gewisse Lehrsätze der Kreisgeometrie stützt. Da diese Sätze dem Ingenieur nicht durchweg geläufig sind und zum Teil in der Literatur nicht leicht aufzufinden sind, seien sie im folgenden zusammengestellt und abgeleitet. Die Beweisführung benutzt zum Teil das bekannte Potenzgesetz, dessen Ableitung in jedem Elementarbuch der Geometrie gefunden werden kann und das Folgendes besagt: Zieht man durch einen Punkt Z' (Abb. 125) einen beliebigen Strahl, der einen Kreis k_1 in den Punkten a und b schneidet, so ist das Produkt $\overline{Z'b} \cdot \overline{Z'a}$ unabhängig von der Richtung des Strahls konstant. Seine Größe wird als Potenz des Punktes Z' in bezug auf den Kreis k_1 bezeichnet. Liegt Z' außerhalb des Kreises, so haben die beiden Sehnenabschnitte, von Z' ausgehend, gleiche Richtung; die Potenz ist positiv. Bei innen liegendem Punkt Z' ist die Potenz negativ. Wird die Sehnenrichtung bei außerhalb liegendem Z' der Tangentenrichtung genähert, so nähern sich die Punkte a und b dem Berührungspunkt M' der durch Z' gezogenen Tangente. Die positive Potenz ist also gleich dem Quadrat der Tangentenlänge $\overline{Z'M'}^2 = \overline{Z_1Z'}^2 - \overline{Z_1M'}^2$.

1. Begriff und Gleichungen senkrecht schneidender Kreise.

Um den Punkt Z_2, der außerhalb eines Kreises k_1 liegt (Abb. 125), wird ein Kreis k_2 geschlagen, der durch den Berührungspunkt N einer aus Z_2 an k_1 gezogenen Tangente geht. Der Radius

$\overline{Z_1 N}$ des Kreises k_1 steht senkrecht zu $\overline{Z_2 N}$, ist also die Tangente an k_2. Die Linienelemente beider Kreise stehen in den Schnittpunkten M und N senkrecht aufeinander; die Kreise k_1 und k_2 schneiden einander senkrecht.

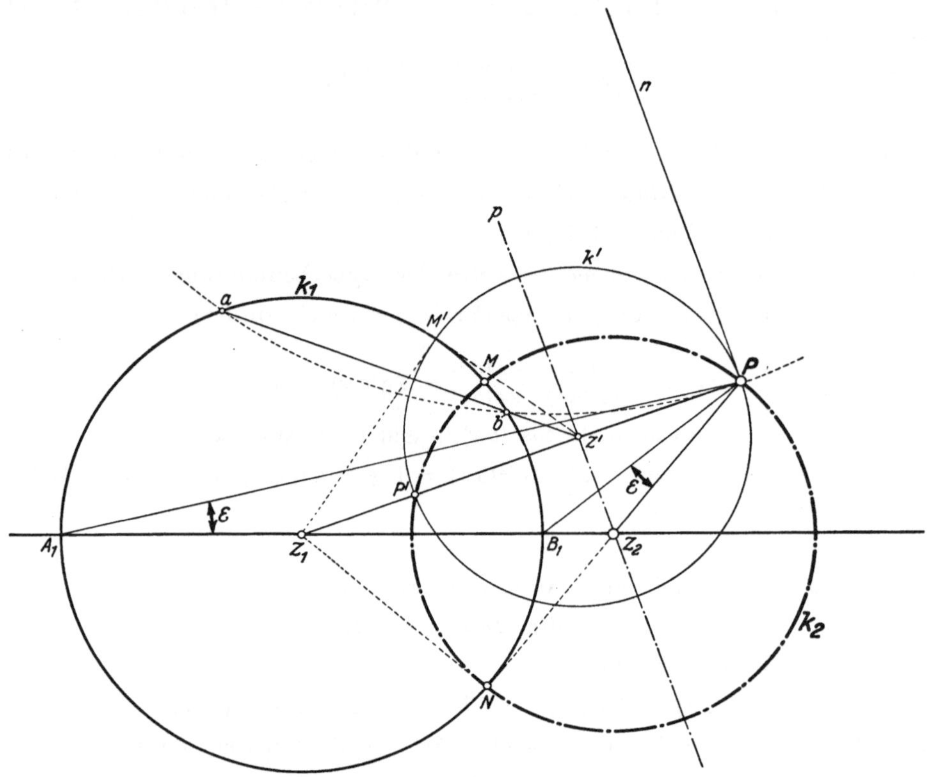

Abb. 125. Konstruktion senkrecht schneidender Kreise (Anhang II, 2a bis c). $k' \perp k_1$; $k_2 \perp k_1$ wenn P und P' auf k_2 liegen.

Die Radien der beiden Kreise seien mit r_1 und r_2 bezeichnet. Der Mittelpunktsabstand sei $\overline{Z_1 Z_2} = m$. Punkt Z_1 sei der Ursprung, Zentrale $\overline{Z_1 Z_2}$ die Abszissenachse eines rechtwinkligen Koordinatensystems. Die Gleichungen der beiden Kreise lauten:

$$x^2 + y^2 = r_1^2 \quad \text{und} \quad (\xi - m)^2 + \eta^2 = r_2^2 .$$

Wegen $m^2 = r_1^2 + r_2^2$ lautet die Gleichung des Kreises k_2

$$\xi^2 + \eta^2 + r_1^2 = 2m\xi . \tag{42}$$

2. Konstruktion und Beziehungen senkrecht schneidender Kreise.

a) Gegeben ist ein Kreis k_1 und ein außerhalb liegender Punkt P (Abb. 125). Zu konstruieren ist ein Kreis k' mit dem Mittelpunkt auf der Geraden $\overline{Z_1 P}$, der den Kreis k_1 senkrecht schneidet und durch den Punkt P geht.

Es wird ein Hilfskreis von beliebigem Radius so gezeichnet, daß er die Gerade $\overline{Z_1 P}$ im Punkt P berührt und den Kreis k_1 schneidet (der Mittelpunkt des Hilfskreises liegt auf der zu $\overline{Z_1 P}$ senkrechten Geraden n). Die durch die Schnittpunkte a und b gelegte Gerade schneidet die Gerade $\overline{Z_1 P}$ im Mittelpunkt Z' des gesuchten Kreises. Beweis: Da Z' auf der gemeinsamen Sehne des gegebenen Kreises und des Hilfskreises liegt, hat dieser Punkt mit Bezug auf beide Kreise die gleiche Potenz. $\overline{Z'P}$ ist die Tangentenlänge des Hilfskreises, $\overline{Z'M'}$ die Tangentenlänge des Kreises k_1. Wegen der Gleichheit der Potenzen ist $\overline{Z'P} = \overline{Z'M'}$; der Kreis k' erfüllt somit die geforderten Bedingungen. (Über eine andere Konstruktion von k' vgl. Absatz b.)

b) Gegeben ist ein Kreis k_1 (Mittelpunkt Z_1, Radius r_1), ein außerhalb liegender Punkt P und eine durch den Mittelpunkt gezogene Gerade $\overline{A_1 B_1}$, die nicht durch P geht. Gesucht ist ein durch P gehender Kreis k_2, dessen Mittelpunkt Z_2 auf der Geraden $\overline{A_1 B_1}$ liegt und der den gegebenen Kreis k_1 senkrecht schneidet.

Der Punkt Z' wird wie im Fall a) konstruiert. Die durch Z' gezogene, auf $\overline{Z_1 P}$ senkrecht stehende Gerade p schneidet die Gerade $\overline{A_1 B_1}$ im Mittelpunkt Z_2 des gesuchten Kreises. Beweis: Da die Kreise k_1 und k' einander senkrecht schneiden, so ist

$$\overline{Z'P}^2 = \overline{Z_1 Z'}^2 - \overline{Z_1 M'}^2,$$

daher

$$r_2^2 = \overline{Z_2 P}^2 = \overline{Z'P}^2 + \overline{Z'Z_2}^2 = (\overline{Z_1 Z'}^2 + \overline{Z'Z_2}^2) - r_1^2 = \overline{Z_1 Z_2}^2 - r_1^2,$$

also $\overline{Z_1 Z_2}^2 = r_1^2 + r_2^2$, d. h. Kreis k_2 schneidet den Kreis k_1 senkrecht und geht durch P.

Eine andere, noch einfachere Lösung der gleichen Aufgabe ergibt sich wie folgt: Man trägt $\sphericalangle (PA_1 B_1) = \varepsilon$ von der Richtung $\overrightarrow{PB_1}$ ab; der so erhaltene Strahl $\overrightarrow{PZ_2}$ schneidet $\overline{A_1 B_1}$ im Mittelpunkt des gesuchten Kreises. Beweis: Die Dreiecke $A_1 Z_2 P$ und $P Z_2 B_1$ haben bei Z_2 einen gemeinsamen Winkel. Ferner sind die Winkel bei A_1 bzw. bei P entsprechend der Konstruktion einander gleich. Die beiden Dreiecke sind also einander ähnlich. Daher $\frac{\overline{Z_2 A_1}}{\overline{Z_2 P}} = \frac{\overline{Z_2 P}}{\overline{Z_2 B_1}}$, also $\overline{Z_2 A_1} \cdot \overline{Z_2 B_1} = \overline{Z_2 P}^2$. Der links stehende Ausdruck ist die Potenz des Punktes Z_2 in bezug auf den Kreis k_1; die Länge der Tangente aus Z_2 an k_1 ist also gleich $\overline{Z_2 P}$, was der geforderten Bedingung entspricht.

Die gleiche Beziehung läßt sich auch auf die senkrecht schneidenden Kreise k_1 und k' anwenden. Mit einem beliebigen Punkt N auf k_1 ist $\sphericalangle (Z_1 P N) = \sphericalangle (P' N Z_1)$. Bei gegebenem k_1 und P können auch mittels dieser Beziehung P' und k' gefunden werden.

c) Bei der ersten unter b) abgeleiteten Konstruktion ist die Richtung von $\overline{A_1 B_1}$ bzw. die Größe $\overline{Z' Z_2}$ beliebig angenommen. Für jeden Punkt der Geraden p gilt daher die Beziehung, daß die Länge der an Kreis k_1 gezogenen Tangente gleich der Entfernung von P ist. Sämtliche durch die Punkte P und P' gehenden Kreise schneiden also den Kreis k_1 senkrecht. Die Mittelpunkte aller dieser Kreise liegen auf der Geraden p. Diese ist die Potenzlinie des Punktes P in bezug auf den Kreis k_1. Die gleiche Potenzlinie hat Punkt P'. Zwei Punkte P und P', welchen die gleiche Potenzlinie entspricht, sind einander zugeordnet. Für solche Punkte gilt die Beziehung $\overline{Z_1 P'} \cdot \overline{Z_1 P} = r_1^2$.

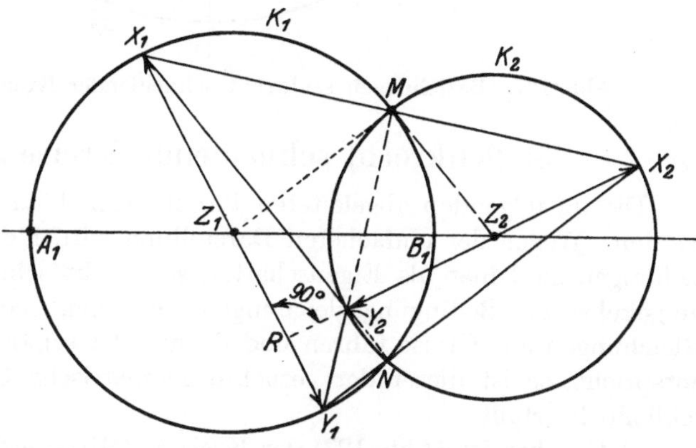

Abb. 126. Senkrechte Durchmesser in senkrecht schneidenden Kreisen. (Endpunktsverbindungen durch Kreisschnittpunkte.)

d) Eine beliebige Gerade, die durch den Schnittpunkt M zweier einander senkrecht schneidender Kreise k_1 und k_2 geht (Abb. 126), schneidet diese Kreise in den Punkten X_1 und X_2 derart, daß die zugehörigen Radien $\overline{Z_1 X_1}$ und $\overline{Z_2 X_2}$ aufeinander senkrecht stehen. Beweis:

$$\sphericalangle Z_1 X_1 M = \sphericalangle X_1 M Z_1$$

$$\sphericalangle Z_2 X_2 M = \sphericalangle X_2 M Z_2$$

$$\sphericalangle (Z_1 X_1 M + Z_2 X_2 M) = \sphericalangle (X_1 M Z_1 + X_2 M Z_2) = 180^\circ - \sphericalangle (Z_1 M Z_2) = 90^\circ,$$

daher ist auch der Winkel im Schnittpunkt R der beiden Halbmesserrichtungen ein rechter. Daraus folgt umgekehrt der Satz: Sind $\overline{X_1 Y_1}$ und $\overline{X_2 Y_2}$ zwei beliebige aufeinander senkrecht stehende Durchmesser der einander senkrecht schneidenden Kreise k_1 und k_2, so geht jede der vier Verbindungsgeraden der Durchmesserendpunkte durch einen der beiden Kreisschnittpunkte M und N (und zwar gehen durch jeden der beiden Schnittpunkte zwei Gerade).

e) Da sowohl P_2 (Abb. 127) als auch B_2 auf k_2 liegen, so ist wegen der im folgenden nachgewiesenen Beziehung (44)

$$\frac{\overline{P_2A_1}}{\overline{P_2B_1}} = \frac{\overline{B_2A_1}}{\overline{B_2B_1}}.$$

Da die Symmetrale eines Dreieckwinkels die Gegenseite im Verhältnis der anliegenden Seiten teilt, so liegt B_2 auf der Symmetrale des Winkels $(A_1P_2B_1)$.

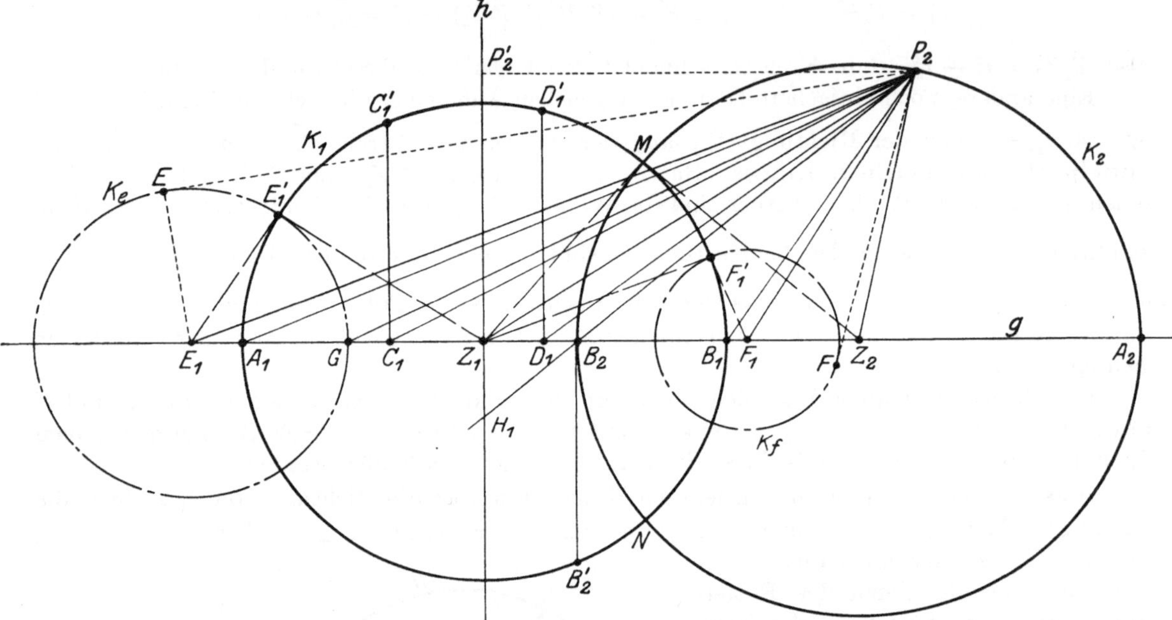

Abb. 127. Beziehungen senkrecht schneidender Kreise [Anhangsgleichungen (43) bis (51)].

3. Senkrecht schneidende Kreise als geometrische Örter.

Die im folgenden abgeleiteten Beziehungen können analytisch oder geometrisch bewiesen werden. Wegen der einfacheren Darstellung wird hier die erste Methode verwendet. Die Beziehungen sind hier als Eigenschaften senkrecht schneidender Kreise abgeleitet. Sie können umgekehrt als Bedingungsgleichungen für einen geometrischen Ort gegeben sein. Da diese Gleichungen auf Kreise führen und da nur der senkrecht schneidende Kreis den Bedingungen entspricht, so ist dieser der gesuchte geometrische Ort, der die Bedingungsgleichungen ausschließlich erfüllt.

a) Gegeben ist (Abb. 127) der Kreis k_1 (Mittelpunkt Z_1, Radius r_1) und ein ihn senkrecht schneidender Kreis k_2 (Mittelpunkt Z_2, Radius r_2); Mittelpunktsentfernung $\overline{Z_1Z_2} = m$. Die Größen ξ und η sind die Koordinaten eines beliebigen, auf dem Kreis k_2 liegenden Punktes P_2, entsprechen also in bezug auf ein durch Z_1 gelegtes Achsensystem der Gleichung (42). Mit Benutzung dieser Gleichung gelten die folgenden Beziehungen:

$$(\xi - r_1)^2 + \eta^2 = 2\xi(m - r_1),$$

d. h.

und analog

$$\left.\begin{aligned} \overline{P_2B_1}^2 &= 2\,\overline{P_2'P_2}\cdot\overline{Z_2B_1} \\ \overline{P_2A_1}^2 &= 2\,\overline{P_2'P_2}\cdot\overline{Z_2A_1}\,. \end{aligned}\right\} \qquad (43)$$

Durch Division der beiden vorstehenden Gleichungen ergibt sich

$$\frac{\overline{P_2A_1}^2}{\overline{P_2B_1}^2} = \frac{\overline{Z_2A_1}}{\overline{Z_2B_1}}. \qquad (44)$$

b) D_1 und C_1 sind zwei auf der Geraden $\overline{Z_1Z_2}$ innerhalb des Kreises k_1 liegende Punkte. Wir bezeichnen $\overline{Z_1D_1} = d$. Für die zugehörige Kreisordinate gilt $\overline{D_1D_1'}^2 = r_1^2 - d^2$. Für den Ausdruck $\overline{P_2D_1}^2 + \overline{D_1D_1'}^2$ gilt laut (42) die Beziehung

$$(\xi - d)^2 + \eta^2 + r_1^2 - d^2 = 2\xi(m - d),$$

daher

und analog

$$\left.\begin{aligned} \overline{P_2D_1}^2 + \overline{D_1D_1'}^2 &= 2\,\overline{P_2'P_2}\cdot\overline{Z_2D_1} \\ \overline{P_2C_1}^2 + \overline{C_1C_1'}^2 &= 2\,\overline{P_2'P_2}\cdot\overline{Z_2C_1}, \end{aligned}\right\} \tag{45}$$

daher

$$\frac{\overline{P_2C_1}^2 + \overline{C_1C_1'}^2}{\overline{P_2D_1}^2 + \overline{D_1D_1'}^2} = \frac{\overline{Z_2C_1}}{\overline{Z_2D_1}}. \tag{46}$$

Fällt Punkt D_1 nach B_1, so wird $\overline{D_1D_1'} = 0$, und man erhält aus der letzten Gleichung

$$\frac{\overline{P_2C_1}^2 + \overline{C_1C_1'}^2}{\overline{P_2B_1}^2} = \frac{\overline{Z_2C_1}}{\overline{Z_2B_1}}. \tag{47}$$

c) F_1 und E_1 sind zwei auf der Geraden Z_1Z_2 außerhalb des Kreises k_1 liegende Punkte. Wir bezeichnen $\overline{Z_1F_1} = f$. Für die aus F_1 an den Kreis k_1 gezogene Tangente $\overline{F_1F'}$ gilt $\overline{F_1F_1'}^2 = f^2 - r_1^2$. Der mit dem Radius $\overline{F_1F'}$ gezogene Kreis k_f schneidet den Kreis k_1 senkrecht. Für die aus dem Punkt P_2 an den Kreis k_f gezogene Tangente ist $\overline{P_2F}^2 = \overline{P_2F_1}^2 - \overline{F_1F_1'}^2$. Mit Benutzung von (42) erhält man die Beziehung

$$(\xi - f)^2 + \eta^2 - f^2 + r_1^2 = 2\xi(m - f),$$

daher

und analog

$$\left.\begin{aligned} \overline{P_2F}^2 &= \overline{P_2F_1}^2 - \overline{F_1F_1'}^2 = 2\,\overline{P_2'P_2}\cdot\overline{Z_2F_1} \\ \overline{P_2E}^2 &= \overline{P_2E_1}^2 - \overline{E_1E_1'}^2 = 2\,\overline{P_2'P_2}\cdot\overline{Z_2E_1}, \end{aligned}\right\} \tag{48}$$

daher

$$\frac{\overline{P_2E}^2}{\overline{P_2F}^2} = \frac{\overline{P_2E_1}^2 - \overline{E_1E_1'}^2}{\overline{P_2F_1}^2 - \overline{F_1F_1'}^2} = \frac{\overline{Z_2E_1}}{\overline{Z_2F_1}}. \tag{49}$$

Fällt der Punkt F_1 nach B_1, so wird $\overline{F_1F_1'} = 0$, und man erhält aus der letzten Gleichung

$$\frac{\overline{P_2E}^2}{\overline{P_2B_1}^2} = \frac{\overline{P_2E_1}^2 - \overline{E_1E_1'}^2}{\overline{P_2B_1}^2} = \frac{\overline{Z_2E_1}}{\overline{Z_2B_1}}. \tag{50}$$

Aus dieser Gleichung erhält man mit Berücksichtigung von (43)

$$\frac{\overline{P_2E}^2}{\overline{P_2'P_2}} = 2\,\overline{Z_2E_1}. \tag{51}$$

Die Beziehung (49) ergibt den folgenden Satz: Der geometrische Ort aller Punkte (P_2), für welche das Verhältnis der Potenzen in bezug auf zwei einander nicht schneidende, gegebene Kreise (k_e und k_f) einen konstanten Wert hat, ist ein Kreis (k_2), dessen Mittelpunkt auf der Zentrale der gegebenen Kreise liegt, und der denjenigen Kreis (k_1) senkrecht schneidet, welcher auch die beiden gegebenen Kreise senkrecht schneidet. Dieser Satz gilt in gleicher Form, wenn die gegebenen Kreise einander ausschließen (zu verschiedenen Seiten des Kreises k_1 liegen) oder wenn der eine Kreis den anderen umschließt (wobei beide auf der gleichen Seite des Kreises k_1 liegen). Ist das Potenzverhältnis positiv ($\overrightarrow{Z_2F_1}$ und $\overrightarrow{Z_2E_1}$ gleichgerichtet), so liegt k_2 außerhalb oder innerhalb der beiden gegebenen Kreise (das letztere ist nur möglich, wenn einer der gegebenen Kreise den andern umschließt). Ist das Potenzverhältnis negativ ($\overrightarrow{Z_2F_1}$ und $\overrightarrow{Z_2E_1}$ entgegengesetzt gerichtet), so liegt k_2 außerhalb des einen und innerhalb des anderen Kreises.

4. Berührende und beliebig schneidende Kreise.

a) Läßt man in Abb. 127 den Punkt Z_1 bei feststehendem Kreis k_e beliebig nahe an den Punkt G heranrücken, so nähern sich auch die Punkte A_1 und B_1 dem Punkte G. Im Grenzfall fallen diese Punkte in G zusammen. Daher geht auch der Kreis k_2, der den über $\overline{A_1B_1}$ errichteten Kreis senkrecht schneidet, im Grenzfall durch G, d. h. er berührt den Kreis k_e (Abb. 128). Wendet man die Beziehung (50) auf diesen Fall an, so lautet sie

$$\frac{\overline{P_2E_1}^2 - r_e^2}{\overline{P_2G}^2} = \frac{\overline{Z_2E_1}}{\overline{Z_2G}}. \tag{52}$$

Diese Beziehung gilt also für berührende Kreise.

b) Bestimmt man auf analytischem Weg den geometrischen Ort konstanten Potenzverhältnisses in bezug auf zwei gegebene Kreise, so gelangt man zur Beziehung (49), und zwar unabhängig von der relativen Lage der gegebenen Kreise: der gesuchte geometrische Ort ist ein Kreis; das konstante Potenzverhältnis ist gleich dem Verhältnis der Mittelpunktsentfernungen. Dieser Satz gilt also auch für beliebig schneidende Kreise. In den Schnittpunkten ist die Potenz in bezug auf beide gegebene Kreise gleich Null, das Potenzverhältnis daher unbestimmt. Die Schnittpunkte entsprechen also jedem beliebigen Potenzverhältnis, d. h. sämtliche Kreise konstanten Potenzverhältnisses gehen durch die beiden Schnittpunkte.

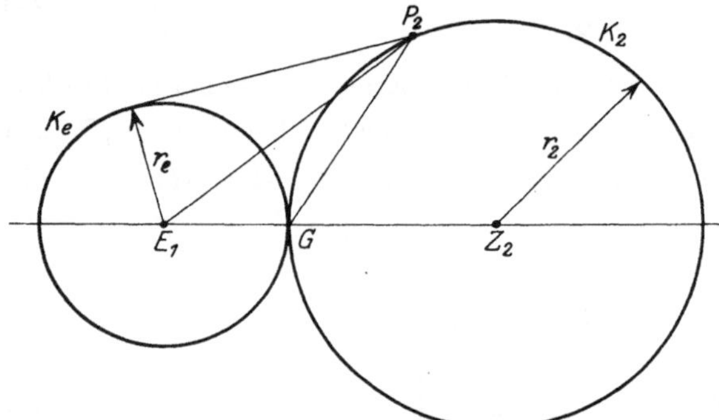

Abb. 128. Beziehung berührender Kreise [Anhangsgleichung (52)].

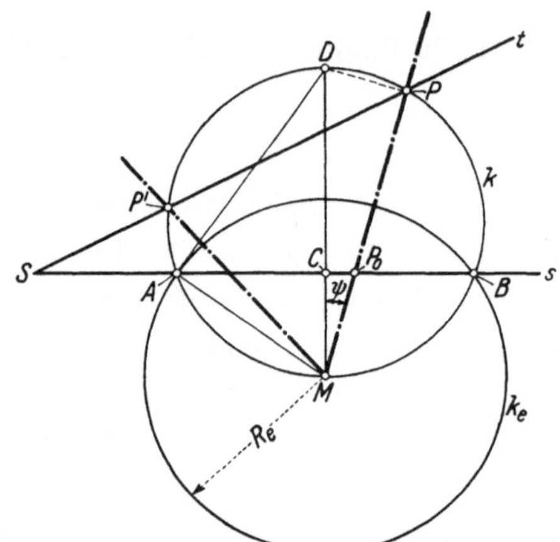

Abb. 129. Beziehung zwischen schneidenden Kreisen k_e und k.
$\overline{MP_0} \cdot \overline{MP} = \overline{MC} \cdot \overline{MO} = R_e^2$.
Anwendung: Konstruktion des Halbstrahls $\overline{MP}$, dessen Abschnitte $\overline{MP_0}$ und $\overline{MP}$ mit zwei gegebenen Geraden s und t das gegebene Produkt R_e^2 haben (Lösung: $\overline{MP}$ und $\overline{MP'}$).

c) Gegeben ist ein Kreis k_e (Abb. 129) mit dem Mittelpunkt M und dem Radius R_e und ein zweiter Kreis k, der durch M geht. Die beiden Kreise schneiden einander in den Punkten A und B. Für das über dem Durchmesser $\overline{MD}$ des Kreises k errichtete rechtwinklige Dreieck MAD gilt die Beziehung

$$\overline{MC} \cdot \overline{MD} = \overline{MA}^2 = R_e^2.$$

Für die Abschnitte einer Geraden $\overline{MP}$, die mit $\overline{MD}$ einen beliebigen Winkel ψ einschließt, hat man

$$\overline{MP_0} = \frac{\overline{MC}}{\cos\psi} \quad \text{und} \quad \overline{MP} = \overline{MD} \cdot \cos\psi,$$

daher

$$\overline{MP_0} \cdot \overline{MP} = \overline{MC} \cdot \overline{MD} = R_e^2.$$

Diese Beziehung ermöglicht die einfache Lösung folgender Aufgabe: Gegeben sind zwei Gerade s und t und ein Punkt M. Durch diesen sind Strahlen derart zu legen, daß das Produkt der mit den Geraden s und t gebildeten Abschnitte eine gegebene Größe R_e^2 hat. Der um M mit dem Radius R_e gezogene Kreis schneidet die Gerade s in den Punkten A und B. Die Schnittpunkte des durch A, B und M gelegten Kreises mit der Geraden t liegen auf den gesuchten Strahlen. Die Aufgabe hat somit im allgemeinen zwei Lösungen.

III. Angaben zur Ermittlung der vier kilometrischen Konstanten von Freileitungen und Kabeln (s. Abschnitt 12a, S. 24).

Bezüglich der näheren Erörterung und Berechnung der kilometrischen Konstanten sei auf die eingehenden Veröffentlichungen verwiesen, die diesen Gegenstand behandeln[1]).

Die folgenden Formeln beziehen sich auf die Konstanten der Drehstromleitung. Die Formeln für die Größen w, L und C gelten, bei analoger Bedeutung der Formelgrößen, auch für die Einphasenleitung, wenn man wie bei Drehstrom in den Übertragungsgleichungen mit der Spannung zwischen Leiter und Systemnullpunkt (d. i. hier die Hälfte der zwischen den Leitern auftretenden Spannung) rechnet. Führt man jedoch die volle Spannung zwischen beiden Leitern in die Gleichungen ein (s. Fußnote auf S. 12), so ist für die Größen w und L das Doppelte, für die Größe C die Hälfte der für Drehstrom geltenden Werte zu nehmen. Für die Formeln zur Ermittlung der Ableitungsgröße g gelten bei Einphasenleitungen die im folgenden Abschnitt 4 gemachten Angaben.

Die Tabellenwerte, ein Teil der Formeln sowie Abb. 130 sind einer Veröffentlichung der Allgemeinen Elektricitäts-Gesellschaft entnommen[2]).

1. Kilometrischer Widerstand w.

Nachstehend sind die Werte von w für verschiedene praktisch verwendete Baustoffe und Leiterquerschnitte angegeben.

Tabelle 1. Widerstand für 1000 m Seil (nach den Normen des VDE vom 1. 10. 1923).

Kupfer				Aluminium				Stahl-Aluminium				
Querschnitt in mm²		Seil-durchmesser in mm	Widerstand[3]) in Ω/km	Querschnitt in mm²		Seil-durchmesser in mm	Widerstand[3]) in Ω/km	Seil Nr.[4])	Querschnitt in mm² (Istwerte)		Seil-durchmesser in mm	Widerstand[3]) ohne Berücksichtigung der Stahlseele in Ω/km
Nennwert	Istwert			Nennwert	Istwert				Stahl	Aluminium		
50	48,5	9,0	0,373	95	93	12,5	0,318	50	15,0	90,1	13,5	0,3290
70	66,0	10,5	0,277	120	117	14,0	0,253	70	20,9	122,6	15,8	0,2420
95	93,0	12,5	0,195	150	147	15,8	0,201	95	27,8	165,9	18,3	0,1774
120	117,0	14,0	0,156	185	182	17,5	0,163	120	35,8	209,1	20,6	0,1413
150	147,0	15,8	0,124	240	243	20,3	0,122	150	44,6	264,7	23,1	0,1118
185	182,0	17,5	0,100	310	299	22,5	0,099	185	56,2	326,7	25,7	0,0906
240	243,0	20,3	0,075									
Spez. Leitfähigkeit 56, Temperatur + 20° C, Temp.-Koeffizient 0,00393.				Spez. Leitfähigkeit 34,5, Temperatur + 20° C, Temp.-Koeffizient 0,004.								

Der Widerstand von Kabelleitungen berechnet sich aus dem effektiven Kupferquerschnitt, Leitfähigkeit 56.

Bei Einleiterkabeln, wie sie für Betriebsspannungen über 60 kV angewendet werden, wird eine scheinbare Erhöhung des Widerstandes durch die im Bleimantel bzw. in der Bewehrung entstehenden Wirbelströme bewirkt. Das magnetische Wechselfeld dieser Ströme induziert in den vom Kabel gebildeten Leiterschleifen eine EMK, die dem Kabelstrom annähernd proportional ist. Die Wirkkomponente dieser EMK ist in Gegenphase zum Kabelstrom, kann also durch eine, den Verlusten entsprechende Vergrößerung des Ohmschen Widerstandes berücksichtigt werden. Nach Angaben von Meurer[5]) sind für ein Kabel von 95 mm² Leiterquerschnitt folgende Zuschläge zum kilometrischen Widerstand w zu machen: Für die Verluste im Bleimantel 15%, für die Verluste in der Stahldrahtbewehrung 11% bzw. 6%. Der letztere Wert gilt dann, wenn der lichte Abstand zwischen den Bewehrungsdrähten etwa ein Drittel ihres Durchmessers beträgt. Vorausgesetzt

[1]) S. Literaturverzeichnis, Nr. 11 bis 14.
[2]) S. Literaturverzeichnis, Nr. 17.
[3]) Durch den Durchhang erhöht sich der Widerstand um etwa 0,2%.
[4]) Die Nummern der Stahl-Aluminium-Seile entsprechen den Nennquerschnitten der Kupferseile von ungefähr gleichem Widerstand.
[5]) S. Literaturverzeichnis, Nr. 15.

ist dabei, daß die Bewehrung aus Spezialstahl von besonders kleiner Permeabilität besteht. Die für die Bewehrung von verseilten Drehstromkabeln gebräuchlichen Eisendrähte würden im Einleiterkabel einen unzulässig hohen Verlust ergeben (etwa von der Größe des Kupferverlustes).

Bei verseilten Kabeln heben sich die Felder der drei Leiter nach außen hin auf, so daß Zusatzverluste nicht entstehen. Dies gilt auch für die nach Höchstädter ausgeführten verseilten Kabel mit metallisierten Einzelleitern, bei denen die Isolation jedes Leiters mit einer Metallhülle umgeben ist, um gleichmäßig radiale Verteilung des elektrischen Feldes und dementsprechend günstige Beanspruchung des Dielektrikums zu erzielen. Wegen der sehr geringen Stärke der Metallhülle ist die Wirbelstrombildung in der Hülle praktisch belanglos. (Dagegen hat die Metallisierung der Einzelleiter einen gewissen Einfluß auf Induktivität und Kapazität; vgl. die folgende Tabelle 2.)

2. Betriebsinduktivität L.

Die Angaben beziehen sich auf phasensymmetrische Leitungen. Bei Freileitungen mit ungleich großen Phasenabständen wird Phasensymmetrie durch die in der Regel vorhandene Verdrillung bewirkt. Bei verseilten Kabeln ist sie ohne weiteres vorhanden; auch unverseilte Kabelleitungen können als phasensymmetrisch betrachtet werden, wobei für den Leiterabstand mit einem mittleren Wert zu rechnen ist. In die Formeln werden der Leiterradius r und der Leiterabstand d eingeführt (beide in beliebigem, jedoch gleichem Maß, da nur die Verhältniswerte auftreten). Bei ungleich großen Leiterabständen ist das geometrische Mittel zu nehmen.

Drehstrom-Einfachleitung:

$$L = (4{,}6 \log \frac{d}{r} + 0{,}5) \cdot 10^{-4}\,\text{Henry/km}\,. \tag{53}$$

Drehstrom-Doppelleitung: Die Leiter der einen Hälfte seien mit 1, 2, 3, die der anderen Hälfte mit 1′, 2′, 3′ bezeichnet. Der Index der Größe d gibt an, auf welche Leiter der Phasenabstand bezogen ist. Es werden folgende mittlere Phasenabstände in die Formel eingeführt:

$$d_{mn} = \sqrt[3]{d_{12} \cdot d_{23} \cdot d_{31}}\,,$$
$$d_{mm'} = \sqrt[3]{d_{11'} \cdot d_{22'} \cdot d_{33'}}\,,$$
$$d_{mn'} = \sqrt[3]{d_{12'} \cdot d_{23'} \cdot d_{31'}}\,.$$

Sind beide Leitungshälften derart in gleichem Takt verdrillt, daß gleiche Phasen stets symmetrisch zum Mast liegen („gleichmäßige Verdrillung"), so ist

$$L = (4{,}6 \log \frac{d_{mn} \cdot d_{mn'}}{r \cdot d_{mm'}} + 0{,}5) \cdot 10^{-4}\,\text{Henry/km je Drehstromkreis}\,. \tag{54}$$

Bei „dreifacher Verdrillung" (drei Verdrillungsabschnitte der einen Leitungshälfte auf je einen Verdrillungsabschnitt der anderen Leitungshälfte) findet wechselseitige Beeinflussung der beiden Hälften nicht statt. In diesem Falle hat L die gleiche Größe wie bei der Drehstrom-Einfachleitung.

In Abb. 130 ist der Wert des kilometrischen induktiven Widerstandes (Betriebsreaktanz) $s = L\omega$ von Drehstrom-Einfachleitungen für 50 Per/sek ($\omega = 100 \cdot \pi$) in Abhängigkeit vom Verhältnis $\frac{d}{r}$ dargestellt. Daraus kann der Wert von s für gleichmäßig verdrillte Doppelleitungen bei verschiedenen Leiteranordnungen mittels der angegebenen Multiplikationsfaktoren k_L ermittelt werden.

Der kilometrische induktive Widerstand s von verseilten Drehstromkabeln ist für die Frequenz von 50 Per/sek. in Tabelle 2 angegeben. Bei Höchstspannungs-Einleiterkabeln mit dem meist verwendeten lichten Abstand von $9 \div 13$ cm ist etwa $s = 0{,}2\ \Omega$/km, entsprechend einer kilometrischen Induktivität $L = 0{,}65 \cdot 10^{-3}$ Henry/km[1]).

[1]) S. Literaturverzeichnis, Nr. 15.

Tabelle 2. Verseilte Drehstromkabel für verschiedene Betriebsspannungen (kV). Betriebsreaktanz $s = L\omega$ in Ω/km für 50 Per/sek; Betriebskapazität $C \cdot 10^6$ in μ F/km.

Nennquerschnitt in mm² je Leiter	Gewöhnliche Bauart				Metallisierte Einzelleiter					
	10 kV		35 kV		10 kV		35 kV		60 kV	
	s	$C \cdot 10^6$	s	$C \cdot 10^6$	s	$C \cdot 10^6$	s	$C \cdot 10^6$	s	$C \cdot 10^6$
50	0,092	0,22	0,126	0,13	0,097	0,33	0,128	0,18	—	—
70	0,087	0,25	0,117	0,16	0,091	0,37	0,121	0,21	0,133	0,15
95	0,083	0,29	0,111	0,17	0,087	0,42	0,114	0,23	0,127	0,17
120	0,080	0,32	0,107	0,19	0,083	0,47	0,110	0,25	0,121	0,19
150	0,078	0,35	0,102	0,21	0,079	0,52	0,106	0,27	0,117	0,20

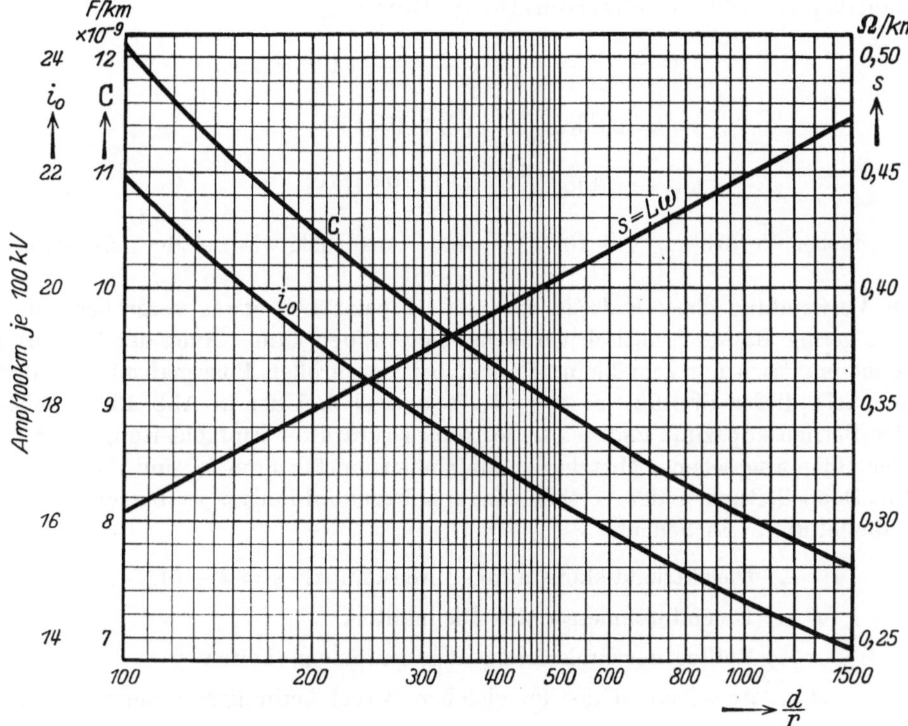

Abb. 130. Betriebsreaktanz (s), Betriebskapazität (C) und spezifischer Ladestrom (i_0) für verdrillte Drehstrom-Einfachleitungen, 50 Per/sek.

d ... geometr. Mittel der Phasenabstände; r ... Seilradius;

$$\omega = 100\pi; \qquad i_0 = C\omega \cdot \frac{1}{\sqrt{3}} \cdot 10^3 \text{ Amp/km je kV.}$$

Für gleichmäßig verdrillte Doppelleitungen (gleiche Phasen stets symmetrisch zum Mast) sind die den Schaulinien entnommenen Werte von s mit dem Faktor k_L, von C und i_0 mit dem Faktor k_C zu multiplizieren; für d ist das geometr. Mittel der Phasenabstände auf einer Mastseite zu nehmen. Die Faktoren k_L und k_C haben für verschiedene Mastbilder folgende Größen:

Mastbild				
k_L	1,015	1,027	1,038	1,036
k_C	0,985	0,974	0,964	0,966.

Außerdem ist bei Hohlseilen mit der Wandstärke ε und dem Außenradius r im Bereich $0 < \frac{\varepsilon}{r} < 0{,}6$ der nach vorstehenden Angaben ermittelte Wert der Betriebsreaktanz s mit dem Faktor $\left(0{,}96 + 0{,}051\frac{\varepsilon}{r}\right)$ zu multiplizieren.

3. Betriebskapazität C.

a) Freileitung: Die Formelgrößen haben die gleiche Bedeutung wie in den vorstehenden Gleichungen[1]). Die mittlere Höhe der Leiter über Erde ist h.

Verdrillte Drehstrom-Einfachleitung:

$$\left.\begin{aligned} C &= \frac{1}{a_{11} - a_{12}} \cdot 10^5 \text{ F/km}, \\ a_{11} &= 4{,}6 \log \frac{2h}{r} \cdot 9 \cdot 10^{11}, \\ a_{12} &= 2{,}3 \log \left(\frac{4h^2}{d_{mn}^2} + 1\right) \cdot 9 \cdot 10^{11}. \end{aligned}\right\} \tag{55}$$

Gleichmäßig verdrillte Drehstrom-Doppelleitung:

$$\left.\begin{aligned} C &= \frac{1}{(a_{11} + a_{11'}) - (a_{12} + a_{12'})} \cdot 10^5 \text{ F/km}, \\ a_{11'} &= 2{,}3 \log \left(\frac{4h^2}{d_{mm'}^2} + 1\right) \cdot 9 \cdot 10^{11}, \\ a_{12'} &= 2{,}3 \log \left(\frac{4h^2}{d_{mn'}^2} + 1\right) \cdot 9 \cdot 10^{11}. \end{aligned}\right\} \tag{56}$$

Bei dreifacher Verdrillung gilt für C derselbe Ausdruck wie bei der Drehstrom-Einfachleitung.

Durch Verwendung eines Erdseils wird die Kapazität C etwas vergrößert; der Einfluß ist jedoch so gering, daß er praktisch vernachlässigt werden kann. Auch der Einfluß der Höhe über Erde ist praktisch nur sehr klein. [Selbst bei den großen Phasenabständen der 220-kV-Leitungen macht dieser Einfluß nur etwa 1,2% aus[2]).] Bei der in Abb. 130 gegebenen Darstellung der Betriebskapazität und des Ladestromes verdrillter Einfachleitungen ist daher vom Einfluß der Höhe abgesehen. Mittels der Multiplikationsfaktoren k_C sind die entsprechenden Größen für Doppelleitungen der verschiedenen Leiteranordnungen zu berechnen.

b) Kabelleitung. Es bedeute

ε ... Dielektrizitätskonstante (durchschnittl. $\varepsilon = 3 \div 5$),

D ... Innendurchmesser des Bleimantels,

r ... Radius des kreisförmig angenommenen Leiters,

d ... Achsabstand der im gleichen Kabel befindlichen Leiter.

Einleiterkabel:

$$C = 0{,}0241 \frac{\varepsilon}{\log \frac{D}{2r}} \cdot 10^{-6} \text{ F/km}. \tag{57}$$

Verseiltes Drehstromkabel:

$$C = 0{,}0483 \frac{\varepsilon}{\log \left[\frac{d^2}{r^2} \cdot \frac{(3D^2 - 4d^2)^3}{(3D^2)^3 - (4d^2)^3}\right]} \cdot 10^{-6} \text{ F/km}. \tag{58}$$

Die Betriebskapazität von Kabeln ist wegen des Einflusses der Dielektrizitätskonstanten weit unsicherer zu berechnen als die Freileitungskapazität. Sie wird daher zweckmäßig aus Versuchen entnommen. Als Anhaltspunkte sind in Tabelle 2 die Werte für verseilte Drehstromkabel angegeben. — Die Betriebskapazität von Höchstspannungs-Einleiterkabeln ist etwa gleich $0{,}20 \div 0{,}25\ \mu$F/km. [3])

---

[1]) In der im Literaturverzeichnis unter Nr. 14 angeführten Arbeit ist in den Kapazitätsformeln nicht das geometrische, sondern das arithmetische Mittel der Phasenabstände verwendet. Der Unterschied ist für das Ergebnis praktisch ohne Belang.

[2]) Erdseil und Höhe über Erde sind dagegen von großem Einfluß auf die Erdkapazität, also auch für die Größe des Erdschlußstromes. Bei normalem Betriebszustand kommen diese Größen für die Berechnung des Übertragungsvorganges nicht in Betracht.

[3]) S. Literaturverzeichnis, Nr. 15.

4. Ableitung g (einschließlich Korona und dielektrische Hysteresis).

Die Ableitungsgröße g kennzeichnet jenen Verlust V_g, der dem Quadrat der örtlichen Spannung (praktisch meist nur annähernd) proportional ist. Je nach dem Zustand der Leitung entfällt nur ein mehr oder weniger kleiner Teil dieses Verlustes auf wirkliche Ableitung, d. h. auf mangelhafte Isolierung. Bei Kabelleitungen, die vor dem Einfluß der Feuchtigkeit geschützt sind, kann die Isolierung in der Regel als praktisch vollkommen betrachtet werden. Ein Teil des Verlustes V_g entfällt auf dielektrische Hysteresis der Isolierstoffe. Dies gilt insbesondere für Kabelleitungen, bei denen die Hysteresisverluste den größten Teil des gesamten scheinbaren „Ableitungsverlustes" V_g ausmachen. Auch in den Isolatoren der Freileitungen treten dielektrische Verluste auf. Ein weiterer Teil von V_g entfällt auf Ionisierung (Sprüh- oder Glimmverlust), insbesondere bei Freileitungen. Wird die Spannung einer Freileitung über eine gewisse Größe (**Anfangsspannung**) gesteigert, die von der Oberflächenbeschaffenheit, der Luftdichte und der Leiteranordnung abhängig ist, so treten hohe Glimmverluste auf. Die Leitung ist dabei von einer schwach leuchtenden Hülle (Korona) umgeben. Der Koronaverlust V_k berechnet sich nach der Peekschen Formel. Es sei:

r . . . Seilradius in cm, d . . . mittlerer Phasenabstand in cm,
C . . . Betriebskapazität in F/km, ν . . . Betriebsfrequenz (Per/sek.),
E . . . effektive Spannung zwischen zwei Leitern (verkettete Spannung) in kV.

Der Koronaverlust ist

$$V_k = 339 \cdot \nu \cdot \sqrt{\frac{r}{d}} \cdot (E - E_0)^2 \cdot 10^{-5}\,\text{kW/km je Drehstromkreis;} \tag{59a}$$

darin ist die (verkettete) Anfangsspannung

$$E_0 = \frac{0{,}83 \cdot 21{,}4 \cdot \sqrt{3} \cdot r}{18\,C} \cdot 10^{-6} = 1{,}71\,\frac{r}{C \cdot 10^6}\,\text{kV}. \tag{59b}$$

Für Einphasenleitungen bedeutet E gleichfalls die Spannung zwischen zwei Leitern. Der Ausdruck (59a) ist mit 0,5 zu multiplizieren, um den kilometrischen Verlust je Einphasenkreis zu geben. In Formel (59b) ist der Faktor $\sqrt{3}$ durch 2 zu ersetzen, wobei für C der gleiche Wert wie für eine Drehstromleitung von gleichem Verhältnis $\frac{d}{r}$ zu nehmen ist; hierbei ist annähernd $E_0 = \frac{2r}{C \cdot 10^6}$ kV. Wird jedoch für C die Kapazität zwischen den beiden Leitern eingesetzt, so entfällt in der letzten Formel der Faktor 2.

Die angegebenen Formeln beziehen sich auf eine Lufttemperatur von $+ 20°$ C und einen Barometerstand von 760 mm Hg. Im übrigen ist der Verlust umgekehrt proportional der Luftdichte, die Anfangsspannung proportional der Luftdichte. Doch ist dieser Einfluß nicht bedeutend gegenüber dem Einfluß der Oberflächenbeschaffenheit. Dieser ist für Seile durch den Faktor 0,83 in Formel (59b) berücksichtigt. Vorausgesetzt ist dabei trockene Witterung. Durch Regen, Nebeltröpfchen und insbesondere durch Schnee und Rauhreif wird die „Rauheit" der Oberfläche vergrößert. Dadurch findet eine stellenweise Zusammendrängung des elektrischen Feldes statt, was eine Herabsetzung der Anfangsspannung um etwa 10÷25% bewirkt.

Bei Herleitung der Formel (59a) ist angenommen, daß im praktisch verwendeten Bereich der Frequenz der Verlust je Periode unabhängig von der Wechselzahl ist. Nach Untersuchungen von Peek[1]) nimmt der Verlust je Periode bei steigender Wechselzahl etwas ab. Dies berücksichtigt Peek dadurch, daß statt ν die Größe $(\nu + 25)$ in die Formel (59a) eingesetzt und der erste Faktor dementsprechend verkleinert wird. Beide Formeln ergeben im Bereich von $\nu = 50 \div 60$ praktisch gleiche Resultate (genaue Übereinstimmung bei $\nu = 58$).

Der Glimmverlust nimmt erhebliche Größen an, wenn die Betriebsspannung den Wert der Anfangsspannung stark überschreitet. Aber auch in einem größeren Bereich unterhalb der Anfangsspannung sind schon mäßige Glimmverluste vorhanden, was aus der Peekschen Formel nicht zu ersehen ist. Diese Formel gestattet bei gegebener Betriebsspannung den zur Vermeidung großer Koronaverluste erforderlichen Mindestwert des Seildurchmessers bzw. Seilquerschnittes zu berechnen. Bei Freileitungen von 110 kV soll der Querschnitt nicht unter 95 mm² (besser nicht unter 120 mm²) gewählt werden. Für eine verkettete Spannung von 220 kV kommt man auf etwa 25÷30 mm Seildurchmesser. Ist die verkettete Spannung wesentlich größer, so wird der erforderliche Seildurchmesser so groß, daß der Seilquerschnitt viel größer ausfällt, als es für die Stromübertragung notwendig wäre. In diesem Fall werden Hohlseile verwendet[2]).

[1]) S. Literaturverzeichnis, Nr. 16.

[2]) Vgl. R. Schien, Hohlseile. (Fachbericht auf der 31. Jahresversammlung des VDE, 1926.)

Ist V_g der gesamte, dem Quadrat der Spannung proportionale Verlust (in kW/km) je Drehstromkreis bzw. je Einphasenkreis, so ist die Ableitungsgröße

$$g = \frac{V_g}{1000\,E^2}\,\frac{1}{\Omega}/\text{km}\,. \tag{60}$$

Hierin ist E die effektive Spannung zwischen zwei Leitern in kV. Wird in den Übertragungsgleichungen der Einphasenleitung mit der Phasenspannung zwischen Leiter und Systemnullpunkt gerechnet, so ist für g das Doppelte des aus Gleichung (60) berechneten Wertes zu nehmen.

Die einzelnen Anteile des Verlustes V_g lassen sich rechnerisch teils überhaupt nicht, teils nur mit erheblicher Unsicherheit erfassen. Die genauere Berechnung des Koronaverlustes hat vorwiegend ausschließenden Charakter, d. h. sie gibt die Grenzen für Seilradius bzw. Betriebsspannung an, die zwecks Vermeidung großer Verluste eingehalten werden müssen. Die für normalen Betrieb geltenden Werte von V_g sind daher erfahrungsgemäß anzunehmen. Im Taschenbuch „Hütte"[1]) sind folgende Zahlen angegeben:

Betriebsspannung kV	Verlust V_g in kW/km
100	1
150	2
200	4

Hierin dürften mäßige Glimmverluste bereits mit eingerechnet sein. Für Einphasenleitungen ist etwa die Hälfte dieser Werte zu nehmen.

Für den (scheinbaren) Ableitungsverlust von Kabelleitungen ist die Größe $\operatorname{tg}\delta = \frac{g}{C\omega}$ kennzeichnend. Die Größe δ bezeichnet man als Verlustwinkel. Für Zwecke der Übertragungsberechnung kann man folgende Werte von g (in $\frac{1}{\Omega}$/km) annehmen:

Für verseilte Drehstromkabel gewöhnlicher Bauart:

$$g = 0{,}01\,C\omega;$$

Für verseilte Kabel mit metallisierten Einzelleitern und für Einleiterkabel:

$$g = 0{,}005 \cdot C\omega.$$

Hierin ist C die Betriebskapazität in F/km.

---

[1]) 25. Aufl. 1926, II. Band, S. 1100.

Literaturverzeichnis[1]).

I. Theoretische Grundlagen und rechnerische Behandlung des Übertragungsproblems.

1. Roessler: Die Fernleitung von Wechselströmen. Berlin 1905. [*S. III*]

2. Kittler-Petersen: Allgemeine Elektrotechnik. II. Bd. Stuttgart 1909. [*S. III*]

3. La Cour u. Bragstad: Theorie der Wechselströme (I. Bd. der „Wechselstromtechnik" von Arnold.) Berlin 1910. [*S. III*]

4. Fraenckel: Theorie der Wechselströme. Berlin 1921. [*S. III*]

5. Steinmetz: Theory and Calculation of Alternating Current Phenomena. New York 1900. Deutsche Übersetzung: Theorie und Berechnung der Wechselstromerscheinungen. Berlin 1900. [*S. 198*]

6. Grünholz: Energieschwingungen in Elektromaschinen. Arch. f. Elektrot. 1914, II. Bd., S. 533. [*S. 194*]

7. Burger: Berechnung der Übertragungsverhältnisse für parallele Drehstromleitungen. Siemens-Zeitschrift 1925, S. 416. [*S. 160*]

8. Wagner: Die Theorie des Kettenleiters nebst Anwendungen. Arch. f. Elektrot. 1915, III. Bd., S. 315. [*S. 21*]

9. Evans u. Sels: Transmission Line Circuit Constants and Resonance. The El. Journ. 1921, S. 306. — Transmission Lines and Transformers. Ebenda 1921, S. 356. [*S. 160*]

10. Kennelly: Dissymmetrical Conducting Network. Journ. Am. Inst. El. Eng. 1923, S. 112. [*S. 139*]

II. Kilometrische Konstanten homogener Leitungen.

11. Lichtenstein: Über die rechnerische Bestimmung der Kapacität von Luftleitern und Kabeln. ETZ 1904, S. 106, 124. (Übersichtliche und leicht faßliche Zusammenfassung im Buche von Roessler; siehe Nr. 1). [*S. 213*]

12. Diesselhorst u. Emde: Vorschläge für die Definition der elektrischen Eigenschaften gestreckter Leiter. ETZ 1909, S. 1155 u. 1184. [*S. 34, 213*]

13. Petersen: Hochspannungstechnik. Stuttgart 1911. [*S. 213*]

14. Petersen: Erdschlußströme in Hochspannungsnetzen. ETZ 1916, S. 512. [*S. 213, 216*]

15. Meurer: Konstruktion und Betrieb von Höchstspannungskabeln. (In „Höchstspannungstagung Essen", herausgeg. vom Elektrot. Verein des rheinisch-westfälischen Industriebezirks, Essen 1926.) [*S. 213, 214, 216*]

16. Peek: Dielectric Phenomena in High Voltage Engeneering. New York und London 1920. [*S. 216*]

17. AEG-Broschüre: Rechnungsgrößen für Hochspannungsanlagen. (Mitteilung der techn. Beratungsstelle der Abteilung K; Bearbeiter: Dipl.-Ing. H. Langrehr.) Gekürzt in AEG-Mitteilungen 1927, 11. Heft, S. 452. [*S. 213*]

III. Geometrische Theorie der Wechselstromübertragung.

18. Thielemans: Calculs, diagrammes et régulation des lignes de transport d'énergie à longue distance. Rev. gén. d'électr. 1920, T. VIII, S. 403, 435, 475, 515. [*S. 50, 57, 66, 68, 71*]

19. Evans u. Sels: Circle Diagrams for Transmission Systems. The El. Journ. 1921, S. 530. [*S. 50, 61, 71*]

20. Holladay: A Graphic Method for the Exact Solution of Transmission Lines. Journ. Am. Inst. El. Eng. 1922, S. 807. [*S. 53*]

21. Ossanna: Fernübertragungsmöglichkeiten großer Energiemengen. ETZ 1922, S. 1025 u. 1061. [*S. 80*]

22. Burger: Betrachtungen über die Koppelung von Großkraftwerken in elektrischer Hinsicht. Siemens-Zeitschrift 1922, S. 248. [*S. 50*]

23. Schönholzer: Über eine moderne und praktische Berechnungsmethode sehr langer Hochspannungs-Freileitungen mit Potentialregelung durch Synchronmotoren. Schweiz. Techn.-Ztg. 1922, Nr. 6—9. [*S. 50, 66*]

24. Evans u. Sels: Power Limitation of Transmission Systems. Journ. Am. Inst. El. Eng. 1924, S. 45. [*S. 80*]

25. Ossanna: Neue Arbeitsdiagramme über die Spannungsänderung in Wechselstromnetzen. El u. Maschinenb. 1926, S. 113. [*S. 66*]

26. Terman: The Circle Diagramm of a Transmission Network. Journ. Am. Inst. El. Eng. 1926, S. 1238[2]).

27. Grünholz: Geometrische Theorie der Wechselstromübertragung. ETZ 1927. Heft 51. (Auszug aus der Dissertation: Graphisches Verfahren für Berechnung und Betriebskontrolle von Wechselstrom-Fernleitungen. T. H. Darmstadt, Januar 1924.) [*S. III*]

---

[1]) Das Verzeichnis gibt eine Auswahl einschlägiger Arbeiten. Die hinzugefügten Vermerke in eckigen Klammern geben die Stellen der bezugnehmenden Fußnoten im Buche an. Die unter III. aufgeführten Arbeiten behandeln eine Anzahl der im Buche besprochenen Diagramme, die großenteils auch in der Dissertation des Verfassers (s. Verzeichnis, Nr. 27) enthalten sind. Die vor 1924 in ausländischen Zeitschriften erschienenen Arbeiten dieser Gruppe waren dem Verfasser bei Ausarbeitung der Dissertation wegen der damaligen Inflations-Schwierigkeiten nicht bekannt. Für die weitere Entwicklung der Theorie kam dann von diesen Arbeiten nur die unter 20. aufgeführte in Betracht.

[2]) Nach Abschluß des Buchmanuskripts erschienen; s. auch Zuschrift im Journ. Am. Inst. El. Eng. 1927, S. 680.

Zusammenstellung der wichtigsten Formeln.

1. Betriebs- und Belastungsgrößen. (Anhang I, 3 und 6.)

Spannung: $\mathfrak{E} = E \cdot e^{j\varphi_e}$; Strom: $\mathfrak{J} = J \cdot e^{j\varphi_i}$; Phasenverschiebung $\varphi = \varphi_e - \varphi_i$.

Leitfähigkeit: $\mathfrak{G} = \frac{\mathfrak{J}}{\mathfrak{E}} = G \cdot e^{-j\varphi} = G_w - jG_b$.

Wirkleistung: $N_w = EJ\cos\varphi = G_w E^2$; Blindleistung: $N_b = EJ\sin\varphi = G_b E^2$;
Scheinleistung: $N = EJ = GE^2$.

Die auf die Endpunkte *1* bzw. *2* bezüglichen Größen sind durch Index 1 bzw. 2 gekennzeichnet.

2. Der symmetrische Übertragungskreis.

a) Hauptgleichungen und Übertragungskonstanten.

$$\left.\begin{aligned} \mathfrak{E}_1 &= \mathfrak{C}\mathfrak{E}_2 + \mathfrak{M}\mathfrak{J}_2 = \mathfrak{C}(\mathfrak{E}_2 + \mathfrak{W}_k\mathfrak{J}_2), \\ \mathfrak{J}_1 &= \mathfrak{N}\mathfrak{E}_2 + \mathfrak{C}\mathfrak{J}_2 = \mathfrak{C}(\mathfrak{G}_0\mathfrak{E}_2 + \mathfrak{J}_2). \end{aligned}\right\} \qquad (16) \text{ und } (22)$$

$$\mathfrak{C}^2 - \mathfrak{M}\mathfrak{N} = 1; \qquad 1 - \mathfrak{G}_0\mathfrak{W}_k = \frac{1}{\mathfrak{C}^2}. \qquad (17) \text{ und } (33\text{a})$$

Leerlaufspannungsverhältnis: $\mathfrak{C} = C \cdot e^{j\varphi_c} = \mathfrak{Cof}\,\mu$. (18) und (23)

Größe $\mu \equiv$ komplexer Dämpfungswiderstand.

$$\mathfrak{Tg}\,\mu = \frac{\sqrt{\mathfrak{M}\mathfrak{N}}}{\mathfrak{C}} = T \cdot e^{j\varphi_t}; \qquad \operatorname{tg}\varphi_t = t. \qquad (27) \text{ und } (35)$$

Wellenwiderstand: $\mathfrak{Z} = \sqrt{\frac{\mathfrak{M}}{\mathfrak{N}}} = Z \cdot e^{-j\varphi_u}$. (24) und (25′)

$\varphi_u \equiv$ Verzerrungswinkel; $u = \operatorname{tg}\varphi_u \equiv$ Verzerrungsfaktor. (63)

Leerlaufleitfähigkeit: $\mathfrak{G}_0 = G_0 \cdot e^{j\varphi_0} = \frac{\mathfrak{N}}{\mathfrak{C}} = \frac{1}{\mathfrak{Z}} \cdot \mathfrak{Tg}\,\mu$,

Kurzschlußwiderstand: $\mathfrak{W}_k = W_k \cdot e^{j\varphi_k} = \frac{\mathfrak{M}}{\mathfrak{C}} = \mathfrak{Z} \cdot \mathfrak{Tg}\,\mu$. (19), (20) und (26)

$$\left.\begin{aligned} G_0 &= \frac{T}{Z}, \\ W_k &= TZ, \end{aligned}\right\} \quad (30\text{a}) \qquad \left.\begin{aligned} \varphi_0 &= \varphi_t + \varphi_u, \\ \varphi_k &= \varphi_t - \varphi_u. \end{aligned}\right\} \quad (30\text{b})$$

Leerlaufscheinleistung: $N_0 = E^2 G_0$; Kurzschlußscheinleistung: $N_k = \frac{E^2}{W_k}$. (21)

Leerlauf-Kurzschlußverhältnis: $T^2 = \frac{N_0}{N_k} = G_0 W_k$; $2\varphi_t = \varphi_0 + \varphi_k$. (28) und (31)

$$Z^2 = \frac{E^2}{N_0 N_k} = \frac{W_k}{G_0}; \qquad 2\varphi_u = \varphi_0 - \varphi_k. \qquad (29) \text{ und } (32)$$

Berechnung der Größen C, φ_c, Z, u und t: Für homogene Leitungen s. Abschnitt 12, Gleichungen (49), (58) bis (63). Für Transformationen s. Abschnitt 36, Gleichungen (180) bis (184).

b) Diagrammgrößen.

Koordinaten: $n_{2w} = W_k G_{2w} = \frac{N_{2w}}{N_{2k}}$, $n_{2b} = W_k G_{2b} = \frac{N_{2b}}{N_{2k}}$. (115)

Die Koordinatengrößen sind im allgemeinen proportional den Komponenten der Leitfähigkeit im Endpunkt *2*; bei konstanter Spannung E_2 auch proportional den Leistungskomponenten im Endpunkt *2*. Die Formelgrößen in der folgenden Tabelle 3 sind dimensionslose Zahlen. Durch Multiplikation mit der dem Kurzschlußvektor entsprechenden Strecke $\overline{OM}$ (Abb. 32) ergeben sich die Diagrammstrecken, die der geometrischen Bedeutung der Formelgrößen entsprechen. Durch Multiplikation mit der Kurzschlußscheinleistung $N_{2k} = \frac{E_2^2}{W_k}$ ergeben sich bei konstanter Spannung E_2 die Leistungsgrößen, die der angegebenen physikalischen Bedeutung entsprechen.

Tabelle 3. Die wichtigsten Diagrammgrößen.

Zeichen	Formel	Gleichg. Nr.	Geometrische Bedeutung	Abb. Nr.	Physikalische Bedeutung.	Anmerkung
α_w	$\frac{T^2 \sin(2\varphi_u)}{2\cos\varphi_k}$	125	Mittelpunkts-Ordinate des Kreises k_w	40	Generator-Blindlast bei maximaler Leistungsübertragung	Konstante Generatorspannung E_2
$-\beta_w$	$-\frac{1 + T^2 \cos(2\varphi_u)}{2\cos\varphi_k}$		Mittelpunkts-Abszisse des Kreises k_w		Generator-Wirklast bei maximaler Leistungsübertragung	
R_w	$\frac{1}{2C^2\cos\varphi_k}$	126	Radius des Kreises k_w	40	Doppelter Betrag der maximal übertragbaren Leistung im Verbraucher-Endpunkt	Konstante Generatorspannung E_2
ϑ_w	$T\sqrt{\frac{\cos\varphi_0}{\cos\varphi_k}}$	127	Länge der aus dem Ursprung O an Kreis k_w gezogenen Tangente	41	Scheinleistung } am Generator- bzw. am Verbraucher-Endpunkt, bei Übertragung mit maximalem Wirkungsgrad	Konstante Generatorspannung E_2 bzw. konstante Verbraucherspannung E_2
ϱ_w	$\sqrt{\vartheta_w^2 - \alpha_w^2}$	131	Radius des Kreises k_w'	41	Wirkleistung	
β_w'	$\beta_w - R_w \doteq \varrho_w^2 C^2 \cos\varphi_k$	132	Negative Abszisse d. Scheitelpunktes Q_w	41	Minimum des Übertragungsverlustes	Konstante Generatorspannung E_2
α_b	$\frac{T^2 \sin(2\varphi_u)}{2\sin\varphi_k}$	133	Mittelpunkts-Abszisse des Kreises k_b	42	Wirklast } im Endpunkt *2* bei konstanter Spannung E_2 und maximaler kapazitiver (bzw. induktiver) Generator-Blindlast im Endpunkt *1*	
$-\beta_b$	$-\frac{1 - T^2 \cos(2\varphi_u)}{2\sin\varphi_k}$		Mittelpunkts-Ordinate des Kreises k_b		Blindlast	Bei nacheilendem (bzw. voreilendem) Kurzschlußstrom
R_b	$\frac{1}{2C^2\sin\varphi_k}$	134	Radius des Kreises k_b	42	Doppelter Betrag der maximalen kapazitiven (bzw. induktiven) Generatorblindlast im Endpunkt *1* bei konstanter Spannung E_2 im Endpunkt *2*	
ϑ_b	$T\sqrt{\frac{\sin\varphi_0}{\sin\varphi_k}}$	135	Halbe Länge der Sehne des Kreises k_b' auf der Ordinatenachse	42	—	—
ϱ_b	$\sqrt{\vartheta_b^2 + \alpha_b^2}$	138	Halbe Länge der Sehne $\overline{S_b S_b'}$ des Kreises k_b auf der Abszissenachse	42	$\varrho_b + \alpha_b$ . . . Verbraucherwirklast bei blindlastfreier Übertragung $\varrho_b - \alpha_b$ . . . Generatorwirklast bei blindlastfreier Übertragung	Konst. Verbraucherspannung E_2 Konstante Generatorspannung E_2
R_e	$\frac{1}{C}$	122	Radius des Kreises k_e	37 und 63	$R_e + \cos\varphi_k$ . . . größte Generator-Wirklast $R_e - \cos\varphi_k$ . . . größte Verbraucher-Wirklast	Für Spannungsgleichheit ($E_1 = E_2$) in beiden Endpunkten

3. Der unsymmetrische Übertragungskreis.

a) Hauptgleichungen und Übertragungskonstanten.

$$\left.\begin{aligned}\mathfrak{E}_1 &= \mathfrak{C}_{II}\mathfrak{E}_2 + \mathfrak{M}\mathfrak{J}_2 = \mathfrak{C}_{II}(\mathfrak{E}_2 + \mathfrak{W}_{kI}\mathfrak{J}_2),\\ \mathfrak{J}_1 &= \mathfrak{N}\mathfrak{E}_2 \;+ \mathfrak{C}_I\mathfrak{J}_2 = \mathfrak{C}_I(\mathfrak{G}_{0I}\mathfrak{E}_2 + \;\mathfrak{J}_2),\end{aligned}\right\} \qquad \text{(13) und (193)}$$

$$\mathfrak{C}_I\mathfrak{C}_{II} - \mathfrak{M}\mathfrak{N} = 1; \qquad 1 - \mathfrak{W}_{kI}\mathfrak{G}_{0I} = 1 - \mathfrak{W}_{kII}\mathfrak{G}_{0II} = \frac{1}{\mathfrak{C}_I\mathfrak{C}_{II}}. \qquad \text{(14) und (195)}$$

Leerlauf bzw. Kurzschluß im	Endpunkt *1*	Endpunkt *2*	
Leerlaufspannungsverhältnis:	$\mathfrak{C}_I = C_I \cdot e^{j\varphi_{cI}}$,	$\mathfrak{C}_{II} = C_{II} \cdot e^{j\varphi_{cII}}$,	(187)
Leerlaufleitfähigkeit:	$\mathfrak{G}_{0I} = G_{0I} \cdot e^{j\varphi_{0I}} = \frac{\mathfrak{N}}{\mathfrak{C}_I}$,	$\mathfrak{G}_{0II} = G_{0II} \cdot e^{j\varphi_{0II}} = \frac{\mathfrak{N}}{\mathfrak{C}_{II}}$,	
Kurzschlußwiderstand:	$\mathfrak{W}_{kI} = W_{kI} \cdot e^{j\varphi_{kI}} = \frac{\mathfrak{M}}{\mathfrak{C}_{II}}$,	$\mathfrak{W}_{kII} = W_{kII} \cdot e^{j\varphi_{kII}} = \frac{\mathfrak{M}}{\mathfrak{C}_I}$.	
Leerlaufscheinleistung:	$N_{0I} = E_2^2 G_{0I}$,	$N_{0II} = E_1^2 G_{0II}$,	(203)
Kurzschlußscheinleistung:	$N_{kI} = \frac{E_2^2}{W_{kI}}$,	$N_{kII} = \frac{E_1^2}{W_{kII}}$.	

$$\frac{\mathfrak{W}_{kI}}{\mathfrak{W}_{kII}} = \frac{\mathfrak{G}_{0II}}{\mathfrak{G}_{0I}} = \frac{\mathfrak{C}_I}{\mathfrak{C}_{II}} = \mathfrak{q}^2 = q^2 \cdot e^{j\delta}. \qquad \text{(189) u. (201)}$$

Ungleichheitsfaktor: $\mathfrak{q} = \sqrt{\frac{\mathfrak{C}_I}{\mathfrak{C}_{II}}}$; Umspannfaktor: $q = \sqrt{\frac{C_I}{C_{II}}}$; Unsymmetriewinkel: $\delta = \varphi_{cI} - \varphi_{cII} = \varphi_{kI} - \varphi_{kII}$.

$$\left.\begin{aligned}\sigma' &= G_{0I}W_{kI}\sin(\varphi_{0I} - \varphi_{kII}) = G_{0II}W_{kII}\sin(\varphi_{0II} - \varphi_{kI}),\\ \tau' &= G_{0I}W_{kI}\cos(\varphi_{0I} - \varphi_{kII}) = G_{0II}W_{kII}\cos(\varphi_{0II} - \varphi_{kI}).\end{aligned}\right\} \qquad \text{(191)}$$

b) Diagrammgrößen.

$$\left.\begin{aligned}&\text{Koordinaten im Diagramm } I\text{:}\; n_{2wI} = W_{kI}G_{2w} = \frac{N_{2w}}{N_{kI}},\quad n_{2bI} = W_{kI}G_{2b} = \frac{N_{2b}}{N_{kI}};\\ &\quad\text{,,}\qquad\text{,,}\qquad\text{,,}\qquad II\text{:}\; n_{1wII} = -W_{kII}G_{1w} = -\frac{N_{1w}}{N_{kII}},\quad n_{1bII} = -W_{kII}G_{1b} = -\frac{N_{1b}}{N_{kII}}.\end{aligned}\right\} \text{(205a und b)}$$

Die folgenden Angaben beziehen sich auf das Diagramm *I*. Sie gelten auch für Diagramm *II*, mit Vertauschung der Indizes 1 und 2, *I* und *II*, der Leistungsvorzeichen und der Vorzeichen von δ. Für die Bedeutung der Koordinaten und der untenstehenden Diagrammgrößen gilt das gleiche wie beim symmetrischen Übertragungskreis. Die Formelgrößen ergeben durch Multiplikation mit O_IM (Abb. 96) die ihnen entsprechenden Diagrammstrecken, durch Multiplikation mit $N_{kI} = \frac{E_2^2}{W_{kI}}$ die ihnen entsprechenden Leistungsgrößen.

$$\alpha_{wI} = \frac{\sigma' - \sin\delta}{2\cos\varphi_{kII}}, \quad \beta_{wI} = \frac{\tau' + \cos\delta}{2\cos\varphi_{kII}}, \quad R_{wI} = \frac{1}{2C_IC_{II}\cos\varphi_{kII}}, \quad \vartheta_{wI} = \sqrt{G_{0I}W_{kI}}\sqrt{\frac{\cos\varphi_{0II}}{\cos\varphi_{kII}}}. \qquad (209)$$

$$\alpha_{bI} = \frac{\sigma' + \sin\delta}{2\sin\varphi_{kII}}, \quad \beta_{bI} = \frac{\cos\delta - \tau'}{2\sin\varphi_{kII}}, \quad R_{bI} = \frac{1}{2C_IC_{II}\sin\varphi_{kII}}, \quad \vartheta_{bI} = \sqrt{G_{0I}W_{kI}}\sqrt{\frac{\sin\varphi_{0II}}{\sin\varphi_{kII}}}. \qquad (210)$$

$$\varrho_{wI} = \sqrt{\vartheta_{wI}^2 - \alpha_{wI}^2}, \qquad \varrho_{bI} = \sqrt{\vartheta_{bI}^2 + \alpha_{bI}^2}, \qquad \text{analog (131) und (138)}$$

$$R_{cI} = \frac{1}{C_{II}}. \qquad \text{(208c)}$$

Berichtigungen.

Seite 25, Abb. 28: „dx“ statt „d_x“.

„ 42, Zeile 23 von unten: „N_{1b}“ statt „N_{2b}“.

Tafel V (Seite 107), Unterschrift zu Abbildung 72: „k_w“ statt „k_v“.

Seite 109, Zeile 4 von unten: „Kurzschluß- und“ statt „Kurzschluß und“.

Tafel VI (Seite 113), Unterschrift zu Abbildung 74: „$\overline{Ma_1}$“ statt „$\overline{Pa_1}$“.

Seite 127, Zeile 2 und 4 von unten: „Längenwinkel“ statt „Wellenwinkel“.

„ 138, Gleichung (187), erste Zeile: „$e^{j\varphi_{0I}}$“ statt „$e^{j\varphi_{01}}$“.

„ 204, Gleichung (27'): Im Nenner des letzten Bruches ist der ganze Ausdruck rechts von 2 in eckige Klammern zu setzen.

Die Wechselstromtechnik. Herausgegeben von Professor Dr.-Ing. **E. Arnold,** Karlsruhe. In fünf Bänden.

I. Band: **Theorie der Wechselströme.** Von **J. L. la Cour** und **O. S. Bragstad.** Zweite, vollständig umgearbeitete Auflage. Mit 591 in den Text gedruckten Figuren. XIV, 922 Seiten. 1910. Unveränderter Neudruck. 1923. Gebunden RM 30.—

II. Band: **Die Transformatoren.** Ihre Theorie, Konstruktion, Berechnung und Arbeitsweise. Von **E. Arnold** und **J. L. la Cour.** Zweite, vollständig umgearbeitete Auflage. Mit 443 in den Text gedruckten Figuren und 6 Tafeln. XII, 450 Seiten. 1910. Unveränderter Neudruck. 1923. Gebunden RM 20.—

III. Band: **Die Wicklungen der Wechselstrommaschinen.** Von **E. Arnold.** Zweite, vollständig umgearbeitete Auflage. Mit 463 Textfiguren und 5 Tafeln. XII, 371 Seiten. 1912. Unveränderter Neudruck. 1923. Gebunden RM 16.—

IV. Band: **Die synchronen Wechselstrommaschinen.** Generatoren, Motoren und Umformer. Ihre Theorie, Konstruktion, Berechnung und Arbeitsweise. Von **E. Arnold** und **J. L. la Cour.** Zweite, vollständig umgearbeitete Auflage. Mit 530 Textfiguren und 18 Tafeln. XX, 896 Seiten. 1913. Unveränderter Neudruck. 1923. Gebunden RM 28.—

V. Band: **Die asynchronen Wechselstrommaschinen.**

1. Teil: **Die Induktionsmaschinen.** Ihre Theorie, Berechnung, Konstruktion und Arbeitsweise. Von **E. Arnold** und **J. L. la Cour** unter Mitarbeit von **A. Fraenckel.** Mit 307 in den Text gedruckten Figuren und 10 Tafeln. XVI, 592 Seiten. 1909. Unveränderter Neudruck. 1923. Gebunden RM 24.—

2. Teil: **Die Wechselstromkommutatormaschinen.** Ihre Theorie, Berechnung, Konstruktion und Arbeitsweise. Von **E. Arnold, J. L. la Cour** und **A. Fraenckel.** Mit 400 in den Text gedruckten Figuren und 8 Tafeln. XVI, 660 Seiten. 1912. Unveränderter Neudruck. 1923. Gebunden RM 26.—

Arnold-la Cour, Die Gleichstrommaschine. Ihre Theorie, Untersuchung, Konstruktion, Berechnung und Arbeitsweise. Dritte, vollständig umgearbeitete Auflage. Herausgegeben von **J. L. la Cour.** In 2 Bänden.

I. Band: **Theorie und Untersuchung.** Mit 570 Textfiguren. XII, 728 Seiten. 1919. Unveränderter Neudruck. 1923. Gebunden RM 30.—

II. Band: **Konstruktion, Berechnung und Arbeitsweise.** Mit 550 Textfiguren und 18 Tafeln. XI, 714 Seiten. 1927. Gebunden RM 30.—

Die Berechnung von Gleich- und Wechselstromsystemen. Von Dr.-Ing. **Fr. Natalis.** Zweite, völlig umgearbeitete und erweiterte Auflage. Mit 111 Abbildungen. VI, 214 Seiten. 1924. RM 10.—; gebunden RM 11.—

Wechselstromtechnik. Von Prof. Dr. **G. Roessler,** Danzig. Zweite Auflage von „Elektromotoren für Wechselstrom und Drehstrom". I. Teil. Mit 185 Textfiguren. XII, 303 Seiten. 1912. Gebunden RM 9.—

Die Fernleitung von Wechselströmen. Von Prof. Dr. **G. Roessler,** Danzig. Mit 60 Textfiguren. XII, 243 Seiten. 1905. Gebunden RM 7.—

Ankerwicklungen für Gleich- und Wechselstrommaschinen. Ein Lehrbuch von Prof. **Rudolf Richter,** Direktor des Elektrotechnischen Instituts der Technischen Hochschule Karlsruhe. Mit 377 Textabbildungen. XI, 425 Seiten. 1920. Berichtigter Neudruck. 1922. Gebunden RM 14.—

Aufgaben und Lösungen aus der Gleich- und Wechselstromtechnik. Ein Übungsbuch für den Unterricht an technischen Hoch- und Fachschulen sowie zum Selbststudium von Prof. **H. Vieweger.** Neunte, erweiterte Auflage. Mit 250 Textabbildungen und 2 Tafeln. VIII, 360 Seiten. 1926. RM 9.90; gebunden RM 11.40

Die symbolische Methode zur Lösung von Wechselstromaufgaben. Einführung in den praktischen Gebrauch. Von **Hugo Ring,** Ingenieur in Hamburg. Zweite, vermehrte und verbesserte Auflage. Mit etwa 50 Textabbildungen. Etwa 80 Seiten. Erscheint Anfang 1928.

Meßgeräte und Schaltungen für Wechselstrom-Leistungsmessungen. Von Oberingenieur **Werner Skirl.** Zweite, umgearbeitete und erweiterte Auflage. Mit 41 Tafeln, 31 ganzseitigen Schaltbildern und zahlreichen Textbildern. X, 248 Seiten. 1923. Gebunden RM 8.—

Meßgeräte und Schaltungen zum Parallelschalten von Wechselstrom-Maschinen. Von Oberingenieur **Werner Skirl.** Zweite, umgearbeitete und erweiterte Auflage. Mit 30 Tafeln, 30 ganzseitigen Schaltbildern und 14 Textbildern. VIII, 140 Seiten. 1923. Gebunden RM 5.—

Der Wechselstromkompensator. Von Dr.-Ing. **W. v. Krukowski.** Mit 20 Abbildungen im Text und auf einem Textblatt. (Sonderabdruck aus „Vorgänge in der Scheibe eines Induktionszählers und der Wechselstromkompensator als Hilfsmittel zu deren Erforschung".) IV, 60 Seiten. 1920. RM 4.—

Schaltungsbuch für Gleich- und Wechselstromanlagen. Dynamomaschinen, Motoren und Transformatoren, Lichtanlagen, Kraftwerke und Umformerstationen. Unter Berücksichtigung der neuen vom Verband Deutscher Elektrotechniker festgesetzten Schaltzeichen. Ein Lehr- und Hilfsbuch von Oberstudienrat Dipl.-Ing. **Emil Kosack,** Magdeburg. Zweite, erweiterte Auflage. Mit 257 Abbildungen im Text und auf 2 Tafeln. X, 198 Seiten. 1926. RM 8.40; gebunden RM 9.90

Hochspannungstechnik. Von Dr.-Ing. **Arnold Roth,** Technischer Direktor der Ateliers de Constructions Electriques de Delle in Villeurbanne (Rhône), früher Leiter der Apparaten- und Transformatoren-Versuchsabteilung von Brown, Boverie & Cie., Baden. Mit 437 Abbildungen im Text und auf 3 Tafeln sowie 75 Tabellen. VIII, 534 Seiten. 1927. Gebunden RM 31.50

Überströme in Hochspannungsanlagen. Von **J. Biermanns,** Chefelektriker der AEG-Fabriken für Transformatoren und Hochspannungsmaterial. Mit 322 Textabbildungen. VIII, 452 Seiten. 1926. Gebunden RM 30.—

Die Transformatoren. Von Prof. Dr. techn. **Milan Vidmar,** Ljubljana. Zweite, verbesserte und vermehrte Auflage. Mit 320 Abbildungen im Text und auf einer Tafel. XVIII, 752 Seiten. 1925. Gebunden RM 36.—

Der Transformator im Betrieb. Von Prof. Dr. techn. **Milan Vidmar,** Ljubljana. Mit 126 Abbildungen im Text. VIII, 310 Seiten. 1927. Gebunden RM 19.—

Grundzüge der Starkstromtechnik für Unterricht und Praxis. Von Dr.-Ing. **K. Hoerner.** Mit 319 Textabbildungen und zahlreichen Beispielen. V, 257 Seiten. 1923. RM 4.—; gebunden RM 5.—

Elektrische Starkstromanlagen. Maschinen, Apparate, Schaltungen, Betrieb. Kurzgefaßtes Hilfsbuch für Ingenieure und Techniker sowie zum Gebrauch an technischen Lehranstalten. Von Oberstudienrat Dipl.-Ing. **Emil Kosack,** Magdeburg. Sechste, durchgesehene und ergänzte Auflage. Mit 296 Textfiguren. XII, 330 Seiten. 1923. RM 5.50; gebunden RM 6.90

Elektrische Schaltvorgänge und verwandte Störungserscheinungen in Starkstromanlagen. Von Prof. Dr.-Ing. und Dr.-Ing. e. h. **Reinhold Rüdenberg,** Chef-Elektriker, Privatdozent, Berlin. Zweite, berichtigte Auflage. Mit 477 Abbildungen im Text und einer Tafel. VIII, 510 Seiten. 1926. Gebunden RM 24.—

Anleitung zur Entwicklung elektrischer Starkstromschaltungen. Von Dr.-Ing. **Georg I. Meyer,** beratender Ingenieur für Elektrotechnik. Mit 167 Textabbildungen. VI, 160 Seiten. 1926. Gebunden RM 12.—

Elektrische Maschinen. Von Prof. **Rudolf Richter,** Direktor des Elektrotechnischen Instituts der Technischen Hochschule Karlsruhe. In zwei Bänden.

Erster Band: **Allgemeine Berechnungselemente. Die Gleichstrommaschinen.** Mit 453 Textabbildungen. X, 630 Seiten. 1924. Gebunden RM 27.—